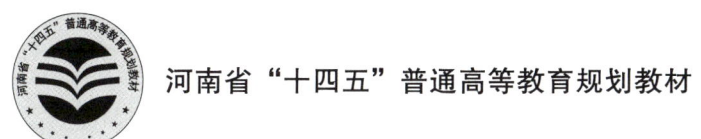

河南省"十四五"普通高等教育规划教材

# 超硬材料烧结制品

● 主编 左宏森

郑州大学出版社

### 图书在版编目(CIP)数据

超硬材料烧结制品/左宏森主编. — 2版. — 郑州：郑州大学出版社,2023.11

ISBN 978-7-5645-8724-6

Ⅰ.①超… Ⅱ.①左… Ⅲ.①超硬材料-烧结-生产工艺-高等学校-教材 Ⅳ.①TB39

中国版本图书馆 CIP 数据核字(2022)第 087056 号

### 超硬材料烧结制品
CHAOYING CAILIAO SHAOJIE ZHIPIN

| 策划编辑 | 崔 勇 | 封面设计 | 苏永生 |
| --- | --- | --- | --- |
| 责任编辑 | 崔 勇 | 版式设计 | 凌 青 |
| 责任校对 | 吴 波 | 责任监制 | 凌 青 李瑞卿 |
| 出版发行 | 郑州大学出版社 | 地 址 | 郑州市大学路40号(450052) |
| 出 版 人 | 孙保营 | 网 址 | http://www.zzup.cn |
| 经 销 | 全国新华书店 | 发行电话 | 0371-66966070 |
| 印 刷 | 河南龙华印务有限公司 | 印 张 | 23.25 |
| 开 本 | 787 mm×1 092 mm 1/16 | 字 数 | 556 千字 |
| 版 次 | 2017年9月第1版<br>2023年11月第2版 | 印 次 | 2023年11月第3次印刷 |
| 书 号 | ISBN 978-7-5645-8724-6 | 定 价 | 72.00 元 |

本书如有印装质量问题,请与本社联系调换。

## 编写指导委员会

**主 任 委 员**　邹广田　院士　吉林大学
**副主任委员**　邹文俊　河南工业大学
**委　　　员**　（以姓氏笔画为序）
　　　　　　　　左宏森　河南工业大学
　　　　　　　　李　颖　河南工业大学
　　　　　　　　何伟春　河南工业大学
　　　　　　　　张琳琪　河南工业大学
　　　　　　　　徐三魁　河南工业大学
　　　　　　　　栗正新　河南工业大学
　　　　　　　　郭荣勋　河南泰和汇金粉体科技有限公司
　　　　　　　　唐地源　济南圣泉集团股份有限公司
　　　　　　　　陶洪亮　广东奔朗新材料科技有限公司
　　　　　　　　彭　进　河南工业大学
　　　　　　　　潘　涛　江苏三菱磨料磨具有限公司

## 编者名单

**主　编**　左宏森
**副主编**　许晓旺　韩　平
**编　委**（以姓氏笔画为序）
　　　　　左宏森　毕晓勤　许晓旺
　　　　　何　方　林　翔　赵红雨
　　　　　韩　平

# 前 言
(第2版)

在全系列超硬材料制品中,以金属合金为结合剂的烧结类制品即超硬材料烧结制品从产品种类到总产量都当之无愧为第一梯队,它也是超硬材料品质与产量提高的重要推动力。本教材作为高等学校材料科学与工程(超硬材料方向)专业系列教材之一,其目的是以产品研发、生产等为主要目的,详细阐述金属粉末性能、粉末压制成形与烧结的基本原理,针对超硬材料烧结制品在磨、切、钻、抛中的性能要求,重点介绍超硬材料烧结制品的配方制定原则、工艺设计特点与生产规律。通过系统学习,培养学生具备对超硬材料烧结制品复杂问题合理分析和解决的初步能力。

本教材是在 2017 版基础上进行修订的。这次修订是在国家推进数字化教学的背景和以学生为中心的教学理念下进行的。编者经过多年对原版教材的教学实践,结合行业技术的新发展,对教材进行充实与调整。本次修订主要有以下特点:①基本体系和路线与 2017 版保持一致,即遵循"先理论,后应用"的原则;②修正 2017 版出现的错误,补充部分内容的缺失;③增加超硬材料烧结制品出现的新技术、新应用;④适应出版物新发展方向,将图、文、声等相结合,形成初步的立体教材格局。在经过几年对 2017 版教学实践后,这次修订由原来的八章增加到九章。第 3 章增加了 3.7 节三维快速成形打印技术,对 3D 打印技术在超硬材料制造中的应用原理与基本方法进行了介绍;第 9 章超硬材料钎焊工具为新增章节,虽然不是传统的粉末冶金技术应用,但作为金属粉末材料的在超硬材料工具中的应用占有重要的地位。主要介绍以金刚石为主的超硬材料进行钎焊的基本原理、钎料的性能要求及生产工艺。在教材内容上形式上,除了较明显的章节调整之外,为了提高对章节知识点的掌握和扩展、对行业相关知识了解,在每章末尾增加了思考题,并在相关部位以二维码形式增加了知识扩展内容阅读,具体有小视频和行业历史或重要人物介绍。

修订版共有九章,参与编写的作者有教授、博士及行业专家学者。左宏森教授编写第1章、第3章、第5章、第9章(第9.1~9.3,9.5节)及附录,何方教授编写第2章,毕晓勤教授编写第4章,韩平博士编写第6章,福建万龙金刚石工具有限公司许晓旺高工、赵红雨博士编写第7章和第8章,浙江龙翔工具科技有限公司林翔工程师编写第9章9.4节。

作者在编写本教材时曾参考和引用了国内外一些技术人员的研究资料、网络图片及视频,也获得了行业部分公司提供的视频。由于版面限制,不能一一在参考文献中体现,在此谨致谢意。同时,对河南工业大学领导和郑州大学出版社、河南泰和汇金粉体有限公司相关人员对本书的出版的大力支持,表示衷心的感谢。

在编写过程中,因作者水平有限,加之时间非常仓促,教材中难免存在一些缺点和错误,敬希广大读者批评指正。

左宏森

2021年8月于郑州

# 前　言

超硬材料烧结制品是超硬材料系列制品中所占比例最大的一部分,约占超硬材料制品总量的百分之七十以上,超硬材料烧结制品生产工艺是粉末冶金技术和超硬材料相结合且适应于磨、切、钻等特殊要求的专门技术。随着超硬材料制品制造工业的不断壮大和技术的进步,现公开出版的用于高等教育使用的教材从系统性和新颖性上已难满足教学和技术进步的要求。一本既满足现代超硬材料烧结制品技术发展方向,又有较强的系统基础理论的教材的出现,在一定程度上弥补了这一不足。该书主要用作高等学校专业教材,但也可作为超硬材料和磨料磨具行业技术人员、粉末冶金技术人员等相关科技工作者的重要参考书。

本书在编写安排上,以超硬材料烧结制品原材料到产品走入市场的整个生产过程为主线,形成一个相对完整的制造理论体系。前部分重点为基础理论,后部分为典型产品生产原理与生产工艺。该书力求在基本概念、基本理论及主要产品制造等方面,结合超硬材料烧结制品生产现状,较全面地介绍金属粉末性能、烧结粉末材料性能、金属粉末压制成形理论、金属粉末烧结理论以及超硬材料烧结磨具、金刚石锯切工具和金刚石钻进工具等产品的制造原理与工艺,既有针对性的理论又具有较强的材料工程应用。此外,为了方便学习,特在本书最后附加了有助于理解本书的相关标准、基本数据和常用合金相图,以备查阅。

本书共有八章,左宏森教授编写第 1 章、第 3 章、第 5 章及附录,何方教授编写第 2 章,毕晓勤教授编写第 4 章,韩平博士编写第 6 章,许晓旺高工、赵红雨博士编写第 7 章和第 8 章。

在编写过程中,因作者水平有限,内容难免有不少疏漏甚至错误的地方,希望广大读者批评指正,予以斧正。在此也对郑州大学出版社的大力支持表示衷心的感谢。

左宏森

2017 年 4 月

# 目 录

第1章 绪论 ········································································· 1
    1.1 超硬材料烧结制品发展过程 ················································ 1
    1.2 超硬材料烧结制品工艺特点与种类 ········································ 5
    1.3 超硬材料烧结制品的应用 ···················································· 7

第2章 金属粉末 ································································· 12
    2.1 粉末的性能与检测 ························································· 12
    2.2 金属粉末的制备 ···························································· 24
    2.3 预合金粉末 ·································································· 32

第3章 金属粉末压制成形理论 ················································ 37
    3.1 粉末位移与变形 ···························································· 37
    3.2 粉末压坯强度 ······························································· 39
    3.3 压制成形中的力 ···························································· 41
    3.4 压制压力与密度的关系 ···················································· 44
    3.5 压坯密度的分布 ···························································· 47
    3.6 影响压制成形过程的主要因素 ············································ 54
    3.7 三维快速成形打印技术 ···················································· 57

第4章 金属粉末烧结理论 ······················································ 62
    4.1 概述 ··········································································· 62
    4.2 烧结基本原理及机制 ······················································· 66
    4.3 烧结的热力学和动力学 ···················································· 70
    4.4 固相烧结 ····································································· 89
    4.5 液相烧结 ····································································· 94
    4.6 强化烧结 ··································································· 102

4.7　影响烧结过程的因素 …………………………………………………… 115

## 第5章　粉末烧结金属材料的性能 …………………………………………… 121

5.1　粉末材料孔隙与材料性能 ……………………………………………… 121
5.2　孔隙对粉末材料力学性能的影响 ……………………………………… 125
5.3　晶粒强化 ………………………………………………………………… 135
5.4　颗粒强化 ………………………………………………………………… 146

## 第6章　超硬材料烧结磨具制造 ……………………………………………… 155

6.1　概述 ……………………………………………………………………… 155
6.2　超硬材料磨具的结构、特征及标记 …………………………………… 156
6.3　超硬材料烧结磨具的原材料 …………………………………………… 158
6.4　超硬材料烧结磨具的配方设计 ………………………………………… 164
6.5　超硬材料烧结磨具原材料的处理及配混 ……………………………… 181
6.6　超硬材料烧结磨具成形工艺 …………………………………………… 184
6.7　超硬材料磨具的烧结 …………………………………………………… 193
6.8　超硬材料烧结磨具的后加工与质量检查 ……………………………… 204

## 第7章　金刚石锯切工具制造 ………………………………………………… 210

7.1　概述 ……………………………………………………………………… 210
7.2　金刚石锯切工具的分类 ………………………………………………… 212
7.3　金刚石锯切工具的原材料 ……………………………………………… 218
7.4　金刚石焊接锯片的制造 ………………………………………………… 229
7.5　金刚石绳锯的制造 ……………………………………………………… 242
7.6　金刚石排锯的制造 ……………………………………………………… 246

## 第8章　金刚石钻进工具制造 ………………………………………………… 250

8.1　概述 ……………………………………………………………………… 250
8.2　金刚石钻进工具的分类及适用范围 …………………………………… 251
8.3　金刚石钻进工具的结构与尺寸 ………………………………………… 254
8.4　金刚石钻头一般制造工艺 ……………………………………………… 264
8.5　金刚石钻头的使用 ……………………………………………………… 282
8.6　金刚石地质钻头的制造 ………………………………………………… 297
8.7　金刚石油(气)井钻头的制造 …………………………………………… 305
8.8　金刚石工程钻头、石材钻头的制造 …………………………………… 314

## 第9章　超硬材料钎焊工具 …………………………………………………… 317

9.1　概述 ……………………………………………………………………… 317
9.2　超硬材料工具钎焊原理 ………………………………………………… 323

9.3 钎料 ………………………………………………………………… 328

9.4 钎焊工艺 …………………………………………………………… 332

9.5 金刚石均布技术 …………………………………………………… 336

**附录** ……………………………………………………………………… 340

**参考文献** ………………………………………………………………… 357

# 第1章 绪 论

超硬材料烧结制品是以超硬材料(金刚石或立方氮化硼)为切削刃原料,在金属粉末为主黏结材料参与下,经成形、高温烧结等工序制成的具有一定形状、尺寸、力学性能及切磨性能的工具。在国家标准中规定以 M 表示制品为金属粉末烧结型产品。它是超硬材料制品中种类最多、产量最大的产品,是超硬材料合成技术与品种多样化发展的重要推动力。超硬材料烧结制品的研究与生产是以应用为目的的,如要生产出寿命长、锋利度高的符合加工对象要求的工具,就要对超硬材料在烧结制品中的作用机制、结合剂成分在成形与烧结过程中的合金化与强化及工具在磨、切、钻等过程的磨损机制等进行研究。

## 1.1 超硬材料烧结制品发展过程

我国超硬材料烧结制品的发展与整个超硬材料制品体系的发展是一致的。不同类型的超硬制品出现的年代是不一样的。以年代来看,可以粗略分为几个阶段:20 世纪 60 年代超硬材料磨具,20 世纪 70 年代金刚石钻探工具,20 世纪 80 年代金刚石锯切工具。

白鸽磨料磨具有限公司

### 1.1.1 磨具

超硬材料烧结磨具(见图 1-1)是超硬材料制品的重要品种,也是精密加工的重要工具。法国人于 1883 年第一次提出了用粉末冶金技术黏结金刚石的设想。20 世纪 30 年代开始,以天然金刚石为磨料,青铜结合剂为主要结合剂成分,生产出的磨具已小批量生产用来磨加工难加工的硬质合金。直到 20 世纪 60 年代人造金刚石出现,真正大批量工业化生产才拉开序幕。在加拿大、日本、德国(当时的西德)、美国等国家,相关的产品专利也逐渐增加,这些专利涉及磨粒的把持力、结合剂性能、工艺方法等。我国超硬材料磨具的形成与发展也是在我国第一颗人造金刚石合成之后逐步完成的。

图 1-1 超硬材料烧结磨具

记葛昌存院士：
材料报国
追求第一

1964 年，我国技术人员成功研制生产青铜结合剂金刚石磨具，其主要应用领域是磨加工硬质合金。1963—1964 年，郑州磨料磨具磨削研究所在"研究与制定青铜结合剂金刚石磨具制造工艺和检验方法"的项目中系统地研究了金刚石、结合剂理化性能的测定及磨具成形、烧结、加工工艺方法，研制出加工硬质合金用的金刚石砂轮并通过了应用测试。该项目的意义不仅是金刚石砂轮质量的提升，更重要的是系统研究了烧结金属结合剂金刚石磨具制造过程中的基本冶金理论与工艺技术，为我国超硬材料烧结磨具的研究、开发与应用打下了一个良好的基础。

1965 年，苏州砂轮厂采用压环镶套、埋炭烧结块制成青铜结合剂金刚石砂轮。

1966 年，开展"研制金属结合剂金刚石电解磨砂轮"工作，利用粉末冶金技术加白刚玉磨料的方法，实现了硬质合金量具、刃具的电解磨加工。

1968 年，为满足进口磨床配套修整工具国产化的需要，北京粉末冶金研究所以 WC-Cu-Co 系合金为黏结胎体，采用粉末冶金热压工艺，研制出多种金刚石修整块，满足了用户使用要求。

1969 年，贵阳第六砂轮厂开展了青铜结合剂砂轮工业化生产技术的研究，解决了该类产品在制造过程中磨料与结合剂混合不均匀、密度不均匀、结合剂流动性差、磨具后加工难以及易变形、断裂、掉环、氧化、分层等一系列技术难题，为我国金属结合剂超硬磨具的产业化打下了坚实基础。

1973—1975 年，郑州磨料磨具磨削研究所、贵阳第六砂轮厂、北京照相机厂、沈阳仪表研究所等单位共同承担了"光学玻璃用金刚石精磨片的研制"项目，该项目研制出粒度为 W3.5~W28、浓度为 25%~100% 的以国产金刚石微粉为原料的青铜结合剂金刚石精磨片，成功应用于光学玻璃的高效精密加工，改变了过去"一把砂子一勺水"的落后加工方式，在很大程度上改变了我国光学冷加工的落后面貌。在此期间，贵阳第六砂轮厂与贵州大学等成功开发出金属结合剂 $\phi 3~20$ mm 系列金刚石丸片。

1981—1983 年，郑州磨料磨具磨削研究所完成了"金属结合剂金刚石砂轮热压成形工艺的研究"。该项目在国内开创了采用中频热压炉制造金属结合剂金刚石砂轮的新工艺，并对"青铜结合剂金刚石砂轮冷压工艺对显微结构的影响""金属结合剂立方氮化硼磨具的研制"进行了系列研究，是我国金属结合剂 CBN 磨具最早的研究成果。

1991 年，郑州磨料磨具磨削研究所采用热压烧结工艺，成功研制出一种烧结温度较低的铁基结合剂金刚石精磨片，这是我国最早采用铁基结合剂金刚石制品，产品性能达到美国、日本同类产品水平，应用于进口眼镜片生产线。

2000 年，我国开发出了金属结合剂高精度超薄超硬材料切割砂轮成套技术，产品厚度可达 0.08 mm。

2009 年，广东奔朗新材料股份有限公司完成了高温无压烧结、热等静压、连续热压烧结试验，提高了用于石材磨加工产品的磨削性能和磨削速度。磨块磨削速度达 12~24 m/min，寿命可达 100~140 h。

在超硬材料烧结磨具新产品、新工艺不断出现的同时，磨具质量不断改进提高，磨具品种不断丰富，应用领域不断扩展，适应了我国工业加工快速发展的步伐，逐步取代了国外进口产品，并出口到东南亚、欧美等地区。

## 1.1.2 金刚石钻进工具

我国地质钻进钻头的发展历史是金刚石钻头代替钢粒钻头的过程,是人造金刚石钻头代替天然金刚石钻头的过程,是由常规金刚石钻头发展到深井钻井钻头的过程。20世纪60年代初,我国就开始研制天然金刚石地质钻头;60年代末,开始探索研制人造金刚石钻头,用于7~12级岩石的钻探;80年代,金刚石及其复合片等多种镶嵌体钻头逐渐取得突飞猛进的发展,完全取代钢粒钻进。我国地质岩心钻头发展,可划分为五个阶段:1960年至今的天然金刚石钻头;1969年至今的人造金刚石钻头;1970年至今的人造聚晶金刚石钻头,1980年至今的金刚石复合钻头。1973年至今,也在不断尝试和使用部分新型材料制造的钻头,如包裹爆炸金刚石钻头、人造卡邦金刚石钻头、金属丝增强镶嵌体钻头(见图1-2)。

图1-2 金刚石钻进工具

在金刚石钻进工具的发展过程中,制造技术的发展经历了如下几个阶段:

1969年,我国第一颗人造金刚石钻头在机加工车间试钻花岗石取得成功,随之进行了第一次现场生产试验钻进,开始了我国金刚石钻头研发与应用的新篇章。

1969—1970年,冷压浸渍法和热压法生产的金刚石钻头成功用于坑道钻探。冷压法主要用来制作表镶钻头,热压法用来生产孕镶金刚石钻头。

1973年,低温电铸人造金刚石扩孔器研制成功,同年还研制了复合电铸人造金刚石孕镶钻头。

1975年,完成了无压浸渍法聚晶金刚石扩孔器取代天然金刚石扩孔器的成果,在中硬砂岩和灰岩中获得应用。

1978年,研制成功 φ6 mm×6 mm 聚晶人造金刚石刮刀石油钻头,创造一个钻头钻穿7套地层和钻头进尺 2 412.3 m 的最高纪录。

1985年,北京钢铁研究总院研制成功 GDS-1 型电火花烧结机,并试制出电火花烧结金刚石地质钻头。

1987年,薄壁金刚石工程钻头系列研究获得成功。

1988年,通过石油部引进的美国休斯公司金刚石钻头生产技术,生产符合要求的PDC聚晶复合片钻头、热稳定TSP聚晶金刚石钻头和天然表镶金刚石钻头。

20世纪90年代,研究脉冲电镀金刚石地质钻头,从理论上摆脱了直流电源观念的束缚,开辟了电镀工艺新领域。

2001年,博深工具股份有限公司采用金刚石表面涂覆与金属粉预处理工艺,利用连续压制烧结方法生产工程薄壁钻头通过河北省科技厅省级鉴定,为我国高效生产薄壁金刚石钻头奠定了基础。

金刚石钻进工具的科研技术人员,经多年钻头的研究与生产,技术不断提升,经验日积月累,不断优化工艺、配方、结构,包括钻头设计与计算、胎体配方及耐磨性试验、金刚石品级、粒度与浓度的使用、钻头胎体水口形状及数量的研究、制造工艺参数的优化等。同时，钻头品种也不断增多，满足了各种不同岩石、不同钻进工艺的钻进需求，大大加快了我国资源开采的速度。

### 1.1.3 金刚石锯切工具

金刚石锯切工具（见图1-3）主要用于加工石材、钢筋混凝土、耐火材料、玻璃、陶瓷、宝石、半导体等非金属材料，是世界上使用金刚石最多的领域，也是我国消费人造金刚石最大的领域。

金刚石锯切工具最早是以圆锯片的形式出现的。世界上第一片装镶金刚石圆锯片是法国人Jaeguin于1885年制造的，是用粗颗粒(0.8克拉/粒)金刚石为切割齿，用手工装在带燕尾槽的基体周边上，再用铆钉固定来实现的。1930年后，随着粉末冶金技术的出现，逐渐由粉末冶金和高频焊接方法取代。国际上在20世纪60年代中期金刚石锯切工具就开始迅速发展，特别是意大利、苏联、英国等国家。我国锯切工具的发展是从20世纪70年代中

图1-3 金刚石锯切工具

期开始的，除了自身研发之外，高性能产品也是通过引进、吸收、创新的过程来完成的。具有代表性的金刚石锯切工具发展年段如下：

1975年，由上海大理石厂、上海拉丝模厂、郑州磨料磨具磨削研究所共同研制的切割大理石人造金刚石锯片成功完成。

1985年，郑州磨料磨具磨削研究所采用粉末冶金热压工艺，研制了人造金刚石排锯（长5 m，50根），用于大理石荒料的切割。

1988年，郑州磨料磨具磨削研究所的切割花岗石用人造金刚石锯片制造工艺获一机部科技成果奖。

1989年，北京钢铁研究院采用整体成形自由烧结金刚石圆锯片工艺技术，完成干切$\phi$105 mm锯片和周边连续式外圆$\phi$110 mm锯片。

在20世纪80年代初，随着激光焊接技术的发展，激光焊接金刚石锯片开始进入试验阶段，于1990年引进美国金刚石圆锯片激光焊机。

1994年，郑州磨料磨具磨削研究所采用冷压-烧结-镶齿工艺的镶齿式金刚石锯片研制完成，主要用于大理石荒料切割。同年，铁基结合剂金刚石锯片的新型结合剂开始应用于锯片生产，为我国进一步降低锯片材料成本，提高市场竞争力指出了方向。

1996年，安泰超硬公司引进德国飞羽激光锯片焊机LSV900，实现了最大基体厚度约3 mm、不同规格的金刚石锯片焊接。2001年，该公司$\phi$80～400 mm超薄陶瓷切割圆锯片开发成功，获北京市自主创新产品。

2001年，桂林矿产地质研究院开始研制高性能烧结金刚石绳锯，并于2005年成功实现规模化大批量生产（串珠直径$\phi$11.5 mm，$\phi$11 mm，$\phi$10.5 mm，$\phi$8.5 mm），以较高的性价比取代进口产品。

目前,在我国有上千家大大小小的生产企业,并在多个地区形成了较大规模的金刚石锯切工具生产基地,如长江三角洲(江苏丹阳、苏州、上海)、珠江三角洲(佛山、广州、东莞、云浮)、石家庄地区、北京地区、福建地区(厦门、泉州、南安)、湖北鄂州、山东莱州等,这些集聚区生产规模大,政府扶持力度大,技术力量雄厚,均形成了具有各自特征的完整生产体系,产品大量出口世界各地,部分产品质量达到国际先进水平。

超硬材料烧结制品制造技术,除在磨具、钻进工具以及锯切工具中大量使用外,也用于金刚石拉丝模、金刚石修整工具、超硬材料功能材料等。在现代加工领域要求精度越来越高、产品形状越来越复杂、材料加工越来越困难、成本越来越低的发展趋势下,超硬材料工具将得到越来越广泛的应用。

## 1.2 超硬材料烧结制品工艺特点与种类

### 1.2.1 超硬材料烧结制品工艺特点

超硬材料烧结制品的制造工艺因产品种类不同会有所区别,有整体式产品和分体式组合产品,其中整体式产品主要包括粉末原材料、粉末成形、压坯烧结、产品后加工(车加工和磨加工)、产品质检等制造工序,如图1-4所示。对于形状复杂、规格尺寸较大或整体成形困难的产品常采用组合式生产,产品主要体现在部分金刚石锯切工具和金刚石薄壁钻头类型中,工艺主要包括金刚石磨料的胎体(在锯切工具中常称为节块或刀头)生产、胎体与金属基体的连(焊)接、产品的后加工等三大部分,其中制品胎体部分的生产与图1-4所示工艺相近。

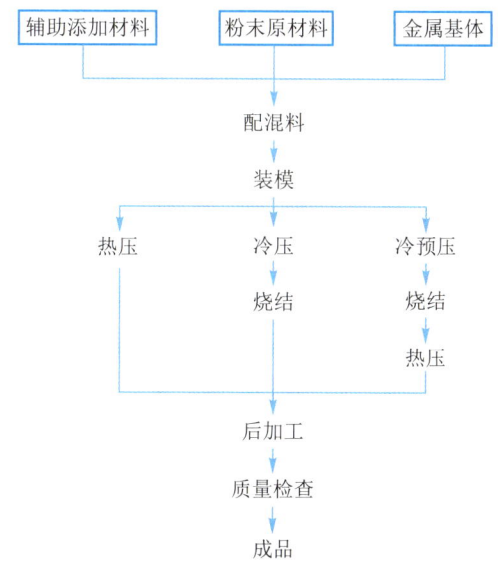

图1-4 整体式超硬材料烧结制品典型生产工艺

超硬材料烧结制品的制造是以粉末冶金技术为理论基础,结合超硬材料工具的应用特点而生产的,所以生产工艺既具有粉末冶金工艺的基本特点,也有超硬材料制品的特殊性。可以粗略归纳为以下几点：

(1)能利用金属-金属、金属-非金属、金属-化合物为原材料组合生产出各种性能独特的工具；

(2)可以较容易地调节材料内部的孔隙度，适用于不同使用性能的产品(如一定含孔量的磨具、高致密的锯片)；

粉末冶金
应用概况

(3)能够在较低的温度下实现金属的合金化，以最大限度保证超硬材料性能的稳定；

(4)部分产品可实现自动化生产。

超硬材料烧结制品的制造尽管与粉末冶金技术密不可分，但两者因产品的性能要求不同而各有独特的性能。粉末冶金制品注重产品的力学性能，产品的内在质量主要控制合金的相组成；而超硬材料烧结制品不仅要考虑力学性能，更重要的是要满足工具加工效率和使用寿命，不仅是要研究作为结合剂的金属合金，还要研究超硬磨料以及两者之间的关系。

### 1.2.2 超硬材料烧结制品种类

从超硬材料烧结制品的发展历史中也可以看出，超硬材料烧结制品是以三大类产品为主，包括超硬材料磨具、金刚石锯切工具、金刚石钻进工具(见表1-1)。

表1-1 超硬材料烧结制品主要产品种类

| 类别 | | 制品 |
|---|---|---|
| 超硬材料磨具 | 通用磨具 | 平形砂轮、碟形砂轮、杯形砂轮、筒形砂轮 |
| | 专用磨具 | 电解磨轮、金刚石磨盘、油石、磨块、磨头、磨边轮、磨辊、光学玻璃精磨丸片 |
| 金刚石锯切工具 | 金刚石圆锯片 | 周边连续型圆锯片、焊接型圆锯片 |
| | 金刚石框架锯 | 烧结型、钎焊型、电镀型 |
| | 金刚石带锯 | 烧结型、钎焊型、电镀型 |
| | 金刚石绳锯 | 烧结型、钎焊型、电镀型 |
| | 金刚石链锯 | |
| | 金刚石线锯(电镀法生产) | |
| | 金刚石丝锯(电镀法生产) | |
| 金刚石钻进工具 | 金刚石地质钻头 | 表镶金刚石钻头、孕镶金刚石钻头 |
| | 金刚石油气井钻头 | |
| | 金刚石薄壁钻头 | |
| | 金刚石扩孔器 | |
| 超硬材料烧结制品其他工具或器件 | 金刚石修整工具 | 修整滚轮、修整块、金刚石修整笔 |
| | 金刚石拉丝模 | |
| | 散热片 | |
| | 金刚石压头 | |
| | 耐磨元件 | |

在制品分类过程中,也可以从不同的出发点进行分类。在每一种工具类型中都可以结合剂类型、加工方式等来更具体地分类,后期各章节中会有详述。

## 1.3 超硬材料烧结制品的应用

超硬材料烧结制品的应用主要取决于超硬磨料的性质。以金刚石为磨料的制品主要应用于加工非金属硬脆性材料,如玻璃、石材、陶瓷、混凝土、耐火材料、磁性材料、玉石、塑料、石墨等非金属材料,以及有色金属和高碳黑色合金材料;以立方氮化硼为磨料的制品适用于加工硬韧性材料,比如加工高钒钢、工具钢、模具钢等钢材时,具有独特的性能。在应用领域上,涉及机械加工、建材加工与建筑工程、地质勘探与石油开采、光学玻璃加工等工业领域。

### 1.3.1 机械加工工业

磨具作为机械加工行业的"牙齿",是保证零部件形状与精度的必不可少的重要工具,而超硬材料磨具又是加工难加工材料最有效的工具。由于金刚石磨料所具有的特性(硬度高、抗压强度高、耐磨性好),使金刚石磨具在磨削加工非金属硬脆材料及有色金属方面成为理想的加工工具,不但效率高、精度高,而且粗糙度好、磨具消耗少、使用寿命长,同时还可改善劳动条件。汽车领域的发动机凸轮轴、曲轴的加工,需要超高速、高效精密成形砂轮,对强度、锋利性以及形状保持性、动平衡性能提出远高于传统加工方法的要求;空调、冰箱压缩机主要零部件缸套、滑片的加工,应用固结磨具双端面磨削技术替代传统加工工艺,对磨具的平面度、平行度、耐用度提出了比普通磨具高几个数量级的要求。此外,随着钛镍合金、热喷涂陶瓷、金刚石膜等各种新型高温难加工新材料在航天航空以及国防工业领域内的应用,金刚石高效精密砂轮作为不可替代的理想磨削工具,其消耗量也呈快速增长的态势。

在砂轮刃磨硬质合金车刀时,每磨除 1 g 硬质合金要消耗绿碳化硅磨料 4~15 g,而使用金刚石磨具磨削时仅消耗 2~4 mg。金刚石对硬质合金的研磨能力比传统磨料碳化硅高数千倍,磨削比要比普通砂轮高上千倍,成本降低 10% 以上。金刚石砂轮磨削硬质合金刀具,可以避免用碳化硅砂轮加工时容易出现的裂纹、崩口等缺陷,加工出的刀具粗糙度低、精度高,刀具寿命可延长 50%~100%,而且可以省掉刃磨后的抛光工序,生产效率可提高数倍。用金刚石磨轮电解磨削硬质合金,生产率是一般机械磨削的 4~8 倍,通常表面粗糙度可达 0.4 μm 以上,最高可达到 0.025 μm,呈镜面。在生产率随着加工电流提高时,对工件表面质量影响很小,表面不会引起内应力和热影响区,使硬质合金表面具有很高的表面完整性。

在汽车制造工业中也广泛应用超硬材料。用普通的砂轮来磨削曲轴,需要用金刚石滚轮对普通砂轮进行在线随时修整,而使用金刚石砂轮和立方氮化硼砂轮可直接进行磨削加工。用金刚石珩磨油石珩磨汽车发动机汽缸时,一块金刚石油石相当于 300 多块碳化硅油石,加工粗糙度由 0.4~0.8 μm 降低到 0.1~0.2 μm,汽缸椭圆度和锥度偏差从

0.03 mm减少到0.015~0.02 mm。

金刚石磨具磨削合金工具钢时,比普通砂轮磨削比提高10倍以上,成本降低10%,还避免了用普通砂轮加工容易引起的烧伤现象。但需要指出,对于磨削合金工具钢而言,立方氮化硼磨具应是首选工具,它比金刚石磨具更为优越。

在铸铁加工方面也取得了较好的应用。用传统硬质合金或普通磨具加工时,加工效率低、加工质量差、工具安全性差,在加工耐磨铁和铸铁件时易出现白口层、孕沙层。使用金刚石锯片可以满足开槽、切断等切割要求,加工质量、使用寿命、加工效率等都成倍提高,表现出高效、低耗、安全的特点。

近几年来,随着高速磨削超精密磨削技术迅速发展,对砂轮提出了更高要求,金属结合剂砂轮因其结合强度高、成形性好、使用寿命长等显著特性而得到了广泛应用(见图1-5)。

图1-5　超硬磨具磨削轴件

### 1.3.2　建材加工与建筑工程

随着科学技术和现代工业的发展,石材的应用领域日益扩展,石材开采量逐年增加。我国一跃成为在石材产量、消费量、贸易量均位于世界首位的石材工业大国,已成为名副其实的世界石材加工厂,这与金刚石工具是密不可分的。金刚石具有高硬度、高锋利性、高耐磨性的特点,石材作为建筑重要材料,具有高硬度、高脆性的特点,石材加工正是金刚石应用的最合适领域。据不完全统计,金刚石磨料的70%以上均消耗于石材加工领域。石材加工金刚石工具涉及石材矿山开采、石材锯割、石材磨削和石材抛光等工序。原始打眼放炮开采的方式已被金刚石绳锯、圆锯、链锯等取代,不仅提高了效率,更重要的是提高了石材荒料利用率。在板材加工中,单圆锯片、框架锯和组合圆锯片适应了不同生产规模的石材加工厂的需求。金刚石锯片通过几十年的发展,在节块结构、基体材质与形状、结合剂配方优化、节块焊接等方面均卓有成效,形成锯片品种繁多、可加工石材材质齐全、生产企业最多的多个超硬材料特色产业群。

工程施工用金刚石工具是仅次于石材金刚石工具的第二大类金刚石工具,西方发达国家在工程施工中很早就使用到金刚石工具。到目前为止,工程施工中金刚石工具的使用已经十分普及,在道路、桥梁、机场、港口、建筑等工程中均大量使用。通用锯片在工程施工中消耗数量最多,占70%以上。现代建筑工程中,为了保证建筑的完整性和安全性,新建墙体上预留孔较少,相当部分采用后加工。比如,使用金刚石墙锯、绳锯和薄壁金刚石工程钻头来切割墙体伸缩缝、安装电梯、开窗口等成为常见工程。在桥梁建筑和旧桥梁拆解过程中,大量使用金刚石工程钻头、金刚石锯片和绳锯,来加工管道、线道和切割分离钢筋混凝土。近些年,金刚石链锯在建筑工程手工切割中的应用也越来越多,用于切割煤层、岩石、混凝土、钢筋混凝土、管道、砖石、石头和其他石材、木材的作业,利用链锯狭长的切割臂能深入达500 mm或更深的盲孔或通孔的一次成形作业,灵活性大,操作方便(见图1-6)。

金刚石钻头在钢筋混凝土钻孔中与金刚石锯切工具一道起到了重要的作用,钻孔质量和效率均是普通合金钻头无法相比的,如钻常规钢筋混凝土土墙时,平均钻进速度:$\phi 63$ mm钻头,速度达到5.16 cm/min;$\phi 108$ mm钻头,速度达到3.28 cm/min。

此外,在陶瓷墙地砖磨边加工、异形石材切割加工、石材工艺品加工、耐火材料加工、石墨电极等材料加工方面均得到大量的应用。

图1-6 金刚石组合锯切割石材

### 1.3.3 光学玻璃加工业

大到航空航天小到日常生活,光学玻璃广泛应用在各行各业中,如望远镜、照相机、眼镜、雷达、激光器、光学显示屏、微波炉面板等。光学玻璃是脆而易碎的材料,加工工具要求锋利性好,耐用度高。玻璃加工用金刚石磨具已形成系列化、标准化,品种规格齐全,产品质量稳定。现今玻璃加工行业已由最初使用普通磨料来加工玻璃发展到使用金刚石工具来高效切、钻、磨、抛等磨削加工工序。所使用的超硬材料工具有金刚石锯片、金刚石钻头、金刚石铣磨砂轮、金刚石磨边砂轮、金刚石精磨片、金刚石超精片、抛光片、金刚石研磨膏等。20世纪90年代以来,随着玻璃直边磨边机、玻璃斜边磨边机、玻璃钻孔机、玻璃异形磨边机等玻璃深加工设备的配套使用,金刚石工具在平板玻璃深加工行业得到大量应用(见图1-7)。

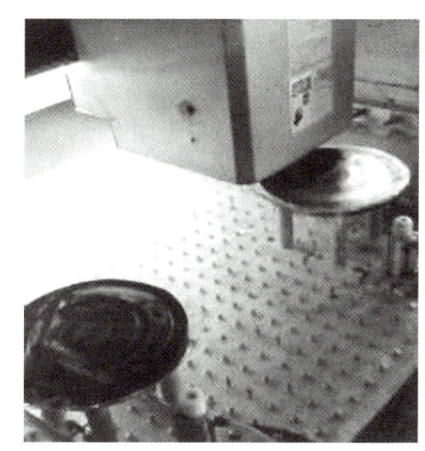

图1-7 金刚石磨边轮加工圆形光学平板玻璃

金刚石铣磨砂轮对玻璃平面及球面可以完美加工,特别在高精度大型光学透镜加工中起到了无可取代的作用。

随着玻璃深加工的迅速发展,加工平板玻璃所用的金刚石工具越来越多,其中最多的是金刚石磨边轮。磨边轮也从以前的组合式磨边轮到现在的成形磨边轮。图1-7为金刚石磨边轮在平板玻璃单件生产中的加工过程。玻璃磨边可以根据玻璃边的要求使用直边磨边轮和曲线磨边轮,可以实现粗磨、精磨等加工,也可以在一个磨边轮中同时实现粗磨和精磨。金刚石磨具耐磨性好、磨粒把持力强,使用寿命长,尺寸精度高。

玻璃和夹层玻璃的切割机,切割头也用金刚石锯片。厚玻璃、夹层玻璃和多层夹层玻璃的切割,使用金刚石锯片可以直接切透。奥地利Thalheim的DTMW-H公司生产的玻璃金刚石仿形锯,切特殊边时,采用厚1 mm的金刚石带锯来进行加工。也有边部镶嵌金刚石颗粒的青铜结合剂圆锯加工。根据用途有直线切割、内圆切割、外圆切割。圆锯速度为1 500~2 500 m/min,切割效率高。大型玻璃制品,也有用金刚石带锯切割,切割速度比砂轮切割要快4~5倍。

传统玻璃钻孔是用机械钻孔机床来完成的,使用硬质合金钻头进行钻孔。现在无论是玻璃深加工企业还是玻璃小店,大都使用金刚石钻头来加工玻璃和镜子的孔。玻璃钻孔中应用的金刚石工具有各种尺寸的玻璃钻头、玻璃倒角磨头、玻璃钻头加倒角钻等,使用金刚石钻头可获得小的玻璃爆边直径和高的材料去除率。

### 1.3.4 地质勘探与开采

金刚石的高硬度高耐磨性也决定了最适宜加工硬度高的材料,在地质勘探和油气井钻进中大量使用于金刚石钻头,可以钻进10级以上的岩石,大大提高了资源开采速度。金刚石钻头的使用是20世纪80年代世界钻井三大新技术之一。现场使用证明,金刚石钻头在软至中硬地层中钻进时,有速度快、进尺多、寿命长、工作平稳、井下事故少、井身质量好等优点。金刚石钻头不但使用时间长,还可以重复利用,返厂修复的金刚石钻头使用起来和出厂的金刚石钻头使用效果差不多,能大量地节约钻井成本。

20世纪80年代,我国一普查勘探队所钻岩层多数为4~6级砂岩、砂页岩、凝灰质砂岩,部分为7~9级凝灰质砂砾岩和硅化程度较高的矿层。使用的钻头以人造金刚石孕镶钻头为主,少量用过天然金刚石孕镶或表镶钻头,共使用61个金刚石钻头,累计进尺9 475.34 m,平均使用寿命155 m,其中最长使用寿命达1 002.47 m。

2001—2005年,中国大陆科学钻探科钻1井在钻进硬至坚硬的结晶岩时,采用国产一次热压的人造金刚石孕镶钻头、二次成形镶嵌钻头和电镀成形钻头,攻破了大直径硬岩钻进难关,钻进5 158 m,取出4 290.91 m岩芯,钻头达到国际先进水平。2010年在安徽313地质队霍邱铁矿深部探测孔钻进的最后阶段,采用二次镶嵌金刚石钻头,钻进了340 m,完成了当年国内最深的孔深记录,凸显了人造金刚石钻头的高效长寿特点。

我国地质行业曾使用新型针状合金-金刚石复合地质钻头,8个钻头在卵砾石地层共钻井158.48 m,钻头平均寿命19.81 m,平均时效1.89 m/h,平均回次进尺2.30 m,与普通合金钻头相比,寿命提高近19倍,平均时效提高90%,平均回次进尺提高1.3倍,而成本仅为后者的25%。

### 1.3.5 电子、电器、电线电缆、能源工业

在电子信息及能源材料中,经常使用高单价材料,例如单晶硅、多晶硅及蓝宝石。硅材料硬度高、脆性大,广泛使用在集成电路基板、太阳能电池等。蓝宝石(成分 $Al_2O_3$)多做LED发光组件的基板。集成电路硅片加工中需要切头尾与切片,用金刚石切割片加工,硅表面平整且细致。使用金属结合法所制成的超薄金刚石砂轮片,具有强韧性高,厚度薄,精度高,不会在机器加工中到处飞散,能够使设备损伤减轻,并且能实现洁净的车间环境,大幅减少磨料的使用量,具有明显的节能效果,能够对各种硬脆材料进行开槽切割,如各种硅片、锗、铁氧体、玻璃、铌酸锂、磷化镓、钽酸锂、磷砷化镓、砷化镓等。芯片加工要经过磨外圆、切片、磨倒角、抛光、减薄等工艺才能完成。目前金刚石砂轮在芯片研磨过程中使用8 000#磨粒,可完全取代游离磨粒的抛光,在12英寸晶圆研磨时,高达2 000片的寿命,减少了因抛光效率低的工作程序所造成的浪费。用金刚石带锯和金刚石线锯加工,前者寿命长,后者效率高,可大幅度提高产能。

太阳能硅芯片制造中使用金刚石锯片、金属烧结锯片,成本较低、切割速度快,也可

以使用最好的金刚石线锯,一次可切割16支晶棒。切段时使用金刚石锯片和金刚石线锯。多晶切方过程中,Gen5(810 mm×810 mm)加工中一次可切割25支晶棒,用金刚石线锯3 h可以完成过去以游离磨料切割需7 h的加工。

蓝宝石是仅次于金刚石的高硬度材料,蓝宝石光学窗口片被广泛应用于激光、红外、通信、半导体、电子、钟表、医疗美容、测量仪表、军工及航空航天等诸多尖端高科技领域。在蓝宝石的各行业加工及应用中,基本是全过程需要超硬材料的加工,因此金刚石砂轮被广泛应用于原材料的切割、平磨、外圆磨以及半成品的倒角磨、减薄磨、开槽、打孔等。蓝宝石晶棒的取得通常要使用金刚石套料钻头钻取,晶棒的切头尾需要金刚石线锯来完成,外圆研磨方面多使用金刚石无芯砂轮,寿命极长(约1.5年/个),产能极为稳定。其中蓝宝石的倒角砂轮、减薄砂轮目前基本上是国外企业占据了大部分的国内市场。

在电线电缆加工中,金刚石拉丝模得到有效使用,是不锈钢线材及电缆行业生产的重要工具,尤其在细线及微丝方面应用极为广泛。天然金刚石拉丝模硬度高、耐磨性好,拉制的线材表面光洁度很高,但由于天然金刚石在结构上具有各向异性,导致其硬度也呈各向异性,使模孔的磨损不均匀,制品不圆整,加之价格昂贵、稀少,一般用作表面质量要求高的细线拉线模或成品拉线模;人造聚晶金刚石模具是无定向的多晶体,它硬度高且不存在各向异性,抗冲击能力强,磨损均匀,模具使用寿命长,适用于高速拉拔。

随着我国科学技术的不断进步,超硬材料的独特性能得到不断的开发利用,超硬材料制品技术水平不断提高,应用领域不断扩展,超硬材料制品行业已经成为国民经济和国防建设不可缺少的重要组成部分。我国已成为世界上重要的金刚石工具生产国、使用国和出口国。金刚石工具在新兴行业领域内的应用有望进一步拓展,随着人造金刚石品级的不断提升和品种的逐渐细化,优良的性能使得其有望在航空仪表轴承、雷达波导管、光学器件、高能烟速器、硅材、计算机芯片等高新技术加工领域得到更广泛的应用。

思考题

1.粉末冶金工艺与传统冶炼法工艺相比有何特点?
2.超硬材料烧结制品与粉末冶金零件性能相比,有何不同的性能要求?为什么?

# 第 2 章　金属粉末

## 2.1 粉末的性能与检测

### 2.1.1 粉末简介

固态物质根据其分散程度的不同可将其分为三大类：致密体、粉末体和胶体，通常将粒径在 1 000 μm 以上的称为致密体，0.1 μm 以下的称为胶体，介于两者之间的称为粉末体。

粉末(粉末体)是由大量颗粒及颗粒之间的空隙所构成的集合体。粉末颗粒又可分为单颗粒和团颗粒，粉末单颗粒是指粉末中能分开并独立存在的最小实体。多数情况下，颗粒与相邻颗粒黏附成团构成所谓的团粒，颗粒之间的黏附力比范德瓦耳斯力(范德华力)大得多，接近电荷的库仑引力。图 2-1 描绘了由若干单颗粒聚集成团粒的情形，单颗粒可能是单晶颗粒，更多情况下是多晶颗粒，但晶粒间不存在空隙。

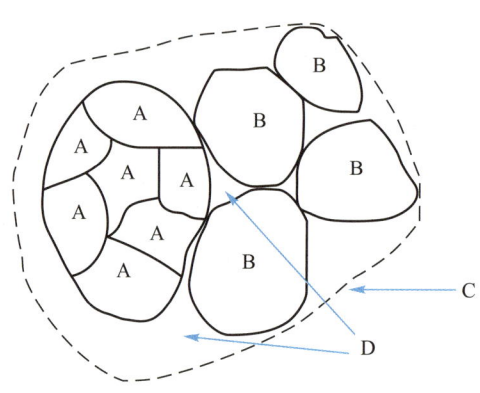

A—晶粒；B—单颗粒；C—团粒；D—空隙。
图 2-1　粉末颗粒结构示意图

而粉末颗粒之间有很多的小空隙，且连接面少，面上的原子间不能形成强的键力，所以没有固定的形状，具有与液体相似的流动性，但由于颗粒移动时有摩擦存在故流动性有限。

粉末是颗粒与颗粒间的空隙所组成的分散体系，因此研究粉末体时，应分别研究属于单颗粒、粉末体以及粉末体的孔隙等的一切性质。

在实际中，通常按照金属粉末的化学成分、物理性能和工艺性能进行划分。

### 2.1.2 化学成分

粉末的化学成分是指主要金属的含量和杂质的含量。杂质主要指：
(1) 与主金属结合形成固溶体或化合物或非金属成分，如还原铁粉中的 Si、Mn、C 等；

(2) 原材料和粉末生产过程中带进的机械夹杂，如 $Al_2O_3$、$SiO_2$、难熔金属或碳化物等；

(3) 粉末颗粒表面的杂质，如表面氧化物及表面吸附的氧、氮等杂质气体；

(4) 制粉工艺带来的杂质，如水溶液电解粉末中的氢，气体还原粉末中溶解的碳、氮等。

金属粉末中的杂质氧和酸不溶物含量超过一定量后，粉末就会变脆，压制和烧结性能就会变坏。因此，进行氧和酸不溶物含量的测定和控制具有重要意义。

#### 2.1.2.1 氢损法

氢损法是将 5 g 有润滑剂的金属粉末试样放在刚玉舟皿内在纯氢气流中煅烧一段时间，常见金属粉末还原温度和时间见表 2-1。煅烧时，粉末中的氧与氢结合生成水汽排出使得粉末总质量减少，减少值占粉末试样质量的百分数即为氢损值，用式(2-1)表示：

$$HL = \frac{m_2 - m_3}{m_2 - m_1} \times 100\% \qquad (2-1)$$

式中 $HL$——氢损；

$m_1$——空舟皿的质量，g；

$m_2$——煅烧前盛有试样的舟皿质量，g；

$m_3$——煅烧后盛有试样的舟皿质量，g。

显然，氢损值只是近似反映了粉末中的氧含量，因在煅烧过程中，粉末的 $SiO_2$、$Al_2O_3$、$MgO$、$CaO$ 等含氧杂质不能被还原，而一些非氧杂质 C、S 等却能与氢生成挥发性化合物排出，同时，粉末表面吸附的气体杂质和粉末中的低熔点金属 Zn、Cd、Pb 等也挥发排出，因而给准确测定氧含量带来了困难。

表 2-1 常见金属粉末还原温度和时间

| 金属粉末 | 还原温度 /℃ | 还原时间* /min | 金属粉末 | 还原温度 /℃ | 还原时间* /min |
| --- | --- | --- | --- | --- | --- |
| 锡青铜 | 775±15 | 30 | 铁和合金钢 | 1 100±15 | 60 |
| 锡 | 425±10 | 30 | 钴 | 1 000±20 | 60 |
| 银 | 550±10 | 30 | 镍 | 1 000±20 | 60 |
| 铜 | 850±15 | 30 | 钨 | 1 100±20 | 60 |
| 铅铜 | 600±10 | 10 | 钼 | 1 100±20 | 60 |
| 铅青铜 | 600±10 | 10 | 铼 | 1 150±20 | 60 |

\* 还原时间只是参考值，只要氢损反应完全，可缩短时间。

#### 2.1.2.2 酸不溶物法

金属粉末中的 $SiO_2$、$Al_2O_3$、碳化物、硅酸盐、黏土等杂质均不溶于酸，为此，可将粉末试样用某种无机酸(铜用硝酸,铁用盐酸)溶解,滤出的沉淀物于 900~1 000 ℃下煅烧至恒重,即可计算出粉末中酸不溶物杂质相对含量。

$$\text{铁粉的盐酸不溶物} = \frac{A}{B} \times 100\% \qquad (2-2)$$

式中　$A$——盐酸不溶物的质量,g;
　　　$B$——粉末试样的质量,g。

由于 $SnO_2$ 不溶于硝酸,故在测定锡青铜粉末酸不溶物含量时应扣除这一部分含量。具体的是,在硝酸不溶物中加入 $NH_4I$,于坩埚内加热到 425~475 ℃,煅烧 15 min,碘挥发,同时 $SnO_2$ 被还原成能溶于硝酸的 $SnO$,加 2~3 mL 硝酸使其完全溶解,此时残留物与粉末的质量之比的百分数即为酸不溶物含量。

$$\text{铜粉的硝酸不溶物} = \frac{A - B}{C} \times 100\% \qquad (2-3)$$

式中　$A$——硝酸不溶物的质量,g;
　　　$B$——相当于锡氧化物的质量,g;
　　　$C$——粉末试样的质量,g。

### 2.1.3　物理性能

粉末的物理性能包括:颗粒形状与结构,粒度与粒度组成,比表面,颗粒的密度,显微硬度,光学和电学性质,熔点、比热容、蒸气压等热学性质。

#### 2.1.3.1　颗粒形状与结构

颗粒的形状及其外形结构的不同可用某种几何形状来近似描述。常见的颗粒形状如图 2-2 所示,颗粒形状主要是由粉末生产方法决定,关系如表 2-2 所示,同时也与物质的分子或原子排列的结晶几何学因素有关。

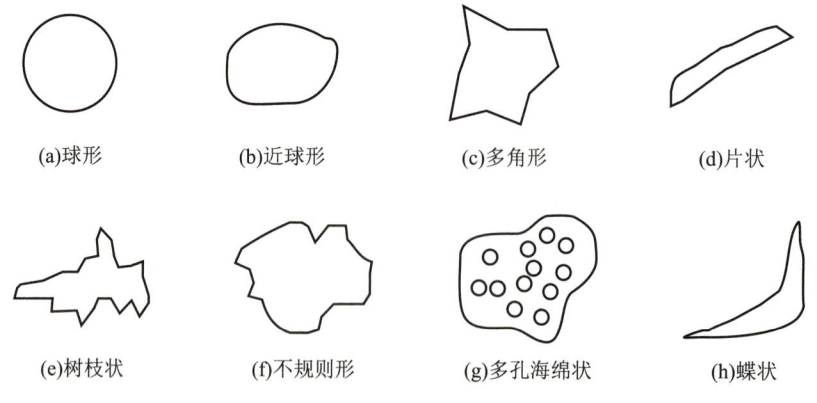

图 2-2　常见粉末颗粒的形状

表 2-2 粉末形状与生产方法的关系

| 颗粒形状 | 粉末生产方法 | 颗粒形状 | 粉末生产方法 |
|---|---|---|---|
| 球形 | 气相沉积、液相沉淀 | 树枝状 | 水溶液电解 |
| 片状 | 塑性金属机械研磨 | 不规则形 | 水雾化，机械粉碎，化学沉淀 |
| 多角形 | 机械粉碎 | 多孔海绵状 | 金属氧化物还原 |
| 近球形 | 气体雾化，置换 | 碟状 | 金属旋涡研磨 |

#### 2.1.3.2 粒度与粒度组成

1）粒度与粒度组成的性能　粉末粒度或粒径是指颗粒的大小。对于粉末体而言，粒度是指颗粒的平均大小。表 2-3 是按照粉末平均粒度大小来划分的等级。

表 2-3 粉末粒度级别

| 级别 | 平均粒径范围/μm | 级别 | 平均粒径范围/μm |
|---|---|---|---|
| 粗粉 | 150~500 | 极细粉 | 0.5~10 |
| 中粉 | 40~150 | 超细粉 | <0.1 |
| 细粉 | 10~40 | | |

对于粉末冶金生产，不仅要测定粉末体平均粒度的大小，更重要的是测定颗粒的粒度分布。粉末粒度分布对成形、烧结有一定的影响。为了表示粒度的大小及组成，须建立一定的测量标准。

（1）粒径基准　用直径表示的颗粒大小称粒径。规则球形颗粒用球的直径或投影圆的直径表示是一样的，也是最简单和最精确的一种情况。对于近球形、等轴状颗粒，用最大长度方向的尺寸代表粒径，其误差也不大。但是，多数粉末的颗粒，由于形状不对称，仅用一维几何尺寸不能精确地表示颗粒真实的大小，所以最好用长、宽、高三维尺寸的某种平均值来度量，称为几何学粒径。由于测量颗粒的几何尺寸非常麻烦，计算几何学平均粒径也较烦琐，因此又有通过测定粉末的沉降速度、比表面积、光波衍射或散射等性质，而用当量或名义直径表示粒度的方法。可以采用下面三种粒径作为基准：

① 几何学粒径（$d_g$）　对于任意形状的粉末颗粒，可用长、宽、高三度尺寸的某种平均值来代表粒径，也可用与颗粒最大投影面积 $S$ 或体积 $V$ 相同的矩形、正方体、圆、球的边长或直径来表示（称为名义粒径）。

② 当量粒径（$d_e$）　利用水力学方法，如沉降法、离心法、风筛法、水簸法等测得的粉末粒度称为当量粒径，其中斯托克斯（Stocks）径比较常见。

③ 比表面粒径（$d_{sp}$）　利用吸附法、透过法和润湿法等测出粉末的比表面，再换算成具有相同比表面的均匀球形颗粒的直径表示，称为比表面径，换算式为

$$d_{sp} = \frac{6}{S_v} = \frac{6}{\rho_i \cdot S_w} \tag{2-4}$$

式中　$S_v$——体积比表面，$cm^2/cm^3$；

$S_w$——质量比表面，$cm^2/g$；

$\rho_i$——颗粒似密度,g/cm³。

(2)粒度分布基准

①个数分布基准　以每一粒径间隔内的颗粒个数占全部颗粒总个数的多少来表示,即 $n/\sum n$,又称频度分布。

②长度分布基准　以每一粒径间隔内的颗粒总长度占全部颗粒长度总和的多少来表示,即 $nd/\sum nd$。

③面积分布基准　以每一粒径间隔内的颗粒总表面积占全部颗粒表面积总和的多少来表示,即 $nd^2/\sum nd^2$。

④质量(体积)分布基准　以每一粒径间隔内颗粒的总质量(体积)占全部颗粒质量(体积)总和的多少来表示,即 $nd^3/\sum nd^3$。

以上四种粒度基准中以①和④最为常用。

如果以各粒径间隔内颗粒百分数或质量百分数为纵坐标,以粒径为横坐标作曲线,则得到分别以个数分布和质量分布为基准的粒度(频度)分布曲线。粒径间隔划分越细,统计的颗粒总数越多,则得出的曲线越连续、越光滑。图2-3为几种典型粒度分布曲线。

粉末的粒度及组成是影响粉末比表面、工艺性能、压制和烧结过程以致最终产品性能的重要因素。

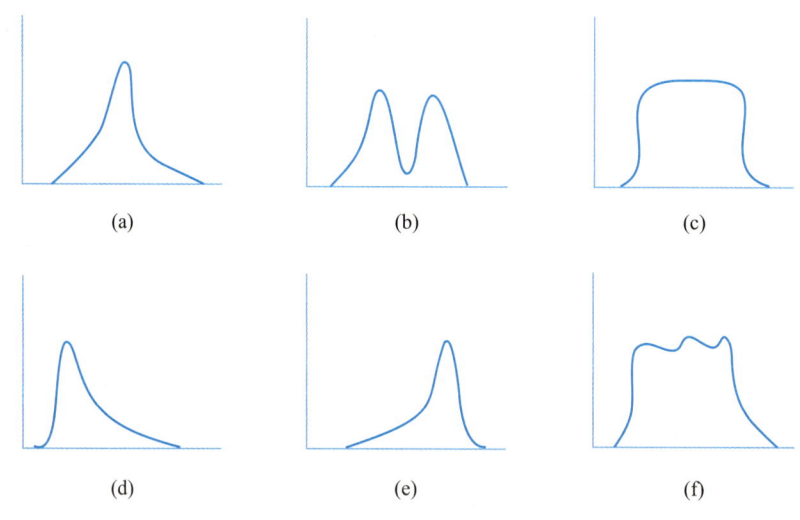

图2-3　几种典型粒度分布曲线

2)粉末粒度的测定　粉末粒度的测定是粉末冶金生产中检验粉末质量以及调节和控制工艺过程的重要依据。根据粉末粒径的四种基准,可将粒度测定方法分成四大类:

(1)几何学粒径　用显微镜按投影几何学原理测得的粒径。包括筛分析、光学显微镜、电子显微镜、电阻法。

(2)当量粒径　利用沉降法、离心法、水力学法测得的粉末粒度。

(3)比表面粒径　利用吸附法、透过法、润湿法测定粉末的比表面,再换算成具有相同比表面的均匀球形颗粒的直径表示。

(4)光衍射粒径　用于粒度接近电磁波波长的粉末,基于光与电磁波的衍射现象所测得的粒径。

3) 粒度测试方法　下面介绍几种有代表性的粒度测试方法, 见表 2-4:

表 2-4　粉末粒度测定常用的方法及其应用范围

| 种类 | 方法 | 有效尺寸范围/μm |
|---|---|---|
| 筛分 | 使用筛子和机械振动筛分析 | 45~800 |
|  | 微孔筛 | 5~50 |
| 显微镜 | 可见光 | 0.5~100 |
|  | 扫描电子显微镜 | 0.1~1 000 |
|  | 投射电子显微镜 | 0.001~1 |
| 斯托克斯定律方法 | 沉降 | 2~300 |
|  | 浊度计 | 0.5~500 |
|  | 淘析 | 5~50 |
| 电解电阻 | Coulter 计数器 | 0.5~800 |
| 光遮蔽 | HIAC | 1~9 000 |
| 光散射 | Microtrac | 2~100 |

(1) 筛分法　适用于 40 μm 以上的中等粉末和粗粉末的分级和粒度测定。筛分法用的标准筛是由 5~6 个筛孔尺寸不同的筛盘加上盖和底盘组成,将干燥后的粉末称取一定质量(常取 50 g 或 100 g),使粉末依次通过尺寸由大到小的筛网,按粒度分成若干级别,用相应筛网的孔径代表各级粉末的粒度。称量并记录各级筛子上粉末的质量,即可求得被测试样以重量计的颗粒粒径分布。

(2) 显微镜法　在正常情况下,人眼的分辨能力是 0.2 mm,小于 0.2 mm 的颗粒必须借助光学仪器,如放大镜、光学显微镜、电子显微镜等,才有可能进行粒度测量和外表形态观察。它不仅具有直观、测量范围宽的特点,而且是唯一能够对单颗粒进行粒度测定的方法,还经常用来标定其他粒度分析方法。

使用光学显微镜测量粒度,由于计量颗粒数目有限,粒度数据往往缺乏代表性,但是它可以对单个粉末颗粒进行测量。测量时,粉末颗粒分散在显微镜的载玻片上或者其他合适的装载介质上,然后使用带有刻度的目镜测量每个颗粒尺寸,金相显微镜还可在显微照片上测量。

用透射显微镜测量时,一般采用玻璃片制样。将上述分割好的样品置于洗净的玻璃载物片上,然后用滴管吸取分散介质,在置有样品的玻璃片上滴上几滴。放上玻璃盖片或用玻璃棒进行揉研,以便将样品分散开。分散介质的选择是重要的,如果分散不好,会使整个测量结果失真,直接影响到测试的准确程度。

显微镜法测量的是颗粒的表观粒径,即颗粒的投影尺寸。对称性好的球形颗粒或立方体颗粒可直接按直径或长度计算,但对于不规则颗粒必须考虑到颗粒形状的不同表示方法。

(3) 沉降法　沉降法粒度分布测定是指一悬浮液中的粒子在重力场作用下而沉降,从不同时间内的沉降量求得不同半径粒子相对量的分布。

沉降法测定理论依据是斯托克斯定律,将被测粉末放在分散介质中(预先制好悬浮液),并施加外力不断搅拌,使粉末颗粒均匀地悬浮在整个分散介质中,当搅拌停止后,悬浮液中的粉末颗粒在颗粒本身重力、悬浮力及颗粒下降时与悬浮液的摩擦力三种力作用下,颗粒开始呈加速降落,但由于这三种力很快呈现平衡状态,粉末颗粒这时在分散介质中匀速运动,按斯托克斯定律沉降。由于颗粒本身粒径大小不同,沉降速度也不同,颗粒大的沉降快;颗粒小的沉降慢。这就形成了颗粒大小不同的分层带;颗粒大的先沉降到光路里,颗粒小的后沉降到光路里,利用粒径吸收可见光的原理,用一平行光束对整个悬浮液进行自下而上的自动扫描,检测出颗粒大小沿沉降高度的变化,也就是记录下不同沉降高度上的透过光强,由斯托克斯定律计算出被测粉末的颗粒粒径的分布结果。

(4)比浊法　比浊法原理与沉降法相似。将粉末在液体中分散,再倒入玻璃室中开始沉降。在玻璃室的液面以下已知的距离上穿过一束平行光束,通过光电管产生的电流确定光的强度。电流通过电位器而产生的电压降由毫伏计记录。在零时刻,即粉末均匀地分散在液体中,读数约为光通过没有粉末的澄清液体时读数的30%。沉降过程中,大颗粒的沉降快于小颗粒。随着沉降进行,光强度增大。

在给定时间 $t_d$,所有粒度大于 $d$ 的颗粒都沉降到光束以下。这些颗粒的粒度与时间 $t_d$ 的关系由斯托克斯定律给出,从而由光强与时间的曲线可以计算出悬浮液中颗粒的粒度分布。此方法在难熔金属粉末 W、Mo 和 WC 中广泛采用。

(5)Coulter 计数器法　在粒度测量的 Coulter 计数器法中,粉末悬浮于导电的液体中,悬浮液流过一个小孔,小孔的两侧具有电极。控制悬浮液的浓度及其流过小孔的速度,测量每个颗粒流过小孔时电极之间电阻的变化。电阻的变化与颗粒的体积成正比。记录电阻的变化,并将计数过程的结果转换成粉末粒度分布的数据。

(6)光遮蔽法　在此方法中,颗粒悬浮在流体中,其折射率与颗粒的折射率不同。悬浮液通过一个节流小孔,即测量区,平行的白光束从中穿过。光束落在一个光电探测器上,测量从测量区通过的光的强度。并且,控制悬浮液流入测量区的速度,测量每个颗粒通过所造成的光强度变化,将这些光强度的变化转化成颗粒粒度分布的数据。

(7)光散射法　当相干的单色激光被小颗粒散射时,衍射图案的角分布取决于粒度。不同粒度颗粒的散射光图案分布在与初始激光束不同的角度上,颗粒越小,角度越大。激光散射的 Microtrac 颗粒分析仪操作过程大致为:颗粒在液体中的悬浮液流过氦-氖气激光束照射的样品室,透镜将颗粒散射的光聚集并聚焦在旋转空间滤光片的平面上。滤光片的设计使透过的散射光图案所产生的信号正比于颗粒直径的三次方,即正比于颗粒体积。颗粒不需要一颗一颗地通过测量区。悬浮液从混合室直接抽送到样品室并循环回到混合室。

#### 2.1.3.3　比表面

1)比表面的性能　比表面为单位质量粉末具有的总表面积或单位体积粉末所具有的总表面积。前者称为质量比表面,后者称为体积比表面,两者之间有如下关系:

$$S_w = \frac{S_v}{\rho_i} \tag{2-5}$$

式中　$S_w$——质量比表面，$cm^2/g$；
　　　$S_v$——体积比表面，$cm^2/cm^3$；
　　　$\rho_i$——粉末颗粒的似密度，$g/cm^3$。

比表面属于粉末体的一种综合性质，是由单颗粒性质和粉末体性质共同决定的。粉末的比表面与粉末的颗粒形状、粉末的颗粒大小、粉末的粒度组成及粉末的松装密度等有密切关系，而且相互制约。因此，粉末的比表面对压制成形和烧结过程以及产品性能均有影响。颗粒形状越复杂，表面越粗糙（凹凸性），宏观缺陷（开孔、半开孔）越多，平均粒度越细，则粉末的比表面就越大。

2）比表面的测定　粉末的比表面测定采用吸附法和透过法。费氏法属于稳流（层流）状态下的气体透过法，基于空气在恒定压力下先透过粉末堆积体，然后通过可调节的针型阀流向大气。根据空气透过粉末堆积体时所产生的阻力和流量求出粉末的比表面和平均粒度。

粉末的比表面由 Kozeny-Carman 方程给出：

$$S_w = \sqrt{\frac{\varepsilon^3 A \Delta p}{K(1-\varepsilon)^2 L \eta Q \rho}} = \sqrt{\frac{\varepsilon^3 A \times 980.655 (p-F)}{K(1-\varepsilon)^2 L \eta Q \rho}} \quad (2-6)$$

式中　$S_w$——粉末质量比表面，$cm^2/g$；
　　　$\varepsilon$——粉末堆积体的孔隙度；
　　　$A$——粉末堆积体横断面积，$cm^2$；
　　　$\Delta p$——压差，$\Delta p = \rho_{水} g_{重}(p-F)$（$\rho_{水}$ 为 $1\ g/cm^3$，$g_{重}$ 为 $980.644\ cm/s^2$）；
　　　$p$——样品前空气的压力，$cmH_2O$（$1\ cmH_2O \approx 10^2\ Pa$，下同）；
　　　$F$——样品后空气的压力，$cmH_2O$；
　　　$K$——Kozeny 因子；
　　　$L$——粉末堆积体厚度，$cm$；
　　　$\eta$——空气黏度，$g/(cm \cdot s)$；
　　　$Q$——空气流量，$Q = C'F$（$C'$ 为针型阀的流量系数 $cm^3/s$）；
　　　$\rho$——粉末的有效密度，$g/cm^3$。

对于球形粉末，质量比表面与平均粒度之间有如下关系：

$$D = \frac{6 \times 10^4}{\rho S_W} \quad (2-7)$$

式中　$D$——平均粒度，$\mu m$。

费氏仪由空气泵、稳压管、试样管、压力计、针形阀和粒度读数板等部件组成，如图 2-4 所示。当气泵开动后，空气流经过滤器进入带有水的竖立稳压管，然后流过干燥管，除去水分后流进试样管，最后通过针形阀流向大气。每次测定，粉末试样预先由齿条和手轮等部件构成的压制机构按压试样高度曲线压制成对应孔隙度下的高度。当空气通过试样堆积体时，将产生一定的压力降。被测颗粒越大，产生的压力将越小，而 U 形管压力及水位上升越高，在粒度读数板上读出的粒度值越大，反之越小。U 形管压力计有双重作用，它既是压力计又是流量计，其值既表示空气通过粉末试样堆积体后的压力，又表示空气经粉末试样堆积体通过针形阀的流量。

## 超硬材料烧结制品

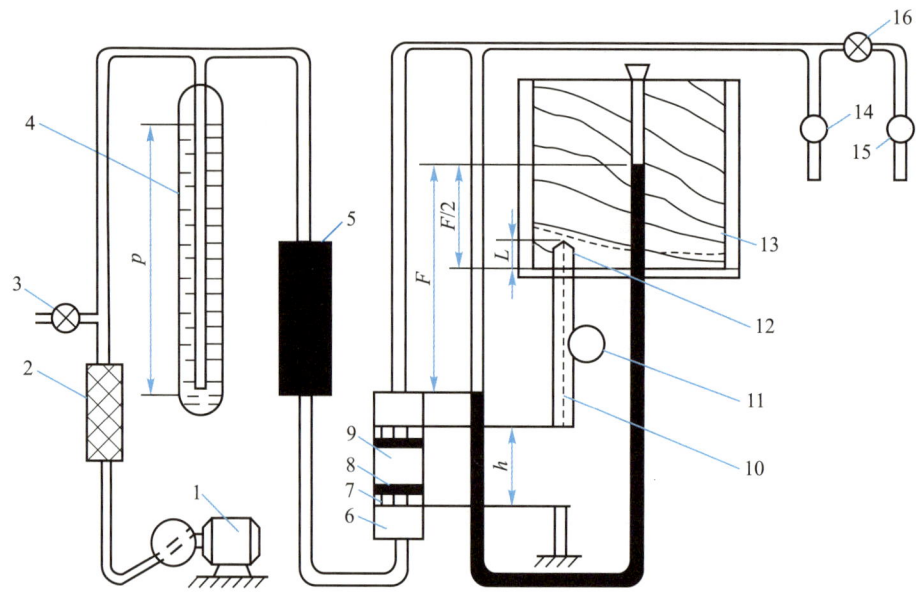

1—空气泵;2—过滤器;3—调压阀;4—稳压管;5—干燥剂;6—试样管;7—多孔塞;8—滤纸垫;
9—试样;10—齿杆;11—手轮;12—U形管压力计;13—粒度读数板;14,15—针形阀;16—换挡阀。

图 2-4 费氏仪简图

#### 2.1.3.4 颗粒的密度

有效密度是指用颗粒质量除以包括闭孔在内的颗粒体积得到的密度值。用比重瓶测定的密度接近这种密度值,故又称为比重瓶密度或似密度。

将粉末置于测量容器内,加入液体介质,并让这种液体介质充分地浸透到粉末颗粒的开孔隙中。根据阿基米德原理,测出粉末的有效体积,从而计算出单位有效体积的质量,即测得了粉末的有效密度。一般选用比重瓶法。

比重瓶是一个带细颈的磨口玻璃小瓶,瓶塞中心开有 0.5 mm 的毛细管以排出瓶内多余的液体。当液面平齐塞子毛细管出口时,瓶内液体具有确定的容积,一般有 5 mL、10 mL、15 mL、25 mL、50 mL 等不同的规格。

比重瓶密度的测定方法:

实验前,样品应在 110 ℃±5 ℃ 干燥到恒量,至少在干燥箱内烘干 2 h,前后两次连续称量试样的质量差应不大于 0.1%,每次称量前,试样置于干燥器内冷却到室温。

(1)称量已洗净并带有瓶塞的空比重瓶,精确至 0.000 2 g。

(2)向比重瓶内倒入干试样,其量大约占瓶内容积 1/3~1/2,进行称重,精确至 0.000 2 g,两次称量的差即为粉末的质量,即 $m_2-m_1$。

(3)向称量过的比重瓶内注入一定量脱气的蒸馏水或其他已知密度的液体,使其达到比重瓶容量的 1/2~2/3。把比重瓶放在干燥器内抽真空,直到不再有气泡上升为止。

(4)用水或其他所选用的液体将比重瓶加满,并使瓶内的试样沉淀下来,直到上层液体仅有轻微的浑浊为止。逐渐加满比重瓶,插入玻璃塞,并除去溢流出来的液体。将比重瓶放入恒温水浴锅内,调整试验温度(比环境温度高 2~5 ℃),温度升高时玻璃塞上毛细管孔中的液体会大量流出,用滤纸吸去溢流出来的液体,当比重瓶达到试验温度时,液体不再流出。从恒温水浴锅中取出比重瓶,将其放入冷水中几秒钟,防止温度升高,擦干比重瓶外部,称量精确至 0.000 2 g,即 $m_3$。

(5)倒空并洗净比重瓶,用水或其他液体将比重瓶加满,称量精确至 0.000 2 g,即 $m_4$。然后按式(2-8)计算即可得到粉末的密度:

$$\rho = \frac{m_2 - m_1}{m_2 - m_1 + m_4 - m_3} \rho_0 \qquad (2-8)$$

式中　$m_1$——比重瓶质量,g;

　　　$m_2$——比重瓶加粉末的质量,g;

　　　$m_3$——比重瓶加粉末和充满液体后的质量,g;

　　　$m_4$——比重瓶和充满液体的质量,g;

　　　$\rho$——粉末的密度,g/cm³;

　　　$\rho_0$——液体的密度,g/cm³。

#### 2.1.3.5　显微硬度

粉末颗粒的显微硬度采用普通的显微硬度计测量超硬材料角锥压头的压痕对角线长,经计算得到。

粉末颗粒的显微硬度测定方法与其他块体的硬度值测量不一样,首先必须将粉末试样与电木粉或有机树脂粉在金相镶嵌机上镶嵌,再在金相抛光机上将试样抛光后才能测量。

1)试样的要求

(1)试样的试验面一般为光滑平面,不应有氧化皮及外来污物,试验面光洁度必须保证压痕对角线精准地测量。

(2)在试样的制备过程中,应尽量避免由于受热、冷加工等对试样表面硬度的影响。

(3)试样或试验层的厚度至少应为压痕对角线平均长度的 1.5 倍。

2)试验　将一个相对面夹角 136°的正四棱锥体超硬材料压头以选定的试验力(0.098~1.96 N)压入试验表面,经规定保持时间后,一般保荷时间为 10~15 s,卸除试验力,测量压痕两对角线长度,每个试样至少应测试三次,硬度值是试验力除以压痕表面积所得的商,计算公式如下:

$$维氏硬度 = 0.189\ 1 \times \frac{F}{d^2} \qquad (2-9)$$

式中　$F$——试验力,N;

　　　$d$——压痕两对角线 $d_1$ 和 $d_2$ 的算术平均值,mm。

### 2.1.4　工艺性能

粉末的工艺性能包括松装密度、振实密度、流动性、压缩性和成形性。

#### 2.1.4.1　松装密度和振实密度

1)松装密度和振实密度的性能　松装密度是指粉末试样自然地充填规定的容器时,单位容积内粉末的质量(g/cm³)。振实密度是指在振动或敲击之下,粉末紧密充填规定的容器后所得的密度(g/cm³),比松装密度一般高 20%~50%。

松装密度受粉末粒度及粒度组成、颗粒的形状、颗粒的空隙、表面状态等因素的影响。

（1）粉末颗粒越粗,粉末松装密度越大;粉末颗粒越细,颗粒间的摩擦力越大,松装密度减小。为了得到理想的松装密度,必须用粗细粉末混合,因为细粉末能填充到粗粉末间的间隙中去,这样可以提高松装密度。

（2）颗粒形状很不规则的粉末通常比颗粒形状规则或球形粉末的松装密度小。这是由于不规则粉末表面粗糙,互相间的摩擦增大及粗细粉互相充填不均匀造成的。

（3）在其他条件相同时,粉末的内空隙越少,颗粒越致密,松装密度就越大,反之松装密度就越小。

粉末体的松装密度是确定压制工艺和进行压模设计的重要依据。如粉末压制时采用的容量法装粉工艺,它是用充满一定容积的模腔的粉末量来控制压件的单重和密度。不过,不同粉末装满同一容积其质量是不同的,因此需通过松装密度来设计型腔或松装高度。

2）松装密度和振实密度的测定　常用的测量方法有3种：

（1）漏斗法　粉末从漏斗孔按一定高度自由落下充满杯子。

（2）斯柯特容量计法　把粉末放入上部组合漏斗的筛网上,自由或靠外力流入布料箱,交替经过布料箱中4块倾斜角为25°的玻璃板和方形漏斗,最后从漏斗孔按一定高度自由落下充满杯子。

（3）振动漏斗法　将粉末装入带有振动装置的漏斗中,在一定条件下进行振动,借助于振动,从漏斗孔按一定高度自由落下充满杯子。

对于在特定条件下能自由流动的粉末,采用漏斗法；对于非自由流动的粉末,采用后两种方法。松装密度的测定装置如图2-5所示,具体的装置结构如图2-6所示。

图2-5　松装密度的测定装置

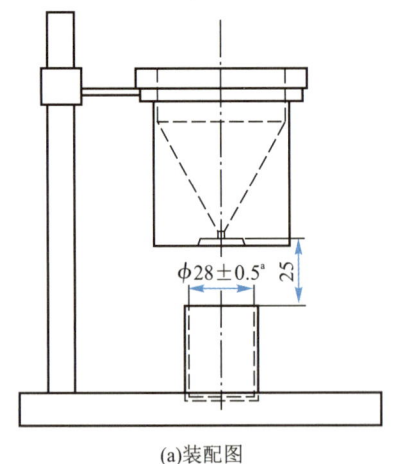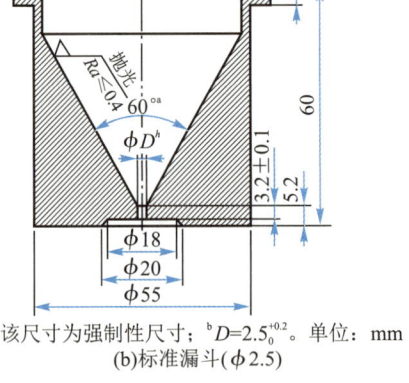

(a)装配图　　(b)标准漏斗($\phi$2.5)

a 该尺寸为强制性尺寸；b $D=2.5^{+0.2}_{0}$。单位：mm

图2-6　松装密度测定装置结构图

### 2.1.4.2 流动性

粉末的流动性是指用 50 g 粉末流过标准流速漏斗所需的时间,其倒数即是该粉末的流速。粉末流动性直接影响压制操作的自动装粉和压件密度的均匀性,因此是实现自动压制工艺中必须考虑的重要工艺性能。

粉末流动性测定

流动性同松装密度一样,与粉末体和颗粒的性质有关。一般讲,等轴状(对称性好)粉末、粗颗粒粉末的流动性好;粒度组成中,极细粉末占的比例越大,流动性越差。但是,粒度组成向偏粗的方向增大时,流动性变化不明显。

流动性还与颗粒密度和粉末松装密度有关。如果粉末的相对密度不变,颗粒密度越高,则流动性越好;如果颗粒密度不变,相对密度的增大会使流动性提高。例如球形铝粉,尽管相对密度较大,但由于颗粒密度小,流动性仍较差。另外,流动性也同松装密度一样,受颗粒间黏附作用的影响,因此,颗粒表面如果吸附水分、气体或加入成形剂会减低粉末的流动性。

测定流动性:一是要使用测定松装密度的漏斗。该标准漏斗(又称流速计)是用 150 目金刚砂粉,在 40 s 内流完 50 g 粉末来标定和校准的。二是采用粉末自燃堆积角(或称安息角)来测定。让粉末堆满圆盘后,以粉末锥的高度来衡量其流动性。锥越高则表示粉末的流动性越差,把粉末锥的底角称为安息角。

### 2.1.4.3 压制性

所谓压制性是压缩性和成形性的总称。压缩性代表粉末在压制过程中被压紧的能力,在规定的模具和润滑条件下加以测定,用在一定的单位压制压力(500 MPa)下粉末所达到的压坯密度表示。通常也可以用压坯密度随压制压力变化的曲线图表示。成形性是指粉末压制后,压坯保持既定形状的能力,用粉末得以成形的最小单位压制压力表示,或者用压坯的强度来衡量。

在评价粉末的压制性时,必须综合比较压缩性与成形性。一般说来,成形性好的粉末,往往压缩性差;相反,压缩性好的粉末,成形性差。例如松装密度高的粉末,压缩性虽好,但成形性差;细粉末的成形性好,而压缩性却较差。

影响压缩性的因素有颗粒的塑性或显微硬度。当压坯密度较高时,可明显看到塑性金属粉末比硬、脆材料粉末的压缩性好;球磨的金属粉末,退火后塑性改善,压缩性提高。金属粉末内含有合金元素或非金属夹杂时,会降低粉末的压缩性,因此,工业用粉末中碳、氧和酸不溶物含量的增加必然使压缩性变差。颗粒形状和结构也明显影响压缩性,例如雾化粉比还原粉的松装密度高,压缩性也就好。凡是影响粉末密度的一切因素都对压缩性有影响。

成形性受颗粒形状和结构的影响最为明显。颗粒松软、形状不规则的粉末,压紧后颗粒的联结增强,成形性就好。例如还原铁粉的压坯强度就比雾化铁粉高。

测定压缩性一般用直径 25 mm 的圆压模,以硬脂酸锌的三氯甲烷溶液润滑模壁,在 400 MPa(4 tf/cm²)压力下压制 75 g 粉末试料,测定压坯密度表示压缩性。

测定成形性首先制成至少三个 30 mm×12 mm×6 mm 的矩形压坯试样,然后在抗压试验机上测定其断裂力,最后计算压坯强度来表示成形性。压坯强度

$$\sigma = \frac{3PL}{2h^2 b} \tag{2-10}$$

式中　　$P$——试样断裂所需的力,N;
　　　　$L$——夹具支点间的跨距,mm;
　　　　$h$——试样厚度,mm;
　　　　$b$——试样宽度,mm。

## 2.2　金属粉末的制备

制取粉末是粉末冶金的第一步,粉末冶金材料和制品不断增多,其质量不断提高,要求提供的粉末的种类也越来越多。为了满足对粉末的各种要求,也就要有各种各样生产粉末的方法,这些方法不外乎使金属、合金或者金属化合物从固态、液态或气态转变成粉末状态。制取粉末的各种方法以及各种方法制得的粉末的典型实例如表2-5。

粉末的制取方法通常分为两大类:第一类是物理化学法,它是借助化学的或物理的作用,改变原材料的化学成分或聚集状态而获得粉末的工艺过程;第二类是机械粉碎法,是将原材料进行机械粉碎,而化学成分基本上不发生变化的生产方法。从工业规模而言,应用最广泛的是还原法、雾化法和电解法;而气相沉积法和液相沉淀法在特殊应用时也很重要。

### 2.2.1　还原法

还原法是利用还原剂在一定条件下将金属氧化物或金属盐类等进行还原而制取金属或合金粉末的方法,是生产中应用最广的制粉方法之一。还原法的基本原理是所用还原剂对氧的亲和能力要比该金属与氧的亲和力大,因而还原剂能夺取金属氧化物中的氧而得到纯金属。

常用的还原剂有气体还原剂(如氢、分解氨、转化天然气等)、固体碳还原剂(如木炭、焦炭、无烟煤等)和金属还原剂(如钙、镁、钠等)。以氢气为反应介质的氢化脱氢法是最具代表性的制备方法,其利用原料金属易氢化的特性,在一定的温度下使金属与氢气发生氢化反应生成金属氢化物,然后借助机械方法将所得金属氢化物破碎成期望粒度的粉末,再将破碎后的金属氢化物粉末中的氢在真空条件下脱除,从而得到金属粉末。其优点是操作简单,工艺参数易于控制,生产效率高,成本较低,适合工业化生产;缺点是只适用于易与氢气反应、吸氢后变脆易破碎的金属材料。

用固体碳作还原剂可以还原很多种类的金属氧化物,如在工业上大规模采用碳还原法生产铁粉。固体碳还原金属氧化物矿的过程通常称之为直接还原。气相还原法通常以氢气或者一氧化碳气体与金属矿物进行反应来制备金属粉末。固体碳还原法适合大量生产,但工序多生产周期长。气相还原法没有这些缺点。但如用气相还原法制备铁粉时,还原气体必须还原活性高,来源丰富,价格低廉。气相还原法中流化床还原法是一种用高压还原气体还原悬浮状物料的方法,该法具有可经济制取还原用高纯氢、用气体输送粉末、采用高压低温还原时,粉末颗粒自身或与容器不相黏结,还原效率高的特点。

还原法通常用于铁、铜、钼、钴和镍等金属粉末的制备。以还原法制备铁粉为例,其中有固体还原法,用木炭、焦炭、无烟煤作还原剂与铁矿石、铁鳞在950~1 100 ℃的高温

表 2-5 粉末生产方法

| 生产方法 | | 原材料 | 粉末产品举例 | | | |
|---|---|---|---|---|---|---|
| | | | 金属粉末 | 合金粉末 | 金属化合物粉末 | 包覆粉末 |
| 还原 | 碳还原 | 金属氧化物 | Fe, W | Fe-Mo, W-Fe | — | — |
| | 气体还原 | 金属氧化物及盐类 | W, Mo, Fe, Ni, Co, Cu | — | — | — |
| | 金属热还原 | 金属氧化物 | Ti, Ni, Tl, Zr, Th, U | Cr-Ni | — | — |
| 还原化合 | 碳化或碳与金属氧化物作用 | 金属粉末与金属氧化物 | — | — | 碳化物 | — |
| | 硼化或硼与金属氧化物作用 | 金属粉末或硼与金属氧化物 | — | — | 硼化物 | — |
| | 硅化或硅与金属氧化物作用 | 金属粉末或硅与金属氧化物 | — | — | 硅化物 | — |
| | 氯化或氯与金属氧化物作用 | 金属粉末或氯与金属氧化物 | — | — | 氯化物 | — |
| 气相还原 | 气相氢还原 | 气态金属卤化物 | W, Mo | Co-W、W-Mo 或 Co-W 涂层石墨 | — | W/UO$_2$ |
| | 气相金属热还原 | 气态金属卤化物 | Ta, Mo, Ti, Zr | — | — | — |
| 化学气相沉积 | | 气态金属卤化物 | — | — | 碳化物或碳化物涂层 | — |
| | | | — | — | 硼化物或硼化物涂层 | — |
| | | | — | — | 硅化物或硅化物涂层 | — |
| | | | — | — | 氯化物或氯化物涂层 | — |
| 气相冷凝或离解 | 金属蒸气冷凝 | 气态金属 | Zn, Cd | — | — | — |
| | 羰基物热离解 | 气态金属羰基物 | Fe, Ni, Co | Fe, Ni | — | Ni/Al, Ni/SiC |
| 液相沉积 | 置换 | 金属盐溶液 | Cu, Sn, Ag | — | — | — |
| | 溶液氢还原 | 金属盐溶液 | Cu, Ni, Co | — | — | Ni/Al, Ni/SiC |
| | 从熔盐中沉淀 | 金属熔盐 | Zr | — | — | — |
| 从辅助金属浴中析出 | | 金属和金属熔体 | — | — | 碳化物 | — |
| | | | — | — | 硼化物 | — |
| | | | — | — | 硅化物 | — |
| | | | — | — | 氯化物 | — |

(物理化学法)

续表 2-5

| 生产方法 | | | 原材料 | 粉末产品举例 | | | 包覆粉末 |
|---|---|---|---|---|---|---|---|
| | | | | 金属粉末 | 合金粉末 | 金属化合物粉末 | |
| 物理化学法 | 电解 | 水溶液电解 | 金属盐溶液 | Fe,Cu,Ni,Ag | Fe,Ni | 碳化物 | — |
| | | 熔盐电解 | 金属熔盐 | Ta,Mo,Ti,Zr,Th,Be | Ta-Mo | 硼化物 | |
| | | | | | | 硅化物 | |
| | 电化腐蚀 | 晶间腐蚀 | 不锈物 | — | 不锈物 | — | — |
| | | 电腐蚀 | 任何金属和合金 | 任何金属 | 任何合金 | — | — |
| 机械法 | 机械粉碎 | 机械研磨 | 脆性金属和合金 | Sb,Cr,Mn,高碳铁 | Fe-Al,Fe-Si,Fe-Cr等铁合金 | — | — |
| | | 旋涡研磨 | 人工增加脆性的金属和合金 | Sn,Pb,Ti | | — | — |
| | | 冷气流粉碎 | 金属和合金 | Fe,Al | Fe-Ni,钢,超合金 | — | — |
| | | | 金属和合金 | Fe | 不锈钢,钢,超合金 | — | — |
| | 雾化 | 气体雾化 | 液态金属和合金 | Sn,Pb,Al,Cu,Fe | 黄铜,青铜,合金钢,不锈钢 | — | — |
| | | 水雾化 | 液态金属和合金 | Cu,Fe | 黄铜,青铜 | — | — |
| | | 旋转圆盘雾化 | 液态金属和合金 | Cu,Fe | 黄铜,青铜,钛合金 | — | — |
| | | 旋转电极雾化 | 液态金属和合金 | 难熔金属,无氧铜 | 铝合金,钛合金,不锈钢,超合金 | — | — |

反应生成铁粉。气体还原法,常用氢气、水煤气或转化天然气做作原剂与铁鳞、铁矿石反应而得铁粉。但用以上方法生产的铁粉粒度都较大,不能满足有些生产部门的要求,开始转向研究制备超细铁粉。制备超细铁粉的方法有多种,如气相还原法一般是将 $FeCl_2$ 等铁盐在高温下蒸发,然后用 $H_2$ 或 $NH_3$ 还原剂进行还原来制备超细铁粉。反应过程分为铁盐脱水、蒸发以及气相还原三个步骤。气相还原法中铁瞬间成核,成核温度低,铁粉粒径小,粒度分布集中,可以生产质量较高的纳米级超细铁粉,但因其在气相时反应,反应过程精细,容易受装置等的影响,稳定性不好。固相还原法一般指的是在 $H_2$ 气氛下,将 $FeC_2O_4 \cdot 2H_2O$ 或 $FeOOH$ 等前驱体或铁的氧化物分解、还原来制备超细铁粉。

### 2.2.2 电解法

电解法在粉末生产中占有重要的地位,其生产的粉末纯度高,形状一般为树枝状,压制性(包括成形性和压缩性)好,粉末粒度可控,因而可以生产超细粉末。缺点是耗电量大,生产成本通常比还原粉和雾化法要高。电解法主要包括水溶液电解法(可制取铜、铁、锡等金属粉末)、熔盐电解法(制取一些稀有金属难熔金属粉末)、有机电解质电解法和液体金属阴极电解法。

#### 2.2.2.1 水溶液电解法的基本原理

1)电化学原理

(1)电极反应 当电解质溶液通入直流电后,正离子移向阴极,在阴极被还原,析出还原产物;负离子移向阳极,在阳极被氧化,析出氧化产物。

(2)电解的定量定律 根据法拉第定律,在电解过程中所通过的电量与所析出物的质量之间的关系可定量地得出。电解过程中所通过的电量与所析出的物质的质量之间的关系:

$$m = qIt \tag{2-11}$$

式中 $m$——电解时析出物质的质量,g;

$q$——电化当量($q = \dfrac{W}{96\,500n}$);

$I$——电流,A;

$t$——电解时间,h。

(3)成粉条件 电解过程条件的不同,可能得到的阴极产物不是粉末状产物,而是致密沉积物或介于两者之间的过渡产物。通过实验发现,电解水溶液制取粉末时,只有阴极附近的阳离子浓度降低到一定浓度时才能析出松散的粉末。而要使阴极附近的阳离子浓度急剧下降,只有采用高电流密度,否则将析出致密金属层。

2)电解过程动力学 电极板上发生的反应也属多相反应,不过有电流通过固液界面,金属沉积的速度与电流成正比。而且在电极界面上也有扩散层,这样扩散过程便叠加于电解过程中,因此电解过程和其他多相反应一样,可能是受扩散过程、化学过程等因素控制。根据法拉第定律,电解产量等于电化当量与电量($\theta$)乘积,即 $m = qIt = q\theta$。

若以 mol/s 表示金属沉积速度,则金属沉积速度仅与通过的电流有关,而与温度、浓度无关。

电解中金属沉积也是结晶过程,因而也有形核和晶核长大两过程。如果形核速度远远大于晶核长大速度,形成的晶核数越多,产物粉末越细。从动力学方面看,当界面金属离子浓度趋于零时,形核速度远远大于晶核长大速度,有利于沉积出粉末状产物。这种情况扩散起主要作用。反之,当电极过程处于化学过程控制时,便沉积出粗晶粒。

#### 2.2.2.2 影响粉末粒度和电流效率的因素

1) 电解液组成

(1) 金属离子浓度　电解液中金属离子浓度越低,粉末颗粒越细。

(2) 酸度（$H^+$ 浓度）　$H^+$ 浓度增加,粉末松装密度降低,粉末越细。

(3) 添加剂　分为电解质添加剂和非电解质添加剂两类。电解质添加剂主要是提高电解质导电性或控制 pH 值在一定范围内,例如电解制取镍粉时若溶液导电性不良,可以加入一定量的 $NH_4Cl$。非电解质添加剂（动物胶、植物胶等）可吸附在晶粒表面上阻止晶粒长大,促进得到细粉末。

2) 电解条件

(1) 电流密度　在能够析出粉末的电流密度范围内,电流密度越高粉末越细。

(2) 电解液温度　提高电解液温度,扩散速度增加,晶粒长大速度也增加,所得粉末变粗。

(3) 电解液搅拌　电解液搅拌速度高,粒度组成中的粗颗粒含量增加。

(4) 清刷电极周期　清刷电极周期短有利于生产细粉,因为长时间不刷粉,使阴极表面积增大,相对降低了电流密度。

### 2.2.3　雾化法

雾化法制粉末

雾化法属于机械制粉法,是利用高压流体直接击碎液体金属或合金而获得粒径小于 150 μm 的金属粉末的方法。高压流体（水或气体）称为雾化介质,雾化介质为水则称为水雾化,雾化介质为气体则称为气体雾化。不管采用何种雾化方式,通常不希望雾化介质与金属液发生化学反应,而只有金属凝聚状态的改变（从液体凝固为固体）,因此,雾化法归为物理制粉方法。

#### 2.2.3.1 雾化法制粉的特点

在制备预合金粉末过程中,合金成分偏析被局限在几十微米的粉末颗粒范围内,这也使得粉末冶金材料无宏观偏析;粉末纯度高,雾化过程几乎不引入其他杂质,粉末纯度取决于熔炼金属液的纯度;粉末含氧量低,特别是采用惰性气体雾化制备的粉末;颗粒形貌、粒度可调,气体雾化、旋转电极雾化可以制取近球形粉末,水雾化制备的粉末为不规则形状,旋转圆盘雾化法可制备片状粉末;工艺设备简单,成本较低。

#### 2.2.3.2 雾化法的基本原理

当雾化介质以一定的速度与金属液流接触时,形成分解层。另外,金属熔液与雾化介质之间还有一个摩擦力,摩擦力的大小受雾化介质黏度的影响。当雾化介质有足够的能量来克服摩擦力时,金属液流则被切断、分散,并按雾化介质运动的方向运动。最后,雾化介质对金属液流急剧冷却而产生热应力作用使液滴黏化,并凝结成微细粉末。根据雾化介质(气体、水)对金属液流作用的方式不同,雾化具有多种形式:

1)平行喷射　气流或水流与金属液流平行,如图2-7(a)。

2)垂直喷射　气流或水流与金属液流垂直,如图2-7(b)。

3)互成角度喷射　气流或水流与金属液流成一定角度,这种喷射又可分如下几种:

(1)V形喷射　是在垂直喷射的基础上改进而成的,如图2-7(c)。

(2)锥形喷射　采用环孔喷嘴,气流或水流以极高的速度从若干均匀分布在圆周上的小孔喷出,并构成一个封闭的气锥或水锥,气流或水流交汇于锥的顶点,将流经交汇处的金属液流击碎,如图2-7(d)。

(3)旋转环形喷射　采用环缝形喷嘴,压缩气体从切向进入喷嘴内腔,然后以高速喷出造成一漩涡封闭的气锥,金属液流在锥底被击碎,如图2-7(e)。

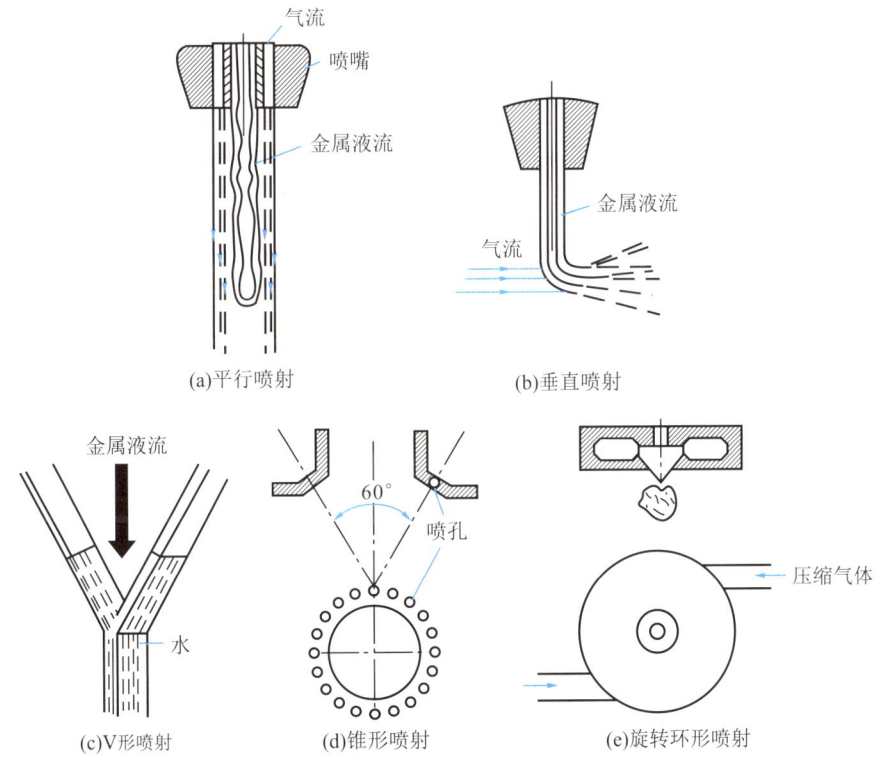

图2-7　喷射形式示意图

其中互成角度的喷射是最有研究意义的,下面以这种喷射形式来讨论雾化机制。雾化过程是个复杂的过程,按雾化介质与金属液流的相互作用的形成来看,既有物理-机械作用,又有物理-化学作用。高速气流或水流,既是使金属液流击碎的动力源,又是一种冷却剂,就是说在雾化介质与金属液流之间既有能量交换(雾化介质的动能转化为金属液滴的表面能),又有热量交换(金属液滴将一部分热量传给雾化介质),这表明雾化过程有物理-机械作用;另一方面,液滴金属的黏度和表面张力在雾化过程和冷却过程中不断变化,这种变化反过来又影响雾化过程。此外,在很多情况下,雾化过程中液体金属与雾化介质发生化学作用使金属液体改变成分(氧化、脱碳)。因此,雾化过程也就具有一定物理-化学作用的特点。

#### 2.2.3.3 喷嘴结构

喷嘴是雾化装置中使雾化介质获得高能量、高速度的关键部件,对雾化效率和雾化过程的稳定性具有重要作用,必须满足下列要求:①使雾化介质获得尽可能大的出口速度和能量;②保证雾化介质与金属液流之间形成最合理的喷射角度;③使金属液流产生最大的紊流;④工作稳定性好,喷嘴不易堵塞;⑤加工制造简单。

为了防止喷嘴堵塞现象,设计喷嘴时一般考虑以下措施:①减小喷射顶角或气流与金属液流间的交角,使雾化焦点下移,降低液滴溅到喷口的可能性,但喷射顶角不宜太小,否则会降低雾化效率;②增加喷口与金属液流轴间的距离,可提高雾化过程的稳定性;③环缝宽度不能太小;④金属液漏嘴伸长超出喷口水平面之外;⑤增加辅助风孔和二次风。

#### 2.2.3.4 影响雾化粉末性能的因素

1) 雾化过程的主要工艺参数

(1) 气氛　包括熔炼时的气氛和雾化筒中的气氛。

(2) 熔融金属　包括熔融金属的化学成分、黏度、表面张力、融化温度范围、过热温度、熔液注入速度及滴孔直径。

(3) 雾化介质　包括雾化介质压力、流入速度、体积、从喷嘴中喷出的速度及黏度。

(4) 喷嘴设计　各喷嘴间的距离、长度、熔融金属液流的长度、喷嘴顶角。

(5) 雾化筒　粉末颗粒飞行的距离、冷却介质。

2) 雾化介质

(1) 雾化介质的类型　雾化介质分为气体(惰性气体、空气、氮气等)和液体(通常为水)两类。采用惰性气体作为雾化介质,以防止在雾化过程中金属液滴的氧化和气体的溶解。采用氮气作为雾化介质,可喷制不锈钢粉和合金钢粉;采用氩气作为雾化介质,可喷制含Ti、Zr等元素或镍基、钴基的超合金粉末。

采用水作为雾化介质,与气体雾化介质比较有以下特点:①水作为雾化介质所得的颗粒多为不规则状,同时,随水压不断增加,不规则状粉末越多,颗粒的晶粒结构越细;②由于水雾化对金属液滴的冷却速度快,粉末表面氧化大大减小,并且粉末颗粒内部化学成分较均匀。所以,铁粉、低碳钢粉、合金钢粉多用水雾化制取。

(2) 雾化介质的压力　雾化介质的压力越高,所得的粉末越细。因为雾化介质流体的动能越大,金属液流被破碎的效果越好。

3) 金属液流

(1) 金属液的表面张力和黏度　金属液体的表面张力越大,粉末呈球形越多,并且粉末粒度粗;相反,金属液体的表面张力小,粉末形状不规则,所得粒度也较细。金属液的黏度越低,所得的粉末越细,同时可以获得球形粉末。

(2) 金属液的过热温度　在雾化压力和喷嘴条件相同时,金属液过热温度越高,细粉末产生率越高,并容易产生球形粉末。

(3) 金属液流直径　当雾化压力和其他工艺参数不变时,液流直径越细,所得细粉末也越多。若金属液流直径(喷嘴直径)太小则会引起:降低雾化粉末生产率;容易堵塞漏嘴;使金属液流过冷,反而得不到细粉末,或者难以形成球形粉末。

#### 2.2.3.5 雾化法制备铁粉的工艺流程

雾化法制取铁粉的工艺流程,如图 2-8 所示。

图 2-8　雾化法制取铁粉的工艺流程

### 2.2.4　共沉淀法

共沉淀法是指在溶液中含有两种或多种阳离子,加入沉淀剂可得到各种成分均一的沉淀,再将沉淀物进行干燥或煅烧,从而制得高纯微细的粉体材料。它是制备含有两种或两种以上金属元素的复合氧化物超细粉体的重要方法。

#### 2.2.4.1　共沉淀法的优缺点

优点:①可重复性好,制备条件易于控制,工艺简单,成本低,有利于工业化并且制备出的粉体性能优异;②容易制备粒度小而且分布均匀的纳米粉体材料。

缺点:①杂质的含量及配比难以精确控制;②从共沉淀、晶粒长大到沉淀的洗涤、干燥、煅烧的每一阶段均可能导致颗粒长大及团聚体的形成。

#### 2.2.4.2　影响沉淀的因素

1)溶液的浓度　沉淀溶液的浓度会影响沉淀的粒度、晶形、收率、纯度及表面性质。通常情况下,相对稀的沉淀溶液,由于有较低的成核速度,容易获得粒度较大、晶形较为完整、纯度及表面性质较高的晶形沉淀,但其收率要低一些,这适用于单纯追求产品的化学纯度的情况;反之,如果成核速度太低,那么生成的颗粒数就少,单个颗粒的粒度就会变大。

2) 温度　沉淀的生成温度也会影响到沉淀的粒度、晶形、收率、纯度及表面性质。在热溶液中,沉淀的溶解度一般都比较大,过饱和度相对较低,从而使得沉淀的成核速度减慢,有利于晶核的长大,得到的沉淀比较紧密,便于沉降和洗涤;沉淀在热溶液中的吸附作用要小一些,有利于纯度的提高。

3) 沉淀剂　沉淀剂的选择应考虑产品质量、工艺、产率、原料来源及成本、环境污染和安全性等问题。在工艺允许的情况下,应该选用溶解度较大、选择性较高、副产物影响较小的沉淀剂,以便易于除去多余的沉淀剂、减少吸附和副反应的发生。为使沉淀完全,加入的沉淀剂往往都是过量的,但也不能加的过多,过量的沉淀剂可能会导致生成易溶络合物,而使效果适得其反。

4) 沉淀剂的加入方式及速度　沉淀剂的加入方式及速度均会影响沉淀的各种理化性能。沉淀剂若分散加入,而且加料的速度较慢,同时进行搅拌,可避免溶液局部过浓而形成大量晶核,有利于制备纯度较高、大颗粒的晶形沉淀。

5) 加料顺序　加料方式分正加、反加、并加三种。加料顺序与沉淀物吸附哪种杂质以及沉淀物的均匀性有密切的关系。"正加"方式的沉淀主要吸附原料金属盐的阴离子杂质;且在中和沉淀时,先、后生成的沉淀,其所处的环境 pH 值不同,得到的沉淀产品均匀性差。"反加"方式主要吸附沉淀的阴离子杂质;若是中和填充沉淀时,在整个沉淀过程中 pH 值变化很小,产品均匀性较好。"并加"方式可避免溶液的局部过浓,沉淀过程较为稳定,且吸附杂质较小,从而可得到理化性能较好的产品。

6) 沉淀的陈化　沉淀完全后,让初生成的沉淀与母液一起放置一段时间,这个过程称为"陈化"。陈化过程中,因小颗粒沉淀的比表面积大,表面能也大;体系的变化有从高能量到低能量的自发趋势,因此小颗粒沉淀会逐渐溶解,大颗粒沉淀可慢慢再长大。其次,沉淀中大小颗粒的溶解度不同,小颗粒沉淀溶解,而大颗粒沉淀会长大,使沉淀颗粒表面完整,减少吸湿和结块,提高沉淀的储存和使用性能。陈化过程由于小颗粒的溶解,减少了杂质的吸附和包裹夹带,起到所谓局部重结晶的作用,可以提高沉淀产品的纯度。

## 2.3　预合金粉末

### 2.3.1　预合金粉末简介

在超硬材料工具中,胎体材料传统的做法是通过单元素金属粉末进行机械混合而得到,混合粉表面易氧化,烧结活性差,得到的胎体成分不均匀,并不能完全达到合金化。为克服上述缺点,提高超硬材料工具胎体的性能,研究人员开始研究胎体粉末的预合金化问题。

20 世纪 90 年代中期,比利时 Umicore 公司首先在超硬材料制品行业提出预合金粉末的概念,并于1998年将预合金粉末作为钴粉及钴混合粉的替代品真正应用在超硬材料工具中。随后,预合金粉末在超硬材料工具制造业和粉末冶金业的应用越来越广泛。

#### 2.3.1.1 预合金粉末的特点

预合金粉末的特点如下:

(1)预合金粉末由于每个粉末颗粒都包含组成合金的各种金属元素,因此预合金粉末比机械混合多种单一金属粉末要均匀得多。

(2)由于其熔点比合金中主组元单元素熔点要低得多,烧结过程中,只要温度达到预合金粉末的液相线以上一点时,黏结金属粉末就开始熔化发生冶金反应,所以预合金粉末烧结温度低。

(3)使用预合金粉末可以避免因混料不均造成混合粉末密度偏析、低熔点金属先熔与富集等影响产品质量的因素。

#### 2.3.1.2 预合金粉末对超硬材料制品制造的改善作用

预合金粉末作为胎体超硬材料工具的原材料,对超硬材料制品的制造有明显的改善作用:

(1)利用预合金粉末的低熔、成分均匀性,调整和控制超硬材料工具的胎体性能,具有广阔的应用前景;

(2)可通过在预合金粉末中添加碳化物形成元素钛、铬等,使合金粉末具有较强的润湿黏结超硬材料的能力,改善胎体对超硬材料的包镶把持力;

(3)解决金属粉末的氧化、脏化问题;

(4)增强粉末的烧结活性、降低烧结温度、节省能源;

(5)提高超硬材料工具的质量,降低成本。

### 2.3.2 预合金粉末的常用制备方法

#### 2.3.2.1 雾化法

雾化法制备预合金粉末通常借助高压气流或者水流将液体金属或合金直接粉碎成细小的液滴,通过冷却后收集粉末。气雾化以空气或惰性气体为介质,冲击并剪切已熔融的金属流,使之破碎为细小的金属液滴,接着,液滴在充满惰性气体保护的高大容器内被急剧冷却形成粉末颗粒;水雾化是以高压水为介质,将金属流破碎成细小的金属液滴,再通过冷却而形成粉末颗粒。

其工艺流程(见图2-9)是将设计好的胎体配比金属熔炼成合金,然后雾化喷粉,得到所需粒度的胎体粉末。

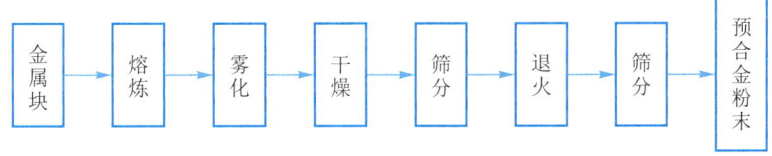

图2-9 雾化法制粉工艺流程图

在超硬材料行业,为了提高粉末成形性,多使用水雾化法来生产预合金粉末。图2-10为河南泰和汇金粉体科技有限公司生产的两种牌号的铁基合金粉末扫描电镜照片,形状均为非规则形状。

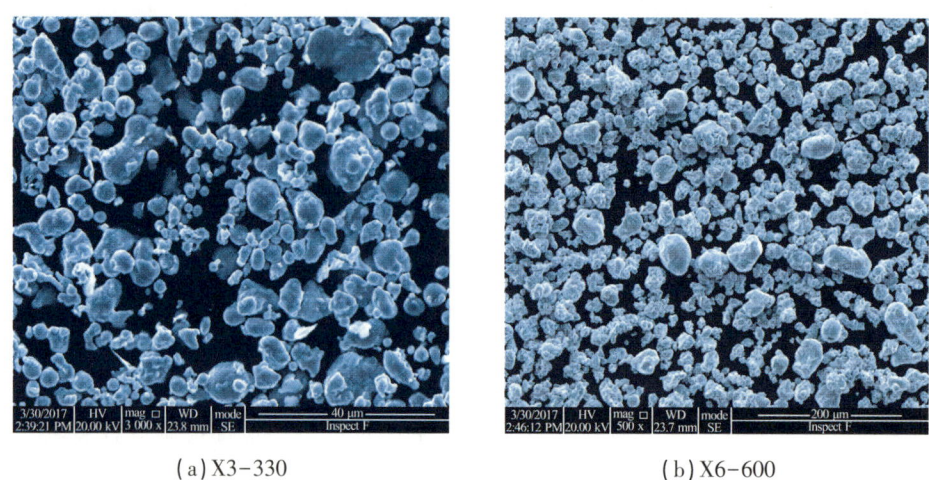

(a) X3-330　　　　　　　　　(b) X6-600

图2-10　水雾化预合金粉末形状

#### 2.3.2.2　湿法冶金法

湿法冶金法是将金属离子在水中溶解,合金中的不同元素金属按一定的比例混合于溶液中形成金属盐,然后沉淀经还原而获得很细的金属合金粉末,其粒度在10 μm以下,形状为似球形的多孔团聚体,具有很好的流动性、压制性与良好的烧结性能,烧结温度低、硬度高,对超硬材料把持力很好。

#### 2.3.2.3　机械合金化法

机械合金化法是在保护气氛下在球磨机等设备中按一定的球料比,混合各种金属粉,进行长时间球磨,在机械驱动力的作用下,粉末经反复的挤压、冷焊及粉碎过程,组织结构逐步细化,成为弥散分布的超细粒子,在固态下实现合金化,从而制得超细合金粉。机械合金化的一个显著特点是能在低温下合成通常要求高温加工才能制备的材料,并能获得常规方法难以获得的非晶合金、超饱和固溶体等材料。

### 2.3.3　国内外预合金粉末研究现状

根据国内超硬材料工具的需要,国内粉末制造厂家采用不同的方法如湿法冶金法、高压水(气)雾化法、机械合金化法等生产出不同用途的预合金粉末以满足市场需求,表2-6为国内主要厂家所研制预合金粉末的性能。

表 2-6 国内预合金粉末主要性能

| 厂家 | 牌号 | 化学组成 | 烧结密度/(g/cm³) | 烧结温度/℃ | 硬度(HRB) | 用途 |
|---|---|---|---|---|---|---|
| 安泰科技 | Follow 100 | Fe-Cu 基 | 8.15 | 750~810 | 101~102 | 花岗岩、混凝土 |
| | Follow 200 | Cu-Fe 基,Co<10% | 8.72 | 6807~30 | 97~98 | 激光焊、薄壁钻 |
| | Follow 400 | Fe-Cu 基(无 Co) | 8.03 | 700~750 | 106~108 | 软石材、混凝土 |
| | Follow 500 | Ni-Cr 基 | 8.40 | 750~800 | 40~45(HRC) | 激光焊、混凝土 |
| | M80S20 | | 7.85 | 800~850 | 60~65(HRC) | 混凝土 |
| 有研粉末 | YHJ-1 | Co-Cu-Fe | 6~9 | 750~900 | 95~108 | |
| | YHJ-2 | Fe-Cu-W-Re | 5~7 | 750~850 | 94~108 | |
| 河南泰和汇金粉体科技 | X3-320 | Fe80Cu30 | 8.06 | 875 | 97~102 | 用于各类金刚石工具 |
| | X5-550 | Fe-Cu-Ni-RE | 8.25 | 870 | 108~112 | 花岗石及水泥切割用小锯片 |
| | X6-600 | Fe-Cu-Co-Sn-RE | 7.87 | 780 | 100~110 | 花岗岩高档小锯片,陶瓷锯片 |
| 黄河旋风 | HYF-01 | Fe-Cu-Ni-Sn | 8.11 | 830 | 100~110 | 中径花岗岩 |
| | HYF-02 | Fe-Cu-Ni-Sn | 8.05 | 820 | 105~110 | 中径花岗岩、水泥马路 |
| | HYF-05 | Fe-Cu-Sn | 8.19 | 770 | 85~95 | 陶瓷加工工具 |
| | HYF-06 | Fe-Cu-Ni-Sn | 8.05 | 840 | 90~100 | 中高档陶瓷磨边轮、滚刀 |
| | HYF-07 | Fe-Cu-Sn-Co | 7.84 | 780 | 100~110 | 中硬花岗岩的高档小径锯片 |
| | HD-2 | Fe-Cu-Zn-Sn | 8.29 | 880 | 80~90 | 花岗岩大刀头 |
| | HT-02 | Fe-Cu-Sn | 7.98 | 850 | 100~105 | 陶瓷加工工具 |
| 湖南省冶金材料研究所 | FJT-A1 | Fe-Cu-Sn-Co | 7.84 | 780 | | 中硬花岗岩的高档小径锯片 |
| | FJT-A2 | Fe-Cu | 8.16 | 870 | | 各种金刚石制品 |
| | FJT-A3 | Fe-Ni-Cu-Sn | 8.34 | 850 | | 基础合金 |
| | FCuRe | Cu 基稀土 | | | | 各种金刚石制品、基础合金 |

目前国外预合金粉末研究人员主要致力于预合金粉配比、烧结性能、物理机械性能、粒度细化等方面的研究,以得到高性能、低成本的预合金粉。国外主要有法国 Eurotungstene、德国 Dr.Fritsch、比利时 Umicore 公司生产预合金粉,表 2-7 为这几个厂家所研制预合金粉末的性能。

表 2-7 国外预合金粉末主要性能

| 公司 | 牌号 | 化学成分 | 烧结密度/(g/cm³) | 烧结温度/℃ | 硬度(HRB) | 备注 |
|---|---|---|---|---|---|---|
| 法国 Eurotungstene | NEXT100 | Fe-Co-Cu | 8.62 | 825~850 | 103~109 | 适于石材、建筑切割 |
| | NEXT200 | Fe-Co-Cu | 8.75 | 700~725 | 97~103 | 锯片切割性能锋利 |
| | NEXT300 | Fe-Co-Cu | 8.12 | 775~825 | 90~100 | 适于激光焊锯片 |
| | NEXT900 | Fe-Co-Cu | 8.08 | 825~850 | 87~96 | 适于干切、抛光工具 |
| | Keen10 | Co | 8.25 | 850 | 103~104.5 | 可用于普通建材加工 |
| | Keen20 | Co | 8.47 | 950~975 | 108 | 适于难切割材料切割 |
| 比利时 Umicore | Cobalite 601 | Fe-Cu-Co | 8.16 | 700~775 | 97~104 | 湿法预合金粉 |
| | Cobalite HDR | Fe-Cu-Co | 8.19 | 750~800 | 106~108 | 适于激光焊接锯片 |
| | Cobalite CNF | Fe-Cu-Sn-W-Y | 8.19 | 675~800 | 102~103 | 适于无压烧结锯片 |
| 德国 Dr Fritsch | Diabase V18 | Fe-Co-Cu-Sn | 8.11 | 820~860 | 100~102 | 适于加工花岗岩锯片 |
| | Diabase V12 | Fe-Co-Cu-Sn | 8.00 | 780~860 | 94~97 | 适于加工花岗岩、混凝土工具 |
| | MasterTec 1 | Fe-Ni-Co | 8.00 | 700~860 | 107~109 | 适于加工石材、混凝土工具 |
| | MasterTec 2 | Fe-Ni-Co | 8.03 | 700~860 | 102~107 | 适于加工混凝土工具 |

## 思考题

1. 什么叫粉末的比表面？它与粉末颗粒特性有何关系？
2. 粉末粒度常用测量方法及应用范围有哪些？
3. 为什么不能用氢气还原氧化铝制备金属铝粉？
4. 粉末特性是如何影响其工艺性能的？
5. 雾化法制粉如何影响粉末的性能(化学性能及物理性能)？

# 第3章
# 金属粉末压制成形理论

压制成形是粉末冶金材料生产的基本成形方法,是超硬材料烧结制品生产的第二道重要工艺。成形料成形质量的好坏,不仅对以后的烧结工序有较大的影响,而且将直接影响到制品的质量。

所谓压制成形就是使粉末或混合料装在用钢、石墨等材料制成的具有一定形状的模具内,在压力机作用下对其施加压力,随后脱模而达到一定形状、尺寸、密度和强度的压制品。除了粉末的成分、组成对压制成形有影响之外,由于粉末与粉末之间、粉末与模具之间存在着摩擦力,这样就直接影响着压力的传递,导致了压制品各处成形密度和强度的不均匀。为了尽可能得到均匀的压制品,就需要对压制成形过程中的一系列复杂现象进行详细的分析,这样将有助于我们在实际生产中对不同的产品制定出合理的工艺规范,以满足不同产品的性能要求。

## 3.1 粉末位移与变形

### 3.1.1 粉末压制现象

粉末在受压以后到底会有什么样的变化呢?我们做一个如图3-1所示的试验。当压力经上压头传向粉末时,从外观上可以看到被压制的粉末的高度降低了,四个钢球在垫板上的压坑深度各不相同,其中中间两个钢球的压坑深度较深。这一结果反映了粉末在一定程度上表现有与液体相似的传压性质,即粉末也具有各向流动性。但是,由于钢球上的压坑深度不同,所以,粉末在模腔内所受力的大小在不同方向是不同的。垂直于模壁上的力较小,此力称为侧压力。这种现象说明,粉末受力后在压力传递过程中有力的损耗,即粉末之间有摩擦力,粉末与模壁之间也有摩擦力。

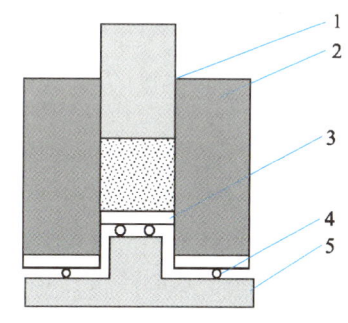

1—压头;2—阴模;3—支持粉末用的底座;
4—钢球;5—压模底座。

图3-1 用于测定压力分布的压模示意图

可以证明,粉末压坯的同一断面内中间部位和靠近模壁的部位,压坯的上、中、下部位所受的力都是不一致的。在压制过程中,粉末由于受力而发生弹性变形和塑性变形,压坯内存在有很大的内应力。当压坯停止受压后,压坯由于内应力的作用将会发生膨胀现象。

总之,粉末受力后,压坯除受到了正应力和摩擦力之外,还受到侧压力、弹性内应力、脱模力等的作用。这些不同的力对压坯的密度分布均匀程度和成形质量都起着重要的作用。这些力的存在是粉末的弹性变形和塑性变形引起的。

### 3.1.2 粉末的位移

粉末在自由堆积时,由于粉末颗粒相接触的随机性,颗粒表面形状的不规则性以及颗粒之间的摩擦力的存在,粉末颗粒之间不可能以最紧密的堆积方式排列,颗粒之间自然形成有较大的孔洞,这也是粉末具有较低的松装密度的原因。此外,由于颗粒的不光滑,相互之间摩擦或支承而相互搭架,从而形成远大于颗粒尺寸的桥形空间,增大了粉末孔隙率,这种现象就是所谓的粉末颗粒的拱桥效应,如图3-2所示。颗粒表面光滑或颗粒较粗大时,拱桥效应较少,细小颗粒由于重量小、比表面积大、颗粒间黏结力也大,则拱桥效应明显。

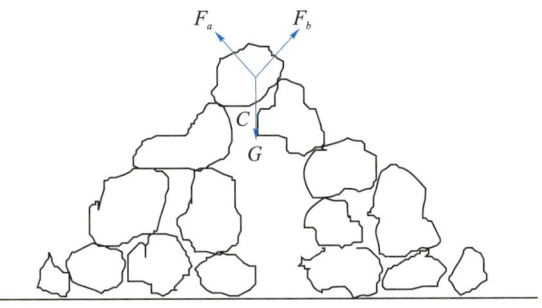

图3-2 拱桥效应示意图

在压制成形过程的最初阶段,由于外加力的出现,相当于在重力 $G$ 方向上又加上一外力,粉末体内的拱桥现象由于力的平衡遭到破坏而瓦解,粉末颗粒本身彼此填充孔隙,重新排列位置和重新接触。图3-3是以两个颗粒示意粉末在力作用下的位移情况的。事实上,由于条件的复杂性,粉末颗粒的位移情况非常复杂,颗粒可能有几种位移形式同时发生。

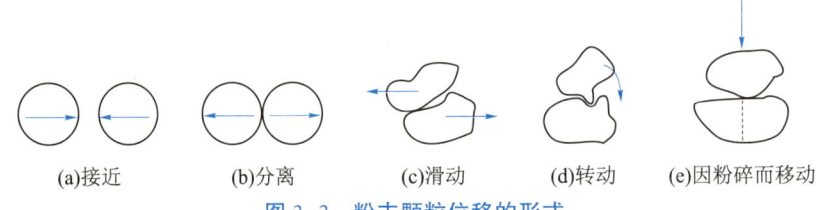

图3-3 粉末颗粒位移的形式

### 3.1.3 粉末的变形

当粉末体受到一定大小的压力后,粉末颗粒之间的位移基本结束,粉末体的孔隙度已大为降低。这时若压力继续增加,颗粒将发生变形,由原来的点接触逐渐转化为面接触。粉末颗粒在压力下的变形可能有以下三种情况。

1)弹性变形 当外界压力除去之后,这类变形可以得到恢复。

2)塑性变形 施加在粉末颗粒上的压力超过了颗粒的弹性极限后,颗粒的变形将由弹性变形进入到塑性变形阶段。塑性变形时所需压力的大小或难易程度与粉末颗粒的材质有很大的关系。金属材料的塑性越大,粉末颗粒的塑性变形也越大,但是塑性变形所需要的外力要远大于金属材料所需要的压力。例如,压制铜粉发生塑性变形所需要的压力约是该材质弹性极限的2.8~3倍。

3)脆性断裂 压力超过材料的强度极限后,粉末颗粒就发生粉碎性断裂,使大颗粒转化成小颗粒。在压制脆性粉末时,除了极少量的塑性变形外,主要是脆性断裂。

粉末颗粒的变形以粉末的种类和压力大小不同,将以某种变形方式为主而出现。此外,粉末颗粒的位移与变形实际上并非是完全分开的两个阶段,它们在成形过程中是共存的,即位移总是伴随着变形而发生,变形过程中也存在着颗粒的位移。

## 3.2 粉末压坯强度

### 3.2.1 粉末压坯强度的形成

粉末成形料通过受压之后,形成了具有一定密度和足够强度的压坯。粉末压坯的强度主要是由两种联结力引起的。

#### 3.2.1.1 粉末颗粒之间的机械啮合力

粉末颗粒的外表面是呈凹凸不平的不规则形状。粉末体被压之后,粉末颗粒之间因位移和变形而互相楔住和钩连,从而形成了粉末颗粒之间的机械啮合。颗粒表面越粗糙,形状越复杂,颗粒之间的强度越高,即压坯强度越高。提高颗粒表面粗糙度和不规则度是提高压坯强度的方法之一。

#### 3.2.1.2 粉末颗粒之间的原子吸引力

两个物体之间的结合,若要发生原子间的吸引,必须使两个物体接触距离相当近。大家知道,原子与原子间的作用力,随着原子之间的距离不同而不同,距离较远时作用力较小,只有在原子间的距离很小时才有可能产生原子吸引。金属粉末在强大的压力下,将会使粉末颗粒的原子充分接触,达到原子间的吸引,产生原子间吸引力。

上述两种结合力,因粉末体和成形条件的不同所起的作用大小也不同。对金属粉末,颗粒之间的机械啮合力是压坯强度形成的主要原因。此外,金属粉末在压制成形之前往往要加入成形剂或润湿剂,这些添加剂具有合适的黏性。实践证明,在一定范围内,压坯强度随成形剂用量的提高而增加。例如,成形 WC-Co 粉末时,添加大量石蜡的混合料能挤压成形,渗蜡压块可以进行机械加工等,这都能说明成形剂对压坯强度所起的作用。

### 3.2.2 影响压坯强度的因素

正确的压制工艺应保证压坯具有足够的强度,以免压坯在搬运过程中被损坏。影响压坯强度的主要因素有以下几个方面:

1)粉末颗粒的表面粗糙度　表面粗糙,有利于颗粒之间的啮合和钩连。

2)粉末颗粒的表面积　表面积提高相当于颗粒的不规则程度提高,可提供更多的啮合面积。

3)粉末的粒度　粒度的降低,增加了粉末颗粒的接触点,同样提高了机械啮合面积。图 3-4 是强度随粒度的变化情况。

4)粉末颗粒的杂质　粉末颗粒中的杂质主要有氧化物和其他脏物。氧化物是硬而脆的材料,在压制成形过程中,一方面不易变形,另一方面还容易拉毛模具影响模具的使用。颗粒中的其他脏物,也将妨碍更佳的机械啮合和原子间结合。

5)成形压力　增大成形压力,使得更多的颗粒位移并且增加了颗粒的变形程度,这对完成机械啮合是很重要的(见图 3-5)。但是,由于粉末的加工硬化和应力集中,过高的压制压力,往往使压坯发生分层和裂纹,特别是压制硬脆粉末。

6) 成形料中的添加剂　通常情况下,减少某些添加剂的添加量,有利于机械啮合。而对于硬粉末应加入适量的成形剂来改善粉末的成形性。图 3-6 是润滑剂对压坯密度和强度的影响情况。

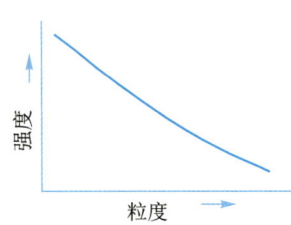

图 3-4　粉末粒度对压坯强度的影响(压力一定)

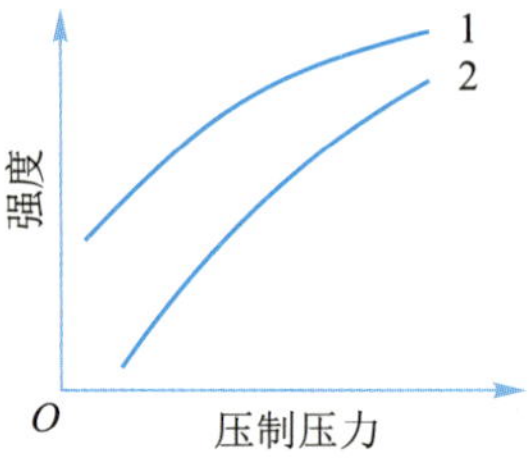

图 3-5　压制压力对压坯强度的影响
1—细粉;2—粗粉。

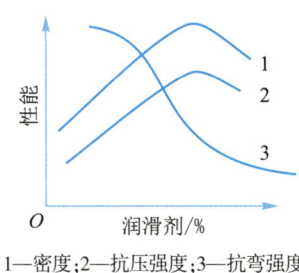

图 3-6　润滑剂对压坯性能的影响
1—密度;2—抗压强度;3—抗弯强度。

此外,保压时间和压制温度等对压坯强度也有明显的影响。

### 3.2.3　压坯强度的测定

压坯强度是指压坯反抗外力作用保持其几何形状和尺寸不变的能力,是反映粉末质量优劣的重要标志之一。粉末冶金制品压坯强度的测定方法主要有抗弯强度测定法、边角稳定性转鼓试验法以及压溃强度测定法。

#### 3.2.3.1　抗弯强度测定法

抗弯强度所用的压坯试样标准是:宽 12.7 mm,厚 6.35 mm,长 31.75 mm,在标准测定装置上测出破断负荷,其计算公式为

$$\sigma_{bb} = \frac{3PL}{2bh^2} \tag{3-1}$$

式中　$\sigma_{bb}$——压坯抗弯强度,MPa;
　　　$P$——破断负荷,N;
　　　$L$——试样支点间距离,mm;
　　　$b$——试样宽度,mm;
　　　$h$——试样厚度,mm。

#### 3.2.3.2　转鼓试验法

转鼓试验法是通过测定坯体边角的稳定性来表示压坯强度的。将直径为 12.7 mm、厚为 6.35 mm 的圆柱状压坯装入 14 目(1 180 μm)的金属网制鼓筒中,以 87 r/min 的转速转动 1 000 r 后,测定压坯的质量损失率来表征压坯强度。

$$S = \frac{A - B}{A} \times 100\% \tag{3-2}$$

式中　$S$——质量减少率;
　　　$A$——试样的原始质量,g;
　　　$B$——试样的最终质量,g。

#### 3.2.3.3 压溃强度测定法

压溃强度测定法适用于圆柱体或轴套类压坯。其基本原理是使中空圆筒受到连续增加的径向载荷,直到产生裂纹,并规定变形量不允许超过直径的10%,用测得的最大载荷计算与中空圆筒尺寸有关的压溃强度值。

压坯的径向压溃强度 $K$(单位 MPa)按式(3-3)计算:

$$K = \frac{F(D-e)}{Le^2} \times 10^2 \qquad (3-3)$$

式中　$F$——产生裂纹时的最大载荷,N;
　　　$L$——圆筒长度,mm;
　　　$D$——圆筒外径,mm;
　　　$e$——圆筒壁厚,mm。

此公式仅在 $\frac{e}{D}$ 小于 $\frac{1}{3}$ 时才是正确的。

## 3.3 压制成形中的力

当压制压力作用于粉末后,可按其作用不同将压力分为两个部分:一部分是用来使粉末产生位移、变形和克服粉末的内摩擦,这部分力称为净压力;另一部分力用来克服粉末颗粒与模壁之间的外摩擦,这部分力称为压力损失。即

$$F = F_1 + F_2 \qquad (3-4)$$

式中　$F$——压制压力,N;
　　　$F_1$——净压力,N;
　　　$F_2$——压力损失,N。

### 3.3.1 侧压力

侧压力是因粉末体受压时,压坯向外膨胀,模壁给压坯的一个大小相等方向相反的反作用力。由于粉末的内外摩擦的影响,压力不能均匀地全部传递,即传递到模壁的压力始终小于压制压力。为了从理论上分析侧压力和压制压力的关系,我们取一个简单立方体压坯来进行研究,如图3-7所示。

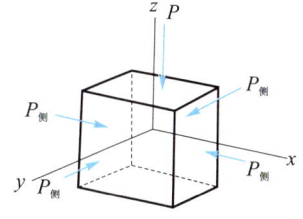

图 3-7　压坯受力示意图

当压坯受到正压力 $P$($z$轴方向)作用时,它力图使压坯在 $y$ 轴上产生膨胀,由力学原理可知,此膨胀值 $\Delta L_{y1}$ 与材料的泊松比 $\nu$ 和正应力 $P$ 成正比,与弹性模量 $E$ 成反比,即 $\Delta L_{y1} = \nu \cdot \frac{P}{E}$。在 $x$ 轴方向上的侧压力也力图使压坯在 $y$ 轴方向上膨胀 $\Delta L_{y2}$,即 $\Delta L_{y2} = \nu \cdot \frac{P_{侧}}{E}$。然而,$y$ 轴方向的侧压力对压坯的作用是使其压缩 $\Delta L_{y3}$,即 $\Delta L_{y3} = \frac{P_{侧}}{E}$。

压坯在压模内由于不能侧向膨胀,因此在 $y$ 轴方向上的膨胀值之和应等于其压缩值,即

$$\Delta L_{y1} + \Delta L_{y2} = \Delta L_{y3}$$

$$\nu \cdot \frac{P}{E} + \nu \cdot \frac{P_{侧}}{E} = \frac{P_{侧}}{E}$$

$$\nu \cdot \frac{P}{E} = \frac{P_{侧}}{E}(1 - \nu)$$

$$\frac{P_{侧}}{E} = \frac{\nu}{1-\nu} \cdot \frac{P}{E} \tag{3-5}$$

$$\xi = \frac{\nu}{1-\nu}$$

$$P_{侧} = \xi P = \frac{\nu}{1-\nu} \cdot P \tag{3-6}$$

式中　$\xi$——侧压系数(单位侧压力与单位压制压力的比值);
　　　$P$——垂直压制压力或轴向压力,N;
　　　$\nu$——泊松比。

同理也可以沿 $x$ 轴方向推导出类似公式。

需要说明的是,在上述公式的推导中,只是假定在弹性变形范围内有横向变形,而没有考虑粉末体的塑性变形以及粉末特性和模壁变形等因素,所以,这种仅把用于固体物体的胡克定律应用于粉末压坯上计算出来的侧压力只能是一个估计值。由于摩擦力的存在,垂直压制压力在压坯不同高度并不一样,各处的侧压力也就不同,即随着高度的下降而降低,侧压力的降低大致具有线性特性,且直线斜角随压制压力的增加而增大。

实际上,侧压系数在压制过程中处在不断变化之中,随着压制压力的增加,侧压系数也随着增大,即侧压力增加。还原铁粉的侧压系数为 0.10~0.50。

### 3.3.2　外摩擦力

在压制成形过程中,由于粉末颗粒与模壁之间的摩擦力直接影响到压坯密度的高低以及密度分布的均匀性,所以外摩擦力是在分析受力中不可缺少的。下面我们以圆柱形压坯为例分析一下因外摩擦力而引起的压力降。

外摩擦引起的压力损失可用式(3-7)表示:

$$\Delta P = \mu P_{侧} \tag{3-7}$$

式中　$\Delta P$——摩擦引起的压力损失,N;
　　　$\mu$——粉末与模壁的摩擦系数;
　　　$P_{侧}$——总侧压力,N。

通常用压力损失与上模冲受的压力 $P$ 之比来表示摩擦力的影响,即

$$\frac{\Delta P}{P} = \frac{\mu P_{侧}}{P} = \frac{\mu \xi S}{S'} \tag{3-8}$$

式中　$S'$——圆柱体横截面积,mm$^2$;
　　　$S$——坯体与阴模相接触的面积,mm$^2$。

那么

$$\frac{\Delta P}{P} = \frac{\mu \xi \pi \cdot \Delta H \cdot D}{\frac{\pi}{4}D^2} = \frac{4\mu\xi \cdot \Delta H}{D}$$

积分整理可得

$$P' = P e^{-4 \cdot \frac{H}{D} \cdot \mu \xi} \tag{3-9}$$

式中　$P'$——模底所受的力，N；
　　　$P$——压制压力，N；
　　　$H$——压坯高度，cm；
　　　$D$——压坯直径，cm。

实验指出，若考虑到消耗在弹性形变上的力，则式(3-9)变化为

$$P' = P e^{-8 \cdot \frac{H}{D} \cdot \mu \xi} \tag{3-10}$$

上述经验公式，已为许多实验所证实。也就是说，沿高度的压力降与高度和直径成指数关系。

压坯直径对压力损失的影响可以用以下方法来分析：假如颗粒为正方体，当粉末密集堆积时与模壁接触的情况将不同。当压坯的截面积与高度比一定时，尺寸越大，与模壁不发生接触的粉末颗粒数越多，即不受外摩擦力影响的粉末颗粒的百分数越大。这就是说，压坯尺寸越大，消耗于克服外摩擦力所损失的压力越小。

由摩擦力导致的压力降还与压坯的高度有关。粉末坯体受压段离上压头越远，压力降越大，实际上，这仍可归为压坯外表面的增加。在金刚石磨具制造中，底部压力低，金刚石层或过渡层与磨具基体的结合强度异形YG6将降低，产品易出现废品。

为了改善压力降，可以通过如下措施来实现：①添加润滑剂；②提高模具光洁度和硬度；③尽量使用粒度大、形状简单的粉末；④使用其他成形方法，如双向压制、等静压制和热压等。

### 3.3.3　脱模压力

粉末在成形时，模壁和坯体之间有一个侧压力，当模压成形结束时，由于主压力(即压制压力)的消除，压坯将因内聚力的作用出现弹性膨胀，此时的膨胀主要产生在轴向，对于横向则基本上保持原尺寸。但是由于轴向膨胀的产生，模具的侧压力将有所降低，降低的程度随轴向膨胀的提高而增加。对于塑性粉末，因弹性膨胀不大，所以剩余的侧压力可与压制时的侧压力相近。对于硬度较高的粉末则相反。

脱模压力可以用式(3-11)来计算：

$$F_{脱} = \mu_{静} P_{侧剩} S_{侧} \tag{3-11}$$

式中　$\mu_{静}$——粉末与模壁之间的静摩擦系数，取决于金属粉末的成分、性能、润滑剂、
　　　　　　模壁光洁度、单位压制压力和模壁温度等；
　　　$P_{侧剩}$——卸压后阴模弹性后效收缩时作用于压坯的压强，MPa；
　　　$S_{侧}$——压坯与模壁接触的侧压面积，mm²。

剩余侧压强大小可以通过测卸压后阴模外半径上剩余的变形量来计算获得。

在压制过程中，粉末颗粒存在有一阻止颗粒变形的力，并且与颗粒受力方向相反，力

图使颗粒恢复原状,这种力称为弹性内应力。

在去除压制压力并把压坯压出压模后,由于弹性内应力的松弛作用,改变了颗粒的外形以及颗粒间的接触状态,引起压坯体积膨胀,这种现象称为弹性后效。其定量表示方法通常以压坯膨胀的百分数表示:

$$\delta = \frac{\Delta L}{L} \times 100\% \tag{3-12}$$

式中　　$\delta$——压坯高度或直径方向的弹性后效值;

　　　　$\Delta L$——脱模前后的尺寸差,mm;

　　　　$L$——脱模前的尺寸,mm。

脱模的一瞬间是弹性后效最显著的时刻,是压坯最易出现分层、裂纹的时候。影响弹性后效的因素很多,主要归纳有如下几点:

1)粉末成形料成分　弹性后效随粉末硬度的提高而增加,这是硬度高的粉末在压制时所产生的弹性变形较大的缘故。例如,WC-Co 合金混合料的弹性后效值一般比 WC-Ti-Co 合金混合料低。在成形前,消除金属粉末内的氧化物对降低弹性后效是有利的。

2)粉末粒度　对不同的金属粉末,粉末粒度对弹性后效的影响程度不一样。电解铜粉在成形压力 100~300 MPa 时,粒度越细,弹性后效越小。但对于还原铁粉,粒度越细,弹性后效越大。

3)粉末颗粒的表面形状和成形压力　粉末颗粒表面形状与粉末生产方法有直接关系。对于不同形状的粉末,其表现也不同。粉末成形的压制压力越大,通常弹性后效值也随着增大。

4)模具的材质和结构　对于相同压坯来说,组合筒阴模所引起的弹性后效比单层厚壁阴模为小,硬质合金阴模比钢模所引起的弹性后效为小;阴模刚性差则变形大,弹性后效也大。

## 3.4 压制压力与密度的关系

### 3.4.1 压坯密度与压制压力之间的变化规律

粉末成形料在压力作用下,随着颗粒的位移和变形,压坯密度出现有规律的变化。通常将其粗略地分为三个阶段,如图 3-8 所示。

第一阶段,压坯密度随压力增加而迅速增大。这是因为粉末的拱桥现象在不大的压力作用下迅速消除,粉末颗粒移动距离较大,使孔隙急剧减小。此阶段也称为滑移阶段。

第二阶段,压坯密度增加缓慢或几乎保持不变。这是由于大量的孔隙已在第一阶段消除,压坯密度已达到一定值,粉末体出现了一定的压缩阻力,继续增大压力的结果主要是使颗粒发生弹性变形。在这个阶段,粉末颗粒移动的距离极小,甚至只在颗粒大小的范围内产生滑动或转动。对于塑性粉末来说,第二阶段是不明显的,它较快地由第一阶段过渡到第三阶段,如压制铁、铜、锡、铅等塑性很好的金属粉末时,第二阶段基本消失(见图 3-9)。对于硬而脆的粉末,这个阶段则相当明显,且压制过程一般只进行到这个阶段的初期,因为要通过施加压力来达到提高密度的目的,则需要很高的压力才能实现,很高的压力对模具的寿命和金刚石性能都将有明显的影响。

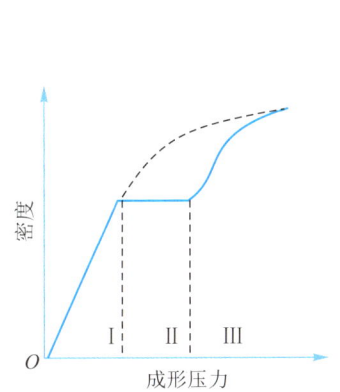

图 3-8　压坯密度与成形压力的关系

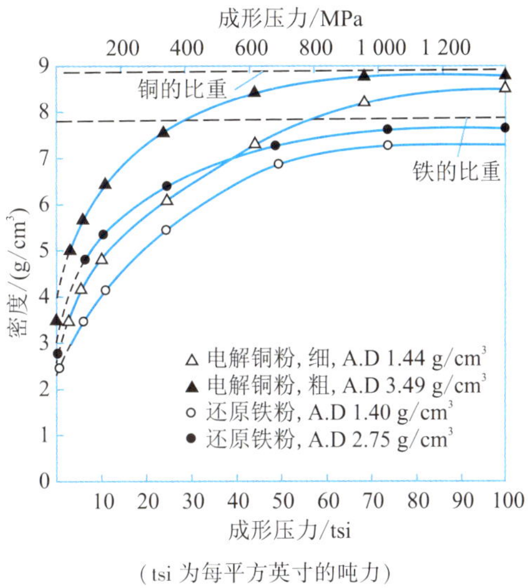

图 3-9　铜铁粉末压制曲线

（tsi 为每平方英寸的吨力）

第三阶段，当压力继续增大超过某一定值后，随着压力的增加，压坯密度又继续增加，压力的增加有可能达到粉末材料的屈服极限和强度极限，粉末颗粒在此压力下产生塑性变形或脆性断裂。颗粒塑性变形的方向指向压坯中的孔隙，因此材料填入孔隙，导致压坯密度增大。颗粒的脆性断裂，断裂碎块填入孔隙，压坯密度也会增大。

### 3.4.2　压坯密度与压制压力关系的数学解析

压坯密度与压制压力的关系反映了压制过程中粉末体变形和致密化规律。粉末冶金理论工作者已研究出理论压制公式几十个，样式上各种各样，其中最具代表性的是巴尔申、川北公夫、艾西和黄培云方程式。表 3-1 为这几种压制理论的方程式及其特征。

表 3-1　粉末压制成形典型理论公式

| 著者 | 公式 | 注释 | 适用范围 |
| --- | --- | --- | --- |
| 巴尔申 | $\lg P = \lg P_{max} - L(\beta-1)$ | $P_{max}$ 为压制致密状态时的单位压力；$L$ 为压制因素；$\beta$ 为相对体积 | 中硬粉末，中等压力 |
| 川北公夫 | $C = \dfrac{abP}{1+bp}$ | $C$ 为粉末体积减少率；$a$、$b$ 为系数 | 较低压力 |
| 艾西 | $\theta = \theta_0 e^{-\beta P}$ | $\theta$ 为压力 $P$ 时的孔隙度；$\theta_0$ 为无压时的孔隙度；$\beta$ 为压缩系数 | 硬粉末，中、高压力 |
| 黄培云 | $\lg\ln\dfrac{(d_m-d_0)d}{(d_m-d)d_0} = n\lg P - \lg M$ | $d_m$ 为致密金属密度；$d_0$ 为压坯原始密度；$d$ 为压坯密度；$P$ 为压制压强；$M$ 为相当于压制模数；$n$ 为相当于硬化指数的倒数 | 各种粉末和压力 |

我们在此仅将最有代表性的巴尔申方程给予简单介绍。

由材料力学中的胡克定律可知,对于致密金属,应力无限小的增量正比于变形无限小的增量,即

$$\mathrm{d}\sigma = \frac{\mathrm{d}P}{A} = \pm K\mathrm{d}h \tag{3-13}$$

式中　$P$——压力;
　　　$A$——横断面积;
　　　$\sigma$——应力;
　　　$\mathrm{d}h$——物体高度变形无限小的增量;
　　　$K$——比例常数。

当粉末的加工硬化忽略不计时,上述公式也可应用于塑性变形。

将胡克定律应用于粉末冶金压制过程即可得出相关压制理论方程。假设粉末装在圆柱形压模中,在压制压力 $P$ 作用下,高度为 $h_0$,如增加压力 $\mathrm{d}P$,高度减少 $\mathrm{d}h$,压坯的接触断面为 $A_{H'}$,则有

$$\mathrm{d}\sigma = \frac{\mathrm{d}P}{A_{H'}} = -k\mathrm{d}h \tag{3-14}$$

式中　$k$——比例常数。

比例常数 $K$ 及 $k$ 在式(3-13)、式(3-14)中与初始高度 $h_0$ 有关,即

$$\mathrm{d}\sigma = \frac{\mathrm{d}P}{A_{H'}} = -k' \cdot \frac{\mathrm{d}h}{h_0} \tag{3-15}$$

式中　$k'$——比例常数,与加工硬化程度无关,在一定程度上相当于弹性模数。

当压坯横截面积一定时,即

$$S = S_K$$

$$\beta = \frac{V}{V_K} = \frac{hS}{h_K S_K} = \frac{h}{h_K}$$

式中　$\beta$——相对体积,压坯体积 $V$ 与致密体积 $V_K$ 之比,$\beta>1$。

$$\mathrm{d}\beta = \frac{\mathrm{d}h}{h_K} \tag{3-16}$$

将式(3-16)代入式(3-15)可得

$$\frac{\mathrm{d}P}{A_{H'}} = -K'' \cdot \frac{\mathrm{d}h}{h_K} = -K''\mathrm{d}\beta \tag{3-17}$$

$$A_{H'} = \frac{P}{\sigma}$$

$$\frac{\mathrm{d}P}{\frac{P}{\sigma}} = -K''\mathrm{d}\beta \tag{3-18}$$

$$\frac{\mathrm{d}P}{P} = \frac{-K''}{\sigma}\mathrm{d}\beta = -l\mathrm{d}\beta \tag{3-19}$$

$$\frac{\mathrm{d}P}{P} = -l\mathrm{d}(\beta - 1) \tag{3-20}$$

式中　$l$——压制因素。对式(3-20)积分可得

$$\ln P = -l(\beta - 1) + C$$

当 $\beta = 1$ 时，$C$ 即相当于最大压紧程度时的最大单位压力的对数 $\ln P_{max}$

$$\ln P = \ln P_{max} - l(\beta - 1) \qquad (3-21)$$
$$\lg P = \lg P_{max} - L(\beta - 1) \qquad (3-22)$$

式中　$L = \lg e \cdot l = 0.434 l$。

根据式(3-22)可画出巴尔申压制理论曲线图(见图3-10)。巴尔申压制理论曲线图与实际压制曲线图还有一定的距离(见图3-11)，主要是没有考虑粉末的特殊性以及压制过程中粉末性能的变化等因素。粉末在压制过程中的行为要比致密金属表现得更复杂，再加上粉末原料的难统一性，更增加了理论计算的难度。表3-2是两类材料的性能比较。

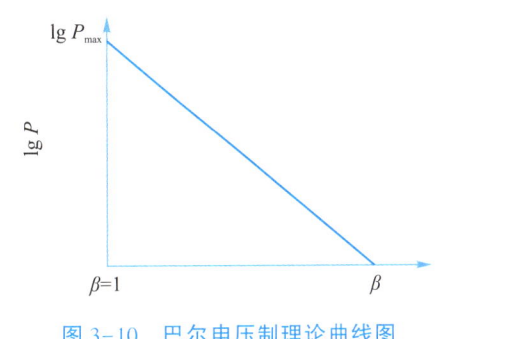

图3-10　巴尔申压制理论曲线图

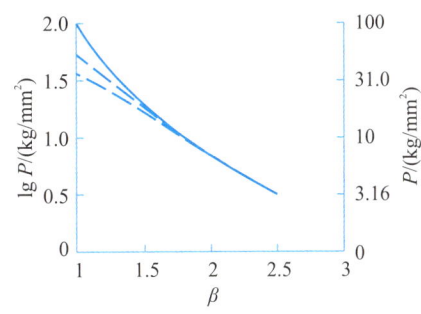

图3-11　典型实际压制图

表3-2　致密金属和粉末金属塑性行为的比较

| 比较内容 | 致密金属 | 粉末金属 | |
|---|---|---|---|
| | | 粉末体 | 烧结体 |
| 泊松比 | 0.5 | <0.5，是密度的函数 | |
| 体积变化 | 几乎不变化 | 变化很大 | |
| 屈服条件 | 不受等静应力的影响 | 受等静应力的影响 | |
| 加工硬化 | 加工硬化程度小 | 加工硬化程度大 | |
| 密度 | 不发生变化 | 变化大 | |
| 强度 | 不受材质密度的影响 | 依赖材质强度与粉末压坯密度 | |
| 变形 | 没有孔隙，晶粒变形，体积不变化 | 颗粒移动和变形，内部晶粒几乎不变形 | 颗粒不移动 |

## 3.5　压坯密度的分布

### 3.5.1　单向压制时压坯密度的分布

#### 3.5.1.1　单向压制过程

单向压制成形是指压力从某一方向对成形料施加压力而达到成形目的的一种成形

单向双向压制

方法。单向成形是粉末压制成形的最基本的也是最重要的方法。单向压制成形的最简基本工艺如图3-12所示。大致可分为装粉、压制、脱模三个步骤。

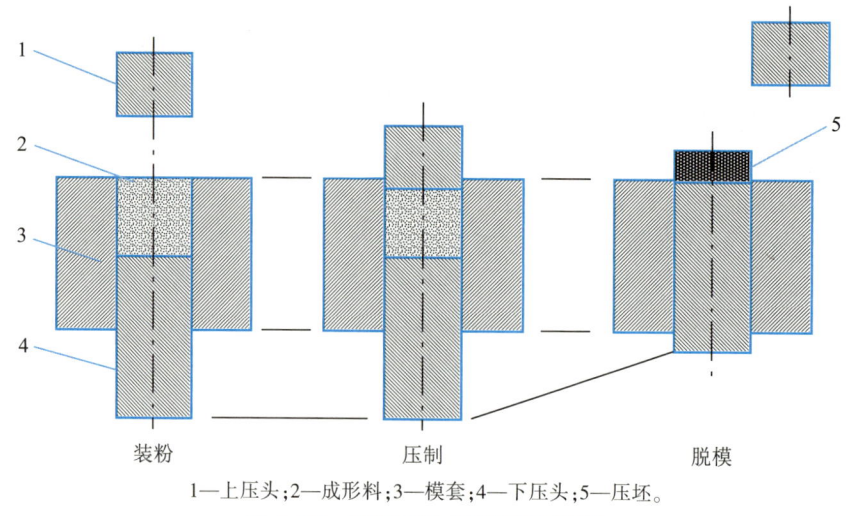

1—上压头;2—成形料;3—模套;4—下压头;5—压坯。
图3-12 单向压制成形过程示意图

1)装粉　装粉就是把经过混合的成形料,按一定质量或体积投入模腔中。根据制品的形状、制品的性能要求和设备的不同,可以实行人工装粉或自动装粉。人工装粉一般采用定量法,自动装粉多采用容量法,且用模腔来进行定量,但在生产贵重金属制品时,称量的精度很重要,即使是大量生产也采用定量法。装粉的方式不是绝对的,可依具体情况而定。

自动装粉有三种方式:①落入法是指装有粉末的送粉器移送到模套(或阴模)与其他部件形成的型腔上,粉末自由落入型腔中;②吸入法是下压头(或压环)位于顶出坯的位置,送粉器移送到型腔上,当下压头下降复位时,粉料被吸入型腔中;③多余充填法是芯体下降到下压环的位置,粉末落入阴模型腔内,然后芯体升起,将多余的粉末顶出,并被送粉器刮回。这三种装粉方式前两种比较常见,后一种多用在薄壁压坯且较长的制品成形中。

2)压制成形　压制成形是按一定的单位压力,将充填到模腔中的成形料聚结成一定密度、形状和尺寸要求的压坯的工序。压制成形过程以压坯尺寸的不同,适当控制压制的速度有利于型腔中气体有充分的时间排出腔外。此外,因施加在成形料中的压力传递也需要一定的时间,所以在加压过程中或者达到成形尺寸时适当保压是有益的。

3)脱模　脱模就是把压制成形过的压坯从模具中取出来。根据压制时产品形状、模具结构和设备特点可以实行人工脱模,也可以自动脱模。

#### 3.5.1.2　单向压制压坯密度分布特点

压坯密度的提高是压制成形的主要目的之一。以前我们所讲的均是指压坯密度的平均值,而在每部位的密度是否均匀将决定最终成品性能的一致性。

在粉末压制过程中,粉末体受力下的表现并非完全表现为一种流体的性质,或者说作用在粉末各处的压制压力是不一致的,并非处于理想状态,在压坯内部有很大差异,这就导致了压坯内部不同部位应力分布不均匀的结果。当粉末体在钢模中压制时,颗粒的运动主要是在加压方向,其次是少量的与加压方向垂直的横向运动。在压头附近,坯体的密度最大,随着离压头距离的增加,密度会逐渐减小,特别是模壁处。图 3-13 是圆柱形镍粉压坯的密度分布情况。我们发现,在刚性压模中成形时,应力的大小和方向分布是相当复杂的。在横截面上,上层的密度中间小边缘大,下层的密度分布则相反。

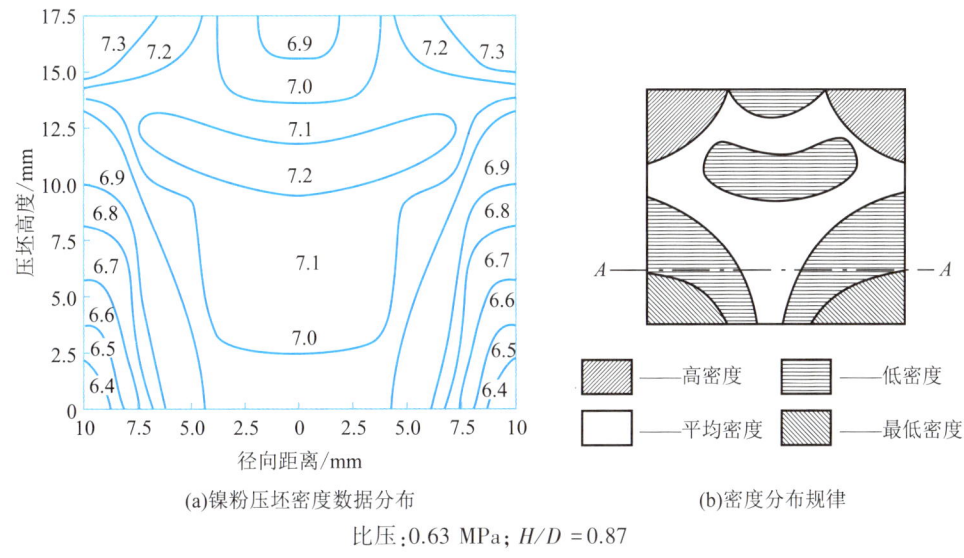

(a)镍粉压坯密度数据分布    (b)密度分布规律

比压:0.63 MPa;$H/D = 0.87$

图 3-13　单向压制的镍粉压坯的实际密度分布

如果将粉末压坯成形料分五等份进行单向压制(见图 3-14),每一层粉末成形后压坯的厚度和形状都不一样,各层的平均密度沿高度方向从上至下降低,以第五层为最低。密度由上到下逐渐降低,最下层成了最低密度层,粉末几乎在这层不发生移动,通常将压坯中的这层粉末叫中立层。

密度分布不均匀的主要原因是成形过程中出现压力损失。凡是能降低压力损失的措施均可提高密度分布的均匀性。主要有:

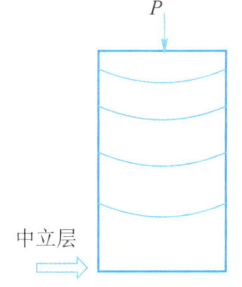

图 3-14　单向压制压坯形状变化

1)粉末的颗粒特征　粉末的种类、颗粒直径、粒度分布、颗粒形状及表面状态。

2)压坯的高径比　实践证明,增加压坯的高度会使压坯各部分的密度差增加,而加大直径则会使密度的分布更加均匀。即高径比越大,密度差别越大。在实际生产中,可以通过双向加压、非同时双向压制、等静压制等压制方式来改善。

3)模壁粗糙度　模壁粗糙度的降低可降低模壁与粉末颗粒之间的摩擦系数,即外摩擦系数,从而降低外摩擦损失,提高净压力的比例。

4)添加润滑剂　润滑剂是降低粉末颗粒与模壁和压头间摩擦的最有效方法。润滑剂不仅可以降低外摩擦系数,也可以降低内摩擦系数,可明显减少压力损失。

实际上,影响压坯密度分布的因素还有很多,比如压模材料及表面粗糙度、单位压制压力、压制气氛、压制温度、添加剂用量等,完全获得均匀密度是不可能的。

压坯密度分布不均匀,在脱模时引起的弹性后效不同,将可能产生裂纹,在烧结时压坯密度大的地方收缩小,密度小的地方收缩大,会引起弯曲变形,甚至开裂,所以说压坯密度分布的均匀性将直接影响制品的机械性能和使用性能,故必须严格控制其不均匀范围。

多断面压坯压制

由于单向成形时粉末移动的特点,对于多断面压坯压制成形时,密度分布将会引起新的问题(见图3-15)。由于在多断面压坯钢模成形常规方法装料时难以实现复杂的投料,因而各部位粉末难以实现相同的压缩比,造成压坯密度分布的不均匀。这需要从原料、模具结构及运动方式、成形方式等方面来调整改善。

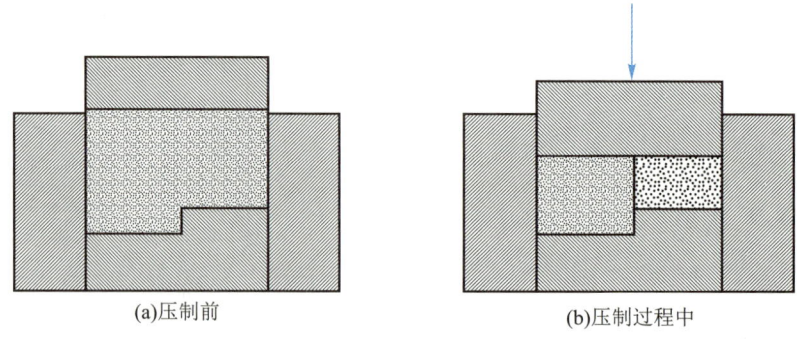

(a)压制前　　　　　　　　(b)压制过程中

图3-15　多台阶压坯单向成形时密度分布示意图

### 3.5.2　双向压制时压坯密度的分布

与单向压制成形不同的是,双向压制成形在相对应的两个方向上对成形料施加压力的成形方法,下压头和上压头一样也要对粉体进行压制,它是单向压制成形的发展。从压坯的性能来看,无论是从压坯的密度分布还是从压坯的强度方面,都明显优于单向压制成形的压坯,特别是对高径比较大的压坯。

图3-16是双向压制过程中在不同受压程度下坯体上下部位密度的变化示意图。图3-17是双向压制成形的压坯各部位密度分布规律,图3-18是将粉末原料五等分后压制的圆柱体界面形状。

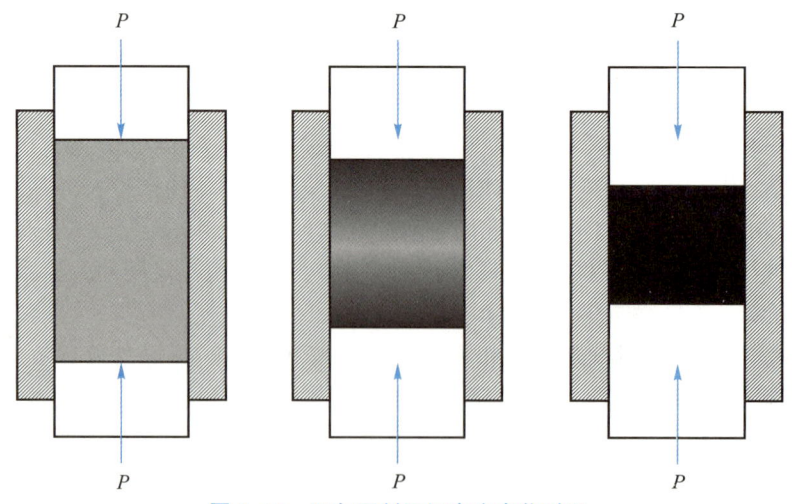

图3-16　双向压制压坯密度变化过程

对比单向压制密度分布图3-13(b),从图3-17、图3-18中发现,以 $A-A$ 为分界线的上下部分,密度分布规律一致。双向成形密度的变化类似于两个单向成形时的影像叠加,密度分布状况是上下对称的,接近压头层的密度高,坯体中间部分的密度最低。从图 3-18 中还可以看到,在压坯中同样存在压制过程中几乎不移动的粉层"中立层",这是压坯平均密度最低的部分,处于距离压坯的上下端面相等的第三层中。在双向压制时,"中立层"上下受到相同的压缩,所以,压坯密度分布较单向压制均匀。通常,可以用"中立层"在压坯中的位置反映压坯密度分布的均匀程度。

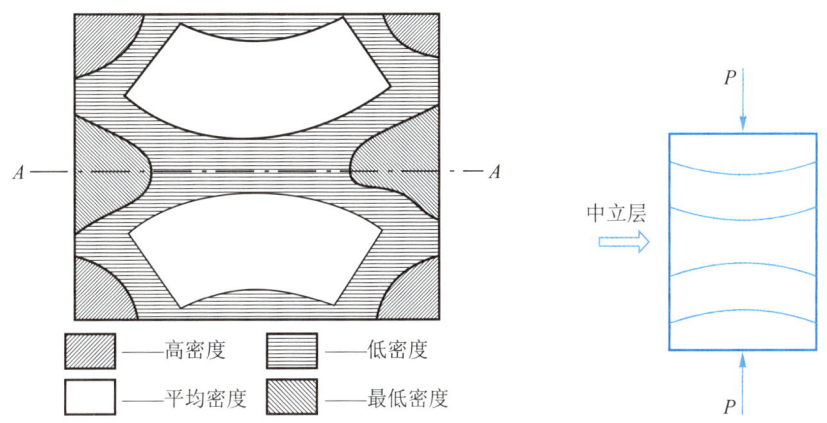

图 3-17 双向压制压坯密度分布　　　图 3-18 双向压制压坯形状变化

在实际生产过程中,非同时双向压制成形经常被使用,即第一次压制使用单向压制类型的方法进行成形,第二次在第一次加压方向的相反方向以相同的压力进行压制。对于非同时双向压制,实验证实,其压制成形效果与同时双向压制相同。若在第二次加压方向上施加的单位压力较高,那将会使压坯密度不均匀现象加剧,其密度分布又与单向压制相似。

实践证明,非同时双向压制,只要求与单向压制方向相反的压头对压坯做一个很短距离的"后压"动作,就可以有效地改善压坯密度分布的不均匀性。"后压"的距离随着第一次加压压力的增加而降低。在生产实践中,实现非同时双向压制通常采用加垫铁的方法来控制后压移动距离。在超硬材料烧结磨具生产中,压坯厚度与垫铁厚度之间的关系可参考表 3-3。

表 3-3　压坯厚度与垫铁厚度的关系

| 压坯厚度/mm | 10~20 | 21~30 | 30~40 |
|---|---|---|---|
| 垫铁厚度/mm | 3~8 | 8~12 | 12~15 |

### 3.5.3　冷等静压制时压坯密度的分布

#### 3.5.3.1　冷等静压制基本过程

冷等静压成形是根据帕斯卡原理而发展起来的,即利用高压液体的静压力直接作用于装在弹性模具中的物料,使压块多向同时均衡受压而获得高密度高强度压坯的一种成形方法。通常的传压介质是水溶液,如果是利用弹性物质(如塑料、橡胶等)作为传压介质,则称均衡压制。冷等静压制的基本过程主要由几个基本工序组成,马达带动高压泵把液体介质加入耐高压的缸体密封容器内,从高压泵传递过来的高压流体的静压力直接作用在弹性模套内的粉末成形料上,这样粉末成形料在同一时间内在各个方向受到等同的压力,粉末经过位移和变形,获得密度分布均匀和强度较高的压坯(见图3-19)。

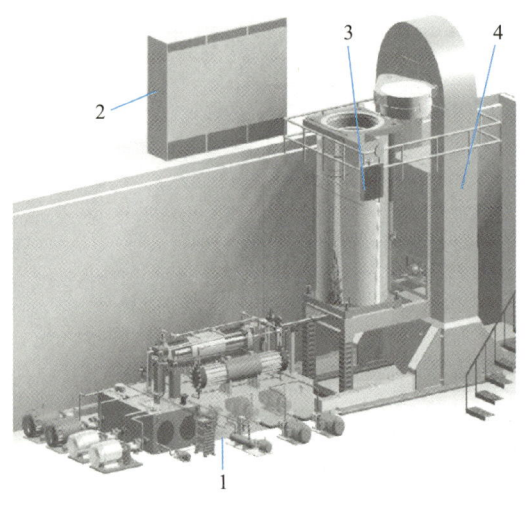

1—液压加压系统;2—电器控制系统;3—工作缸系统;4—框架。

图3-19 等静压机结构基本组成

1)冷等静压制的优点　冷等静压制与钢模压制相比有以下优点:

(1)由于压制坯体各个方向所受的压力相同,并且几乎没有粉末与模壁的摩擦,所以压坯的成形密度较高且均匀。

(2)由于在粉末成形料内可以不添加润滑剂,所以压坯具有较高的强度和密度。

(3)在等静压制中,由于使用的是流动静压力,这对那些成形性差的材料(如硬脆性粉料、难熔金属粉末等)可以很好地压制成形。

(4)能够压制成形高径比大的压坯。

(5)由于脱模不是垂直顶出,所以对普通钢模成形困难的复杂零件可以利用等静压成形来实现。

(6)可以同时压制多件相同或不同形状、尺寸的产品。

2)冷等静压制过程　冷等静压制过程大致包括以下四个步骤:

(1)装料　把粉末成形料装到一个和制品形状相似的弹性模具内。

金属粉末等静压成形时需要压力较高,所以模具材料必须满足下列要求:①应有一定的强度和弹性,装粉时能保持原来的几何形状;②应具有较高的抗磨耗性能,且易于加工;③不与压力介质发生物理化学作用;④材料不易黏附在压坯上,使用寿命长,价格便宜。弹性模具通常是由橡胶、氨基甲酸乙酯、聚氧乙烯或其他弹性材料制造的,模具的尺寸大小取决于粉末的压缩性。

(2)模具密封与抽空　模具的装料口一般用橡胶塞塞紧,再用金属丝扎紧密封,以防流体进入粉料。为了防止在压制过程中气体没有充分的时间从模内逸出而阻碍粉末被压紧,所以一般要压制前排除粉料中的空气。

(3) 压制　高压泵启动将高压液体注入等静压腔体内,液体从各个方向对粉末成形料施压,粉末移动和变形,密度和强度提高。

(4) 除压　除去压力,脱模。

3) 冷等静压制分类　冷等静压制按其装料和受压形式不同分为湿袋成形与干袋成形。

(1) 湿袋成形　湿袋成形中的装料和除膜均在压力容器外进行(见图3-20)。把无需外力支持也能保持一定形状的薄壁软模装入粉末料,用橡皮塞塞紧密封袋口,然后套装入穿孔金属套一起放入高压容器中,使模袋浸泡在液体压力介质中经受高压泵注入的高压液体压制。湿袋模具压制的优点:可任意改变包套的形状和尺寸,能在同一压力容器内同时压制各种形状的压件,灵活性好;模具寿命长、成本低。湿袋模具压制的主要缺点:每成形一次都要经过装袋、卸袋操作,生产效率低,不能连续大规模自动化生产。

(2) 干袋成形　干袋式模具压制的压制方式如图3-21所示。粉末装在成形塑性袋中,将塑性袋放进预先放入缸内的加压模袋内,粉末塑性袋不与液体接触,因此称为干袋法。干袋固定在筒体内,模具外层衬以穿孔金属护套板,粉末装入模袋内靠上层封盖密封。高压泵将液体介质输入容器内产生压力使软模内粉末均匀受压。压力除去后即从模袋取出压块,模袋仍然留在容器内供下次装料用。干袋式模具压制的特点是生产率高,易于实现自动化,模具寿命较长。不足之处是塑性模袋不能经常更换,所以产品规格受限制。

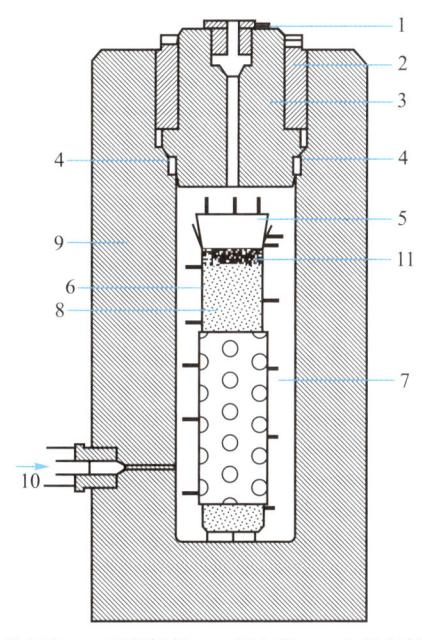

1—排气塞;2—压紧螺帽;3—压力塞;4—金属密封圈;
5—橡皮塞;6—软模;7—穿孔金属套;8—粉末料;
9—高压容器;10—高压液体;11—棉花。

图3-20　湿袋模具压制

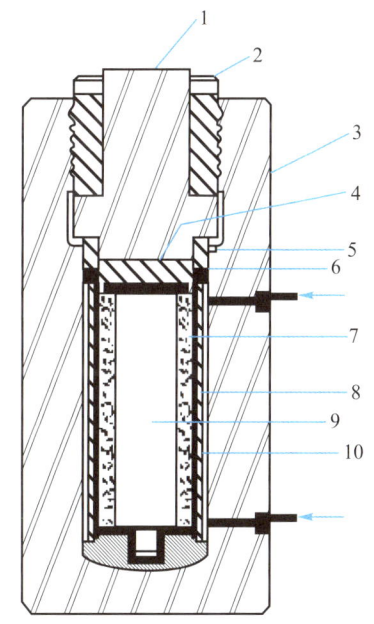

1—上顶盖;2—螺栓;3—筒体;4—上垫;5—密封垫;6—密封圈;7—套板;8—干袋;9—模芯;10—粉末料。

图3-21　干袋模具压制

### 3.5.3.2　冷等静压制密度分布特点

在模压成形中,压坯密度都会出现明显的不均匀分布,其主要原因是外摩擦力引起的压制压力沿压制方向下降。在等静压制过程中,流体介质传递压力是各向相等的,弹性模具本身受压缩的变形与粉末颗粒受的压缩大体上是一致的,即弹性模具与所接触的粉末之间不会产生明显运动,事实上,它们之间的摩擦力是很小的。压制时,由于各方向压力相等,静摩擦力在压坯件的纵断面上任一点都应相等。毫无疑问,压坯的密度分布沿纵断面是均匀的。但是,在压坯的同一横断面上,由于粉末颗粒间的内摩擦,压坯的密度从外向内逐渐降低。不过,和模压成形相比,粉末颗粒的位移距离较小,所以横断面上密度的不均匀性也会明显低于模压坯体的断面不均匀性。图 3-22 为铜粉与铁粉等静压圆盘压坯时,不同压力下圆盘面不同直径部

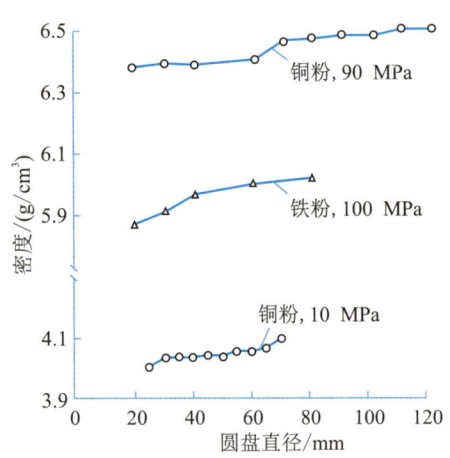

图 3-22　冷等静压下不同直径压坯的密度分布

位的密度变化。很明显,从外到内,密度也在不断降低。可以认为,冷等静压制坯体的中立层位于压坯体积对称中心。

实际生产中,如何根据不同的产品要求来选择合适的压制方式,这是在成形前必须首先考虑的问题。可以根据下面几条基本原则来进行选择:

(1) 当 $\frac{S_{侧}}{S}<K$ 或圆柱体 $\frac{H}{D}<\frac{K}{4}$ 时,尽可能用单向压制。一方面,模具结构和压机动作要求简单;另一方面,采用别的压制方式对压坯密度分布均匀性改善效果不明显。对于金刚石砂轮,若金刚石层环宽为 $b$,当 $\frac{H}{D}\leqslant 1$,$\frac{H}{b}\leqslant 3$ 时,可用单向压制成形。

(2) 当 $K<\frac{S_{侧}}{S}<2K$ 或圆柱体 $\frac{K}{4}<\frac{H}{K}<\frac{K}{2}$ 时,应当采用双向压制或相同效果的其他压制方式(如后压、阴模浮动等),具体选择哪一种,应依压机和模具条件来定。对于金刚石砂轮,当 $\frac{H}{D}>1$,$\frac{H}{D}>3$ 时,采用双向压制成形。

(3) 当 $\frac{S_{侧}}{S}>2K$ 时,双向压制已不适用,此时应采取其他如等静压成形。对于金刚石砂轮,当 $\frac{H}{D}>4$ 时,需要等静压成形,如高厚度无心磨砂轮。

其中的 $S_{侧}$ 为压坯的侧面积;$S$ 为压坯的压制正面积;$H$ 为压坯高度;$D$ 为圆盘形坯体的直径;$K=\dfrac{\left[1-\left(\dfrac{\rho_{下}}{\rho_{上}}\right)^m\right]}{\mu\xi}$;$\rho_{下}$ 是压坯的最低相对密度;$\rho_{上}$ 是压坯的最高相对密度。

## 3.6　影响压制成形过程的主要因素

粉末体在压制过程中要解决的主要问题是密度高低、密度均匀度以及坯体的强度。

在实际生产中,影响的因素很多,可归纳为如下几个主要方面。

### 3.6.1 粉末

#### 3.6.1.1 粉末颗粒材质的性质

粉末颗粒的硬度和可塑性影响着粉末坯体的密度和强度。硬度越高,粉末的成形性越差。可塑性越好,粉末压缩性越高。不同的粉末材料,由于材质本身与杂质种类、含量的区别,在压制时与模具之间的摩擦性能也不同,摩擦系数越小,压坯成形时的压力降越小,压坯的密度均匀性就越高。

#### 3.6.1.2 粉末颗粒的形状

在坯体中,粉末颗粒形状对坯体密度和强度的影响是不同的。具体反映在粉末的装填性能和压制性能方面。颗粒表面复杂的粉末,因易形成拱桥现象,所以松装密度低,压坯密度差大,但颗粒间结合点多,又使压坯强度高。反之,则相反。所以说,粉末的颗粒形状对压制的影响好与坏,应根据压制工艺方法来具体分析。

#### 3.6.1.3 粉末的粒度与粒度组成

一般来说,粉末越细,流动性越差,在充填狭窄且深长的模腔时就越困难,越容易形成拱桥现象。另外,细粉末的松装密度低,在模腔中的充填容积大,这样必须有较大的模腔尺寸。在压制时,由于压头移动的距离增大,压力损失增加,影响压坯密度的分布。粗颗粒粉末颗粒较大,成形时位移和变形都比较困难,对坯体的密度和强度提高同样不利。实践证明,非单一粒度的粉末组成的成形料,因可以形成较高的松装密度,所以在压制时能更好地提高压坯的密度和强度,并能降低弹性后效。

### 3.6.2 添加剂

在粉末冶金制品生产过程中,通常要加入适量的添加剂(包括润滑剂和成形剂),其目的是改善压坯内的密度、密度分布以及压坯的强度。图3-23反映了润滑剂加入量对压坯密度和强度的影响。

从图3-23中可以看到,添加剂的加入量在一定的范围内对压坯性能的提高是有明显的作用的。但是,随着添加剂用量的过分增大,压坯的性能反而会降低,这是因为添加剂本身密度较低。

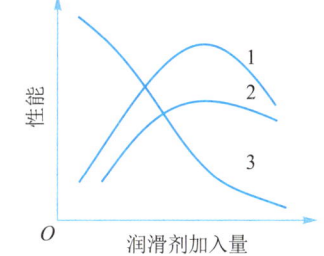

1—密度;2—抗压强度;3—抗弯强度。

图3-23 润滑剂加入量对压坯密度和强度的影响

添加剂的加入量应考虑到粉末的种类、粒度和坯体摩擦表面值的大小。细粉末所需要添加剂的量要多于粗粉末所用的量。比如,粒度为20~50 μm的粉末,要使每个颗粒表面形成一层单分子薄膜,每克混合料中需加入3~5 mg表面活性润滑剂,而对于粒度为0.1~0.2 mm的粗粉末仅需要1 mg。摩擦表面值的大小可以用压坯的形状因素表示(形状因素指摩擦表面积与横断面积之比),润滑剂的加入量大约与形状因素成正比。

添加剂在选择时应满足下列要求:①具有适当的黏性和良好的润滑性,且易于和粉末料均匀混合;②与粉末料不起化学反应,在烧结过程中易于排除且不残留和放出有害物质;③对粉末成形料的松装密度和流动性影响不大,除特殊情况外,其软化点应当高,以防止混料过程中因温度升高而熔化;④烧成后对产品性能和外观无影响。在金刚石制品中,通常采用的有石墨、硬脂酸锌、液态石蜡和木炭等。

### 3.6.3 压制成形条件

#### 3.6.3.1 压制方式

在前几节中已分析了不同压制方式时,压坯内密度分布的不均匀情况。可以得出,成形相同的制品而采用不同的压制方式将会产生不同的压坯性能。

#### 3.6.3.2 加压速度

加压速度不仅影响到粉末颗粒间的摩擦状态和加工硬化,而且影响到空气从粉末颗粒间的逸出情况。如果加压速度快,空气逸出就困难。对于形状复杂的坯体若加压速度快,可能会因最上层粉末的飞散造成密度分布的不均匀。一般原则是,初始阶段升压快,以后要慢,粒度越细,升压越要慢,保压时间要长。

2001年,瑞典的Hoegaes公司和Hydropulsor公司共同提出一种高效率、低成本制备高性能粉末冶金零件的新技术,即高速压制技术(high velocity compaction,HVC)。该技术生产零件的过程与传统模压工序相同,模具设计也相似,所不同的是,HVC通过由液压控制的重锤产生的强烈冲击波实现粉末压制,具有瞬间冲击成形的绝热压制特征,其压制速度比传统压制快500~1 000倍,具有成本低、压坯密度高且分布均匀、低弹性后效(比常规降低30)和高精度、模具使用寿命长(不少于十万次)等特点。高的压坯密度有利于降低烧结温度而获得晶粒细小的材料,符合当前节能减排和低碳发展的总体需求;低脱模力(比常规降低30)和低弹性后效可显著提高零件的尺寸精度;高的模具寿命(不少于十万次)使工业应用成为可能。从生产成本与制品密度之间的性价比考虑,HVC在制备高密度、高性能粉末冶金零部件中有其明显的技术和经济优势。SKF公司用HVC技术大规模制备高密度、高强度的铁基和316L不锈钢零件,所生产的铁基齿轮件密度可达7.7 g/cm³,而采用传统的粉末冶金技术,即便如温压、复压复烧技术通常也只能得到7.3 g/cm³左右的密度。法国机械工业技术中心(Technical Centre for Mechanical Industry,CETIM)采用HVC成功制备了多阶零件和有内齿或沿高度方向局部有外齿的形状复杂部件,在这些部件中,压坯的密度均达到了7.5 g/cm³以上。CETIM最新的研究表明,采用HVC还可以一次性成形复杂的锥形和多阶零件,且整个零件密度分布均匀。

#### 3.6.3.3 保压时间

对于小规格制品,保压时间影响不明显。但对于大规格、高厚度和形状复杂的制品,则需要压力保持一定的时间。其主要原因:

(1)使压力传递得充分,进而有利于压坯中各部分的密度分布趋于均匀;

(2)使粉末体孔隙中的空气有足够的时间通过模壁和模冲或者模冲和芯棒之间的缝隙逸出;

(3)给粉末之间的机械啮合和变形以时间,有利于应变弛豫的进行。表3-4是保压时间对电解铜粉的压坯强度和电阻率的影响。

表 3-4 保压时间对压坯强度和电阻率的影响

| 压制 | 不加润滑剂 | | 加 1% 润滑剂 | |
|---|---|---|---|---|
| | 抗弯强度/MPa | 电阻率/($\mu\Omega \cdot cm$) | 抗弯强度/MPa | 电阻率/($\mu\Omega \cdot cm$) |
| 慢速加压并立即卸压 | 34.4 | 105 | 19.2 | 42 |
| 保压 2 s | 37.1 | 101 | 20.5 | 44 |
| 保压 5 s | 38.4 | 96 | 21.9 | 44 |
| 保压 10 s | 39.1 | 96 | 20.5 | 45 |
| 保压 300 s | 39.7 | 88 | 21.2 | 44 |

#### 3.6.3.4　成形模具的性能

模具表面粗糙度越低,摩擦力越小,越易脱模;模具的硬度要高,否则易被硬材料拉毛;模具刚性要好,这是因为金属粉末成形压力很高,相应地侧压力也很大,模具有径向膨胀,卸压后有剩余应力存在即脱模阻力产生,若此力超过压坯强度,将会造成裂纹。刚性好的模具,压制时变形小,卸模阻力小。

#### 3.6.3.5　压机性能

压机性能是保证成形质量的重要因素。压机上下工作台必须有很好的平整度和很小的偏差度。对于金刚石磨具,金刚石层厚度通常在 3~5 mm,若工作台偏差太大,就会造成砂轮偏差,出现软硬不均现象。一般情况下,压机偏差度在 400×400 mm² 面积上,不超过 0.25 mm。

## 3.7　三维快速成形打印技术

三维快速成形打印技术(three dimensional print)简称 3D 打印技术,最早出现于 20 世纪 80 年代末期,其核心思想是将电子计算机技术、材料科学技术和机电控制技术结合,以增材制造(additive manufacturing,AM)的方式实现生产加工的制造技术。它是将零件三维数离散化处理成点、线、面,以数字模型文件为基础,在计算机中通过建模软件建立对应产品的三维模型,随后用粉末状金属、金属合金或塑料等可黏结材料作为原材料,逐层叠加材料,实现工件从零到近净成形。与传统的制造技术相比,它具备时间短、成形快、精度高和节省材料等诸多优点,是当今信息化时代特征下快速成形制造技术的杰出代表。3D 打印成形技术不属于压制成形,本节仅做简单介绍。

目前,3D 打印按耗材材料分为以下四类:液态光敏材料、粉末材料、薄片类材料以及丝线类材料,包含了目前生产生活中的各类树脂、塑料、金属、陶瓷、复合材料和高分子材料。在超硬材料制品的应用研究中,主要是粉末类材料。现在可以看到的 3D 打印技术有熔融沉积成形(fused deposition modeling,FDM)、立体光固化成形(stereo lithography appearance,SLA)、选择性激光烧结成形(selective laser sintering,SLS)、选择性激光熔融成形(selective laser melting,SLM)、电子束选择性成形(electron beam selective melting,EBM)和分层实体制造成形(laminated objed manufacturing,LOM)等。

## 3.7.1 熔融沉积成形

熔融沉积成形(FDM)式 3D 打印的耗材主要是丝状的。利用材料受热变成液态或熔融态,冷却后固化的原理,通过可加热的喷头机构、原料输送装置和机电控制系统的精确控制,完成物体每一层的印刷,层层叠加后实现物体的三维效果,如图 3-24 所示。FDM 式 3D 打印机具有价格便宜、成形工艺简单、维护成本低、材料多样化等优点,但其打印精度低,成品表面纹路明显需进一步处理,且根据 FDM 法打印的工作原理和成形特点,所用的材料需要满足以下性能条件要求。

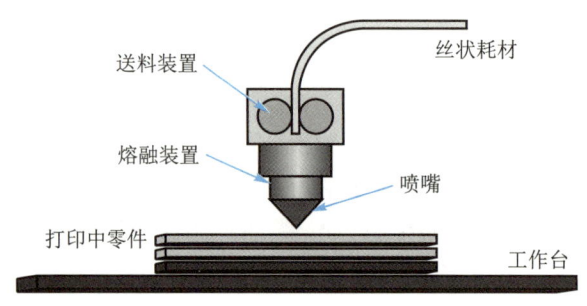

图 3-24 FDM 式打印原理

(1) FDM 式耗材在使用前,首先需要将材料加工成直径为 1.75 mm 或 3 mm 的丝材,因此要求材料须具备良好的黏弹性并能够挤出成形。

(2) 材料在熔融状态下应具有适宜的流动性,保证顺利地通过喷嘴,不易发生堵塞。

(3) 考虑 FDM 式打印机的进料方式,丝材表面应粗细均匀、光滑无断裂、在常温下具有良好的柔韧性。

(4) 耗材经熔融挤出后应具备快速冷却固化成形能力,并且考虑到热变形印刷,所以材料的收缩率越小越好。

## 3.7.2 立体光固化成形

立体光固化成形(SLA)式 3D 打印主要以液态的光敏树脂作为耗材材料,结合数字控制技术,使用紫外激光束诱发树脂表面发生光聚合反应,实现零件的一个薄层截面的固化。随后工作台下降浸入光敏树脂液体中一个层面的厚度,使用紫外激光固化新的一层,如此反复逐层固化,最终实现零件的三维打印,其工作原理如图 3-25 所示。打印完成后,三维实体需进行后处理以除去表面未固化的树脂和支撑物,且一些功能零件可通过后固化提高其强度和稳定性。SLA 技术成形工艺简单,是最早出现的快

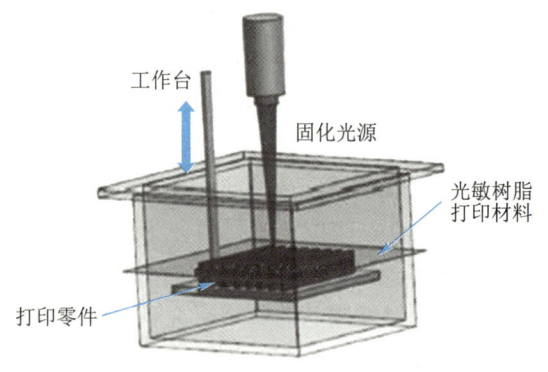

图 3-25 SLA 打印原理

速成形制造工艺,加工速度快,无需切削工具与模具,具有较高的打印精度,工件表面光洁度好,成形零件具有较高的力学性能,但系统造价高,使用和维护成本高,并要求操作者具有较高的操作技能,目前主要应用于医学研究、模具开发和刀具制造。

### 3.7.3 选择性激光烧结成形、选择性激光熔融成形和电子束选择性成形

选择性激光烧结成形(SLS)技术可加工各种粉末材料,成形时先把粉末材料铺在工作台上,激光束按照 CAD 数据扫描,将粉末加热至略低于其熔化温度后烧结成固体。一层完成后,工作台下降一个截面层的高度(通常小于 0.1 mm),再进行新一层的铺粉和烧结,直到打印完整个三维实体,物体冷却后再将其取出,如图3-26所示。SLS 技术原则上可成形的材料广,包括塑料、聚合物、金属以及复合粉末等,材料利用率高,可以打印任何复杂结构(如镂空结构和中空结构等)。目前主要用于小批量零件的生产和原型件制造中,且 SLS 可通过设计带有内冷却流道的金刚石工具,减少金刚石工具在使用过程中出现堵塞和烧伤问题。

选择性激光熔融成形(SLM)技术是在选择性激光烧结的基础上发展而来的,所不同的是高能激光束要将扫描路径上的粉末熔化并凝固成形(见图3-27)。整个制造过程都是在氧质量分数低于0.5%的惰性气氛中完成。由于过程中粉末是处于熔化状态,致密化速度高,可以成形全致密零件,特别适合于金属基材料的成形。SLM 可将金属材料与金刚石颗粒混合物打印成金刚石工具,同时优化制品结构,控制其孔隙率,提高其抗疲劳寿命和断裂韧性。

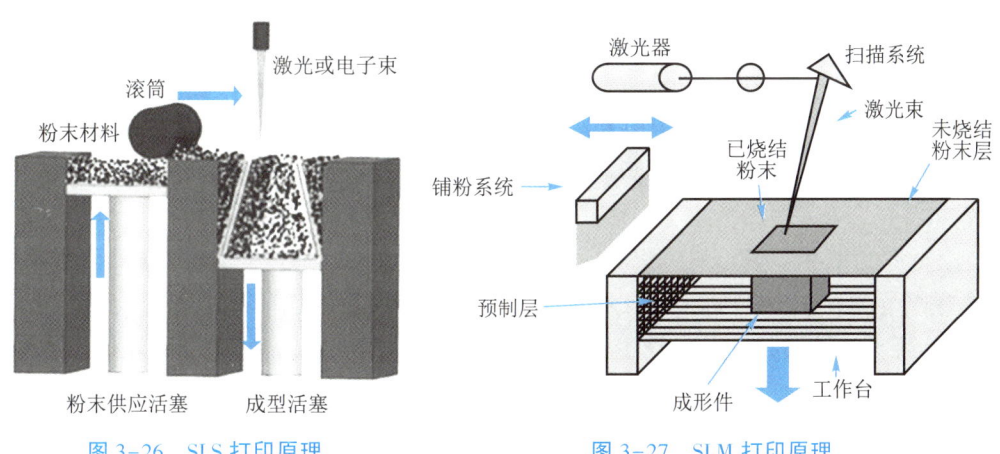

图 3-26　SLS 打印原理　　　　　图 3-27　SLM 打印原理

电子束选择性成形(EBM)技术也基于层叠制造原理,在真空环境中,采用电子束熔化金属粉末材料,然后按照设定的路径逐层堆积而成形出金属制件。EBM 可接受定制化设计,减少产品上市时间,具有更高的加工效率。使用的金属粉末粒径大于激光烧结对粉末的要求,降低材料成本,可制造带网格和多孔结构的超复杂部件。在用材方面,电子束只能沉积导电材料,不能沉积陶瓷等不导电材料。由于电子束沉积需要具有较高真空度的真空环境,设备的成本昂贵,对设备操控技能要求高,如果装置设计不合理还将造成射线的泄露,导致环境的污染。

### 3.7.4 分层实体制造成形

分层实体制造成形(LOM)是早期的3D打印技术,打印原理与方式也最为直观,如图3-28所示。其使用"层"类材料由激光切割后,材料向前滚动后由激光按层要求切割,最后层层叠加而最终形成三维零件。LOM式打印方法相比于SLA、SLS更适用于制造大型零件,如汽车制造等工业领域。供其打印的耗材材料一般为金属薄板、塑料薄板以及纸质材料等薄层材料,故LOM式3D打印在打印过程中材料的选取、不同类型的黏结剂以及送料方式均针对不同零件的需要做出适当的调整,同时还要考虑成本。针对大型零件的制造,LOM法虽然具有一定的速度优势,但是将打印的零件从废料中剥离困难,且耗材材料使用率不高,浪费严重,打印零件的表面粗糙,具有明显的阶梯状的纹路且容易开裂,需进一步加强材料与黏结剂的研究,从材料的成形与黏结剂的结合入手,改善现有打印过程中存在的问题。

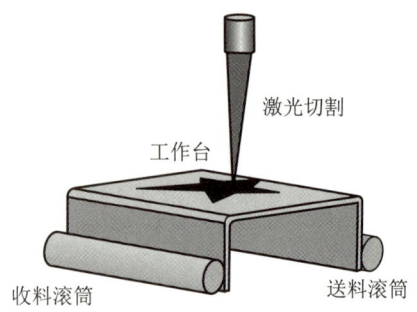

图3-28 LOM打印原理

### 3.7.5 在超硬材料烧结工具制造中的应用

目前,在金刚石工具3D打印技术中,可采用的方法主要有电子束选择性成形(electron beam selective melting,EBM)、选择性激光熔化成形(SLM)、选择性热烧结成形(selective heat sintering,SHS)、选择性激光烧结成形(SLS)等,所使用的材料均为粉末类材料。对金属粉末和金刚石颗粒均有特殊的要求,使用较粗的金属粉末和粗颗粒金刚石,将可能导致金属材料熔化不完全、金刚石分散不均匀、金刚石的原始强度受到影响等问题,进而影响金属基金刚石复合材料的组织结构及性能,影响金刚石工具的性能和使用效果。

SLM是目前研究最多的工艺方法,其中很关键的部分是原材料。成形胎体金属材料优选应遵循两个基本原则:一是力求胎体材料组成简单,物理力学性能相近,有利于形成所需要的合金,优化SLM成形技术参数;二是与金刚石有较好的亲和性能,有利于胎体材料与金刚石表面实现冶金结合,提高金属基金刚石复合材料的力学性能与工作性能。利用3D打印技术制造金刚石工具的金属粉末,为实现良好的工艺性,还必须满足金属粉末粒径细小($40\sim50~\mu m$)、粒度分布较窄、球形度高、流动性好和松装密度高等要求。与热压烧结制造金刚石工具可使用多种金属单质或合金粉末混合料相比,3D打印制造中不能使用混合粉末。用于3D打印的金属粉末材料主要有钴铬合金、不锈钢、工业钢、青铜合金、钛合金、镍铝合金等。

由于3D打印技术是分层烧结或熔化进行,金刚石的粒度尺寸不能大于3D打印每次粉末铺层的厚度,否则在摊铺布粉时易使层面产生金刚石不均匀和局部堆积,可看到的层厚范围大多为0.02~0.30 mm,一般不超过0.50 mm。层厚越大,需要的金刚石粒度越粗,要求熔化的热能越大,就需要更高的激光功率,激光扫描速度在同一位置停留的时间也会较长,这将导致对金刚石的热损伤,也影响生产效率。金刚石品级越高,激光加热所造成的热损失就越小。金刚石浓度的高低直接影响着工具的使用寿命和效率,选择金刚石浓度时应遵循金刚石工具中浓度参数设计规律,金刚石浓度要与选用的结合剂粉末材料、结合剂对金刚石的黏结强度以及加工质量要求相匹配。通过创新设计工具工作型面结构,可有利于降低对金刚石浓度需求。图 3-29 为 3D 打印成形制作的复杂结构金刚石钻头。

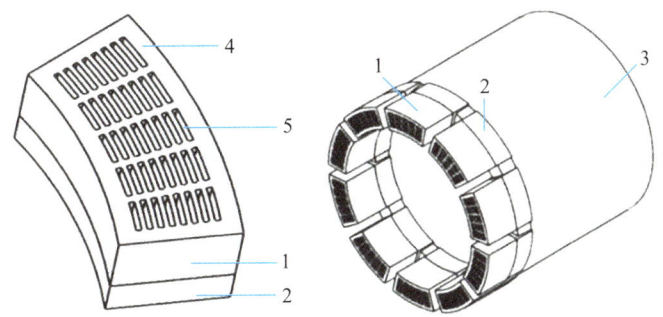

1—栅格状工作层;2—非工作层;3—钻头刚体;4—栅格状工作层实体;5—栅格状工作层空隙体。

图 3-29　3D 打印的栅格状金刚石钻头

目前,利用 3D 打印技术制造金刚石工具处于起步阶段,为实现和完善 3D 打印金刚石工具的技术应用,需要针对其存在的关键技术问题进行以下研究:

(1)加强合金粉末与在不同应用场合下合金粉末的研究与生产。
(2)加强在特殊形状、结构工具中的技术应用研究。
(3)优化 3D 打印激光参数,避免或降低其对金刚石性能的影响。
(4)改善金刚石与金属间结合界面性能,研究降低金属快速凝固后的残余应力方法。
(5)降低 3D 打印成本。

# 思考题

1.金属粉末在受力后的变形有几种形式?与致密材料相比有何特点?
2.金属粉末主压力大小与压坯密度变化有什么规律?
3.加垫铁的双向压制过程中垫铁厚度的大小对中立层的位置分布有没有影响,为什么?
4.巴尔申压制方程适合什么条件下的金属粉末压制过程?方程式与实际情况不完全一致的原因是什么?
5.影响压坯侧压力大小的因素有哪些?
6.在等静压成形中,可以采取哪些方式来进一步降低压坯密度差?说明其原因。
7.粉末成形料中润滑剂的存在是降低内摩擦系数还是外摩擦系数,其加入量的多少和性能有什么要求?

# 第 4 章 金属粉末烧结理论

按照热力学的观点,任一物质当处于高能量状态时,它是不稳定的,它有自发转变为低能量状态的趋势。粉末烧结是系统自由能降低的过程,当粉末处于较高能量状态时,烧结体便会自动烧结,形成能量状态低的烧结材料。烧结是粉末冶金最基本的工序之一,对粉末冶金零件最终的物理和力学性能起着决定性的作用。

中国工程院院士黄培云

烧结是一种高温热处理,涉及烧结炉、烧结气氛、烧结条件的选择和控制,因此烧结工序非常关键,必须全面了解和把握烧结的基本原理、烧结工艺(如材料、温度、时间、烧结气氛、环境等)的作用以及影响烧结产品质量的因素等方面的知识。同时,烧结又是能源消耗大、设备投资高、产品质量特性不能充分测定的特殊工序,所以它是影响粉末冶金零件质量和成本最重要的环节之一。

## 4.1 概　述

### 4.1.1 烧结定义

烧结是将粉末或压坯在低于主要组分熔点的温度下进行的热处理。目的是使粉末颗粒间产生冶金结合,即使粉末颗粒之间由机械啮合转变成原子之间的晶界结合。材料在压制和烧结两种情况下的结合状态如图4-1所示。

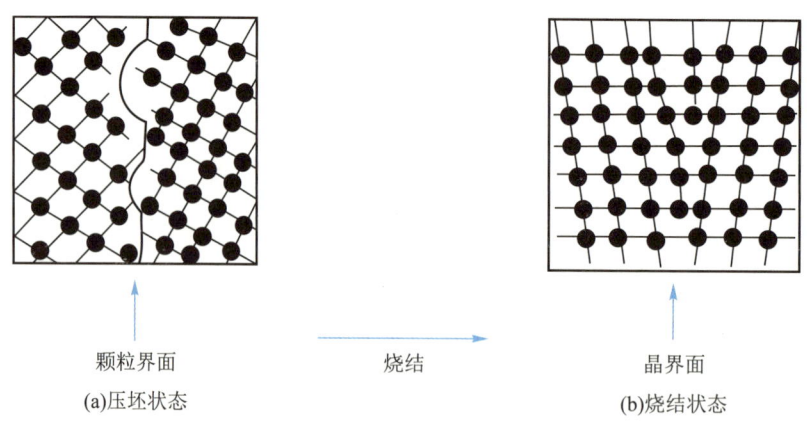

图 4-1　烧结结合状态转变示意图

由图 4-1(a)可知,压坯只是粉末颗粒界面接触的混合体,而非真正意义上原子结合的材料。压坯虽然有了机械零件的外形和尺寸,但是它的强度非常低,无法满足使用的要求,必须通过烧结,使压坯成为冶金意义上的材料,赋予粉末冶金零件所需要的力学性能和物理性能。图 4-2 是密度为 6.5 g/cm³ 铁粉压坯烧结后的强度和伸长率与烧结温度的关系。由图可见,铁粉压坯经过烧结后其强度和伸长率大幅度地提高,如采用1 200 ℃的烧结温度,抗拉强度可从零提高到 200 MPa,伸长率从零提高到 8%。

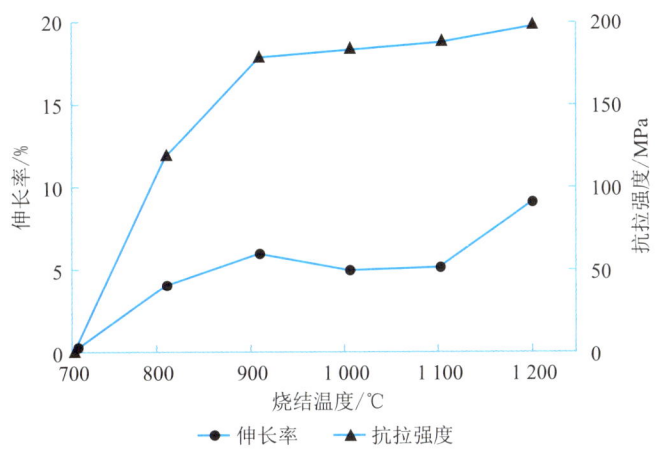

图 4-2　铁粉压坯烧结后拉伸强度与烧结温度的关系

## 4.1.2　烧结过程

烧结对于材料最终性能有着决定性的影响,烧结的结果是颗粒之间发生黏结,烧结体强度增加,密度也提高。在烧结过程中,压坯要经历一系列物理化学变化,开始是水分或有机物的蒸发或挥发,吸附气体的排除,应力的消除,粉末颗粒表面氧化物的还原;接着是原子间发生扩散,黏性流动和塑性流动,颗粒间的接触面积增加,再结晶、晶粒长大等。出现液相时还可能有固相的溶解与重结晶。这些过程彼此间并无明显的界限,而是穿插进行,互相重叠,互相影响,加之其他一些烧结条件,使整个烧结过程变得很复杂。

图 4-3 是粉末的烧结过程示意图。图(a)是烧结前压坯中粉末的接触状态,从图中可了解到,这种结合只是机械结合,粉末颗粒的界面仍然可以区分并可以分离。图(b)是烧结时的状态,这时粉末颗粒接触点的结合状态发生了转变,即冶金结合,颗粒界面为晶界面所取代。随着烧结的进行,结合面增加,直至颗粒界面完全转变成晶界面,最后成为图(c)所示的状态。

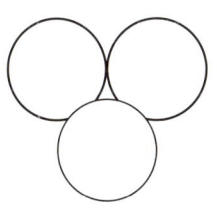  

(a)烧结的颗粒接触状态　　(b)颗粒之间的烧结　　(c)烧结后颗粒的结合及孔隙球化状态

图 4-3　烧结过程示意图

从粉末颗粒的烧结过程,还可以观察到,颗粒之间的孔隙由不规则的形状转变成球形的孔隙。综上所述,可将烧结分为烧结颈的形成、长大及孔隙球化三个阶段。

#### 4.1.2.1 烧结颈的形成

烧结的开始,在粉末颗粒接触点形成结合点,这种两颗粒之间的连接点通常称为烧结颈,如图4-4(a)所示,这一阶段称为烧结颈形成阶段。这一阶段只是在颗粒间形成了结合点,颗粒之间不发生移动,所以收缩不大,即烧结体外形无大的变化,但强度有了实质性的变化。

#### 4.1.2.2 烧结颈的长大

随着烧结的进行,烧结颈由点向面发展即发生了烧结颈的长大,所以称为烧结颈长大阶段,如图4-4(b)所示。烧结颈的长大使两个颗粒合并成一个颗粒,颗粒界面成为晶界面。继续进行烧结,晶界迁移,在原先颗粒接触面的晶界消失,形成晶粒的组织结构,烧结即告结束。由于颗粒之间的烧结将会发生颗粒中心之间距离的缩短,所以发生了烧结体的收缩,烧结体密度提高,烧结体力学性能和物理性能大大提高。

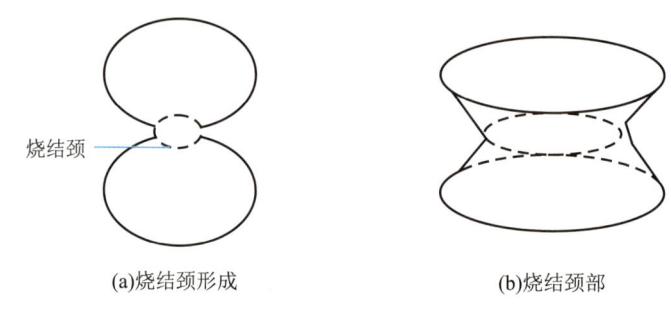

(a)烧结颈形成  (b)烧结颈部

图4-4 烧结颈示意图

烧结颈形成与成长

#### 4.1.2.3 孔隙球化阶段

烧结后期或者说颗粒之间的烧结完成之后,继续保温将会发生孔隙的球化,隔离的孔隙在最小表面能的驱动下将会自发地发生球化。这一阶段密度变化不大,但由于孔隙的球化,力学性能得到进一步改善。这时如果烧结时间过长则会发生晶粒的粗化,相反会给力学性能带来不利的影响。

### 4.1.3 烧结分类

不同种类的材料,其烧结体系和烧结过程是不相同的,如铁碳合金,是由金属铁粉和非金属石墨组成的烧结体系,通过烧结过程中铁-碳的合金化而获得的。为了便于了解烧结的过程和烧结中发生的现象,将烧结进行了分类。

按粉末原料的组成分:
①单相系:由纯金属、化合物或固溶体组成。
②多相系:金属-金属、金属-非金属、金属-化合物组成。

按烧结过程分单元系烧结和多元系烧结,其中多元系烧结又分为多元系固相烧结和多元系液相烧结。

# 第4章 金属粉末烧结理论

$$\text{烧结}\begin{cases}\text{单元系烧结:纯金属或化合物在其熔点以下的温度进行的固相烧结}\\\text{多元系烧结}\\\text{(由两种或两种以上的}\\\text{组元构成的烧结体系)}\end{cases}\begin{cases}\text{多元系固相烧结}\begin{cases}\text{无限固溶系,如:Cu-Ni、Fe-Ni}\\\text{有限固溶系,如:Fe-Cu、Fe-C}\\\text{互不固溶系,如:Ag-W、Cu-W}\end{cases}\\\text{多元系液相烧结}\begin{cases}\text{液相存在烧结过程的始终,如:WC-Co}\\\text{液相在保温后期消失,如:Cn-Sn}\\\text{溶浸:液相烧结的特殊情况}\end{cases}\end{cases}$$

### 4.1.3.1 固相烧结

根据烧结组元种类不同,固相烧结分为单元系固相烧结和多元系固相烧结。单元系固相烧结是单一组元的烧结,烧结在其熔点以下的温度进行,只发生颗粒之间冶金结合的烧结,无组织和成分的变化。

单元系固相烧结过程大致分三个阶段:

(1)低温阶段 主要发生吸附气体和水分的挥发、压坯内成形剂的分解和排除。由于消除了压制时的弹性应力,粉末颗粒间接触面积反而相对减少,加上挥发物的排除,烧结体收缩不明显,甚至略有膨胀。此阶段内烧结体密度基本保持不变。

(2)中温阶段 开始发生再结晶,粉末颗粒表面氧化物被完全还原,颗粒接触界面形成烧结颈,烧结体强度明显提高,而密度增加较慢。

(3)高温阶段 这是单元系固相烧结的主要阶段。扩散和流动充分进行并接近完成,烧结体内的大量闭孔逐渐缩小,孔隙数量减少,烧结体密度明显增加。保温一定时间后,所有性能均达到稳定不变。影响单元系固相烧结的因素主要有烧结组元的本性、粉末特性(如粒度、形状、表面状态等)和烧结工艺条件(如烧结温度、时间、气氛等)。增加粉末颗粒间的接触面积或改善接触状态,改变物质迁移过程的激活能,增加参与物质迁移过程的原子数量以及改变物质迁移的方式或途径,均可改善单元系固相烧结过程。

多元系固相烧结是由两种或两种以上的组元组成的烧结体系,在低于低熔点组元熔点的温度下进行烧结。在烧结过程中,除发生粉末颗粒之间的冶金结合外还发生各成分之间的合金化。对于组元不相互溶的多元系,其烧结行为主要由混合粉末中含量较多的粉末所决定。如铜-石墨混合粉末的烧结主要是铜粉之间的烧结,石墨粉阻碍铜粉间的接触而影响收缩,对烧结体的强度、韧性等都有一定影响。对于能形成固溶体或化合物的多元系固相烧结,除发生同组元之间的烧结外,还发生异组元之间的互溶或化学反应。烧结体因组元体系不同有的发生收缩,有的出现膨胀。异扩散对合金的形成和合金均匀化具有决定作用,一切有利于异扩散进行的因素,都能促进多元系固相烧结过程。如采用较细的粉末、提高粉末混合均匀性、采用部分预合金化粉末、提高烧结温度、消除粉末颗粒表面的吸附气体和氧化膜等。在决定烧结体性能方面,多元系固相烧结时的合金均匀化比烧结体的致密化更为重要。多元系粉末固相烧结后既可得单相组织的合金,也可得多相组织的合金,这可根据烧结体系合金状态图来判断。

### 4.1.3.2 液相烧结

液相烧结是指至少具有两种组分的粉末或压坯在形成一种液相的状态下烧结。液相烧结过程可分为以下四个阶段:预备烧结阶段、收缩阶段、液相烧结、冷却阶段。在待烧结的金属粉中均匀混入熔点较低的适当合金粉,在烧结温度下,低熔点金属粉熔化成为液态,可使烧结的致密化速度和最终制品的密度提高。

液相的生成是由于在烧结温度下制品中易熔成分熔化的结果。液相烧结速度较快,收缩显著,烧结后可以得到密度接近理论密度的制品。液相烧结时必须保证生成适当数量的液相(15%~35%),液相对固相必须有良好的浸润性,且固相必须在液相中有一定的溶解度。烧结温度较纯固相烧结的低。烧结物一般含多种成分,在最低共熔点附近进行烧结,烧结物中发生黏滞流动传质、溶解沉析传质,加快了烧结速度,从而可降低烧结温度。为此,在烧结纯化合物陶瓷时,常在粉料中加入少量助熔剂,使其在较低的温度下实现烧结。

### 4.1.4 烧结要求

粉末冶金材料要达到设计和使用要求,烧结是关键工艺,烧结材料有如下要求:

#### 4.1.4.1 尺寸和形状的精度要求

烧结材料的尺寸、形状精度包括表面粗糙度要满足设计的要求。烧结会使烧结体发生收缩或膨胀,并且由于压坯密度分布不均匀以及炉子温度的不均匀,烧结体还会发生变形,因此通过烧结,烧结材料的尺寸和形状会发生变化。这就需要严格地控制烧结条件,才能保证烧结材料的尺寸和形状精度要求。

#### 4.1.4.2 密度的要求

在烧结中,由于发生了粉末颗粒之间的烧结以及烧结材料的收缩或膨胀,因此烧结材料的密度、孔隙度和孔隙连通状态会发生变化。相对密度和孔隙度表征粉末冶金材料密度的高低,作为自润滑的粉末冶金含油轴承还有连通孔隙的要求。

#### 4.1.4.3 组织结构的要求

粉末冶金材料与其他材料一样,其性能取决于组织结构。表征粉末冶金材料的组织结构因子有:晶粒度、相结构、相的分布、合金成分的分布以及孔隙度、孔隙大小和孔隙形状。粉末冶金材料组织结构的形成和变化主要发生在烧结过程中。

#### 4.1.4.4 力学性能和物理性能的要求

最终的烧结材料要达到所需要的力学性能和物理性能。力学性能包括强度、硬度、伸长率和冲击韧性等;物理性能包括密度、导电性、导热性和磁性等。

## 4.2 烧结基本原理及机制

### 4.2.1 烧结基本原理

粉末压坯烧结的过程主要就是颗粒之间结合的过程。因为粉末颗粒非常细小,为了便于观察颗粒之间的烧结,往往采用烧结模型,即用放大了的粉末球体颗粒或棒状粉末,研究粉末颗粒之间的烧结。

图4-5是两种烧结结果的烧结模型。烧结模型中,$a$为颗粒的半径,$\rho$表示烧结颈颈

部为负曲率半径，$x$ 表示烧结颈半径。

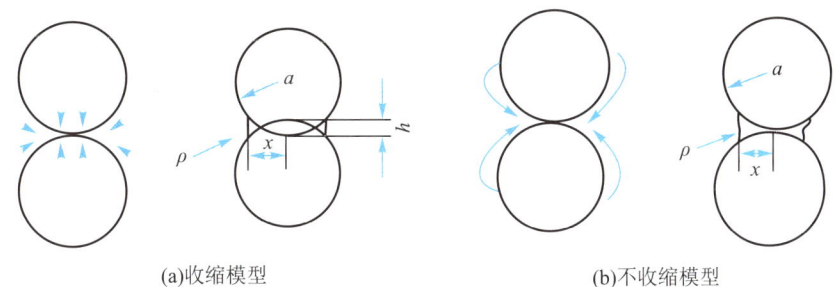

(a)收缩模型　　　　　　　(b)不收缩模型

图 4-5　烧结模型

图 4-5(a)所表示的是收缩型烧结模型。收缩型烧结的结果是烧结体收缩。烧结颈的形成和长大，是通过原子由颗粒表面和内部向烧结颈迁移而进行的。这种迁移方式称为体积扩散。这种扩散的结果是，在烧结颈形成和长大的同时，两颗粒之间中心距离随之缩短，其量值为 $h$。收缩型模型颗粒半径、烧结颈半径和负曲率半径的关系为

$$\rho = \frac{x^2}{2a} \tag{4-1}$$

图 4-5(b)表示的是不收缩型烧结模型。其结果是烧结体不收缩。这里烧结颈的形成和长大是通过原子由颗粒表面向烧结颈迁移面进行的，这种迁移方式称为表面扩散。这种扩散的结果是，只发生烧结颈的形成和长大，两颗粒中心距离不发生变化。不收缩型模型颗粒半径、烧结颈半径和负曲率半径的关系为

$$\rho = \frac{x^4}{2a} \tag{4-2}$$

如果用 $U$ 表示能量($U$ 也可以称为物质的内能)，压坯的内能为 $U_压$，烧结后材料的内能为 $U_烧$，则烧结前后的能量变化为 $\Delta U$，即 $\Delta U = U_烧 - U_压$。

因烧结体的内能低于压坯的内能，所以 $\Delta U$ 为负值，$\Delta U$ 就是烧结的驱动力。也就是说压坯的内能要高于烧结体的内能 $U_烧$ 值，粉末才会发生烧结。根据烧结前后物质的变化可以发现 $\Delta U$ 值来自以下几个方面。

#### 4.2.1.1　粉末颗粒的表面能

粉末压坯具有很大的表面能。这种表面能随粉末颗粒的细化而增加，例如，粒度为 1 μm 的金粉，其表面能为 154.9 J/g 分子；面粒度为 0.1 μm 的金粉，其表面能可达 1 549 J/g 分子。压坯烧结之后，颗粒表面消失，对于粒度为 1 μm 的金粉而言，将会有 154.9 J/g 分子能量释放出来；而粒度为 0.1 μm 的金粉，将会有 1 549 J/g 分子能量释放出来。这些释放出来的表面能就是烧结的驱动能。

#### 4.2.1.2　粉末颗粒内的畸变能

在球磨和压制中粉末颗粒会发生变形而产生畸变，所以蕴藏着丰富的畸变能。这些畸变能也是烧结的驱动能。

由此可见，粉末压坯内具有很大的内能，并随粉末粒径的细化和畸变量的增加而增加。因此，从热力学上来说粉末压坯是处于非常不稳定的状态。当内能高到一定的程度

会发生自动烧结,所谓的自燃就是由粉末体的内能驱动的自动烧结现象。但在一般的情况下,体系的内能不足以驱动烧结进行,所以需要加热到某一温度才能进行烧结。

### 4.2.2 烧结机制

在烧结过程中烧结体的组织结构发生非常复杂的变化,从而使烧结体性能发生变化。

#### 4.2.2.1 烧结过程中的孔隙变化

压坯在烧结前,颗粒间只是相互机械咬合在一起,接触点只有极小一部分可能是原子结合,烧结过程就是从这些接触点开始的。这些接触点随烧结时间的延长而逐渐增大。与此同时,颗粒间的孔隙进一步减小,并逐渐切断孔隙间的联系,最后形成一个个孤立的孔隙。进一步烧结,这些孔隙就要收缩,细小的孔隙消失、稍大的孔隙长大,其形状逐渐接近于球形。

压坯的特点在于含有相当数量的孔隙,通常孔隙度为10%~30%。在烧结过程中压坯体积一般要收缩,孔隙体积要减少,密度要增加。在绝大多数情况下,烧结时孔隙度的变化是依靠开口孔隙(与试样表面连通的孔隙)来进行的。这些孔隙一部分完全被填满,另一部分则转变成孤立的或者封闭的孔隙。这种封闭孔隙是非常少的。若总孔隙度超过12%~15%时,封闭孔隙的数量不超过2%~3%。但当总孔隙度为7%左右时,所有的孔隙便都转变成封闭孔隙。在烧结过程中孔隙的形状也是十分复杂的,但最终不同形状的孔隙都逐渐地变为等轴状的球形孔隙。其球形化的程度与烧结温度和烧结时间有关,不过即使在很高的温度、很长的烧结时间下,孔隙的形状也很难达到完全球形化的程度,因此,烧结体很难得到完全致密的组织和达到理论密度。

影响烧结体体积变化的因素有很多,主要有粉末粒度、压制压力、烧结气氛、烧结时间和烧结温度等。

(1)粉末粒度  在其他条件(成形压力)一定时,粉末粒度越细,则收缩越大,最后得到的烧结体密度也就越大。

(2)压制压力  在较大压力下压制的试样,由于试样具有较大的压制密度,因而不发生强烈的收缩,而且收缩的绝对值小于在小压力下压制的试样。

(3)烧结气氛  如铜粉压坯在1 000 ℃烧结时,烧结气氛氩气和氢气对孔隙度的影响。氩气气氛的孔隙大于氢气气氛,这是由于在封闭孔隙小的气氛,只有通过金属内部的扩散才能逸出,而在金属中氢气具有较大的扩散速度。

(4)烧结时间  一般压坯的体积随烧结时间的延长而减小。

(5)烧结温度  一般随着烧结温度的提高,压坯的相对密度提高。但在等温烧结时,烧结体的密度开始时急剧增加,而后逐渐减慢,最后几乎停止增加,如果进一步提高烧结温度,则又发现收缩速度的增加。

在烧结过程中,孔隙体积收缩度 $w$ 与烧结时间 $t$ 之间有如下经验公式:

$$w = At^m \tag{4-3}$$

式中  $A$——取决于温度的一个常数;

$m$——与温度无关,取决于粉末的种类和压制条件。

收缩度 $w$ 也可以由下列经验公式求得:

$$w = \frac{V_p - V_s}{V_p - V_m} \tag{4-4}$$

式中　　$V_p$——压坯体积，$mm^3$；

$V_s$——烧结体体积，$mm^3$；

$V_m$——烧结体完全致密时的体积（只能近似计算），$mm^3$。

另外，烧结时压坯密度的变化与金属粉末的晶格状态有关。粉末中晶体结构缺陷含量越高，收缩越强烈。在不平衡条件下制得的粉末烧结时会有较大的收缩。粉末进行预先退火，会使粉末晶体结构稳定化，因而降低致密化的能力。

#### 4.2.2.2　烧结过程中的再结晶和晶粒长大

粉末颗粒是由单晶或多晶体构成的，经过压制，粉末颗粒受到一定的加工变形，因此在烧结时粉末颗粒就像铸造形变金属一样要发生再结晶和晶粒长大。粉末颗粒的大小、形状和表面状况、成形压力、烧结温度和时间对再结晶和晶粒长大有显著影响。而在压坯中首先发生形变的是颗粒间的接触部分，再结晶的核心多数产生于粉末颗粒的接触点或接触面上。因此，粉末颗粒越细，粉末颗粒相互接触的点或面就会越多，再结晶的核心也就越多，再结晶后的晶粒有可能越细。形核后的晶体长大是通过吸收形变过的颗粒基体来进行的，可以使晶界由一个颗粒向另一个颗粒移动。

再结晶以后，金属中晶粒的长大通常是通过晶界的移动来进行的。在长大过程中一些晶粒消失了，而另一些晶粒长大了。某一些晶粒由于长入相邻的晶粒而变大，与此同时一些相邻的晶粒变小直到消失。然而留下来的晶粒的平均尺寸却在增大，一直达到某一平衡值。孔隙、粉末颗粒表面薄膜、第二相夹杂以及晶界沟等都可以阻止晶界的移动和晶粒长大。

与致密材料相比，粉末烧结材料的再结晶有如下特点：

（1）粉末烧结材料中，如果有较多的氧化物、孔隙及其他杂质，则聚晶晶粒长大受阻碍，故晶粒较细。相反，粉末纯度越高，晶粒长大趋势也越大。

（2）烧结材料中晶粒显著长大的温度较高，仅当粉末压制采用极高压力时，才明显降低。

（3）粉末粒度影响聚晶长大。如烧结细铁粉压坯，颗粒外形消失的温度为800 ℃，而铁粉压坯，在1 200 ℃还能清晰分辨轮廓。

（4）烧结材料在临界变形程度下，再结晶后晶粒显著长大的现象不明显，而且晶粒没有明显的取向性。这是因为粉末压制时颗粒内的塑性是不均匀的，也没有强烈的方向性。

#### 4.2.2.3　致密化机制

要严格区别烧结过程中粉末颗粒的烧结阶段和孔隙收缩的致密化阶段是困难的。在烧结过程中，不能认为孔隙的收缩是由蒸发凝聚或表面扩散的机制起作用，也就是孔隙在内表面的凸出部分蒸发，而在内表面的凹处凝聚；或是内表面凸出的原子通过表面扩散而流入凹处表面起作用，因为这样只能改变孔隙形状而不能使整个烧结体体积发生收缩。因此可认为致密化机制只能是黏性流动、体积扩散、晶界扩散和塑性流动，或者是其中一个或两个起作用。

在金属未加压烧结的致密化过程中，体积扩散、晶界扩散起着主导作用。烧结后期的致密化阶段,晶界扩散对致密化有很重要的作用。如果想促进烧结过程,首先要提高空位或原子的扩散系数,这就要求高温加热。在烧结后期要防止晶粒长大和晶界减少,就要积极制造晶界,为了防止晶粒长大,可以加入少量的阻碍晶粒长大而在高温时稳定的碳化物和氧化物等添加剂,如烧结金属中加入少量的氧化钛,氧化铝烧结时预先加入少量的氧化铬等。

## 4.3 烧结的热力学和动力学

烧结是粉末特有的现象,特别是微细的粉末,如碳基铁粉,只要没有被氧化,那么即使在室温条件下长时间地保存,也会有黏结或者结块的倾向。粉末这种自发的变化,从热力学的观点来看,是因为粉末体比同一物质的块状材料具有多余的能量,所以它的稳定性就较差,这种多余的能量就是烧结过程中的原动力。因此,要认识粉末的烧结现象,就必须了解烧结时所需能量在粉末中存在的形式,以及其对烧结过程所起的作用。

作为烧结的能量,首先被考虑到的当然是粉末的表面能。金属粉末具有较大的表面积,由于表面积大,相对的具有的表面能也就较高。粉末粒度越小,其粉末体的表面积就越大。

粉末表面的凹凸情况或粗糙不平,以及粉末颗粒中的孔隙也会影响粉末的表面积。金属粉末除表面能外,还有各种形式的晶格缺陷所储存的能量。晶格缺陷会因粉末制造方法的不同而有显著的差异。例如,用机械法制取的粉末,有加工硬化现象,储有晶格畸变能量;由氧化物还原制成的粉末,就可能存在空位缺陷。

烧结时,粉末表面原子都力图成为内部原子,使其本身处于低能位置。此时,粉末粒度越细,表面越不规则,其表面能就越大,所储存的能量也就越高。这样的粉末要释放能量使其变为低能状态的趋势也就越大,烧结也就易于进行。晶格畸变和处于活性状态下的原子,在烧结过程中也要释放一定能量,力图恢复其正常位置。当然,并不是所有这些能量都能用于烧结,烧结的驱动力主要是热力学驱动力和动力学驱动力。

### 4.3.1 热力学驱动力

致密的晶体如果以细分的大量颗粒形态存在,与同质量的未细分晶体相比具有过剩的表面能,这个颗粒系统就必然处于一个高能状态。烧结是指把颗粒烧结成颗粒均匀的晶体,是向低能状态过渡的过程。从热力学的观点看,粉末烧结是系统自由能减小的过程,即烧结体相对于粉末体在一定条件下处于能量较低的状态。因此,烧结前颗粒系统具有的过剩的表面能越高,它的烧结活性就越大,它的自由能降低就是烧结过程进行的驱动力,所以可以把颗粒系统的烧结性和其本征的过剩表面能驱动力联系在一起。

不论单元系或多元系烧结,也不论固相或液相烧结,同凝聚相发生的所有化学反应一样,都遵循普遍的热力学定律。单元系烧结可看作是固态下的简单反应,物质不发生改变,仅由烧结前后体系的能量状态所决定;而多元系烧结过程还取决于合金化的热力学。烧结系统自由能的降低是烧结过程的驱动力,包括下述几个方面:

(1)由于颗粒结合面(烧结颈)的增大和颗粒表面的平直化,粉末体的总比表面和总表面自由能减小;

(2)烧结体内孔隙的总体积和总表面积减小;

(3)粉末颗粒内晶格畸变的消除。

烧结前存在于粉末或粉末坯块内的过剩自由能包括表面能和晶格畸变能,前者指同气氛接触的颗粒和孔隙的表面自由能,后者指颗粒内由于存在过剩空位、位错及内应力所造成的能量增高。表面能比晶格畸变能小,如极细粉末的表面能为几百 J/mol,而晶格畸变能高达几千 J/mol,但是,对烧结过程,特别是早期阶段,作用较大的主要是表面能。从理论上讲,烧结后的低能位状态至多是对应单晶体的平衡缺陷浓度,而实际上烧结体总是具有更多热平衡缺陷的多晶体,因此,烧结过程中晶格畸变能减少的绝对值,相对于表面能的降低仍然是次要的,烧结体内总保留一定数量的热平衡空位、空位团和位错网。

在烧结温度 $T$ 时,烧结体的自由能、焓和熵的变化如分别用 $\Delta Z$、$\Delta H$ 和 $\Delta S$ 表示,那么根据热力学公式:

$$\Delta Z = \Delta H - T\Delta S \tag{4-5}$$

假设烧结反应前后物质不发生相变,比热变化忽略不计(单元系烧结时不发生物质变化),$\Delta S$ 就趋于零,因此式(4-5)可变为 $\Delta Z = \Delta H$,$\Delta U$ 为系统内能的变化。因此,根据烧结前后焓或内能的变化可以估计烧结的驱动力。用电化学方法测定电动势或测定比表面均可计算自由能的变化。

烧结后颗粒的界面转变为晶界面,由于晶界能更低,故总的能量仍是降低的。随着烧结的进行,烧结颈处的晶界可以向两边的颗粒内移动,而且颗粒内原来的晶界也可能通过再结晶或聚晶长大发生移动并减少。因此,晶界能进一步降低就成为烧结颈形成与长大后烧结继续进行的主要动力,这时烧结颗粒的联结强度进一步增加,烧结体密度等性能进一步提高。

不管烧结过程是否使总孔隙度减低,孔隙的总表面积总是减小的。隔离孔隙形成后,在孔隙体积不变的情况下,表面积减小主要靠孔隙的球化,球形孔隙继续收缩和消失也能使总表面积进一步减小,因此,不论在烧结的第二阶段还是第三阶段,孔隙表面自由能的降低,始终是烧结过程的驱动力。

#### 4.3.1.1 烧结驱动力的计算

由于烧结系统和烧结条件的复杂性,欲从热力学角度计算烧结驱动力的具体数值几乎是不可能的。

现应用库钦斯基的简化烧结模型,推导烧结驱动力的计算公式。根据理想的两球模型,将烧结颈放大如图 4-6 所示。

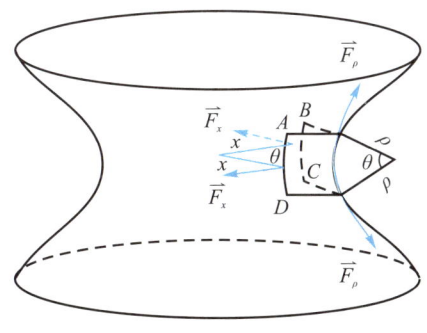

图 4-6 烧结颈模型

从颈表面取单元曲面 ABCD,使得两个曲率半径 $\rho$ 和 $x$ 形成相同的张角 $\theta$(处于两个互相垂直的平面内)。设指向球体内的曲率半径 $x$ 为正,则曲率半径 $\rho$ 为负。表面张力所产生的力 $\vec{F}_x$ 和 $\vec{F}_\rho$ 系作用在单元曲面上并与曲面相切,故由表面张力的定义不难计算

$$\begin{cases} \vec{F}_x = \gamma \overline{AD} = \gamma \overline{BC} \\ \vec{F}_\rho = \gamma \overline{AB} = \gamma \overline{DC} \end{cases} \tag{4-6}$$

$$\begin{cases} \overline{AD} = \rho \sin\theta \\ \overline{AB} = x \sin\theta \end{cases} \tag{4-7}$$

$$\vec{F} = \gamma \overline{AD} \quad (\gamma \text{ 为表面张力}) \tag{4-8}$$

但由于 $\theta$ 很小,$\sin\theta = \theta$,故可得

$$\begin{cases} F_x = \gamma \rho \theta \\ F_\rho = -\gamma x \theta \end{cases} \tag{4-9}$$

所以垂直作用于 ABCD 曲面上的合力为

$$\vec{F} = 2(\vec{F}_x + \vec{F}_\rho) = 2\left(F_x \sin\frac{\theta}{2} + F_\rho \sin\frac{\theta}{2}\right) = \gamma \theta^2 (\rho - x) \tag{4-10}$$

而作用在面积 $ABCD = x\rho\theta^2$ 上的应力为

$$\sigma = \frac{F}{x\rho\theta^2} = \frac{\gamma\theta^2(\rho - x)}{x\rho\theta^2}$$

$$\sigma = \gamma\left(\frac{1}{x} - \frac{1}{\rho}\right) \tag{4-11}$$

由于烧结颈半径 $x$ 比曲率半径 $\rho$ 大得多,$r \gg \rho$ 故

$$\sigma = -\frac{\gamma}{\rho} \tag{4-12}$$

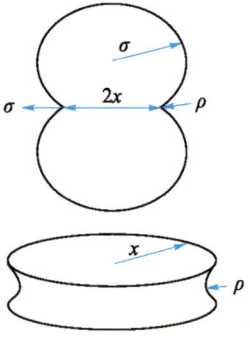

图 4-7 两球模型

负号表示作用在曲颈面上应力 $\sigma$ 是张力,方向朝颈外(见图 4-7),其效果是使烧结颈扩大。随着烧结颈($2x$)的扩大,负曲率半径($-\rho$)的绝对值增大,说明烧结动力 $\sigma$ 也减小。

为估计表面应力 $\sigma$ 的大小,假定颗粒半径 $a = 2$ μm,颈半径 $x = 0.2$ μm,则 $\rho$ 将不超过 $10^{-8} \sim 10^{-9}$ m;已知表面张力 $\gamma$ 的数量级为 J/m²(对表面张力不大的非金属的估计值),那么烧结动力 $\sigma$ 的数量级约为 10 MPa,是很可观的。

式(4-6)或式(4-7)表示烧结动力是表面张力造成的一种机械力,它垂直作用于烧结颈曲面上,使颈向外扩大,而最终形成孔隙网。这时孔隙中的气体会阻止孔隙收缩和烧结颈进一步长大,因此孔隙中气体的压力 $P_v$ 与表面张应力之差才是孔隙网生成后对烧结起推动作用的有效力

$$P_t = P_v - \frac{\gamma}{\rho} \tag{4-13}$$

显然 $P$ 仅是表面张应力 $-\dfrac{\gamma}{\rho}$ 中的一部分,因为气体压力 $P_v$ 与表面张应力的符号相反。当孔隙与颗粒表面连通即开孔时,$P_v$ 可取为 1 atm,这样,只有当烧结颈曲率半径 $\rho$ 增大,表面张应力减小到与 $P_v$ 平衡时,烧结的收缩过程才停止。

对于形成隔离孔隙的情况,烧结收缩的动力可用下述方程描述

$$P_s = P_v - \dfrac{2\gamma}{r} \tag{4-14}$$

式中　　$r$——孔隙的半径;

$-\dfrac{2\gamma}{r}$——作用在孔隙表面使孔隙缩小的张应力。

如果张应力大于气体压力 $P_v$,孔隙就能继续收缩下去。当孔隙收缩时,气体如果来不及扩散出去,$P_v$ 大到超过表面张应力,隔离孔隙就停止收缩。因此,在烧结第三阶段烧结体内总会残留少部分隔离的闭孔,仅靠延长烧结时间是不能加以消除的。

根据晶体缺陷理论,物质扩散是由空位浓度梯度造成化学位的差别所引起的。下面讨论用理想球体的模型,计算烧结体系内引起扩散的空位浓度差。由式(4-13)计算的张应力 $-\dfrac{\gamma}{\rho}$ 作用在图 4-8 所示的烧结颈曲面上,局部地改变了烧结球内原来的空位浓度分布,因为应力使空位的生成能改变。

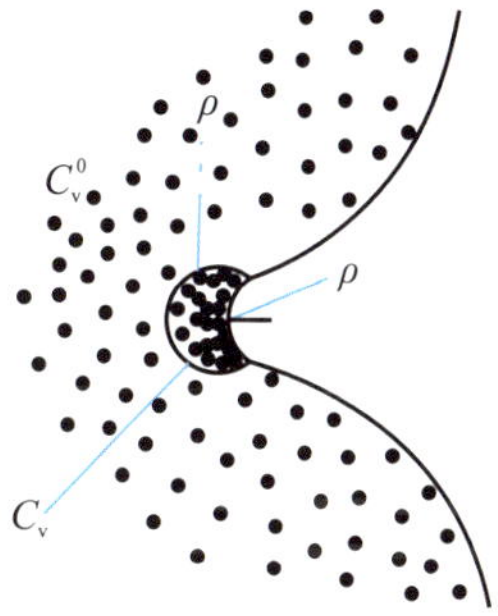

按统计热力学计算,晶体内的空位热平衡浓度

$$C_v = \exp\left(\dfrac{S_f}{k}\right) \cdot \exp\left(-\dfrac{E_f'}{kT}\right) \tag{4-15}$$

**图 4-8　烧结颈曲面下的空位浓度分布**

式中　　$S_f$——生成一个空位引起周围原子振动改变的熵值(振动熵)增大;

$E_f'$——应力作用下,晶体内生成一个空位所需的能量(空位生成能)。

由式(4-15),张应力 $\sigma$ 对生成一个空位所需能量的改变应等于该应力对空位体积所做的功,即 $\sigma\Omega = -\gamma\dfrac{\Omega}{\rho}$($\Omega$ 为一个空位的体积),负号表示张应力使空位生成能减小。晶体内凡受张应力的区域,空位浓度将高于无应力作用的区域;相反,凡受压应力的区域,空位浓度将低于无应力作用的区域。因此,在应力区域形成一个空位实际所需的能量应是

$$E_f' = E_f \pm \sigma\Omega \tag{4-16}$$

为理想完整晶体(无应力)中的空位生成能,将式(4-16)代入式(4-15)得到受张应力 $\sigma$ 区域的空位浓度为

$$\begin{aligned}C_v &= \exp\left(\dfrac{S_f}{k}\right) \cdot \exp\left(-\dfrac{E_f - \sigma\Omega}{kT}\right) \\ &= \exp\left(\dfrac{S_f}{k}\right) \cdot \exp\left(-\dfrac{E_f}{kT}\right) \cdot \exp\left(\dfrac{\sigma\Omega}{kT}\right)\end{aligned} \tag{4-17}$$

因为无应力区域的平衡空位浓度

$$C_v^0 = \exp\left(\frac{S_f}{k}\right) \cdot \exp\left(-\frac{E_f}{kT}\right)$$

$$C_v = C_v^0 \exp\left(\frac{\sigma\Omega}{kT}\right) \tag{4-18}$$

同样可得到受压应力 $\sigma$ 区域的空位浓度

$$C_v^s = C_v^0 \exp\left(-\frac{\sigma\Omega}{kT}\right) \tag{4-19}$$

因为 $\dfrac{\sigma\Omega}{kT} \leqslant 1$,又因为

$$\exp\left(\pm\frac{\sigma\Omega}{kT}\right) \approx 1 \pm \frac{\sigma\Omega}{kT} \tag{4-20}$$

因此

$$\left.\begin{array}{l} C_v = C_v^0\left(1 + \dfrac{\sigma\Omega}{kT}\right) \\ C_v^s = C_v^0\left(1 - \dfrac{\sigma\Omega}{kT}\right) \end{array}\right\} \tag{4-21}$$

参看式(4-21),在无应力作用的球体积内的平衡空位浓度为 $C_v^0$。如果烧结颈的应力仅由表面张力产生,则按式(4-21)可以计算两处的平衡空位的浓度差——过剩空位浓度

$$\Delta C_v = C_v - C_v^0 = -C_v^0 \frac{\sigma\Omega}{kT} \tag{4-22}$$

以 $\sigma = \dfrac{\gamma}{\rho}$ 代入,则得

$$\Delta C_v = -C_v^0 \frac{\gamma\Omega}{kT\rho} \tag{4-23}$$

假定具有过剩空位浓度的区域仅在烧结颈表面下以 $\rho$ 为半径的圆内,故当发生空位扩散时,过剩空位浓度的梯度就是

$$\frac{\Delta C_v}{\rho} = -C_v^0 \frac{\gamma\Omega}{kT\rho^2} \tag{4-24}$$

式(4-24)表明:过剩空位浓度梯度将引起烧结颈表面下微小区域内的空位向球体内扩散。从而造成原子向相反方向迁移,使烧结颈得以长大。因此,式(4-24)就是烧结动力的热力学表达式,是研究烧结机制所需应用的基本公式。

烧结过程中还可能发生物质由颗粒表面向空间蒸发的现象,同样对烧结的致密化和孔隙的变化产生直接的影响。因此,烧结动力也可以从物质蒸发的角度来研究,即用饱和蒸气压的差表示烧结动力。曲面的饱和蒸气压与平面的饱和蒸气压之差,可用吉布斯-凯尔文(Gibbs-Kelvin)方程计算:

$$\Delta p = p_0 \frac{\gamma\Omega}{kTr} \tag{4-25}$$

式中 $r$——曲面的曲率半径,mm;

$p_0$——平面的饱和蒸气压,MPa。

根据图 4-8 烧结模型，颈曲面的曲率半径，按式(4-26)计算：

$$\frac{1}{r} = \frac{1}{x} - \frac{1}{\rho} \tag{4-26}$$

因为 $\rho \ll x$，故 $\frac{1}{r} = -\frac{1}{\rho}$，代入式(4-25)得

$$\Delta p_{颈} = -p_0 \frac{\gamma \Omega}{kT\rho} \tag{4-27}$$

同样，对于球表面，曲率 $\frac{1}{r} = \frac{2}{a}$（$a$ 为球半径），代入式(4-25)得

$$\Delta p_{球} = -p_0 \frac{2\gamma \Omega}{kTa} \tag{4-28}$$

从式(4-27)与式(4-28)可知：烧结颈表面（凹面）的蒸气压应低于平面的饱和蒸气压 $p_c$，其差由式(4-28)计算；颗粒表面（凸面）与烧结颈表面之间将存在更大的蒸气压力差[用式(4-28)减去式(4-27)计算]，将导致物质向烧结颈迁移。因此，烧结体系内，各处的蒸气压力差就成为烧结通过物质蒸发转移的驱动力。

#### 4.3.1.2 表面能驱动力

用下述简单方法估计表面能驱动力数量级。假定烧结前粉末系统的表面能为 $E_p$，烧结成一个致密的立方体后的表面能为 $E_d$，忽略形成晶界能量的消耗，则本征驱动力为

$$\Delta E = E_p - E_d \tag{4-29}$$

代入晶体材料的摩尔质量 $W_m$(g/mol)，固-气表面能 $\gamma_{sv}$(J/m²)，粉末比表面 $S_p$(cm²/g)，致密固体密度 $d$(g/cm³)，则有

$$\Delta E = \gamma_{sv}\left[W_m S_p - 6\left(\frac{W_m}{d}\right)^{\frac{2}{3}}\right] \tag{4-30}$$

由于 $W_m S_p \gg 6\left(\dfrac{W_m}{d}\right)^{\frac{2}{3}}$，则可近似为

$$\Delta E = \gamma_{sv} W_m S_p$$

式(4-30)类似于 Ogrodantkovr 和 Zagerr 的估计式，它可大致给出单位摩尔质量分数粉末的表面能。表 4-1 给出几种典型粉末的相应数据及计算的 $\Delta E$。

表 4-1 典型粉末的本征驱动力 $\Delta E$ 及计算参考数值

| 粉末 | 粒度 /μm | 比表面 /(cm²/g) | 固体密度 /(g/cm³) | 摩尔质量 /(g/mol) | $\gamma_{sv}$ /(J/m²) | 本征驱动力 $\Delta E$/(J/mol) |
|---|---|---|---|---|---|---|
| Cu | 150 | $5\times 10^2$ | 8.9 | 63.55 | 1.6 | 5.1 |
| Ni | 10 | $4\times 10^3$ | 8.9 | 58.69 | 1.9 | 450 |
| W | 0.3 | $10^4$ | 19.3 | 183.86 | 2.9 | $5.3\times 10^2$ |
| Al$_2$O$_3$ | 0.2 | $10^5$ | 4.0 | 102.0 | 1.5 | $1.5\times 10^3$ |

式(4-30)和表4-1的数据表明,粉末粒度越粗,比表面越小,表面能驱动力就越小;而粒度越细,比表面越大,表面能驱动力就越大。这也是实际烧结中细粉比粗粉易于烧结的原因。

在不同种粉末之间比较颗粒系统的烧结活性时,不要忘记单个颗粒的烧结活性即粉末晶体的自扩散性。综合考虑这两个因素来确定烧结活性,有一个判据是值得注意的。

1968年,Burke指出,要想在适当的烧结时间内获得烧结体的充分致密化,粉末颗粒系统应当满足下列关系:

$$\frac{D_v}{(2a)^3} \approx 1 \tag{4-31}$$

式中 $D_v$——体积扩散系数,$cm^2/s$;

$2a$——粉末粒度,$mm$。

例如,$D_v$的数量级为$10\sim 12\ cm^2/s$,则粉末粒度要在$1\ \mu m$左右。如果$D_v$太低,则某些共价键材料若要充分地烧结致密化就要求使用粒度为$0.5\ \mu m$左右的粉末。

通过热力学表面驱动力的讨论,把粒度与比表面的反比关系联系起来,通过表4-1和式(4-30),可深入地理解式(4-31)的热力学分析背景。

### 4.3.1.3 本征拉普拉斯(Laplace)应力

除了松散烧结(也称重力烧结)之外,粉末总是在被压制成某种形状的压坯后再进行烧结的。这样的颗粒系统有两个特点:颗粒之间的接触和颗粒之间存在着"空隙"或称孔洞;系统表面的减少,自由能的降低主要是通过孔洞的收缩来实现的。

烧结开始时,孔洞的形状并不是球形,而是由尖角形、圆滑菱形、近球形逐渐向球形过渡,如图4-9所示。此时,孔洞的收缩必然伴随着颗粒接触区的扩展。这个接触区最先被称作金属颗粒之间的"桥",即被Kuczynskl定义为颈。

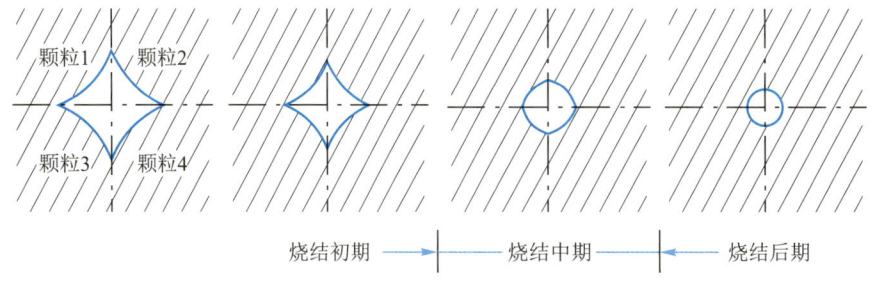

图4-9 不加压固相烧结孔洞形状变化示意

颗粒之间接触的直接结果是颈部出现了曲率半径。Laplace和Young以弯曲液体表面为例,给出了表面的曲率半径、表面张力和表面所受的应力差值。

$$\Delta\sigma = \gamma\left(\frac{1}{R_1} + \frac{1}{R_2}\right) \tag{4-32}$$

式中 $R_1,R_2$——表面上相互垂直的两个曲线的曲率半径,称为主曲率半径。

对于一个球形孔洞,$R_1 = R_2$,则变为Gibbs的解释。

对于不加压固相烧结的颗粒系统,由颗粒接触形成的曲率半径对 Laplace 应力有重要影响。颗粒接触形成的颈如图 4-10 所示。

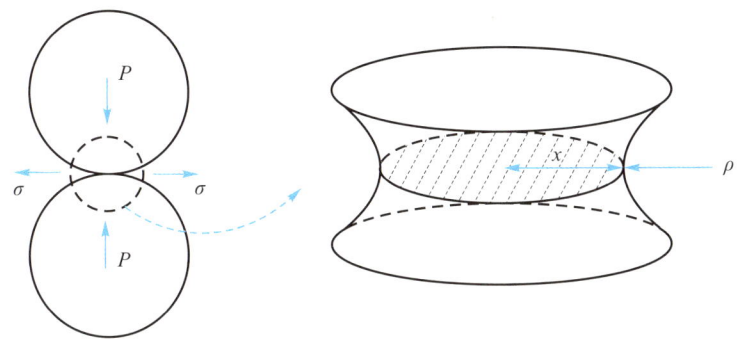

图 4-10　两球形颗粒接触颈部主曲率半径示意

图 4-10 中,$x$ 表示接触面积的半径,$\rho$ 表示颈部的曲率半径,即式(4-32)中的 $R_1$ 和 $R_2$,则颗粒接触的本征 Laplace 应力为

$$\sigma = \gamma \left( \frac{1}{x} - \frac{1}{\rho} \right) \tag{4-33}$$

式中,负号表示 $\rho$ 从孔洞内计算半径值,正号表示 $x$ 在颗粒内计算半径值。同时可注意到,颈部凹表面拉伸应力的存在,相当于有压应力作用在两球接触面的中心线上,使两球靠近。人们常常对颈部的拉伸应力为负号感到难以理解,因为按连续力学定义,拉伸应力为正,压应力为负。我们可以这样解释:$\sigma$ 为负指的是对颈部而言,实际上它指向孔洞中心,对颈部为拉伸应力,对孔洞则为压应力,$\sigma$ 的存在使遍及压坯的孔洞都受一个指向各孔洞中心的压应力,这样理解 $\sigma$ 为负与连续力学的定义就不矛盾了。

#### 4.3.1.4　化学位梯度驱动力

对于单相系统,粉末接触区的本征 Laplace 应力在弯曲的颈的表面与平表面之间产生一个化学位差:

$$\Delta \mu = \sigma \Omega \tag{4-34}$$

式中　$\Omega$——原子体积。

这个化学位差可以转换成化学位梯度。而化学位梯度即为烧结驱动力,这个驱动力将引起烧结颈处的原子迁移。

对于多相系统,由于化学组元的加入引起的自由能变化,以及由于外部施加应力引起的自由能变化,都可以用化学位的差来计算

$$\begin{aligned}\Delta \mu &= \mu - \sum \mu_i \\ \Delta \mu &= \sigma V_m\end{aligned} \tag{4-35}$$

式中　$\mu_i$——$i$ 化学组元的化学位;

$\mu$——未加入 $i$ 化学组元时的化学位;

$\sigma$——应力;

$V_m$——摩尔体积。

表 4-2 给出不同烧结过程中不同驱动力的数量级。可以看出,反应烧结的过程驱动

力最高,液相烧结过程颗粒并合次之。固相烧结的情况有所不同,当用式(4-5)和式(4-10)估计时,驱动力是低的;但用表面能估计时,能量可高出三个数量级。

表 4-2 不同烧结过程的烧结驱动力

| 烧结过程 | 估计方法 | 驱动力/(J·mol$^{-1}$) |
|---|---|---|
| 固相烧结 | $\Delta B = W_m \gamma_{sv} S_p$ <br> $\Delta E = 2\gamma_{sv} V_m/a$ | $1 \sim 10^3$ <br> 1 |
| 液相烧结 |  | 1 |
| (a)颗粒碎化重排 | 固液界面能降低 | $1 \sim 10$ |
| (b)颗粒合并 | 表面能减少 | $10^2 \sim 10^3$ |
| (c)晶粒取向生长 | 储存能降低 | $0.04 \sim 4$ |
| (d)晶粒形状 | 温度梯度 | $0.11 \sim 25$ |
| 反应烧结 | $\Delta G = -RT\ln 10$ | $1.2 \times 10^3$ |
| 热压烧结 | (30 MPa)$V_m$反应能 |  |

注:颗粒半径,$a = 1\ \mu m$

#### 4.3.1.5 烧结力与烧结压应力

烧结力是指使烧结体在烧结过程中沿某一轴向收缩刚好停止时必需的力,数值上恰好等于烧结体自身产生的收缩力。

由简单的热力学知识,可以得到烧结力的定量表达。在 Laplace 之前,Gibbs 的经典热力学已给出的弯曲界面的压力差 $\Delta P$ 为

$$\Delta P = \gamma_{sv} H \tag{4-36}$$

式中 $\gamma_{sv}$——固-气表面张力;

$H$——弯曲界面的曲率。

烧结体内平行于某一轴向的面积的烧结力为

$$F = \gamma_{sv} H S \tag{4-37}$$

考虑到孔洞存在,孔洞分数为 $A_A$,平均总曲率为 $\overline{H}$。这个力则表示为

$$F = \gamma_{sv} \overline{H} A_A S \tag{4-38}$$

式(4-38)右边除获得 $\gamma_{sv}$ 值困难一些外,其他参数都是可以直接测量的量,可以用 DeMoff 和 Rhines 的定量金相的方法测定。

1975 年,Aigeltinger 提出了质疑:式(4-38)中的 $A_A$ 是孔洞分数,这就相当于认为力作用在孔洞上。而实际的力是作用在固相截面上,所以式(4-38)中的 $A_A$ 应当用 $(1-A_A)$ 或 $(1-V_V)$ 取代。这样式(4-38)变为

$$F_A = \gamma_{sv}(1 - V_V)\overline{H}S \tag{4-39}$$

式(4-39)仍需要乘以一个几何因子 $C$,因为实际的力是作用在烧结颈的截面上,尤其是在烧结初期。因此,式(4-39)改写为

$$F_4 = C\gamma_{sv}(1-V_1)\overline{H}S \qquad (4-40)$$

应力建立在不加压烧结过程,烧结体仍然受到一个水静压力或受到一个力作用的概念。但是,应力的概念不应与驱动力的概念相混淆,前者是力学意义上的力,后者是热力学意义上的力。如果用烧结压力或压强来描述这一概念,就能通过式(4-34)、式(4-36)和式(4-40)把应力与热力学驱动力联系起来。

### 4.3.2 动力学驱动力

#### 4.3.2.1 扩散动力性

粉末烧结方式的选择、烧结过程进行的特点首先取决于粉末颗粒的烧结性。理论上,单个颗粒作为一种晶体物质,它的烧结性取决于其原子扩散的难易程度。

扩散理论给出了原子扩散能力的表征,其中包括自扩散系数 $D$,即晶体内无化学位梯度时原子扩散的能力。对于实际晶体,如金属体系中,原子的自扩散系数可以用三个扩散系数表示:

① 体积扩散系数 $D_v$ 原子在晶体内部或晶格内的扩散能力,亦称晶格扩散系数。
② 晶界扩散系数 $D_{gb}$ 原子沿晶界的扩散能力。
③ 表面扩散系数 $D_g$ 原子沿各种表面的扩散能力,主要是自由表面的扩散能力。

晶体内原子从一个位置跳到另一个位置的运动必然要受到某种"阻力"。从自由能的角度考虑,这个"阻力"就是原子扩散所需要克服的能垒。实验表明,温度升高,能够克服这个能垒的原子数目增加。因此,原子自扩散系数可表示为

$$D = D_0 \exp\left(\frac{\Delta G}{RT}\right) \qquad (4-41)$$

式中 $D$——对于纯固体为自扩散系数;
$D_0$——指前因子;
$\Delta G$——自扩散激活能;
$R$——气体常数;
$T$——热力学温度。

式(4-41)中指数项表示的是能够克服能垒而跃迁的原子的概率。

由式(4-41)可知,烧结温度越高,颗粒内原子扩散系数越大,烧结进行得越迅速;扩散系数越大的物质,在给定的烧结温度下,原子扩散的能力越强。所以,在给定烧结温度下的晶体粉末的扩散系数值,可以代表粉末本征的烧结性。

1) 体积扩散机制 由 Fick 第一定律,单位时间内颈部空位体积的变化率为

$$\frac{dV}{dt} = AD'\frac{\Delta C}{\rho} \qquad (4-42)$$

式中 $D'$——空位扩散系数。

由图 4-11 所示的几何关系有

$$\rho = a(1-\cos\theta) = 2a\sin^2\frac{\theta}{2} \qquad (4-43)$$

颈部表面积:

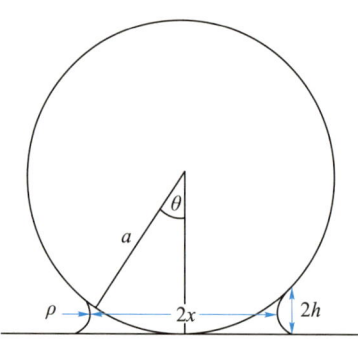

图 4-11　金属球体平板烧结模型
（库钦斯基烧结模型）

$$A = 2\pi x\rho = 2\pi \frac{x^3}{a} \tag{4-44}$$

体积：

$$V = \pi x^2 \rho = \frac{\pi x^4}{2a} \tag{4-45}$$

并考虑到体积扩散系数 $D_v$ 与空位扩散系数 $D'$ 的关系：$D_v = D'C_0$，将上述参数 $D_v$ 与式(4-42)、式(4-43)、式(4-45)结合得

$$\frac{d\left(\frac{\pi x^4}{2a}\right)}{dt} = \frac{\pi x^3}{a} \times \frac{D_v}{C_0} \times \frac{\sigma \Omega C_0}{\rho kT} \tag{4-46}$$

由于 $\rho = \frac{x^2}{4a}$，故将这些关系式一并代入连续方程式(4-46)并积分得

$$\frac{x^5}{a^2} = \frac{80\gamma\Omega}{kT} D_v t \tag{4-47}$$

若定义 $\frac{x}{a}$ 为颈长率，则可将式(4-47)整理为

$$\left(\frac{x}{a}\right)^5 = \frac{80\gamma\Omega}{kT} \times \frac{D_v}{a^3} \times t \tag{4-48}$$

式(4-46)和式(4-48)即为体积扩散颈长动力学方程。

2）表面扩散机制　由 4.2 分析及式(4-48)可知，颈部凹表面与颗粒凸表面之间也存在空位浓度差，空位或原子的表面扩散也可以是颈长的微观机制。

定义 $A = 2\pi\delta$，$\delta$ 为晶格常数，并有 $\Omega = \delta^3$，代入式(4-47)，与式(4-48)推导相同，表面扩散颈长动力学方程为

$$\frac{x^7}{a^3} = \frac{56\gamma\delta^4}{kT} D_g t \tag{4-49}$$

式中　$D_g$——表面扩散系数。

同样，用 $\frac{x}{a}$ 表示，得

$$\left(\frac{x}{a}\right)^7 = \frac{56\gamma\delta^4}{kT} \times \frac{D_g}{a^4} \times t \tag{4-50}$$

3)晶界扩散机制　Kingery 认为,在颈长后期,表面扩散机制应被晶界扩散机制取代。但是在晶界扩散过程中,颈部空位浓度差不再是常数,而是随着颈部 $\rho$ 增加,逐渐减小,成为了变量。变浓度梯度的扩散不能用 Fick 第一定律建立流量速率方程。

Cobelenz 于 1958 年建议用一个表面有水冷却的电加热圆柱由中心到表面径向辐射热流方程来近似扩散通量:

$$J = 4\pi D' \Delta C \tag{4-51}$$

式中,$J$ 为扩散通量,单位为 $mol/(m^2 \cdot s)$,$D'$ 为空位扩散系数。单个空位体积为 $\sigma^3$,晶界厚度 $W$,则扩散体积的变化率为

$$\frac{dV}{dt} = j\delta^3 W = 4\pi D' \Delta C \delta^3 W \tag{4-52}$$

两球对心靠近距离为 $h$(见图 4-12,假定无液相存在),令 $h = \frac{x^2}{4a}$,$V = \pi x^2 \frac{h}{2}$,则有

$$\frac{\pi x^3}{2a} \times \frac{dx}{dt} = 4\pi D' \Delta C \delta^3 W \tag{4-53}$$

式中　$D_g$——晶界扩散系数。

并注意到 $x \gg \rho$,$\sigma = -\frac{\gamma}{\rho}$,$\frac{D}{C_0} = D_{gb}$,积分后得

$$\frac{x^6}{a^2} = \frac{96\gamma_{sv}\Omega D_{gb}W}{kT}t \tag{4-54}$$

同样可以整理为

$$\left(\frac{x}{a}\right)^6 = \frac{96\gamma_{sv}\Omega W}{kT} \times \frac{D_{gb}}{a^4} \times t \tag{4-55}$$

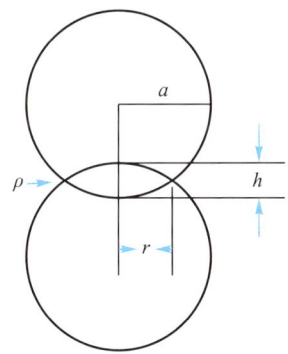

图 4-12　两球对心靠近距离示意图

Coblenz 等于 1980 年再次考虑了变空位浓度梯度晶界扩散颈长问题,并建立了一个径向流的伪稳态方程,在柱坐标下为

$$WD_{gb}\frac{d^2C}{dr^2} + \frac{WD_h}{r} \times \frac{dC}{dr} - \beta = 0 \tag{4-56}$$

式中　$\beta$——空位在晶界的消失速率。

通过建立浓度边界条件

$$C = C_0 - \frac{\gamma_{sv}\Omega C_0}{\rho RT}\left[2\left(\frac{r}{x}\right)^2 - 1\right] \tag{4-57}$$

和力平衡条件

$$2\pi x \gamma_{sv} \sin\frac{\phi}{2} = -\int_0^x \sigma_n (2\pi r)\, \mathrm{d}r \approx 0 \tag{4-58}$$

式中　$\phi$——颈部晶界沟两面角；

$\sigma_n$——本征 Laplace 应力在晶界处的垂直分量。

在曲率为 $-\dfrac{1}{\rho}$ 的限定下，求得空位在晶界阱的消失速率为

$$\beta = \frac{8WD_{gb}\gamma}{\rho x^2 RT} \tag{4-59}$$

轴向收缩速率和空位消失速率必然相关

$$2\frac{\mathrm{d}h}{\mathrm{d}t} = \beta\Omega \tag{4-60}$$

则有

$$\frac{\mathrm{d}h}{\mathrm{d}t} = \frac{x}{2a}\times\frac{\mathrm{d}x}{\mathrm{d}t} \tag{4-61}$$

积分后有

$$\left(\frac{x}{a}\right)^6 = \frac{192\gamma_{sv}\Omega W}{RT}\times\frac{D_{gb}}{a^4}\times t \tag{4-62}$$

Kucsynski 把稳定颈长动力学的形式归纳为

$$\left(\frac{x}{a}\right)^n = \frac{F(T)}{a^m}t \tag{4-63}$$

指数 $n$、$m$ 为相应颈长机制（表 4-3）。

表 4-3　方程中指数 $n$ 和 $m$ 与相应的颈长物质迁移机制

| $m$ | $n$ | 机制 |
| --- | --- | --- |
| 1 | 2 | 黏性流动 |
| 2 | 3 | 蒸发凝聚 |
| 3 | 5 | 体积扩散 |
| 4 | 6 | 晶界扩散 |
| 4 | 7 | 表面扩散 |

为了结合用激活体积机制表达的黏性流动的烧结动力学，Ristic 引用自己的黏性流动动力学方程

$$\theta = \theta_0 \exp\left(-\frac{8}{9}\times\frac{\gamma}{\eta a}t\right) \tag{4-64}$$

与激活体积表达的非晶体的流动性动力学方程

$$f = \frac{1}{\eta} = \frac{V}{V_f^{\frac{1}{3}}\sqrt{2\pi mkT}}\exp\left(-\frac{U}{kT}\right) \tag{4-65}$$

相比较。式(4-65)中的 $m$ 为分子量,式(4-64)中 $\theta$ 与 $\theta_0$ 分别是烧结及烧结开始时的试样孔隙度,$a$ 为颗粒半径,可得到

$$\ln\frac{\theta}{\theta_0} = -F\frac{V}{V_f^{\frac{1}{3}}\sqrt{2\pi mkT}}\exp\left(-\frac{U}{kT}\right)t \tag{4-66}$$

$$F = \frac{8}{9} \times \frac{\gamma}{a\sqrt{2\pi mk}} \tag{4-67}$$

又有表征 Ristic 提出的黏性流动是分子团伪激活公式

$$V_f = V\exp\left(\frac{U-E}{kT}\right) \tag{4-68}$$

得

$$V = V_f\exp\left(\frac{E-U}{kT}\right) \tag{4-69}$$

由以上四式得到用激活体积 $V_f$(而不是用黏度 $\eta$)表示的非晶体黏性流动烧结动力学方程为

$$\ln\frac{\theta}{\theta_0} = -FV_f^{\frac{2}{3}}\exp\left(\frac{E-2U}{kT}\right)t \tag{4-70}$$

4)蒸发凝聚机制  物质(原子)由颗粒表面蒸发通过孔洞中的气相迁移并凝聚在颈部凹表面也是一种传质现象。根据 Kelvin 方程和原子蒸发凝聚速率方程,Kuczynski 推导出颈部半径与时间的三次方关系,$x^3$-$t$,但没有给出方程的具体系数值。

Kingery 和 Berg 于 1955 年用两球模型,除了导出了与 Kuczynski 一致的体积扩散 $x^5$-$t$ 的关系(稍有不同)之外,还给出了蒸发凝聚颈长方程的精确表达式。

根据 Kelvin 方程,在颈部具有小的负曲率半径的蒸气压 $P_1$ 与表面能 $\gamma_{sv}$ 之间的关系为

$$RT\ln\frac{P_1}{P_0} = \frac{M\gamma_{sv}}{d}\left(\frac{1}{x}-\frac{1}{\rho}\right) \tag{4-71}$$

式中　$P_0$——一个表面上的平衡蒸气压;

$M$——分子量;

$d$——密度;

$R$——气体常数;

$T$——热力学温度。由于 $x \gg \rho$,括号内省去 $\frac{1}{x}$,且 $P_1-P_0=\Delta P$,$\ln\frac{P_1}{P_0}=\frac{\Delta P}{P_0}$,则

$$\Delta P = \frac{-M\gamma_{sv}P_0}{d\rho RT} \tag{4-72}$$

式(4-72)表明,$\Delta P<0$,即原子在颈部凹表面的蒸气压小于在平表面的平衡蒸气压。同理,原子在颗粒凸表面的蒸气压将大于在平表面上的平衡蒸气压。因此,原子将由颗粒凸表面蒸发而在颈部凹表面凝聚。用 Langmuir 方程来近似颈部物质凝聚的速

率$(g \cdot cm^{-2} \cdot s^{-1})$

$$m = \alpha \Delta P \left(\frac{M}{2\pi RT}\right)^{1/2} \tag{4-73}$$

认为物质凝聚的速率等于颈部物质体积的增加速率

$$\frac{dV}{dt} = A \frac{m}{d} \tag{4-74}$$

令原子在凝聚表面的适位系数 $\alpha$ 为 1，代入

$$\rho = \frac{x^2}{2\alpha}, V = \pi \frac{x^4}{2\alpha}, A = \pi \frac{x^3}{\alpha} \tag{4-75}$$

则有

$$\frac{x^3}{\alpha} = \frac{3\pi M \gamma_{sv} \left(\frac{M}{2\pi RT}\right)^{\frac{1}{2}} P_0}{d^2 RT} t \tag{4-76}$$

该式即为蒸发凝聚机制下颈长动力学方程。等式用 $\left(\frac{x}{\alpha}\right)$ 表示为

$$\left(\frac{x}{\alpha}\right)^3 = \frac{3\pi M \gamma_{sv} \left(\frac{M}{2\pi RT}\right)^{\frac{1}{2}}}{d^2 RT} \times \frac{P_0}{\alpha^2} \times t \tag{4-77}$$

5）蠕变塑性流动机制　对于不加压固相烧结初期的烧结颈长动力学，已用扩散理论在体积扩散、表面扩散、晶界扩散，以及蒸发凝聚和 Frenkel 黏性流动机制下做了充分的描述，建立了关系，并以此作为判断烧结物质迁移机制的经典判据。

1966 年，Lenel 和 Ansell 又提出了一个新的观点：烧结颈处的物质迁移机制亦可以是 Weertman 位错攀移控制的蠕变。他们对球形雾化 Cu 粉施加不同水平的应力，然后用曲线计算法求出蠕变通式的应力指数值。结果表明，在外加应力为 7 N/cm² 时，$n = 1.8$；外加应力为 50 N/cm² 时，$n = 4.5$。因而得出结论：物质（原子或空位）迁移机制除了扩散机制外，还可以是位错攀移控制的蠕变。并将其称为塑性流动物质迁移机制。

Lenel 等直接套用 Weertman 的 $\varepsilon = K\sigma^{4.5}$ 关系，导出了烧结蠕变（或称为塑性流动机制）的颈长方程。

仍然考虑两球模型（图 4-11），颈半径为 $x$，两球对心运动距离为 $2h$。烧结颈受到的应力可表示为

$$\sigma = P \frac{\gamma}{\alpha} \tag{4-78}$$

式中　$P$——无量纲压力系数。

实验表明，烧结体收缩在 0.05%~0.5%，有

$$P = \left(\frac{h}{\alpha}\right)^{-2} \tag{4-79}$$

则

$$\sigma = \frac{\gamma}{h} \tag{4-80}$$

Weertman 对纯金属的位错攀移的蠕变关系为

$$\varepsilon = A\sigma^2 \sin B \times \sigma^{2.5} \tag{4-81}$$

除了在很高的应力下,这个关系可简化为

$$\varepsilon = \alpha\sigma^{4.5} \tag{4-82}$$

Lenel 把烧结颈长大处理为金属在位错攀移控制下的高温蠕变,并定义蠕变速率 $\varepsilon$ 与颗粒对心运动速度成比例

$$\frac{\mathrm{d}h}{\mathrm{d}t} = 2h\varepsilon \tag{4-83}$$

将式(4-82)代入式(4-83)中得

$$\frac{\mathrm{d}h}{\mathrm{d}t} = 2h\alpha\sigma^{4.5} = 2\frac{\alpha\gamma^{4.5}}{h^{3.5}} \tag{4-84}$$

积分后得

$$h^{4.5} = 9\alpha\gamma^{4.5}t \tag{4-85}$$

令 $h = \frac{x^2}{4a}$,得

$$\frac{x^9}{a^{4.5}} = a't \tag{4-86}$$

实际上,Lenel 提出的塑性流动物质迁移机制的真正价值并不在于蠕变颈长公式的导出,而在于他提出了一个令人难以接受的观点:即使没有外切应力的作用,位错也可以在表面张力的作用下在烧结颈处形核、增殖,以供给位错攀移机制所需要的足够多的可动位错。20 世纪 70 年代初,这一观点在粉末冶金学术界引起了一场大讨论。这场关于是扩散机制还是位错机制的物质迁移的争论,与 20 世纪 50 年代那场关于是 Frenkel 黏性流动还是 Kuczynski 扩散机制的物质迁移的争论一样激烈。

1961 年,柯瓦尔钦科和萨姆索诺夫运用由气孔分散在非压缩黏性介质中所组成的系统模型,从流变学理论推导了热压方程式,并根据纳巴罗-赫仑的蠕变理论(黏度同体积扩散系数 $D_v$ 以及晶粒大小 $d$ 的关系为 $\eta = \frac{KTG^2}{10D_v\Omega}$,式中 $\Omega$ 为原子体积,$D_v$ 为体积扩散系数,$K$ 为常数),考虑晶界的作用和晶粒大小的影响,对方程做进一步修正,最终得到孔隙度随时间的变化率:

$$\frac{\mathrm{d}\theta}{\mathrm{d}t} = -\frac{P}{4\eta_0(1+bt)} \cdot \frac{\theta(3-\theta)}{1-2\theta} \tag{4-87}$$

式中　　$\theta$——孔隙率;
　　　　$P$——压力;
　　　　$t$——时间;
　　　　$\eta_0$——初始黏度。

1961 年,Coble 亦认为硬质粉末热压的后期是受扩散控制的蠕变过程,在考虑了晶粒长大使致密化速度降低的影响后,得出方程:

$$\frac{\mathrm{d}\theta}{\theta} = \frac{-Kpd(1+bt)}{1+bt} \tag{4-88}$$

式中，$K = \dfrac{75kTd_0^2 b}{D_v \Omega}$，其中 $T$ 为绝对温度，$d_0$ 为原始晶粒大小，$b$ 为常数。

扩散蠕变理论同样可说明热压终极密度的存在。因为随着温度升高，材料的黏度和临界剪切应力 $T_c$ 降低均有利于孔隙的缩小，但是温度升高又使热压后期材料的晶粒明显长大，对由扩散控制的致密化过程不利。这两种因素对致密化的作用相反，因此，热压的密度不能无限制地增大。

#### 4.3.2.2 晶体缺陷

1）空位　若一原子邻近有一个空位，这个原子移动到空位上，则原来的位置就成了空位。原子与空位的这种交换，可以认为是原子向空位位置运动，也可以认为是空位向原子位置运动。不论哪种说法，都是同时出现了原子扩散和方向相反的空位扩散。在平衡状态下，原子的自扩散系数就可以与空位扩散系数及空位平衡浓度联系起来。

$$D = D'N_v = D'A\exp\left(-\dfrac{Q_v}{RT}\right) \tag{4-89}$$

式中　$D'$——空位扩散系数；

　　　$N_v$——平衡的空位摩尔浓度；

　　　$A$——常数；

　　　$Q_v$——空位形成能。

实际晶体中相应的体积扩散系数、晶界扩散系数与空位扩散系数和空位浓度也有类似于式(4-89)的关系。

式(4-89)表明，原子的扩散能力与空位浓度的高低相关。这是粉末烧结活性的一个判据。如金属 Cu 粉，由式(4-89)计算接近熔点的空位平衡浓度（$Q_v = 117$ kJ/mol，$T = 1\,356$ K，$R = 1.987$）得 $N_v = 10^{-3}$；而共价键的陶瓷粉（如 SiC）$N_v = 0$。因此，金属 Cu 粉被称为易烧结粉末，烧结活性高；而 SiC 粉为难烧结粉末，烧结活性几乎等于零，甚至被称为不可烧结的物质。

2）晶界　在烧结的某一阶段，颗粒的烧结速率取决于过剩空位从空位源到空位阱的流动过程。颗粒内既可以作为空位源又可以作为空位阱的缺陷有晶界、位错和孔洞（粉末颗粒常常是多孔状的）。晶界作为有效空位阱的前提条件是：晶粒尺寸应当比孔洞尺寸小得多。

Schatt 和 Friedrich 通过实验发现，单有晶界作为空位阱还不能解释电解 Cu 粉高的烧结速率。Morgan 在 MgO 的实验中，观察到应当把位错也作为空位阱考虑的实验现象。

3）位错　位错作为空位阱的必要条件是：位错间平均距离（$L_D$）应当明显小于晶粒尺寸：$L_D \leqslant L_G$。

位错间距：$L_D = N^{-\frac{1}{2}}$，$N$ 为位错密度，$N = 10^8$ cm$^{-2}$，得：$L_D \leqslant 1$ μm。因此可以认为只有晶粒尺寸大于 1 μm，位错才能作为空位阱。同时应当说明，过剩空位进入面缺陷晶界阱的机会大于进入线缺陷位错阱的机会。位错线，如刃位错，当吸收空位作为位错阱时，空位进入位错线下方的空位区，而相当于位错线上方的半原子面攀升，成为位错攀移运动。对于有高度晶体缺陷的粉末，当两种位错阱同时存在时，可以定义一个被强化了的有效扩散系数。

$$1 \leqslant \frac{D_{\text{ef}}}{D} \leqslant \left(\frac{2a}{\overline{L}}\right)^2 \quad (4-90)$$

式中 $D_{\text{ef}}$——有效扩散系数；
$2a$——粉末粒度；
$\overline{L}$——空位源与空位阱之间的平均距离；
$D$——自扩散系数。

### 4.3.3 相互接触间力

通常把颗粒之间形成一定接触之后的颈长称为第一阶段或烧结初期阶段，而固相烧结实际应当从颗粒间形成接触开始，Ashby 将颗粒间开始形成接触称为烧结第 0 阶段。

所谓烧结第 0 阶段，就是指颗粒在某种吸引力的作用下，自发形成颈部的阶段。使两个固体表面自发形成接触的吸引力包括：范德华力、静电力、金属键合力、电子作用力和有液相存在时的毛细管力作用下的复合力。

以球形颗粒和微观光滑的平板作为黏合模型（见图 4-13），假定：

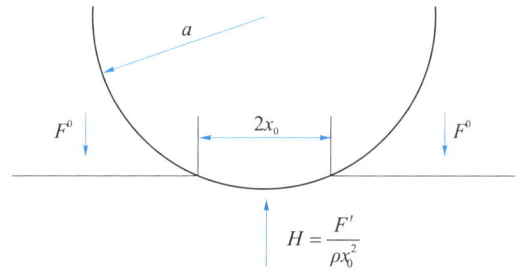

图 4-13 颗粒黏合模型

（1）黏合过程中不加任何外部负荷；
（2）球和平板已黏合在一起，黏合力定义为颗粒被拉离所需的最小力，此力垂直于平板，并通过颗粒重心；
（3）温度最高不能使变形为可逆，最低应忽略扩散作用；
（4）颗粒间吸引力仅仅是范德华力和静电力，两个颗粒间的扩散和化学力的作用；
（5）介质为真空或惰性气体，排除表面化学反应、吸附和凝聚的影响。

球和平板的黏结开始时是原子级的接触，二者之间的吸引力 $F^0$ 造成接触面积的增加，直到 $F^0$ 与黏结体的变形阻力之间达到平衡。变形阻力用"硬度" $H_i$ 表示（$i=1,2$，表示两个物体）。若 $H_1=H_2$，则可简记为 $H$。当球半径小于 10 μm 时，弹性变形 $\frac{H}{E} \leqslant \frac{1}{150}$，$E$ 为杨氏模量。若用 Meyer Hardness 测量，$H$ 就定义为界面上的平均接触压力。平衡时，由图 4-13 可知

$$F^0 = \pi x_0^2 H \quad (4-91)$$

式中 $x_0$——圆接触面积的半径。

假定颗粒半径 $x_0 = 1$。因此，作为一级近似，$x_0$ 在黏合过程中是常数。

变形阻力一般是时间的函数，粗略地记为

$$\frac{1}{H(t)} = \frac{1}{H_0} + \frac{1}{H}(1 - e^{t/\tau}) + \frac{t}{\eta} \tag{4-92}$$

式中 $\eta$——黏性常数；
$\tau$——松弛常数。

显然，硬度随时间增加而降低。由于定义 $H$ 为界面上的平均接触压力，便可以记为通常的压力符号 $P$。对于圆形面积，有压力 $P$ 表示的吸引力，又有未变形时的 $F^0$，所以使两个面分离的力应为

$$F = F^0 + \pi x_0^2 P \tag{4-93}$$

$$F = F^0 \left(1 + \frac{P}{H}\right) \tag{4-94}$$

方程(4-94)是一个基本方程。当黏结体很硬时，即 $H \gg P$ 时，$\frac{P}{H}$ 可忽略不计，黏结力 $F$ 减少到 $F^0$；二者之一有一个较软时方程(4-94)变为

$$F \approx F^0 \frac{P}{H_{黏}} \tag{4-95}$$

接触压力中的范德华力的分量为

$$P_{vdw} = \frac{h\omega}{8\pi^2 Z_0^3} \tag{4-96}$$

式中 $h\omega$——Lifshitz-Vander Waals 常数，为一个积分值；
$Z_0$——黏结处的黏结体间的距离，即最大的吸引距离。

实验表明：$h\omega$ 值一般在 2~9 eV，离子晶体(如 KBr)的 $h\omega$ 值最小，银的 $h\omega$ 值最大为 9 eV。多晶体 $h\omega$ 值最小为 0.5 eV，当黏结距离 $Z_0$ 为 0.4 nm 时，范德华力常数的范围在 0.5~9 eV，从而 $P_{vdw} = (0.2~3) \times 10^4$ N/m²。

由于数学上的困难，Lifshitz 理论未能计算出 $F^0$，只给出一个由范德华力的微观理论的近似关系：

$$F_{vdw}^0 = Z_0 a P_{vdw} \tag{4-97}$$

将式(4-96)代入式(4-97)得

$$F_{vdw}^0 = \frac{h\omega a}{8\pi^2 Z_0^2} \tag{4-98}$$

式中 $a$——颗粒半径。

在不考虑静电反应时，式(4-96)、式(4-97)、式(4-98)给出由范德华力造成的黏合力为

$$F = \frac{h\omega}{8\pi^2 Z_0^2} \left\{ 1 + \frac{h\omega}{8\pi^2 Z_0^3} \left[ \frac{1}{H_0} + \frac{1}{H}(1 - e^{-t/\tau}) + \frac{t}{\eta} \right] \right\} a \tag{4-99}$$

但实际材料的表面都具有显微组织粗糙度。这样，范德华力的式(4-99)中的 $a$ 就不能以颗粒的实际尺寸代入公式，而应当以凹凸不平的互相接触的曲率半径 $a$ 代入。而静

电荷在凹凸不平的表面分布时,其不规律性可以被相互抵消,式(4-99)中的 $a$ 可以用颗粒的标称尺寸代入。则黏合力为

$$F^0 = \frac{h\omega}{8\pi^2 Z_0^2}a' + \frac{\pi\varepsilon_0 U^2}{Z_0}a \qquad (4-100)$$

## 4.4 固相烧结

固相烧结按其组元可分为单元系固相烧结和多元系固相烧结两类。

### 4.4.1 单元系固相烧结

单元系固相烧结是指单一成分粉末或者单一成分粉末压坯的烧结。所谓单一成分有如下几种情况:

(1)纯金属粉末,如纯铁、纯铜、纯钼粉等;

(2)合金粉末,如不锈钢粉、青铜粉、黄铜粉等;

(3)固定成分的化合物粉末,如 WC、$MnSi_2$、$Al_2O_3$ 等。

单元系固相烧结过程中只发生颗粒之间的冶金结合,没有化学成分和组织的变化,不存在组织间的溶解,或者出现新的组成物或新相,这类烧结又称为粉末单相烧结,通常是在其熔点温度的 2/3~4/5 下进行。

影响单元系烧结过程的主要因素有:

(1)材料性质 如材料的表面能、扩散系数、临界剪切应力、蒸气压和蒸发速率,这些因素都会影响到烧结驱动力和烧结颈的长大速度。

(2)粉末性质 包括粉末颗粒大小、表面活性(表面活性与表面是否存在氧化膜以及表面的结构完善程度有关,当晶体表面存在大量位错和空位时其活性很高)、晶格活性(晶格缺陷和晶格畸变)和外来物质(杂质、氧化物、吸附气体和烧结气氛)。

#### 4.4.1.1 烧结温度

1)起始烧结温度 是指颗粒之间形成冶金结合的最低温度。起始烧结温度的确定,可以通过金相观察,找出开始发生冶金结合的最低温度;也可以通过观察烧结产品导电性能的变化进行确定。烧结前粉末颗粒之间的接触并非是金属原子之间的接触,所以其导电性能极差。粉末颗粒之间形成了冶金结合即原子结合时,导电性能将发生显著的变化。图 4-14 是电解铜粉烧结体导电率的变化。

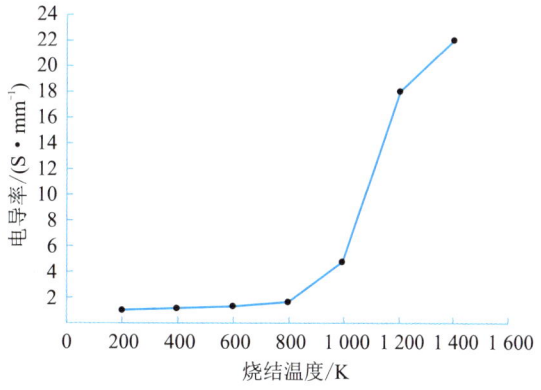

图 4-14 导电率随烧结温度的变化

由图 4-14 可见,电解铜的烧结在温度达到 300 K 时才能测出其导电率,这表明在 300 K 时开始发生了烧结,因此可以将导电率发生显著变化的温度作为起始烧结温度的

判据。起始烧结温度通常以烧结绝对温度与材料熔点的绝对温度之比 α 表示。通过测定,一些金属的 α 值列举如下:Au 为 0.3,Cu 为 0.35,Ni 为 0.4,Fe 为 0.4,Mn 为 0.45,W 为 0.4。

2)实际烧结温度  在实际生产中一般将烧结划分为 3 个阶段:

(1)低温预烧阶段  α≤0.25,这一阶段的温度还没有达到最低烧结温度,这一阶段主要发生金属的回复、吸附气体和水分的挥发、成形剂的分解和排除。

(2)中温烧结阶段  α≤0.4~0.55,这一阶段的温度已经超过了起始烧结温度,颗粒之间开始烧结,形成烧结颈,同时还发生颗粒表面氧化物的还原和粉末颗粒内的再结晶。

(3)高温烧结阶段  α≤0.5~0.85,这一阶段将发生烧结颈的长大、晶界迁移、颗粒合并、烧结体收缩、孔隙封闭和球化等。

粉末冶金零件生产中所指的烧结温度一般是指高温烧结阶段的温度,其具体温度的确定要根据烧结零件的熔点高低、密度和孔隙度的要求以及力学性能和物理性能的要求。烧结温度越高,原子的扩散速度越大,结果对烧结颈的长大、烧结体的收缩、孔隙的球化越有利,烧结零件的性能也越高。

#### 4.4.1.2　烧结时间

烧结时间是指高温烧结阶段的保温时间。显然烧结时间越长,烧结越充分。如图 4-15 所示,烧结时间越长,密度越高,烧结零件的力学性能和物理性能也越好。但是,为达到同样的目的,提高烧结温度和压坯密度比延长烧结时间更有效,因此通常不采用低温长时的烧结,这样会降低生产率。

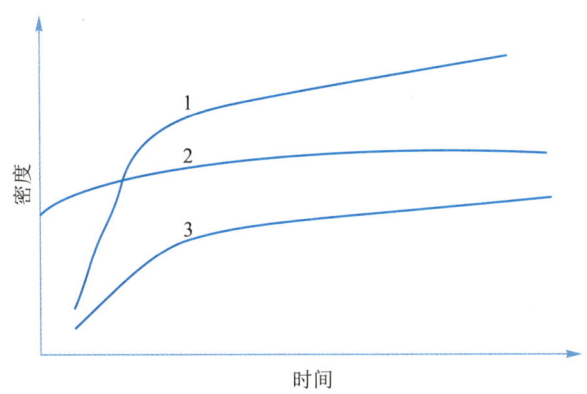

图 4-15　烧结温度和时间的关系示意图

(曲线 1 和曲线 3 压坯密度相同,但曲线 1 的烧结温度高于曲线 3;
曲线 2 的压坯密度高于曲线 3,其烧结温度与曲线 3 相同)

#### 4.4.1.3　显微组织

因单元系没有相成分和组织的变化,所以烧结中只发生颗粒的烧结、颗粒界面的消失、晶界的迁移和晶粒长大以及孔隙形状和孔隙连通状态的变化。

1)再结晶与晶粒长大  在烧结中将晶粒的长大过程称为再结晶。烧结过程中的再结晶有两种基本方式:

（1）粒内再结晶　在压制中粉末颗粒发生了变形，当达到再结晶温度时，变形颗粒内将会发生再结晶，形成新的晶粒。再结晶的温度依据粉末颗粒变形的程度、材料的纯度而变化。

（2）颗粒间聚集再结晶　随着烧结的进行，颗粒之间的界面转变为晶界面，同时晶界会发生迁移，如果是单晶粒粉末颗粒，那么两颗粒将会合并成一个晶粒，如图4-16所示。因此在烧结中，如果温度过高，时间过长，烧结体将会发生剧烈的晶粒长大。与致密材料相比，由于烧结体中存在孔隙、杂质等会阻止再结晶的进行，其晶粒长大程度要比致密金属小得多。

 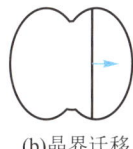 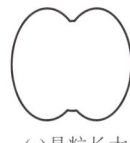 

(a)晶界形成　　　　(b)晶界迁移　　　　(c)晶粒长大

图4-16　聚集再结晶过程示意图

电镜观察晶粒长大

2）孔隙的变化　孔隙的球化发生在烧结后期，即当孔隙被隔离、成为孤立的孔隙以后进行的。图4-17表示了孔隙球化的过程。孤立的孔隙形成之后，孔隙的形状极不规则。根据蒸发与凝聚物质迁移理论，原子是从蒸气压高的表面蒸发，并在蒸气压低的表面凝聚下来。在孔隙中的凹面和凸面之间存在蒸气压差，即凸面的蒸气压要高于凹面的蒸气压。因此，原子从蒸气压高的中间凸面蒸发，然后在蒸气压低的尖角部凝聚下来，随着蒸发凝聚的不断进行，最后形成了球形孔隙。图4-17还表明，在孔隙球化的同时，还发生了小孔隙向大孔隙迁移的现象。这是因为小孔隙的空位浓度比大孔隙大，所以将会发生小孔隙向大孔隙的迁移，其结果是小孔隙不断消失，而大孔隙不断长大。

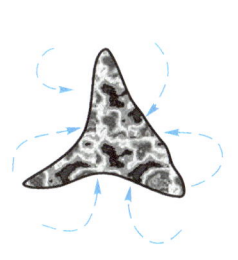 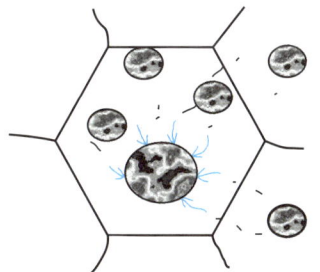

烧结再结晶模拟动画

(a)孔隙的空位扩散球化　　　　(b)小孔隙向大孔隙迁移

图4-17　孔隙的球化和长大示意图

从孔隙的数量和连通状态来看，随着烧结的进行，烧结体不断收缩，孔隙数量不断减少。孔隙内连通向不连通发展，最后孔隙被封闭和隔离。孔隙的连通状态与烧结体的总孔隙有一定的关系，总孔隙大于10%时，以开孔隙为主；总孔隙低于5%~10%时，以闭孔隙为主。对于铁基零件，如果密度低于7.0 g/cm³，则孔隙度大于10%，其孔隙以开孔隙为主。

从理论上来说,对于封闭孔隙,只要有足够的时间,孔隙都能球化。但多数情况下,单元系烧结体的相对密度低于90%,难于形成封闭孔隙,并且封闭的孔隙球化过程也相当缓慢,所以烧结体中的孔隙多为不规则孔隙。

### 4.4.2 多元系固相烧结

多元系固相烧结是指两种以上单一粉末的混合粉末或混合粉末压坯的烧结,烧结是在固态状态下进行,烧结过程中没有液相的出现,如铁粉和石墨混合粉末压坯的烧结。多元系固相烧结,除了颗粒之间烧结之外,还发生了粉末之间的合金化反应,产生新相,如铁和碳反应:

$$Fe+C(石墨) \longrightarrow \gamma\text{-}Fe$$

最后形成了铁碳固溶体 $\gamma$-Fe。多元固相烧结比单元系烧结要复杂。根据合金化反应,这类烧结又可分为无限互溶系固相烧结、有限互溶系固相烧结和互不相溶系固相烧结,这三种体系的烧结结果如图4-18所示。

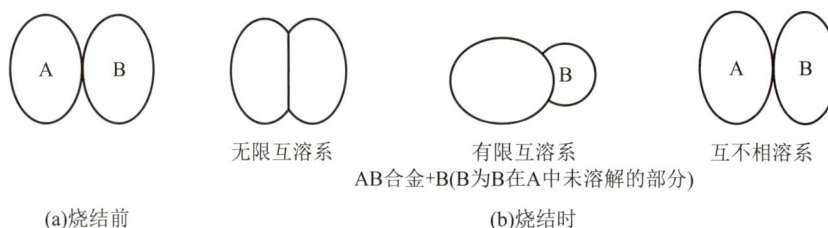

图 4-18 多元系固相烧结示意图

#### 4.4.2.1 无限互溶系烧结

无限互溶系烧结,即在合金相图中是无限互溶的体系烧结,如 Fe-Ni、Cu-Ni 系的烧结,无限互溶是指任一比例的两种或两种以上的粉末,在烧结中都可以溶合在一起,这类烧结在烧结后将产生单一的相组织。如任一比例的铁粉和镍粉烧结,将会有:

$$Fe+Ni \longrightarrow Fe(Ni)$$

烧结后纯铁和纯镍完全消失,而得到的是 Fe(Ni) 固溶体组织。

对于这类体系的烧结,除了单元系所要求的密度、孔隙度外,还有合金均匀化的要求,即A、B两个元素完全合金化,没有残余的A相和B相,并且A和B元素在新相AB中分布均匀。描述合金均匀化程度,可采用均匀化程度因素来进行:

$$F = \frac{M_1}{M_2} \tag{4-101}$$

式中　　$F$——均匀化因素;
　　　　$M_1$——在时间 $t$ 内,通过界面的物质迁移差;
　　　　$M_2$——时间无限长,通过界面的物质迁移率,由此可见,当 $F=1$ 时,可以达到完全均匀化程度。

在生产中检测合金化均匀的程度可以采用如下的方法:

(1) X 衍射法　X 衍射法可检测出烧结体中存在的相,当旧相完全消失,只存在新相时,则说明合金完全均匀化,反之则合金化不完全即成分分布不均匀。

(2)金相分析　从金相图片中观察组织中各个相,由此可以判断合金化均匀的程度。

(3)成分分析　可以采用电子扫描做定性分析或采用探针微区做定量分析,观察各成分的分布情况,各成分分布如是平坦的则说明分布均匀,否则就是不均匀的。

影响合金均匀化程度的因素与影响烧结的因素相同。一切有利于烧结的因素都能促进合金化的程度(如高的烧结温度、长的烧结时间、高的压坯密度、高的烧结活性等)。除此之外,还与合金元素之间的扩散速度、合金的晶型等有关。采用提高扩散速度和添加少量预合金粉的方法可以提高合金化的速度和程度。

#### 4.4.2.2　有限互溶系烧结

有限互溶系是在合金相图中有限互溶的体系。当混合粉末的比例超出了合金的溶解度,超出的部分将会被残留下来,在烧结后将产生两相或多相组织。如 Fe-C、Fe-Cu、Fe-Cu-C 等。以 Fe-Cu 为例,Cu 在 Fe 中的溶解度为 8%,当 Fe-Cu 混合粉中 Cu 的比例超出 8%时,烧结中将会有:

$$Fe+Cu \longrightarrow Fe(Cu)+Cu$$

最后得到的是纯 Cu 相加 Fe(Cu)合金相的两相组织。

对于这类合金烧结的要求与无限互溶体系相同,也有合金均匀化的要求,即合金元素要完全溶解在合金中,或达到最大的溶解度,获得产品设计所需要的合金相组织,其检测的方法也可采用 X 衍射法、金相分析和成分分析。

#### 4.4.2.3　互不相溶系烧结

互不相溶系,即在合金相图中相互之间无溶解度的体系,如 W-Cu、Cu-C、Ag-Cd 等,这类烧结如同单元系烧结,只发生颗粒之间的烧结,烧结前后的组织不发生变化。但是由于在烧结体中存在两个以上的组元,所以,互不相溶系的烧结比单元系要复杂得多。依据热力学,A、B 组元之间的烧结有如下几种情况:

(1)$\gamma_{AB}<\gamma_A+\gamma_B$　即如果 A、B 两种粉末颗粒接触点烧结形成的界面能低于 A、B 单独存在时的表面能,则可能发生 A、B 粉末之间以及 AA 和 BB 之间的烧结,如图 4-19(a)。

(2)$\gamma_{AB}>\gamma_A+\gamma_B$　即 A、B 之间烧结后形成的界面能高于 A、B 单独存在时的表面能,则不会发生 A、B 之间的烧结,而只能发生 AA 和 BB 之间的烧结,如图 4-19(b)。

(3)$\gamma_{AB}>\gamma_A-\gamma_B$　即 A、B 之间烧结后形成的界面能高于 A、B 单独存在时的表面能差值,这种情况下除发生 AA 和 BB 之间的烧结外,还会发生 A、B 之间的部分烧结。A、B 之间的烧结接触达某一临界值后停止,如图 4-19(c)。

(4)$\gamma_{AB}<\gamma_A-\gamma_B$　即 A、B 之间烧结后形成的界面能低于 A、B 单独存在时的表面能差绝对值,则说明 A、B 烧结后的界面能低于 A、B 中之一的表面能,则在 A、B 之间将发生表面能低的覆盖在表面能高的颗粒表面,如 A 粉末的表面能低于 B 粉末的表面能,则先发生 A 粉末覆盖在 B 粉末表面,然后再发生 BB 之间的烧结,如图 4-19(d)。

由上可见,情况(1)的烧结性能最好,情况(2)最差,情况(3)(4)则次之。

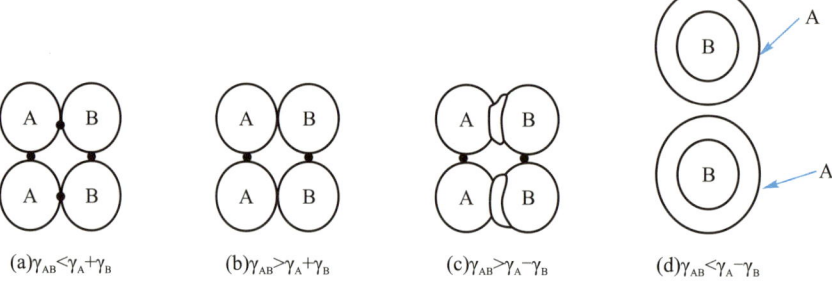

图 4-19 互不相溶系的四种烧结情况

## 4.5 液相烧结

液相烧结是至少具有两种组分的粉末或压坯在形成一种液相的状态下进行的烧结。即当烧结温度高于压坯中低熔点成分的熔点时，低熔点金属熔化为液相，致使烧结在有液相存在的情况下进行。如果液相只存在烧结过程中的一段时间，烧结后期消失，这类烧结通常称之为瞬间液相烧结，如 Cu 低于 8% 的 Fe-Cu 系，当烧结温度高于铜的熔点（1 083 ℃）时，铜便全熔化，形成液相。由于铜在铁中有一定的溶解度，因此在熔化的同时，液相铜也会溶入固相的铁中，液相铜很快便会消失，然后又成为固相烧结；如果在烧结中液相始终存在于烧结体中，就称为液相烧结。如无特别指出，液相烧结一般都是指自始至终都存在液相的烧结，如 W-Cu 系的烧结，在 1 500 ℃ 左右的烧结温度，Cu 始终以液相存在，直至烧结后冷却。液相金属具有流动性、毛细管力和更大的扩散性，所以液相会促进烧结体的合金化和致密化。通过液相烧结可获得高密度的烧结合金，甚至可以得到完全致密的合金。

### 4.5.1 液相烧结条件

液相烧结必须满足以下三个方面的条件，才会发挥液相的有利作用。

#### 4.5.1.1 润湿性

即液相对固相必须润湿，液相对固相是否润湿和润湿性的好坏由润湿角来衡量。如图 4-20 所示，液相在固相上铺展后，液相上的切线与固相之间的夹角 $\theta$ 即为润湿角。夹角 $\theta$ 可以测定出来也可以根据表面张力计算出来，由图 4-20 可以得到：

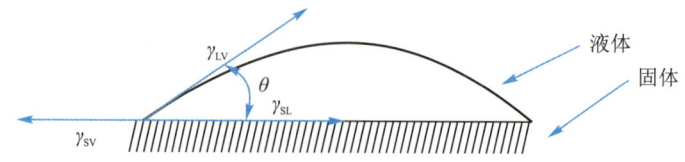

图 4-20 液相对固相的润湿示意图

$$\gamma_{SV} = \gamma_{SL} + \gamma_{LV}\cos\theta \qquad (4-102)$$

式中 $\gamma_{SV}$——固相的表面张力；

$\gamma_{LV}$——液相的表面张力；
$\gamma_{SL}$——固-液相之间的表面张力。

若 $\theta=0$，表明液相对固相完全润湿；若 $0<\theta<90°$，则是部分润湿；若 $\theta>90°$，则表明不润湿，对固相不润湿的液相是不能进行液相烧结的，在这种情况下，液相会从烧结体中流出，生产上叫渗漏（出汗），渗漏的存在会使液相烧结的致密化过程不能完成。液相只有具备完全或部分润湿的条件，才能渗入颗粒的微孔、裂隙，甚至晶粒间界面（见图4-21），此时，表面张力 $\gamma_{SS}$ 取决于液相对固相的润湿，平衡时，

$$\gamma_{SS} = 2\lambda_{SL}\cos\frac{\varphi}{2} \quad (4-103)$$

式中 $\varphi$——两面角。

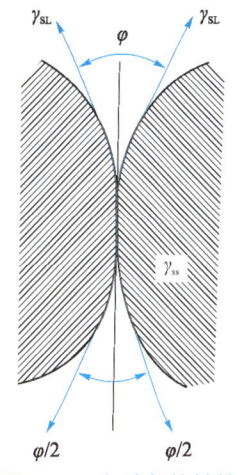

图 4-21 与液相接触的两面角的形成示意图

二面角越小，液相渗进固相界面越深。当 $\varphi=0$ 时，表示液相将固相完全隔离，液相完全包裹固相。

润湿角不是固定不变的，随烧结时间的延长和烧结温度的提高，润湿角会减小，从而使润湿性也得到改善。向液相金属中添加某些表面活性物质，可改善许多金属或化合物的润湿性。例如，在银中添加少量钼可使镍对碳化钛的润湿角从 30°降至 0°；两面角从 45°降至 0°。

在选择液相烧结体系时必须选择液相对固相有润湿性的金属，且还要注意固相颗粒表面纯洁性，因为颗粒表面污染，如氧化膜、吸附气体等均能降低液相对固相的润湿性。

#### 4.5.1.2 溶解度

液相形成后固相物质在液相中要有一定的溶解度，因为：
(1) 固相有限溶解于液相可以改善润湿性；
(2) 固相溶于液相可增加液相量；
(3) 固相溶于液相可以在液-固相之间进行原子扩散，有利于液相的作用；
(4) 溶在液相中的固相在冷却时的析出可填补固相颗粒表面缺陷和间隙，并增大固相颗粒分布的均匀性。

#### 4.5.1.3 液相量

液相烧结时，液相量应以液相填满颗粒的间隙为限度。一般认为，液相量以占烧结体体积的 20%~50% 为宜，超过这个量则不能保证烧结体形状和尺寸；液相量过少，则烧结体内会残留一部分不被液相填充的小孔，而固相颗粒会因彼此直接接触而过分地烧结长大。

液相烧结时的液相量可因多种原因而发生变化。如果液体能够进入固体中去，而其量又小于在该温度下的最大溶解度，那么液相就可能完全消失，以致丧失液相烧结作用。如铁铜合金，铜含量较低时就可能出现这种情况：虽然铜能很好地润湿铁，但它也能很快地溶解到铁中，在 1100~1200 ℃ 时可溶解 8% 左右的铜，由于固相和液相的相互溶解，可使固体或液体的熔点发生变化，从而增加或减少了液相量。

## 4.5.2 液相烧结过程

液相形成后,由于毛细管力的作用,如图 4-22 所示(图中 $\varphi$ 为两面角,$\sigma$ 为表面张力),在表面张力作用下,将会使固相颗粒趋于更致密的排列,所以这一阶段烧结体密度上升很快。液相烧结过程大致可以划分为三个不十分明显的阶段,而实际中,任何一个系统,这三个阶段都是互有重叠的。

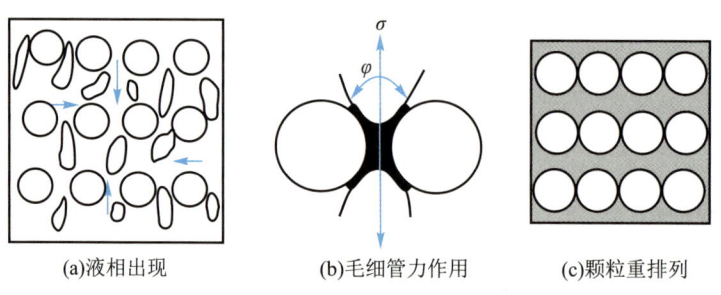

(a)液相出现　　(b)毛细管力作用　　(c)颗粒重排列

图 4-22　颗粒重排列示意图

### 4.5.2.1　生成液相和颗粒重新分布阶段

一般认为,液相烧结的第一阶段是颗粒重排或颗粒溶解重排。对于多相粉末烧结,当烧结温度超过某一组元熔点时,该组元粉末便熔化成液相,铺展在颗粒表面或聚集于颗粒接触颈,这应当是液相烧结第 0 阶段。这时颗粒间的接触力将包括固-液表面张力和弯曲液面造成的毛细管力作用。

Kingery 和 Brophy 给出了粗略的估计。Heady 和 Cohn 考虑了接触刚刚开始的一般情况。Gersingr 和 Fischmestr 考虑了 W-Ni 系不完全润湿的情况,提出了一个形成一定烧结颈后才出现液相的毛细管力作用模型。这些理论已成为定量预示最佳液相量和建立液相烧结第二阶段收缩动力学的基础。

Heady 和 Cohn 建立的物理模型的几何表示如图 4-23 所示,其中有三个重要的参数:

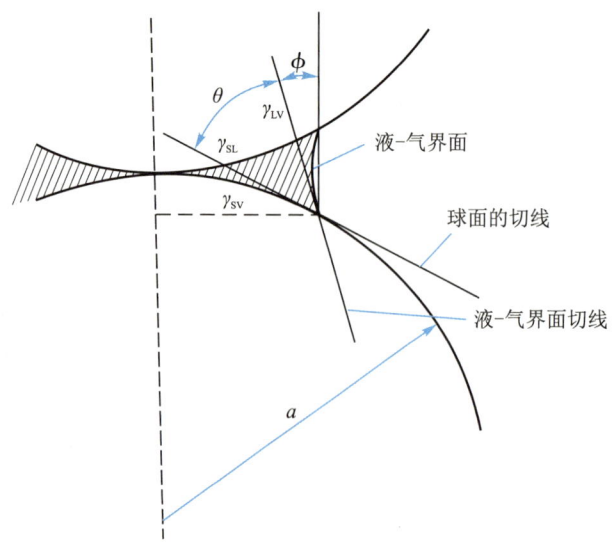

图 4-23　两颗粒间有弯月形液相润湿的参数定义

(1) $\theta$,液-固相的接触角;
(2) $a$,固相颗粒半径;
(3) $\gamma_{LV}$,$\gamma_{SV}$,$\gamma_{SL}$,分别为液-气、固-气和固-液表面自由能。假定它们不是界面曲率的函数,按热力学定义,当表面吸附为 0 时,在数值上与相应的表面张力相等。

固相颗粒还未形成接触颈时,由毛细管力作用在颗粒间的力为

$$F = 2\pi r \gamma_{LV} \cos\phi - \pi r^2 \Delta P \tag{4-104}$$

式中,第一项为固-液界面表面张力($\gamma_{LV}$)的力的贡献,第二项为弯曲液面曲率半径压强差造成的力的贡献。此式推导过程中考虑了水平轴向力的平衡关系。接触角对接触力的影响隐含在式(4-102)关系之中。

Kingery 的近似处理只考虑式(4-102)的第二项,假定液相体积很小,$\theta = 0$。为了对毛细管力有一个数量级的概念,可以将式(4-102)的力换算成一个相当的外压强 $P_x$,此时毛细管力作用的总效果相当于使密堆颗粒受到一个外压强。

$$P_x = 2\sqrt{2}\pi \frac{\gamma_{LV}}{a} \cos\theta \tag{4-105}$$

$\gamma_{LV} = 0.155$ J/m$^2$,$a = 1$ μm,相当的外压强大致为 8.9 MPa。

Gressinger 等提出的模型是颗粒之间有一定接触面积时,液相毛细管力的作用如图 4-24 所示。两球之间黏结面(晶界)的半径为 $x$,晶界"沟"的角度为 $\psi$,且 $\theta = 0$。由于形成接触,必须考虑在 $\rho_1$ 处的固-液界面 $\gamma_{LV}$,弯曲液面的曲率半径为 $\rho_2$,则式(4-105)可变为

$$F = 2\pi r \gamma_{LV} - \pi(r^2 - x^2)\gamma_{LV}\left(\frac{1}{\rho^2} + \frac{1}{r}\right) + 2\pi x \gamma_{SL} \sin\frac{\psi}{2} \tag{4-106}$$

用 $\pi x^2$ 除式(4-106)两边得两球受到的一个平均对心压强为

$$\overline{P} = \frac{2r}{x^2}\gamma_{LV} - \left(\frac{r^2}{x^2} - 1\right)\gamma_{LV}\left(\frac{1}{\rho^2} + \frac{1}{r}\right) + \frac{2}{x}\gamma_{SL}\sin\frac{\psi}{2} \tag{4-107}$$

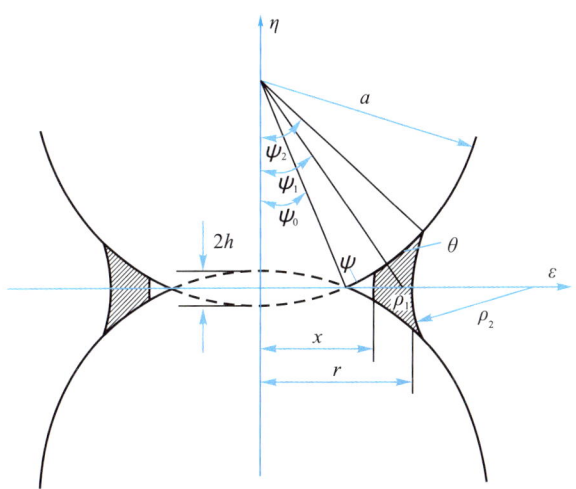

图 4-24 两球在一接触面时的有弯月液相的参数定义

在液相生成和颗粒重排阶段,若固相粉末颗粒间没有联系,压坯中气体容易扩散或通过液相冒气泡而逸出,则在液体毛细管力作用下,固相颗粒发生较大流动,这种流动使粉末颗粒重新排布和致密化。

图 4-25 为液相内的空隙或凹面所产生的毛细管应力使粉末颗粒相互靠拢的示意图,毛细管应力 $p$ 与液相的表面张力或表面能 $\gamma_L$ 成正比,与周围的曲率半径 $\rho$ 成反比。

$$p = -\frac{\gamma_L}{\rho}$$

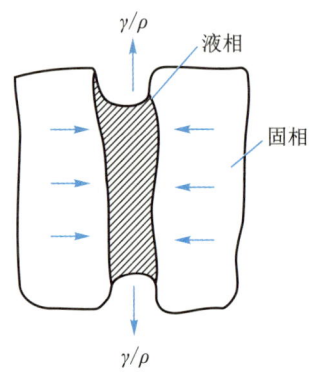

图 4-25　液相反应时颗粒相互靠拢

对于微细粉末来说,这是一项不可忽视的应力。在此应力作用下,使粉末颗粒相互靠拢,从而发生致密化过程,提高了压坯的密度。

该阶段的收缩量与整个烧结过程的总收缩量之比取决于液相的数量,如果粉末颗粒是球形,压坯中的孔隙相当于 40% 的压坯体积,当压坯中的低熔点组元熔化后,同相颗粒重新分布,并使固相颗粒占 65% 的压坯体积,如果液相的数量大于或等于 35% 的压坯体积,则在此阶段就可以使烧结体完全致密化。

在任何情况下,第一阶段的致密化过程都是相当快的。固相或液相的扩散,一个相在另一个相中的溶解或析出,在此阶段中是不起作用的。

#### 4.5.2.2　固相溶解和析出阶段

由于固相在液相中有一定的溶解度,在液相形成后,与液相接触的固相溶解于液相达饱和程度。由于大小颗粒以及颗粒凹凸面的溶解度是有差别的,所以将会发生溶解度大的小颗粒和颗粒凸面先溶解,然后沉积在溶解度低的大颗粒和颗粒凹面上。因此,只要烧结体系中存在颗粒大小之差,或凹凸不平的颗粒,固相的溶解和析出会一直进行着,因此液相烧结容易发生颗粒长大的现象。烧结之后,固相颗粒尺寸明显长大,颗粒的形状趋于更加规则。

#### 4.5.2.3　骨架形成阶段

经过前两个阶段,固相颗粒之间相互靠拢,在固相颗粒与固相颗粒接触之间发生固相烧结,这种固相颗粒之间的烧结形成类似于骨架一样的固体颗粒连接形态。剩余的液相填充于骨架之间,这一阶段以固相之间的烧结为主,致密化基本完成。

### 4.5.3　液相烧结组织

液相烧结组织是指固相颗粒的形状与分布状态以及液相的分布形态,它与固相物质的结晶学特征以及液相与固相接触的两面角有关。在 W-Cu 及 W-N-Cu 烧结体系中钨颗粒是球形的或称卵形的,在 W-Co 体系中 W-C 是等轴的。

由图 4-26 可见,当两面角 $\theta=0°$ 时,液相分布是连通的网状形态,固相颗粒孤立地分布其中;当 $0°<\theta<120°$ 时,部分颗粒被液相分隔,而有一部分是相互连接的,所以液相金属是非连续的网状分布;而当 $\theta>120°$ 时,则液相金属完全被孤立。

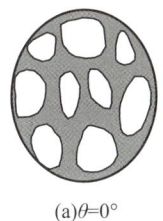  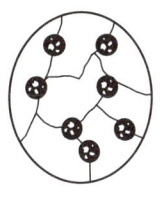

(a) $\theta=0°$    (b) $0°<\theta<120°$    (c) $\theta>120°$

图 4-26 液相分布形态与两面角之间的关系

液相烧结与固相烧结相比，容易发生晶粒的长大。其长大严重的可以达到几个数量级。这是因为在烧结的溶解析出过程中小颗粒在液相中的溶解度大于大颗粒，所以小颗粒优先溶解，然后在溶解度低的大颗粒上沉积，结果大颗粒越长越大。再由于凸面的溶解度大于凹面的溶解度，所以随着溶解沉积的进行，颗粒的形状趋于更加规则，依据晶体形态的不同，将会形成球状的、鹅卵状的、棱边平整的颗粒。

### 4.5.4 熔浸

将粉末压坯与液体金属接触或浸埋在液体金属内，让坯块内孔隙为金属液填充，冷却下来就得到致密材料或零件，这种工艺称为熔浸或熔渗。

熔浸过程依靠金属液润湿粉末多孔体，在毛细管力作用下，沿着颗粒孔隙或颗粒内孔隙流动，直到完全填充孔隙为止。因此，从本质上讲，它是液相烧结的一种特殊情况，所不同的是，致密化主要靠易熔成分从外面去填充孔隙，而不是靠压坯本身的收缩。因此，熔浸的零件基本上不产生收缩，烧结所需时间也短，熔浸主要应用于生产电接触材料、机械零件以及金属陶瓷和复合材料。

#### 4.5.4.1 熔浸的基本条件

1) 熔浸所必须具备的基本条件

(1) 骨架材料与熔浸金属熔点相差较大，不致造成零件变形。

(2) 熔浸金属应能很好地润湿骨架材料，同液相烧结一样，应满足 $\theta<90°$。

(3) 骨架与熔浸金属之间不互溶或溶解度不大，因为如果反应生成高熔点的化合物或固溶体，液相将消失。

(4) 熔浸金属的量应以填满孔隙为限度，过多或过少均不利。

金属液在毛细管中的上升高度与时间的关系，假定毛细管是半圆形的，以一根毛细管内液体的上升高度代表整个坯块的熔浸速率，对于直毛细管有：

$$h = \left(\frac{R_c \gamma \cos\theta}{2\eta} \times t\right)^{\frac{1}{2}} \qquad (4-108)$$

式中　$h$——液柱上升高度；

　　　$R_c$——毛细管半径；

　　　$\theta$——润湿角；

　　　$\eta$——液体黏度；

　　　$t$——熔浸时间，s。

由于坯块的毛细管实际上是弯曲的,故须对式(4-103)进行修正。假定毛细管是半圆形的链形,对于高度为 $h$ 的坯块,平均毛细管长度计为 $2h/\pi$。因此,金属液上升的动力学方程为

$$h = \frac{2}{\pi}\left(\frac{R_c \gamma \cos\theta}{2\eta} \times t\right)^{\frac{1}{2}} \tag{4-109}$$

上述公式中 $R_c$ 是毛细管的有效半径,并非代表孔隙的实际大小。最理想的是用颗粒表面间的平均自由长度的 $\frac{1}{4}$ 作为 $R_c$。

熔浸液柱上升的最大高度按式(4-110)计算:

$$h_m = \frac{2\gamma\cos\theta}{R_c e g} \tag{4-110}$$

式中　$e$——液体金属密度;
　　　$g$——重力加速度。

2)影响熔浸过程的因素

(1)金属液的表面张力越大,对熔浸越有利。

(2)连通孔隙的半径越大,对熔浸越有利。

(3)液体金属对骨架的润湿角对熔浸过程影响极为显著。

(4)提高熔浸温度使黏度降低,对熔浸有利,但由于同时降低了表面张力,故温度不宜选择过高。

(5)用合金代替金属进行熔浸,有时可以降低熔浸温度和减少对骨架材料的溶解。如用 Cu-Fe 饱和固溶体代替纯 Cu 熔浸铁基零件效果很好。

(6)在氢气(特别是真空)中进行熔浸可改善润湿性,并减小孔隙内气体对熔浸金属流动的阻力。

有许多二元系统都能满足主要的熔浸条件,在这些系统中,可用熔点较低的一种金属熔浸熔点较高的金属或化合物。原则上,若骨架在熔剂中的溶解度(或反之亦然)在液态或固态是无限的,则用熔浸法可制取均质合金。如 Ni-Cu 合金,以铜和含 10% Al 或 10% Si(质量分数)的二元铜合金完全渗入镍骨架,成功地制成了含 63%~67% Ni 的 Monel 合金。

#### 4.5.4.2　熔浸的方法

金属熔浸的工艺有许多不同方法。

(1)部分浸入熔浸法　是将骨架体的一小部分浸于熔融金属浴内,其作用如同一根吸油绳。靠毛细管力将液体吸入并沿毛细管上升,排出孔隙中所含的气体。

(2)全浸入熔浸法　是将骨架完全浸入熔体中,使熔体从各个方面向心部浸入。此时,骨架中的气体容积只能通过熔体的填补来消除。为避免裹挟气体,必须将骨架缓慢地或分阶段地进行熔浸,采用真空气氛有利于进行脱气。

(3)接触熔浸法　可将熔浸剂置于骨架顶部或底部,当将熔浸剂置于骨架底部或者采用真空气氛时,有助于置换孔隙中的气体。

(4)重力注入熔浸法　是将骨架依序装在一个石蜡铸造的惰性模型中,用外部压力

来增强毛细管力,而外部压力是通过骨架上面蓄积的熔浸剂熔体的高度位差产生的。若压头的质量足够大,则可同时熔浸几个骨架,并可像石蜡铸造一样将骨架进行成组排列,该种方法适用于制造精密、异形与具有一定断面的金属陶瓷涡轮叶片。

(5) 外部加压浸渍法　在润湿性差、孔隙的大小和分布不当,或者液体黏度高、毛细管力无效时,只有借助相当大的外力才能使熔融金属浸渍固体骨架。可用气体或液体、静载荷或油缸内的柱塞来提供这种外力,同时,必须使压力作用于熔体上。

(6) 真空熔浸　可以采用两种方法产生真空。一种方法是通过骨架的连通孔隙系统抽吸液相,从而产生压力梯度,这就使作用于熔融熔浸剂上的大气压力变成了驱动力。这种方法需要一个装熔融熔浸剂与骨架的密闭系统,然后对骨架端面抽真空,而不与熔体相接触。另一种方法是仅仅将整个熔浸装置置于真空炉中。

### 4.5.5　铁铜合金的液相烧结

铜是铁基合金中最常用的合金元素,铁基零件的烧结温度是在 1 150 ℃ 左右,而铜的熔点是 1 083 ℃,在烧结过程中铜会熔化形成液相,因此 Fe-Cu 或 Fe-Cu-C 系的烧结是液相烧结,依据 Fe-Cu 相图,Cu 在 Fe 中的溶解度为 8%,所以当 Cu 添加量低于 8% 时为一种瞬间液相烧结,在烧结后期,液相消失,烧结体系又成为固相烧结,称之为瞬间液相烧结;而当 Cu 的添加量超过 8% 时,在合金化之后,超出的部分始终是液相,就称之为自始至终的液相烧结。在铁基粉末冶金零件中 Cu 的添加量一般都低于 8%,所以此烧结是一种瞬间液相烧结。

Fe-Cu 合金的烧结,由于铜溶于固相铁颗粒,在原来铜颗粒的地方留下了一些孔隙,所以烧结体会发生膨胀,铜的添加量对于 Fe-Cu 烧结体膨胀与收缩的影响通过实验可以很明显地表现出来。图 4-27 是 Fe-Cu 系烧结收缩率与铜含量的关系。

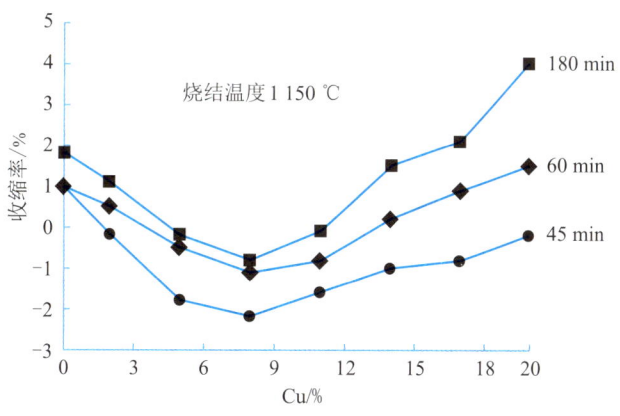

图 4-27　不同烧结时间 Fe-Cu 系烧结收缩率与铜含量的关系

由图 4-27 可见,不同烧结时间所出现的拐点都为 8%Cu 这一点,在 8%Cu 以下,收缩率随铜含量的增加而减小,而在 8%Cu 以上,收缩率随铜含量的增加而增加。铜含量与 Fe-Cu 系烧结体收缩率这种关系主要是因为 Cu 在 Fe 中的饱和溶解度为 8%,故在 8% 时收缩率曲线出现拐点。

当 Cu 含量高于 8% 时,剩余的铜将会保留为液相,对烧结体起着液相致密化的作用,使烧结体收缩增加。由此可见,在低于 8%Cu 的 Fe-Cu 系烧结中,必须要注意烧结体膨胀的问题,这可以采用适当的措施来降低烧结体的膨胀,如在 Cu 的熔化点提高升温速度(Cu 在 Fe 中的溶解速度很快,提高升温速度可使液相 Cu 不能够完全溶解 Fe 中,从而更好地发挥液相的致密化作用),也可以采用熔浸铜的措施来提高烧结体的密度。

## 4.6 强化烧结

### 4.6.1 温压成形

#### 4.6.1.1 温压工艺

温压成形是通过一次压制/烧结工艺制造高密度、高性能、低成本粉末冶金结构零件的一项新型的粉末成形新技术。温压成形实际是在传统粉末冶金工艺的基础上,在配料和压制两个工序上做了一些调整。传统方法是在室温下压制,而温压工艺是通过改进传统的粉末冶金压机,采用特制的粉末加热、粉末输送和模具加热系统,将混有温压专用润滑剂/黏结剂的混合粉末加热到一个特定温度(一般 130~150 ℃)进行压制,再用传统的烧结工艺进行烧结,以获得较高密度的产品。

从温压工艺的基本过程图 4-28 可以看出,温压工艺主要包括混合粉的制备、粉末和模具的加热、温压成形、烧结四个阶段。

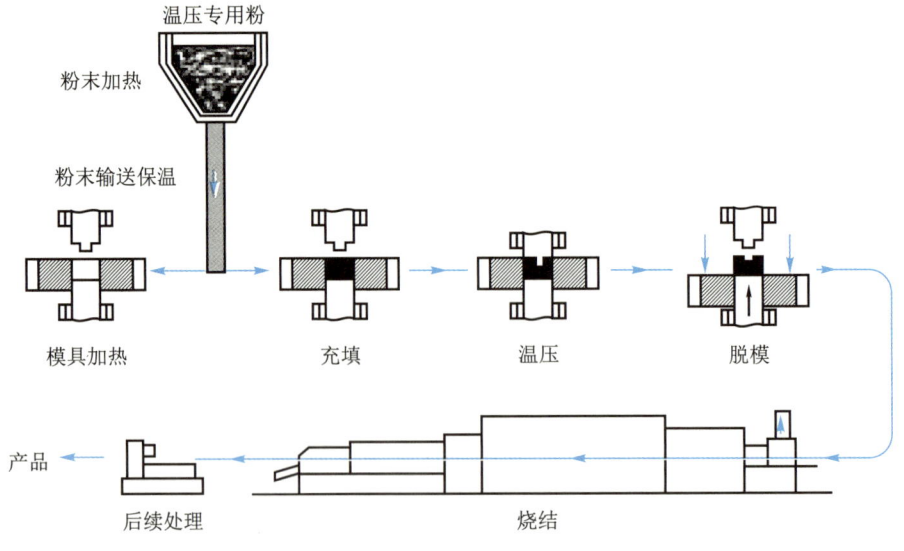

图 4-28 温压工艺的基本过程

1)第一阶段——混合粉的制备 包括原料粉末的预混合、润滑剂(或黏结剂)的选择、粉末与润滑剂/黏结剂的混合等。这一阶段,温压工艺与传统压制工艺最大区别在于温压采用特殊的粉末作为原料。由于通常的温压温度为 130~150 ℃,传统的润滑剂/黏结剂均不能用于温压,需要采用特殊的润滑剂/黏结剂。原料粉末一般为预混合粉,预混合好的粉末需要与润滑剂/黏结剂以一定方式混合成均匀的、具有良好流动性的混合粉,然后进行加热。

2）第二阶段——粉末和模具的加热　这一阶段完全不同于传统粉末冶金压制工艺,是温压工艺独有的步骤。传统压制无须加热,而温压是将加有特殊润滑剂的预混合粉末和模具等加热到130~150℃,为保证良好的粉末流动性和粉末充填行为,粉末和模具温度偏差控制在±2.5℃,然后,将加热的粉末经具有保温功能的输粉管由送粉器装入阴模型腔中,再进行压制。

3）第三阶段——温压成形　这一阶段几乎与传统压制工艺一样,只是在一定温度下加压。

4）第四阶段——烧结　这一阶段与传统粉末烧结相当,但是在烧结前要采用较长的时间预烧,将润滑剂脱除,因为温压压坯的相对密度较高,如果预烧阶段过短,会因润滑剂急剧挥发来不及逸出压坯而导致烧结体产生裂纹等缺陷。

温压系统的结构示意图如图4-29所示。

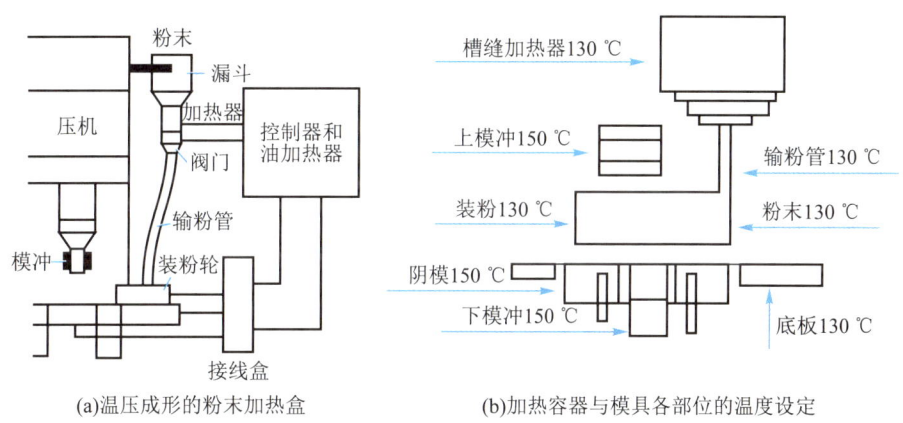

(a)温压成形的粉末加热盒　　(b)加热容器与模具各部位的温度设定

图4-29　温压系统的结构示意图

#### 4.6.1.2　温压成形的技术特点

由于温压是在传统模压工艺基础上发展起来的,与其他粉末冶金零件制备技术相比,最显著的优点在于其以较低的成本制造高密度、高精度的铁基粉末冶金结构零件,因而被誉为"开创粉末冶金零件应用新纪元"的一项新型制造技术,为粉末冶金零部件在性能与成本之间找到了一个较佳的结合点。因此,高密度、低成本是温压技术最主要的特点。

1）高密度　主要表现为压坯密度和烧结密度高。在同一压力制度下,采用温压工艺压制的铁基粉末冶金零件压坯密度比传统方法压制的零件压坯密度高;同时,压坯强度也高,温压的压坯强度比常规压制的压坯强度提高50%~100%。高的压坯温度不仅降低了压坯搬运过程中的破损率,而且能在烧结工序之前直接对压坯进行钻孔、攻丝、车削等机加工,减少了压坯废料,节约机加工时长,提高刀具实用寿命,且零件表面的粗糙度降低,从而为用粉末冶金方法制造复杂形状的零件提供了方便;此外,材料性能高还体现在

103

相同的压力制度下,当零件密度、材质相同时,采用温压工艺制得的材料屈服强度比传统高 13%、疲劳强度提高 10%~40%、冲击韧性提高 33%。

2) 低成本 主要表现为在产品性能相当的前提下零件的制造成本低。表 4-4 比较了粉末冶金不同工艺的优缺点和成本;从表中可以看出,温压能以低于复压复烧的成本生产出与其性能相当的产品。

表 4-4 粉末冶金不同工艺的优缺点及成本比较

| 成形工艺 | 密度/(g/cm³) | 成本系数 | 工艺特点 |
| --- | --- | --- | --- |
| 传统一次压制/烧结 | <7.1 | 1.0 | 工序少、成本低、精度高,但制品密度低 |
| 温压一次压制/烧结 | 7.1~7.5 | 1.3 | 制品密度较高、工序少、成本较低、精度高、压坯力学性能高 |
| 渗铜 | 7.0~全致密 | 1.4 | 制品密度高,工序较多,组织不均一、性能相对较差 |
| 传统复压复烧 | 7.2~7.6 | 1.5 | 制品密度较高,工序较多,不适用于复杂零件 |
| 粉末锻造 | >7.6 | 2.0 | 制品密度高,成本高、工序多、精度低,不适用于复杂零件 |

此外,温压技术的主要特点还体现在压制压力低、脱模力小和弹性后效小等方面。采用温压可使获得相同密度压坯所需的压制压力降低 140 MPa 左右,相对地增大了压机的吨位;温压脱模力比传统压制工艺低 30% 以上,低的脱模力意味着温压工艺易于压制形状复杂的零件和减小模具磨损,从而延长模具的使用寿命。同时,还可以降低粉末混料中润滑剂的添加量,进一步提高压坯密度和压制较大面积的零部件,采用温压技术压制的零件毛坯在烧结后零件尺寸的变化比传统压制的要小得多,这样易于获得高尺寸精度的零件,提高零件合格率,降低成本。

温压工艺还具有使压坯密度分布均匀的特点。由于压制温度的提高,改善了粉末中润滑剂的性能,降低了压制过程中粉末与粉末之间以及粉末与模具壁之间的摩擦力,减小了摩擦损失。有利于压制力在整个零件内部传递、促进了粉末颗粒移动和重排,使粉末填充得更好。

#### 4.6.1.3 温压成形的过程

温压粉末的致密化过程,也就是粉末由松散聚集体向致密聚集体转化的过程,而粉末聚集体的致密化,实质上是粉末在压力作用下发生粉末颗粒的移动、粉末颗粒的移动和变形以及粉末颗粒的塑性变形和移动,使原粉末聚集体中的孔隙被粉末自填充、孔隙体积被压缩变小的过程,粉末颗粒的移动、变形遵循颗粒运动学、材料力学和塑性力学等规则。

根据大量试验结果,将不同温度下铁基粉末动态压制曲线绘制成温度、压制压力和密度的三维曲面。从图 4-30 可知,随着压制压力增加,密度均有明显的增加。

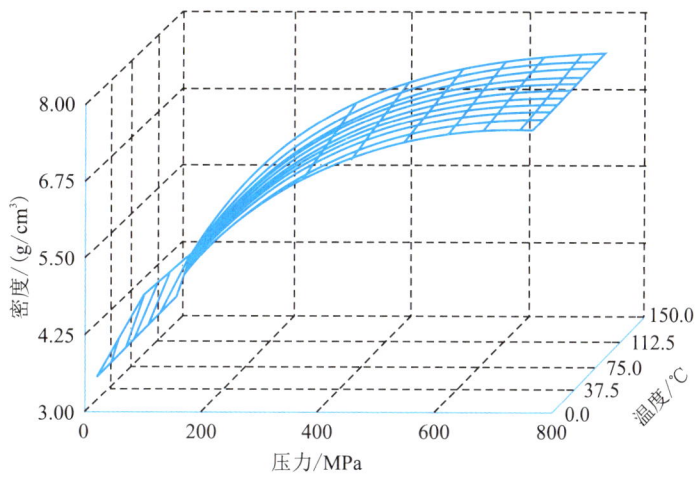

图 4-30　温度、压制压力和密度的三维曲面

综合分析温压的其他相关压制曲线,并结合试验观察结果,温压密度随压制压力的变化可以分为如图 4-31 所示的四个阶段。

1)第一阶段　压制压力从开始到 75 MPa 左右,持续时间约 1.75 s(见图 4-32 的压制压力随时间的变化曲线)。分析此阶段的致密化机制是粉末颗粒的移动,即粉末颗粒以无摩擦或者少摩擦为主的运动,主要表现为上模冲以很小的力就使粉末颗粒的搭桥破坏,颗粒移动并填充孔隙,而且粉末颗粒移动的距离比较大,压坯的密度随压力而增加的幅度也比较大。此阶段模壁的摩擦力比较小;下模冲作用力与上模冲作用力(压制压力)的比值随时间增加而减小,到此阶段结束时比值达到最小值,如图 4-33 中的 1.75 s 处,此阶段结束时密度可达到无孔隙密度的 60% 左右。

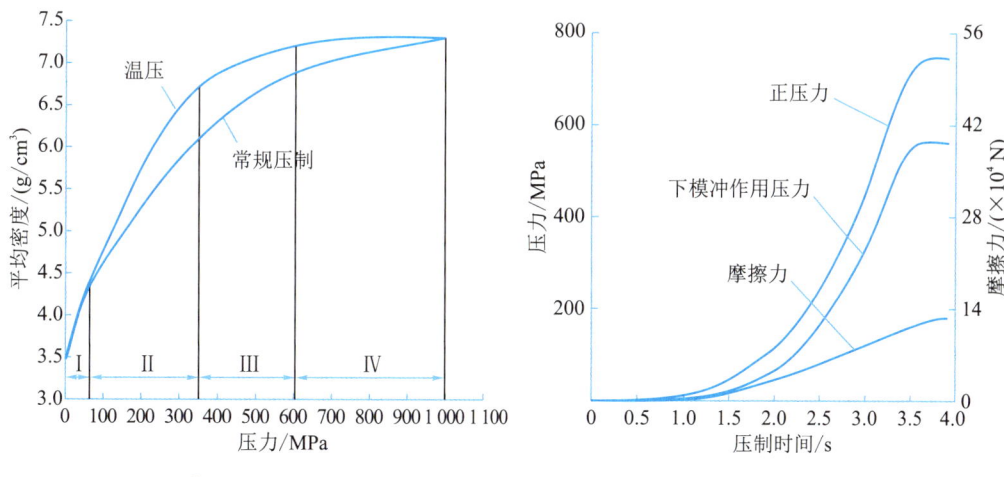

图 4-31　典型的温压压制曲线图　　图 4-32　温压压力随压制时间的变化曲线

2)第二阶段　压制压力为 75~350 MPa(压制时间为 1.75~2.78 s),此阶段致密化机制主要为粉末颗粒的摩擦运动。当压制压力超过 75 MPa 以后,压制曲线为大斜率直线或大斜率半径曲线,主要表现为有规律的颗粒摩擦移动,随压制时间的增加,密度和压制压力均呈指数增长趋势,如图 4-31 和图 4-32 所示。从压制曲线看,密度随压制压力的

增大而增加的幅度比较大,而且曲线的曲率变化波动小。此时,由于粉末颗粒的接触运动,润滑剂起主要作用,而且随压制压力增加部分润滑剂流动并挤出,摩擦机制遵循固体润滑的边界润滑理论,由于润滑使摩擦力减小,下模冲作用压力与上模冲正压力的比值增加,并使模壁的侧压力也增加,侧压力增大的趋势与正压力增加趋势一致,但测点沿模具高度位置不同,测出的侧压力也有差异,安装在模具,图4-35不同高度位置(下部、中下部、中上部、上部,分别距模具顶端6 mm、12 mm、18 mm、24 mm)的传感器测量的侧压力随压制时间的变化曲线。

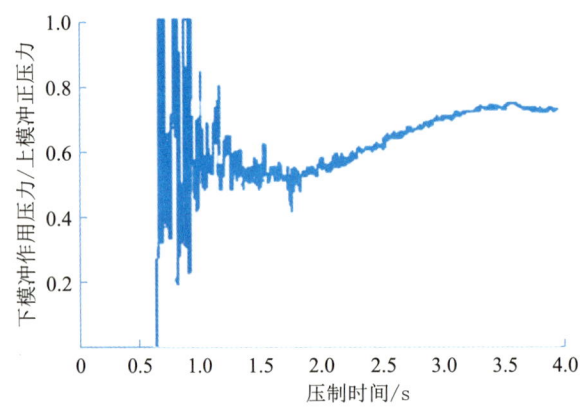

图4-33 上模冲正压力与下模冲作用压力的比和压制时间的关系

第二阶段中,随温度升高润滑剂作用显著,摩擦阻力减少,促进了粉末颗粒的移动。不同润滑剂有最佳温度作用区间,在最佳温度范围内,此阶段也最长,曲线也最平稳。

在第二阶段中后期,由于粉末密度越过了压实密度,粉末颗粒之间的接触为微弱点接触,随压制压力增加,微凸发生弹塑性变形,此时的致密化机制以粉末颗粒发生移动和弹性变形为主,当压制压力超过350 MPa时,颗粒之间的接触面积增大,作用于粉末上的有效压力降低,密度随压制压力增加的趋势减弱,曲线在350 MPa处产生较大变化而成为拐点,此点也是密度随时间变化曲线的拐点(图4-31和图4-32的2.78 s处),此时密度达到无孔隙密度的88%左右,但随粉末的润滑剂不同和压制温度不同,此点也不同,一般在280~400 MPa,温度越低,拐点处的压力值越低,随着温度升高,拐点处压力值也升高,但增大到一定值后,温度再增加此值则降低,过此点即进入第三阶段。

3) 第三阶段 压制压力为350~600 MPa(压制时间为2.78~3.25 s)。此阶段致密化机制为颗粒移动和弹塑性变形的混合机制。在此阶段,发生弹性变形效应由强变弱、塑性变形效应由弱变强的变化过程。颗粒移动是有摩擦的运动,随着压制压力的增加,密度增加趋势减弱,施加的压制压力一部分用来促进颗粒移动,另一部分用来克服粉末与模壁的摩擦,还有一部分用来克服颗粒之间的内摩擦,并使颗粒之间产生小的塑性变形而促进颗粒的移动。当压制压力超过350 MPa,随压制时间的增加,正压力呈线性增加趋势,而密度增加的趋势变缓,如图4-32和图4-33所示,此阶段摩擦力与密度呈线性增加趋势。随压制压力增加,密度也增加,而颗粒阻力增大,向下移动的趋势减弱,粉末趋于稳定状态,由于此时压坯试样的平均密度已达到无孔隙密度(添加剂计算在内)的90%以上,粉末体出现了一定的压缩应力。随压制压力增加,有一部分压力要克服粉末的压缩应力,使密度增加不明显,一旦克服了此压缩应力,使颗粒发生塑性变形而硬挤到孔隙中使密度增加,此时密度随压制压力增大可能产生波动现象。由于粉末内部排列不均匀,颗粒接触摩擦遵循边界润滑机制;由于接触压力高,润滑剂薄膜被破坏,粉体之间因干摩擦或半干摩擦而使颗粒表面温度升高,部分熔化并产生微观冷焊而结团的现象,再受力后颗粒发生变形、磨损、移动、重排等,因而密度波动较大。润滑剂不同而密度波动幅度存在差异,一般来说,温度高则密度波动得比较大。然后,再随着压制压力的增大,粉体重排后受力变得均匀,粉体移动过程结束,模壁的平均侧压力随时间增加而出现急剧增大到平缓的拐点(图4-32和图4-33的3.25 s处)时,达到第三阶段的终点。随着温压温度的升高,此压力值稍有减小,但一般均大于530 MPa,估计与温度升高降低了合金粉末的加工硬化速率、提高了金属粉末塑性变形能力有关,温度越高,此阶段相对越短且越平稳,再增大压制压力即进入第四阶段。

4)第四阶段  压制压力在600 MPa以上(时间为3.25 s以后)。曲线为更小斜率的曲线或直线,此阶段致密化主要由金属的塑性变形造成。而当压制压力达到700 MPa,此时作用到粉体上的有效压制压力超过粉体的临界屈服应力,粉体产生大的塑性变形,使小颗粒填充到大的孔隙中,并随压制压力增大,密度也平稳增加,但增加的量较小或不增加,平均侧压力与上下压力之比随时间的增加不再增大(图4-34和图4-35的3.45 s处),主要原因是由于模腔下部孔隙的存在使粉体有向下移动的趋势,但下部粉体的作用力又阻碍上部颗粒的运动,以及内外摩擦力的消耗,使颗粒四周受力均匀,这些力不足以使粉末产生完全塑性变形而填充其余孔隙,也就是向下移动的动力不足;同时润滑剂的作用使颗粒有横向移动的趋势,而使中下部侧压力增大。当压制压力达到800 MPa左右时,此时压坯密度达到孔隙密度的98%左右,若再增大压制压力,密度也难以增加很多,此后增大压制压力已无实际意义。

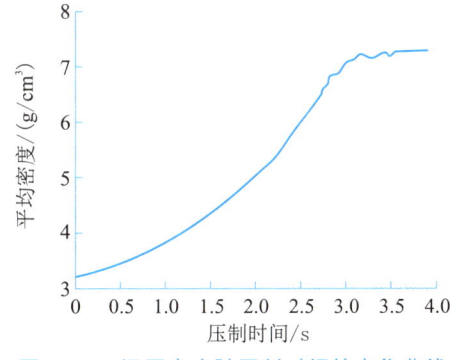

图4-34  温压密度随压制时间的变化曲线

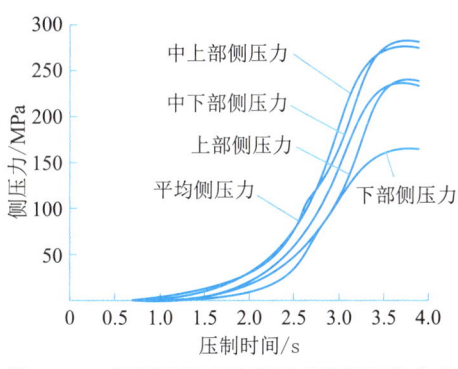

图4-35  温压侧压力随压制时间的变化曲线

### 4.6.2  热压烧结

热压烧结又称为加压烧结,是把粉末装在模腔内,在加压的同时使粉末加热到正常烧结温度或更低一些,经过较短时间烧结成致密而均匀的制品。热压可将压制和烧结两个工序一并完成,可以在较低压力下迅速获得冷压烧结所达不到的密度,从这个意义上说,热压是一种强化烧结。原则上,凡是用一般方法能制得的粉末零件,都适于用热压方法制造,尤其适于制造全致密难熔金属及其化合物等材料。热压是粉末冶金中发展和应用较早的一种热成形技术。德国和美国分别于1912年和1917年发表了用钨和碳化钨粉热压制造致密件的专利;1926—1927年用于制造硬质合金;从1930年起,热压更快地发展,主要用于WC-Co合金大型制品以及难熔化合物、陶瓷、复合纤维材料等方面。目前,又发展了真空热压、振动热压、均衡热压和等静热压等新技术。

#### 4.6.2.1　工艺特点

热压方法的最大优点是可以大大降低成形压力和缩短烧结时间,另外可以制得密度极高和晶粒极细的材料,其应用主要有:①制造硬质合金拉丝模、压制模、精密轧辊及其他耐磨零件;②热压压力仅为冷压成形的1/10,可以压制大型制件;③热压时,粉末热塑性好,可以压成薄壁管、薄片及带螺纹等异形YG6制品;④粉末粒度、硬度对热压过程影响不明显,因此可压制一些硬而脆的粉末。但热压法也有明显的缺点:①对压模材料要求高,难以选择,而且压模寿命短,耗费大;②单件生产、效率低;③电能和压模消耗多,效率低,制品成本高;④制品表面较粗糙,精度低,一般需要清理和机加工。

热压模可选用高速钢及其他耐热合金,但使用温度应在800 ℃以下。当温度更高(1 500~2 000 ℃)时,应采用石墨材料,但承压能力又降低到70 MPa以下。故一般对于低温、高压的操作,可选择金属或硬质合金模;高温、低压操作则选择石墨模。

热压加热的方式分为电阻直热式、电阻间热式和感应加热式三种。采用第一种方式时,由于电流主要通过压模材料发热,使得与上下模冲和模腔接触的部位比其他部位温度高。采用感应加热时,由于粉末坯块中的涡流大小与坯块密度有关,在热压后期密度升高,电阻降低,涡流发热也减少,使温度不好控制。因此,热压模的设计,除保证温度外,要特别注意温度分布的均匀性。

热压采用保护气氛较困难。对于不渗碳材料(各种碳化物与硬质合金)石墨模可适用,但对渗碳金属及活性金属则不适合。为减少空气中氧的危害,可用如下措施:①加热前先将粉末压实;②模具配合严密,防止空气大量进入模腔;③将保护气氛经过专门的管道引入模腔内;④采用间接加热或感应加热方式,便于采用有保护气氛或真空室的热压炉;⑤在粉末中加入一些高温下能产生还原性气氛的物质,如碳、金属氢化物、酒精等。

#### 4.6.2.2　热压致密化理论

热压理论的研究较工艺的应用要晚得多,较完整的理论直到20世纪50年代中期才形成,60年代才有较大的发展。热压理论的核心在于研究致密化的规律和机构。热压致密化理论是在黏性或塑性流动烧结理论的基础上建立起来的,并主要沿着两个方向发展:①热压的动力学即致密化方程式,分为理论的和经验的两类,前者由塑性流动理论和扩散蠕变理论导出;②热压的致密化机构,包括颗粒相互滑过、颗粒的破碎、塑性变形以及体积扩散等。

1)塑性流动理论　1949年麦肯齐和舒特耳沃思发表了理性流动烧结理论,奠定了热压塑性流动理论的基础。他们根据烧结后期形成闭孔的特点,提出图4-36所示模型,即一个闭孔(半径$r_1$)和包围闭孔的不可压缩的致密球壳,孔隙的表面应力$\left(-\dfrac{2\gamma}{r_1}\right)$使孔隙周围的材料产生压应力而变形,迫使孔隙缩小,根据理性体(又称宾厄姆体)的流动方程:

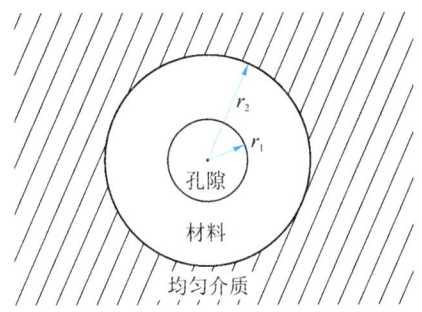

图 4-36　塑性流动模型

$$R = \eta s + \tau$$

当剪应力 $\tau$ 超过材料的屈服极限 $\tau_c$ 时，就发生塑性流动，而且变形速率 $s$ 与应力 $\tau$ 成正比，比例系数 $\eta$ 为材料的黏度。由于塑性流动，孔隙缩小。由孔隙表面能的减小等于变形功，可以导出致密化的速度方程式：

$$\frac{d\rho}{dt} = \frac{3}{2}\left(\frac{4\pi}{3}\right)^{\frac{1}{3}} \cdot \frac{\gamma n^{\frac{1}{3}}}{\eta} \cdot (1-\rho)^{\frac{2}{3}}\rho^{\frac{1}{3}}\left[1 - a\left(\frac{1}{\rho}-1\right)^{\frac{1}{3}}\ln\frac{1}{1-\rho}\right] \quad (4\text{-}111)$$

式中　$a$——$\sqrt{2}\left(\dfrac{3}{4\pi}\right)^{\frac{1}{3}} \cdot \dfrac{\tau}{2\gamma n^{\frac{1}{3}}}$；

　　　$n$——对应于致密材料球壳的单位体积内的孔隙数；

　　　$\rho$——相对密度，即孔隙加致密材料球壳的平均密度和材料理论密度之比；

　　　$\gamma$——材料的表面张力。

由图 4-36 模型：

$$\rho = 1 - \frac{r_1^3}{r_2^3} \quad (4\text{-}112)$$

移项并且用 $\dfrac{4\pi}{3}$ 同乘以分子分母后得到

$$\frac{\frac{4}{3}\pi r_1^3}{\frac{4}{3}\pi r_2^3} = 1 - \rho \quad (4\text{-}113a)$$

或

$$\frac{\frac{4}{3}\pi r_1^3}{\frac{4}{3}\pi r_2^3 - \frac{4}{3}\pi r_1^3} = \frac{1-\rho}{\rho} \quad (4\text{-}113b)$$

即

$$\frac{1}{球壳体积} = \frac{1-\rho}{\rho} \cdot \frac{3}{4\pi r^3} \quad (4\text{-}114)$$

因为在包括球壳致密材料在内的体积中只有一个孔隙，故式 (4-114) 左边实际上代

表单位体积内的孔隙数,即

$$n = \frac{1-\rho}{\rho} \cdot \frac{3}{4\pi r_1^3} \tag{4-115}$$

将式(4-115)代入式(4-114),化简后得到

$$\left(\frac{\mathrm{d}\rho}{\mathrm{d}t}\right)_{P=0} = \frac{3}{2} \cdot \frac{\gamma}{\eta r_1}(1-\rho)\left[1 - \frac{\sqrt{2}\tau_1\gamma_1}{2\gamma}\ln\frac{1}{1-\rho}\right] \tag{4-116}$$

该式为无外力作用($P=0$)时烧结速度方程式,描述了相当于烧结后期(孔隙度<10%),靠表面张力使闭孔收缩的致密化过程。

1954年,默瑞(Murray)、罗杰斯(Rodgers)和威廉斯(Williams)从塑性流动的烧结理论出发,认为热压过程与烧结后期闭孔缩小的致密化阶段相似,所不同的是除受孔隙表面应力($\frac{2\gamma}{r_1}$)作用外,还有外加应力$P$,因此,只要在式(4-116)中,以($\frac{2\gamma}{r_1}+P$)代表$\frac{2\gamma}{r_1}$就可以直接导出:

$$\left(\frac{\mathrm{d}\rho}{\mathrm{d}t}\right)_{P>0} = \frac{3\gamma}{2\eta r_1}\left(1 + P\frac{r_1}{2\gamma}\right)(1-\rho)\left[1 - \frac{\sqrt{2}\tau_1 r_1}{2\gamma\left(1 + P\frac{r_1}{2\gamma}\right)}\ln\frac{1}{1-\rho}\right] \tag{4-117}$$

将式(4-117)整理后再与式(4-116)比较,可知:

$$\left(\frac{\mathrm{d}\rho}{\mathrm{d}t}\right)_{P>0} = \left(\frac{\mathrm{d}\rho}{\mathrm{d}t}\right)_{P=0} + \frac{3P}{4\eta}(1-\rho) \tag{4-118}$$

该式表明热压的致密化速度$\left(\frac{\mathrm{d}\rho}{\mathrm{d}t}\right)_{P>0}$比普通烧结的致密化速度$\left(\frac{\mathrm{d}\rho}{\mathrm{d}t}\right)_{P=0}$大一项$\frac{3P}{4\eta}(1-\rho)$,而且随着外加应力$P$的增大和黏性系数$\eta$的减小,热压的致密化过程加速。

通常,热压的外压力比表面应力大得多。例如当孔隙半径$r_1=1$ μm,表面能$\gamma=1$ J/m²,计算孔隙表面应力$\frac{2\gamma}{r_1}=2$ MPa,而外压力$P$为10 MPa数量级;而且材料在高温下的屈服极限$\tau_1$比外压力也小得多。因此,式(4-117)热压方程可简化,即在包括$P$的所有项内将$\frac{\gamma}{r_1}$和$\tau_1$均略去不计,那么式(4-118)中的$\left(\frac{\mathrm{d}\rho}{\mathrm{d}t}\right)_{P=0}$项实际上也可以略去,最后式(4-118)变成

$$\left(\frac{\mathrm{d}\rho}{\mathrm{d}t}\right)_{P>0} = \frac{3P}{4\eta}(1-\rho) \tag{4-119}$$

或

$$\ln\frac{1}{1-\rho} = \frac{3Pt}{4\eta} + C \tag{4-120}$$

式中　$C$——$\ln\frac{1}{1-\rho_0}$;

$\rho_0$——热压开始($t=0$)的相对密度。

热压的致密化速度 $\dfrac{d\rho}{dt}$ 很高,在较短时间(通常为 15~20 min)内就可达到平衡密度,即终极密度,这时 $\dfrac{d\rho}{dt}=0$,密度不再随时间增大。终极密度可令 $\dfrac{d\rho}{dt}=0$,由式(4-117)求得。由于该式中 $\dfrac{3\gamma}{2\eta r_1}\left(1+P\dfrac{r_1}{2\gamma}\right)$ 不为零,只有方括号内的值可为零,因此

$$1-\dfrac{\sqrt{2}\tau_1\gamma_1}{2\gamma\left(1+P\dfrac{r_1}{2\gamma}\right)}\ln\dfrac{1}{1-\rho_E}=0 \tag{4-121}$$

式中 $\rho_E$ ——终极密度。

式(4-121)整理后可得

$$\ln\dfrac{1}{1-\rho_E}=\dfrac{\sqrt{2}\gamma}{\tau_1\gamma_1}+\dfrac{P}{\sqrt{2}\tau_1} \tag{4-122}$$

因在任一确定温度下,$\gamma$ 和 $r_1$ 均为常数(它们只与温度和材料有关),故在指定的压力 $P$ 下,式(4-122)中的可变的量仅有 $\rho_E$ 和 $r_1$。但由式(4-123),$r_1$ 也应由 $\rho_E$ 所决定,即

$$n^{\frac{1}{3}}=\left(\dfrac{\rho_E}{1-\rho_E}\right)^{\frac{1}{3}}\left(\dfrac{3}{4\pi}\right)^{\frac{1}{3}}\dfrac{1}{r_1} \tag{4-123}$$

故将式(4-123)代入,可得到:

$$\ln\dfrac{1}{1-\rho_E}=\dfrac{\sqrt{2}\gamma n^{\frac{1}{3}}}{\tau_1}\left(\dfrac{\rho_E}{1-\rho_E}\right)^{\frac{1}{3}}\left(\dfrac{4\pi}{3}\right)^{\frac{1}{3}}+\dfrac{P}{\sqrt{2}\tau_v} \tag{4-124}$$

由默瑞的热压致密化方程所导出的式(4-124)可以用来解释下面的现象:①当热压温度不变(即 $\tau_1$ 一定)时,增大热压压力 $P$ 可提高密度;②当压力不变时,温度升高($\tau_1$ 减小),密度也提高。

1960 年,麦克莱兰德(McClelland)对默瑞的热压方程(4-124)做了重大的修正。他依然是根据麦肯齐-舒特耳沃思的方程,认为塑性流动是热压致密化的主要机构,但是他认为默瑞方程中的压力 $P$ 是随密度而变化的,因为随着致密化孔隙的缩小,传递压力的有效面积增大,使得孔隙收缩的有效压力并不等于外压力,而是孔隙度的函数,即与密度有关。为求出此有效应力与孔隙度的准确关系,他假定外压力是通过图 4-36 模型中的球壳层传递的,并作用在向球壳和孔隙面积构成的总面积上,则应力作用的有效面积 $A_E$ 与总面积 $A_R$ 之间应有下面关系:

$$\dfrac{A_E}{A_R}=1-\dfrac{r_1}{r_2} \tag{4-125}$$

故使孔隙收缩的有效压应力 $P_E$ 和外压力之间的关系则为

$$P_E=P\left[1-(1-\rho)^{\frac{2}{3}}\right] \tag{4-126}$$

将式(4-126)代入前式,即用 $P_E$ 代替 $\dfrac{2\gamma}{r_1}$ 就得到

$$\dfrac{d\rho}{dt}=\dfrac{3P}{4\eta}(1-\rho)\left\{\left[\dfrac{1}{1-(1-\rho_E)^{\frac{2}{3}}}\right]-\dfrac{\sqrt{2}\tau_v}{P}\ln\dfrac{1}{1-\rho}\right\} \tag{4-127}$$

同样,令 $\dfrac{d\rho}{dt}=0$,由式(4-127)中大括号的项等于零可得到

$$[1-(1-\rho_E)^{\frac{2}{3}}]\ln\dfrac{1}{1-\rho_g}=\dfrac{P}{\sqrt{2}\tau_1} \qquad (4-128)$$

它表示终极密度 $P_E$ 与外压力 $P$ 和温度($\tau_1$)有关。由于 $\tau_1$ 依赖于温度 $T$

$$\tau_1=A\exp\dfrac{Q}{RT} \qquad (4-129)$$

将式(4-129)代入式(4-127)可求得终极密度 $P_E$ 与压力 $P$ 和温度 $T$ 的关系式为

$$[1-(1-\rho_E)^{\frac{2}{3}}]\ln\dfrac{1}{1-\rho_g}=\dfrac{P}{\sqrt{2}A}\exp\left(\dfrac{Q}{RT}\right) \qquad (4-130)$$

移项后

$$\exp\left(\dfrac{Q}{RT}\right)=\dfrac{1}{[1-(1-\rho_E)^{\frac{2}{3}}]\ln\dfrac{1}{1-\rho_g}}\cdot\dfrac{P}{\sqrt{2}A} \qquad (4-131)$$

两边取对数并令 $b=\ln\left(\dfrac{P}{\sqrt{2}A}\right)$,可得到

$$\dfrac{1}{T}=\left(\dfrac{R}{Q}\right)\cdot\{\ln\{[1-(1-\rho_g)^{\frac{2}{3}}]\cdot\ln(1-\rho_g)\}+b\} \qquad (4-132)$$

式(4-132)代表了对某一特定材料,在恒压下热压的终极密度随温度而变化的关系式。

2)致密化过程 许多实验证明,当热压温度较高,时间较长时以默瑞为代表的塑性流动方程对于硬质材料($Al_2O_3$、碳化物)存在较大误差,说明在这种条件下,塑性流动对致密化的影响较小,而主要是靠扩散或受扩散控制的蠕变,而且,塑性流动理论没有考虑晶粒大小的变化对致密化的影响。但是,在热压的早中期或者对于金属等塑性好的材料,塑性流动仍然是致密化的主要机构。另外,在热压过程的早期,当温度和压力都不高时,也发生像普通压制过程一样的粉末颗粒的位移、重排。因此,有理由认为热压过程比前述塑性流动和扩散蠕变更为复杂,难以用一个统一的热压动力学方程描述。分析多数氧化物和碳化物等硬质粉末的热压实验曲线后,可看到致密化过程大致有三个连续过渡的基本阶段:

(1)快速致密化阶段 又称作流动阶段,即在热压初期,颗粒发生相对滑动、破碎和塑性变形,类似冷压的颗粒重排,致密化速度较大,主要取决于粉末的粒度、形状及材料的断裂和屈服强度。

(2)致密化减速阶段 以塑性流动为主要机构,类似烧结后期的闭孔收缩阶段,可适用默瑞热压方程,即孔隙度的对数与时间呈线性关系。

(3)趋近终极密度阶段 受扩散控制的蠕变为主要机构,此时,晶粒长大使致密化速度大为降低,达到终极密度后,致密化过程完全停止,这阶段可适用柯瓦尔钦科-萨姆索诺夫或科布尔方程。

## 4.6.3 活化烧结

活化烧结是提高烧结速度的一种烧结过程。例如往粉末中添加某种物质或在烧结气氛影响下进行的烧结。活化烧结可以降低烧结温度,提高烧结体的密度和性能。在粉末冶金烧结中,活化烧结是非常重要的一门技术。如果把烧结当作一种物理化学反应,设 $k$ 代表烧结反应的速度常数,则可得到活化能的关系式:

$$k = A\exp\left(-\frac{Q}{RT}\right) \tag{4-133}$$

式中 $A$——常数;
$Q$——烧结活化能。

如将 $Q$ 值降低,就能加快烧结反应的速度,因此活化烧结是一种降低烧结活化能的方法。

活化烧结从方法上可以分为两种基本类型,一是依靠外界因素,如在气氛中添加活化剂,使烧结过程循环地发生氧化-还原反应或其他反应,在填料中添加强还原剂,循环改变烧结温度,加压烧结等;二是提高粉末烧结活性,使烧结过程活化,如细化颗粒、增加粉末颗粒晶体缺陷、粉末压坯预氧化和添加活性元素等。

### 4.6.3.1 预氧化烧结

先让金属表面氧化,然后在烧结中还原,可以起到加快烧结速度的作用。当然这必须在金属氧化物能被烧结气氛还原的前提下才能采用。如铁、铜、钨、钼的烧结都可采用预氧化的方法。氧化物被还原能促进烧结的原因是刚被还原的粉末颗粒表面是具有大量空位的表面缺陷薄层(10~7 cm),如果采用反复氧化-还原的方法,则其厚度层可增至10~5 cm,处在这样有高度缺陷表层的原子非常活泼,大大增加了其表面扩散系数,从而加快了烧结的速度。

铁基零件的预氧化处理,是将压坯在空气中加热到 400 ℃,也可在处理中采用热的水蒸气,结果可在铁粉颗粒表面形成一层氧化薄膜。在还原性气氛中进行烧结,这层氧化膜可以被还原,起到促进烧结的作用。

### 4.6.3.2 湿氢烧结

湿氢烧结的方法是使氢气通过一定温度的水箱,提高氢气的露点,即增加其含水量,以此获得的含水量较高的氢气作为烧结气氛,称之为湿氢烧结。与预氧化烧结相同,湿氢烧结也起着氧化和还原的烧结作用,即在烧结过程中粉末颗粒表层不断地被氧化和还原,以此来提高粉末颗粒表层原子的活性,促进烧结。

### 4.6.3.3 在烧结气氛中添加活化剂

还可用在烧结气氛中添加活化剂的方法来活化烧结,可添加的活化剂有氧和卤化物蒸气。氧的活化作用与上述相同,也是起到氧化还原的作用。卤化物蒸气通常是 HCl,可以使金属粉末形成卤化物,如使铁生成氯化亚铁,这种氯化亚铁蒸气压高,容易挥发,蒸发的氧化亚铁再在还原性气氛中被还原,并沉积在烧结颈和颗粒的凹凸面,以此起着促进烧结的作用。

在填料中加入活性剂同样也可起活化烧结的作用,如在填料中加入 $NH_4Cl$ 和 $NH_4F$,其加入量为 1 g/kg 左右,其作用与在气氛中添加活化剂一样。也可在填料中加入氢化物,如在烧结高铬不锈钢时加入 $TiH_2$,在烧结过程中 $TiH_2$ 将会离解,离解放出的活性氢原子具有很强还原能力,可以还原氧化铬等难还原氧化物,以起到促进烧结的作用。

但是,这种活化烧结方法也有其缺点,就是这些气氛具有腐蚀性。这些卤化物的含量过高时,不但烧结体表面会被腐蚀,而且烧结炉炉体也会遭到腐蚀。为了尽可能地把烧结体孔隙中的卤化物清洗掉,在烧结终了时,还必须通入强烈的氢气流。

此外,进行活化烧结还可以利用物理的方法。例如超声波、机械振动、磁场、温度的周期性改变以及施加外应力等,可以使一些粉末的烧结收缩和致密化程度提高。实际上,液相烧结及热压等方法也都是一种活化烧结。

#### 4.6.3.4　添加合金元素

在粉末混料时加入某些合金元素,这些合金元素在烧结中可起到提高原子的扩散速度,降低烧结活化能的作用。如在纯钨中加入少量的镍,其烧结温度可以降低到 1 000~1 300 ℃。所添加的合金元素与被烧结组元必须有一定的溶解度,这样合金元素相当于一个载体的作用,如钨中添加镍,钨在镍中有一定的溶解度。这样在烧结中会发生溶解析出的形象,可以使钨原子在较低的温度下通过镍相沉积到烧结颈和颗粒凹处,加快烧结进行,烧结的温度也大大降低了。

### 4.6.4　电火花烧结

电火花烧结也可称为电火花压力烧结,它是利用粉末间火花放电所产生的高温,并且同时受外应力作用的一种特殊烧结方法。

电火花烧结是通过一对电极板和上下模冲向模腔内的粉末直接通入高频或中频交流和直流叠加电流。加热粉末是靠火花放电产生的热相通过粉末与模具的电流。粉末在高温下处于塑性状态,通过模冲加压进行烧结。由于高频电流通过粉末形成的机械脉冲波的作用,致密化过程在极短时间内(几秒钟)即可完成。

电火花放电主要在烧结初期发生。此时预压负荷很小,达到一定温度后控制输入的电功率并增大压力,直至完成致密化。电火花烧结的零件可接近于致密件(一般为理论密度的 98%~100%),也可有效地控制孔隙度,如制造大型利用升华吸热而冷却的火箭鼻锥。

### 4.6.5　物理活化烧结

物理活化烧结的方法有对烧结施加外应力、超声波、机械振动、磁场、周期改变烧结温度(在相变点上下波动),这些方法可以加快原子的振动频率,降低原子迁移的激活能,提高原子的扩散速度。另外,加压烧结也是一种活化烧结,在烧结中加压可使烧结体更为致密,同时在压力下粉末颗粒的变形会使晶体产生很大的激活能,同时在压力作用下还可以促进黏性流动和塑性流动等原子的迁移,从而加快烧结的进程。

## 4.6.6 相稳定化

材料的体积扩散能力取决于温度、晶体构造以及缺陷形态等因素。例如，在 910 ℃ 时，体心立方相的铁素体比面心立方相的奥氏体体积扩散能力要高 330 倍。这种体心立方相的稳定性为人们提供了一种加速烧结的途径。例如，钼、磷和硅可以稳定上述铁素体。添加硅对铁的影响表现在减小压坯密度而提高烧结密度。通常，烧结体的致密程度是随烧结温度下铁素体稳定化的程度提高而增加的。由于铁素体的稳定化而引起致密化的增高。

另外，镍对铁的奥氏体相起稳定化作用。与镍在烧结体中的分布相关，镍的影响可能是十分不同的。作为均匀化的合金添加元素，镍降低了铁的烧结过程的致密化。然而，镍作为在铁粉表面的涂层元素可以有助于烧结。后面的一种作用可能是由于借助扩散引起的均匀化而在相界面产生空位的结果。在这种类型的混合相烧结中，主要的作用是体积扩散过程。

## 4.7 影响烧结过程的因素

影响烧结过程的因素是多方面的，由前几节讨论的动力学方程可以看到，烧结温度、烧结时间和粉末粒度是三个直接的影响因素。此外，尚有许多间接的因素如颗粒形状、表面状态、粒度组成、添加剂及烧结气氛等。影响烧结过程的主要因素见表 4-5。

表 4-5 影响烧结过程的主要因素

| 内在因素 | 外在因素 |
| --- | --- |
| 结晶构造，异晶转变，晶格缺陷，晶粒尺寸，粒度分布，颗粒形状，表面状态，氧化膜，粉末内杂质，界面能，黏滞系数，临界剪切应力，蒸气压，扩散系数 | 粉末的制取方法，添加物，冷压成形工艺，预热压，烧结升温速率，烧结温度，烧结时间，冷却速率，烧结气氛，烧结压力，烧结炉结构，烧结操作 |

本节主要就烧结温度、烧结时间、烧结气氛、粉末性能、添加物以及压力等主要影响因素进行讨论。

### 4.7.1 烧结温度

烧结温度是影响烧结的最主要因素。随着烧结温度的升高，粉末物料的强度和屈服极限降低，蒸气压增高，扩散系数增大，从而促进了物质的迁移流动过程；另一方面，一切阻碍烧结的因素均随温度的升高而迅速减弱，如吸附气体及添加剂的挥发、夹杂的溶解、氧化物的被还原和颗粒塑性的提高。这些均能使颗粒间接触增加，原子的活性提高，对粉末的烧结过程是有利的。

由于原子互扩散系数随温度的升高而显著增大，故提高烧结温度能促进多元系粉末烧结的合金化，对一些能形成金属间化合物的多组元烧结，升高温度还有利于化合反应，从而也促进了烧结。

根据界面化学反应的湿润热力学理论,升高温度有利于液相界面反应,尤其对吸热型界面反应,升高温度能降低液相固相之间的润湿角,从而提高液相烧结的速率。另外,升高液相烧结温度能促进固相颗粒的溶解,有利于形成固相骨架和提高烧结致密度。

烧结体的最终性能也随着烧结温度的升高而提高,图4-37反映在压力、烧结时间和烧结气氛的一定情况下,烧结温度对烧结体的各种性能影响。由图4-37可知,升高温度有利于促进粉末或压坯的烧结。但是,烧结温度的影响是有限度的。若烧结温度达到接近熔点温度,则制品将会发生软化,产生歪曲和变形,晶粒变得粗大,强度显著下降。特别是液相烧结,温度过高会造成固相颗粒大量溶解,液相数量增多,不能保证制品的形状和尺寸,有时还使液态金属从制品中渗出;另外液相烧结温度过高,黏结金属大量挥发,改变了最终制品的成分和合金组织。由于烧结温度过高造成的废品叫"过烧"废品。

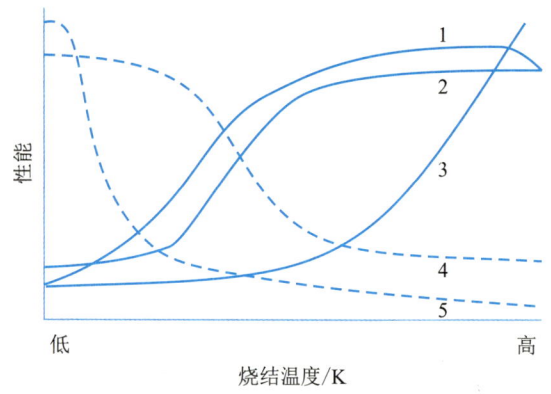

1—抗拉强度;2—密度;3—晶粒度;4—孔隙率;5—电阻率。

图4-37 烧结温度对烧结体的各种性能影响

烧结温度过低,相应地需要延长烧结时间,导致生产率降低;另外还会使烧结过程中所发生的各种致密化行为无法充分进行,产品性能达不到要求,造成制品的所谓"欠烧"。

一般来说,各种粉末材料都有一个相应的最佳烧结温度范围。粉末起始烧结温度的确定多以导电率或抗拉强度出现明显变化的温度来反映。对于一般金属粉末,起始烧结温度大约为熔点温度的40%~50%,这恰好也是金属的再结晶温度,比较合适的烧结温度为$(2/3 \sim 4/5)T_{熔}$,其下限略高于再结晶温度,而上限则要从技术和经济上考虑,粒度粗、塑性差的粉末,烧结温度可适当高些;粒度细、粒度组成适当的粉末或塑性好、经过低温还原的粉末,烧结温度应控制得低些。

### 4.7.2 烧结时间

烧结时间是指在烧结温度下的等温烧结时间,它对烧结过程所起的作用与烧结温度常常是一致的,延长烧结时间会促进烧结的完成。但是,时间的影响没有温度大,它仅在烧结保温初期对烧结体的性能有较大的影响,图4-38中的曲线反映了这一点。

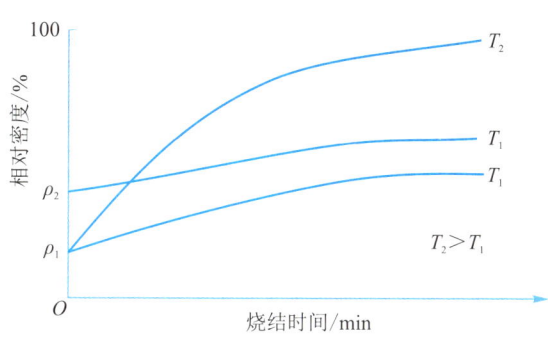

图 4-38 密度与烧结时间的关系曲线

由图 4-38 可知,当烧结密度达到一定值后,再延长烧结时间对密度的提高不明显,相反,还会加剧晶粒长大和二次再结晶,造成制品强度下降,严重时形成"过烧"废品;另外,从经济上来说也是不经济的。选择烧结时间的一般原则:烧结温度高,烧结时间可适当缩短;烧结温度低,烧结时间长。

### 4.7.3 烧结气氛

烧结气氛对于保证烧结的顺利进行和产品质量十分重要。然而,气氛对烧结的影响却是复杂的,它不仅影响粉末颗粒本身的烧结,也会影响添加物的作用效果;同一种气氛对于不同粉末物料的烧结,也有不同的表现,甚至效果相反。例如 $CO_2$、水蒸气对铜粉的烧结是中性的,而对含碳烧结钢的烧结则是氧化性和脱碳性的。从作用机制上看,气氛的作用主要有:

(1)防止和减少环境对烧结体的有害反应,如氧化、脱碳等,保证烧结的顺利进行和产品质量的稳定。

(2)排除有害杂质,如流动的气氛能够排除吸附气体及挥发成分,还原性气氛能将制品表面的氧化膜还原成活性金属原子,从而起到净化和活化烧结的作用,加速烧结。

(3)维持或改变烧结材料中的有用成分,这些成分常常能与烧结金属生成合金,有利于烧结体强度的提高。例如烧结钢的碳控制。

烧结气氛按其功用可分为五种类型:

(1)氧化性气氛,包括空气、氧气、水蒸气。

(2)还原性气氛,如氢气、氨分解气、煤气、转化气($H_2$+CO)、天然气。

(3)惰性或中性气氛,包括惰性气体 $N_2$、Ar、He 以及真空气氛。水蒸气、$CO_2$ 和转化气对某些金属或合金(如铜及铜合金)的烧结也属于中性气氛。

(4)控制性气氛,例如烧结铁基粉末材料时,含碳气氛 CO、$CH_4$ 及其他碳氢化合物将与之发生渗碳-脱碳反应,通过调节气氛中含碳气体的压力比来改变制品中碳的浓度,从而达到控制制品性能的目的。

(5)渗氮气氛,如 $N_2$、$NH_3$ 等气体多用于不锈钢和含锡钢的烧结。

对于烧结金属结合剂金刚石制品,主要使用的是还原性气氛、惰性或中性气氛。在使用还原性气氛时,应能保证在烧结过程中,烧结腔体内的气氛始终保持还原性,这就需要不断地向腔体内补充新鲜的气氛来得以维持。真空是一种安全、廉价的保护气氛,但应注意的是,对用于具有较高蒸气压的金属或合金的烧结时,会造成一定的挥发损失,甚至改变制品的最终成分和组织,因此,在可能的条件下,可以让易挥发组元过量或降低真空度、缩短烧结时间。由于挥发主要发生在烧结后期,因此也可以在后期关闭真空泵,使炉内压力回升,或充入惰性气体以提高炉压。粉末性能包括晶格构造、异晶转变、晶格缺陷、残余应变、晶粒大小以及粉末粒度、粒度组成、颗粒形状、表面状态、粉末塑性和杂质含量等。

### 4.7.4 粉末性能

在其他条件一定时,起始烧结温度是随晶格点阵对称性增高而降低的,因此,立方晶系的金属粉末的烧结性要优于六方和四方晶系。但 Pb、Sn、Zn、Cd 等低熔点金属,因为表面生成一层极难除掉的氧化膜,掩盖了烧结性的优劣,不符合这一规律。由于异晶转变往往伴随着体积变化,故能改变颗粒间接触情况,导致孔隙变化,使制品的密度和强度发生变化。如果是体积胀大,还可能引起坯体开裂。

粉末颗粒的晶格缺陷越大,则晶格的活性越大,对再结晶和烧结的促进作用也就越大。与此同时,晶格缺陷和残余应变则得到回复。一般来说,减慢升温速率有利于回复和再结晶的充分完成。

颗粒内晶粒大小对烧结过程也有一定影响,晶粒细则晶界面多,对扩散烧结有利。另外对于单晶颗粒组成的粉末,烧结时晶粒长大的趋势小,而多晶颗粒晶粒长大则相反。

如前所述,烧结过程是一个粉末体由高能位向低能位转变的过程。粉末颗粒越细,形状和结构越复杂,则比表面能越大,同时压制时颗粒的接触性越好,从而有利于扩散烧结和合金均匀化。另外,粉末粒度减小将使开始烧结的温度降低,坯体收缩率增加。但减小粒度会使烧结体的密度有所降低。采用合适的粒度组成,由于小颗粒充分填充在大颗粒的空隙处,使颗粒接触面增大,因而也有利于烧结和制品密度的提高,如果粉末粒度粗,形状简单,表面光滑,则烧结性较差。

一般来说,粉末表面有氧化膜存在时不利于烧结,但若氧化膜在烧结过程中能被还原或溶解在金属中,能起活化烧结和弥散强化作用,且粉末颗粒越细,这种作用越明显。实践证明,对铁粉和铜粉表面的氧化膜厚度小于 $300\sim 500\ \mu m$ 时能明显促进烧结。因此,有意识地让粉末压坯在空气或水蒸气中经过低温预氧化处理,使颗粒表面形成适当厚度的氧化膜,然后再在还原性气氛中烧结,可起到活化烧结的目的。

### 4.7.5 添加物

粉末中的添加物包括两类:一类是临时添加剂;另一类是能促进烧结过程和强化烧结体性能的添加元素。

临时添加剂指的是润滑剂和黏结剂。润滑剂能使粉末颗粒间以及粉末与成形模具之间的摩擦作用减弱,改善了粉末的润滑性,减少坯体的密度不均匀和与模具间的磨损。常用的润滑剂有硬脂酸锌、石蜡、石墨粉和二硫化钼等。黏结剂又叫成形剂,主要用于成形性比较差的细粉末、球形粉末和硬脆粉末,也用于低压成形。它能提高粉末的成形性,使压坯具有一定的强度。除石墨和二硫化钼外,临时添加剂在烧结升温过程中一般要分解或挥发,因而会阻碍烧结体的收缩,在升温较快时还会因来不及排出而造成产品鼓泡,这种不利的影响随添加剂含量增加而加剧,故一般控制润滑剂加入量为 0.2%~1.0%,黏结剂加入量为 1%~5%。

多元烧结时,添加某些金属元素可以促进合金化,如在铁基含碳粉末烧结中添加某些非碳化物形成元素 Co、Ni、Cu 等则能使碳在铁中的烧结扩散系数明显提高。另外,还可以通过添加元素来控制组织,如对高碳的 Fe-C 合金添加微量硫可以控制过共析钢中化合碳的含量和二次网状 $Fe_3C$ 析出。对于加入某些弥散相,则可起到细化烧结体晶粒和强化烧结体性能的作用。

液相烧结时,常添加一些表面活性元素以改善其润湿性。表面活性元素能降低固-液界面能,从而减少湿润角,即提高润湿程度。表 4-6 是铜中添加镍后对 ZrC 的湿润角的影响。事实上,铜中添加镍后对很多金属或化合物的润湿性均有改善。

表 4-6 添加镍的液态钢对 ZrC 的湿润角的影响

| 添加镍在液态铜中的占比 | $q$ 湿润角/(°) |
| --- | --- |
| 0 | 135 |
| 0.01% | 96 |
| 0.05% | 70 |
| 0.10% | 63 |
| 0.25% | 54 |

添加某些合金元素还能活化烧结。依据液相烧结的原理,添加能在烧结温度下形成液相的合金元素可促进颗粒的重排和传质,明显加快致密化速度,从而使烧结活化;对固相烧结,可以通过添加合金元素来促进制品收缩,改善性能。钨粉末活化烧结就是一例,有人在钨粉中加入适量的铜、镍,铜镍之比为 1∶2.5,烧结温度为 1 350 ℃,低于Cu-Ni相熔点,结果看到钨粉颗粒形成明显的卵形结构并有明显收缩。其他如 Pd、Fe、Co 等过渡元素也能活化钨粉烧结。

### 4.7.6 压力

成形压力对烧结的影响主要表现在压力增大时,坯体中颗粒堆积就较紧密,接触面积增大,同时颗粒表面氧化膜产生变形或破坏,从而加速了烧结过程,烧结密度也随着明显提高。但是,若压制压力超过 500 MPa,则坯体中产生较大残余应变,烧结时这种较大残余应变的急剧消除将会导致坯体膨胀,同时由于坯体太致密,内部气体难以排出,阻碍了收缩,反而使烧结密度降低;另外,采用极高压力成形的压坯,由于孔隙率低,烧结时还很容易产生晶粒异常长大。对于液相烧结,成形压力大,致密化度反而低,这是因为颗粒原始接触面大,妨碍和影响了液相的流动。

烧结时若施加外压,则原子的迁移激活能将降低,从而起到活化烧结的作用。因此,在适当大的外力作用下,可使原子的迁移机构由扩散转变成滑移、黏性流动或塑性流动,大大提高了致密化速率;另一方面,由于外力提供了额外推动力,使封存有气体的孔隙继续收缩,导致最终制品密度接近理论密度。液相烧结时,外应力除能促进液相流动、固相颗粒重排外,还能增大颗粒接触面上原子的扩散与溶解速率,缩短致密化时间。一般采用加压烧结,烧结温度可适当低些,多采用$(0.5\sim0.6)T_{熔}$,烧结时间也可大大缩短。

### 4.7.7 升温及冷却速度

#### 4.7.7.1 升温速度

从制品入炉到进入烧结带这个阶段是升温预热阶段。一般分为两段进行控制,即预热Ⅰ段(温度为500~600 ℃),预热Ⅱ段(温度为800~900 ℃)。压坯在预热带中要有足够时间,以使压坯中各种添加剂充分烧除,并使氧化物得到还原。一般预热Ⅰ段温度不宜过高,预热带也不能过短,否则润滑剂挥发不干净。还要正确控制烧舟的推进速度,以防升温太快。加热速度过快,会使压坯内的硬脂酸锌等剧烈分解、挥发,烧结件产生起泡、裂纹或翘曲变形。

#### 4.7.7.2 冷却速度

制品在烧结电炉中的冷却是由预冷带和水套冷却带两部分来完成的。对于不同成分用途的制品应该采取不同的冷却速度,实际上是冷却速度越快越好。通常预冷带的温度在800 ℃左右。

# 思考题

1. 烧结在粉末冶金中的作用是什么?烧结工艺的优缺点是什么?
2. 烧结对最终产品的性能起着决定作用,烧结的原理是什么?影响烧结的因素及其影响作用是怎样的?
3. 在烧结过程中坯体可能出现变形、开裂、晶粒异常长大等问题,其成因可能有哪些?
4. 制品的生产过程中形成废品的主要原因有哪些?如何处理废品?
5. 烧结过程包括升温、等温和冷却等过程,在此过程中涉及的动力学和热力学原理有哪些?
6. 烧结可分为液相烧结和纯固相烧结两类,两者烧结的影响因素有哪些?两者的区别和联系有哪些?
7. 粉末等温烧结的三个阶段是怎么划分的?实际烧结过程还包括哪些现象?
8. 从黄培云院士留学归国立志科技救国一事中,你怎么看自身留学深造与国家发展的关系?

# 第 5 章
# 粉末烧结金属材料的性能

粉末烧结金属材料的性能与熔炼铸造方式获取的材料性能从种类上没有什么区别，但由于烧结材料多数为含孔隙较多或多组分的复合性材料，孔与第二相材料的作用导致其与常规材料相比性能具有特殊性。本章仅从几个方面对其进行介绍。

## 5.1 粉末材料孔隙与材料性能

对于粉末烧结金属材料来说，烧结材料内部不仅有大量的孔隙，而且可以在相当宽的范围内进行调节。在超硬材料烧结磨具生产中，为了实现磨削加工的有效性，也常需含有一定量的孔隙，这里的孔隙不被视作削弱材料强度等性能的缺陷，而是起到排屑、冷却等作用。

孔隙的产生原因：①压制和烧结过程中没有达到致密；②制粉和烧结过程中气体的卷入；③烧结过程中原料颗粒不均匀堆积、夹杂和脏化；④粉末材料发生塑性变形，材料中粗大的第二相颗粒和夹杂物发生断裂或从基体中分离，形成孔洞和长大。

粉末材料的孔隙可分为闭孔隙和开孔隙两种，孔隙率较高时，开孔较多；当孔隙率降低到约20%时，闭孔开始增多；孔隙率降至约8%，孔隙基本上是封闭型的。所以金属粉末烧结材料有低于1%~2%的残余孔隙率的致密材料，也有孔隙率10%左右的半致密材料和孔隙度大于15%的多孔材料，以材料性能要求可以进行调整。我们通常将开孔体积对表观体积的百分比称为开孔隙率，闭孔体积对表观体积的百分比称为闭孔隙率，两者之和称总孔隙率。考虑到孔隙率对粉末烧结材料性能的影响时，孔隙形状和孔隙结构也很敏感，后者包括孔径和孔径的分布。

### 5.1.1 粉末烧结材料孔隙率的测量

对于粉末烧结材料来说，不同应用的材料对孔隙率的要求都是不一样的，从孔隙的结构到孔隙的数量与尺寸。试样的体积可采用量度几何尺寸的方法，也可采用液体方法来测定。对于致密材料，可直接将试样放在水中称量，其残留孔隙率也可以是定量估算。对于孔隙较少的材料也可以用漂浮法来测定密度和孔隙率。对于具有开孔隙的材料，用液体静力学法称量时，为了不让液体介质进入孔隙，可浸渍熔融石蜡、石蜡-泵油、无水乙醇-液状石蜡、油、二甲苯和苯甲醇等物质，或者涂覆硅树脂汽油溶液、透明胶溶液和凡士林等物质，使烧结体的开孔隙饱和或堵塞，在试样表面形成一层表面膜。多孔材料的孔隙率可采用真空浸渍法来测定。具体采取何种方法，从孔隙性质与孔隙率的多少之间的关系来看，可主要以孔隙率的高低来选取。

超硬材料烧结制品

粉末冶金件
密度测试

浸渍试样测量孔隙率的方法：①测定清洗干净的试样在空气中的质量 $w_1$；②在真空状态下将浸渍物质浸渍于所有开孔中，然后仔细除去表面多余的浸渍物，在空气中称此时的质量 $w_2$；③将浸渍后的材料放入液体（通常使用蒸馏水）中再次称量的质量 $w_3$。按下面公式可得试样的密度：

$$\rho = \frac{w_1 \rho_1}{w_2 - w_3} \tag{5-1}$$

式中　$\rho$——试样的密度，$g/cm^3$；
　　　$\rho_1$——液体介质的密度，$g/cm^3$；
　　　$w_1$——试样在空气中的质量，g；
　　　$w_2$——试样浸渍清理后的质量，g；
　　　$w_3$——试样在液体介质中的质量，g。

如果以水作为介质，但可以简化为

$$\rho = \frac{w_1}{w_2 - w_3} \tag{5-2}$$

孔隙率则为

$$\theta = 1 - \frac{\rho}{\rho_0} \tag{5-3}$$

式中　$\rho_0$——试样材料的理论密度，$g/cm^3$。

对于单金属成分，材料的理论密度即为该纯金属的密度。对于合金成分，当金属粉末烧结后成分之间相互作用很弱时，常用加合法求合金成分的理论密度，这也是在超硬材料制品中最常用的方法。

$$\rho = \frac{1}{\frac{A\%}{\rho_A} + \frac{B\%}{\rho_B} + \cdots + \frac{N\%}{\rho_N}} \tag{5-4}$$

式中　$A\%$、$B\%$、$N\%$——分别为合金中各成分对应的质量百分比；
　　　$\rho_A$、$\rho_B$、$\rho_N$——分别对应各金属成分的理论密度，$g/cm^3$。

致密烧结材料的密度测定方法如下：①将试样放入上面吊篓中，下面的吊篓完全浸入液体中（见图5-1左）；或将试样放在盘子里，下面的吊丝部分浸入液体中（见图5-1右）。待所有气泡排除后称量（$m_1$）。②将试样放至下面的吊篓里（图5-2左）或用金属丝系住（图5-2右），然后移入盛有液体的容器中，只许吊丝露出液体表面。待所有气泡排除后称量（$m_2$）。按式（5-5）计算：

$$\rho = \frac{m_1 \rho_1}{m_2} \tag{5-5}$$

式中　$\rho$——液体在空气中的密度，$g/cm^3$；
　　　$m_1$——试样在空气中称得的质量，g；
　　　$m_2$——试样排开的液体质量（试样在空气中的质量 - 试样在液体中的表观质量），g。

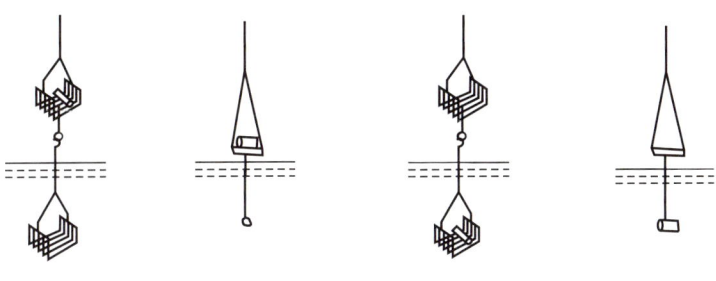

图 5-1　密度测定方法一　　　　图 5-2　密度测定方法二

### 5.1.2　粉末烧结多孔材料孔径的测定

多孔材料的孔径指的是多孔体中孔隙的名义直径，一般都有平均或等效的意义。其表征方式有最大孔径、平均孔径、孔径分布等，相应的测定方法也有很多，如断面直接观测法、气泡法、透过法、压汞法、气体吸附法、离心力法、悬浮液过滤法、X 射线小角度散射法等。其中，直接观测法只适于测量个别或少数孔隙的孔径，而其他的间接测量均是利用一些与孔径有关的物理现象，通过实验测出各相关物理参数，并在假设孔隙为均匀圆孔的条件下计算出等效孔径。在此仅介绍几种常用的测定方法。

#### 5.1.2.1　断面直接观测法

先得出断面尽量平整的多孔材料试样，然后通过显微镜（如用电镜观察不导电试样时可先进行喷金处理）或投影仪读出断面上规定长度内的孔隙个数，由此计算平均弦长（$L$），再将平均弦长换算成平均孔隙尺寸（$D$）。大多数孔隙并非球形，而是接近于不规则的多面体构型，但在计算过程中为方便起见，仍将其视为具有某一直径（$D$）的球体，这样便可得到关系公式为

$$D = \frac{L}{0.785^2} = \frac{L}{0.616} \tag{5-6}$$

式中　$D$——多孔体的平均孔径，mm；

　　　$L$——测算出的孔隙平均弦长，mm。

#### 5.1.2.2　气泡法

利用对通孔材料具有良好浸润性的液体浸渍多孔材料试样，使之充满于开孔隙空间，然后通过气体将连通孔中的液体推出，依据所用气体压力来计算孔径值。

气泡法的测试原理主要基于测量经通孔型多孔材料所逸出气体的所需压力与流量。气泡法测定通孔型多孔材料最大孔径的方式，是利用对材料具有良好浸润性的液体（常用的有水、乙醇、异丙醇、丁醇、四氯化碳等）浸润试样，使试样中的开口孔隙达到饱和，然后以另一种流体（一般为压缩气体）将试样孔隙中的浸入液体吹出。当气体压力由小逐渐增大，达到某一定值时，气体即可将浸渍液体从孔隙（视为毛细管）中推开而冒出气泡，测定出现第一个气泡时的压力差，就可按式（5-7）计算出多孔试样的毛细管等效最大孔径：

$$r = \frac{2\sigma\cos\theta}{\Delta P} \tag{5-7}$$

式中　$r$——多孔材料最大孔隙半径，m；

$\sigma$——浸渍液体的表面张力，N/m；

$\theta$——浸渍液体对材料的浸润角，(°)；

$\Delta P$——静态下试样两面的压力差，Pa。

在测定孔径分布时，继试样冒出第一个气泡后，不断增大气体压力使浸渍孔道从大到小逐渐打通冒泡，同时气体流量也随之不断增大，直至压差增大到液体从所有的小孔中排除。根据气体流量与对应压差的关系曲线，即可求出多孔材料的孔径分布。

值得指出的是，气泡法测定的孔径及孔径分布均是针对贯通孔的。研究者对本法测定孔径分布进行了解析。该法的数据处理方式如下：根据所测得的压力值 $P$ 和它相应的流量值 $Q$，作出 $Q-P$ 曲线，由曲线的起始点到开始变为直线点的一段，选择合适的试验点，从曲线上分别作切线，并由横轴对应点分别作垂线，与曲线相交，相应点的垂线上曲线和切线之间的长度为 $\Delta Q_k$ 值，压力 $P_k$ 相应于该部分平均孔径所对应的压力，由一系列的 $P_k$ 值和 $\Delta Q_k$ 值可求出样品的 $(V-r)$ 积分曲线和 $\left(\dfrac{dV}{dr}-r\right)$ 的微分曲线。

对于选定的浸渍液体，$\sigma$ 和 $\theta$ 为定值。测量出现第一个气泡时对应的气体压差，按式(5-7)即可计算出样品的最大孔径值。通过测量试样两端面间的气体压力差和流经样品的气体流量，即可得出流量-压差曲线，解析曲线可得孔径分布。该方法的最大优点是仪器结构简单，易操作，测量重复性好，且可精确测定最大孔径。但气泡受浸渍液体表面张力的限制，用气体推出样品中细小孔隙内的浸渍液体时要求较高压强，故难以测量小于 0.1 μm 的孔径。因此，气泡法不适于测量极细的孔径。在普通气泡法测量中，由于大孔对流量的影响比较大，致使小孔的测量精度不高，甚至有一部分小孔被忽略。为避免该问题，有些学者提出用中流量孔径来表示多孔材料的特性。先用干样品测量出压差-流量曲线，然后用预先在已知表面张力液体中浸润过的湿样品测量出压差-流量曲线，找出湿样品流量恰好等于干样品流量 1/2 时的压差值。在此压差下求出的孔径称为中流量孔径。这种方法比普通气泡法更为接近多孔材料的实际性能。

### 5.1.2.3 压汞法

根据式(5-7)，一定的压力值对应于一定的孔径值，而相应的汞压入量则相当于该孔径对应的孔体积。这个体积在实际测定中是前后两个相邻的实验压力点所反映的孔径范围内的孔体积。所以，在实验中只要测定多孔材料在各个压力点下的汞压入量，即可求出其孔径分布。压汞法测定多孔材料的孔径即是利用汞对固体表面不浸润的特性，用一定压力将汞压入多孔体的孔隙中以克服毛细管的阻力。由式(5-7)可得孔隙直径为

$$D = 2r = -\dfrac{4\sigma\cos\theta}{\Delta P} \tag{5-8}$$

式中 $D$——多孔体的孔隙直径，m；其他符号意义同前。

应用压汞法测量的多孔体连通孔隙直径分布范围一般为几十纳米到几百微米，压汞法测定的是全通孔和半通孔。将被分析的多孔材料置于压汞仪中，在压汞仪中被孔隙吸进的汞体积即是施加于汞上压力的函数。根据式(5-7)，可推导得出表征半径为 $r$ 的孔隙体积在多孔试样内所有开孔隙总体积中所占百分比的孔隙半径分布函数 $\psi(r)$：

$$\psi(r) = \frac{P^2}{2\sigma\cos\theta V_{\text{TO}}} \cdot \frac{\mathrm{d}(V_{\text{TO}} - V)}{\mathrm{d}P} \tag{5-9}$$

式中 $\psi(r)$——孔隙半径分布函数;

$V$——半径小于 $r$ 的所有开孔体积;

$V_{\text{TO}}$——试样的总体开孔体积;

$P$——将汞压入半径为 $r$ 的孔隙所需压力,即给予汞的附加压力;

$\sigma$——汞的表面张力;

$\theta$——汞与材料的浸润角。

式(5-9)右端各量是已知或可测的。式(5-9)中的导数可用图解微分法得到,最后将 $\psi(r)$ 值对相应的 $r$ 点绘图,即可得出孔半径分布曲线。

压汞法可测范围宽,测量结果具有良好的重复性,专门仪器的操作以及有关数据处理等也比较简便和精确。

#### 5.1.2.4 X 射线和中子的小角度散射法

当 X 射线照射到试样时,如果试样内部存在纳米尺寸的密度不均匀区,则会在入射束周围的小角度区域内(一般 $2\theta$ 不超过 3°)出现散射 X 射线,这种现象称为 X 射线小角散射或小角 X 射线散射(small angle X-ray scattering,缩写为 SAXS)。根据电磁波散射的反比定律,相对于波长来说,散射体的有效尺寸越大则散射角越小。所以,广角 X 射线衍射(wide angle X-ray diffraction,WAXD)关系着原子尺度范围内的物质结构,而小角 X 射线散射则相应于尺寸在零点几纳米至近百纳米区域内电子密度的起伏(即散射体和周围介质电子密度的差异)。纳米尺度的微粒子和孔洞均可产生小角散射现象。因此由散射图形(或曲线)的分析,可以解析散射体粒子体系或多孔体系的结构。这种方式对样品的适用范围宽,不管是干态还是湿态都适用;不管是开孔还是闭孔都能检测到。但小角散射在趋向大角一侧的强度分布往往都很弱,并且起伏很大。

小角散射也可用来测定多孔系统的孔隙尺寸分布。将平行的单能量 X 射线束或中子束打到样品上并在小角度下散射,绘出散射强度 $I$ 作为散射波矢量 $q$ 的函数图线。散射函数 $I(q)$ 取决于样品的内部结构,每种具有等尺寸球形孔隙作任意分布的多孔体都会产生一个特性函数。假定这样一种简单的模型,就可以得出孔隙半径或孔隙尺寸的分布状态。其中 X 射线可探测纳米尺寸的孔隙,而中子束可检测粗大的多的孔隙,直径可达几十微米。但在各种情况下,这些方法也仅能用于微孔金属体系。

## 5.2 孔隙对粉末材料力学性能的影响

烧结材料由于存在大量孔隙,其机械性能如强度、弹性模量、疲劳寿命、塑性和韧性等均较致密材料明显降低。如烧结温度为 $(0.7 \sim 0.9) T_{熔}$,孔隙率为 10%~15% 时,材料的强度、塑性和弹性值仅为相应致密材料的 1/6~1/2。力学性能的下降,不只是与孔的大量存在有关,而且大多数性能都对孔的形状非常敏感,它与削弱强度降低塑性的"缺口"的影响有关。在烧结超硬材料制品中,特别是磨具制造时,在保证金刚石磨具强度的前提下,可以采用较高的孔隙率,但当孔隙率过高和烧结不好的材料在工作时可能会引起超硬磨料过早脱落,这将会影响磨具的使用寿命和加工精度。

### 5.2.1 密度与材料硬度的关系

烧结金属材料的硬度和普通铸锻材料一样,可用布氏、洛氏或维氏等压痕硬度来表示。但与一般烧结金属材料不同的是因为粉末烧结制品中有孔隙和微观组织往往不均匀,特别是烧结材料的孔隙数量、形状、大小和分布状态对硬度都有影响。所以,粉末烧结材料硬度有下列特点。

用布氏、洛氏等硬度试验机测定硬度时,当压头作用于材料金属基体与孔隙的复合体上,如果硬度计压头正好压在它孔隙处,就不能反映出其基体的真实硬度,硬度值一般低于相同成分的铸锻材料并且硬度值的离散性也相应较大。但这并不意味着其使用性能低于相应的铸锻材料。烧结材料的这种硬度值称为表观硬度。表观硬度并不是材料基体的硬度,基体的硬度才是材料的真正硬度。

表现硬度值因材料的孔隙率(或密度)而变化。孔隙率越低,其硬度就越高。烧结金属材料的多孔性决定了其检测方法最好采用维氏硬度计,其值相对稳定而准确。但对于孔隙率高的材料仍用布氏硬度来测定。图5-3是金属粉末烧结材料断面示意图,很明显,当硬度压头施压在不同部位时所测的硬度值会有明显的不同。

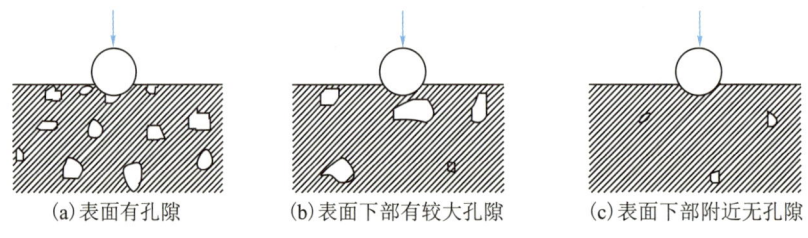

(a) 表面有孔隙　　(b) 表面下部有较大孔隙　　(c) 表面下部附近无孔隙

图5-3　烧结粉末材料与硬度计压头接触部位状况

图5-4是几种烧结材料孔隙率与表观硬度的关系。从图中可以反映出孔隙率越高密度越低,表观硬度越低的规律。图5-5是在材料密度变化时通过采用不同试验力测出的维氏硬度变化规律,HV0.1在相对密度不同时测出的HV值比较稳定,而HV10则变化较明显,其原因就是压痕大小不同孔隙存在的影响程度是不一样的。

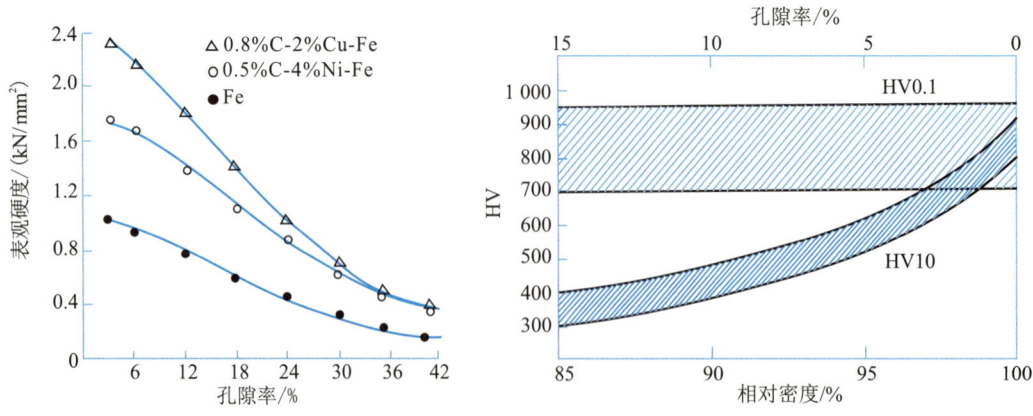

图5-4　烧结材料孔隙率与表观硬度的关系　　图5-5　相对密度不同时测量出的硬度变化

实验结果表明,烧结铁的 HB 值不受制造工艺方法(一般烧结法和复压复烧法)的影响,对孔隙形状不敏感,主要受孔隙率的影响。萨拉克和谢法尔德等在研究烧结铁材料时得到如下经验公式:

$$HB = 831\theta^{0.127}\exp(-0.049\theta) \tag{5-10}$$

式中　HB——烧结铁的硬度,MPa;
　　　$\theta$——烧结铁材料孔隙率。

### 5.2.2　孔隙与材料强度的关系

由于粉末烧结材料基本上都含有一定量的孔隙,这会使金属的有效承载断面面积减小,由于粉末原料和制造工艺不同,即使粉末烧结材料的孔隙率相同,其孔隙形状大小及分布的变化也是复杂的。抗拉、抗弯和抗压强度,均属静态强度,粉末烧结材料的静态强度,不仅与材料的孔隙率有关,而且还与空隙的形状、大小和分布有关,这就增加了理论分析的难度。

粉末烧结材料与传统可锻材料相比,其塑性变形的规律是不同的。烧结材料断裂时没有发现明显的宏观塑性变形的痕迹,只有在孔隙附近的烧结颈局部才发生明显的屈服。粉末烧结材料在金属材料中属于脆性材料,孔隙位置将会出现严重的应力集中,使材料强度下降,也可以理解为由于孔的存在使材料受力时的有效面积降低了。一定尺寸的裂纹有一对应的临界应力值 $\sigma_c$。当外力低于 $\sigma_c$ 时,裂纹不会扩大,当超过此值时,裂纹将快速扩展直至材料断裂。20 世纪 20 年代,格雷菲斯提出了微裂纹理论,将影响粉末烧结材料的断裂认为是裂纹的形成、扩展和分开的过程。当外力作用时,沿孔隙尖端所引起的应力集中可能形成微裂纹,而这种微裂纹一旦产生,应力集中将更为剧烈,促使裂纹迅速扩展,引起材料断裂;或者由于孔隙和微裂纹已经存在于整个材料体中,在外力作用下,已有的微裂纹和孔隙迅速扩展和连接,从而引起材料的断裂。因此,孔隙和裂纹在粉末脆性材料中成为应力集中的断裂源,引起材料在较低的应力下断裂,使强度降低,特别是使塑性和韧性显著降低。

图 5-6 表示一种含有椭圆形孔隙的板形方式样,垂直于椭圆长轴方向进行拉伸时的应力分布状态。在材料的弹性范围内,局部最大应力与名义应力的比值称为理论应力集中系数($K_t$)。通常用式(5-11)计算:

$$K_t = \frac{\sigma_{\max}}{\sigma} \tag{5-11}$$

式中　$\sigma_{\max}$——最大应力;
　　　$\sigma$——名义应力。

若孔隙为椭圆形,垂直于椭圆长轴进行拉伸(图 5-6)。椭圆形孔隙的应力集中系数,可用式(5-12)计算:

$$K_t = 1 + \frac{2c}{b} = 1 + 2\sqrt{\frac{c}{r}} \tag{5-12}$$

式中　$c$——椭圆形孔隙的长半轴;

$b$——椭圆形孔隙的短半轴；

$r$——椭圆形孔隙尖端的曲率半径。

从式中可以看到，$K_t$是一个大于 1 的值，$c/b$ 比值越大，即孔隙形状越扁，$K_t$越大；若椭圆形状为竖向结构，即 $c/b$ 很小，那么 $K_t$越小。理想的球形孔隙，$K_t=2$。在粉末烧结材料中，孔隙分布越均匀、孔隙形状越趋向于球形，对强度的提高就越有利。对于不规则的孔隙，局部 $K_t$将会更高，会提前于致密基材发生变形和破坏。图 5-7 反映了孔隙率对铁合金烧结件抗拉强度的影响。

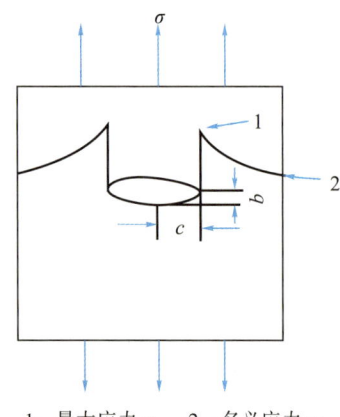

1—最大应力 $\sigma_{max}$；2—名义应力 $\sigma$。

**图 5-6 拉伸时椭圆形孔隙处的应力分布**

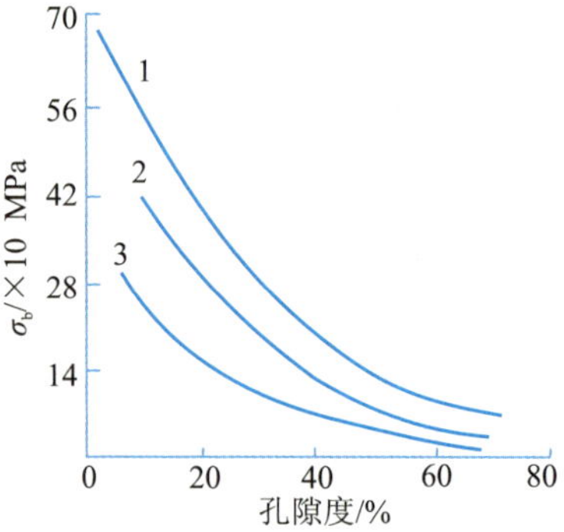

1—含铜的中碳钢；2—铬不锈钢；3—中碳钢。

**图 5-7 孔隙率对烧结试样抗拉强度的影响**

为了研究孔结构对粉末冶金材料力学性能的影响，A. A. Shatsov 对多孔铁材料的力学性能进行了研究。先假设试样破坏之前，孔形全部为球形，且分布均匀，并且裂缝会在孔与孔之间的引线通过，然后对多孔铁的疲劳应变特征进行分析，找到疲劳极限和屈服强度随着孔隙率的增加而减小的规律，详情见表 5-1。

**表 5-1 孔隙率对多孔铁材料力学性能的影响**

| 孔隙率 $\theta$ | 平均孔隙直径/$\mu m$ | $\sigma_{0.2}$/MPa | $\sigma_r$/MPa |
| --- | --- | --- | --- |
| 2.7% | 1.2 | 215 | 328 |
| 3.5% | 2.0 | 170 | 301 |
| 6.0% | 1.4 | 162 | 293 |
| 7.5% | 1.7 | 130 | 240 |
| 12.7% | — | 125 | 235 |
| 20.0% | 1.8 | 71 | 151 |

Erlin Zhang 等采用加入聚合体粉末的烧结方法制备出多孔铜试样。聚合体粉末起到造孔剂的作用，制成的铜试样孔隙率为 5.9%~55.5%。这种方法能有效地控制孔径和孔形，并获得孔分布比较均匀的材料。利用伺服液压测试机做压缩试验，得到应力-应变曲线图（图 5-8）。从图可以看出，弹性模量随着孔隙率的增加而降低，应变硬化随着孔隙率的增加而减小。除此之外，屈服强度也随着孔隙率的增加而降低，且基本

呈线性关系。在孔隙率为 10% 时,屈服强度为最大值 130 MPa。在未加造孔剂,孔隙率为 5.9% 的多孔铜试样中,孔的形状很不规则,但在其他加入造孔剂的多孔铜试样中,孔主要是球形。由此推测出:不规则的孔会导致双线性压缩行为,而规则的球形孔更容易出现幂律性压缩行为。N. Chawla 等系统地研究了孔结构对 Fe-0.85Mo-Ni 烧结钢拉伸和疲劳行为的影响。为了表示孔形,用孔形因子 $F$ 表示:

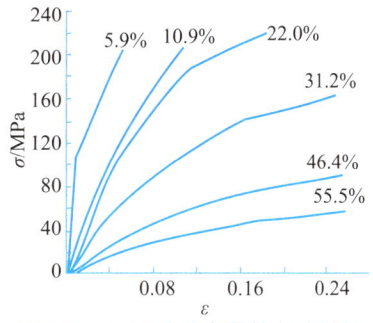

图 5-8 不同孔隙含量的多孔材料应力-应变曲线

$$F = 4\pi \frac{A}{P^2} \quad (5-13)$$

式中 $A$——孔的面积,$cm^2$;
$P$——孔的周长,cm。

$F$ 值为 1 时,孔为球形;$F$ 值越接近 0,则孔形越不规则。通过一定的工艺制得试样的密度分别为 7.0 g/$cm^3$、7.4 g/$cm^3$、7.5 g/$cm^3$,然后用扫描电镜(SEM)观察不同烧结密度的试样得出这样的规律:烧结密度越大,平均孔径越小,球形孔比例越大。拉伸和疲劳测试显示:拉伸强度和疲劳强度随着烧结密度的增加而增加;如果整体孔径越小或者孔簇越少,则应力集中越少,从而使得疲劳强度变得更大;疲劳强度与屈服强度及弹性模量的相关性比疲劳强度与拉伸强度的相关性要大。除此之外,他们又对应力-应变滞后试验做了进一步的研究:应力-应变滞后环的宽度随着循环塑性应变的增加而增加,材料刚度随着循环次数的增加而减小。这是由材料中微裂纹的产生造成的。为了表征循环次数对材料的破坏性,采用破坏参数 $D_E$ 表示:

$$D_E = 1 - \frac{E}{E_0} \quad (5-14)$$

式中 $E$——已知循环次数时材料的弹性模量;
$E_0$——材料未损坏时的弹性模量。

为了更有效地表征孔结构对力学行为的影响,N. Chawla 等利用有限元模型对微观结构进行模拟分析,结果显示:孔径越大,孔形越不规则,孔簇越密集,应变集中越容易产生;在密度较高的材料中,球形孔越多,分布越均匀,塑性应变越均匀;在疲劳行为中,塑性变形的扩大容易在孔的尖角处和孔簇较多的地方发生,尤其在孔隙率较大的试样中这种现象更明显。为了提高材料的屈服强度或抗拉强度,可减少孔隙量,缩短孔隙间距,强化孔隙之间的连接。在材料密度不变的情况下,使孔隙球化、圆化、平滑化都可以减弱应力集中,从而提高烧结材料的强度。孔结构微观形变对力学性能影响的渐变过程需要进一步去研究,当今仍然为大家所关注的重要课题之一。

## 5.2.3 密度与材料动态性能的关系

冲击韧性和疲劳强度是材料的一种动态性能,强烈地依赖于材料的塑性,它们不仅与成分和实际工况有关,还与材料的孔隙率和孔隙形状有直接的关系,特别是粉末烧结材料。孔隙率为 15%~20% 的烧结材料的冲击韧性是很小的,比可锻致密材料的冲击韧性要小好几倍。用不同烧结方法获取的烧结铁因结构不同其冲击韧性相差很大。例如,在相同密度下,预氧化活化烧结的烧结铁的冲击韧性比普通烧结的提高约1倍,采用卤化盐作为填料的活化烧结的烧结铁的冲击韧性比普通烧结的提高5~6倍(图5-9)。

孔隙对冲击韧性的影响不仅体现在孔隙量多少上,孔隙的大小对韧性也有较大的影响。图5-10为WC-Co硬质合金的冲击韧性与孔隙率的关系。结果表明,冲击韧性随孔隙率的增大而降低,当孔隙率过高时,下降速度有所放缓。较大的孔隙(>50 μm)的硬质合金 $\alpha_K$ 值比细小的孔隙(<50 μm)要小,这与细孔的形状规则有关。

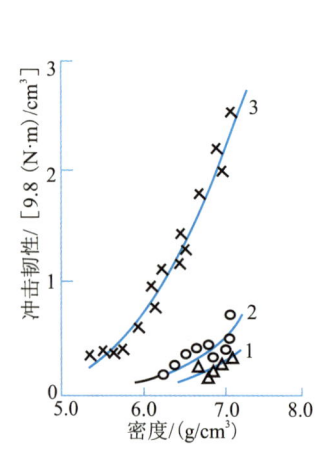
1—普通烧结;2—预氧化烧结;
3—卤化物做填料的活化烧结。
图5-9 不同烧结方法制取的烧结铁
的冲击韧性与密度的关系

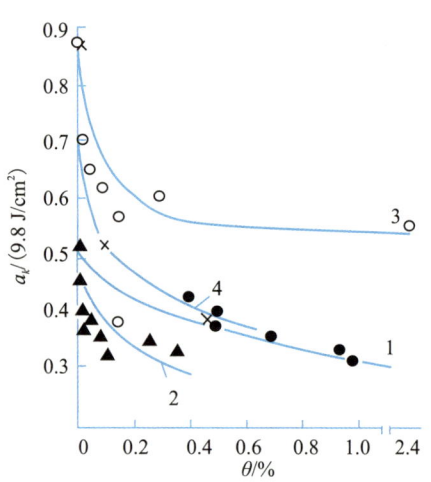
1,2—WC-8%Co;3,4—WC-15%Co;
1,3—细孔;2,4—粗孔。
图5-10 硬质合金的冲击韧性
与孔隙率的关系

疲劳是材料在循环载荷作用下发生破坏的现象。疲劳破坏的过程是材料在循环载荷作用下,在最弱的或应力最大的晶粒上形成微裂纹,然后发展成宏观裂纹,裂纹继续扩展,最终导致疲劳断裂。所以,疲劳破坏经历裂纹萌生、裂纹扩展和瞬间断裂三个阶段。烧结材料的疲劳性能的影响因素很多,主要有密度、孔隙形状和大小、显微组织、残余应力、夹杂物等,其中密度对烧结材料疲劳性能影响最大。粉末烧结材料与铸锻材料相比疲劳性能偏低,主要是由于内部孔隙的存在降低了有效承载面积,造成了应力沿材料显微组织体积的不均匀分布。通常在孔隙锐角引起应力集中,高应力作用下孔隙锐角发生塑性变形引起微裂纹,降低材料韧性和强度。对铁基粉末烧结材料,密度和孔隙的尺寸与形状是影响材料疲劳强度的最重要因素。孔隙的存在大大提高了疲劳裂纹萌生概率,因此粉末冶金材料疲劳强度远远低于屈服强度,造成零部件在低应力下过早失效。烧结实验证实,疲劳极限随孔隙率的增加而减小。

研究者采用扫描电镜(SEM)对 Fe-2Cu-2Ni-1Mo-1C 常规烧结材料弯曲超声疲劳 $10^5$ ~$10^9$ 周次断裂的试样断口进行了显微分析。图5-11 为 $\sigma_a=\pm500$ MPa,$N_f=6.51×10^4$ 疲劳断裂试样的扫描电镜(SEM)断口形貌。图5-11(a)为断口宏观形貌,可见疲劳断口分为疲劳裂纹源区、疲劳裂纹扩展区和瞬时断裂区。裂纹源起源于试样表面尖角或棱边,表现为多源萌生,可见图5-11(b)中箭头所示处。裂纹源起源于试样棱边,然后以扇形方式向外扩展。对裂纹扩展区观察发现,裂纹扩展阶段一般分两个阶段,均以穿晶断裂为主,但有不同的微观特征。第一扩展阶段连着裂纹源,当加载应力幅较大时,第一扩展阶段不是很明显,靠近裂纹源,可观察到存在的众多小解理平面及凹坑,凹坑为较大的孔洞及周围较小的孔群形成,并出现短小、不连续的撕裂棱,如图5-11(b)所示。裂纹进一步扩展,出现光亮解理面和比较明显的与裂纹扩展方向一致的放射线条。SEM 观察表面放射线是疲劳裂纹在不同平面上扩展时形成的撕裂棱。此扩展区的撕裂棱相对长度增加,且呈现连续分布状态,高倍观察可见到两条平行的撕裂棱中间存在与裂纹扩展方向垂直的疲劳辉纹,如图 5-11(c)所示。图 5-11(d)为断裂区形貌,可以看出断裂区形貌与静态拉伸断口相似,出现较为典型的解理面和韧窝,韧窝的出现表明材料在断裂时局部仍要发生塑性变形,一定程度上提高了材料抗疲劳性能。

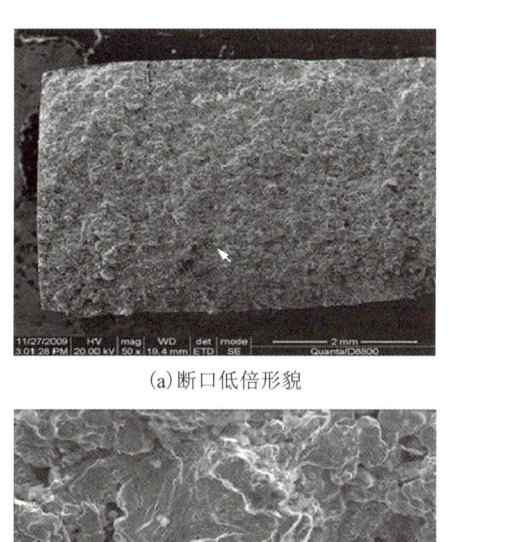

(a)断口低倍形貌　　　　　　　　　　(b)裂纹源区高倍形貌

(c)第二裂纹扩展区形貌　　　　　　　(d)断裂区形貌

图 5-11　试样疲劳断口 SEM 形貌

($N_f = 6.51 \times 10^4, \sigma_\alpha = \pm 500$ MPa)

图 5-12 为 Fe-2Cu-2Ni-1Mo-1C 烧结硬化态试样在 $N_f = 1.1713 \times 10^6$, $\sigma_\alpha = \pm 302$ MPa 时疲劳试样的扫描电镜(SEM)断口形貌。图 5-12(a)为疲劳断口低倍形貌,显示了试样棱角处表面及次表面的大体积孔洞群处共同形成宏观裂纹源,原因是孔群处材料相对疏松,裂纹易于在此处萌生,裂纹沿此扩展连接后形成主裂纹,如图 5-12(b)所示大体积孔洞形貌。裂纹扩展区相对粗糙,出现凹坑、解理面和裂纹扩展疲劳辉纹,有比较明显的与裂纹扩展方向一致的撕裂棱。撕裂棱呈现连续分布状态,高倍观察可见到两条平行的撕裂棱中间的疲劳辉纹,如图 5-12(c)(d)所示。

在研究 Fe-2Cu-0.8C 烧结材料中原料粉末的粒度、孔隙长度、孔隙曲率、孔隙间距等因素对疲劳强度的影响时,发现烧结铁的疲劳强度随孔隙率的降低而增大。对于低密度情况,小颗粒能达到高的 $\sigma_\varepsilon$ 值,对于高密度情况,较大颗粒更有优越性。低孔隙时,圆形孔隙和孔隙间距较大,$\sigma_\varepsilon$ 值更高。图 5-13 中的曲线分成三个区域,区域Ⅰ的特征主要是闭孔隙率,裂纹主要发生在试样内部,裂纹路径是穿晶和与闭孔隙连接;区域Ⅱ是从闭孔隙向开孔隙过渡,在试样表面,裂纹在孔隙聚结外集结,在断口上能辨认出烧结颈被破坏;在区域Ⅲ,所有孔隙彼此连接起来,整体材料是由基体相和孔隙组成。孔隙率几乎全部是开孔隙率。在表面不同部位,裂纹同时集结在断口上,疲劳和延性断裂区之间没有区别。

(a)断口低倍形貌

(b)裂纹源区孔洞形貌(O处)

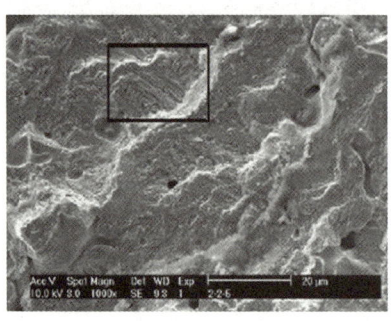

(c)裂纹扩展区形

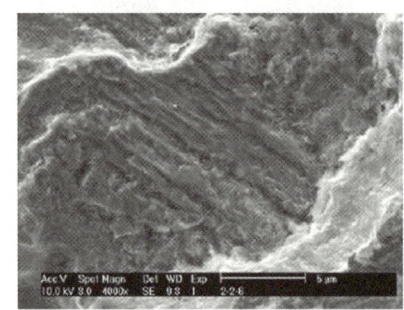

(d)疲劳辉纹形貌□处

图 5-12　疲劳断口 SEM 形貌

($N_f = 1.1713 \times 10^6$, $\sigma_\alpha = \pm 302$ MPa)

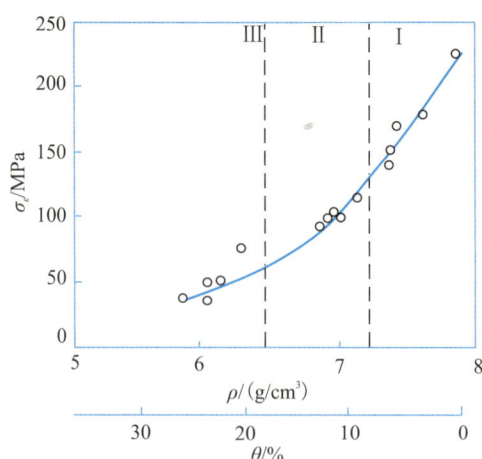

图 5-13　疲劳强度与孔隙率之间的关系

### 5.2.4 孔隙与物理性能的关系

在稳定条件下，电流、热流、磁感应等现象都可以用完全相似的方法来描述。电导率、热导率、电容率都属于传导性。依文献介绍，基体型多相混合系统的传导性为

$$\sum \frac{\lambda_i - \lambda}{\lambda_i + 2\lambda} \theta_i = 0 \tag{5-15}$$

式中　$\lambda$——混合系统的传导性；

$\lambda_i$——$i$ 相的传导性；

$\theta_i$——$i$ 相的体积百分比。

如果混合系统为两相，分别为基体相与第二相，则

$$\frac{\lambda_1 - \lambda}{\lambda_1 + 2\lambda}(1 - \theta) + \frac{\lambda_2 - \lambda}{\lambda_2 + 2\lambda}\theta = 0 \tag{5-16}$$

式中　$\lambda_1$——基体材料的传导性；

$\lambda_2$——第二相的传导性；

$\theta$——第二相占的体积百分比。

若第二相为孔隙，则 $\theta$ 为孔隙率，此时 $\lambda_2 = 0$。可以简化为

$$\lambda = \lambda_0 \left(1 - \frac{3}{2}\theta\right) \tag{5-17}$$

式中，$\lambda$ 和 $\lambda_0$ 分别为多孔和致密材料的传导性。式(5-17)是对孔隙具有统计均匀分布的系统得出的。在对电导率的实验验证时发现，仅对孔隙率小于66%才是有效的。对于孔隙率 $\theta$ 在较宽区间里的变化的相对电导率 $\lambda/\lambda_0$ 与孔隙率 $\theta$ 比较的普遍关系见表5-2。

表 5-2　孔隙率与相对电导率的关系

| $\theta$ | 0 | 0.1% | 0.2% | 0.3% | 0.4% | 0.5% | 0.6% | 0.7% | 0.8% |
|---|---|---|---|---|---|---|---|---|---|
| $\lambda/\lambda_0$ | 1 | 0.847 | 0.678 | 0.525 | 0.368 | 0.222 | 0.140 | 0.059 | 0.033 |

上述确定多孔材料电导率的方法只适用于颗粒间充分地接触，即接触的大小可以与颗粒尺寸相比拟时的情况。

对于多孔的粉末烧结材料一般烧结不太充分，颗粒接触程度很有限。B.B.斯柯罗霍德对不完全接触的多孔体电导率进行了研究，综合上述公式进行了修正：

$$\lambda = \xi \lambda_0 \left(1 - \frac{3}{2}\theta\right) \tag{5-18}$$

式中，$\xi$ 为试样接触颈与粉末颗粒直径之比，其他符号同前。对于烧结接触较小的烧结材料，如球形粉末生产多孔材料其 $\xi$ 大致在 0.2~0.5，可用显微镜分析来估计。而非球形粉末制取的材料，先从手册中查出相应无孔隙材料的电导率 $\lambda_0$，再将实验数据代入式(5-18)计算得到无孔材料的电导率 $\lambda_0'$，然后按 $\xi = \lambda_0/\lambda_0'$ 计算，即可得到 $\xi$ 值。图5-14是实测值与经过式(5-18)计算出来的值的对比图。

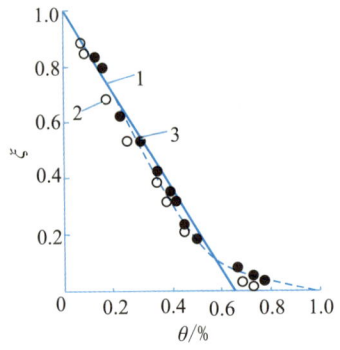

1—按计算所得曲线;2—在1 150~1 200 ℃烧结的多孔铁;3—在700~1 000 ℃烧结的多孔铜。

图5-14 烧结多孔铁、铜的电导率和孔隙的关系

（计算值与实际值的对比）

在物理性能与孔隙的关系方面，实际上影响性能的不仅有孔隙率，还有孔隙的形状、孔隙的方向，如影响比较大的磁导率、电容率等。

多孔体的热容、磁化强度等具有加合性能：

$$B_s = \sum_i B_{si}\theta_i \tag{5-19}$$

式中　$B_s$——混合物性能；

　　　$B_{si}$——混合物中组元 $i$ 的性能；

　　　$\theta_i$——混合物中组元 $i$ 的体积百分含量。

比如，多孔材料的比热具有加合性质，其值可以由式(5-20)确定：

$$C = C_0(1-\theta) \tag{5-20}$$

式中　$C$——多孔材料的比热；

　　　$C_0$——致密材料的比热。

图5-15是铁基粉末烧结材料的弹性模量 $E$ 与孔隙率 $\theta$ 的关系。弹性模量对烧结时间、原始粉末粒度和合金化程度等不敏感，烧结多孔铁的比例极限是很低的，孔隙率大于30%时的弹性模量比铜还低。图中也反映出孔隙率越高，弹性模量越小的规律。麦克亚当(D.G.Mcadam)在大量实验的基础上提出了烧结铁粉末材料的半经验公式：

$$E_s = E_0(1-\theta)^{3.4} \tag{5-21}$$

式中　$E_s$——烧结铁的弹性模量；

　　　$E_0$——相应致密材料的弹性模量；

　　　$\theta$——孔隙率，%。

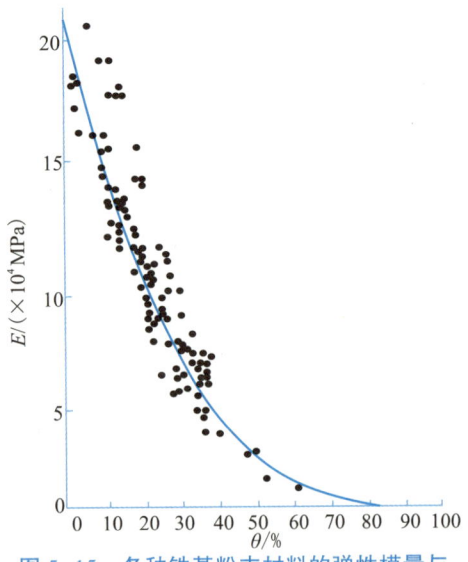

图5-15 各种铁基粉末材料的弹性模量与孔隙率的关系

## 5.3 晶粒强化

细化晶粒强化是粉末烧结材料的重要特征之一,在材料组织中可以具有较多的晶界,晶界具有阻碍滑移变形作用,因而可使烧结金属材料得到强化,同时也改善了韧性,这是其他强化机制不可能做到的。与铸造材料相比,粉末烧结颗粒非常细微,即使不采用特殊手段制备的粉末,同样可以通过粉末特殊烧结控制粉末晶粒长大和再结晶,获得性能优异的细晶材料。

### 5.3.1 晶粒强化理论

晶粒强化是建立在位错理论基础上的,霍尔-佩奇(Hall-Petch)关系式是研究晶粒强化的最典型理论。如图 5-16 所示,外力能激发一个位错源(如图 5-16 中的晶粒①),并将一系列位错输送到相邻的晶界。由于相邻晶粒对所加外力而言,其位向比较不利于滑移,因此位错会在晶界处塞积,最后位错塞积引起的应力集中,使得在晶粒②(或③)中距离约为 $r$ 的位错源处激发起滑移。由弹性理论得出,在长度为 $c$ 的裂纹尖端相距 $r$ 处的应力集中为 $(c/r)^{1/2}$,裂纹长度正比于塞积的位错数目,即正比于晶粒直径 $d$。当应力超过某一临界值 $\sigma_n$ 时就能触发晶界另一侧的晶粒发生滑移,所以滑移超过晶界的临界条件为

$$K(\sigma_y - \sigma_i)\left(\frac{d}{r}\right)^{1/2} = \sigma_n \tag{5-22}$$

式中 $K$——比例常数;
$\sigma_y$——外加应力;
$\sigma_i$——阻止位错滑动的点阵摩擦应力。

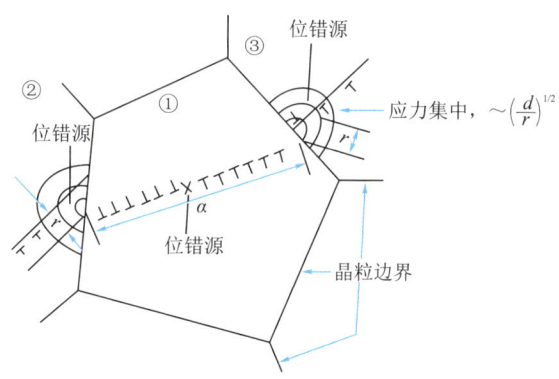

图 5-16 相邻晶粒中位错间相互作用示意图

将式(5-22)整理可得到:

$$\sigma_y = \sigma_i + K_y d^{-1/2} \tag{5-23}$$

式中,$\sigma_i$ 和 $K_y$ 是和材料有关的常数。这个公式即为 Hall-Petch 关系式。$\sigma_i$ 对温度和变形速率都很敏感,其数据也随杂质含量的增加而增加。基于上述理论,晶粒越细,晶界越多,表示阻碍作用也越大,金属材料的屈服强度也越高。在许多金属中(主要是体

心立方金属,包括钢、铁、钼、钽、铌、铬、钒以及一些铜合金)屈服强度和晶粒大小的关系满足 Hall-Petch 关系式。对于没有直接观察到所需尺寸的位错塞积的纯金属或合金来说,也符合 Hall-Petch 关系式,这也促进了无位错塞积理论的发展。

设 $m$ 为产生屈服时单位面积晶界发射出位错的总长度,则球形颗粒位错密度 $\rho$ 为

$$\rho = 3\frac{m}{d} \tag{5-24}$$

而屈服应力与位错密度的培莱-赫许(Bakley-Hirsch)关系式:

$$\sigma_y = \sigma_i + a\mu b\sqrt{\rho} \tag{5-25}$$

式中　$a$——系数;
　　　$\mu$——剪切模量;
　　　$b$——柏氏矢量的模量。

将式(5-24)代入式(5-25)可得到著名的 Hall-Petch 关系式:

$$\sigma_y = \sigma_i + a\mu b\sqrt{3m}\, d^{-\frac{1}{2}} \tag{5-26}$$

式中,$K_y = a\mu b\sqrt{3m}$。图 5-17 为室温下几种金属材料的屈服应力与晶粒尺寸的关系曲线。图 5-18 为不同晶粒尺寸 Al 应变后铝材位错密度 $\rho$ 与应力真应变 $\varepsilon$ 的关系曲线。

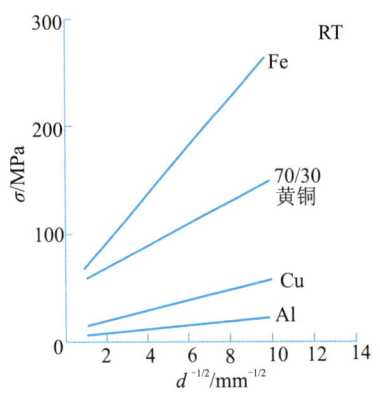

图 5-17　室温下几种金属或合金的屈服与晶粒尺寸的关系

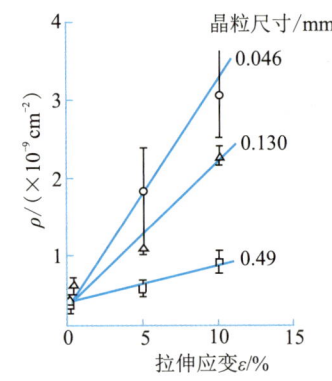

图 5-18　99.99%Al 多晶粒位错密度与应力真应变的关系曲线

### 5.3.2　烧结材料的晶粒细化

通常的金属材料晶粒细化的方法有冷却速度、振动处理、变质处理等,这些同样也适用于金属粉末烧结材料。在实现细化晶粒的过程中,还有一个重要的问题就是抑制晶粒的长大,常采用两种方法。一种是采用特殊烧结工艺,通过外力和辅助外场等工艺手段来实现抑制颗粒的长大,如热等静压、等离子体活化烧结、微波烧结、超高压力下通电烧结等;另一种是在烧结的过程中,通过掺入晶粒抑制剂从而控制晶粒的长大,如加入碳化物(TiC、ZrC、HfC)、氧化物($La_2O_3$、$Y_2O_3$、$ZrO_2$)等,通过第二相的钉扎作用来抑制钨晶粒在高温下的长大。在此仅对几种与粉末烧结材料有关的研究进行以下陈述。

#### 5.3.2.1 原材料

通过改变原材料组成是所有材料性能变化的最基本方法。对于不同金属基体材料，可研究与改变的元素成分种类繁多。

稀土作为我国相对丰富的金属元素，在各种材料中的应用也做了较全面的研究和探讨。稀土元素加入钢中，可净化钢液，减少夹杂物数量，改变其形态、性能及分布，细化钢的晶粒作用等，从而使钢的性能得到提高。在粉末冶金材料中加入稀土元素同样能使晶粒细化且均匀化。有资料报道，认为稀土元素为表面活性物质，它在黑色金属或合金的烧结过程中，特别是奥氏体形成后，稀土元素及其化合物吸附在晶粒的表面（或在晶界富集），降低了合金的奥氏体晶界表面能，减少了晶体长大的驱动力，抑制了奥氏体晶粒的长大。在奥氏体晶粒细化的情况下，随之转变成的珠光体也细小，珠光体中的铁素体与渗碳体的片间距变小，铁素体与渗碳体变窄。因此，适量加入稀土元素能提高合金的塑性、韧性和强度。图 5-19 和图 5-20 是稀土 $CeO_2$ 对铁基烧结材料力学性能的影响。这些力学性能的变化从图 5-21 的组织显微图可以看到，稀土元素的微量加入明显细化了晶粒，组织更加均匀。但含量过大将不利于性能的进一步改善。

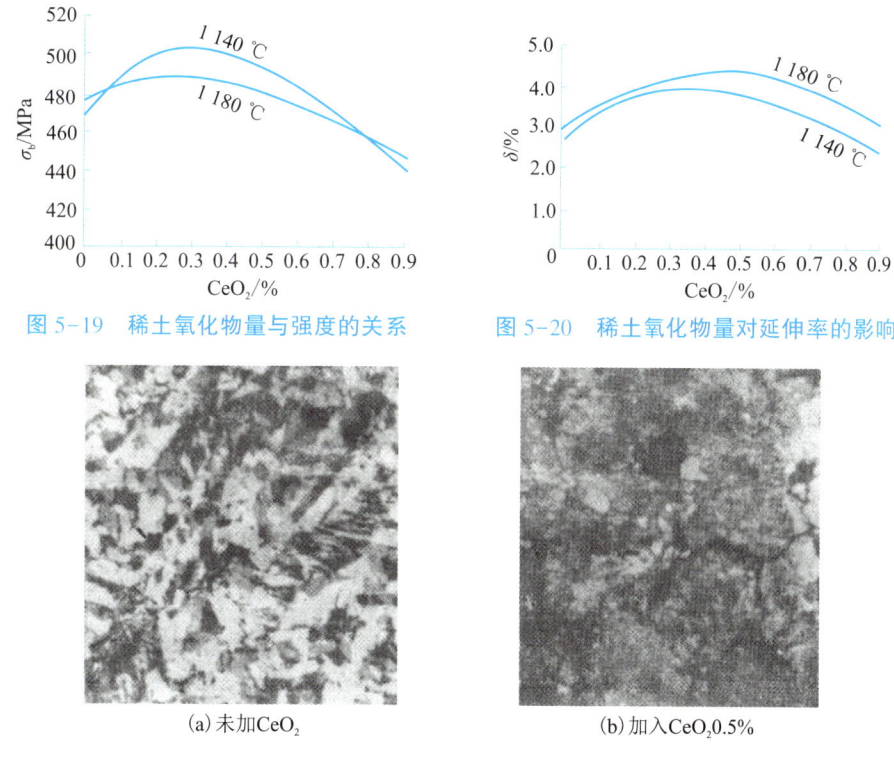

图 5-19　稀土氧化物量与强度的关系　　图 5-20　稀土氧化物量对延伸率的影响

(a) 未加 $CeO_2$　　　　　　(b) 加入 $CeO_2$ 0.5%

图 5-21　铁烧结合金金相组织照片

(3%硝酸酒精腐蚀，$T_{烧}$ = 1 180 ℃)

图 5-22、图 5-23 是用直径为 150 μm 的稀土硅铁合金粉末（以 $CeO_2$ 为主，配方成分为 Fe-10Cr-2Ni-1Mo-2C-0.6P-xRE 的混合粉末），烧结温度 1 140 ℃，保温 30 min 后测得的韧性与合金组织。可看出，微观组织主要由珠光体、合金碳化物和少量游离石墨相组成。随着稀土含量的增加，珠光体晶粒越来越细，组织得到明显细化，添加 0.4%稀土的

试样的晶粒最细,所以,稀土在铁基烧结材料中有良好的细化晶粒作用。另外,少量的稀土还能规整碳化物的形状,加 0.1%稀土的试样与不加稀土的试样相比,白色碳化物形状趋于球化且明显细化,碳化物均匀分布于基体中;随着稀土的增加,添加0.4%稀土的试样的碳化物形状又开始恶化。由于稀土为表面活性物质,在烧结致密化过程中吸附于晶粒表面,稀土的加入阻碍了烧结过程中的晶界迁移,因此可以明显细化晶粒、增加晶界数量。当稀土过量时,由于稀土碳化物的自由能比 $Fe_3C$ 的自由能低,多余的稀土可与碳作用生成稀土碳化物。这样既消耗了合金中的一部分碳,又阻止了碳的扩散,使得碳化物形状恶化。

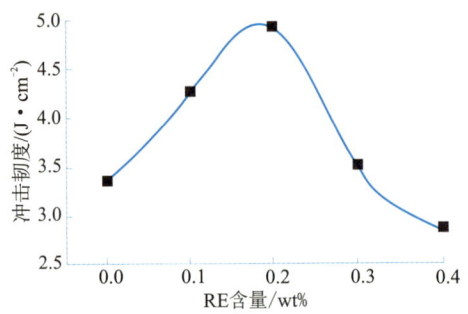

图 5-22　稀土氧化物与冲击韧性的关系

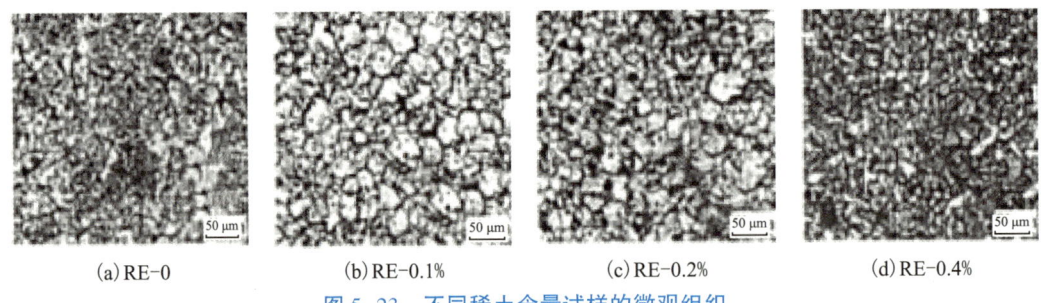

(a) RE-0　　　(b) RE-0.1%　　　(c) RE-0.2%　　　(d) RE-0.4%

图 5-23　不同稀土含量试样的微观组织

图 5-24 是研究 W 基材料时在 W 中加入 TiC 和 Ni 的区别。从图中明显可以看到,Ni 的加入使晶粒尺寸明显变小了。

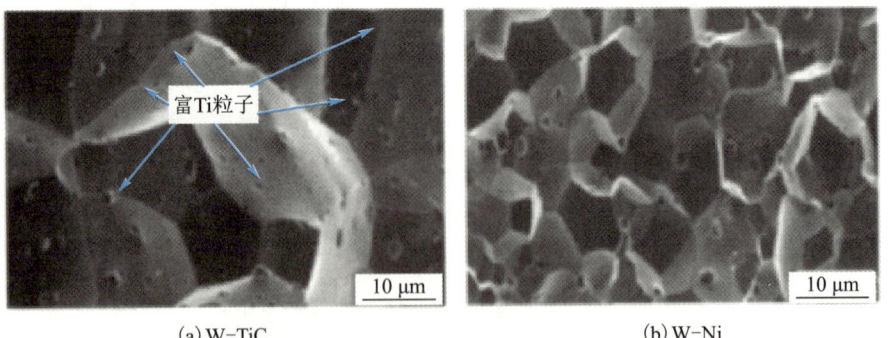

(a) W-TiC　　　(b) W-Ni

图 5-24　W 基材料的断口微观形貌

在硬质合金生产中,常加入各种晶粒长大抑制剂,有 VC、$Mo_2C$、$Cr_3O_2$、NbC、TaC、TiC 等,晶粒长大抑制剂的加入量一般以抑制剂在液态黏结相中达到饱和浓度为限,此时可得到最细的显微结构。在研究不同配比的晶粒抑制剂对超细晶硬质合金组织和力学性能的影响时发现,添加 VC+$Cr_3C_2$ 或 VC+TaC 形成复合晶粒抑制剂对硬质合金晶粒的细化效果明显好于单一添加 VC 的细化效果,并且 WC 晶粒的形状也随加入抑制剂的不同而不同。图 5-25 是加入不同抑制剂时的微观结构。可以看出添加适当的抑制剂,不仅可以抑制 WC 晶粒的增长,细化晶粒,而且使晶粒度的均匀性大大提高(图中箭头处为个别长大的 WC 晶粒)。复合抑制剂的效果要明显优于单一抑制剂。在对不同抑制剂的比较中发现,晶粒形状有较大的区别。图 5-25 两种不同复合晶粒抑制剂导致的硬质合金内部组织结构不同的 TEM 观察。添加 $Cr_3C_2$ 时 WC 晶粒大多呈多边形状,外形较圆;而添加 TaC 硬质合金中,WC 颗粒呈三角形和四边形状,且棱角较明显。晶粒的细化与形状均匀化将会对材料的力学性能有明显的影响。图 5-26~图 5-28 是研究硬质合金时加入不同含量的抑制剂对硬质合金微观形貌和硬度的影响。

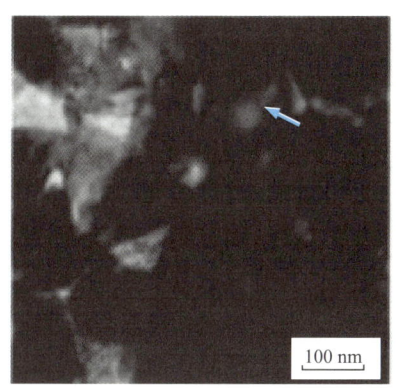

(a) VC+$Cr_3C_2$ 抑制剂　　　　　　　　(b) VC+TaC 抑制剂

图 5-25　不同抑制剂对 WC 晶粒形状的影响

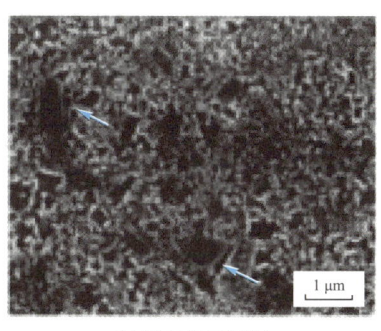 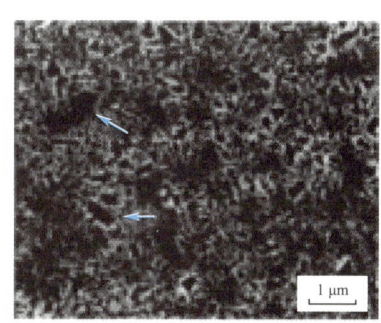

(a) 无晶粒抑制剂　　　　　　　　(b) 加入 0.6wt%VC

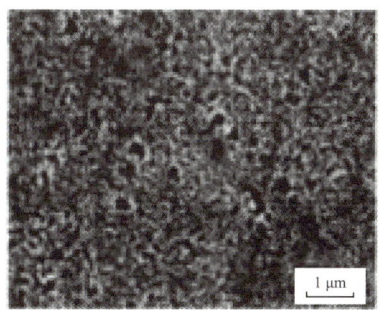 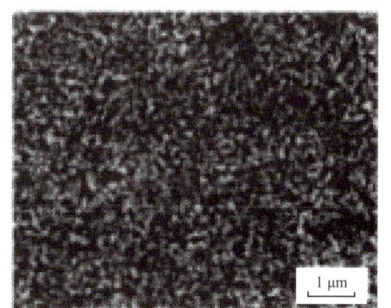

(c) 加入 0.3wt%$Cr_3C_2$+0.3wt%VC　　　　(d) 加入 0.3wt%TaC+0.3wt%VC

图 5-26　添加不同晶粒抑制剂经烧结后硬质合金的微观形貌

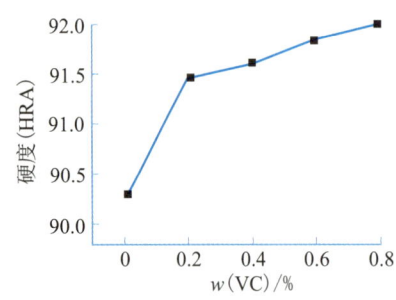
图5-27 添加VC对硬质合金硬度的影响

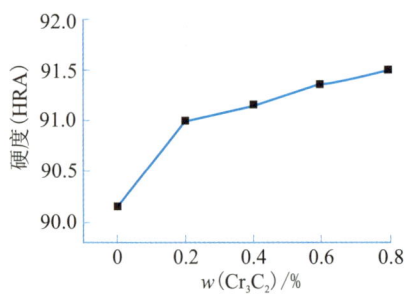
图5-28 添加$Cr_3C_2$对硬质合金硬度的影响

烧结原材料的粒度对材料的组织有直接的影响。在硬质合金YG8生产中,WC粉末可以使用普通温度碳化生产的WC粉末(简称普通WC),也可以使用高温碳化生产的WC粉末(简称高温WC)。在使用两种不同来源的原始粉末时发现,对硬质合金显微结构的影响是不同的(如图5-29)。这两类WC粉末粒度相近,但分析其粒度组成时,高温WC粉末颗粒分布比较均匀,粗大颗粒较少;普通WC粉末粒度分布较宽,粗颗粒较大。从而造成使用普通WC粉末时硬质合金粒晶度不均匀(图5-29)。图中可以看到,高温WC粉末的合金金相组织结构均匀,晶型完整。图5-29(a)中金相组织结构不均匀,存在较严重的晶粒加粗,成为硬质合金穿晶断裂的重要原因。在电镜照片中很明显发现(图5-30),高温碳化的WC粉末晶粒生长完全,呈近球形,表面光滑,粗大团粒较少;而普通WC粉晶形不全,呈不规则形,晶粒表面粗糙,颗粒团聚现象也严重。

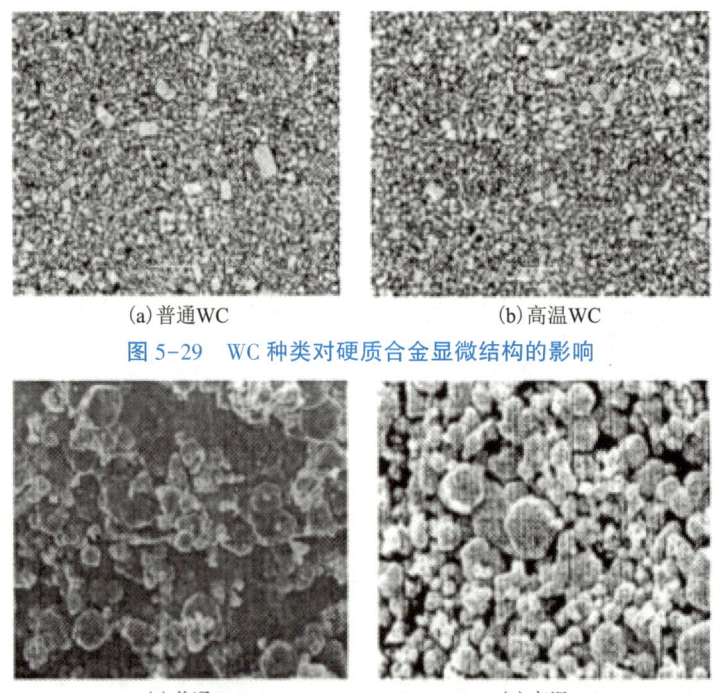

(a)普通WC　　　　　(b)高温WC

图5-29 WC种类对硬质合金显微结构的影响

(a)普通WC　　　　　(b)高温WC

图5-30 不同类型WC生产的硬质合金电镜图像

研究者在对铝铜合金粉末材料生产研究中,利用三种不同粒度的铝铜合金粉进行了热等静压实验。1#合金粉末($D_{50}$=195.81 μm),2#合金粉末($D_{50}$=123.58 μm),3#合金粉末($D_{50}$=34.90 μm)。粒度较大的粉末经过热等静压后,颗粒边界趋于平直,边界与边界的夹角趋于均匀的120°;随粉末粒度减小及粒径分布范围增大,Al 和 Cu 等合金元素的析出相由点状连续分布变为集中分布在粉末颗粒的三向交叉处,微观组织更致密均匀,颗粒边界细小,颗粒之间的扩散连接加强。粒径较小的3#粉末,热等静压后其颗粒边界变形严重,部分小颗粒甚至融合在一起。粉末粒度越小,合金越致密,粉末颗粒之间的原始粉末边界越细小,粉末之间"焊合"程度越高,使得材料的抗拉强度、屈服强度和延伸率均有所提高(图5-31)。

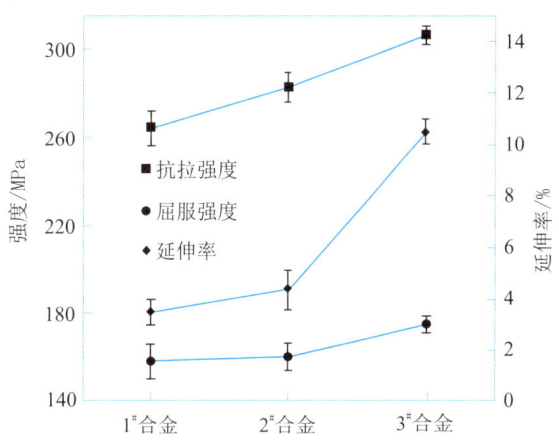

1#合金 $D_{50}$=195.81 μm;2#合金 $D_{50}$=123.58 μm;3#合金 $D_{50}$=34.90 μm。

图 5-31　热等静压铝合金的拉伸性能

图 5-32 是三种不同粒度的同成分铝铜合金粉末热等静压后的金相组织。从图中反映出,3种不同粒度的粉末经过热等静压后都存在原始粉末颗粒边界,其中1#和2#合金的析出相在颗粒与颗粒的交界处呈点状连续分布,形成较明显的原始粉末颗粒边界。在 3#合金中,粒径较大的颗粒原始边界较明显,粒径较小的卫星颗粒原始边界基本消失,析出相不再是点状连续分布在颗粒与颗粒的交界处,而是集中聚集在粉末颗粒的三向交叉处。3#合金更致密均匀,致密度最高,且原始粉末颗粒边界更加细小、均匀。图 5-33 为不同粒度合金粉热等静压后的拉伸断口形貌。从图中更清楚地看出:1#与 2#合金的断裂方式为沿粉末颗粒的接触面断裂。3#合金的颗粒之间的接触面积较大,合金元素集中聚集在颗粒的三向交叉处,使粉末颗粒边界不再被点状连续分布的析出相阻隔,增强了颗粒与颗粒间的扩散结合,使结合边界更加均匀致密,所以3#合金比 1#与 2#合金具有更高的结合强度(图5-31)。

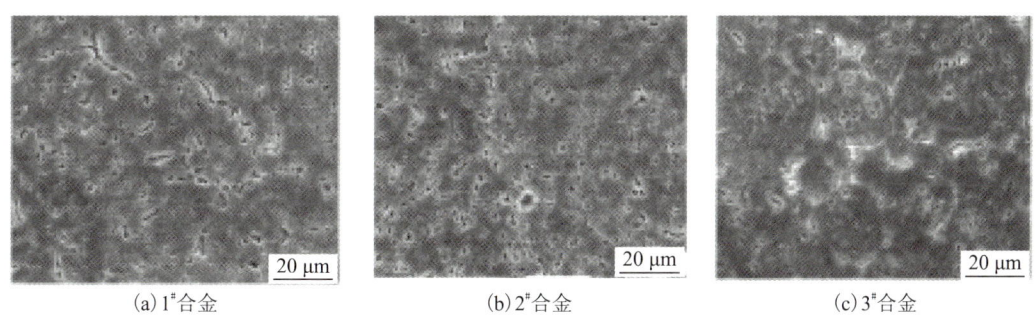

图 5-32　热等静压 2Al2 铝合金的金相组织

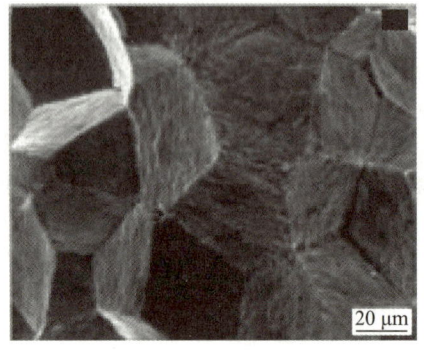 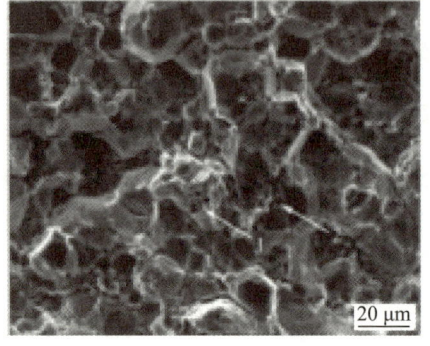

(a) 1#，2#合金　　　　　　　　　(b) 3#合金

图 5-33　2Al2 铝合金的拉伸断口形貌

球磨作为粉体材料应用的一个较普遍措施在烧结金属粉末制品中也是常用工艺之一，但球磨的结果不同于非金属脆性粉末，不仅会影响粉末的粒度，还会影响粉末颗粒的形状甚至影响粉末晶粒的大小。在 W 和 W 基复合材料生产过程中，发现经过球磨后的复合原材料对材料的性能有重要的影响。图 5-34 是球磨前后 W 粉与 W 合金粉末的形貌。观察发现：高能球磨前粉体的颗粒呈现较为规则的多面体形状；经 60 h 球磨后，由于研磨球的猛烈撞击和相互摩擦作用，粉体反复地发生变形、叠合、冷焊将 W 粉和纳米 TiC 粉非常均匀地混合在一起；混合粉体失去了原有的形貌特征，呈片状或絮状且粉体粒度大大细化，粉体细化后必将导致比表面积显著增加。说明经过 60 h 的高能球磨，可以明显促进 W 颗粒细化。经过对球磨前后 W 复合粉体（掺杂相为 TiC）的 X 射线衍射图谱比较，球磨后的 W 复合粉衍射峰强度显著降低，峰展宽效应明显。这是由于高能球磨导致晶粒细化以及晶粒内产生了严重晶格畸变。经过计算后发现球磨前后 W 的晶粒尺寸分别为 54.53 nm 和 21.22 nm，球磨引起的晶格畸变为 0.27%。高能球磨引起的晶格畸变会导致晶粒中大量缺陷增生，如空位和位错等；这些缺陷在粉体的固相烧结过程中相互作用，有助于物质的迁移和致密化。机械球磨程度越高，粉体细化程度越大，复合粉掺杂越均匀；粉体粒度越小，其比表面积越大且烧结活性越高，传质过程越有效。

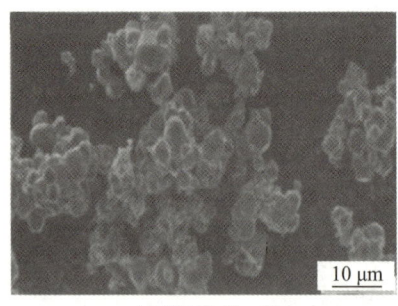 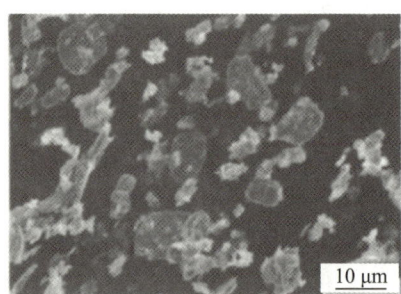

(a) 球磨前的 W 粉　　　　　　　　(b) 球磨后的 W-TiC 粉

图 5-34　球磨前后 W 粉的微观形象

#### 5.3.2.2　工艺条件

实际上，上面所谈到的原材料球磨也是一种工艺措施。根据金属粉末材料的制造原理来看，烧结工艺在晶粒控制中起到最重要作用。烧结工艺参数如温度、时间对烧结材

料晶粒的长大和合金性能有很大的影响。对于颗粒弥散合金,必须控制短的烧结时间。一些可用的烧结工艺有:气压烧结、热压烧结、微波烧结、等离子体活化烧结、快速热等静压烧结、场辅助烧结、二阶段烧结等。

在硬质合金烧结过程中,对烧结温度与 WC 晶粒大小的影响做过大量的实验。图 5-35、图 5-36 是采用球状、粒度细的自蔓延合成碳化钨低压烧结工艺时不同烧结温度和烧结时间对合金结构的影响。在图 5-35 中可以清楚地看到,当烧结温度在 1 360 ℃(保温 60 min)时,烧结的晶粒尺寸均匀且细小;而当温度在 1 420 ℃(保温60 min)时,晶粒发生异常长大。从硬质合金烧结原理分析,当烧结温度上升到 1 360 ℃ 时,金属钴熔化,形成液相,由于 Co 液在烧结体中流动,提高了颗粒间的润湿效果,空隙被填充,在气体压力下烧结体的收缩增大。图 5-36 所示为最高温度在 1 360 ℃ 时,保温时间分别为 60 min、90 min 所得 WC 硬质合金的 SEM 电镜图像。从图中可以看出,保温时间为60 min 时的碳化钨晶粒度比较均匀,没有较大的颗粒出现,排列整齐,碳化钨晶粒间有明显的钴液相包围,合金晶粒度在 0.3~0.8 μm;保温时间为 90 min 时,碳化钨硬质合金晶粒明显长大,使得碳化钨晶粒紧密排列,而晶粒之间没有 Co 相黏结,导致了 WC 烧结体性能的下降。图 5-37 是另一研究者在硬质合金烧结实验中所得到的结果,同样也说明了烧结温度对硬质合金晶粒大小有明显的影响。

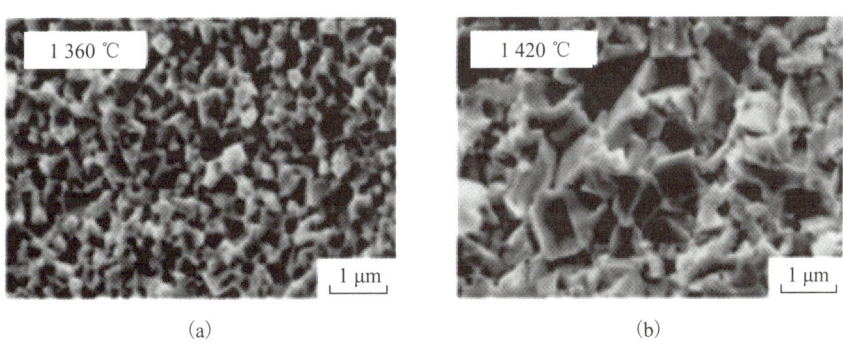

图 5-35 不同温度的低压烧结 WC-10Co 硬质合金 SEM 图

(Ar 气压力为 6 MPa)

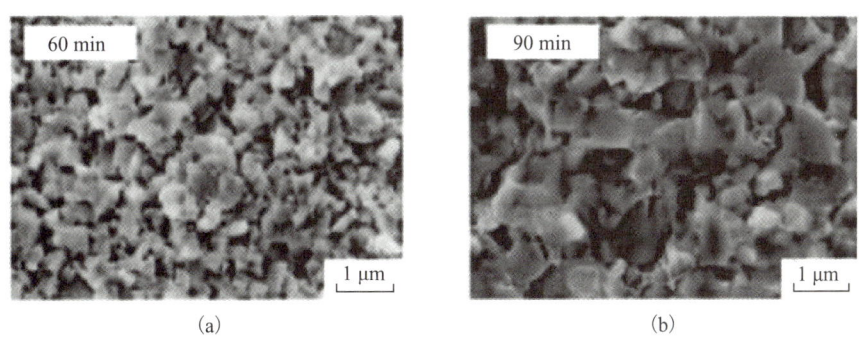

图 5-36 不同保温时间烧结的 WC-10Co 硬质合金 SEM 图

(压强 6 MPa、温度 1 360 ℃)

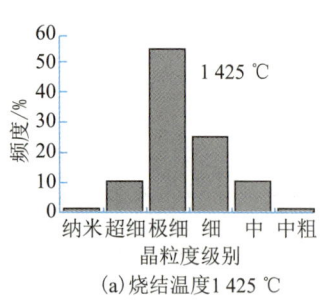 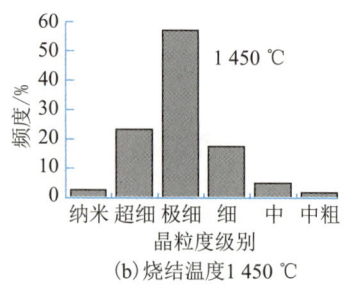 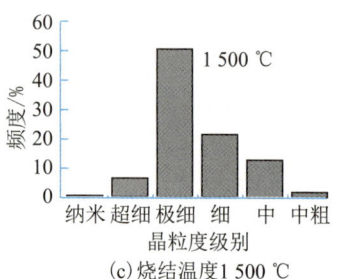

图 5-37 不同烧结温度下 WC 粒度级别

为了提高烧结速度,烧结压力的应用越来越普遍。压力对烧结过程的贡献主要体现在两个方面,一方面是烧结压力能促进扩散过程;另一方面是抑制压件的体积膨胀,有助于制得给定孔隙率的材料。压力对粉末冶金铁基材料力学性能和显微组织有较大影响。图 5-38 是在 1 100 ℃ 烧结温度下不同烧结压力时材料(组成:Fe99wt%,C0.45wt%,其他余量)的显微组织。

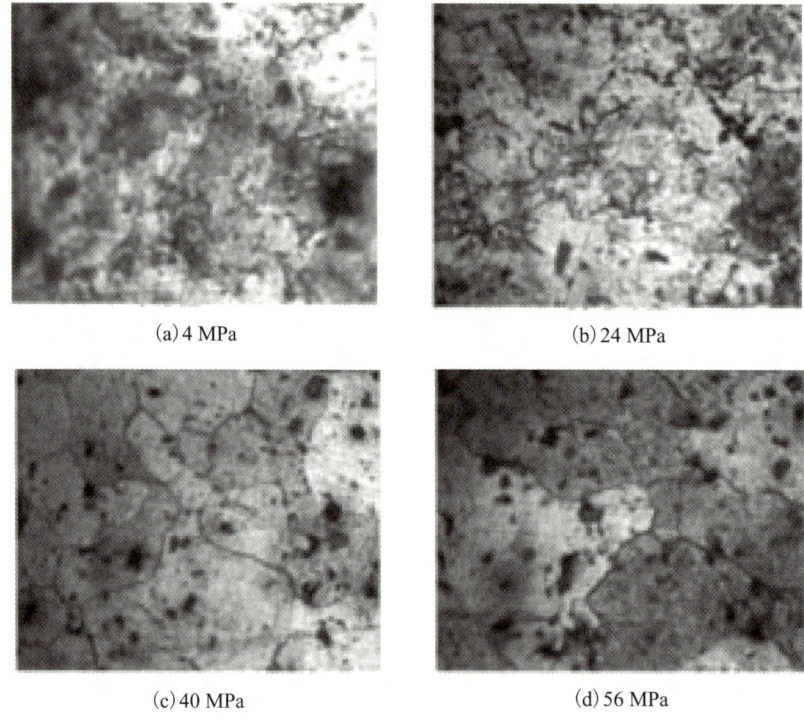

图 5-38 不同烧结压力下材料的显微组织

由图 5-38 可以看出,当烧结压力由 4 MPa 增至 24 MPa 时,基体尚未联结成统一的整体,呈现出被石墨隔离的状态,组元间存在多个界面,基体中不同组元的界面上还存在较多的孔隙,说明在此烧结压力下,烧结进行不够充分。当烧结温度一定时,提高烧结压力将会促进原子的扩散,使烧结趋于充分,同时缩短烧结所需的时间。但是,烧结压力增至 24 MPa 的过程中,由于烧结压力较低,材料在塑性变形过程中产生的晶格畸变能使作用在材料上的压力有所降低,同时,材料屈服极限的存在也将会消耗一部分应力,使原子的扩散系数增加缓慢,不能有效地加快烧结进程,另外,较低的烧结压力不能有效地抑制材料的体积膨胀,晶界处的孔隙率没有明显的降低,不能有效提高材料致密化程度。当烧结压力提高到 40 MPa 时,由于烧结压力升高,作用在材料上的应力大大地超过材料的屈服极限,进而发生塑性变形,材料变形程度增加,原子的扩散速度显著提高,有效地消除了材料内部的孔隙,由于不同原子间界面区域的缺陷较多,能量较高,所以,原子在此处更容易扩散,使得颗粒间的界面基本消失,孔隙缺陷显著减小,极大地提高了材料的致密度。继续提高烧结压力至 56 MPa,材料的显微组织变化不显著,说明在 40 MPa 的压力作用下,材料的烧结过程已充分进行,继续提高烧结压力对材料的致密化影响不大。在进行断口显微组织观测时,随着烧结压力越大,孔隙率越来越小,基体联结成统一整体,断裂韧性越来越大(图 5-39)。

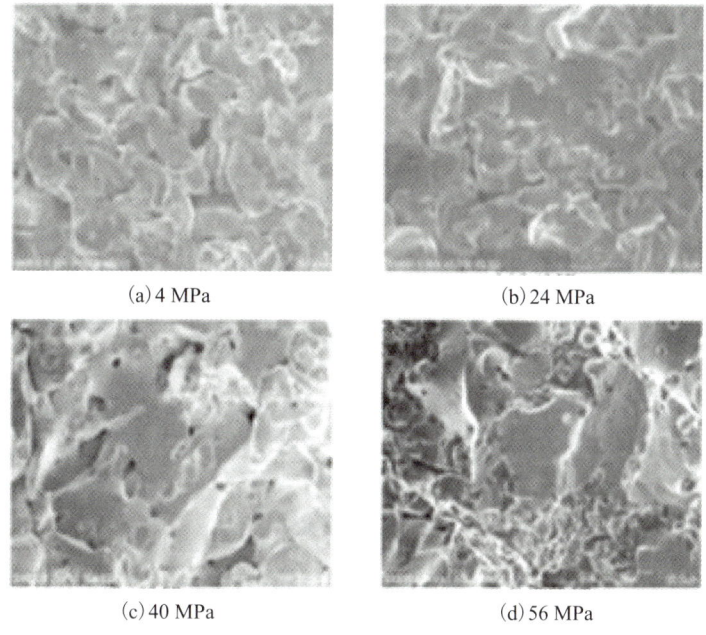

图 5-39 不同烧结压力下材料的断口显微组织

烧结压力对 SPS 烧结 WC-12Co 硬质合金力学性能的影响是通过对密度和 WC 晶粒尺寸的影响而起作用的。SPS 烧结 WC-12Co 过程中在 1 100 ℃保温 5 min 时,增大压力前后 WC 晶粒尺寸变化不大,但在较高的烧结温度下(1 150 ℃),烧结压力的增加引起了 WC 晶粒的长大。图 5-40(a)和(b)所示分别为 SPS 烧结 1 150 ℃保温 3 min 时 30 MPa 和 50 MPa 的 SEM 显微组织照片。由图可以看出,30 MPa 压力下 WC 的晶粒尺寸比 50 MPa 下的要小。WC 晶粒的长大过程是通过晶界移动和孔隙消失的方式进行的。提高烧结压力增强了 WC-12Co 烧结体内各种物质迁移和晶界的移动,导致了 WC 晶粒的长大。

在硬质合金生产使用等热静压时,通常是将烧结好的制品在压力为 80~150 MPa,惰性气体为加压介质,温度为 1 350~1 450 ℃的热等静压中处理的,这样可以使产品孔隙率大大降低,甚至完全消除,但容易造成合金的晶粒长大,组织结构不均匀等现象,特别是细晶粒合金。气压烧结即通常说的低压热等静压烧结,它是将排蜡、烧结和在压力下的致密化等生产过程在同一炉内一次完成的工艺。在硬质合金的生产中发现其工艺主要

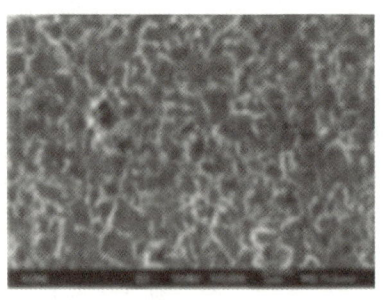 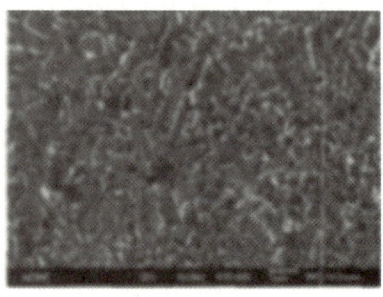

(a) 30 MPa  (b) 50 MPa

图 5-40　不同压力下 WC-12Co 硬质合金显微组织

(1 150 ℃ 保温 3 min)

优点:钴池几乎可以完全消除;孔隙率显著降低,制品内部的缺陷得到有效控制;合金的组织结构均匀。由于烧结和加压在同一设备中进行,不易造成产品的氧化和脱碳,碳平衡容易得到控制。同热等静压相比,由于压力低,设备投资少得多,且操作工序缩短,能耗减少,因此降低了成本。由常规热等静压转换成气压烧结时,合金组织结构发生了变化(图 5-41)。

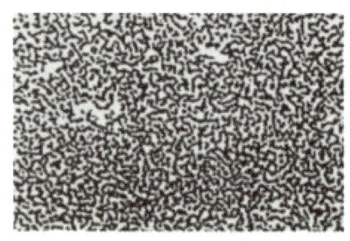 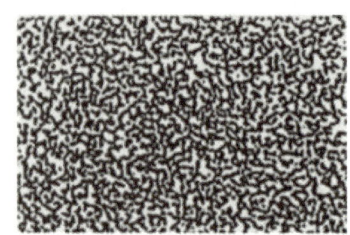

(a) 真空烧结+热等静压　　(b) 低压热等静压

图 5-41　不同烧结工艺对硬质合金组织影响

微波烧结是近些年来发展起来的一种新型烧结技术。它同常规加热方式显著不同,是依靠材料本身吸收微波能转化为内部分子动能、势能,受热均匀,烧结温度低于共晶温度,故可降低内部热应力。在微波电磁能的作用下,材料内部分子、离子动能增加,降低了烧结活化能,扩散系数提高,可进行低温快速烧结,使细粉末来不及长大就被烧结。其主要优点:①微波烧结细晶 WC-Co 硬质合金在降低烧结温度的同时,可大幅度地缩短烧结时间,实现高效节能;②微波烧结制品平均晶粒度降低二分之一左右,同时,由于微波的均匀加热特性使 WC-Co 晶粒更加均匀细小,从而使制品的硬度、抗弯强度和矫顽磁力均获得提高。因此,微波烧结无疑是制备细晶材料的有效手段。

影响合金晶粒度的因素很多,除了原材料、压力、烧结方法、烧结参数之外,还有烧结气氛、压坯密度、杂质种类与含量、热处理方法等。

## 5.4　颗粒强化

颗粒强化包括沉淀强化和弥散强化。沉淀强化是通过金属的凝固来实现,弥散强化通常是加入弥散粒子或内氧化法来完成,两者均为在基体中含有高度分散的第二相质点。

弥散强化是金属材料强化的一种重要方法,是指用不溶于基体金属的超细第二相(强化相)强化的金属材料。为了使第二相在基体金属中分布均匀,通常用粉末冶金方法制造。第二相一般为高熔点的氧化物或碳化物、氮化物,其强化作用可保持到较高温度。弥散强化是强化效果较大的一种强化合金的方法,很有发展前途。

弥散强化的实质是利用弥散的超细微粒阻碍位错的运动,从而提高材料在高温下的力学性能。为此,对弥散强化微粒有如下要求:微粒尺寸要尽可能小(0.01~0.05 μm),微粒的间距要达到最佳程度(0.1~0.5 μm),在基体中分布要均匀。此外,微粒与基体金属不相互作用,在高温下微粒相互集聚的倾向性要小。这样就能使材料在直至接近熔点的高温下,即采用合金化和热处理已难起强化作用的情况下,仍能保持一定强度。弥散强化相含量一般小于10%。应用较多的是 $Al_2O_3$、$ThO_2$、$ZrO_2$、$Y_2O_3$、$BeO$、$PbO$、$Be_2C$、$HfN$、$ZrN$ 等。在弥散强化合金中,已投入工业性生产的有 Al、Ni、W、Be、Cu、Pb 等金属和合金。在现代材料强化理论上对沉淀强化和弥散强化已归统一。

经颗粒强化后的合金强度通常要远高于单金属,其主要原因是受力后位错移动因不同相结构造成了位错移动阻力或者说是与障碍物交互作用产生了阻力。在位错移动中,障碍物的作用是复杂的,影响移动的因素也是多样的。当位错在应力作用下移动时,移动路径中遇到第二相颗粒(即障碍物),因晶体共格程度的不同,相互之间将会发生不同的交互作用。作用的结果可能会有两个反应发生:①运动位错可以穿透具有共格界面的颗粒,颗粒与基体一同发生剪切,位错继续移动,此时的颗粒为弱障碍物性质。②基体位错不能穿过非共格界面颗粒,颗粒无法被位错剪切。此时在应力作用下移动的位错,在颗粒处发生弯曲,移出颗粒后绕过的位错在颗粒周围留下了同心位错环。

### 5.4.1 颗粒强化机构

#### 5.4.1.1 奥罗万机构

奥罗万(Orowan)在1948年提出了位错运动过程中遭遇到第二相颗粒时在颗粒周围留下位错环的奥罗万机构,如图5-42所示。位错线 $AB$ 向前移动当遇到坚硬的弥散粒子时,位错运动受到阻碍,在原初应力大小下将难以继续移动。随着切应力的增加,位错在粒子之间发生弯曲,当位错弯成半圆形时,位错变得不稳定,粒子两边的异号螺型位错相互吸引和抵消,并在每个粒子周围留下一个位错环,然后位错线 $AB$ 又继续在滑移面上移动。图5-43是铜合金中观察到的位错环。

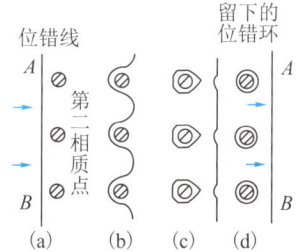

图 5-42 奥罗万位错强化机构示意图
(a)位错通过前;(b)、(c)位错通过中;(d)位错通过后。

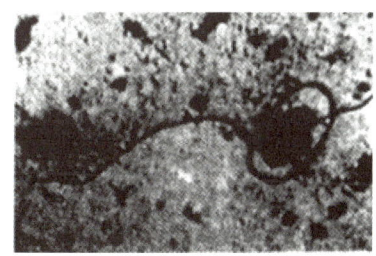

图 5-43 Cu-30Zn 合金中 $Al_2O_3$ 粒子周围的位错环

假设位错线移动时与第二相弥散粒子相遇位错进行弯曲,如图5-44所示,位错上的作用力 $F$ 将与位错线的张力 $T$ 保持如下的平衡关系:

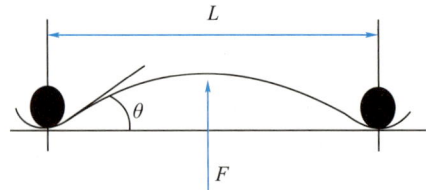

图5-44 位错与第二相交互力的平衡示意图

$$F = 2T \sin \theta \tag{5-27}$$

式中 $F$——位错所受的作用力;
$T$——弯曲的位错线张力;
$\theta$——位错弯曲角度。

从式(5-27)可知,位错弯曲过程中的最大力是在 $\theta$ 为 $\pi/2$ 时。如果张应力近似表示为 $Gb^2/2$(其中 $b$ 为位错的柏氏矢量,$G$ 为切变模量),那么

$$F_{max} = Gb^2$$

位错线的临界切应力 $\tau_c$ 为

$$\tau_c = \frac{F_{max}}{Lb} = \frac{Gb}{L} \tag{5-28}$$

式中,$L$ 为位错线移动时受阻的两粒子的间距。很明显,间距越小,需要的切应力越大。作为材料整体,则第二相粒子分布越均匀,材料的强度将会越高。

当存在硬质第二相时,Orowan 模型能够方便地计算出硬质第二相颗粒对材料强度的影响,从位错的角度将微观结构与细观应力联系起来。但是,Orowan 强化模型没有考虑颗粒尺寸对颗粒间距的影响以及位错的相互作用,其计算结果与实际值存在一定误差。为了使 Orowan 强化模型的计算更准确,对 Orowan 强化机制进行了三种修正:

(1)对颗粒间距 $L$ 进行了修正,将其转变为有效颗粒间距 $L/0.83$,然后引入颗粒尺寸 $R$ 对颗粒间距的影响,则颗粒间距表达式替换为($L/0.83-2R$)。

(2)对位错的线张力 $T$ 进行了更精确的修正。假设位错在绕过颗粒时形成椭圆形回线,那么 $T$ 可以取一个平均值,对于各向同性的弹性材料可得

$$T_{AV} = \frac{\mu b^2}{4\pi \sqrt{1-\nu}} \ln\left(\frac{\lambda}{r_0}\right) \tag{5-29}$$

式中 $r_0$——位错芯半径;
$\mu$——剪切模量;
$\nu$——泊松比。

(3)根据 Ashby 的观点,位错绕过颗粒后的两条位错将发生相互作用,用公式表示即用 $\ln(2R/r_0)$ 代替 $\ln(\lambda/r_0)$。

经过上面三种修正以后,得到修正的 Orowan 强化模型表达式:

$$\tau_c = \frac{0.83\mu b}{2\pi\sqrt{1-\nu}} \cdot \frac{\ln(2R/r_0)}{L-2R} \tag{5-30}$$

经过修正后的 Orowan 强化模型在研究铝合金以及复合材料基体热处理后的弥散强化方面得到了很好的应用。

如果位错可以穿透共格界面,也就不会产生位错环。切过时位错上最大作用力为

$$F_{max} = C_1 h 2 r_s \tag{5-31}$$

式中 $C_1$——系数;

$h$——硬化参数;

$r_s$——球形颗粒的特征参数,其值为

$$r_s = \left(\frac{2\pi}{3f}\right)^{1/2} r \tag{5-32}$$

式中 $r$——颗粒的平均半径;

$f$——颗粒的体积分数。

基体与第二相共格形式存在并不代表位错就一定以穿透方式切过,与颗粒的大小有直接的关系,其移动的方式本质取决于需要的移动力的大小。当颗粒与细小弥散方式存在时,切过机制起作用,相反颗粒尺寸大于临界尺寸时,将以奥罗万的留下位错环机制运行。

除奥罗万绕越机制和共格强化机制外,位错与颗粒的交互作用还有以下几种机制:化学强化机制、层错强化机制、模量强化机制、有序强化机制等。实际的材料往往会综合有多种强化机制在起作用。在研究强化机制中也有多种强化模型,如 Esheiby 等效夹杂模型、Mori-tanaka 平均场理论模型、变梯度塑性理论模型等。各模型都有优缺点,未能形成统一的认识,尤其各理论模型自身的局限性依然是阻碍其应用的障碍。

#### 5.4.1.2 安塞尔-勒尼尔结构

安塞尔等对弥散强化合金中位错移动后塞积引起弥散第二相粒子断裂作为材料屈服的判据。即当粒子上的切应力等于弥散粒子的断裂应力时,弥散强化合金便屈服。弥散强化两相合金的屈服应力为

$$\tau_c = \sqrt{\frac{G \cdot b \cdot G^*}{2\lambda C}} \tag{5-33}$$

式中 $G$——基体金属的切变模量;

$b$——柏氏矢量;

$G^*$——第二相粒子的切变模量;

$\lambda$——弥散粒子间距;

$C$——比例常数。

由式(5-33)可以得出:屈服应力与基体和弥散相的切变模量的平方根的积成正比,此部分取决于材料基体与所使用弥散相材料本身的特性;屈服应力还与粒子间距的平方根成反比,粒子间距越小,屈服应力越大;屈服应力与位错柏氏矢量的平方根成正比,其宏观关系上与奥罗万机构一样都涉及位错柏氏矢量的大小。

### 5.4.2 影响颗粒强化的因素

颗粒增强材料强化机制主要有以下几点:①材料受载时,增强体对基体变形的约束或对基体中位错运动的阻碍产生的强化作用,基体向增强体的载荷传递;②增强体加入

基体,由于基体和增强体热膨胀系数不同导致材料内产生热残余应力以及由于热残余应力释放导致基体中产生位错或基体加工硬化;③基体与增强体之间的界面结合状况及界面附近基体的微观结构和化学性质。所以,颗粒增强材料的性能主要取决于基体材料、增强体的性能以及两者界面的作用。增强体无论是外加的还是原位生成的,通常选用高模量、高强度、高熔点、高耐磨、耐高温等且在性能上与基体相匹配的材料。

#### 5.4.2.1 基体

目前作为基体材料的金属或合金繁多,主要有铝及铝合金、铜及铜合金、镁合金、钛合金、镍合金、锌合金、铁合金以及某些金属间化合物。基体材料的选用是以材料的应用要求来决定的,基体对颗粒起支撑的关键作用,要有一定的强度和硬度。

为提高基体的耐磨性、耐热性以及基体与硬颗粒的润湿性等性能,通常要对基体进行强化。对于铁基基体材料,基体主要有不锈钢、工具钢和高速钢。不锈钢基体耐腐蚀性能好,用在腐蚀性的环境中。高速钢和工具钢基体主要用于耐高温、耐磨损的场合。工具钢基体中含有适量的合金元素,且有较好的压缩性。高速钢基体中含有更高的合金元素(超过20%),可形成各种碳化物来强化金属基体。这些基体中的合金元素通常会与增强颗粒发生不同程度的反应,所以尽量使用既有利于基体与增强颗粒界面的浸润,又有利于形成稳定的界面的元素。基体元素强化的方法是在基体粉末中添加合金元素(Cr、Mo、W、V)或者使用合金化的粉末。合金元素 Cr、Mo、W、V 与 C 形成各种硬度很高的合金渗碳体或特殊碳化物。W 回火时析出 $M_2C$ 型碳化物,产生弥散强化作用。Mo 使碳化物细小,分布均匀,提高红硬性。V 回火时析出 VC,分散度大,不易聚集长大,提高热硬性和增强二次硬化效果。Cr 提高淬透性和回火硬度,提高抗氧化的能力。Co 是非碳化物形成元素,提高二次硬化能力、红硬性和热硬性。

#### 5.4.2.2 颗粒的种类

颗粒具有硬度高、刚度高、热稳定性好等特性才能保证增强复合材料的耐磨损耐冲击性能。要提高强化耐磨材料的耐磨性,必须设法使材料表面硬度 $H_u$ 与磨料颗粒硬度 $H_a$ 的比值超过转折点,即 $H_u/H_a>0.8$。在磨料颗粒硬度未知的情况下,选用的复合材料硬度越高,其耐磨性越好,而复合材料的硬度和其中的陶瓷颗粒相的硬度有很大关系。

铁基中强化颗粒有碳化物($WC$、$Mo_2C$、$VC$、$SiC$、$Cr_3C_2$、$NbC$、$TiC$)、氧化物($Al_2O_3$)、氮化物($TiN$)和金属间化合物(Co-Cr-Mo-Si、Fe-Mo、Cr-Mo-W、Co-Mo、Cr-W)。$SiC$、$Cr_3C_2$ 在烧结过程中易溶于基体,不能作为独立的硬质颗粒保留下来。$WC$、$M_2C$ 和 $VC$ 可与基体发生反应生成新的碳化物相,如 $M_6C$ 和 MC 型碳化物。$NbC$、$TiC$ 的热力学稳定性高,适合于制备铁基材料。$Al_2O_3$ 是一种离子键陶瓷,它的表面电子被束缚而带电,很难被金属润湿,在烧结的时候要加入黏结剂。Fe-Mo、Co-Cr-Mo-Si 或 Cr-Mo-W 等金属间化合物,与基体的性质差别较小,与基体的界面相容性较好,但其熔点和硬度比其他的碳化物颗粒低。

铜基材料中增强相根据材料的性能要求不同有许多种成分,主要有硼化物($TiB_2$、$ZrB_2$、$CrB_2$)、氧化物($Al_2O_3$、$Y_2O_3$、$ZrO_2$、$ThO_2$、$SiO_2$)、碳化物($ZrC$、$WC$、$SiC$、$NbC$、$TaC$、$TiC$)、氮化物以及硅化物,还有 $Fe_2P$、$Ni_2Sn$、$Fe_2Ti$、$Co_2P$、$Mg_3P$ 等一系列中间相。常见的几种增强物及其物理性能参数见表 5-3。

表 5-3　铜基常用增强颗粒的性能

| 颗粒材料 | 密度 /(g/cm$^3$) | 弹性模量 /GPa | 熔点 /K | 电阻率 /($\times 10^{-6}\Omega \cdot m$) | 导热系数/ [W/(cm·K)] |
|---|---|---|---|---|---|
| $Al_2O_3$ | 3.97 | 380 | 2 323 | >1 012 | 0.159 |
| TiC | 4.93 | 269 | 3 420 | 0.60 | 0.171 |
| VC | 5.77 | 434 | 3 089 | 0.15~0.16 | 0.25 |
| WC | 15.63 | 669 | 2 993 | 0.19 | 0.32 |
| $TiB_2$ | 4.5 | 514 | 3 498 | 0.90 | 0.66 |
| SiC | 3.19 | 430 | 2 970 | — | 0.16 |

#### 5.4.2.3　颗粒尺寸

在讨论弥散强化的强化机制时已经知道,颗粒粒度越小,强化效果越好。在相同颗粒含量的情况下,粒度越细,颗粒间距越小,有利于强化的提高。但若细粒分散性差或者聚集,会降低材料的强度。通常材料的使用要求不同,对颗粒粒度的要求也不一样,增强颗粒的粒度要适宜,太大或太小都有可能产生不利影响。对于结构件来说,颗粒粒度太大,影响零件的尺寸精度和表面光洁度;颗粒粒度太小,比表面积大会导致溶解严重而降低颗粒体积含量,并进一步削弱颗粒的增强效果,也不利于形成复合良好、表面完整的复合材料。对于颗粒增强耐磨材料来说,颗粒可以适当增加,不应当像结构件中的增强颗粒粒度(一般在纳米级至微米级)那样细小,而是要比这一粒度大得多,一般在微米级至毫米级。

研究者在采用冷等静压-烧结-热挤压的方法研究 SiC 颗粒对 6061Al 材料组织影响时发现,当 SiC 固定为体积含量 35% 时,不同粒度的 SiC 颗粒对材料性能的影响有明显的不同,如表 5-4 和表 5-5。当 SiC 颗粒尺寸逐步减小时,SiC/6061Al 材料的抗拉强度值也逐渐增大,热膨胀系数也越低;随着 SiC 颗粒尺寸的增大,SiC 颗粒在基体中分布越均匀。并且材料的断裂部位也与颗粒的尺寸有关,当 SiC 颗粒尺寸为 7.5 μm 时,材料的断裂主要以界面处撕裂和基体材料的开裂为主;当 SiC 颗粒尺寸为 40.0 μm 时,材料断裂主要以 SiC 颗粒断裂为主;当颗粒尺寸处于两者之间时,材料界面撕裂和 SiC 颗粒断裂的共同作用决定复合材料的断裂(见图 5-45)。

表 5-4　不同尺寸 SiC 颗粒对 6061Al 的抗拉强度的影响

| SiC 颗粒尺寸/μm | 7.5 | 15.0 | 25.0 | 40.0 |
|---|---|---|---|---|
| 抗拉强度/MPa | 298 | 269 | 242 | 212 |

表 5-5　SiC/6061Al 材料在不同颗粒尺寸时的材料热膨胀系数

| SiC 颗粒尺寸/μm | 不同温度下材料的热膨胀系数/($\times 10^{-6} K^{-1}$) | | | | |
|---|---|---|---|---|---|
| | 20 ℃ | 40 ℃ | 60 ℃ | 80 ℃ | 100 ℃ |
| 7.5 | 4.20 | 8.00 | 11.66 | 13.00 | 13.20 |
| 15.0 | 4.20 | 8.60 | 11.75 | 13.20 | 13.50 |
| 25.0 | 4.30 | 8.70 | 11.83 | 13.50 | 13.75 |
| 40.0 | 4.50 | 9.00 | 12.00 | 13.70 | 14.00 |

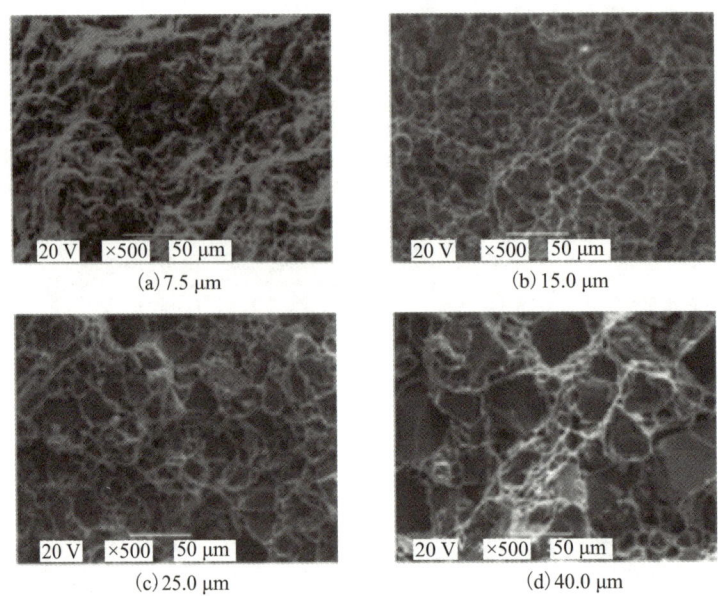

图 5-45　SiC 颗粒尺寸不同时 6061Al 材料的断口形貌

在铜基(主要成分 Cu、Fe、$SiO_2$ 和石墨)粉末冶金摩擦材料研究中,加入一定量的 SiC,对铜基材料显微硬度有较大的提高。在 α-SiC 的含量相同的情况下,加入大粒径(10 μm)的 α-SiC,则材料有相对较好的抵抗基体塑性变形的效果(图 5-46)。在摩擦试验中发现,粗颗粒的加入对耐磨性的提高优于细颗粒。

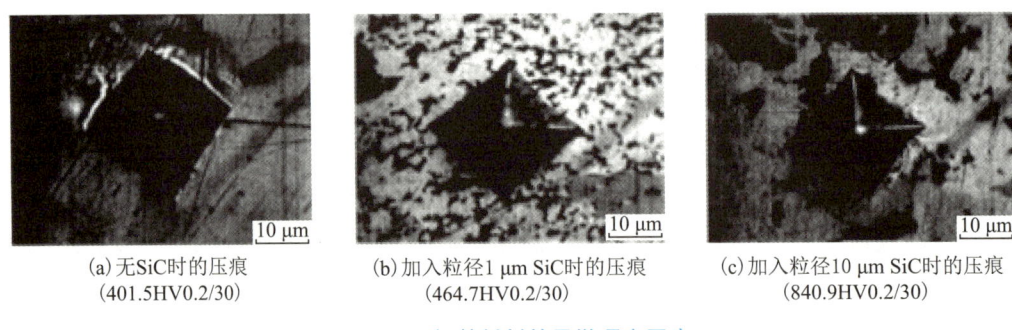

(a) 无SiC时的压痕
(401.5HV0.2/30)

(b) 加入粒径1 μm SiC时的压痕
(464.7HV0.2/30)

(c) 加入粒径10 μm SiC时的压痕
(840.9HV0.2/30)

图 5-46　铜基材料的显微硬度压痕

#### 5.4.2.4　颗粒与基体的结合界面

与单一材料相比,颗粒强化材料的组织特点是存在大量的相界面。一方面,基体是通过界面与增强颗粒相结合的,作用于颗粒上的应力也必须通过界面传递并分散到基体和邻近颗粒上;另一方面,通过界面的脱粘,能够使裂纹偏移和吸收能量,延缓材料的整体失效进程,所以界面的结合状况是影响复合材料性能的重要因素。弥散颗粒要求相界能低,这是与基体结合良好的条件,是粒子阻碍位错运动所需要的。相反,高界面能就等于粒子周围的空洞多,不仅不能阻碍位错运动,还可能在两相处产生微裂纹。同时要求弥散相与基体有良好的相容性,即在适当的弹性模量情况下要有相近的热膨胀系数,强化相尺寸越小,相互间允许的热膨胀系数的差异可以越大,否则在加热和冷却过程中,当热膨胀系数存在显著差异的情况下,在相界处可能产生应力,导致裂缝的形成。相界面的物理和化学相容性决定了材料使用条件下的使用性能,所以,相界面处形成牢固的结合是保证性能的重要条件。

$SiC_p$ 硬度高、耐磨损、耐腐蚀、价格低廉,是理想的铁基增强材料。图 5-47 给出了 $SiC_p$ 含量及其表面镀镍处理对采用粉末烧结法制作的烧结材料磨损性能的影响。由图 5-47 可见,$SiC_p$ 经表面镀镍处理后耐磨性有较大提高,这主要归因于镍镀层能提高 $SiC_p$ 与铁基体间的界面结合力,使烧结铁基体更好地支撑 SiC 颗粒而不易脱落,从而提高材料的耐磨性。复合材料的耐磨性并不随 $SiC_p$ 含量增加单调增加,而是有一最佳含量。对于未经镀镍处理的复合材料,$SiC_p$ 含量高耐磨性反而低,最佳值为 $SiC_p$ 含量为 0.5wt%,经镀镍处理后最佳值提高到 $SiC_p$ 含量为 1wt%~1.5wt%。这是由于在不发生界面反应的条件下,$SiC_p$/Fe 界面结合力为机械啮合力,界面结合强度较低。$SiC_p$ 含量越高,从基体脱落的 $SiC_p$ 有可能越多[图 5-47(a)],磨粒磨损越严重,材料耐磨性反而降低。$SiC_p$/Fe 界面结合力因 $SiC_p$ 镀镍处理后有所提高,使 $SiC_p$ 从基体中脱落的少[图 5-47(b)],从而导致一方面耐磨性提高,另一方面使 $SiC_p$ 最佳含量有所提高。但这种提高也是有限度的,当 $SiC_p$ 含量为 2wt%时耐磨性已明显降低。

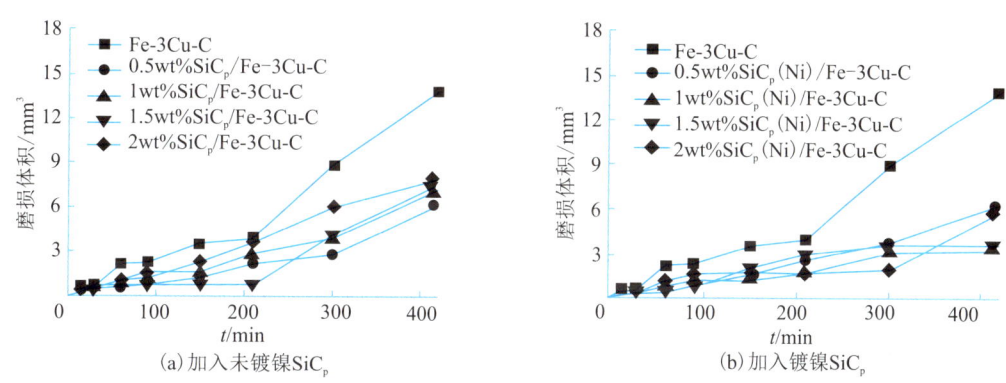

图 5-47 加入不同 $SiC_p$ 的 Fe-3Cu-C 材料与 GCr15 钢对磨时复合材料磨损体积与磨损时间的关系曲线

从烧结金属结合剂超硬材料制品的生产过程来说,也可以将这种产品认为是一种颗粒复合材料,只是超硬磨料颗粒较大,所起的作用也和常规不完全一样。但颗粒与基体之间的界面结合同样也影响着材料的使用性能。在金刚石应用于电子封装材料时,利用粉末覆盖烧结法在金刚石表面镀钨,利用气体压力熔渗法(GPI)制备铜/金刚石复合材料。在对金刚石颗粒表面镀覆 W 的效果进行研究中发现,镀覆 W 后的金刚石表面与金刚石颗粒之间形成 WC 相(图 5-48),WC 与铜之间具有良好的润湿性,热导率较高,从而改善铜与金刚石之间的界面结合,降低界面热阻,有效地提高复合材料的热导率,图 5-49 为利用不同镀覆温度的金刚石增强 Cu 基复合材料热导率的变化规律,可以看到,利用原始金刚石颗粒制备的复合材料,其热导率仅为 170 W/(m·K),远低于纯铜的热导率。当金刚石表面镀覆 W 时,复合材料热导率均高于纯铜,表现出先升高再降低的趋势,最高可达到 670 W/(m·K),满足电子封装材料散热的需要。

超硬材料烧结制品

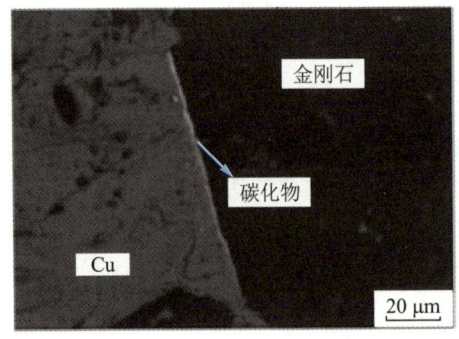

图 5-48　Cu/金刚石(W)复合材料表面形貌

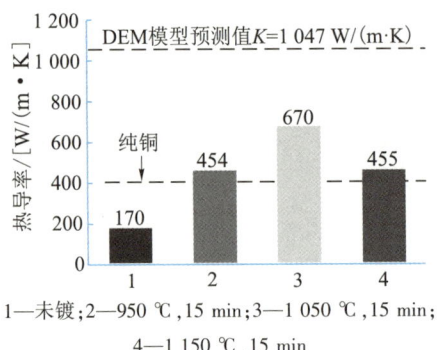

1—未镀；2—950 ℃,15 min；3—1 050 ℃,15 min；
4—1 150 ℃,15 min

图 5-49　金刚石表面不同镀覆条件对材料热导率的影响

 思考题

1. 试分析提高多孔粉末冶金材料的强度可以采取哪些措施。

2. 对粉末烧结金属材料而言,在孔隙度一定的情况下,孔隙数量与形状如何影响材料的强度？单元素烧结中表面扩散机制对提高强度有何作用？

3. 在粉末烧结铜基合金生产中加入金刚石颗粒能否对材料进行强化？为什么？

# 第6章 超硬材料烧结磨具制造

## 6.1 概　述

粉末冶金工艺原理是超硬材料烧结磨具、工具产品制造的主要理论基础。有人把超硬材料烧结产品，也列为粉末冶金制品的一种是不无道理的，因为超硬材料烧结磨具的研究使用与粉末冶金工业的发展紧密相联。

19世纪末期，世界上一些国家由于电气技术的崛起，一些难熔金属（主要是钨、钼）材料的使用，推动了粉末冶金技术的发展。与此同时，法国相关学者于1883年第一次提出用粉末冶金工艺方法黏结金刚石的设想，尽管只是一种设想，却为后来的实践打开了思想的大门。

20世纪40年代中期，粉末冶金开始飞跃发展。此时采用热压法制造的各种金刚石制品相继问世。此后，在加拿大、西德、美国、日本等国，有关超硬材料烧结磨具产品的专利逐渐多了起来，这些专利从不同的角度（如提高磨粒把持力、调整结合剂的脆性、改进工艺方法等）对超硬材料烧结磨具及其产品性能提出了改进方法，而这些方法仍然以粉末冶金工艺原理为基础。

但是，制造超硬材料烧结磨具、工具产品，有自己的特点和要求。例如，粉末冶金制品强调产品的机械性能，如强度、硬度、耐磨性等，产品的内在质量主要控制合金的相组成；超硬材料烧结磨具产品则着重考虑磨粒的结合牢度，以及结合剂和磨料的相应磨损性，产品的内在质量主要考核磨削效率和耐用度。可见，超硬材料烧结磨具产品的设计制造，与粉末冶金十分相近，而又自成体系。

我国对超硬材料烧结磨具的研究始于1963年。郑州磨料磨具磨削研究所历时一年，首先采用天然金刚石研制成功了青铜结合剂的杯形砂轮；尔后，采用自主研制成功的人造金刚石，制成碗形、平形等多种砂轮，并且制订出生产工艺和产品检查方法，为1966年投入工业生产奠定了工艺基础。接着又于1965年研究成功了各种异形砂轮，如弧面砂轮、切割砂轮、圆球砂轮和电解磨砂轮。同时研制了用气氛保护的烧结炉，为进一步大规模发展我国超硬材料烧结磨具制造铺平了道路。

青铜金刚石砂轮主要用于非金属硬脆材料的加工，也用于硬质合金的粗磨、半精磨、深磨、成形磨等。青铜砂轮的特征是比树脂砂轮的结合力强，耐磨，工作面几何形状保持性好，寿命长，可承受大负荷；但自锐性差，效率低。在磨削硬质合金要求高效率时，使用青铜砂轮是不经济的，因为它在中等进给条件下就容易堵塞，需要经常修整。青铜砂轮宜用于首要考

超硬磨具
介绍

虑耐用而非效率的场合。

近年来,超硬材料烧结磨具的研究不断发展,出现了多孔烧结磨具、钎焊磨具等新型磨具。结合剂由以往单一的青铜,发展为多元青铜结合剂、钴镍结合剂和铸铁结合剂。为增强结合剂对磨粒的把持力,以及磨具的结合强度、磨削性能、机械性能、寿命等,可以在超硬材料烧结磨具中添加强碳化物形成元素、稀土元素及其他元素等。在青铜基结合剂中添加Co、Cr等强碳化物形成元素,一定程度上可以改善金属胎体与超硬磨粒的结合状况。

## 6.2 超硬材料磨具的结构、特征及标记

### 6.2.1 超硬材料磨具的结构

由于超硬材料比普通磨料的价格高很多,所以造成超硬磨具与普通磨具在结构上有很大区别,为了节约超硬材料,充分发挥它的效用,又考虑到金刚石及立方氮化硼砂轮耐磨,使用周期长,因此,有必要把含有金刚石及立方氮化硼的工作层制成一薄层镶在砂轮的非工作层部分上,所以一般含金刚石及立方氮化硼的砂轮由以下三部分组成:基体、过渡层、工作层。如图6-1所示。

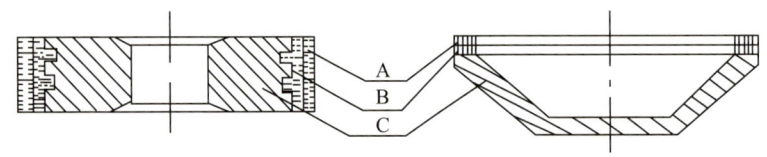

A—工作层;B—过渡层;C—基体。
图6-1 金刚石及立方氮化硼砂轮的结构

(1)工作层 由金刚石及立方氮化硼磨料、结合剂、其他材料组成的压制层。它是金刚石及立方氮化硼砂轮的工作部分,起磨削作用。

(2)过渡层 由结合剂和填料组成的压制层,不含金刚石及立方氮化硼。它是联结基体和工作层的过渡层,其作用是保证工作层被充分利用。

(3)基体 起支撑压制层作用,而且便于装卡磨具。在使用时,用法兰夹具通过基体把磨具装夹在机床上。金属磨具的基体一般用45#钢制成,小规格砂轮也可以采用金属粉末成形基体,并且要求有一定的几何形状和尺寸精度。在基体与压制层的交界面上,常加工成沟槽或网纹,以便彼此牢固联结。基体的目的是减轻重量,在满足刚性、强度等机械性能要求的前提下,基体越轻越好。近年来,开发出钛合金基体,与传统上选择使用的其他基体材料相比较,钛合金基体具有密度小、强度高、比强度大、熔点高、耐热性能优良等特点。

近年来,随着超硬材料合成技术的成熟和生产规模的扩大,超硬材料的价格没有之前那么昂贵。国内外部分超硬磨具由工作层和基体两部分组成,省去了粉末压制成形的过渡层。

### 6.2.2 超硬材料磨具的特征及标记

金刚石及立方氮化硼磨具的特性,一般由以下几方面来表示:形状、尺寸、磨料、粒

度、结合剂、浓度,其标记与书写顺序(以平行砂轮为例)如图6-2所示。

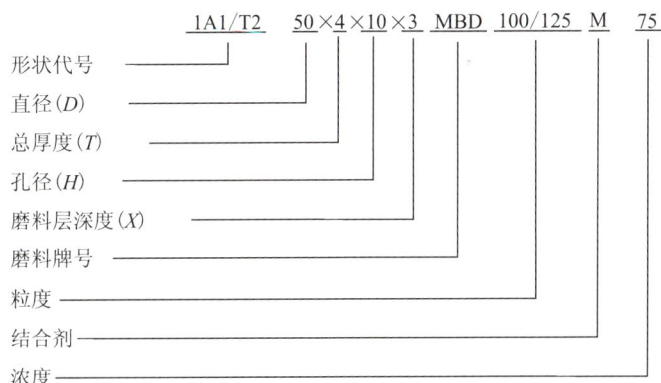

图6-2 超硬材料烧结磨具标记示例

#### 6.2.2.1 磨料

超硬磨料主要包括人造金刚石和人造立方氮化硼,金刚石主要加工硬脆的非金属材料或有色金属材料,立方氮化硼主要加工硬韧的黑色金属材料。

#### 6.2.2.2 粒度

粒度是指磨料颗粒尺寸。超硬磨料按粒度分,包括磨粒和微粉两大类。磨粒的粒度范围 35/40~325/400,微粉的粒度范围 M36/54~M0/0.5。

#### 6.2.2.3 结合剂

结合剂起着把持磨料和联结基体的作用,并赋予磨具一定的几何形状和性能。超硬材料磨具按结合剂分主要有三类:树脂结合剂、金属结合剂(含烧结、电镀 B 与钎焊金属结合剂)和陶瓷结合剂。现行国家标准规定,树脂结合剂代号为 B,烧结金属结合剂代号为 M,电镀金属结合剂代号为 Me,钎焊金属结合剂代号为 Mb,陶瓷结合剂代号为 V。

#### 6.2.2.4 浓度

浓度是金刚石磨具和立方氮化硼磨具专用的概念。磨料在磨具的磨料层中的体积分数为25%时,其浓度规定为100%。当金刚石密度为 3.52 g/cm³ 时,此值相当于金刚石磨料含量等于 0.88 g/cm³;当立方氮化硼密度为 3.48 g/cm³ 时,此值相当于立方氮化硼磨料含量等于 0.87 g/cm³,其他浓度均按此比例计算(见表6-1)。体积与浓度百分数成简单的直线关系:

$$V = 0.88C/\rho \tag{6-1}$$

式中 $V$——体积百分数,%;

$C$——浓度百分数,%;

$\rho$——超硬磨料的密度(一般取金刚石为 3.52 g/cm³,立方氮化硼为 3.48 g/cm³)。

将金刚石的密度代入式(6-1),则 $V(\%)$ 是浓度 $C(\%)$ 的 1/4,即

$$V = 0.25C \tag{6-2}$$

选择浓度的一般规律:随着浓度的提高,磨具的磨削比和耐用度相应提高;结合剂强度越高,可以选择的最佳浓度范围也越高。随着加工工序从粗磨到精磨,粒度逐渐从粗到细,浓度逐渐从高到低,加工后的粗糙度逐渐从高到低。

表 6-1 超硬磨料浓度代号

| 浓度 | 金刚石体积含量/% | 金刚石含量/(ct/cm³) | 金刚石含量/(g/cm³) |
| --- | --- | --- | --- |
| 25% | 6.25 | 1.1 | 0.22 |
| 50% | 12.5 | 2.2 | 0.44 |
| 75% | 18.75 | 3.3 | 0.66 |
| 100% | 25.00 | 4.4 | 0.88 |
| 150% | 37.50 | 6.6 | 1.32 |
| 200% | 50.00 | 8.8 | 1.76 |

由于超硬磨具种类繁多,具体磨具形状不在此书一一列举。如需了解,可查阅相关标准《超硬磨料制品 金刚石或立方氮化硼磨具 形状总览和标记》(GB/T 35479—2017)、《超硬磨料制品 金刚石或立方氮化硼磨具 形状和尺寸》(GB/T 41403—2022)和《超硬磨料制品 金刚石或立方氮化硼磨具技术条件》(JB/T 7425—2012)。

## 6.3 超硬材料烧结磨具的原材料

超硬材料烧结磨具所用的原材料,包括磨具基体、超硬磨料、结合剂三类。结合剂主要成分是金属粉末,此外还有非金属粉末添加剂,以及成形时使用的润滑剂、润湿剂和临时黏结剂等。由于磨具基体的材料大多是采购而来,根据使用要求加工成所需形状和精度,因此本节主要介绍超硬磨料和结合剂。

### 6.3.1 超硬磨料

人造金刚石结构的原型是金刚石晶体,又称人造钻石。在金刚石晶体中,每个碳原子都以 $sp^3$ 杂化轨道与另外 4 个碳原子形成共价键,构成正四面体。由于金刚石中的 C—C 键很强,所以金刚石硬度极大,摩氏硬度 10,显微硬度 10 000 kg/mm²,显微硬度比石英高 1 000 倍,比刚玉高 150 倍。人造金刚石用静态超高压(50~100 kb,即 5~10 GPa)和高温(1 100~3 000 ℃)技术通过石墨等碳质原料和某些金属(合金)反应生成金刚石,其典型晶态为六面体、八面体和六-八面体。由于人造金刚石含有微量杂质,因杂质种类的不同色泽上常表现出各种颜色,其中最常见的为浅黄色。通过在金刚石表面镀覆金属(如钛)后可以形成新的品种,来提高金属结合剂对金刚石的把持力(见图 6-3)。

立方氮化硼,分子式为 BN,其晶体结构类似金刚石,如图 6-4 所示,硬度略低于金刚石,显微硬度 7 200~9 800 kg/mm²。立方氮化硼是由六方氮化硼和触媒在高温高压下合成的。它具有很高的硬度、热稳定性和化学惰性,它的硬度仅次于金刚石,但热稳定性远高于金刚石,对铁系金属元素有较大的化学稳定性。立方氮化硼磨具的磨削性能十分优异,不仅能胜任难磨材料的加工,提高生产率,还能有效地提高工件的磨削质量。

物理力学与高压物理学家苟清泉

(a)无镀层金刚石

(b)镀钛金刚石

图 6-3　人造金刚石

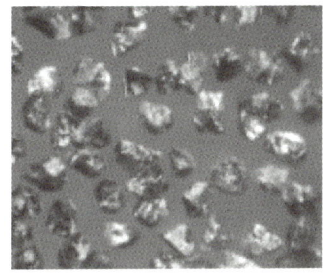
(a)黑色立方氮化硼

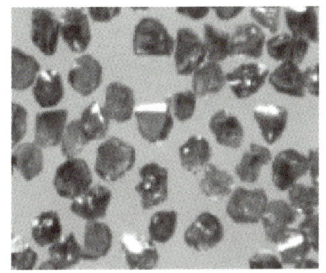
(b)琥珀色立方氮化硼

图 6-4　立方氮化硼

超硬磨料和普通磨料性能对比见表 6-2。

表 6-2　超硬磨料和普通磨料性能对比

| 特性 | 金刚石 | 立方氮化硼 | 碳化硅 | 刚玉 |
| --- | --- | --- | --- | --- |
| 晶系 | 立方 | 立方 | 六方 | — |
| 密度/(g/cm$^3$) | 3.52 | 3.48 | 3.2 | 3.9 |
| 显微硬度/HV | 10 000 | 7 300 | 3 100 | 1 800 |
| 导热系数/[W/(m·K)] | 146.5 | 79.5 | 8.37 | 30.1 |
| 线膨胀系数/(×10$^{-6}$℃) | 0.9 | 2.1 | 6.5 | 7.3 |
| 热稳定性/℃ | 700 | 1 300 | 1 300 | 1 200 |
| 化学稳定性 | 与铁反应 | 高温与水碱反应 | 与铁反应 | 稳定 |

## 6.3.2　超硬磨具结合剂常用粉末

超硬磨具结合剂常用粉末可分为金属粉末和非金属粉末。金属粉末在烧结磨具中主要起着黏结作用，可以看作是金属黏结剂。在制造超硬材料烧结磨具时，超硬磨料通过金属而黏结在一起，固结成为具有一定形状和性能的磨具。可以通过改变金属粉末的品种及含量，获得不同性能的结合剂。超硬磨具结合剂主要包括青铜基结合剂和钴镍基结合剂，前者以铜为主要组元占据超硬磨具的主要地位，后者以钴为主要组元用量较少。常用的非金属粉末是石墨粉、四氧化三铁等，这些粉末少量添加到结合剂中起到辅助添加剂的作用。

超硬材料烧结制品

#### 6.3.2.1 常用金属粉末

常用的单质金属粉末是铜粉、铁粉、锡粉、锌粉、银粉、镍粉和钴粉。常用的预合金粉末是 Cu90Sn10、Cu85Sn15、Cu80Sn20 和 663 青铜粉等。所谓预合金粉末,是指在配制结合剂时所用的金属粉末本身已经是合金,每个粉末颗粒都含有相同的合金成分,元素后的数字代表质量百分含量。各种常用金属粉末的制取方法和基本性能见表 6-3。不同制备方法得到的粉末微观形貌截然不同,不同形貌的粉末的性能也相差较大。电解工艺生产的枝状粉末冷压成形性好,例如电解铜粉如图 6-5(a)所示;雾化工艺生产的球形粉末流动性好,如图 6-5(b)所示。粉末粒度越细,表面能越大,烧结后制品越致密,力学性能越高,如图 6-5(c)(d)所示。铜锡合金粉末包括部分合金化粉末和完全合金化粉末。部分合金化粉末在保护气氛下进行加热,通过粉末间的扩散达到部分合金化,如图 6-5(e)所示;完全合金化粉末采用雾化法达到铜锡的完全合金化,如图 6-5(f)所示。

表 6-3 常用金属粉末的制取方法和技术条件

| 金属粉末 | 制粉工艺 | 金属纯度 | 粒度 | 颗粒形状 | 色泽 |
| --- | --- | --- | --- | --- | --- |
| 铜粉 | 电解 | 99.5% | -300 | 枝状 | 玫瑰红 |
| 锡粉 | 雾化 | 99.5% | -300 | 球形 | 灰白 |
| 锌粉 | 还原 | >90% | -300 | 不规则 | 浅灰 |
| 银粉 | 电解 | 99.9% | -300 | 亚枝状 | 银白 |
| 钴粉 | 还原 | 99.5% | -300 | 不规则 | 浅灰 |
| 镍粉 | 雾化电解 | 99.8% | -300 | 球形亚枝形 | 青灰 |
| 铁粉 | 还原 | 98.5% | -300 | 不规则 | 亮白灰 |
| 铬粉 | 电解、还原 | 90% | -300 | 不规则 | 亮灰 |
| 铝粉 | 雾化 | 99% | -300 | 球形 | 银灰 |
| 锰粉 | 电解、还原 | 90% | -300 | 不规则 | 白灰 |
| 钛粉 | 氢化法 | 99% | -300 | 不规则 | 灰黑 |
| 钨粉 | 还原 | 99.5% | -300 | 球状 | 银灰 |
| Cu90Sn10 | 雾化 | 99% | -300 | 球形 | 玫瑰红 |
| Cu85Sn15 | 雾化 | 99% | -300 | 球形 | 浅红 |
| Cu80Sn20 | 雾化 | 99% | -300 | 球形 | 浅红 |
| Cu67Sn33 | 雾化 | 99% | -300 | 球形 | 青灰 |
| 663 青铜粉 | 雾化 | 99.8% | -300 | 球形 | 浅土红 |
| | 电解 | 99.8% | -300 | 枝状 | 浅土红 |

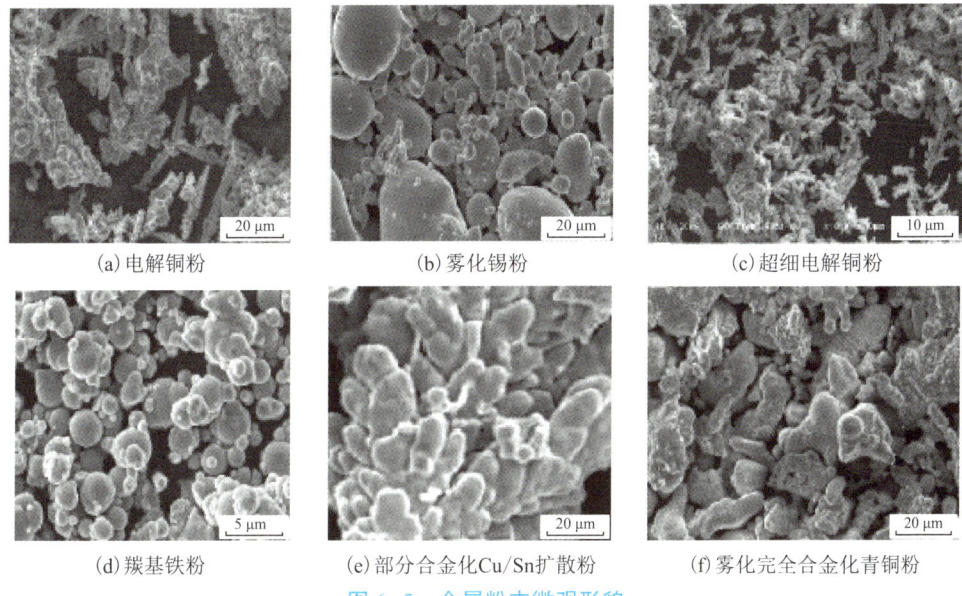

(a) 电解铜粉　　(b) 雾化锡粉　　(c) 超细电解铜粉
(d) 羰基铁粉　　(e) 部分合金化Cu/Sn扩散粉　　(f) 雾化完全合金化青铜粉

图 6-5　金属粉末微观形貌

#### 6.3.2.2　常用非金属粉末

在超硬材料烧结磨具使用过程中,由于金属结合剂韧性和耐磨性较好,磨具易堵塞和难修整成为两大难题。因此,除了主体材料金属粉末外,还常常添加少量非金属粉末,以提高脆性、改善磨具自锐性。常用的非金属粉末包括石墨、四氧化三铁、碳化硅、氯化钠和氧化铝空心球。

(1)石墨　石墨是一种很好的固体润滑剂,它能降低金属粉末之间的摩擦阻力,从而改善其压制性能;在卸模时作为脱模剂起润滑作用。在磨削加工时,石墨能润滑磨削面,降低磨削力,改善磨削效果。同时,石墨以分散的游离状态存在于结合剂中,使结合剂磨削面上形成微小孔隙,从而有助于磨削时的冷却和排屑。特别是在研磨抛光磨具中加入,可减少工件表面划伤。不过,大量加入将会大大降低结合剂的强度,因此用量一般不大,约为 1wt%~5wt%。石墨外表面镀覆金属层,有利于石墨和金属结合剂的黏结,可以有效地防止石墨滑移,从而减轻结合剂强度的下降,石墨加入量达到 10%~45%(外加体积比)。

(2)四氧化三铁　化学式 $Fe_3O_4$。俗称氧化铁黑、磁铁、吸铁石、黑铁,为具有磁性的黑色晶体,故又称为磁性氧化铁。它的硬度较高,可以做磨料。已广泛应用于汽车制动领域,如刹车片、刹车蹄等,另外,细粒度的 $Fe_3O_4$ 可作为抛光剂。加入超硬材料烧结磨具,可以提高结合剂的脆性,改善磨具的自锐性,起到辅助磨削和抛光的作用。一般加入量为 3wt%~7wt%。

(3)碳化硅　化学式 SiC。其硬度高、脆性大、磨粒锋利、导热性较好、耐磨性较强,比较适合加工硬脆的金属及非金属产品。加入超硬材料烧结磨具的工作层,既可以部分代替超硬磨料,起到辅助磨削的作用,又可以提高超硬材料烧结磨具的自锐性。加入超硬材料烧结磨具的过渡层,可调节其膨胀系数,消除界面应力,保证各层界面结合良好,防止脱落分层,在珩磨油石制造中可有效地防止弯曲变形。通过加入 1wt% 粒度分别为 8 μm 和 23 μm 的 SiC 颗粒,不仅使结合剂的硬度提升 14%,同时使得结合剂更加耐磨。

161

(4)氯化钠　食盐的主要成分,离子型化合物。纯净的氯化钠晶体是无色透明的立方晶体,由于杂质的存在使一般情况下的氯化钠为白色立方晶体或细小的晶体粉末。加入到超硬材料烧结磨具中作造孔剂,可在对强度和硬度影响较小的情况下获得均匀的较高含量的孔隙度,可在磨削过程中脱落或溶解,这有利于磨削时超硬磨料的出刃、排屑与冷却。添加 NaCl 的结合剂试样强度略有降低,NaCl 含量达到 20vol% 时,试样的强度仍然有 450 MPa 左右。

(5)氧化铝空心球　氧化铝空心球是一种新型的高温隔热材料,它是用工业氧化铝在电炉中熔炼吹制而成的,晶型为 $\alpha\text{-}Al_2O_3$ 微晶体。以氧化铝空心球为主体,可制成各种形状制品,制品机械强度高,为一般轻质制品的数倍,而体积密度仅为刚玉制品的二分之一。加入超硬材料烧结磨具中作为造孔剂,随着加入量的增加,磨削阻力减小,砂轮的锋利性、磨削比和被加工工件的表面质量均得到提高。添加 30vol% 氧化物空心球的磨具锋利度最高,自锐性好,还能够提高工件的表面质量。

### 6.3.3　基体

#### 6.3.3.1　基体的材质

超硬材料烧结磨具的基体主要有钢基体和铜粉末基体。钢基体为 45# 钢,铜粉末基体主要用在规格较小的模具上,例如,直径小于 80 mm 的平形、弧形、单双面斜边砂轮和油石等产品。利用粉末基体可以大大节省金属材料和工时费用。基体的材质合理与否直接影响着磨具的质量和磨削性能。合理的材质我们可以从以下几点来考虑:

(1)基体有低的热膨胀系数　当砂轮运转时,砂轮和工件磨削产生的热量,从磨具工作层传递到基体上。若基体的热膨胀系数大,砂轮自身将发生明显的热膨胀,这样被加工工件的尺寸就会不一样,将影响工件的尺寸控制。另外,因热膨胀还会产生歪斜、振动及锋利度不好等问题。采用刚性好的基体为佳,因为刚性好的基体热膨胀系数小。

(2)基体与超硬磨料层的热膨胀率相同或相近　如果基体和超硬磨料层的热膨胀率不相同,将会在两者之间产生热应力,两者热膨胀率相差越大,热应力就越大,在磨削加工过程中,由于冲击外力的作用将会导致工作层脱落。

(3)基体材质密度小　密度小的基体在磨具生产和使用上便于操作,且重量轻的基体对保持磨床的精度也很重要。

(4)基体应有足够的强度　砂轮在高速运转下,可能会因惯性力而出现塑性变形或破坏,故基体应有足够的强度,这也是粉末基体仅适用于小规格砂轮的原因之一。

另外,近年来,针对超硬材料行业专门研发的超硬材料磨具钛合金基体,可以广泛应用于航天航空、超音速飞机、航天飞行器、航海船舶、发动机轴、起动架以及石油化工、数控机床、医疗器械、汽车制造等高精度零件加工。与传统上选择使用的其他基体材料相比较,钛合金基体具有以下特性:

(1)钛合金基体密度小、强度高、比强度大　钛合金的密度为 4.51 g/cm³,是钢合金基体的 57%,不到铝合金基体的两倍,强度比铝合金基体大三倍。钛合金基体的比强度(拉伸强度/密度)是常用的工业合金中最大的。钛合金的比强度是不锈钢的 3.5 倍,是铝合金基体的 1.3 倍,是镁合金的 1.7 倍。温度在 300~350 ℃下钛合金基体的强度比铝合金基体高 10 倍。

(2) 钛合金基体熔点高,耐热性能优良  钛合金基体材料熔点可高达 1 668 ℃,沸点为 3 400 ℃,高于铁、镍金属,因此钛合金作为轻型耐热材料具有优良的基础。耐热性高,其工作温度在 500 ℃,经过高速运转以及长期工作仍然能够保持良好的力学性能。通常钛合金基体在 550 ℃以上,而不锈钢基体在 310 ℃即失去了原有较高的力学性能。

#### 6.3.3.2 基体的结构

基体的结构依成形方法不同可有所改变。表 6-4 是冷压烧结工艺中经常采用的基体结构类型。

表 6-4  基体常见结构

| 类别 | 基体名称 | 图形 | 备注 |
| --- | --- | --- | --- |
| I | 杯、碗一号、碟型一号、直径大于 20 mm 光学筒型磨具基体 |  | ①基体材料:铁或45#钢;<br>②超硬材料层环宽尺寸与孔的同心度偏差小于 0.01 mm;<br>③基体的压制面要粗糙;<br>④尺寸公差:外径按基体孔制 $D/c_d$ 的配合,其他尺寸控制在 ±0.05 mm 范围内 |
| II | 碗二号、碟型二号、砂轮基体 |  | |
| III | 宽环单面凹砂轮基体 |  | |
| IV | 双斜边砂轮基体 |  | |
| V | 直径小于 20 mm 光学筒型磨具基体 |  | |

在冷压成形工艺中,普通的平面钢体表面压上金刚石层,其结合强度非常有限。为了保证磨具有足够的结合强度,需要对基体的结构(主要指结合面)进行合理的设计。在Ⅰ、Ⅱ类基体中,采用径向的单燕尾槽和轴向凹槽相结合的形式。其联结强度足以满足工作要求。环宽较大时,可开多条沟槽,参见表6-4 Ⅲ类。Ⅲ类基体是在金刚石宽度较大的情况下采用,它除了有轴向沟槽外还有径向沟槽。这种纵横交错的沟槽,使坯体的联结强度增加很多。Ⅳ、Ⅴ类的基体结构不是沟槽形式。它的断面是一个外突的呈楔形的断续环(或说是楔形齿),这种结构,能承受强烈的切割作用而不掉环。当结合面较窄时,无法在上面开槽,那么采用滚花的方法也能增加结合强度。需要注意的是,沟槽的宽度约为1~3 mm,深度约在0.5~2 mm,要求槽宽稍大于齿,以便于过渡层料入槽。沟槽不能太深,否则在压制过程中因传压不好而使槽中密度很低,强度很差,反而起不到增加结合强度的作用。

在热压成形工艺中,磨具的基体结构可大为简化。通常情况下,它不需要开沟槽(但像Ⅳ、Ⅴ类的结构是需要的),平面黏结就有足够的强度。这是因为在热压情况下,青铜与钢基体的黏结是借助于结合剂很好的热塑性,在压制压力的作用下,使结合剂进入基体表面的微小缺陷中,加上热扩散的作用而形成了牢固的结合。实践证明,对青铜结合剂来说,这种黏结虽不是焊接性的,但要比冷压法的黏结要牢固得多。对于要求黏结强度高的,通常在钢基体与磨料层的接触部分,电镀铜或铜合金,镀层厚度一般为5~10 μm,然后采用热压工艺进行压制。因为金属结合剂通常用的是青铜类的,镀铜或铜合金的成分接近结合剂成分,而且镀后基体氧化较慢,这些均有利于黏结牢固。

## 6.4 超硬材料烧结磨具的配方设计

超硬磨具配方设计就是根据磨削工件的材质和加工要求,选择合理的原材料种类和比例,满足实际的磨削加工要求。同时,从磨具制造成本和使用过程中的磨削加工费用两方面考虑,使设计出的磨具的价格能被市场接受。磨具配方设计主要包括两部分:一部分是磨料的选择,包括超硬磨料种类、品级、粒度、浓度等;另一部分是结合剂的选择,包括金属粉末的成分及配比和非金属粉末的成分及配比。设计配方之前先了解结合剂的性能,在此基础上再进行磨料和结合剂选择。

### 6.4.1 超硬材料烧结磨具结合剂性能

磨具结合剂的性能确切地讲是以磨具磨削加工时对加工材料表面的要求而定,以磨削性能为目标,所以涉及的性能要求较多。最主要的性能包括黏结性能、机械性能和工艺性能。

#### 6.4.1.1 黏结性能

结合剂的黏结性能,是指它与超硬磨料之间的结合能力。它表示两者结合力的强弱。结合剂与超硬材料之间的结合,主要有机械结合和冶金结合(化学键力)两种作用方式,后者也可称为焊接性黏结。

例如,青铜磨具所用的超硬材料,属于中等强度产品,颗粒表面有一定的粗糙性和缺陷。因此这类超硬材料可能与结合剂产生一定强度的机械镶嵌啮合作用。青铜结合剂磨具中的超硬材料,主要就是依靠这种机械结合力而被把持住的。另外,青铜结合剂一般以铜为基本成分。这种金属即使在高温下也不会对超硬材料发生吸附作用。因此青铜与超硬材料之间极少有焊接性黏结的可能性。

如上所述,青铜结合剂与超硬材料基本上没有焊接性黏结,只有机械啮合。由于这种结合强度不高,在磨具使用过程中,往往造成超硬材料过早脱落而得不到充分利用。因此,要想提高磨具的耐用度,必须改善结合剂的黏结性能。将表面光滑的超硬材料进行化学处理,使之有一定程度的表面粗糙化,是提高结合力的一种措施。另一种措施是争取实现焊接性黏结。

从理论上讲,可能与金刚石发生焊接性黏结的金属,就是那些在高温熔融状态下能够与金刚石发生化学作用(溶剂化或生成化合物)的金属,即元素周期表中ⅣB 至 Ⅷ 族金属,例如 Ti、Zr、Hf、V、Nb、Ta、Cr、Mo、W、Mn、Fe、Co、Ni 等,这些金属正是合成单晶金刚石用的催化剂或者制造聚晶用的黏结剂。如果用上述金属(如 Ni、Mo、Ti)镀覆金刚石粉末,使其颗粒表面金属化,则这样的金刚石可以通过金属镀层间接地与青铜结合剂实现焊接性黏结,这也是改善黏结性能的途径之一。

#### 6.4.1.2 机械性能

衡量磨削性能的技术指标,除了磨削质量外,主要是磨削效率和耐磨性。好的结合剂应当对超硬材料有足够的把持力,使超硬材料能得到充分利用,不至于因结合剂损耗过快而造成超硬材料过早脱落;同时,还应当具有适当大的磨耗速度,当外层磨粒磨钝时,使新的超硬材料切削刃很快露出来,以保持磨削效率,避免堵塞。这些使用效果是由结合剂的强度、韧性以及磨具硬度、磨具组织(组织三要素:磨料、结合剂、气孔)等性能所决定的。

(1)强度  砂轮强度包含两个方面,一是结合剂本身的强度,二是结合剂与超硬材料之间的结合强度。强度与结合剂的性质和用量有关,还与烧成工艺有关。由于超硬材料含量低,结合剂量比普通砂轮高得多,而且金属本身强度很高,因此,一般说来,烧结磨具比陶瓷磨具强度高得多。例如成形压力为 300 MPa 时,抗拉强度已达到 90 MPa,满足工艺要求。因此,对于青铜砂轮来说,结合剂本身强度不是主要因素。

相比之下,结合剂与超硬材料之间的结合强度,是薄弱环节,影响磨耗比。这是由于二者基本上不发生化学作用。采用镀金属的超硬材料品种以及选择能浸润超硬材料的金属结合剂,目的都是提高黏结强度。

(2)韧性  我们希望结合剂的强度高而韧性要低,但是强度高的青铜往往韧性也高。当含铜量高时,韧性问题更加突出,超硬材料刃口磨钝后,结合剂不能及时磨掉,黏附于工作面上,产生自堵现象。容易堵塞、自锐性差,是青铜磨具加工效率低的根本原因;另一个问题是磨具修整困难。对于复杂形状的成形磨削用的磨具,修整性尤其显得重要。

改善青铜磨具性能的问题,就是如何降低其韧性,提高脆性,而又不至于过多地降低强度。主要措施是在结合剂中增添脆性成分,德国的脆青铜结合剂,就是这方面的一个成功例子。它解决了青铜砂轮难修整的问题,只需用成形钢辊挤压砂轮表面,就能很容易地修整出所需的形状和尺寸。

通过调整烧结工艺也可以改变结合剂韧性。适当控制烧结温度、保温时间和冷却速度,就可以在一定程度上控制韧性。

改变结合剂成分和烧结工艺,都不难提高脆性、降低韧性,困难在于要同时满足强度要求,保持强度不过分下降。

(3) 硬度　结合剂的硬度与磨具的硬度,是两个既有联系又有区别的概念。在普通磨料磨具中,磨具硬度被理解为结合剂对磨粒的把持力,磨粒脱落的原因是由于结合剂桥的断裂。超硬材料烧结磨具的硬度,尚无明确的定义,但其概念应与普通磨具有所不同。超硬材料的脱落主要不是由于结合剂桥的断裂,而是由于结合剂与超硬材料之间的结合不牢。超硬材料烧结磨具硬度主要取决于结合剂的性质、数量以及成形和烧结工艺条件。

制品需要什么样硬度的结合剂,要根据使用对象来确定。例如,圆形切割锯片的产品很多,切割大理石、细颗粒石板和石灰石,可用软的结合剂;而切割砂岩、混凝土、多孔耐火材料、花岗岩,则需要高耐磨性的硬结合剂。

一种结合剂在正常工艺条件下,其硬度都有一个标准范围值,根据硬度值的变化,可以分析并找出生产工艺中存在的问题。

### 6.4.1.3　工艺性能

根据磨削对象和加工要求制定配方,通过压制和烧结实现磨具的生产。压制和烧结都属于结合剂的工艺性能,合理选择压制参数和烧结参数是决定磨具性能能否达到设计要求的关键。

对于青铜结合剂磨具,经过对在不同压力下成形后烧结的试样进行金相分析,结果表明:在 100~200 MPa 的压力情况下,组织疏松,在 750 ℃烧结还呈现很大的显微疏松,孔洞约占 24%;同时,由于坯料致密化程度不够,金属粉末颗粒接触不良,影响在烧结时原子扩散的进行,使金属的合金化程度较差,直到烧至 750 ℃还有红色纯铜存在,其显微硬度由于孔洞太多,而硬度较一般硬度更低,组织合金化程度很低,所以这两种压力不能用于成形料的成形。在 300 MPa 的压力下成形,虽已达到一定的致密化程度,但是还不够。在最佳点下烧结时的试样,其孔洞还有 10.6%,红色纯铜还相当多(25%),而脆性相 $\alpha + \delta$ 共析体还欠少。所以,这样压力成形的结合剂,在对超硬材料结合时因孔洞太多而结合不牢,同时又由于脆性相太少而砂轮自锐性不够,使磨具在磨削时容易产生堵塞、烧伤等现象。因此,300 MPa 的压力还不适宜于磨具的生产。

在 400~500 MPa 的压力成形下,660 ℃烧成后其孔洞只占 5%左右。由于致密化程度高,500 MPa 下成形的坯体在 660 ℃已不存在纯铜相,且 $\alpha$ 固溶相已超过 70%,由于涉及温度和压力的综合效果,在 500 MPa 压力下。$\alpha + \delta$ 共析体最高点在 630 ℃出现。在此温度下,400 MPa 压力下坯体中硬脆相数量最高,达 46%,$\alpha$ 固溶体达 40%,这样磨具的自锐性就好一些。所以,一般制造超硬材料烧结磨具的成形压力选在 400~500 MPa。对于热压成形,由于温度和压力同时作用,在磨具成形时仅需 100 MPa 左右即可达到要求。

## 6.4.2　超硬磨料的选择

### 6.4.2.1　超硬磨料种类的选择

超硬磨料主要是指人造金刚石和立方氮化硼,超硬磨料选择的主要依据是由被加工工件材料的性质决定的。其中人造金刚石磨料适用于非金属硬脆材料的加工:如硬质合金、玻璃、陶瓷、半导体材料、磁性材料、合金铸铁、宝石、碳素材料、石材、耐火材料等;立方氮化硼磨料具有良好的热稳定性,对铁族金属具有化学惰性,主要适用于硬韧材料的磨削加工:如高速钢、模具钢、轴承钢、特种合金钢等难磨材料。

#### 6.4.2.2 超硬磨料品级的选择

超硬材料烧结磨具中,结合剂对超硬磨料的把持力较大,结合剂在磨削时磨损较慢。因此,一般采用中等强度的超硬磨料,为提高把持力可选用镀钛金刚石磨料。

在超硬材料烧结磨具中常用的金刚石磨料牌号为 MBD 系列的金刚石,如 $MBD_4$、$MBD_6$、$MBD_8$、$MBD_{10}$,其中 $MBD_4$ 和 $MBD_6$ 应用最广泛。一般磨削硬质合金用的青铜砂轮,可用中等强度系列中强度较低和较脆的金刚石品种,如 De Beers 公司的 MDA,GE 公司的 MBG-Ⅱ,我国的 $MBD_4$ 等。用于磨玻璃和石材的砂轮,宜用强度较高、形状较规则、高温抗破碎能力较强的品种,如国外的 MDA-S、MBG-600,我国的 $MBD_6$ 等。而国外的 MDA-100、MBG-660,国内的 $MBD_8$ 和 $MBD_{10}$ 等,它们抗冲击强度更高,结晶形状更好,用它们制作的金刚石磨具特别适合于磨削很硬的陶瓷材料(如高铝陶瓷)。

常用的立方氮化硼磨料牌号如下:CBN900、CBN990、CBN120、CBN230。

#### 6.4.2.3 超硬磨料粒度的选择

超硬材料烧结磨具通常用在粗磨、半精磨工序,尤其适于进行深磨、成形磨削等要求磨具形状保持性较好的加工场合,其粒度一般可在 80/100~230/270 内选择。被加工工件的表面粗糙度和磨削效率受磨料的影响极大,因此,粒度的选择主要是考虑这两方面的要求,细粒度磨料加工的表面粗糙度好,但加工效率低;粗粒度则与之相反,加工效率高,粗糙度较差。粒度与粗糙度的对应如表 6-5 所示,加工工件为硬质合金。由于工件材质和加工工艺不同粒度和粗糙度的对应也不尽相同,表 6-5 仅作为参考。在磨削用途之外,超硬材料烧结磨具也可用于研磨抛光,例如精磨片、珩磨油石和抛光磨盘等。研磨抛光所用的超硬微粉代号为 MPD,粒度范围在 M36/54~M3/6。

表 6-5 粒度与表面粗糙度的对应推荐表

| 粒度范围 | 粗糙度($Ra$) |
| --- | --- |
| 80/100~100/120 | 3.2~0.8 |
| 100/120~170/200 | 1.6~0.4 |
| 170/200~230/270 | 0.8~0.4 |

#### 6.4.2.4 超硬磨料浓度的选择

浓度的选择一般依据以下几点:①工件的几何形状、精度要求;②加工工件的表面粗糙度;③生产效率的要求。一般来说,超硬材料烧结磨具选择 50%~100% 的浓度。需要形状保持性好时,则选择较高的浓度;细粒度、粗糙度要求低的,则选择低浓度。要求生产效率高的一般适当增加浓度,但在磨料较粗时,反而选择较低浓度和高强度的磨料。磨具消耗过快时,除了提高结合剂硬度外,可以适当增加浓度;如果磨具太硬时,可以适当降低浓度。

### 6.4.3 结合剂的选择

#### 6.4.3.1 结合剂选择的依据和原则

超硬磨料依靠金属结合剂的黏结成为超硬磨具,结合剂应具有如下性能:①结合剂与超硬磨料热膨胀系数差异越小越好;②结合剂具有适宜的力学性能,用作磨具的结合剂并不要求高韧性,相反要"脆",给人以"沙"的感觉。在磨削加工时结合剂不能有明显的塑性变形,绝不允许结合剂把超硬磨料糊住或糊住加工工件表面。为了方便对结合剂成分的选择,这里列举了金属结合剂主要金属元素的热膨胀系数和基本性能参数(表6-6)。金刚石的热膨胀系数随温度的升高而增加[(0.9~4.8)×10⁻⁶/℃]。

表6-6 金属结合剂主要金属元素的热膨胀系数和基本性能参数

| 元素 | 热膨胀系数/(×10⁻⁶/℃) | 相对原子质量 | 密度/(g/cm³) | 熔点/℃ | 晶体结构 |
|---|---|---|---|---|---|
| Cu | 16.5 | 63.54 | 8.96 | 1 083 | 面心立方 |
| Ni | 12.8 | 58.69 | 8.90 | 1 455 | 面心立方 |
| Mn | α:22  β:14 | 54.93 | 7.43 | 1 245 | 面心立方 |
| Co | 14.2 | 58.93 | 8.90 | 1 495 | 密排六方 |
| Fe | 11.7 | 55.85 | 7.87 | 1 535 | 体心立方 |
| Al | 27.4 | 26.38 | 2.70 | 660.2 | 面心立方 |
| Zn | 39.7 | 65.38 | 7.13 | 419.46 | 密排六方 |
| Sn | 21 | 118.69 | 7.30 | 231.9 | 体心立方 |
| Ti | 8.35 | 207.20 | 11.34 | 327.4 | 面心立方 |
| Si | 2.8~7.3 | 28.09 | 2.33 | 1 430 | 金刚石型立方 |
| W | 4.4 | 183.85 | 19.30 | 3 300 | 体心立方 |
| Cr | 6.2 | 95.94 | 10.20 | 2 607 | 体心立方 |

#### 6.4.3.2 结合剂的种类

按照金属结合剂主要合金的化学成分,可以把超硬材料烧结磨具的结合剂分为钴基结合剂、铜基结合剂和铁基结合剂等。

(1)钴基结合剂 钴是最重要最广泛的应用于超硬材料烧结磨具的结合剂,钴基结合剂的硬度高、韧性好、化学相容性好、烧结温度低、磨损性能好。钴原子的价层d轨道的电子数不满十个,能与碳原子发生较强烈的作用,因此钴是良好的碳化物形成元素。在热压温度为700~800℃,压力350 MPa的工艺条件下,通过SEM-EDS和AUGER检测显示,烧结体中钴和金刚石的界面上不仅有钴的碳化物,还有石墨、α-Co以及碳在钴中的固溶体。这说明钴与金刚石的界面的结合方式不仅有物理镶嵌还有化学键合的作用,这就大大提高了结合剂对金刚石的把持力。

在含钴的金属结合剂金刚石磨具中,钴起着十分重要的作用,它可以适度地降低结合剂的耐磨性以使金刚石保持较大的出刃高度,保证了磨具的锋利度。钴的存在还能够使磨具的变形性得到改善,防止在加工过程中由于磨具的变形而导致金刚石的脱落。

(2) 铜基结合剂　铜基结合剂是传统的结合剂体系,具有韧性好、强度适中、烧结温度低的特点。铜的原子轨道结构的特点使得铜和碳之间没有相互作用,导致铜基结合剂对金刚石的把持力仅是机械镶嵌而没有化学键合。但加入其他合金元素就可以改善铜与金刚石的界面结合状况。纯 Cu 结合剂对金刚石的把持力要弱于 Cu-Sn 结合剂,Cu75Sn15Ti10 结合剂的把持力要强于前两种结合剂,在铜基结合剂中添加合金元素不仅会对基体的机械性能产生影响,而且会改善铜与金刚石的界面结合状况,即磨具自锐性的两个决定性条件。铜基结合剂常用的有 Cu-Fe-Co、Cu-Sn、Cu-Sn-Ti、Cu-Sn-Pb、Cu-Al-Mg 等体系。

以铜作为结合剂时还需要加入一定量的合金元素,加入 Sn、Zn 等熔点较低的金属不仅可以活化烧结降低烧结温度,而且可以使基体致密化提高硬度;加入 W、WC 等骨架材料可以提高基体和磨具的硬度,调节基体的耐磨性使之与金刚石的磨损速率相匹配。

(3) 铁基结合剂　用纯铁粉进行烧结,得到的胎体硬度太低,但如果与其他金属形成合金,铁基胎体的性能会大幅度地提升,甚至可以与钴基结合剂相媲美。常用的铁基结合剂体系有 Fe-Cu-Sn、Fe-Co-Ni 和 Fe-Cu-Co 等,在热压烧结的工艺下达到完全致密化的温度要比钴基结合剂低 150 ℃ 左右,大大减少了能源的消耗。铁基结合剂的性能对烧结温度比较敏感,当烧结温度高于 900 ℃ 极易造成欠烧或过烧而侵蚀金刚石。铁基结合剂适用于对加工要求不高的情况,而且由于碳在奥氏体中的溶解度相当大,因此在烧结时铁容易蚀刻金刚石,烧结工艺对结合剂胎体的性能影响极大。诸多的因素限制了铁基结合剂的应用。

超硬磨具制造工业中应用的结合剂中,以铜锡为合金的锡青铜占了很大比例。这是因为锡青铜不仅强度高、硬度高、脆性也高,而且锡青铜收缩率小,易生成分散性缩孔,适合于制造形状复杂且有一定气孔率的烧结制品。接下来,以铜基结合剂为例,介绍锡含量的选择以及合金元素的选择。

### 6.4.4　超硬材料烧结磨具常用金属元素

#### 6.4.4.1　锡的作用

在青铜结合剂中,铜锡的比例从 85:15 到 60:40,不同的铜锡比例对应不同的微观组织结构,不同的微观组织结构决定了不同的性能。铜锡二元合金系配方设计是建立在铜锡合金相图的基础上的,是选择结合剂成分和确定配比的理论根据和指导原则。

铜锡合金相图如图 6-6 所示。铜与锡形成有限固溶体（α 相）,在平衡状态下锡在铜中的溶解度随温度下降而显著减少,520 ℃ 时其溶解度为 16%（质量）,而室温下几近于零。α 相保持着铜的面心立方晶格,呈赤红色,塑性良好、易于冷(热)变形加工。合金的平衡图系由几个包晶反应和共析反应所组成。在 798 ℃ 及 750 ℃ 时液体合金分别与 α 及 β 起包晶反应而形成 β 及 γ 相;β 及 γ 相又分别在 587 ℃ 及 520 ℃ 时起共析转变,形成(α+γ)及(α+δ)共析体;δ 相在 520 ℃ 时复起分解,形成(α+ε)共析体。故 β 及 γ 相系仅存于高温状态下;而 δ 相的转变,则需经过加工及长时间退火后方能产生。室温下只能得到(α+δ)共析体,δ 相颜色呈青灰色,"青铜"即由此而得名。此外,由于冷却速度与平衡状态相差甚大,使铜中锡的溶解量显著地向左端移动,而在低锡青铜中亦能出现 δ 相。当含锡量增高时,还可以出现 ε 相和 η 相,两者均极硬脆。

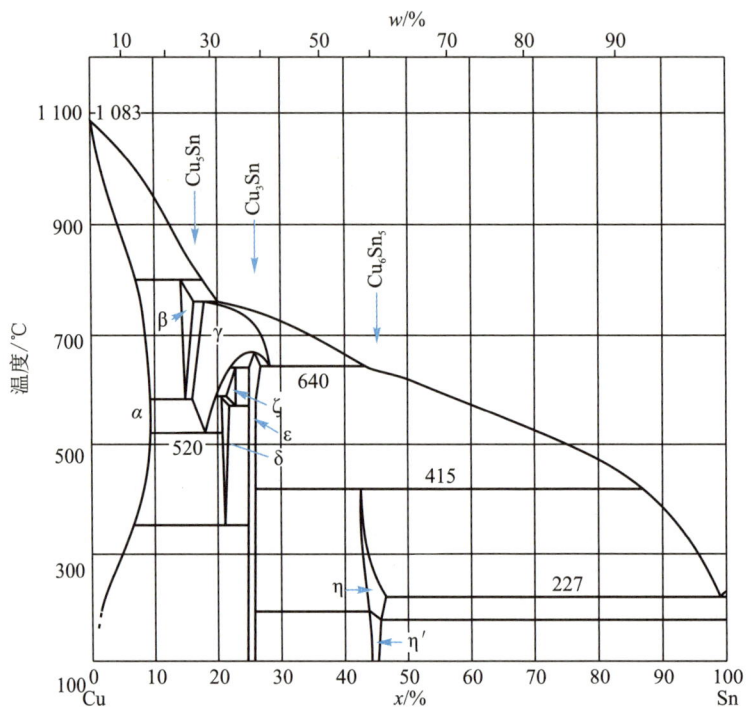

图 6-6　Cu-Sn 二元合金相图

含锡量对锡青铜性能有很大的影响(图 6-7 和图 6-8)。当含锡量小于 6% 时,锡青铜塑性很大,且随着含锡量的增加,塑性和强度都增大。当含锡量大于 6% 时,由于合金中出现硬脆的 δ 相,塑性急剧下降,硬度提高,此时强度继续提高。当含锡量大于 20% 后,合金组织中有大量 δ 相,使合金变得很脆,强度由最高峰值急剧下降。

锡青铜中锡的用量选择多少才合适,要根据含锡量与合金性能之间的关系,以及不同用途对合金性能的要求来确定。

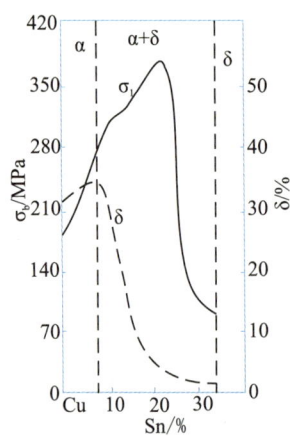
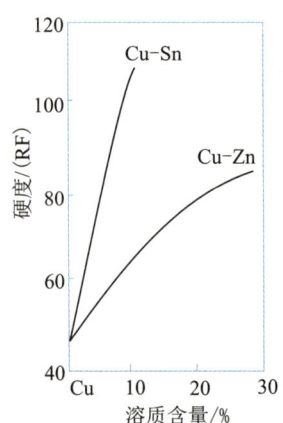

图 6-7　铸造锡青铜机械性能与锡含量的关系　　图 6-8　锌和锡对二元固溶体硬度的影响

不同用途的铜锡合金,对于机械性能的要求有所不同。压力加工(压延轧制)用锡青铜,要求强度高和塑性好(富有延展性),一般含锡量 4%～7%。铸造用锡青铜,特点是强度高和硬度高,含锡量在10%左右。而磨具结合剂用的锡青铜,要求强度和硬度较高但不是越高越好,同时还允许而且希望具有较高的脆性(低的韧性),因此结合剂中锡用量都较高,一般大于10%,常常在10%~25%。这时的合金组织是 α 相和(α+δ)相,而且随着锡含量的增加,δ 相相应增多。含锡量在这么大范围内变化,合金性能的差别是相当大的。这是与不同用途的磨具对结合剂的不同性能要求相适应的。

要想控制合金组织和性能,除了调整配比外,还要控制成形烧结工艺条件,制定合理的工艺规范。比如说,如果烧结时间过长,温度过高,则合金中 α 相较多,β 相减少,结合剂的脆性就会偏低。这与含锡量较低的结果是一样的,将造成磨具自锐性差,磨削堵塞现象严重。

在磨具制造过程中的烧结条件下,烧结温度低于铸造温度,烧结坯的组织与纯粹锡青铜相图差别较大,烧结过程中铜锡的反应程度和最终的物相组成,都取决于结合剂的成分及烧结工艺条件。特别是热压烧结制备磨具,烧结温度低,保温时间短,铜和锡的反应程度和烧结中的扩散都不充分,物相组成和相图的平衡状态差别更大。因此,仅仅依靠相图来设计结合剂是不够的,还应该结合金相分析,掌握实际工艺条件下结合剂成分和烧结制度对结合剂结构和性能的影响。下面用实例加以说明。

(1)不同锡含量铜锡结合剂的结构和性能　选用三种不同锡含量青铜结合剂,铜锡质量比例分别是 85:15、80:20、75:25,热压烧结温度为 600 ℃。通过金相照片(图 6-9)可以看出:随着锡含量的增加,未烧结的铜逐渐消失,共析体 α+δ 逐渐增多,致密化程度提高。通过性能测试列表(表 6-7)可知:随着锡含量的增加,结合剂的密度、硬度和磨损失重依次增加,抗折强度先升高后降低。密度的增加与致密化度有关,硬度的提高与 α+δ 增多有关(Cu 的显微硬度为 HV81,α+δ 的显微硬度为 HV278)。锡的百分含量在 25% 时,α+δ 大量存在,由于 α+δ 是硬脆物相,因此抗折强度下降,但磨损失重提高,说明结合剂有较好的自锐性。

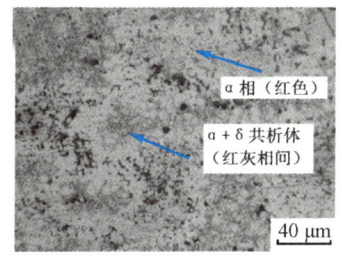(a)铜锡质量比为 85:15　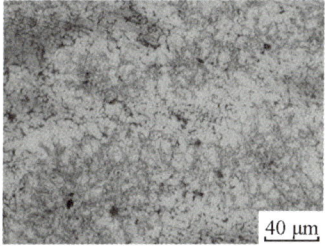(b)铜锡质量比为 80:20　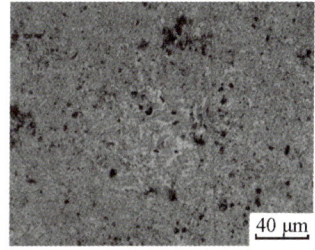(c)铜锡质量比为 75:25

图 6-9　热压烧结铜锡结合剂金相照片

表 6-7　不同锡含量结合剂的性能

| 锡含量 | 密度/(g/cm³) | 硬度(HRB) | 抗折强度/MPa | 磨损失重/g |
| --- | --- | --- | --- | --- |
| 15% | 7.46 | 61.7 | 273.4 | 0.756 |
| 20% | 7.54 | 82.3 | 277.8 | 0.841 |
| 25% | 7.62 | 105.1 | 201.4 | 0.864 |

(2)不同烧结温度铜锡结合剂的结构和性能　选用铜锡质量比例是 75:25,热压烧结温度分别为 421 ℃、520 ℃ 和 600 ℃。通过金相照片(图 6-10)可以看出:随着温度的提高,未烧结的铜和 ε 逐渐消失,共析体 α+δ 逐渐增多,气孔逐渐减少。通过性能测试列

表(表6-8)可知:随着温度的提高,结合剂的密度、硬度、抗折强度和磨损失重依次增加。密度的增加与金相照片的气孔减少对应,硬度、抗折强度和磨损失重的提高与α+δ增多对应。

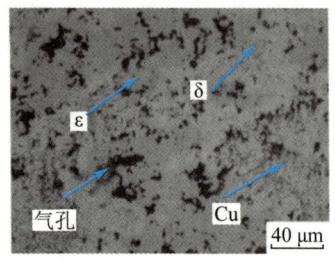
(a)烧结温度421 ℃

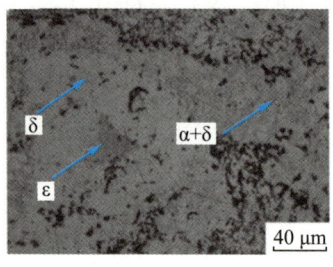
(b)烧结温度520 ℃

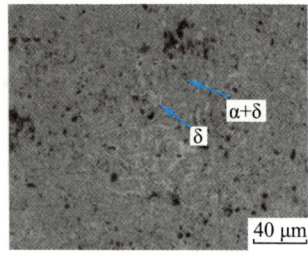
(c)烧结温度600 ℃

图6-10　热压烧结铜锡结合剂金相照片

表6-8　不同烧结温度下铜锡结合剂的性能

| 热压温度/℃ | 密度/(g/cm³) | 硬度(HRB) | 抗折强度/MPa | 磨损失重/g |
|---|---|---|---|---|
| 421 | 7.41 | 79.1 | 104.2 | 1.578 |
| 520 | 7.58 | 99.8 | 121.5 | 1.025 |
| 600 | 7.62 | 105.1 | 201.4 | 0.864 |

#### 6.4.4.2　锌的作用

Cu-Zn合金相图如图6-11所示。α相是锌溶解于铜中形成的固溶体。α相具有面心立方晶格,塑性大。锌在铜中的溶解度大,在454 ℃时溶解度最大,约为39%。在室温下溶解度略有减小,约38%。β相是以电子化合物$Cu_{31}Zn_8$为基体的无序固溶体,具有体心立方晶格,热塑性好。在454~468 ℃时,β相发生有序转化,转变为有序固溶体β′,β′很脆。含锌量更多时(50%以上)生成γ相;因γ相太脆,强度很低,故在一般工业中无实用价值。

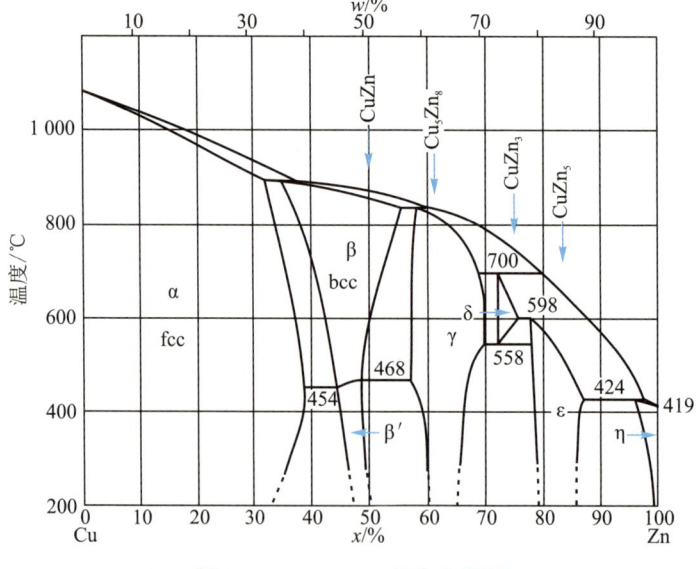

图6-11　Cu-Zn二元合金相图

Cu-Zn 合金称为黄铜,其含锌量与机械性能之间的关系,见图 6-8。当含锌量低于 32%时,随着含锌量的增加,强度和延伸率都升高;当含锌量超过 32%时,因组织中出现 β′相,塑性开始下降,但少量 β′相的存在对强度并无坏影响,此时强度仍然提高。含锌量高于 45%以后,显微组织全部为 β′相,强度急剧下降,塑性继续降低。

锌在结合剂中可以降低铜合金熔点,有利于磨具的烧结;可以改善变形性和磨损性能,提高磨具的锋利性。当含锌量在 10%以下,锌都溶于固溶体中,锌对铜合金性能的影响与锡相似,只是强化作用稍弱。大约 2%Zn 相当于 1%Sn。鉴于这种情况,并考虑到锌比锡价格低,故在锡青铜结合剂中可以用少量锌代替部分的锡,而不至于明显影响合金的机械性能。当含锌量高时,会使合金变软,影响结合剂的脆性。锌含量控制不当,烧结时易发生流失;蒸气压高,烧结温度高时易发生汽化。因此在 Cu-Sn 合金结合剂中,锌添加量不高,一般在 10%以下。

#### 6.4.4.3 银的作用

Ag-Cu 合金相图如图 6-12 所示。它是典型的共晶相图,由均晶转变、共晶转变和二次结晶转变所组成。图中有 L(液相)、α、β 三种物相。α 相是铜为溶剂银为溶质的固溶体,β 相是银为溶剂铜为溶质的固溶体,二者均有有限的溶解度。

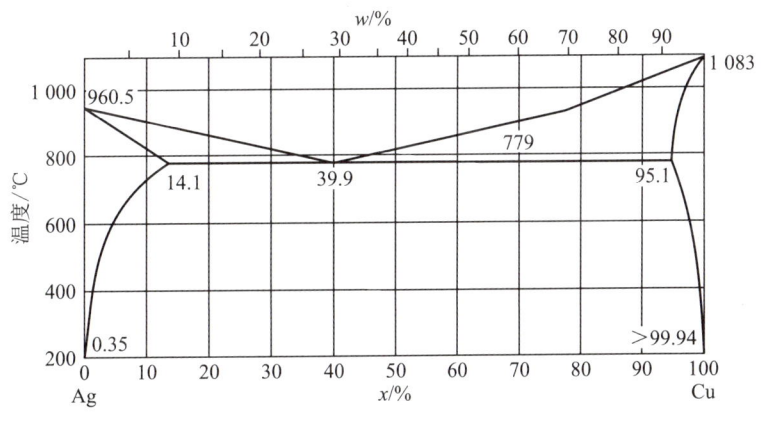

图 6-12 Ag-Cu 二元合金相图

一般 Ag-Cu 结合剂的含银量在 30%以下,属于亚共晶合金。在此范围内,当含银量低于 8%时,合金组织由少量的 α 固溶体和大量的 β 二次结晶体组成;当含银量大于 8%时,合金显微组织是初生晶体 α+共晶体(α+β)+二次结晶体 β。随着含银量增多,β 相和 (α+β)相相应增多。α、β、(α+β)这三种相的相对量随成分而变化。

银对铜能起固溶强化作用,同时还能起过剩强化作用。银溶解在铜中生成 α 固溶体,溶解度在 779 ℃时约为 8%,随着温度下降而降低,不断析出二次结晶体。由于 β 二次结晶体是在低温下析出的,不易长大,晶粒十分细小,因此使得合金有较高的强度,这就是过剩相强化作用。

银对铜能起固溶强化作用,同时还能起过剩强化作用,可使结合剂具有更高的强度、硬度和耐磨性。另外,银是最佳的导电体,随着银含量的增加,合金电导率也提高,故电解磨轮要用 Ag-Cu 合金作为结合剂。同时,银是传热性最好的金属,加入银有利于散热,可降低磨削温度。正是由于这些特性,添加银的锡青铜结合剂常常用于受力较大的光学玻璃成形磨削。银在 Cu-Sn 合金结合剂中的用量范围一般为 5%~15%。由于银是贵重金属,只用于要求性能较高的产品。

#### 6.4.4.4 铁的作用

Fe-Cu 合金相图如图 6-13 所示,铁在铜中的固溶度很低。在实际烧结过程中,铁主要是以单相形式存在。不同的铁粉在青铜结合剂中的作用不同,还原 Fe 粉是多孔海绵状的,可起到吸收高温液相的作用,保证了锡含量较高的结合剂不会在高温大量流失;羰基铁粉加入青铜结合剂中可使结合剂的耐磨性下降,提高结合剂的自锐性。

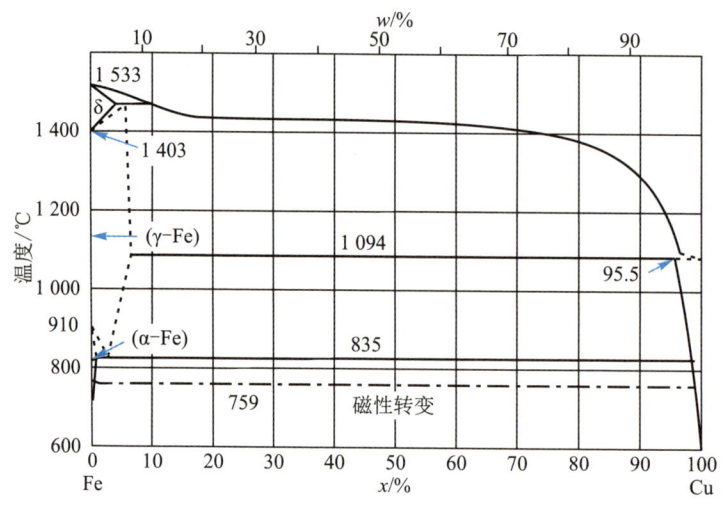

图 6-13 Fe-Cu 二元合金相图

#### 6.4.4.5 镍的作用

Cu-Ni 合金相图如图 6-14 所示,镍可以无限固溶到铜中,其组织为单相 α 固溶体。镍能提高铜的强度、硬度、耐磨性和抗蚀性。含镍量在 30% 以下,强度硬度随镍含量的增加而提高得较快;当含镍量在 50% 左右时,强度硬度达到最高值。在青铜结合剂中,镍可以完全固溶到 Cu 和 δ 相中。另外,镍可以减少铜基含锡锌结合剂的烧结流失。因此,含镍的结合剂适于制作重载荷和腐蚀作用下的磨具。不过,含镍的结合剂成本高、变形性大、锋利度差。需要说明的是,当镍含量较高且烧结温度不高时,镍未完全固溶到铜中,部分镍以单相形式存在。由于镍的烧结温度较高,单相镍在较低的温度下未完全烧结,以较松散的状态存在,磨具的耐磨性降低、锋利度提高。

#### 6.4.4.6 钴的作用

Co-Cu 合金相图如图 6-15 所示,Co-Cu 体系为包晶型相图,在固态时有一个共析转变(α-Co ⟷ ε-Co+Cu)。在实际的烧结过程中,Co 部分固溶到 Cu 和 δ 相中,部分以单相存在,可提高铜基结合剂的抗弯强度。钴的抗弯强度高,钴具有易磨损性,或者说具有适度的磨损性能,使综合磨削性能大幅度提高;钴对碳材料和骨架材料都具有较低的接触角和较大的附着功,对超硬磨料有较大的亲和力;钴和钴基胎体的变形性小(挠度小),提高切磨加工质量;由于钴具有易磨损性能和小的变形性,纯钴和钴基磨具更具有广谱性。

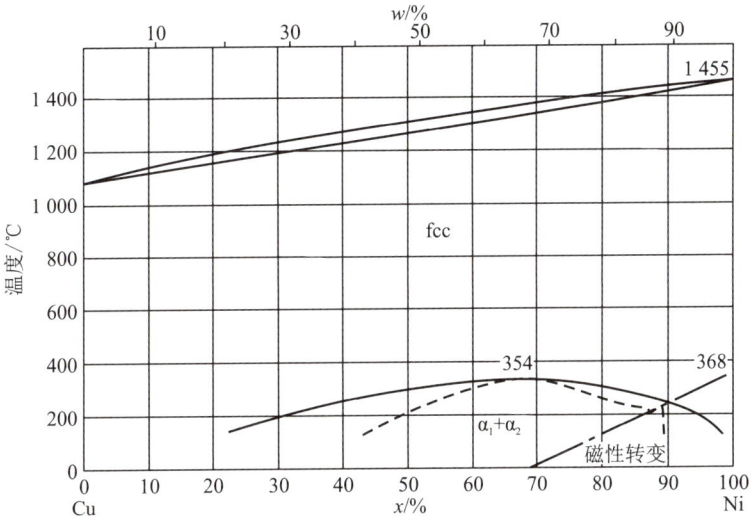

图 6-14　Ni-Cu 二元合金相图

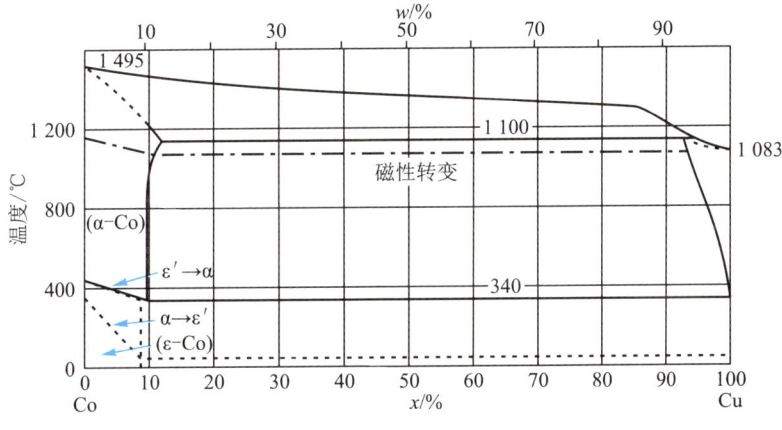

图 6-15　Cu-Co 二元合金相图

#### 6.4.4.7　铅的作用

Cu-Pb 合金相图如图 6-16 所示,Cu-Pb 体系的特点是存在一个偏晶平衡、一个共晶平衡和两个固溶体(Cu)和(Pb)。在偏晶温度(955 ℃)下,不混溶区由 15.3% 延伸至 65.3%(at)Pb。分层曲线上的临界点在铅的含量 34.3%(at)。共晶点的位置在铅的含量约 99.8%(at)且温度为 326 ℃。

铅是优良的减摩材料,在锡青铜中加入铅,可使合金的摩擦系数变小,耐磨性提高。铅很软,合金中加入铅后机械强度大大下降,因此铅加入量必须限制,以保证结合剂的强度和硬度。铅在青铜结合剂中的用量一般控制在 3% 以下。

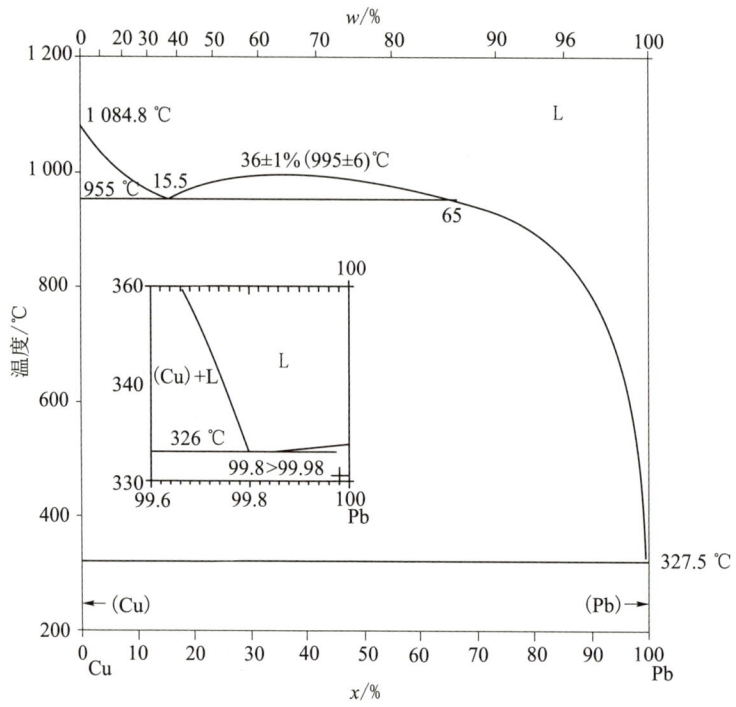

图 6-16　Cu-Pb 二元合金相图

### 6.4.4.8　钛和铬的作用

极少量的铬就可以大大改善铜对超硬材料的润湿,铬可以和金刚石反应生成 $Cr_7C_3$、$Cr_3C_2$ 型碳化物,提高结合剂和金刚石的黏接强度;加入量在 1% 时,提高胎体的抗弯强度幅度最大。钛可以降低结合剂与超硬材料接触角,改善胎体与金刚石的黏接强度;适量加入提高胎体的耐磨性,一般加入量不应超过 6%。

总之,结合剂的选择要结合加工对象和加工要求,同时要注意结合剂对超硬材料的把持能力。

在超硬材料烧结磨具生产中,结合剂的配方种类繁多。例如,磨削玻璃结合剂:Cu(85~90)Sn(15~10) 外加石墨 1%;Cu90Sn10 外加 $Fe_3O_4$ 5%。玻璃切割砂轮结合剂:Cu90Sn10;Cu78Sn10Ag12,Cu85Sn6Zn6Pb3。磨削硬质合金砂轮结合剂:Cu80Sn10Ag10;Cu70Sn25Ag5;Cu64Sn16Fe20。电解砂轮结合剂:Cu35Ag30Fe15Zn8SnPbNi 适量。德国温特(Winter)公司脆青铜结合剂中含有高比例的锡成分,配方为 Cu(70~45)Sn(30~55),外加经过专门处理的石墨 10%~45%(体积)。俄罗斯高浓度(200%)珩磨磨石 Cu73Sn25Pb2。也有所谓的通用结合剂:Cu88Sn10Zn1Pb1、Cu78Sn10Ag12$Fe_3O_4$3%(外加)及 Cu70Sn10Ag15Ni5 等。

## 6.4.5 磨具配方试验方法及配方计算

### 6.4.5.1 磨具配方试验方法

在磨具配方设计中,包括各种原材料品种和用量的选定,还包括磨具组织、气孔率、成形密度的确定。

一般来说,疏松的组织适合于大面积、大磨除出量、高效率磨削加工的场合;而在成形磨削、切入磨削和坚硬难磨材料磨削时,要求磨具组织比较紧密,这时的磨具设计需要注意防止磨削堵塞和烧伤。磨具组织的致密程度,在原材料确定之后,主要取决于坯体成形密度,并且还与烧结工艺参数有关。

当然,磨具配方的设计要根据一般原则进行定性的分析,而且还必须通过各种试验,测定有关的数据,进行定量的评估,才能得到最佳设计方案。需要试验测定的项目,包括原材料、压坯和磨具产品的性能参数和制造工艺参数。性能参数包括理化性能、机械性能、使用性能等多种参数。

(1)原材料测试项目 超硬材料、金属粉末和其他等原料,一般情况下,只要符合技术条件的规定,不需要全面测定各项质量指标。在某些情况下,对于原料质量有疑问,或者有某些特殊要求,这时必须检测有关的质量指标。例如金属粉末的粒度组成、堆积密度、压制性能、超硬材料的粒度等是较常检测的项目。

(2)结合剂测试项目 在配方试验中需要对结合剂进行测试的项目是比较多的。配混好的结合剂成形料,一般需要测定其松装密度、流动性、压实性(成形密度)、成形性(压坯强度)。成形密度和所需的成形压力是重要的成形工艺参数。成形好的结合剂坯体(或称生坯、湿坯、压坯),通常需要测定其抗拉强度、抗弯强度、韧性(延伸率)、硬度,有时还需要测定耐热性、耐蚀性等。同时,还需要测定相应的烧结工艺参数,包括烧结温度、保温时间、出炉温度等。

(3)磨具产品测试项目 需要测定的磨具产品的使用性能,主要有磨耗比(或磨削比)、磨削效率和被加工的工件质量(尺寸和形位公差、表面粗糙度等)。有时还需要测定磨削力和磨削温度,考察磨削噪声和堵塞情况,来帮助分析影响磨削比、效率和加工质量的原因,进一步改进配方。磨具的上述各项性能,一般都是通过磨削试验来测定的,磨削试验是磨具性能最终的、最实际的综合性检验。

### 6.4.5.2 配方计算

1)成形密度的计算

(1)合金的密度理论 由多种金属组元构成的结合剂,经过熔化就成为合金。合金的理论密度可按式(6-3)计算:

$$\gamma = \frac{G}{\sum_{i=1}^{n} \frac{g_i}{\gamma_i}} = \frac{G}{\frac{g_1}{\gamma_1} + \frac{g_2}{\gamma_2} + \cdots\cdots + \frac{g_n}{\gamma_n}} \tag{6-3}$$

式中 $\gamma$——合金的理论密度;
$\gamma_i$——各组元的密度;
$G$——合金的质量,且 $G=g_1+g_2+\cdots+g_n$;$g_i$ 为各组分的质量。

如果已知合金组分的百分数,则式(6-3)可改写成

$$\gamma = \frac{100}{\dfrac{g_1}{\gamma_1} + \dfrac{g_2}{\gamma_2} + \cdots\cdots + \dfrac{g_n}{\gamma_n}} \qquad (6-4)$$

式中,$g_1,g_2,\cdots\cdots,g_n$为合金中各组元所占的百分数,如15%,则取15代入公式。

实际上,结合剂很难压至理论密度,通常也没有必要达到那么致密的程度,所以理论密度仅做参考。

(2)成形密度　金属结合剂的实际成形密度无法直接由数学计算求得,只能通过实验的方法测定。测定成形密度时,有两种成形方法可供采用。一种是定压定容法:往成形模具中投入结合剂料,在选定的单位压力下进行压制,用增减结合剂的方法使坯体达到规定的厚度(即规定的容积)。这时用所投料的质量除以规定的容积,便得出成形密度。另一种成形方法是定压定重法:将一定质量的结合剂投入成形模具中,用选定的单位压力进行压制,然后测定坯体的实际厚度尺寸并算出体积。由体积和已知的质量便可算出成形密度。这种成形方法比较简便和实用。

无论在测定成形密度时还是在生产中实际成形操作时,都要预先规定成形压力(指成形所用的单位压力,即压强)。对于每种结合剂,都要根据实验和生产经验来选定适当的成形压力和成形密度以满足磨具坯体的机械性能和烧结性能以及烧成后的磨具产品的组织和性能的要求。对于青铜结合剂而言,根据实践经验,在冷压成形时,成形压力一般在 350~450 MPa 选择,相应的冷压成形密度约为 7.5 g/cm³;在采用热压工艺时,成形压力为 8~10 MPa,相应的热压成形密度在 7.8 g/cm³ 左右。

2)磨具成形料的计算

(1)磨具体积计算　超硬材料磨具的体积分为两部分,超硬材料层体积和非超硬材料层体积。超硬材料层体积的计算方法,与磨具的形状、结构有关。根据我国标准规定,各种常用磨具的超硬材料层体积公式归纳于表 6-9 中。磨具过渡层的体积计算,与超硬材料相似,可根据其结构参照使用。

表 6-9　磨具体积计算公式

| 序号 | 形状代号 | 磨具图形 | 体积计算公式 |
|---|---|---|---|
| 1 | 1A1 | | ① $V = \dfrac{\pi}{4}(D^2 - D_1^2) \cdot H$ <br> ② $V = \pi H b (D - b)$ |
| 2 | 11A2 | | ① $V = \dfrac{\pi}{4}(D^2 - D_1^2) \cdot H$ <br> ② $V = \pi H b (D - b)$ |

续表 6-9

| 序号 | 形状代号 | 磨具图形 | 体积计算公式 |
|---|---|---|---|
| 3 | 6A2 | 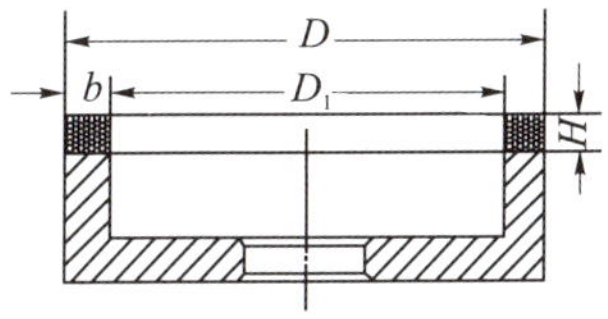 | ① $V = \dfrac{\pi}{4}(D^2 - D_1^2) \cdot H$<br>② $V = \pi H b(D - b)$ |
| 4 | 11V9 | 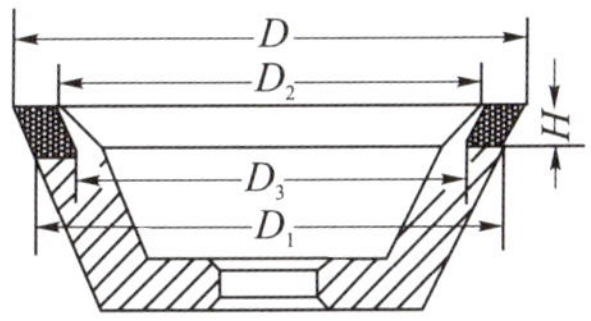 | $V = \dfrac{\pi}{3} H \left( \dfrac{D^2 + D_1^2 + DD_1}{4} - \dfrac{D_2^2 + D_3^2 + D_2 D_3}{4} \right)$ |
| 5 | 1F1 | 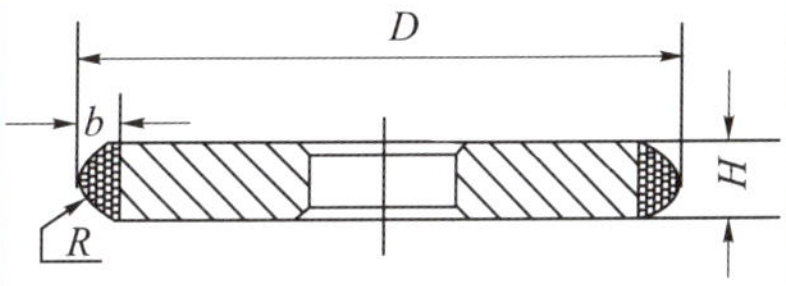 | $V = 2\pi \left[ \dfrac{2}{3} R^3 + (D - 2R) \dfrac{\pi R^2}{4} \right]$<br>$+ \pi H (b - R)(D - b - R)$ |
| 6 | HMA/2 | 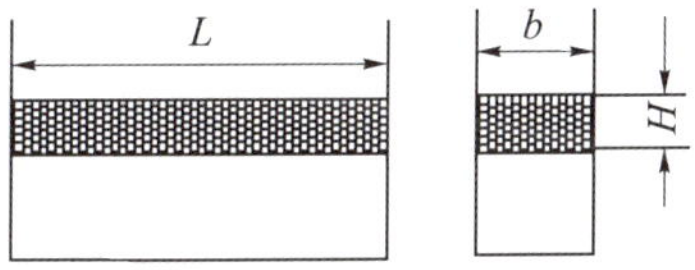 | $V = LbH$ |
| 7 | HMH | 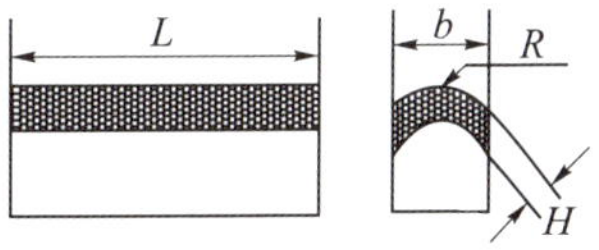 | $V = \pi R H L \dfrac{1}{90} \sin^{-1} \dfrac{b}{2R}$ |

（2）结合剂的配料计算　结合剂的配料计算，主要是每批结合剂所需要的各种金属及非金属粉末用量的计算。计算的依据是配方中规定的结合剂配比和每批磨具的生产量。计算的步骤是先算出每批磨具所需结合剂的批量总质量，然后按照结合剂配比，算出该批结合剂中每种组分的用量。

[例]　需制造某种磨具 5 片，已知磨具的单片质量为 530 g，所选用的结合剂成分配比（质量分数%）为 Cu78Sn12Ag7Zn3，外加石墨 1%。求各种粉末的用量。

解：(a) 求出结合剂的总质量($G$)考虑损耗，一般设投料系数为 1.05，则

批量总质量 = 单片质量×磨具数×投料系数

$G = 530 \times 5 \times 1.05 = 2\ 782.5$ g

(b) 求各组分的用量　组分质量 = 批量总质量×该组分的配比

铜粉　　$G_{Cu} = 2\ 782.5 \times 78\% \approx 2\ 170.35$ g

锡粉　　$G_{Sn}$ = 2 782.5×12% = 333.9 g

银粉　　$G_{Ag}$ = 2 782.5×7% ≈ 194.775 g

锌粉　　$G_{Zn}$ = 2 782.5×3% ≈ 83.475 g

石墨　　$G_C$ = 2 782.5×1% = 27.825 g

(3) 超硬材料的用量　每个磨具的超硬材料用量,可按下面公式计算

$$G_d = \rho V \tag{6-5}$$

将 $\rho = 0.88K$(其单位为 g/cm³)代入式(6-5):

$$G_d = 0.88KV \tag{6-6a}$$

式中　$G_d$——超硬材料质量,g;

　　　$\rho$——单位体积中含有的超硬材料质量,g/cm³;

　　　$K$——超硬材料浓度百分数,%;

　　　$V$——超硬材料层体积,cm³。

如果超硬材料质量以克拉为单位,那么 $\rho = 4.4K$(克拉/cm³)

则

$$G_d = 4.4KV \tag{6-6b}$$

(4) 工作层结合剂的用量　超硬材料层中的结合剂用量,根据不同已知条件,可采用不同的计算方式。

由结合剂体积计算结合剂质量:超硬材料层体积 $V$ 减去超硬材料所占的体积 $V_d$,其余部分就是结合剂所占体积 $V_b$,即 $V_b = V - V_d$。

因此可用式(6-7)计算结合剂质量 $G_b$

$$G_b = \gamma V_b = \gamma(V - V_d) \tag{6-7}$$

将 $V_d = CV$ 代入式(6-7),则有

$$G_b = \gamma(V - CV) = \gamma(1 - C)V \tag{6-8}$$

式中　$\gamma$——结合剂密度,g/cm³;

　　　$C$——超硬材料所占体积,%。体积百分数 $C$ 与浓度百分数 $K$ 的关系为 $C = 0.25K$。

由超硬材料质量计算结合剂质量:如果超硬材料质量已知,则结合剂质量 $G_b$ 可由超硬材料层质量(即磨具单重)$G$ 减去其中的超硬材料质量 $G_d$ 而得到,即

$$G_b = G - G_d \tag{6-9}$$

将式(6-6a)和式(6-6b)代入,得

$$G_b = G - 0.88KV \tag{6-10a}$$

$$G_b = G - 4.4KV \tag{6-10b}$$

以 $G = \gamma V$ 及 $G_d = \rho V$ 代入式(6-9),则有

$$G_b = \gamma V - \rho V = (\gamma - \rho)V \tag{6-11}$$

(5) 过渡层用料的计算　过渡层的用料量可按式(6-12)计算:

$$G_i = \gamma V_i \tag{6-12}$$

式中　$G_i$——过渡层用料量,g;

$V_i$——过渡层体积，$cm^3$；

$\gamma$——过渡层料的成形密度，$g/cm^3$。

[例] 已知过渡层体积和超硬材料层体积分别为 $V_i = 13.56\ cm^3$、$V = 12.35\ cm^3$。采用冷压成形工艺，结合剂成形密度 $\gamma = 7.5\ g/cm^3$，金刚石浓度100%，求超硬材料用量及结合剂用量（包括过渡层的结合剂用量）。

解：(a) 超硬材料用量

$G_d = \rho V = 0.88KV = 0.88 \times 100\% \times 12.35 \approx 10.87\ g$

或 $G_d = 4.4KV = 4.4 \times 100\% \times 12.35 = 54.34$ 克拉

(b) 超硬材料层结合剂用量

∵ $C = 0.25K = 0.25 \times 100\% = 0.25$

∴ $G_b = \gamma(1-C)V$

$G_b = 7.5 \times (1-0.25) \times 12.35 \approx 69.47\ g$

(c) 过渡层金属粉料用量

$G_i = \gamma V_i = 7.5 \times 13.56 = 101.7\ g$

## 6.5 超硬材料烧结磨具原材料的处理及配混

超硬材料烧结磨具原材料主要为超硬材料和金属粉末。超硬材料的性能比较稳定，只需检测其粒度和品级，在使用前一般不再做任何处理，可直接投入使用；对于特殊要求的磨具，可以对超硬材料进行粒度的窄化和整形处理。部分金属粉末的性能不稳定，应该进行必要的检测与处理，保证原材料符合磨具制造的要求。

### 6.5.1 金属粉末的处理

目前我国实际生产中，金属结合剂所用原料的技术条件如表6-3规定。它基本上包括了粉末具有的性能要求。含量的规定可以控制粉末的杂质量，色泽可以鉴别粉末的氧化情况，生产方式决定粉末的颗粒形状，等等。制造磨具使用的金属粉末，由于成形工艺和产品性能的要求，在成形前需要进行处理。处理的方式主要有氧化粉末的还原处理和硬化粉末的退火处理。

#### 6.5.1.1 氧化粉末的还原处理

铜、镍、钴、锌等金属粉末在储藏时，容易在空气中发生氧化。氧化后的粉末会对磨具的性能有很大的影响，发现金属粉末的颜色变化后，必须将氧化后的粉末还原才能使用。例如，纯净铜粉是具有金属光泽的红色粉末。当它氧化后，颜色发暗，严重时变成黑色粉末。铜的氧化物主要有两种：$Cu_2O$ 和 $CuO$。$Cu_2O$ 呈暗红色或橙黄色，$CuO$ 呈黑色。$Cu_2O$ 在温度低于370 ℃的条件下很不稳定，容易分解成 $CuO$ 和 $Cu$。在一定温度条件下，利用氢气或一氧化碳等还原剂可将 $CuO$ 还原为金属铜。

制造超硬材料烧结磨具用的箱式烧结炉和钟罩炉，都适合用来还原金属粉末，只要把炉温控制在粉末还原温度即可。将待还原的金属粉末装进敞口的不锈钢盘中,均匀地摊成一层。料层厚度与还原时间和还原程度直接相关。料层薄,则还原容易彻底,还原时间可以缩短。料层厚度一般控制在 20~30 mm 为宜。将还原气体通入还原炉后,经还原炉出来的气体,不直接放空,而要点火燃烧。氢气在点火前要采样试鸣,试鸣合格后,才能点燃。还原气体流量,一般是按火焰高度来控制的,火焰高度通常控制在 100 mm 左右为宜。还原气体流量过小,物料和气体接触不充分,炉内水气排不出来,还原不易彻底;流量过大,则气体得不到充分利用而被排出,造成浪费。还原达到规定的保温时间后,先关闭还原炉的加热电源,自然冷却,关闭还原气阀门。如果使用的是氨分解气,则先关闭分解炉的电源,后关闭氨瓶阀门,待充分冷却后出炉。常用金属粉末的还原时间为 1~2 h,铜粉还原温度为 400 ℃,铁粉、钴粉和镍粉还原温度常为 500 ℃。

#### 6.5.1.2　硬化粉末的退火处理

金属粉末在生产过程中,如果出现还原不完全、有氧化物夹杂、电解时氢的夹杂、机械研磨粉碎时的加工硬化、雾化冷却时结晶快的情况,粉末就会结晶缺陷和晶格畸变,导致粉末变硬发脆,难以压制成形。为了消除粉末的硬化现象,稳定晶格结构,需要进行退火处理。退火状态的粉末,晶格较为完整,塑性较好,便于压制成形。

以清除硬化和防止自燃为目的而进行的退火处理,可以在惰性气氛或真空中进行。但是,经常退火是用还原性气氛(氢气、分解氨、转化天然气或煤气)。在退火的同时,还可以起到还原处理的作用,可以清除杂质和氧化物,从而有利于更彻底地消除硬化现象。退火温度根据金属粉末的种类而定,通常为金属熔点的 50%~60%,有时为了进一步提高化学纯度,退火温度也可超过这个范围。电解铜粉的退火温度,一般为 480~780 ℃。电解铁粉或电解镍粉的退火温度约为 700 ℃,不能超过 900 ℃。

### 6.5.2　成形料的配混

#### 6.5.2.1　成形料的组成

成形料包括过渡层和工作层成形料。工作层与过渡层均有结合剂,它们的组成可以相同也可不同,如果结合剂中含有较多贵重金属(银、钴、镍等),就希望过渡层不含或少含这些物质,从而降低成本。另外,过渡层与工作层的烧结温度和热膨胀系数应尽量保持一致,否则将会出现分层现象,可在过渡层加入普通磨料减少工作层和过渡层的热膨胀差别。

结合剂的密度比超硬材料大几倍,混合超硬材料与结合剂时较难混合均匀;即使混匀了,在投料摊料刮料过程中,或者在振动时,在工作层超硬材料密度小会"上浮",结合剂密度大会"下沉"。因此,混合超硬材料与结合剂时,需要加入润湿剂。加入润湿剂后,各种粉末颗粒表面被润湿,颗粒之间通过润湿剂产生了临时黏结作用,防止各种粉末由于密度不同而发生离析分层现象。另外,粉状物料经润湿后,流动性得到提高,从而改善了压实性。同时,由于润湿剂的临时黏结作用,粉末容易压制成形,压坯强度提高。在混合微粉超硬磨料和结合剂时,加入润湿剂会造成微粉磨料团聚,此时不加润湿剂,应通过多次过细筛的方法达到混合均匀的目的。

润湿剂有多种,常用的有浓度3%左右的硼砂($Na_2B_4O_7 \cdot 10H_2O$)水溶液,聚乙烯醇水溶液,酒精石蜡溶液(体积比1:1)等,其中,酒精石蜡溶液比较常用。根据生产实践经验,每10 g结合剂加润湿剂0.05 mL(约1滴)为宜;润湿剂的加入量约为超硬材料质量的2.5%~3%为宜。具体的加入量要以超硬材料与结合剂不分离为限,混好的料不可过湿,否则成形料容易结团,流动性不好。

混料次序同样遵循先用先混的原则,对于磨具的成形一般是先压过渡层后压工作层,所以要先混过渡层,后混工作层料。混工作层时,先在超硬材料中加湿润剂将超硬材料表面润湿,然后加入结合剂(按配方提前混好)进行充分混合至均匀为止。

#### 6.5.2.2 成形料配混用器具和设备

1) 成形料配混用器具　配混成形料需用天平、研钵、汤匙和毛刷等。

天平用来称量各种粉末原料、结合剂和成形料。称量物大于1 g时,可用药物天平称量,其称量误差不得超过0.1 g;称量物小于1 g时,用千分之一天平称量,其误差不得超过0.01 g。

研钵用玻璃、陶瓷、玛瑙等制成,研钵是手工混料中最常用、最方便的器具,容积有大有小,使用必须轻拿轻放,防止损坏,特别是研棒。在研钵中配料时要先配细料后配粗料,避免在配细料时粗粒和杂质的混入,保证混料质量。在可能的情况下,最好分粒度使用。

毛刷是供清料用的。它很重要的一点是应分结合剂和粒度单独使用,粗粒度和细粒度也必须做到毛刷专用,因为毛刷在清料时黏附在刷毛上的粉料很难保证清理干净。

2) 成形料配混用设备　超硬材料烧结磨具结合剂原料的混合,通常采用机混法,用混料机进行混合。当批量小时,也可用手工混合。由于青铜结合剂常用的铜、锡、银、镍等金属都是塑性较大的材料,受到外力容易变形,所以混料时应以翻动混合为主,而不宜强力研磨,常用的混料机有V形混料机[图6-17(a)]和三维混料机[图6-17(b)],内部也可加不锈钢链条为混料介质做辅助。V形混料机的工作原理是:随着料罐绕水平轴旋转,上下翻滚,罐内物料一分一合,反复翻动,各组分就被混合均匀了。三维混料机的主要特点是三维空间、六个自由度,加速、减速、抖动、摇滚等多种运动方式的有机结合。两种混料机均可设定程序控制混料时间和混料频率。

(a) V形混料机

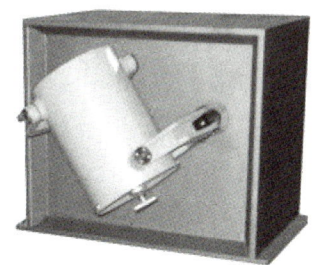
(b) 三维混料机

图6-17　混料机

混合完毕的结合剂,需要检查是否符合均匀。均匀度判断的最简便方法是在放大镜下观察,根据各种粉末的不同颜色来判断各组分的分布均匀程度。如果看不到各组分有单独集聚状态,结合剂整体颜色均一,说明已经混合均匀。结合剂要严防氧化,要避免接触空气,特别是潮湿的空气。经检查合格的结合剂应当密闭储存,一般是放入装有干燥介质的玻璃干燥器中,用甘油封口储存。为了防止存放时间过久发生氧化,结合剂的储存时间最长不得超过一周,最好是金属粉末现还原、现混、现用。

## 6.6 超硬材料烧结磨具成形工艺

### 6.6.1 成形方法及特点

珩磨油石生产

超硬材料烧结磨具成形分为冷压-烧结法和热压法,下面分别介绍两种成形方法的工艺及特点。其工艺见图 6-18 和图 6-19。它们的工艺程序大致为:配混料→装模→压制成形和烧结→后加工→质量检查。异形砂轮均带基体成形,一般平形砂轮也要带基体成形,大规格平形砂轮可不带基体成形,待烧结好后用镶套方法装配在基体上。

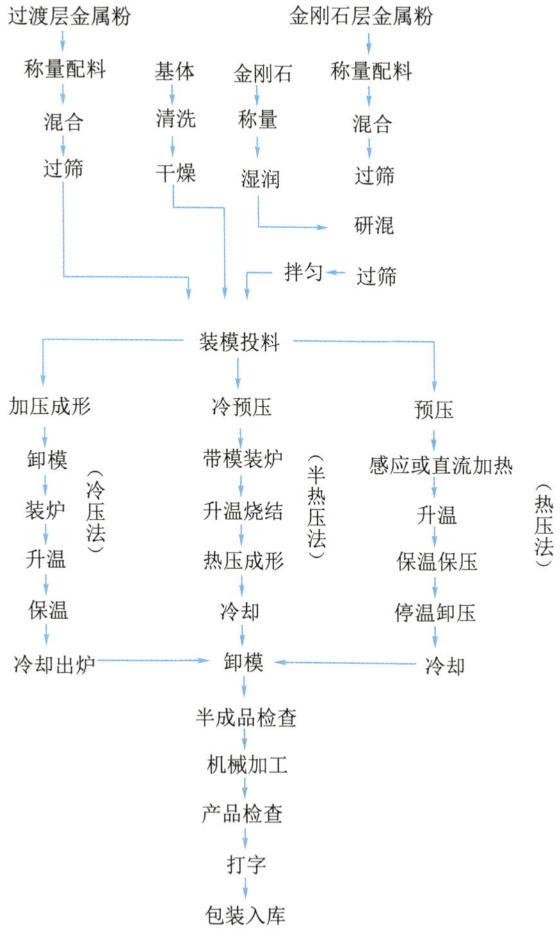

图 6-18 有过渡层的烧结超硬磨具制造工艺流程

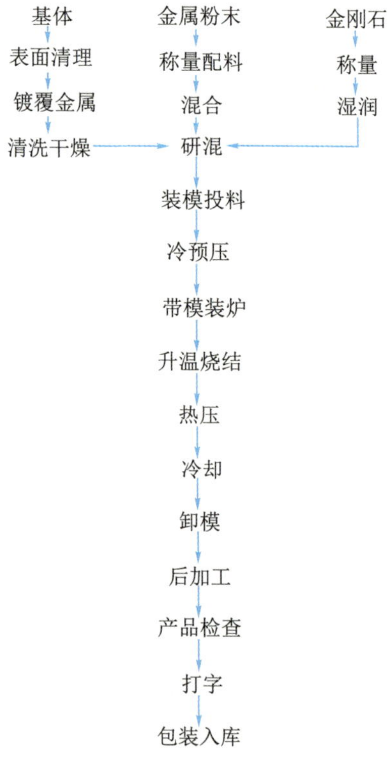

图 6-19 无过渡层的烧结超硬磨具制造工艺流程(预压-烧结-热压法)

184

#### 6.6.1.1 冷压成形工艺

对于冷压成形工艺来说,使用细粒度、形状复杂的粉末,成形性就好,例如使用电解铜粉比还原铜粉成形性好。使用各种金属粉末配混料比预合金粉末成形好。对于成形性差的结合剂,可以采用添加临时黏结剂的办法来提高成形性,常用的临时黏结剂包括:汽油、橡胶水、液体石蜡等。

1)成形前的准备

(1)基体检查　基体检查包括基体外径、内径、厚度、环宽和基体沟槽,必须符合要求。合格的基体用丙酮洗掉因机械加工而产生的油污,以保证压制层与基体的结合强度。对于不合格的基体不允许使用,否则压制出的坯体从尺寸和强度上都不可能达到要求,甚至模具难以组装。

(2)模具准备　从模具库里取出配套的模具,在与压制层接触的部位(模套内壁和芯体四周等)涂上一层润滑剂,这时润滑剂也叫脱模剂。常用的润滑剂有石墨粉、二硫化钼、石蜡溶液、硬脂酸锂、硬脂酸锌等。冷压成形时涂一层黄油和石蜡溶液,热压成形时擦上一层 $MoS_2$ 或石墨粉等。但是,当工作层与过渡层呈径向平行排列时,过渡层模套不能擦润滑剂。

(3)刮料与捣料棒的准备　刮料主要是使成形坯各处密度均匀。刮板是将成形料刮平或刮成一定形状的工具,用薄铁片按一定宽度制成,主要是使成形坯各处密度均匀。刮料面的形状一般与砂轮成形层表面形状相似,斜面砂轮刮成斜面,弧形砂轮料面刮成弧形面。

捣料棒用于厚度较大的砂轮成形中的捣料,相当于成形料的手工预先加压。捣料可以提高压坯成形密度的均匀性,在设计模具时,因考虑捣料,可适当地降低模具的装料高度,减轻模具重量,节约钢材。

2)加压成形

(1)平形砂轮和单斜边砂轮

工艺过程:空模装配检查→涂润滑剂→模具组装→装入已清洗的基体→投料→预压过渡层→卸过渡层与模套→外圆面打毛→装工作层模套→投工作层料→预压→换总压头压制→卸模。

过渡层和工作层在单独受压时,压缩高度都留一定的余量,为的是在总压时,两层中的粉末颗粒结合牢固并保证工作层环的宽度。过渡层外圆的打毛一般是用砂布砂纸手工进行的,其目的同样是提高两层之间的结合强度。高度余量一般为磨具厚度的 1.5 倍左右,太低不能达到预期目的,太高在将来总压时,工作层和过渡层掺和,影响两层界面的清晰度,且这时由于坯体强度低,很容易掉角,同时超硬材料层也要产生上下厚度不一致的变形。所以,留取合适的压缩余量对成形质量相当重要,即既要达到提高两层间的结合强度又要保证超硬材料层环的宽度。

对于厚度大于 25 mm 砂轮或无心磨轮,采用分层投料,分层加压的方法,即每次投入砂轮厚度为 15 mm 重量的成形料,压制后再第二次投料加压,直到把料投完。

（2）端面磨削砂轮

工艺过程：非层料捣料刮平→预压→超硬材料层料刮平→压制→卸模。

在冷压成形操作中，需要注意加压时要缓慢升压，严禁冲击式加压，达到最大压力后要有保压时间（1~3 min）。卸模时要注意不能停顿，否则由于内应力的作用，离开模套部分立即膨胀，含在模套里面部分受模套的限制膨胀不了，这时若稍有停留，砂轮就产生裂纹和起层，所以卸压时要平稳迅速，所谓平稳就是指模套在各个方向上的脱离速度要一致，迅速是指模套连续不断地一次性快速卸下。

冷压成形方法工艺优点：①成形不需要加热设备，操作方便；②模具不需要耐热，模具寿命比热压模具长；③成形生产效率高且可成批烧结；④成形坯体密度较热压法小，孔隙率较高，有利于磨削时的冷却；⑤成形废品可及时回收。

冷压成形方法工艺缺点：①压坯烧结后尺寸、形状变化较大，特别是复杂形状的砂轮，比如杯、碗、筒形砂轮，烧结后呈现喇叭口等。②压坯与基体结合强度低，结合部位常出问题，如掉环、开裂、碰坏；复杂形状的砂轮废品率高，如磨光学玻璃用的筒形砂轮成形烧结后与基体黏结不牢，使用中容易掉圈，小薄锯片容易起层和掉齿。③冷压成形压力高，在较高的压力下，超硬材料容易破碎，影响砂轮使用性能，降低磨削效果。④坯体中的弹性内应力较大，压坯的弹性后效大，易出现成形废品，如尺寸超差和脱模废品。

此外，冷压成形对原材料成形性能要求较高；模具需要使用高强度合金钢。

### 6.6.1.2　热压成形工艺

热压工艺对结合剂的压制性能要求不高，一般都可以满足要求。热压成形的装模、投料和刮料与冷压成形相同，所不同的是成形过程。

1）冷预压→烧结→热压（外热法或半热压法）　此法是在成形料装模后，在比冷压稍小的压力下预压，连同模具一起装入马弗炉或钟罩炉中烧结，然后趁热压制成形。

在这种工艺中，在烧结前有一个预压阶段。预压的目的是使松散的成形料压制成具有一定密度的压坯，其作用如下：一是排除物料中的气体，减少气体对烧结过程的影响；二是使粉末颗粒之间的距离靠近，增大接触面，有利于烧结。

预压时的操作与冷压相同，即：装模→投料→刮料→加压。

预压成形后的坯体，连同模具装入已升至烧结温度的烧结炉中，保温30~60 min（视砂轮规格而定）。烧结炉可以不用任何保护气氛，通常在钟罩炉和马弗炉中进行。

烧结完成后，降温到所要求的热压温度，用机械操作待高温下的模具运到热压机上采用定模法压制成形，然后冷却卸模。热压时一般不采用定压成形，因为压制压力的大小与压制坯体的温度高低有关。成形至同样大小很难保证温度的一致性，所以均采用定模成形法。

2）加压同时烧结（内热法）　此法是在成形料装模后送入热压炉内，在施加一定的压力下，同时升温烧结。在这种热压中，烧结和加压同时完成。

这种方法是在热压机上，加压烧结同时进行。成形料投料、刮料、装模完毕后，放在热压机上，先施以50%的压力，随后通电升温，当温度升到一定高度后，易熔成分逐渐熔化，塑性增加，物料收缩加大，压力降低。为了保持一定的压力，应及时补压，到烧结温度后,加压至需要的厚度,保温一定的时间(以产品规格而定),然后自然冷却、脱模。

热压设备有低电压大电流热压装置和中额感应热压装置两种。在操作中,感应圈与模具外径应有 10~15 mm 的间隙,并将模具放在感应圈的中心部位以保证磨具受热均匀。间隙过大,升温速度慢,耗电增多。对于规格较小的磨具即模具外径比感应线圈内径小许多时,为了减少感应线圈的数量,提高其利用率,可以采用加石墨外套的办法,使石墨内径与模具外径相配,外径与感应线圈相配合。

热压法工艺的最大的特点是成形压力大大减少,烧结体黏结强度高。具体表现出以下特点:①可用较低的压力(50~250 MPa)压制砂轮。因压力小,可避免超硬材料被压碎,有利于产品质量的提高;模具不需要用高强度合金钢,可使用石墨模具或铸铁材料;可和较小吨位压机压制较大规格的砂轮。②黏结强度高,可以成形复杂的制品并降低废品率。③由于烧结是带模进行,不存在压坯脱模的弹性后效。④采用热压同时烧结工艺,由于成形料封闭在模具内,不暴露在空气中,而且加热时间很短,因此甚至可以不用保护气体。若使用石墨模具,从某种程度上其本身也起到固体保护介质的作用,从而简化了烧结工艺条件。⑤坯体在模内的烧结不同于在自由状态下的烧结,膨胀和收缩受到模具限制,从而保证磨具的形状和尺寸。

### 6.6.2 压制成形的模具与压机

#### 6.6.2.1 压制成形的模具

模具是粉末制品成形过程中的必要工具。模具必须适合于工件、粉末和压机的情况而精确制造,模具不仅要有足够的表面粗糙度,同时也要具有极高的强度来承受大的成形压力,为了耐磨损和防止擦伤,必须具有很高的硬度。模具的结构不仅要便于操作,保证易于更换零件或部件,而且要有利于压力的均匀分布。

1) 模具结构　超硬材料砂轮成形模具,通常是由模套、压环、芯棒、芯杆和底板(或托环)等几部分组成,它们各自的形状和数量,依制品类型不同和压制方式不同而定。模套用来保证砂轮的外径尺寸,由砂轮外径决定。当砂轮的工作层和过渡层呈径向分布时,通常用两个模套分别来压制。

压环是工作层和过渡层压制的部件,环宽尺寸由砂轮规格或特殊要求而定。

芯棒和模套构成筒形压坯的腔体,并控制坯体内外形状,芯体和模套一样是与粉末直接接触的,承受主压力传递过来的侧压力。

芯棒是在磨具生产中夹固模具用的,底板只是起承载的作用。

2) 模具的材料选择与技术要求　对于超硬材料烧结磨具来说,由于冷压成形压力为 300~500 MPa 且批量较小,可用碳素工具钢或合金工具钢。在热压成形中,通常使用的材料有耐热钢和石墨,耐热钢主要应用于半热压工艺,石墨主要应用于热压工艺。模具不同零件材料也不相同,技术要求见表 6-10。

表 6-10　几种典型模具材料与技术要求

| 零件名称 | 零件材料 | 技术要求 |
| --- | --- | --- |
| 模框 | 9CrSi,40Cr,45#钢 | ①热处理硬度(HRC)42~56<br>②平磨后退磁<br>③粗糙度($Ra$)<br>工作面及配合面:1.6~0.8 μm;其余:6.3~3.2 μm<br>④尺寸偏差:内孔 H7,其余为自由(IT14 级)<br>⑤形位公差<br>两端平行度:6~7 级;孔对面垂直度:6~7 级;内孔圆度:6~7 级 |
| 压环 | 碳素工具钢:T8,T10<br>合金工具钢:GCr15,Cr12,G12Mo,9CrSi,CrWMn,CrW5 | ①热处理硬度(HRC)58~62<br>②平磨后退磁<br>③粗糙度($Ra$)<br>工作面及配合面:1.6~0.8 μm;其余:6.3~3.2 μm<br>④尺寸偏差:内孔 H7,外圆 f6~f7,长度 h7<br>⑤形位公差 6~7 级 |
| 芯型底板 | 45#钢,T8 | ①热处理硬度(HRC)40~50<br>②粗糙度($Ra$)1.25~0.63 μm<br>③尺寸偏差:内孔 H7,外圆 f6~f7,长度 h7<br>④形位公差 6~7 级 |
| 芯柱 | 45#钢,T8 | ①热处理硬度(HRC)42~50<br>②粗糙度($Ra$)<br>工作面及配合面:1.6~0.8 μm;其余:6.3~3.2 μm<br>③尺寸偏差:内孔 H7,外圆 f6~f7,长度 h7<br>④形位公差 6~7 级 |

3)模具各部分尺寸设计

(1)模套内径尺寸　模套内径是来控制制品的外径尺寸的,在超硬材料制品的压坯中,超硬材料的量由超硬材料的浓度控制,且含量是固定的,所以不能随意增减压制坯体尺寸。若增大压坯外径尺寸,压坯中的超硬材料浓度将会降低,否则会增加,这都不符合制品的要求。所以,含有超硬材料的坯体不允许留有余量,即模套的内径尺寸就是制品的外径尺寸。

(2)模套的外径尺寸　在压制状态下,模套承受着很高的侧压力,为了避免模套在侧压力作用下产生较大变形甚至开裂,影响制品的精度和造成安全事故,需要模具具有足够的强度和刚度。从外观上就是需要模套有足够的厚度,但过厚的模套不仅操作上不便,而且浪费钢材。确定模套壁厚的主要依据是在侧压力下模套所受到的径向应力和切向应力的大小以及模套的材料。不同材料因其强度不同,需要的厚度也不同,材料强度越高,模壁厚度可越薄。

对于圆筒形模具,粉末侧压力引起模套上的应力分布如图 6-20(可参考有关《材料力学》内容),应力大小为

$$\frac{\sigma_r}{\sigma_t} = \frac{-P \cdot r_{内}^2}{(r_{外}^2 - r_{内}^2) \cdot \left(1 \pm \frac{r_{外}^2}{r^2}\right)} \tag{6-13}$$

式中  $\sigma_r$——径向压力；
　　　$\sigma_t$——切向应力；
　　　$P$——圆筒内压力；
　　　$r_{内}$——圆筒内半径；
　　　$r_{外}$——圆筒外半径；
　　　$r$——圆筒某一处的半径。

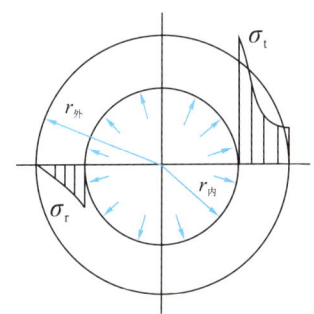

图 6-20  粉末侧压力引起的应力分布图

从图 6-20 可知，$\sigma_t$ 为正，则切向应力是拉应力；$\sigma_r$ 为负，则径向应力是压应力。在内壁 $\sigma_t$ 和 $\sigma_r$ 均达到最大值，故内壁是危险点。

在 $r = r_{内}$ 处，$\sigma_r = -P$，此时有：$\sigma_t = P\frac{r_{外}^2 + r_{内}^2}{r_{外}^2 - r_{内}^2} = P\frac{m^2+1}{m^2-1}$，式中 $m = \frac{r_{外}}{r_{内}}$。

我们知道，模套一般用淬火工具钢或合金钢制造，属于脆性材料，因此可以按第二强度理论建立模套强度条件。

$$\sigma = \sigma_t - \mu\sigma_r = P\left(\frac{m^2+1}{m^2-1} + \mu\right) \leqslant [\sigma] \tag{6-14}$$

式中  $[\sigma]$——材料的许用应力；
　　　$M$——泊松系数。

将式(6-14)变换成下列形式

$$r_{外} \geqslant r_{内} \cdot \left(\frac{[\sigma] + P(1-\mu)}{[\sigma] - P(1+\mu)}\right)^{\frac{1}{2}} \tag{6-14a}$$

对于钢模 $\mu$ 取 0.3，式(6-14)变成如下形式

$$r_{外} \geqslant r_{内} \cdot \left(\frac{[\sigma] + 0.7P}{[\sigma] - 1.3P}\right)^{\frac{1}{2}} \tag{6-14b}$$

式中  $[\sigma]$——模套材料的许用应力。

解此不等式即可求得满足第二强度理论的强度条件的模套外径。

模套厚度的大小与成形的侧压力和材料的强度有关，对给定的材料侧压力越大，厚

度越厚,即外径尺寸越大,而材料强度越高,相应的模套可越薄,即外径尺寸减小。对于直径小于 200 mm 的模具,质量较轻,但直径大于 200 mm 的模具,从减轻质量,节约钢材的角度出发,需在保证安全的前提下,尽量减轻模具质量。

(3) 模套的高度 最简单的模套高度的计算由三部分组成:

$$H = h_0 + h_1 + h_2 \qquad (6-15)$$

式中　$H$——模套高度,mm;
　　　$h_0$——装粉高度,mm;
　　　$h_1$——底板、垫铁或上压头的高度(依模具结构而定),mm;
　　　$h_2$——空余高度(5~10 mm),mm。

装粉高度与金属粉的松装密度相关,粉末的松装密度越小,装粉高度越高。提高粉末的松装密度可以节约材料,有利于操作和改善密度分布。

在实际工作中,模套高度的计算,不一定仅含上面所列的部分,还需要根据具体的模具结构而定。如在磨具成形中,超硬材料砂轮一般带有基体,这样在成形杯形、碗形等形状的砂轮时,模套高度的计算就应包括基体的高度。

(4) 压环的宽度与高度 同样,由于超硬材料制品成形时不留余量,所以环宽也是不留余量的,即所要成形的坯体的宽度即为压环的宽度。

压环的外径尺寸等于坯体的外径尺寸,压环的内径尺寸可用式(6-16)表示

$$D_{内} = D_{外} - 2b \qquad (6-16)$$

式中　$D_{内}$——压环的内径,mm;
　　　$D_{外}$——压环的外径,mm;
　　　$b$——压环的环宽,mm。

压环的高度与压坯的形状有关。对于平形砂轮,可用式(6-17)确定

$$H_{环} = H - h - h_1 + (10 \sim 15 \text{ mm}) \qquad (6-17)$$

式中　$h$——压坯高度,mm。

其他形状的砂轮的压环高度同样也要根据模具的具体结构而定。比如,碗形一号(12A2/45)超硬材料层是在基体上车出的空位内成形且和基体压平,所以压环高度就是模套高度减去底板和基体的高度。

#### 6.6.2.2　超硬材料砂轮成形的压机

1) 压机的种类　压机的种类很多,考虑到超硬材料烧结磨具成形的具体情况,需选用油压机。从结构上来看,油压机有单臂式、双柱式、框架式和四柱式等;从加压方式上可分为上压式、下压式及横向加压式等。

2) 压机的选择　在种类繁多的油压机中,生产上要根据磨具的大小和成形工艺的要求进行选择。选用时一般应考虑下列因素:

(1) 总压制压力　选择的油压机公称压力必须大于压坯所需要的总压制压力,总压制压力的计算公式如下:

$$F = P \cdot S \cdot K \qquad (6-18)$$

式中　$F$——压机的公称压力;
　　　$P$——压坯所需要的单位压制压力;

$S$——压坯所受的横断面积,$mm^2$;

$K$——安全系数,通常取 1.15~1.50。

压机在接近公称压力下长期使用,会影响压机的寿命。反之,压力过小,未充分发挥设备的潜力,设备利用率低,不经济,并当使用压力过小时,压力控制准确性降低。

应当指出,单位压制压力主要根据压坯密度和粉末压制性能来选择,但是它还与压坯的形状、尺寸和模壁润滑条件有关,即使用同种粉末来成形相同的压坯密度,单位压制压力也将随着模壁摩擦的增大而增高,这就要求成形操作时模壁润滑的程度要基本一致。

(2)脱模压力  脱模压力是压机选择的重要依据之一,特别是自动成形的压机更为重要。在选择油压机时必须使下缸的顶出力大于压坯所需的脱模压力。据资料介绍,在中小压力(小于 300~400 MPa)内,一般脱模压力不超过压制压力的 30%。在砂轮成形中,一般都有基体存在,所以目前都不再考虑脱模压力,而是配备有专用的脱模机构。但在其他制品,如自动成形超硬材料刀头的冷压机上,配备有自动脱模机构,此时需要考虑脱模压力的大小。

(3)压机行程  压机行程是指油压机活塞在油缸中活动的极限距离。为了保证顺利成形,活塞行程必须大于成形料压缩量。当磨具的压制和脱模在一台压机上进行时,还要考虑上下工作台间的高度,要大于模具加上其他卸压模件的高度。为了操作方便,通常要有一定的余量。

#### 6.6.2.3 成形压力的计算

成形压力的计算包括磨具受压面积、总压制压力和压机成形表压的换算。不同规格的磨具在成形时需要多大吨位的压机,需要根据磨具的单位压力来确定磨具的总压力。另外,生产中用来控制压力的大小是通过压机上的表压来实现的,这就是压机表压大小的问题,这些问题是在成形之前必须计算的。

(1)磨具变压面积  磨具变压面积可由式(6-19)或式(6-20)计算:

$$S = \frac{\pi}{4} \cdot (D^2 - D_1^2) \tag{6-19}$$

或

$$S = \pi b(D - b) \tag{6-20}$$

式中  $S$——压制层面积,$mm^2$;

$D$——砂轮外径,mm;

$D_1$——压制层内径,mm;

$b$——环宽,mm。

假如用砂轮环宽来表示内径,则根据磨具形状不同计算方法也不同。当工作层和过渡层呈垂直排列时,受压面积就是工作层的宽度($D_1 = D - 2b$),如杯形、碗形、碟形、单双面凹砂轮就属于这类情况。当工作层和过渡层呈径向排列,两层同时压制时,受压面积为两层宽度之和[$D_1 = D - 2(b + b')$],其中 $b'$ 为过渡层的宽度。

(2)磨具总压力  总压力可由式(6-21)计算:

$$F_\text{总} = pS \tag{6-21}$$

式中　$F$——磨具总压力,N；

　　　$p$——磨具的单位压力,MPa；

　　　$S$——磨具受压面积,$mm^2$。

根据总压力的大小,可以确定成形压机的吨位。

(3)压机表压　表压可由式(6-22)计算：

$$p_{表}=\frac{F_{总}}{S_{活}}=p\frac{S}{S_{活}}=p\frac{D^2-D_1^2}{D_{活}} \qquad (6-22)$$

式中　$p_{表}$——压机表压,MPa；

　　　$p$——单位压力,MPa；

　　　$S_{活}$——活塞截面积,$mm^2$；

　　　$D$——砂轮外径,mm；

　　　$D_{活}$——活塞直径,mm。

由式(6-22)可知,相同的磨具在不同压机上加压时,表压值不一定相同。表压值在青铜磨具成形中仅作为参考值,因此青铜磨具通常采用定模成形。从理论上讲,表压值毫无价值,但是它有利于及早发现问题,比如实际压力远超于计算的表压值的情况。

[例]　已知 1A1/T2　350×20×127×25×5 MBD 100/120 M 100 规格的砂轮,试计算要用多大吨位的压机来成形？表压值多少？（单位压力取 4 $t/cm^2$）

解：①砂轮的受压面积

$D_1=D-2(0.5+2.5)=29$ cm

$S=\frac{\pi}{4(D^2-D_1^2)}=\frac{\pi}{4\times(35^2-29^2)}=301.4$ $cm^2$

②总压制压力

$F_{总}=pS=4\times301.4=1\ 205.6$ t

③压机吨位选择

$F=KF_{总}$

若 $K$ 取 1.2,则 $F=1\ 205.6\times1.2=1\ 446$ t,可选择 1 600 t 压机来成形。

④表压

查得 1 600 t 压机的活塞面积 5 026 $cm^2$,则

$p_{表}=\frac{pS}{S_{活}}=\frac{4\times301.4\times1\ 000}{5\ 026}=240$ $kg/cm^2=24$ MPa

## 6.6.3　压坯质量检查

为了提高产品质量和及时发现不合格的产品,需要进行质量跟踪检查,即半成品检查。半成品检查主要包括尺寸和外观。尺寸检查以国家标准为基准,具体项目有磨具外径、超硬材料层厚度、孔径、端面不平行度等。外观检查包括有工作表面夹杂、组织不均、裂纹、掉边掉角等。表 6-11 列出了成形时常见废品的产生原因与预防措施。

表 6-11 磨具成形废品分析

| 废品种类 | 废品原因 | 预防措施 |
|---|---|---|
| 组织不均 | ①成形料太干 | ①控制成形料的湿度 |
| | ②刮料时间太长 | ②迅速均匀刮料 |
| | ③加压方式不当 | ③采用双向压制或热压法 |
| 夹杂 | ①配混料器皿或工具不干净 | ①混料前清理器皿或工具的杂质 |
| | ②操作粗心,混入杂质 | ②细心操作 |
| 哑声 | ①脱模时压环不平,引起压制层与基体结合处裂纹 | ①模套加润滑剂,脱模要平整 |
| | ②基体槽不符合要求或清洗不干净 | ②检查或改进基体并清洗干净 |
| 裂纹 | ①成形压力太快,保压时间短 | ①缓慢施压并保压 |
| | ②弹性后效过大 | ②降低坯体弹性后效 |
| | ③脱模结构不合理,润滑不良 | ③脱模方向正确,润滑模套 |
| | ④脱模操作不当 | ④快速脱模,中间不停留 |
| 裂缝 | ①不适宜单向压制 | ①改为双向压制或热压 |
| | ②模壁润滑差 | ②在成形料中调整润滑剂量 |
| | ③成形料压制性差 | ③金属粉末还原退火等 |
| 掉边掉角 | ①密度不均,局部密度过低 | ①摊料,刮料合理 |
| | ②脱模不当,如脱模时不平直,模具结构不合理 | ②改善脱模条件 |
| | ③基体槽不合要求 | ③按要求加工基体 |
| | ④存放搬运碰伤 | ④操作细心 |

## 6.7 超硬材料磨具的烧结

烧结是制造超硬材料烧结磨具最重要的工序之一,它对最终产品的性能起着决定性的作用,因为由烧结造成的超硬材料磨具废品是无法通过以后的工序补救的。烧结性能既与金属本性有关,也与粉末颗粒特性(粒度、表面状况、结晶状态等)有关。我们把能使结合剂达到性能要求的焙烧温度称为结合剂的烧结温度。结合剂坯体是由多种粉末混合而制成的,必须将压坯加热到足够高的温度进行焙烧,结合剂才能烧结成为具有足够强度的合金,才能把超硬材料牢固地把持住。烧结温度是一个温度区间,一般控制烧结温度区间为最佳温度点±10 ℃。

对于超硬材料烧结磨具,制造工艺不一样,形状尺寸不同,结合剂种类和成分不同,则对烧结工艺、设备和气氛的要求也不一样。本节从烧结设备、烧结工艺和烧结气氛三方面介绍烧结磨具的烧结工艺,然后分析烧结中出现废品的各种原因。

### 6.7.1 烧结设备

超硬材料磨具的烧结设备(也称烧结炉)均采用电加热,主要有电阻丝间接加热、碳管电阻加热、高频或中频感应加热等方式。根据作业规程不同,可以将烧结炉分为间歇式和连续式两类。连续式一般是由预热带、烧结带和冷却带三个部分组成,能进行连续烧结,适用于小规格制品的连续生产。由于超硬材料烧结磨具规格尺寸相对来说比较小,批量也不太大,故大都采用间歇式烧结炉。目前,在工业生产上,最常用的烧结炉有管式炉、钟罩炉、中频感应炉和热压烧结机,前两种烧结炉用于冷压-烧结工艺和预冷压-带模烧结-热压工艺,后两种烧结炉用于加压同时烧结工艺。此外,还常用箱式炉或马弗炉来进行带模烧结或埋罐烧结。

#### 6.7.1.1 管式炉

管式炉有单管、双管、卧式、可开启式、立式、单温区、双温区、三温区等多种管式炉型,如图 6-21 所示。主要应用于大专院校、科研院所、工矿企业等实验和小批量生产之用。具有安全可靠、操作简单、控温精度高、保温效果好、温度范围大、炉膛温度均匀性高、温区多、可选配气氛、抽真空炉型等。

管式炉结构简单,操作方便,安全可靠,寿命长。但也存在一些问题,如空载损失大,升温时间长,炉内温度差较大,腔体容量小。管式炉一般适用于 $\phi200$ mm 以下的超硬材料烧结磨具的烧结,亦可用于结合剂金属粉末的还原处理。

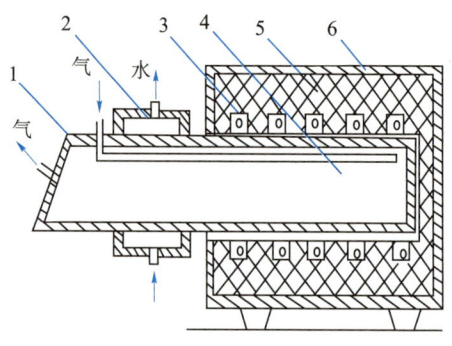

1—活动挡板;2—水套;3—加热元件;4—密封炉腔;5—炉衬;6—炉壳。

图 6-21 管式炉

#### 6.7.1.2 连续式烧结炉

连续式烧结炉

连续式烧结炉一般分三个区,即低温区、高温区、冷却区。低温区又称预热区,使制件的温度逐渐升到高温;高温区烧结制件用,制件的烧结效果在高温区全部完成;冷却区使制件逐渐冷却到接近室温。冷却区的长短随高温区长短变化而变化,若冷却区太短,则保证不了制件的冷却效果。冷却区设有冷却水套以加强冷却能力。冷却水的入水口设在冷却水套的一端下部,出水口设在冷却水套另一端上部,这样使冷却水充满冷却水套,加强冷却作用。保护气氛从制件的出口端进、经物料的入口端出,这样,一方面利用保护气氛把来自高温区的热量部分带回高温区,提高了热的利用率,另一方面使接近出口端的制件接触新的还原气氛,制件表面质量较好。烧结炉一般包括炉膛部分、水套冷却部分、炉体(炉体的筑砌、炉外壳)和电加热元件等。

1)炉膛部分 炉膛一般指炉子中间用耐火材料所砌的内腔部分。炉膛的大小、形状是根据产品的尺寸、产量及温度分布均匀等主要因素决定的,炉膛的断面形状常为圆形、半圆形、长方形等。在生产小型产品、产量较小时,一般用圆形或半圆形。烧结温度高的制品采用圆形,对温度均匀分布或耐火材料受力情况均比采用方形要好。产量大、温度低的多为方形或长方形。炉膛截面尺寸不宜太宽太高,炉膛内温度分布要均匀。

2)水套冷却部分 水套冷却段设在炉体的出料端,产品经此冷却后出炉。冷却段一般用 5~6 mm 厚的普通钢板焊成,在它上面再焊上水套,水套也用 5~6 mm 厚的普通钢板焊成。生产批量大时,水套长度取高温带的3~6倍,夹套厚度在25~30 mm。进水管安装在水套的下面,出水管安装在水套的上面,以保证冷却水充满水套。通入水套的水量由产品从高温带所带出的热量决定。

3）炉体部分　炉体的筑砌部分,有耐火层和隔热保温层,主要起耐火和保温作用。耐火材料是筑砌炉体的主要材料,应具有如下性能:①足够的耐火度;②足够的机械强度;③在高温下有良好的绝缘性能;④耐冷热冲击性能好。

一般粉末冶金炉使用普通耐火砖和高锻砖,中间炉膛材料多用氧化铝或碳化硅材料。砖缝应尽量小,防止热损失或有害气体逐出,腐蚀加热元件。灰缝泥浆是以磨细的干耐火土粉15%~30%,熟耐火土粉70%~85%,使用水调和成糊状。筑砌时还需留热膨胀缝以补偿材料热膨胀。

隔热保温层用以限制炉膛内热量向金属炉壳表面传导,降低电炉的热损失,隔热材料应具有如下特性:①低的导热系数;②低的体积密度(均为疏松多孔物质);③绝缘性能好;④有一定的机械强度和耐火度。

烧结炉隔热材料逐层采用普通轻质耐火黏土砖、硅藻土砖及石棉板等。炉壳是炉体的最外层,主要是保护里面的筑砌材料,便于筑砌以及密封,防止空气进入炉膛,消除热量损失。炉外壳是用角钢、槽钢、工字钢作为炉体支架,罩以普通钢板焊接而成。钢板厚度根据炉内压力、温度、荷重等情况而定。炉壳外喷涂一层银粉漆,除防锈外还可减少因辐射热造成的热量损失。

4）电加热元件　常用的电加热元件材料有纯金属、合金材料、非金属等,一般加工成丝、带、棒、管等不同形状的加热元件。电热体的选择与使用寿命、能耗和炉子的成本有直接关系。表6-12列出常用电热元件的使用范围。

表6-12　各种烧结温度范围内所用的电热体材料

| 加热温度/℃ | 电热体材料 | 电热体所需气氛 | 应用 |
| --- | --- | --- | --- |
| 600~900 | Ni-Cr 丝 | 氧化性、分解氨 | 铜及铜基制品、银-氧化镍 |
| 1 100~1 350 | Fe-Cr-Al 丝 | 氧化性、分解氨 | 铁及铁基制品、部分有色金属 |
| 1 200~1 350 | SiC 棒 | 氧化性 | 磁性材料、不锈钢、高温合金 |
| 1 400~1 700 | Mo 丝、$MoSi_2$ | 氢、分解氨 | 硬质合金、金属陶瓷 |
| 1 300~2 000 | 石墨 | 真空、氮、氢 | 钼、特种合金陶瓷 |

#### 6.7.1.3　钟罩炉

钟罩炉主要由外罩、内罩和炉座等组成,如图6-22所示。外罩内圆壁上装有轻质耐火材料保温层,亦缠绕有加热带,外面是3~5 mm 厚铁板围成的罩壳;内罩是由3~5 mm 耐热钢或渗铝低碳钢制成的。它的下缘坐落于炉座的石英砂封槽中,从而将炉体内部隔离为一个封闭的烧结腔体。

钟罩炉的结构十分简单,容量大,热效率及生产效率均较高,密封性能好。由于保护气氛的循环对流传热,使得炉温分布比较均匀;而且由于炉体呈圆筒形结构,炉温为同心圆等温分布。而且,钟罩炉在加热的同时可以加压,适合于烧结直径比较大的圆片状磨具,但使用钟罩炉必须有较高的厂房并配备吊车。

钟罩炉也可以用于金属粉末的还原处理。

#### 6.7.1.4 中频感应炉

中频感应炉是一种将工频 50 Hz 交流电转变为中频(300 Hz 以上至 20 kHz)的电源装置,把三相工频交流电,整流后变成直流电,再把直流电变为可调节的中频电流,供给由电容和感应线圈里流过的中频交变电流,在感应圈中产生高密度的磁力线,并切割感应圈里盛放的金属材料,在金属材料中产生很大的涡流。这种涡流同样具有中频电流的一些性质,即,金属自身的自由电子在有电阻的金属体里流动要产生热量。

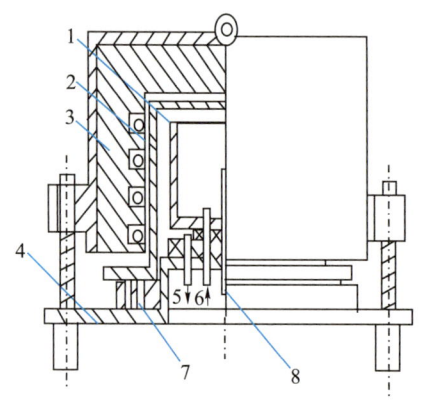

1—烧结腔体;2—隔离罩;3—外炉体;4—炉座;
5—出气孔;6—进气孔;7—水封槽;8—热电偶。

图 6-22 钟罩炉

图 6-23 为用于烧结超硬材料磨具的中频热压烧结炉实物图,其结构除感应加热部分外,还附有加压系统。感应圈腔体越大,交变磁场强度就越弱,感应效果也就越差,因此中频炉一般只适用于小规格砂轮以及钻头、锯片刀头等小件制品的加压烧结。

#### 6.7.1.5 热压烧结机

常用的热压烧结机(图6-24)的工作原理是以成形模具以及磨具坯体本身作为发热体,利用低电压、大电流的交流电产生的焦耳热把磨具坯体加热,同时施加压力,从而达到加压烧结的目的,最广泛使用的是石墨模具。

热压烧结机加热速率较快,温度分布较均匀,但由于加热功率随成形模具及磨具坯体的电阻值变化而改变,故不易控制温度,另外,因加热功率有限,故一般只适用于小规格磨具的热压。

图 6-23 中频热压烧结炉

图 6-24 热压烧结机

## 6.7.2 烧结工艺

### 6.7.2.1 烧结曲线

烧结曲线也称烧结制度，它是反映磨具在烧结过程中温度随时间变化的相应关系曲线。烧结曲线一般是由升温、保温烧结、冷却等三部分组成的，故也可以用烧结温度、保温烧结时间、升温和冷却速率等烧结工艺参数来表示。

制定烧结曲线时，应以结合剂的性能、磨具的规格、尺寸、制造工艺方法以及磨具的最终性能要求等为依据。一般取$(2/3 \sim 4/5)T_{熔}$为烧结温度，$T_{熔}$为主要组元的熔点温度。对于热压烧结，压力可以促进烧结，烧结温度均可比冷压时低10%左右。Cu-Sn二元系结合剂超硬材料磨具的烧结温度一般为650~700 ℃，结合剂中添加高熔点金属时，烧结温度可适当提高一些，但一般不希望超过800 ℃。

对于某一种具体的结合剂，烧结温度的确定要采取实验的方法，即在不同温度下烧结，然后测定烧结体的组织和性能（如孔隙率、合金组织、硬度、强度、磨具的磨耗比等），经过分析比较，确定合适的烧结温度。例如，对Cu85Sn15结合剂压坯（成形压力400 MPa），在不同温度下烧结，其孔隙率与组织分析结果见表6-13，包括各物相显微硬度。由表6-13可以看出，随着烧结温度的升高，硬脆相$α+δ$共析体增多，至660 ℃时为最高；温度继续升高则$α+δ$相逐渐减少。与此同时，基础相$α$固溶体含量却逐渐增多，孔隙率也随着烧结温度升高而逐渐增大，至690 ℃时出现突增，此后趋于稳定。未参与固相反应的纯$α$-Cu相的数量从600 ℃开始即减少，至720 ℃时铜相全部消失。对青铜结合剂超硬材料烧结磨具来说，一般希望孔隙率和未反应铜相含量低，基础相和硬脆相适当。因此，上述结合剂的烧结温度可选在690 ℃以下（孔隙突然增多之前），取660 ℃较为合适。实际生产中，也有采用以比表面开始出现变形和麻点的温度低40 ℃作为烧结温度。

表6-13 烧结温度对坯体组织性能的影响

| 烧结温度/℃ | α-纯铜 | | α-固溶体 | | α+δ共析体 | | 孔隙率 |
| --- | --- | --- | --- | --- | --- | --- | --- |
| | 含量 | 硬度/MPa | 含量 | 硬度/MPa | 含量 | 硬度/MPa | |
| 570 | 71% | 76 | 12% | 161 | 13.3% | 388 | 3.7% |
| 600 | 53% | 88 | 21% | 178 | 20.4% | 331 | 5.6% |
| 630 | 33.4% | 78 | 22.3% | 177 | 39% | 411 | 5.3% |
| 660 | 10.7% | 92 | 39.7% | 164 | 46% | 355 | 3.6% |
| 690 | 5% | 84 | 52% | 107 | 29% | 315 | 14% |
| 720 | 0 | 110 | 63.4% | 156 | 26.3% | 290 | 10.3% |
| 750 | 0 | 129 | 68.7% | 158 | 17% | 263 | 14.3% |

烧结时间与烧结温度是一对相互关联的参数，适当提高烧结温度，可相应缩短保温烧结时间，这就是所谓的高温短时烧结。高温短时烧结的优点是可以提高生产效率，减少超硬材料磨料和磨具的热作用时间，因此常常被应用于热压超硬材料烧结磨具。但高温短时烧结要注意控制烧结温度，若烧结温度过高会造成磨具变形、超硬磨料氧化或石墨化、结合剂晶粒长大，甚至产生成分偏析，从而影响了产品质量，严重时造成磨具废品。

当烧结温度较低时,应适当延长保温烧结时间,此即所谓低温长时烧结。低温长时烧结能避免或减少超硬材料强度损失,但生产效率低,一般用于低熔点合金结合剂(如青铜)超硬材料烧结磨具的冷压-烧结工艺。在此需要强调的是:温度是影响烧结主要因素,决定磨具的物相组成,而时间是次要因素,仅仅保证反应充分与否,若过分降低烧结温度,靠延长保温时间,磨具性能将达不到预期要求,即造成所谓"欠烧"。

1)冷压烧结曲线  尽管超硬材料烧结磨具的规格和种类繁多,所要求的性能千差万别,但其冷压烧结曲线的构成基本一样,如图6-25所示。

500 ℃以前属于烧结第一阶级,这一阶段在磨具坯体中主要发生颗粒表面氧化物的还原,吸附气体的逐渐解吸与排除,成形过程中加进去的临时添加剂的挥发或分解,结合剂中易熔组分开始熔化等。但此时坯体的性能未发生根本性的变化。这一阶段可以采用快速升温。因提高升温速率后,一方面能缩短烧结时间,提高生产效率;另一方面可以节约大量电能。

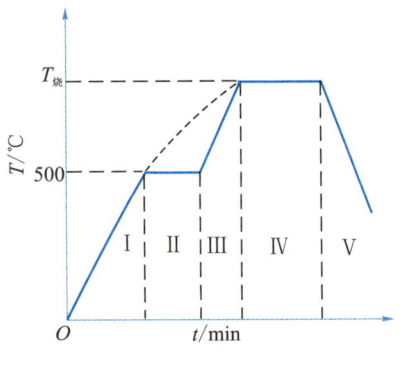

图 6-25  冷压烧结曲线

在500 ℃的保温阶段,目的是让坯体内粉末颗粒表面的氧化膜在还原性气氛作用下有时间充分还原,从而使粉末颗粒表面具有更多的活性原子,为坯体的烧结做好准备;同时还可以使前一阶段的快速升温产生的各部分温差得以平衡,消除坯体内的热应力;另外,随着保温时间的延长,液相数量不断增加,并开始溶解固相物质。500 ℃保温过程十分重要,对于较大规格磨具的烧结常有这一保温阶段。烧结小规格磨具时,由于各部分的温度差较小,烧结变化较为接近,故可省去这一阶段,而是直接升到烧结温度,如图6-25中虚线所示。

500 ℃到烧结温度这一阶段,坯体中的主要变化是液相量显著增多,粉末颗粒在液相表面张力作用下的移动重排过程趋于完结,粉末颗粒的凸起部位及细颗粒大量溶解于液相中并趋于饱和,磨具坯体产生明显的收缩。

保温阶段是烧结的重要阶段,在这一阶段中,磨具坯体内各部位的变化趋于平衡,饱和溶液与固相颗粒表面的溶解-沉淀过程达到动态平衡。随着保温时间的延长,上述过程的作用区域逐渐向颗粒内部延伸,颗粒溶解或液相的数量越来越多。但要注意,过分地延长保温时间会使液相量增多,容易造成成分偏析和磨具变形。

冷却阶段也是烧结曲线的一个组成部分,它是液相的结晶阶段,冷却速率的快慢对磨具的硬度和强度有一定的影响。冷却速率快,晶粒来不及长大,结晶体比较细小,使得磨具强度相应提高。另外,快冷和慢冷所得到的组织也不相同,对于青铜结合剂磨具,慢冷所得到的室温组织接近平衡状态,即α固溶体多,脆性相(ε、δ)少,故烧结体的硬度低、塑性好;而快速冷却时,α固溶体区域大为缩小,室温组织中固溶体较少,脆性相较多,从而使坯体具有较好的硬脆性。这种硬脆性对青铜磨具来说是非常重要的。它可以增加青铜磨具的自锐性,提高磨削效率。但对高锡含量青铜磨具,不宜快冷,因其本来就很脆。快速冷却还能缩短生产周期,对通保护气氛的磨具烧结,还可减少冷却阶段气体的消耗。

但是,快速冷却会造成坯体内的较大应力,在其他条件一定时,冷却速率越大则产生的应力也越大。一旦应力超过磨具的抗拉强度极限,磨具就要出现半径分布的裂纹。对于锡含量较高的超硬材料烧结磨具,因结合剂本身的脆性较大、强度较低,故在快速冷却时很容易出现裂纹。从这点上说,对冷却速率还应控制适当。顺便指出,上述情况也适用升温过程,只是对于金属结合剂而言,由于升温中磨具坯体的弹性模量 $E$ 值较小,因此即使升温速率很大,也不会像陶瓷结合剂磨具那样造成磨具的切线应力超过坯体的强度,因此不会出现裂纹。

出炉温度在某种意义上比冷却速度更为重要。一般模具在 70~80 ℃ 温度下出炉不会出现问题,但是像两片切割砂轮等面积大而厚度薄的磨具,很容易产生热变形,因此需冷却至室温方可出炉。再如锡含量超过 25% 的脆青铜结合剂,其脆性很大,强度较低,出炉温度必须低于 70 ℃,否则也很容易出现裂纹。

2) 热压烧结曲线　对于冷预压-烧结-热压工艺,装入模具的成形料处需先预压一下。预压的目的是排出含在成形料中的气体,以减少气体对后面的烧结过程的影响;同时也使松散的粉末颗粒之间的距离靠近,接触面积加大,促进烧结过程的进行。预压压力一般不大,因为在热压工艺中,坯体密度主要靠热压来达到,预压力过大是没有必要的,一般采用 100~250 MPa 的压力。热压时粉末的颗粒形状、粒度及其组成、表面状态等对烧结的影响不大,磨具密度的提高不在于压坯内部自由烧结的毛细管力的作用,而主要是靠在烧结温度下的外力压制作用来实现,热压烧结曲线如图 6-26 所示。热压烧结的升温速率可以很大,即使使用烧结设备所允许的极限速率升温,也不会对磨具有任何不良的影响。这是因为模腔的限制和热压下的不稳定蠕变或塑性流动弥补了在烧结过程中的各种不足。

对于青铜磨具,热压烧结温度通常要比冷压烧结时低 50~100 ℃,保温时间也要短一些,特别是当结合剂中低熔成分较多时,保温时间必须控制很短或不保温。对冷预压-烧结-热压工艺,热压温度一般选在 500 ℃ 左右,因若在烧结温度下压制,液相量较多,加压时有可能被压出,不能保证磨具的性能;低于 500 ℃ 时坯体塑性变差,压制较困难,需要较高的压力,这样就失去了热压的意义,所以应该掌握好施压时机。保压时间一般为 1~5 min。对于加压同时烧结工艺,一般是在烧结温度下加压,直至保温结束后 1~5 min 才卸压;也可以在升温过程中先施以 50% 的原压力,待升温至烧结温度时或稍后时间,再调至规定的压力值。

在保温保压过程中,由于易熔成分逐渐熔化,塑性增加,坯体收缩加大,故压力会有所下降,为了保持压力一定,应予以补压。

#### 6.7.2.2　烧结操作

超硬材料磨具的烧结操作分为装炉、通电加热、冷却出炉等几个部分。

装炉包括装炉方式和装炉部位。装炉的正确与否,对烧结磨具的质量有很大影响,装炉时,必须考虑到应使坯体均匀受热。还应注意坯体的自身性能与特点。

选择装炉方式要根据产品的大小、形状而定。一

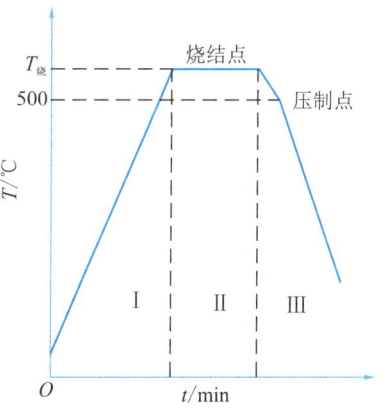

图 6-26　热压烧结曲线

般的磨具可放置在预先撒有两层石墨粉的垫铁板上，石墨粉厚约 10 mm，多件烧结时可采用叠放，磨具坯体之间也撒有一薄层石墨粉或细炭粒，有时还在坯体周围放置石墨粉或者套上一个石墨套圈；较大规格或形状复杂的磨具，通常要用夹具夹固烧结。青铜磨具在烧结过程中要发生收缩或膨胀现象。在自由状态下，磨具各部分的收缩和膨胀是不均匀的，容易产生变形、开裂、耍圈、掉环等废品。采用夹具固定后，磨具的收缩和膨胀受到了限制，从而保证了磨具的形状和尺寸。图 6-27 是两种常见砂轮的夹固方法。对于较大规格的平形砂轮，其烧结变形部位主要是外径和内径，故装炉时套住内、外径，再在上端面加上压力，使各向变形受到限制。异形砂轮均带基体成形，又有一定的外倾角，其烧结变形表现为往外塌边，所以要用相应的底盘将它托起，以限制其变形，如光学筒形砂轮，其烧结缺陷往往表现为沿径向往外张口成喇叭形，严重时与基体脱开，因此需将外圈套住才能保证烧结出正常产品。夹固烧结时要防止夹具与磨具发生粘连，为避免这种情况出现，夹固时一般在接触面处撒上一层石墨粉以便二者隔开。

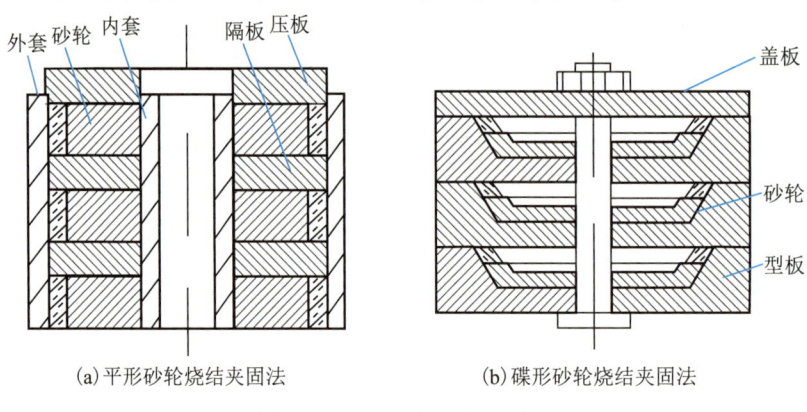

图 6-27　典型砂轮的夹固方法

夹具材料最好采用铸铁，它的热膨胀系数比钢材小，烧结出的磨具尺寸较准确，但在烧结热膨胀力的多次作用下，夹具尺寸要逐渐变大，故要常检查尺寸，以便及时更换不合格夹具。

小规格的和薄片状磨具如精磨片、切割薄片砂轮等，对温度十分敏感，在烧结中很容易发生变形，因此，烧结时必须保证其受热均匀。采用装罐埋砂法能够做到这一点，因装罐以后，磨具的受热主要靠介质的间接传递，消除了热的冲击作用，同时磨具的变形由于受到周围介质的限制而大为减少，此外，介质还对磨具起保护作用，减轻或避免其发生氧化，填埋介质多采用细炭粒、石墨粉、铝氧粉、细石英砂等；罐可以用石墨材料、铸铁、耐火陶瓷材料制成。装罐时，先在罐底放置一层介质粉末，再放上磨具坯体，如果是多件磨具，坯体之间也要撒上一层介质粉末。对于精磨片等小规格磨具，最好放在撒有石墨粉的平板上，以防止变形。最后用介质粉末填满，盖紧罐口并用耐火泥涂封。对有保护气氛或采用炭粒作为介质的磨具烧结，烧结罐罐口可不封。烧结罐中的磨具不要装得太多，一般以装到罐体积的一半为宜。实验表明，磨具越靠近罐底，则防氧化效果越好。

磨具的装炉量也会影响烧结过程。在一定范围内装炉量大，会提高炉子的生产率，但同时坯体的加热速率就要降低，烧结时间就长，故一般以磨具占炉膛容积 1/3～1/2 为宜。

热压超硬材料磨具,由于是带模操作,没有什么严格的装炉要求,但装好料的模具也应放在炉膛或感应圈的中心位置。对感应法加热,还要注意模具与感应圈的大小相匹配,经验证明,磨具外径与感应圈内径之间的间隙,以 10~15 mm 为最好,间隙过大,升温变慢,耗电增多。因此,对较小规格的模具,一般要外加石墨套圈。

磨具装炉以后,就可以通电进行加热烧结,烧结过程应严格按照烧结规范进行。对采用保护气氛的磨具烧结,应在通电加热前通气。在保证炉内空气排出的情况下(可采取试鸣的方法),通电加热。保护气的通气量一般根据火焰高度来判别,通常情况下以调节在 100 mm 左右为宜。流量太小,气流和磨具坯体接触不充分,炉膛内的空气、磨具坯体吸附的气体以及添加剂挥发成分等不易排出来;而流量过大,气体得不到充分利用,增加气体消耗。在操作过程中还要注意气体输送系统的密封性,发现漏气现象要及时停炉检修。

磨具烧结保温结束后,即可停电冷却。一般磨具的冷却过程是随炉进行的。冷却过程中应继续通气,以防磨具发生氧化,待冷却到 200 ℃ 以下方可停止通气。对于钟罩炉,当冷却到 500 ℃ 时可除去外罩,然后冷却到 100 ℃ 以下,将磨具取出。

对于冷预压-烧结-热压工艺,磨具在烧结温度下保温一定时间后,即可取出并在压机上趁热压制。热压仍采用定模压制。压制压力与压制时的温度高低有关,温度降低了,相应的压制压力就需提高,因此,要求磨具从炉中取出到送入压机这段时间越短越好。在模具处于高温的情况下操作还必须注意安全,特别是大规格磨具的热压,必须辅以机械操作。磨具经热压后即可进行冷却脱模。

对于加压同时烧结的磨具,待卸压和停止加热后,连同模具一起取出来自然冷却或搁置在石棉粉中缓慢冷却,然后脱模。

### 6.7.3 烧结气氛

为了不使结合剂金属和超硬材料磨料在烧结过程中发生氧化,采用中性、还原性气氛或固体还原介质保护是完全必要的。中性气氛主要有 Ar、He、$N_2$、$CO_2$ 以及真空;还原性气氛主要有 $H_2$、CO、分解氨气、碳氢化合物等;固体保护介质主要采用木炭。在青铜磨具烧结中较常采用氨分解气、煤气和固体炭作为保护介质。

1)氨分解气 氨分解气是由 75%$H_2$+25%$N_2$ 组成的混合气体,其中的 $N_2$ 对青铜磨具来说呈惰性,而 $H_2$ 是真正的还原剂,它对氧的亲和性比铜等金属粉末大,故能首先与炉腔中及磨具坯体孔隙中的氧气发生反应,同时还能将磨具表面及孔隙表面的铜氧化物还原成铜,新还原的铜原子活性较大,能促进磨具的烧结,还原生成的水蒸气则随气流带出炉腔之外排空或燃烧。

氨分解气是用液态氨经过汽化,在触媒的作用下加热分解制得的。经冷却净化后的氨分解气即可通入烧结炉中使用。在正常运行的情况下,分解炉内的气体压力总是大于烧结炉内的气体压力,即系统保持正压,还原气体不会倒流。但是,当某种原因造成分解炉内的气体压力下降,系统处于负压时,烧结炉内的气体就有倒流的危险。因此,一定要采用装有金属碎屑的阻火器,避免因火焰倒流而引起爆炸。

2)煤气 煤气的种类很多,如发生炉煤气、高炉煤气、焦炉煤气、水煤气转化天然气等。煤气的成分随其种类不同而有较大的差异,但是煤气中起保护作用的成分主要是

CO 和 $H_2$,均能与氧气或金属氧化物发生反应,其反应式为

$$2CO + O_2 = 2CO_2$$
$$CO + CuO = Cu + CO_2$$
$$2H_2 + O_2 = 2H_2O$$
$$H_2 + CuO = Cu + H_2O$$

煤气的还原能力要比氢气和氨分解气差,但其成本低廉、易得,在超硬材料磨具的烧结中也广泛使用。

用氨分解气和煤气做保护气氛,要求炉膛的密闭性要好,否则会因漏气而发生火灾或爆炸,另外操作必须严格按规程进行。

3) 木炭 木炭作为保护介质,在青铜磨具烧结中被广泛使用,这不仅是由于木炭价格低廉,来源广泛,而且使用时安全可靠,对烧结设备也没有什么特殊的要求,采用一般的马弗炉即可。

使用时,一般要把木炭破碎成 3~5 mm 的炭粒,因这样炭粒的表面积大,活性高,能大量地吸附空气,同时在将炭粒填充于磨具四周的空间(不直接接触磨具)时,其填充的密度较大,故对空气渗透的阻力也较大,隔离空气的作用就越大,炭粒粗则情况正好相反。另外,炭粒在受热过程中,还将与密封在烧结炉膛内的空气起燃烧反应,由于反应是在氧气不足的条件下进行的,故生成物为 CO,生成的 CO 还可能进一步与气氛中的氧气反应生成 $CO_2$,同时还原磨具坯体表面的金属氧化物为活性金属原子,从而促进磨具的烧结。

应该注意,填充的木炭必须是不含水分的干燥木炭,否则对磨具起不到保护作用。或者保护作用减弱。但总的来说,木炭的保护能力要比气体差,且易污染磨具表面。

### 6.7.4 烧结废品分析

前面说过,磨具在烧结过程中要发生一系列复杂的物理和化学的变化过程,而这些变化过程直接受到烧结的工艺条件制约,一旦工艺条件控制不好,就可能要出现烧结废品。在生产中经常出现的烧结废品主要有如下几种。

1) 哑声 哑声是指用金属物敲击磨具基体(悬空状态)时磨具所发出的嘶哑声,好的磨具敲击时应发出清脆的金属声音。磨具出现哑声的原因有下面两种情况:

(1) 磨具坯体的金属化不完全 众所周知,烧结过程实质上是使非金属结构的坯体转变成金属结构的制品,如果在烧结过程中,这种转变进行得不彻底,磨具坯体的性质依然是非金属结构,则磨具就要出现哑声。主要原因是烧结温度偏低、烧结时间偏短、混料不均或结合剂氧化。结合剂原料氧化严重,则颗粒表面的氧化膜将阻碍烧结过程的进行,因此,使用前对结合剂金属粉末一定要进行检验;粉末的储存期不宜过长;使用前对一些易氧化的金属粉末如铜粉还应进行还原处理。烧结温度过低,保温时间短,则坯体中出现的液相量就少,从而使固相溶解、沉淀、再结晶等一系列的烧结反应不能充分进行甚至无法进行,即造成所谓"欠烧",一般地,对由于"欠烧"带来的哑声现象可以通过复烧来消除,不过对超硬磨料的性能有一定的影响。

(2) 烧结时压制层与基体联结不好,有分离现象 这时敲击起来也发不出清脆的金属声音。一般情况下,对于膨胀系数较大的结合剂容易出现这类现象;另外,基体结合面

结构不合理,如开槽太浅、成形压力偏低、脱模操作不当、烧结时间短等均有可能造成磨具结合面分离,分离严重时还会出现掉环。

2) 变形　变形是指那些色泽、性能、尺寸都很正常的磨具,其表面形状出现的不规整(如凹坑、翘曲)现象。出现这类废品主要与装炉不合理有关,如装夹不当、垫板不平、用炭粒垫在磨具坯体下面或其他直接接触坯体的现象,都会使磨具产生烧结变形。此外,烧结温度过高,保温时间过长或局部过热,也会造成磨具变形。

薄形砂轮或切割锯片,因厚度薄、挠性大,最容易产生变形废品,则装炉时应特别注意,同时还应注意不能使烧结温度和出炉温度过高。

3) 发泡　超硬材料层表面出现的鼓泡现象称为发泡。发泡废品有两类,一类是局部位置出现发泡,一类是整体发生发泡。造成发泡的原因比较明显,是烧结温度过高或保温时间过长所引起的,亦即是过烧引起的。对于局部温度过高,如装炉时一边靠近热源而另一边远离热源,易产生局部过烧发泡;结合剂与烧结温度配合不当、控温系统失灵、烧结时间过长易出现整体过烧发泡。成形料中添加剂含量过高或升温速度过快也会引起发泡。

4) 色泽不均　色泽不均是指磨具表面各部分颜色不一致,有深、有浅、有花斑等现象的废品。烧结炉密封性能不好是造成这类废品的主要原因,而且大都发生在冷却阶段。随着炉温的下降,炉内压力降低,空气进入炉内与高温状态下的磨具相接触,使其表面发生氧化,失去了青铜金属的光泽而变为红色,而没有被氧化的部分则呈亮黄色。烧结时保护气氛通得太晚,冷却时保护气氛停得太早或出炉温度过高(100 ℃以上),均会发生磨具表面色泽不均的现象。

5) 收缩不一致　冷压坯体经过烧结后,尺寸往往发生明显变化。一般情况是坯体收缩,尺寸变小,这就是所谓烧成收缩现象。但有时烧结坯比生坯尺寸变大,发生膨胀。这种收缩或膨胀,是烧结反应和材料热冷缩的综合效应。为了防止出现裂纹和变形等烧成废品,希望选用的结合剂烧成后的收缩要小,而且尺寸变化的稳定性(重现性)要好。同时,还希望结合剂的收缩率尽可能与磨具基体的收缩率相一致。这样有利于压制层与基体之间保持牢固的联结,不致因热胀冷缩而脱离。锡青铜是有色金属合金中铸造收缩率最小的合金,在冷压条件下,成形压力在 500 MPa 左右时,锡青铜结合剂压制层的收缩率不大,热胀冷缩性与钢质基体比较一致。

收缩不一致的磨具多呈椭圆形。造成磨具收缩不一致的原因有坯体成形密度不均匀和烧结温度分布不均等。

成形时,若磨具坯体各部分的密度不一样,那么烧结时即使其他条件都相同,磨具各部位的收缩也不一样,密度低的部分收缩要大,密度高的部位收缩要小,这对于一些异形和高径比较大的磨具来说,尤其明显。

温度对于磨具烧结的作用,在于促进其内部发生各种烧结反应。温度高,烧结时间长,烧结反应就进行得激烈、完全,同时伴之以宏观上的收缩现象,反之烧结反应就不完全,而且收缩程度也小,因此,烧结温度分布不均匀也会造成磨具各部位收缩不一致。

6) 组织不均　超硬磨具烧结后,组织分布不均匀。造成组织不均的原因可能是:①混料不均;②料偏湿并结团;③投料摊料不均或刮料不平;④刮料时间太长或因敲击导致磨料偏析;⑤料中混有异物;⑥压环端面及压机的平行度差导致模具偏斜;⑦磨具较厚时垫铁选择不当导致上下组织不均;⑧模具磨损造成严重漏料。

7)裂纹　超硬磨具烧结后,出现裂纹。造成裂纹的原因可能是:①成形料中添加剂含量过高;②成形时施压太快,模具润滑不良,弹性后效没有消除,脱模操作不当(有停顿);③模具内腔光洁度差,出口端没留锥度;④升温及冷却速率过快。

8)掉环　超硬磨具烧结后,基体和磨具其他部分分离(掉环)。造成掉环的原因可能是:①基体结合面结构不合理;②基体结合面未清理干净;③脱模操作不当;④结合剂与基体膨胀、收缩不一致。

实际上,烧结废品及其产生原因要比上述复杂得多,不仅烧结工艺控制不当会带来烧结废品,磨料性能、配混料工艺、成形工艺等都与烧结废品有直接关系。有时造成一种废品同时有几种因素参与作用,而同时一种因素又有可能导致多种废品。造成超硬材料磨具烧结废品的原因虽然很多、很复杂,但不外乎是偏离了配方或工艺要求所造成的。一般来说,由于磨具配方和生产工艺都经过较长时间的多次生产验证,因配方和工艺本身的原因造成烧结废品并不多见。因此,一般来说,只要严格按照配方和工艺进行生产,磨具烧结废品就很难出现,甚至是可以避免的。

## 6.8　超硬材料烧结磨具的后加工与质量检查

### 6.8.1　超硬材料烧结磨具的后加工

除小砂轮、切割砂轮、精磨片和厚度小于3 mm的异形砂轮之外,一般的超硬材料烧结磨具均需进行机械加工。超硬材料烧结磨具的机械加工是经过磨具压制烧结之后进行的磨具生产的最后一道主要工序,所以通常也叫后加工,其内容包括车加工和磨加工。

#### 6.8.1.1　车加工

车加工是对磨具的基体和过渡层部分进行加工。超硬材料烧结磨具除油石、磨头等少部分产品不带基体外,大多数都带有金属基体和过渡层,此外,超硬材料烧结磨具几乎都需要进行车加工。车加工的主要内容是其体端面、底面、外圆和内孔的精车,以及异形砂轮基体形面的精车。

1)不镶套平形砂轮的车加工　这类砂轮包括直径小于150 mm的青铜结合剂砂轮和平形带弧砂轮。

平形砂轮需要加工的部位是两个端面和一个内孔,由于平形砂轮的基体厚度与超硬材料层的厚度一样,所以端面的加工就是车光,但为了便于超硬材料层的端面的磨加工,同时也使两个端面光洁美观,通常将各端面车去约0.25~1 mm深,而靠近超硬材料层部位的基体应留有2~3 mm宽不车,以保证超硬材料层的黏结强度。

平形砂轮直接由三爪卡盘固加工,因卡爪和超硬材料层直接接触,所以卡固的力量要适度。原则上,在避免卡爪将超硬材料层压出痕迹或裂纹的前提下,尽量增加卡固力量和卡爪与超硬材料层的接触面积,以便提高卡固牢度。

装卡的部位尽量避开超硬材料层,如图6-28(a)所示,卡爪的受力点落在基体上,这样用较大的力量夹紧磨具时对超硬材料层不会有什么大的影响,而对车削安全却带来很大的好处。另外,装卡部位的形状做成与磨具相同的角度,如图6-28(b)所示,这样卡固力量不需要很大就能满足加工的要求。

平形砂轮的加工顺序是先车内孔,后车两个端面。为了保证超硬材料层与两端面垂直,在砂轮卡固后应用百分表校准端面偏摆,然后开始加工内孔和端面。在车加工第二个端面时,以车好的那一面的超硬材料层端面为基准面,并靠紧后进行车加工,这样能够保证两端面基本平形。

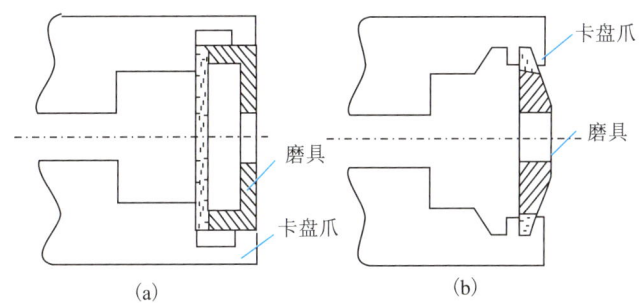

图 6-28 用于加工超硬磨具的三爪卡盘

2)11A2、12A2 型砂轮车加工 这类砂轮的车加工顺序:粗车内角度→精车外端面和内孔→精车内角度→粗车和精车外角度。

粗车内角时,卡固的部位是基体的外圆周,这部分基体最后是要车去的,因此可以卡得紧些。粗车的吃刀量可以较大,以缩短粗车时间,提高加工效率,但同时要防止切屑刮或划坏超硬材料层。粗车要留 1 mm 左右的余量以便精车加工。

在精车外端面和孔径时,以超硬材料层的端面和外圆为基准进行卡固,由于卡爪的作用点是在基体表面上,可用较大的卡固力量装卡。孔径尺寸和底面应一次精车完,并要保证两者之间的垂直度。精车内角时是以底面为基准面进行卡固的。

精车与粗车是一个连续的操作规程,但吃刀量要比粗车时小得多,而且需要使用润滑油,对于一般碳素钢或青铜基体,可用 7%~10% 的乳化液作润滑油。

3)11V9、12V9 型砂轮的加工 这类砂轮还包括单斜边砂轮、双斜边砂轮,它们的特点是超硬材料层都带有角度,面烧结坯体已经具有基本形状,只是在尺寸上留有一定的加工余量,一般为 2~5 mm。这类砂轮的加工比较困难,其原因就在于砂轮不易卡固,由于超硬材料层的外圆周尖角突出,若卡紧则很容易掉边以造成砂轮中心偏斜。为了解决这个问题,目前大都在砂轮成形工艺厂采取一些措施。让砂轮基体外圆部分留有 0.5~1 mm 的宽边以便卡固,但是控制卡固力量仍然是十分重要的。

4)镶套砂轮的加工 直径 150 mm 以上的青铜结合剂平形砂轮,通常都不带基体成形,而是在烧结后镶上金属基体。形状有特殊要求的砂轮也可以采用镶套的方法,金属基体的材质可以是钢,也可以是铝合金,视要求而定。

镶套砂轮的加工流程:砂轮非超硬材料层部分车制镶套台阶→车镶套基体→装配→打孔铆接→精车端面和内孔。

镶套砂轮都有较宽的非超硬材料层,其宽度根据砂轮直径大小,范围为 15~25 mm。车制镶套台阶时,先选择平整度较好的端面和外圆为基准进行装卡,因车削量较大,装卡必须牢固可靠。然后在离超硬材料层 5~8 mm 的平面上车出装配凹面,凹面深度为砂轮厚度的 1/2 左右,并对原内孔进行修圆,保证与凹面圆同心。各车削面的粗糙度要求在 2.5~5 μm 以上。

镶套基体的形状正好与砂轮凹面相反,为一凸形体,其与凹面的配合采用过盈配合,即要求基体尺寸比砂轮凹面尺寸稍大,一般要大 0.05~0.10 mm。为了保证两个配合圆面的同心度,在车制时应卡大端的外圆,将两个配合圆面一次车完,然后反面车去多余的部分,同时车出内孔,但要留有 2~3 mm 的精车余量。加工后的两配合面同心度不大于 0.02,粗糙度要求与砂轮凹面相同。

装配基体时,先将超硬材料环加热至 200 ℃,待尺寸受热膨胀变大后,立即将基体装入凹面中,然后冷却至室温。这种方法既不用施加外力又能得到牢固的配合。但是仅靠过盈配合还难以保证在外力的作用下不产生相对位移,因此还要进行铆接。常用的两种铆接方法:平头铆钉铆接和带螺纹铆钉钢接。铆接后,即可对两端面和内孔进行粗、精加工,由于铆钉高出其他部位,开始车时进刀量小,等车平后则可进行粗、精车。

#### 6.8.1.2 磨加工

磨具的超硬材料层表面需要进行磨加工。对磨具磨加工的目的是让表层超硬材料尖刃露出来,同时也使磨具超硬材料层的形状尺寸达到标准所规定的要求。包括:外圆磨加工、端面磨加工和工具磨加工。

1)外圆磨加工 除磨石、磨头和 11V9、12V9、平形带弧砂轮外,一般的超硬材料砂轮均要进行外圆磨加工。砂轮的外圆磨加工是在外圆磨床上进行的。外圆磨床的型号和性能要与所加工的砂轮相适应,M131W 型万能外圆磨床是目前磨加工超硬材料砂轮中使用较多的一种磨床,它适合于加工 φ300 mm 以内的各种规格超硬材料砂轮。磨削加工精度可达到二级或一级,这对超硬材料砂轮要求的加工精度是足够的。

磨加工砂轮的外圆时,除在个别情况下采用三爪或四爪卡盘装夹外,一般都是用带台肩的芯轴装夹,即先把砂轮装在芯轴上并用螺母拧紧,然后再利用芯轴两端的中心孔支承在磨床的前后顶针上,不同孔径的砂轮要用不同规格的芯轴。外圆磨中常用的芯轴规格有 φ10、φ13、φ20、φ32 等,需要用 φ75 以上的芯轴时可以用加镶套的办法解决,而不必直接做大芯轴,采用芯轴的优点是可以在一次装夹中磨加工出全部外圆顶,加工精度较高。

修磨砂轮多采用陶瓷结合剂绿碳化硅砂轮,碳化硅磨料的精度要根据超硬材料的粒度来选择,见表 6-14。修磨砂轮的硬度对磨加工也有较大的影响,硬度软则修磨砂轮消耗快;硬度过高对超硬材料尖刃不利,并且容易产生掉粒现象。一般加工金属结合剂砂轮多用 L~N 硬度碳化硅砂轮加工。选择修磨砂轮的形状和规格时,应尽量考虑磨加工的方便,对外圆磨来说,修磨砂轮的直径大,使用时间则长,可减少更换的次数;修磨砂轮的厚度也应该大些,否则在加工超硬材料砂轮尤其是较厚的砂轮时,每进给一次,修磨砂轮磨不到超硬材料砂轮的全磨面就消耗尽了,从而在超硬材料砂轮全磨面的中心部位留下一条凸棱。

表 6-14 修磨砂轮磨料粒度的选择

| 超硬材料粒度 | 200/230 以粗 | 200/230 以细 |
|---|---|---|
| 碳化硅粒度 | F60~F100 | F100~F150 |

加工时,超硬材料层由卡环带着低速(70 r/min)旋转。磨削时还应采用冷却液,由于

超硬材料砂轮较致密,气孔很少,加工中易被磨屑堵塞,产生磨削热,严重时有可能烧伤砂轮表面,采用冷却液即是为了及时冲走磨屑避免烧伤。对烧结超硬材料砂轮,多采用煤油、锭子油或煤油中加少量低号机械油作为冷却液。

超硬材料砂轮外圆磨加工的精度在很大程度上取决于车加工的精度,芯轴与砂轮内孔的配合精度、磨床主轴精度以及砂轮的装卡和磨加工操作等。为保证砂轮的加工精度,要求砂轮孔径尺寸精确,孔径与外圆的同心度偏差以及与端面的垂直度偏差要小;磨床主轴的振摆应控制在 0.002 mm 以内,芯轴定位面与砂轮孔的配合公差应满足具体规定要求,芯轴台肩端面与定位面应严格地保持垂直(端面跳动不大于 0.015 mm);装卡时要将砂轮孔径、端面和芯轴擦净;芯轴装卡在顶针上要适当,过紧或过松都不利于磨加工,装好后还应用百分表检测砂轮径向跳动和端面偏摆量,确认误差不大时,才能进行磨加工,否则应重新装卡或车加工以调整偏差量。

2)端面磨加工　超硬材料砂轮的端面磨加工也是在外圆磨床上进行的,当然还可以采用平面磨床来加工,砂轮的装卡方法与外圆磨无异,加工时是利用碳化硅砂轮的端面靠磨超硬材料砂轮端面,碳化硅砂轮最好选用双面凹型,如果采用平形砂轮靠磨,由于中心部位靠不着,最后留下台阶,这个台阶对超硬材料砂轮的外圆棱角有修磨作用,严重时出现大倒角,用双面凹砂轮靠磨就不会出现这种情况。

超硬材料砂轮的端面磨加工必须与外圆磨加工一次进行,以保证砂轮的加工质量。

3)工具磨加工　带有角度或具有成形面的各种异形砂轮,如 11V9、12V9、单斜边、平行带弧砂轮等,如采用一般的平面磨床加工,需要设计专门的或采用仿形修磨砂轮,操作上也很不方便,因此实际加工中多采用工具磨床来加工。工具磨床的特点是可以根据需要来调整超硬材料砂轮的位置,从而达到磨加工的目的。

异形砂轮的装卡也是采用芯轴,带螺纹的一头用于装卡超硬材料砂轮,另一头与工具磨床相连接,锥度能起到自动定芯和紧固的作用。由于异形砂轮的超硬材料层各基体的接触面积较小,结合强度低,加上应注意不能采用大进给。一般情况下,每次进给为 0.02~0.05 mm,超硬材料粒度粗时,可适当加大进给,反之则采用小进给量,超硬材料砂轮的转速采用 120 r/min,用于修磨的陶瓷砂轮转速为 700 r/min。加工时还应注意随时调整加工精度。工具磨有两个部分可调角度,一是装卡超硬材料砂轮的部分,二是陶瓷砂轮的装卡部分,待两部分调整到满足加工角度要求时则将其固定并开始磨加工。

工具磨都是干磨加工,加工条件比外圆磨差,故陶瓷砂轮的硬度应选得低一些,一般按下列要求来选择:超硬材料粒度为 50/60 ~ 80/100,陶瓷砂轮硬度应选 K~L;超硬材料粒度为 230/270 到微粉,陶瓷砂轮硬度选 J~H。

### 6.8.1.3　电火花修整法

电火花修整法是利用金属基砂轮和工具电极之间产生脉冲火花放电的电腐蚀现象来蚀除砂轮的金属结合剂,达到整形和修锐目的。砂轮和工具电极产生脉冲火花放电的条件之一是两者之间保持一定的间隙。调节砂轮与工具电极之间的间隙,使砂轮直径较大的部分产生火花放电,直径较小的部分不发生火花放电,砂轮最终可以被修圆并被修整出所需的截面形状。由于在电火花修整过程中砂轮与工具电极不接触,砂轮不受修整力,避免了用接触式修整法整形时出现的振颤现象。所以电火花修整法可以达到很高的整形精度。

因为金属基砂轮的磨料是非导电体,所以砂轮磨料与工具电极之间不发生火花放电。控制金属结合剂和工具电极之间放电能量的大小,使新的磨粒露出结合剂表面并形成一定的突出高度,即可实现对砂轮的修锐,电火花修整法的整形和修锐几乎是同时完成的。

电火花修整法具有如下特点:
(1)可以在位进行整形和修锐,易于保证磨削精度;
(2)操作方便;
(3)适用于任何以导电材料作为结合剂的砂轮;
(4)加工力小,适于小直径和极薄砂轮的修整;
(5)可以方便地实现对成形砂轮快速、高精度修整,相对于其他砂轮修整方法,电火花修整法具有成本低、易实现、工艺参数少、便于调节等优点。

#### 6.8.1.4 在线电解修整技术

在线电解修整(ELID)技术是专门应用于金属结合剂砂轮的修整方法。其修整原理:金属结合剂砂轮接高频脉冲电源正极,修整电极接脉冲电源负极,在修整电极和砂轮表面形成的间隙中通入有电解作用的水基磨削液,由于砂轮为阳极,在电解过程中砂轮表面的金属离子电离,金属结合剂被逐渐氧化去除,使不能电解的金刚石磨粒露出砂轮表面。随着电解过程的进行,在砂轮表面逐渐形成一层钝化膜,该钝化膜具有一定的绝缘性,其厚度对电解电流的大小和电解修整速度有直接影响。钝化膜厚度增大使电解修整速度放慢,而工件对砂轮表面的刮擦作用又使钝化膜变薄,在ELID磨削过程中这两种作用同时存在,最终达到一个动态平衡。由于砂轮结合剂表面基体不断的电解,磨料不断露出,因此可以保证金属结合剂砂轮在磨削过程中的锐利性,而砂轮又不会消耗太快。

由于ELID磨削实现了砂轮的在线修锐,可以在磨削过程中使砂轮磨粒始终保持锐利状态,不会发生磨钝和磨屑堵塞现象,因此ELID磨削非常适用于微细粒度砂轮的修整。ELID磨削具有如下特点:①在磨削过程中具有良好的稳定性;②砂轮不会过快磨损消耗掉,提高了贵重磨料的利用率;③修锐时在磨床上直接进行,避免了安装误差;④可方便实现在线修锐,对各种磨削加工场合都适用;⑤只能修锐,不能整形;⑥对非金属结合剂砂轮无效。

### 6.8.2 超硬材料烧结磨具的质量检查

超硬材料烧结磨具质量检查的主要项目包括外观、几何尺寸和平衡性等。目前考虑到超硬材料烧结磨具的机械性能如强度、硬度等较高,能满足使用要求,故一般不再进行磨具的机械性能检查,但在确定磨具配方和生产工艺时,应对试样块进行机械性能测定和组织分析。

1)外观检查 磨具外观检查是指用肉眼或借助于放大镜来观察磨具表面是否有缺陷,其主要内容包括超硬材料层的组织、色泽是否一致,超硬材料层表面是否有斑点、气孔、发泡、夹杂、起层、裂纹、哑声和边棱损坏等现象。

用带刻度的20倍放大镜观察超硬材料烧结磨具的工作表面时,应该有超硬材料尖刃露出,而且分布均匀,工作表面的每个凹坑面积不得超过 1 $mm^2$,并不得有原始表皮、发泡、夹杂等。青铜结合剂超硬材料烧结磨具表面应呈均匀亮黄色,不许有暗红色氧化斑点或其他斑点。

超硬材料烧结磨具在敲击时不能出现哑声。判断方法常采用听音的方法,即通过敲击磨具,若发出哑声则说明磨具内部或超硬材料层与过渡层间、压制层与基体间的结合处可能有隐裂隙存在。

2) 几何尺寸检查　超硬材料烧结磨具的外径、厚度、孔径、超硬材料层的厚度、宽度,各种异形磨具的角度、弧度以及超硬材料烧结磨具的形位公差均要进行检查。

3) 砂轮的动平衡检查　砂轮在高速旋转时,若砂轮的重心偏移中心过大,就会产生较大的离心力,从而引起磨床的振动,使加工产品质量下降,磨具寿命降低。对一些较厚的砂轮有时静平衡是合格的,但有可能出现动不平衡。因此,对于厚度较厚、直径较大以及组合式的超硬材料砂轮都必须进行动平衡检查。

砂轮在高速旋转时产生的离心力使动平衡机的摇摆架做径向振动,振动被测振丝传递给传感器,传感器再将振幅转换成电压信号并经模拟解算电路选频放大器滤去干扰信号后,再由阴极输送到显示系统,显示系统包括闪光灯和微安表两个部分,闪光灯确定不平衡部位,微安表指示砂轮的不平衡值。测出砂轮的不平衡部位和不平衡量之后,就可以用钻孔去重法或加重法进行校正,但钻孔最多不得超过三处。

思考题

1. 磨具制造对金属粉末技术有哪些指标要求?
2. 常用的金属结合剂金刚石磨具中使用的非金属材料有哪些?各有什么作用?
3. 如何调整二元合金锡青铜的力学性能?
4. 金刚石磨具的烧结可以用哪些保护介质?试比较其优缺点。
5. 金刚石浓度的概念是什么?不同类型的结合剂磨具通常应用的浓度范围是多少?
6. 金刚石磨具压制过程中坯体强度如何形成?
7. 金刚石磨具压制性能主要受哪些因素影响?
8. 优质的超硬材料磨具生产也是一个系统工程,技术人员在产品研发与生产过程中,哪些工序最需要体现"工匠精神"?

# 第 7 章 金刚石锯切工具制造

## 7.1 概 述

金刚石锯切工具在金刚石工具中占据着很重要的地位,其产量最大、用途最广,被广泛用于石材荒料的开采与整形、切板,以及石材(含人造石材)、墙地砖、混凝土(包括含钢筋混凝土)、沥青、耐火材料、陶瓷、高压电瓷、玻璃、玻璃钢、碳素、半导体、玉石、塑料、木材(含合成木材)、石膏水泥板、有色金属、铸铁管等的切断、切槽、挖孔、雕刻、打磨,具有加工效率高、加工质量好、成本低、能耗低的优点。

金刚石马路切割片

金刚石锯切工具种类很多,包括圆锯片、绳锯、排锯、筒锯、带锯、链锯、线锯等,其中圆锯片市场用量最大,其次为绳锯和排锯。值得一提的是绳锯,因绳锯的挠性特点和尺寸灵活,其用途越来越广泛,既能代替传统的钎凿、放炮法开采石材荒料,也可以像组锯、排锯那样成组用于切割石材板材和整型,还可以进行异形石材制品加工;另外在桥梁、建筑物施工和解体中也发挥着重要的作用。目前,国内的绳锯制造和应用已十分普及,市场份额逐年扩大。

在早期,金刚石筒锯是在圆形建筑柱体用花岗石贴面材料的需求基础上发展起来的,它有点像特大号的钻头,是在筒形薄壁基体的一端环形面上均匀焊接金刚石节块而成。使用时与筒锯机主轴相铆接,再从块状石料一侧自上而下套切,经多次套切,形成弧形面板,这种弧形面板的投影面类似月牙状。筒锯直径要据柱面直径而定,大的可达 $\phi 1\,600$ mm。筒锯因锯切的不稳定性及切出的弧面板吻合性差,已经被绳锯所取代。当然,金刚石筒锯用于锯切圆柱形石材制品还是合适的。

金刚石带锯有些类似于木工锯条,只是锯齿换成了金刚石节块。带锯是在不锈钢或低合金钢带一侧间隔焊上金刚石节块或是镀上金刚石;其钢带要在两只节块之间开"U"形口以减少焊接热变形和节块脱落(此方法对排锯也有借鉴作用),同时在焊节块的部位要按节块长度铣下去 0.5~1.5 mm 深平底槽,这样焊接的节块在切割时受冲击的影响就会小。加工钢带基体时要注意消除冲裁时产生的冷变形和微裂纹;带锯用金刚石节块尺寸较小,长度一般不超过 6 mm,厚度不大于 4 mm。也有做成圆片状,如 $\phi 3$ mm×2 mm 规格。采用小规格金刚石节块可以使带锯在挠性弯曲时和切割加工时不易掉节块;电镀金刚石带锯,规格一般很小,主要是在台式带锯机上往复切割小规格产品。表 7-1 是日本某公司生产的带锯规格。

表 7-1　金刚石带锯规格尺寸(日本)　　　　　　　　　　　单位:mm

| 钢带尺寸 | | | 金刚石节块尺寸 | | | 节块焊接间距 |
| --- | --- | --- | --- | --- | --- | --- |
| 长度 | 宽度 | 厚度 | 长度 | 高度 | 厚度 | |
| 2 850 | 50、65 | 0.2~0.4 | 3 | 3 | 0.3~0.8 | 5~8 |
| 3 700 | 80 | 0.4-0.5 | 3 | 3 | 0.6~1.5 | 8~10 |
| 7 300 | 152 | 0.8~1.0 | 3 | 3 | 1.5~2.5 | 10 |
| 9 730 | 152 | 0.8~1.25 | 3 | 3 | 2.0~3.0 | 10 |
| 14 700 | 254 | 1.25~1.6 | 5 | 5 | 3.0~4.0 | 15 |
| 16 450 | 254 | 1.25~1.6 | 5 | 5 | 3.0~4.0 | 15 |

　　小规格金刚石带锯(几百毫米长)一般是在台式带锯机上通过两端卡固后并张紧,做往复运动来切割材料或是用于拼花、图形和文字切割;焊接的、较长的带锯多是将两端对焊或铆固起来形成环带状,再装配到专用的卧式带锯机上,形成环状运转,其相当于两条相反方向的排锯做单向式切割。可用于石墨电极、石材、陶瓷、石英、硅片的切割加工。金刚石可用 MBD6、MBD8 金刚石,粒度为 40/50~230/270 都有使用,浓度 10%~100%,结合剂用钴青铜配方较合适。

　　金刚石链锯类似于绳锯,挠性非常好,但不能做旋转切割,只能像带锯一样做单向运转直线式切割。链锯的金刚石节块要焊在每只链节上。链节装卸很方便,可任意组合成合适的长度。链锯可用于软到中硬石材的开采。链锯用金刚石品质要好,一般在 MBD10、MBS-760、SDA+及以上品质;结合剂可用钴基、钴青铜基,也可用电镀法制造金刚石节块。

　　金刚石线锯是在钢丝表面镀上金刚石磨粒而形成的。一般可用于手工往复加工玉石、玛瑙、水晶工艺品的内孔面;也可用在台式线锯机上做往复运动,用于曲线、直线切割;还可像金刚石绳锯那样使用,将线锯绕到两个绞轮上,张紧后用于切断加工。目前在半导体材料的切片加工方面应用很普及。

　　还有一种滚压锯片,采用的是古老的镶嵌工艺:先将软的、薄的低碳钢或马口铁圆片状基体穿孔铆紧,然后在周边上铣出窄缝(缝宽与金刚石粒径相当);用酒精或橡胶汽油溶液调制金刚石并刷到缝口上,再通过滚压机或挤压机将金刚石颗粒压进基体缝中卡住;滚压锯片规格直径为 60~500 mm,厚度为 0.2~1 mm;滚压锯片适合玉石、水晶类装饰材料的切割加工;在早期还有采用类似的方法,将软胎体做的金刚石节块敲进圆锯片基体四周做好的缝槽中,直接用于切割大理石。

　　应该指出,随着异形切割、快速切割的不断发展,一些新型切割技术如超高压水(有时加磨料)切割、激光切割在建材加工业也得到较好的应用。这类新型切割技术具有切缝窄、能做异形加工、效率更高、污染小、噪声小、适合电脑编程和更复杂的切割加工。如果在切割深度上有更高的突破,应用前景将更为广泛。

　　在本章中涉及的金刚石锯切工具主要为金刚石圆锯片、绳锯、排锯。

## 7.2 金刚石锯切工具的分类

金刚石锯切工具可以按种类、规格形状、制造方法、用途等来分类。

### 7.2.1 按种类分类

按种类,金刚石锯切工具可以分为圆锯片、绳锯、排锯、筒锯、带锯、链锯、线锯等。

#### 7.2.1.1 金刚石圆锯片

金刚石圆锯片指金刚石磨粒或节块呈连续性或间断性分布于圆形薄片钢基体周边,且呈轴向对称的一类金刚石锯切工具。

直接用金刚石磨粒见于电镀法或钎焊法制造金刚石圆锯片,是利用电沉积或熔化的金属直接将金刚石磨粒黏结于基体周边上的;若要带保护层,也是采用电镀或钎焊法制造;对于钎焊片,还可以对金刚石磨粒进行有序排列,以进一步提高切割效率。

圆锯片的金刚石节块,多采用烧结法(自由烧结、半热压、热压)制造,也有采用钎焊法或超高压高温法(PDC,多需辅以切割)制造;金刚石有序排列也大量用于节块制造;对独立制造的金刚石节块,需再用高频焊接法、气焊法、激光焊接法连接到圆基体上形成圆锯片,而与基体一起经过冷压成形的节块,即随基体一起烧结而成圆锯片;钎焊节块做的圆锯片即是消防抢险片(救急片、万能片),PDC节块做的圆锯片多用于铝材、木材切割。

图 7-1 至图 7-4 为几种典型的金刚石圆锯片。

图 7-1 整边金刚石圆锯片

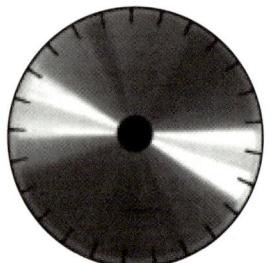

图 7-2 焊接金刚石圆锯片

图 7-3 带保护层钎焊救急片

图 7-4 PDC 金刚石圆锯片

#### 7.2.1.2 金刚石绳锯

金刚石绳锯指采用一定的固结方法,将穿于钢绳上的金刚石串珠间断性固定住形成的一类金刚石锯切工具。

绳锯用的金刚石串珠,多采用烧结法制造,也有采用电镀法、钎焊法制造;烧结金刚石串珠可用于花岗石、大理石、(钢筋)混凝土切割,电镀、钎焊金刚石串珠用于大理石切割。

金刚石矿山绳锯锯切

固结金刚石串珠的方法有弹簧(压紧)、注塑(+弹簧)、注胶(+弹簧)。只用弹簧固结的金刚石绳锯多用于大理石切割;注塑金刚石绳锯可用于花岗石或大理石的整形、切板、异形加工,注塑+弹簧金刚石绳锯用于花岗石、大理石的整形或花岗石矿山开采;注胶金刚石绳锯用于花岗石、大理石矿山开采,注胶+弹簧金刚石绳锯用于有研磨性花岗石开采、(钢筋)混凝土切割。

图7-5至图7-7是几种金刚石绳锯。

图7-5　弹簧钎焊金刚石绳锯　　图7-6　注塑金刚石绳锯　　图7-7　注胶金刚石绳锯

#### 7.2.1.3　金刚石排锯

金刚石排锯指将金刚石节块间断性(一般不均匀分布)焊接到薄钢条的一侧,且与钢条两平面对称的一类金刚石锯切工具,如图7-8所示。

排锯用金刚石节块是烧结法制造的;焊接方法为高频焊;金刚石排锯可用于大理石、软花岗石、砂岩切割,替代传统的加砂锯。

图7-8　金刚石排锯

### 7.2.2　按规格形状分类

对金刚石圆锯片,行业上也习惯按规格来分类,即有小锯片、中径锯片、大锯片,同时冠以特定的形状名称。

#### 7.2.2.1　金刚石小锯片

习惯把直径在 $\phi$230 mm(9″)及以下的金刚石圆锯片叫作小锯片。

从形状结构来看,小锯片有连续型和分齿型两种磨料层形貌。连续型中有整边(平面型,the continuous rim blade)、涡轮(the turbo blade,分粗涡轮、细涡轮,进一步地,还有加强型、波纹基体型);分齿型结构中有分齿(平面型,the segmented type blade,进一步地,还有加强型)、半连续分齿(根部磨料层相连)、涡轮型分齿。所谓加强型也叫护齿型,是指有一部分磨料层深入到基体中,这样的锯片在切割强研磨性材料时,由于有这深入基体中的磨料层做保护,基体不易被磨薄和产生变形,同时它还相当于加宽了磨料层,起到加强切割、提高寿命的作用。

小锯片主要是装在手持式或半自动的切割机上使用,广泛用于建筑工程、装修等场合,可以切割石材板材、地板砖、陶瓷、玻璃、混凝土等。整边锯片适合于湿切和雕刻,分齿和涡轮锯片可用于干切。

#### 7.2.2.2 金刚石中径锯片与大锯片

一般地,习惯把直径在 250~800 mm 的金刚石圆锯片称为中径锯片,$\phi$800 mm 以上的叫大锯片。

中径锯片有连续型和分齿型两种磨料层形貌,连续型中有整边、涡轮型面;鱼钩型分齿在分齿片中为水口最窄的,可以采用焊接法或烧结整边片+激光切鱼钩法制造。

中径锯片主要用于花岗石、大理石、砂岩、人造石、墙地砖等板材的切边、切断或开槽,也用于高密度耐火材料、高压电瓷瓶、沥青路面、混凝土路面伸缩缝、飞机跑道防滑槽、墙体材料、水泥楼板、电气绝缘材料等的切割,其中 $\phi$600~900 mm 规格主要用于类似墓碑、墓柱等较厚石板(柱)的成形锯切加工;中径锯片多在小型桥式切割机(液压或手动)上使用,移动式切割(如马路伸缩缝切割)多用手扶式切割机。

大锯片主要用于将已开采好的石料切成板材。$\phi$2 000 mm 以上大锯片多用于不规则荒料的整形和板材切割,目前也有大量用于花岗石或大理石的矿山开采;大锯片多在双向切割机、大型桥式液压切割机、单臂切割机、四柱龙门切割机上使用;也有采用一组相同直径或不同直径大锯片成组切割板材,这样可明显提高效率,板材可以加工得更薄、重量更轻、石材利用率更高,当然成组使用对锯片质量、锯机功率、刚性、精度、冷却情况等要求更高。

金刚石圆锯片因基体结构、磨料层结构、加工对象、加工要求等的不同,可能要采用不同的方法来制造。一般地,$\phi$400 mm 及以下圆锯片既可以采用焊接法制造也可以采用整体法制造,整体法包括烧结(自由烧结、半热压、热压)、电镀、钎焊;超薄锯片(0.5 mm 厚以下)、超薄内/外圆切割片必须用电镀法制造;$\phi$400 mm 以上圆锯片需先做成金刚石节块再焊到基体上。

图 7-9 至图 7-12 为几种金刚石圆锯片。

图 7-9　涡轮金刚石小锯片

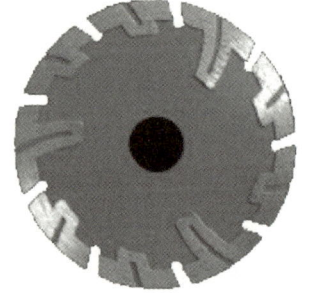

图 7-10　带护齿分齿涡轮小锯片

图 7-11　带斜护齿中径锯片

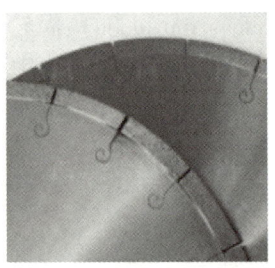

图 7-12　鱼钩型中径锯片

### 7.2.3 按制造方法分类

对金刚石圆锯片,行业上有时也按制造方法来分类,即有冷压片、热压片、电镀片、钎焊片、高频焊接片、激光焊接片等。

按制造方法分类是有重叠性的,如高频焊接鱼钩片与烧结整边片经激光切割的鱼钩片即是同类东西。

#### 7.2.3.1 冷压片

将含金刚石的成形料与基体一起冷压达到一定的致密度,再集中自由烧结形成的金刚石圆锯片即是冷压片。冷压片的规格多在 $\phi 250$ mm 以下。

冷压片适合干湿切花岗石、地板砖,或作为通用片使用;也可以按专用要求做成陶瓷切割片、玻璃切割片等。

冷压片的特点是制造简单、成本低、锋利度好,但寿命短、节块与基体结合强度低些。

#### 7.2.3.2 热压片

将含金刚石的成形料与基体一起冷压成形,再集中加压烧结形成的金刚石圆锯片即是热压片。热压片的规格也多在 $\phi 250$ mm 以下。

热压片的烧结加压目前有两种情况:一种是加压贯穿烧结始终,如钟罩炉的加压烧结;另一种是在烧结保温结束时做短暂加压,如隧道窑的加压烧结。

热压片适合干湿切花岗石、地板砖,或作为通用片使用;也可以按专用要求做成陶瓷切割片、玻璃切割片等。

热压片的特点是节块自身强度及与基体结合强度高、使用更安全、寿命长(多为冷压片的 2~3 倍)、锋利度好,但制造成本稍高。

烧结法制造锯片(冷压片或热压片),可以省却制节块环节和焊接环节,效率高;因烧结时间长节块烧结充分,金刚石把持牢固;节块与基体为镶嵌式直接结合,适合干切。特别适合制造规格小而单一、批量大的锯片。

但是,因钢基体一起长时间受热,其刚性、硬度、耐磨性会下降,还可能产生一定变形(可校正),锯片使用时的保持性不如焊接锯片,故不适合制造大规格锯片。当然,对小规格锯片来说,影响很小。

#### 7.2.3.3 电镀片

利用电沉积原理,让圆锯片基体周边沉积一层致密金属,同时机械包裹住预放的金刚石磨料,形成单磨料层的金刚石圆锯片即是电镀片。

一般地,电镀片的镀层厚度是金刚石粒度的 1/4 左右。

电镀片的形状有整边型、分齿型,还可以带保护层;直径规格 40~550 mm,超薄内/外圆切割片基体最薄可以用到 0.07 mm。

超薄的电镀金刚石内/外圆切割片,是在不锈钢薄片内径、外径刃口上电镀一层细粒金刚石而形成的。主要用于硅、砷化镓、砷化铋等半导体材料以及宝石、水晶、玛瑙等硬脆贵重非金属材料切割加工,也可以用于铁氧体、热固性树脂产品等常规材料的切割加工。一般地,电镀内圆切割片宜切割棒状材料,外圆切割片宜切割板状材料。

为保证电镀片切割效果,制造时需确保基体外圆面上嵌有金刚石,外圆面形状也需进行合理的设计。

制造电镀片时因镀液温度低,对锯片基体、金刚石没有热影响;金刚石的高凸出使得锯片非常锋利、利于排屑;虽然镀层对金刚石的把持很牢固,但单层锯片的使用寿命还是较短;制造时的废镀液若处理不好,极易污染环境。

电镀片适合干湿切大理石、石灰石。

图7-13、图7-14为电镀金刚石圆锯片。

图7-13　整边型电镀圆锯片　　　　　图7-14　分齿型电镀圆锯片

#### 7.2.3.4　钎焊片

利用能与金刚石磨料产生化学反应的钎焊金属材料,熔化冷凝后黏结住圆锯片基体周边预放的金刚石磨料,形成单磨料层的金刚石圆锯片即是钎焊片。

一般地,钎焊片的钎焊层厚度也是金刚石粒度的1/4左右,但由于浸润性好、有化学反应,钎焊料会爬升到金刚石表面,见图7-15。钎焊料的适当爬升对把持金刚石、弥补金刚石缺陷是有好处的,但到了完全包裹住金刚石颗粒,就会影响切割性能。

图7-15　钎焊后的金刚石磨粒形貌

钎焊料对一般的圆锯片基体也有很好的浸润性,结合强度甚至超过基体本身。

钎焊金刚石锯片的形状有整边型、分齿型,还可以带保护层。

由于钢基体要一起受热,这对基体的性能影响很大,故建议钎焊片的制造规格一般不要超过φ230 mm,也不宜做φ125 mm以上的整边片,不适合做薄的钎焊片。但实际应用中已有做到φ400 mm。我们建议:若一定要做较大规格钎焊片,最好是先将节块部分按钎焊法制造,再与基体焊接到一起;对做出的较大规格整体钎焊片,一定要进行辗压校平处理。

钎焊片的制造需经过高温,这对金刚石也有不利的影响:会造成缺陷扩展、石墨化、碎裂(也有钎焊料凝固时的应力作用)、强度下降等,故应选择品质好的金刚石做钎焊片。

钎焊片适合干湿切大理石、石灰石;切割硬的大理石、花岗石等,虽然锋利度很好,但寿命会短很多。

钎焊片也因金刚石的高凸出使得锯片非常锋利、利于排屑;按单层比较,使用寿命最长。

图7-16、图7-17为钎焊金刚石圆锯片。

 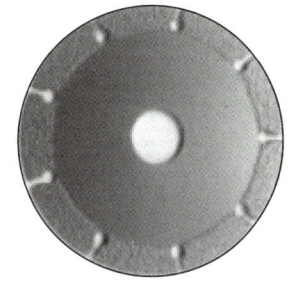

图7-16　整边型钎焊圆锯片　　　　　图7-17　分齿型钎焊圆锯片

#### 7.2.3.5　高频焊接片和激光焊接片

通过高频焊接或激光焊接方法,将金刚石节块黏结到基体周边上形成的金刚石圆锯片即是高频焊接片或激光焊接片。高频焊接片需要利用焊料黏结,激光焊接片依靠基体、节块底层直接熔化结合。

高频焊接、激光焊接原理与方法会在7.4中阐述。

金刚石节块可以是烧结节块、钎焊节块、PDC。

高频焊接、激光焊接都是局部加热,对基体的影响小,不会改变基体性能,这有利于锯片使用的稳定;激光焊接不会造成节块出现红热、不会改变节块性能;激光焊接的部位能耐高温,使得激光焊接锯片具备干切的条件;高频焊接时节块要一同受热,这在一定程度上影响了节块性能,因此要求所选用银焊片的熔化温度尽量低些,焊接时不要过热;高频焊接锯片的节块依靠焊料黏结,抗弯强度、承载能力、耐热性均比不上激光焊接片,故只适合锯况好的机器和石材类材料切割,不适合手持/手推机、干切及工程类材料切割。

### 7.2.4　按用途分类

按用途分类,多根据被加工对象、切割功能或工具组合情况等来命名。

据加工对象,有(简称)石材(花岗石、大理石、砂岩、安山岩、玄武岩、石英岩等)片/绳锯/排锯、钢筋混凝土片/绳锯、通用片、高压电瓷片、陶瓷片、玻璃片、半导体片、新混凝土片、老混凝土片、沥青片、耐火材料片、鹅卵石专用片、墙锯、马路片等。

据切割功能,有(简称)干切片/绳锯、湿切片、干湿两用片、矿山开采片/绳锯、整形片/绳锯、异形绳锯、锯板片、对破片、水平切片、切边片、开槽片、开墙槽专用片、切磨片、曲线切割片等。

据锯切工具组合情况,有单片锯、套锯、组锯、组合绳锯、单条排锯、多条排锯等。

图7-18至图7-25为几种金刚石锯切工具或组合。

图 7-18 墙锯

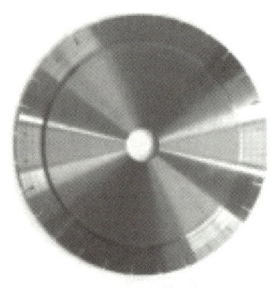

图 7-19 水平切片

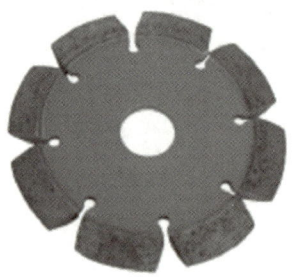

图 7-20 开槽片

图 7-21 曲线切割片

图 7-22 金刚石组锯

图 7-23 金刚石矿山锯

图 7-24 多条排锯

图 7-25 组合绳锯

## 7.3 金刚石锯切工具的原材料

金刚石锯切工具所用主要原材料有基体、金刚石、结合剂粉末。

## 7.3.1 基体

### 7.3.1.1 圆锯片、排锯基体

金刚石圆锯片、排锯所用基体必须具有足够的强度、刚性、韧性和硬度。在基体加工过程中,必须消除变形力、微裂纹,确保基体的张应力平衡、平直度及其他形位要求,使得工作时工具不开裂、振动小、能平稳轻快地切割。

目前,金刚石圆锯片基体材质多选用优质 65Mn 弹簧钢或 50Mn2V 锰钢,薄基体多用 75Cr1。也可以用机械性能不低于 65Mn 的钢材,如某些调质处理的合金结构钢、碳素结构钢;对激光焊接锯片用基体,采用 30CrMo 调质钢较好,其碳含量较低,能与含铁、钴、镍的过渡层很好地焊合。其他如 25CrMo、34CrMo4、30MnB5 等均有采用;排锯的基体材质多选用 75Ni8 等合金钢或锰钢,目前几乎全采用进口。

表 7-2 是金刚石锯切工具常用钢的材料成分。

表 7-2 基体材质成分

| 材料名称 | 材料成分 | | | | | | | | | |
| --- | --- | --- | --- | --- | --- | --- | --- | --- | --- | --- |
| | C | Si | Mn | P | S | Cr | Ni | Mo | V | Cu |
| 65Mn | 0.62%~0.7% | 0.17%~0.37% | 0.9%~1.2% | ≤0.035% | ≤0.035% | ≤0.25% | ≤0.3% | | | ≤0.25% |
| 50Mn2V | 0.47%~0.57% | ≤0.3% | 1.4%~1.8% | ≤0.03% | ≤0.03% | ≤0.3% | ≤0.3% | | 0.08%~0.16% | |
| 25CrMo | 0.22%~0.29% | 0.17%~0.37% | 0.4%~0.7% | ≤0.03% | ≤0.03% | 0.8%~1.1% | ≤0.35% | 0.15%~0.25% | | |
| 30CrMo | 0.26%~0.34% | 0.17%~0.37% | 0.4%~0.7% | ≤0.03% | ≤0.03% | 0.8%~1.1% | ≤0.35% | 0.15%~0.25% | | |
| 75Cr1 | 0.7%~0.8% | 0.25%~0.5% | 0.5%~0.7% | ≤0.03% | ≤0.03% | 0.3%~0.4% | | | | |
| 某牌号排锯 | 0.75% | 0.2% | 0.73% | ≤0.02% | ≤0.02% | | — | | | |
| 某牌号排锯 | 0.75% | 0.3% | 0.4% | ≤0.02% | ≤0.02% | | 2% | | | |

基体加工的一般过程:钢板冲裁(或含一起冲裁出水口、长城齿,多为小片基体)→铣水口→热处理→校平→磨加工→检测。选用钢板的厚度应考虑加工余量,一般要比成品基体厚度增加 5%~10%;对冲裁用模具必须及时检查,若不锋利、尺寸超差则要及时更换;热处理要分两种情况,一是一般的热作加工以便校平和校冷变形,一是通过热处理来调整硬度。

基体检测需包括外观(消音片体还需观察复合层贴合情况)、尺寸偏差、平面度、端面跳动、硬度、应力;有条件的话,还需检测径向跳动、水口损伤、内损伤等。

(1) 圆锯片基体 金刚石圆锯片基体从周边结构来看,大体可分为连续型和带水口型。

连续型基体为整体制造整边锯片、涡轮锯片用。制造方法若为烧结,要求基体与节块间需产生包镶结合,故需在基体边缘冲裁成长城齿(长城齿一般宽 2~4 mm,高 1.5~3 mm)再两侧铣薄;而电镀法、钎焊法用的基体周边不留长城齿,断面为常规的矩形或专

219

设形状。

整体烧结分齿锯片(包括带护齿)用的带水口型基体,边缘也需带减薄长城齿;而焊接、电镀、钎焊圆锯片用的带水口型基体,其周边不留长城齿,断面为常规的矩形或专设形状。

基体水口分窄水口(平形窄水口、钥匙孔形窄水口、烟斗形窄水口等)、宽水口(标准宽水口、非标准宽水口)。窄水口基体用于小锯片或切割石材、弱研磨性材料(如陶瓷、人造石、地板砖)的中径锯片,宽水口基体用于大锯片或切割强研磨性材料(如砂岩、耐火材料、混凝土、沥青路面等)的中径锯片;使用窄水口锯片,可以使刀头相互靠得近,同时也不像做较大规格整边锯片那样易产生变形,锯切时连续性好,不易形成冲击,切口整齐,不易产生崩边,锯片使用寿命长,但水口底部应力更集中;使用宽水口锯片,会有利于大量冷却液流入切口以便冲屑和冷却。

水口走向可以是径向,也可以与径向呈一定倾角,后者更有利于排屑和冷却,但却易形成薄弱点,焊接、开刃时均需注意方向。

窄水口宽度一般为 2~3.5 mm;φ150 mm 及以下锯片基体的窄水口宽度多选2 mm,φ250 mm 以上的多用 3 mm、3.5 mm。钥匙孔孔径多为 φ5~10 mm(φ300 mm 以下取 φ5~6 mm、φ350~600 mm 取 φ8 mm、φ600~700 mm 取 φ10 mm);φ230 mm 及以下锯片基体的窄水口深度取 8~10 mm,φ250~700 mm 的取 15 mm;φ350~800 mm 锯片基体的宽水口宽度一般取 10 mm、12 mm,深度取 15 mm,φ800~1 200 mm 的宽度取 18~20 mm,φ1200 mm 以上的宽度取 22 mm,φ800 mm 及以上锯片基体宽水口深度一般取 18 mm。

应该指出,基体带水口相当于让基体外缘部位延长,增加了一定的应力,这可以补偿焊接和使用时因热或离心力的作用造成的外缘增长,从而有利于制造时不变形(整体烧结、焊接时抵偿热应力或胎体的收缩应力)和使用时的排屑、冷却、减少摇摆和走"S"形切削径;但是,开水口易造成基体使用时开裂和磨损加快,这主要是由于切割时的作用力反复集中作用于水口底部,易产生疲劳裂纹。一般地,加大水口底圆弧半径有利于分散应力,因此,一旦发现有裂纹存在,可在裂纹根部打一圆孔,这样能阻止裂纹进一步蔓延。

图 7-26 至图 7-29 为几种形状圆锯片基体。

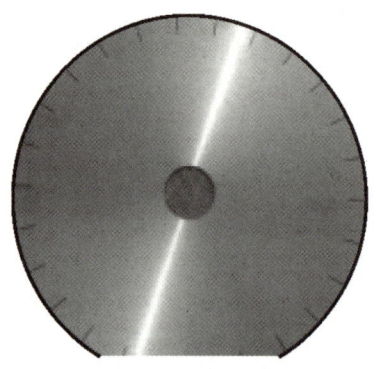

图 7-26 平形窄水口圆锯片基体

图 7-27 钥匙孔形窄水口圆锯片基体

图 7-28　斜水口圆锯片基体

图 7-29　宽水口圆锯片基体

圆锯片基体上允许有工艺孔和散热孔。带工艺孔和散热孔可以起到平衡基体应力的作用,这在 φ180 mm 以上烧结片上表现尤为明显——减少变形或不变形;切割时会起到散热、排屑、稳定作用,还能阻止已有的裂纹扩展。但不允许工艺孔和散热孔离水口太近,因这样易减弱基体强度和刚性。

图 7-30、图 7-31 为带工艺孔和散热孔圆锯片基体。

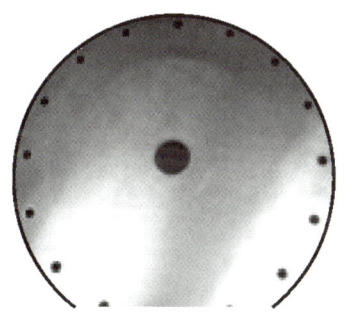

图 7-30　带工艺孔圆锯片基体

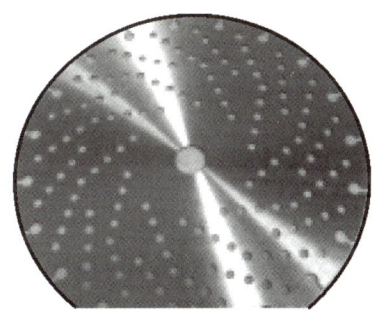

图 7-31　带散热孔圆锯片基体

一般地,要求圆锯片基体表面粗糙度不超过 3.2 μm,表面不得有裂纹、毛刺、锈迹、锤痕;φ230 mm 及以下整体制造锯片的基体硬度(HRB)为 90~100,φ230 mm 及以下激光焊接锯片基体硬度(HRC)为 27~32,φ230 mm 以上激光焊接锯片基体硬度(HRC)为 35~40,其余基体硬度(HRC)要求 37~44。同片基体硬度差需≤HRB2;另外,还要对基体做尺寸精度、形位误差检查,具体要求见表 7-3,其中平直度(包括锯片平面度)依靠技术工用传统的方法校正更能保证产品质量,德国著名锯片基体生产厂商 H.F.莫门霍夫公司至今仍保留此传统。

普通金刚石圆锯片在切割时要产生很大的噪声(90 dB 以上),尤其是极易出现尖锐的高音频噪声,这会危及操作者和周围人的身心健康;使用有消音功能的锯片,可以使噪声降低 5~10 dB,最主要是能大大降低或消除高音频噪声。消音基体多是采用复合的原理:中间加一层吸音系数大的材料(铜箔、橡胶、弹性高分子材料)组成复合基体。此外,对带有匙形水口基体的匙形小圆孔用吸音较好的铜片填紧,用激光顺着基体水口底部和中心孔沿径向有规则地切"S"形、"6"形、"C"形、"耳"形细缝以及再向缝中灌注特殊树脂材料,都能起到一定的消音作用;使用时在防护罩、石材底部、法兰与锯片基体之间加

超硬材料烧结制品

一层橡胶垫也能适当降低噪声。

表 7-3  常用金刚石圆锯片基体规格及精度　　　　　　　　　　　单位：mm

| 锯片外径 | 基体外径 | | 基体厚度 | | 孔径 | 水口数(宽/窄水口) | 平面度 | 圆跳动 | |
|---|---|---|---|---|---|---|---|---|---|
| | 基本尺寸 | 偏差 | 基本尺寸 | 偏差 | | | | 径向 | 端面 |
| 105 | 91 | ±0.2 | 0.8/1.2/1.4/1.6 | ±0.04 | 20/22.23 | -/8,9 | 0.08 | 0.08 | 0.18 |
| 110 | 96 | | | | | - | | | |
| 115 | 101 | | | | | -/9 | | | |
| 125 | 111 | | | | | -/10 | | | |
| 150 | 136 | | 1/1.2/1.4/1.6/1.8 | | 22.23 | -/12 | | 0.10 | |
| 180 | 166 | | | | | -/14 | | | |
| 200 | 186 | | 1.4/1.6/1.8/2 | ±0.05 | | -/16 | 0.10 | | |
| 230 | 216 | | 1.6/1.8/2 | | | -/16,18 | | | |
| 250 | 236/240 | ±0.3 | 1.8/2/2.2 | | | 15/17 | | | |
| 300 | 286/290 | | 2/2.2/2.4 | ±0.07 | | 18/21 | 0.15 | 0.12 | 0.25 |
| 350 | 336/340 | | 2.2/2.4/2.6 | | | 21/24 | | | |
| 400 | 386/390 | | | | | 24/28 | | | |
| 450 | 436/440 | ±0.5 | 2.2/2.4/2.6/3 | | | 26/32 | 0.20 | | 0.40 |
| 500 | 486/490 | | 2.6/3/3.2/3.6 | | 25.4/50/60 | 30/36 | | | |
| 550 | 536/540 | | | | | 32/40 | | | |
| 600 | 586/590 | | 3.2/3.6/4 | ±0.1 | | 36/42 | | 0.15 | |
| 650 | 636/640 | | | | | 40/46 | | | |
| 700 | 686/690 | | 3.2/3.6/4/4.5 | | | 42/50 | 0.30 | | 0.65 |
| 750 | 736/740 | | | | | 44/54 | | | |
| 800 | 784/790 | ±0.7 | 3.6/4/4.5/5 | | | 46/57 | | | |
| 900 | 884 | | | | | 52,64/84 | | | |
| 1000 | 984 | | 3.6/4/4.5/5/5.5 | | | 58,70/88 | | 0.20 | |
| 1200 | 1184 | | | | | 64,80/100 | 0.45 | | 1.00 |
| 1300 | 1284 | | 3.6/4/4.5/5/5.5/6/6.5 | | 80/100 | 88/- | | | |
| 1400 | 1384 | ±1.0 | | ±0.25 | | 92/- | | | |
| 1600 | 1584 | | 3.6/4/4.5/5/5.5/6/6.5/7.2/7.5 | | | 108/- | 0.60 | 0.25 | 1.30 |
| 1800 | 1784 | | | | | 118/- | | | |
| 2000 | 1980 | | 7.5/8/8.5 | | | 128/- | 0.7 | | 1.50 |
| 2200 | 2180 | | | | | 132/- | | | |
| 2500 | 2480 | | | | 100/120/150 | 140/- | | | 1.70 |
| 2700 | 2680 | ±2.0 | 9/9.5/10/11 | ±0.35 | | 140/- | 0.8 | 0.35 | |
| 3000 | 2980 | | | | | 160/- | | | 1.80 |
| 3500 | 3480 | | | | | 180/- | | | |

（2）排锯基体　排锯基体为薄钢条,两端带有燕尾固定板。排锯基体宽度一般为 180 mm,也有 200 mm;厚度一般有 1.5 mm、1.75 mm、2.0 mm、2.5 mm、3.0 mm、3.5 mm 几种,常用厚度 2.0~3.5 mm;长度 1 000~6 000 mm,常用长度 3 000~4 500 mm;要求基体硬度达到 HRC37~42、抗拉强度 1 300~1 500 MPa、宽度误差±0.5 mm、厚度误差±0.05 mm;表面要求平整、无裂纹、无毛刺、无锈迹;要求金刚石节块焊接强度高、基体不变形;使用时要求基体保持一定的挠度,见表 7-4。

表 7-4　排锯钢基体的中央挠度值　　　　　　　　　　　　　单位:mm

| 基体长度 | 中央挠度值 | |
|---|---|---|
| | 低进给或软大理石 | 高进给或硬大理石 |
| 2 000~2 500 | 1.0~2.0 | 2.1~2.2 |
| 2 800~4 000 | 2.0~3.0 | 2.2~3.2 |
| 4 500~6 000 | 3.0~4.0 | 3.2~4.5 |

金刚石排锯使用时要做高速/变速往复运动,下刀量大,承受着高负荷、高震动,要求切割要直,故要求基体材质的强度、刚性、抗疲劳性、耐磨性、热传导性(降低焊接金刚石节块时,基体形成马氏体从而变脆的可能性)都很高,材质性能的一致性也要高。目前全用进口材料或基体成品,如瑞典伯乐乌特赫姆公司的排锯基体。

#### 7.3.1.2　绳锯钢丝绳

绳锯所用钢丝绳材料最好为不锈钢,也可以用优质碳素合金钢。

绳锯用钢丝绳是由多股细钢丝绳绞拧而成:一般是先用 7~19 根(用多少根取决于钢绳强度要求、直径要求)、ϕ0.2~0.5 mm(具体用多大直径取决于钢绳强度要求、直径要求)的钢丝或黄铜(可增加滑动阻力)包钢丝绞拧成股(细钢丝绳),可分为一圈或两圈结构,再将 5~19 股(用多少股取决于钢绳直径要求)这样的细钢丝绳进一步绞拧到一起形成所需直径的绳锯用钢丝绳。要求拧成后的钢丝绳截面尽可能致密(致密度要达到 85%以上)、钢丝(绳)之间不能滑动。

细钢丝绳、钢丝绳中间都有一根起主干作用的钢丝/绳(中间细钢绳也叫钢芯),其余者"抱柱而拧";钢芯直径一般与四周一样,多采用两圈结构,这样截面最致密、抗拉强度最大、重量最轻;对钢绳中间的细钢丝绳可预先注胶以起到增加细绳之间滑动阻力的作用。

图 7-32 至图 7-34 为几种截面形状的钢丝绳。

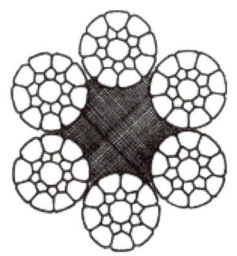
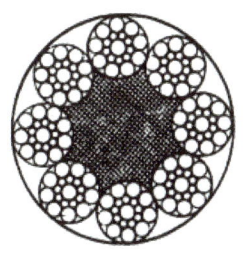

图 7-32　钢丝绳截面形状之一　　图 7-33　钢丝绳截面形状之二　　图 7-34　钢丝绳截面形状之三

为增加钢丝绳与塑料或橡胶的结合力,一般还在钢丝绳表面镀锌,也有报道说镀铜会与橡胶黏结更好。

金刚石绳锯用钢丝绳既要求有高的抗拉强度(1 700 MPa 以上),还要求抗疲劳性好、耐磨性高。目前国内的钢丝绳在后两项指标上与进口绳差异较大,所以绳锯钢丝绳暂还是国外的一统天下。

目前,针对不同规格串珠,所用到的钢丝绳直径有 3.5 mm、3.9 mm、4.2 mm、4.6 mm、4.9 mm 几种。

作为绳锯用的钢丝绳从几米到上百米不等,用于建筑物拆除的最短只有几米长,而用于石材加工的都比较长(多在十几米以上)。

### 7.3.2 金刚石

金刚石对锯切工具质量的影响与很多其他影响因素是相互关联的。因此选择锯切工具用金刚石时需综合考虑这些因素,特别是一些主要的关联因素(如加工材质的性质、切割方式、切割条件、结合剂胎体性质等)。

切割加工时,锯切工具磨料层表面参与切割的金刚石要经受被切对象和切屑的摩擦作用以及切入过程中的冲击作用,因而金刚石在切割刻蚀其他材料的同时,自身也要被摩擦磨损和冲击磨损。金刚石摩擦磨损的表征是被磨出非晶体学平面或弧形面,棱角被磨掉;冲击磨损的特征是金刚石出现破损,形成粗糙面。一般地,被切材质越硬、摩擦性越强、切割速度越快、进给越快,则金刚石受到的冲击越大,主要以冲击磨损或脱落形式消耗金刚石,反之则金刚石主要以机械摩擦磨损形式被消耗。

金刚石锯切工具的切割加工大多是粗加工作业,主要要求在保证切割质量前提下效率高以及有一定的使用寿命。与此相对应地,金刚石的消耗应是充分发挥作用的同时合理地磨损、破碎和脱落。即希望凸出于结合剂胎体表面的完好金刚石能较长时间保持形状和刃面,发挥出最佳的切割作用,随后逐渐地被磨损、微破碎。微破碎使金刚石不断地改变着切削刃方向和位置,仍具有正常的切削能力。随后微破碎裂纹进一步扩大,加上内部缺陷的作用,金刚石逐渐由微破碎发展成大块崩碎,这时因没有突出的切削刃,金刚石的切割能力要逐渐丧失,主要发生崩碎、脱落,同时新的金刚石刃及时出露。因此,在其他条件较匹配的情况下,高效率和长寿命锯切工具的金刚石应经历由完好→微破碎→大块崩碎、脱落的理想消耗过程。

金刚石锯切工具使用过程中发生金刚石过早消耗或是过于耐磨都不利于切割加工。过早消耗是金刚石未能正常发挥作用就已脱落或大块崩碎,过早脱落说明胎体不耐磨或是对金刚石把持力弱、切速或进给太快、被加工材质摩擦性太强,而大块崩碎则说明金刚石品质差、浓度低。过早消耗表现的都是切割效率低、寿命短,因此需调高金刚石品质与浓度、结合剂耐磨性和用高切速、大切深、小进给来减少金刚石的破碎、脱落和结合剂的磨损,相应地提高磨削效率和使用寿命;金刚石过于耐磨,表现为只是被磨平或磨成光整的圆弧面、不易产生微破碎,说明结合剂胎体过于耐磨或对金刚石把持太强、锯片切深大、进给小、被加工材质硬而细密、金刚石品质过于好、浓度过高、金刚石颗粒切入岩石深度小、金刚石颗粒受冲击和切削力小,使得锯片宏观表现为切割效率低、寿命长。因此需通过调低金刚石品质与浓度、结合剂耐磨性和采用低切速、小切深、大进给来促使金刚石产生微破碎和加快胎体磨损,从而提高切割效率。

一般地,高品质金刚石的抗压、抗冲击强度高,切割时能长时间保持完整性、磨损慢、不易产生微破碎。只有在遇到摩擦性特别强的材料(如粗粒石英且含量高、组织疏松)时才发生微破碎;但另一方面,金刚石品质好,晶型越趋向等积型,表面越光滑,故结合剂胎体对其越难把持,这样就容易直接脱落。因此对高品级金刚石,应采取措施使得表面变粗糙,或最好采用表面已镀覆有化学反应层的金刚石;粒度要粗、浓度应低,所用结合剂应具有相适应的耐磨性和对金刚石及其镀覆层有较强的黏结力,被切对象研磨性较强时更适合。

对较低品级金刚石,因抗压、抗冲击性较差,在切割一般材料时就有可能发生明显磨损和破碎,而切割难加工材料(如硬而细密花岗石)时会很快产生大块崩碎和失去切割能力。因此,对较低品级金刚石,粒度宜细、浓度宜高,而结合剂胎体应软、不能太耐磨,烧结温度应低,以减少对金刚石的影响。被加工材质应为易切割材料。这样也能较充分地发挥这些金刚石的作用。

还有一点要特别注意,对使用高温耐磨结合剂、高品级金刚石和切割难加工材料的场合,如果掺加一些低品级金刚石或是高品级金刚石,品质分散性大,都会造成锯切工具的效率、寿命明显下降。

对于排锯,因要往复切割,结合剂胎体没有"尾巴"支撑金刚石,而切割时不断改变方向、速度造成的不断冲击金刚石,这些都会使金刚石更容易从胎体中被"拔"出来。因此,排锯用金刚石表面应粗糙,最好采用表面镀覆,金刚石的抗冲击性要高;另外,采用高切速(往复快)、长冲程、小进给可减少单粒金刚石的切削厚度,从而减小对金刚石的冲击,使得金刚石脱落机会降低。

对金刚石绳锯,串珠在绳速的带动下向前跑动,同时受装绳时绕圈的驱动做较慢的旋转运动(与钢绳一起旋转,这样金刚石串珠的磨损会较均匀,不会出现单面磨损),使得金刚石是以一种旋切入方式切割石材的;另外,绳锯的线速度一般很快,大理石一般要用到30~40 m/s,花岗石用到25~30 m/s,绳锯所用张力一般不大,只有1~3 kN,故此绳锯的金刚石磨料刻入岩石深度不大,主要产生摩擦磨损,但线速度大会带来串珠较大的轴向摩擦力,这会加快结合剂胎体和金刚石的磨耗,对高品级金刚石还易被磨平和钝化。因此绳锯应该使用表面适当粗糙或镀覆的金刚石以增加胎体对其把持力;结合剂胎体应较耐磨;需合理调整绳长、切速、张力、挠度、绕圈数使绳锯的金刚石发挥最大效率的同时保持一定的耐磨性。

总体来说,制造锯切工具的金刚石宜选用MBD6以上品级。其中MBD6~MBD10金刚石适合加工中~软硬度及易切材料(玻璃、石灰石、大理石、青石、软花岗石、瓷砖等);MBD8~SMD25金刚石适合加工中硬或中等研磨性的材料(中硬花岗石、混凝土等),且金刚石应采用表面镀覆;MBD10~SMD40金刚石适合加工坚硬或强研磨性材料的切割(如硬而细密花岗石、砂岩、沥青、老混凝土、钢筋混凝土、耐火砖)。同时特别强调:金刚石的磁性物含量要低,热稳定性和耐冲击性要好,要采用表面镀覆。

若用GE公司的金刚石,则适合锯切工具用的品牌有MBS系列及MBS900系列。MBS系列除MBS-710外(韧性低、尖角、表面不太规则,适合做电镀产品),其他均可做锯切工具,具体分为中等韧性(MBS、MBS-720)、较高韧性(MBS-70、MBS-740、MBS-750)和坚韧(MBS-760、MSD)等几个档次以适合不同锯切工具制造。MBS900系列亦分为具有中等韧性和一定热稳定性的 MBS915~MBS955、具有较高韧性和较好热稳定性的 MBS920~MBS960 和具有极高韧性、热稳定性的 MBS970 几档。De Beers 公司为锯切工具提供了更宽选择范围的金刚石：有 SDA、SDA+、SDB、DSN 系列及锯用天然金刚石。其中，中等以下韧性金刚石有 SDA、SDA+~SDA45+、SDB1025~SDB1045、DSN；中等及较高韧性的有 SDA85、SDA55+~SDA85+、SDB1055~SDB1085、DSN43、DSN45；具有极高韧性的有 SDA100、SDA100+~SDA100S、SDB1100~SDB1125、DSN47。此外，De Beers 公司还提供有廉价的锯用金刚石 SDAD 系列，其为中等以下韧性的金刚石。

锯切工具用金刚石粒度多为 30/35~60/70。个别产品对切割面质量要求高或是以切代磨（如高压电瓷瓶切口、陶瓷切边）会用到 80/100 及以细金刚石；切割坚硬的花岗石宜用稍细金刚石如 40/45~50/60 粒度，且浓度宜高些、胎体宜硬些；切割软的花岗石宜用较粗金刚石如 35/40~45/50 粒度，且浓度宜低些、胎体宜软些。

锯切工具用的金刚石浓度一般为 30%~50%，小锯片多用 15%~30%；电镀片、钎焊片的金刚石浓度会更高些；国外锯切工具金刚石浓度多用 15%~35%，小锯片用到 10%~20%，且金刚石普遍用高品质、粗粒度。这样做是十分合理的，因金刚石品质高、韧性大、热稳定性高，而粒粗和低浓度则使用时出刃高，使得锯切效率很高，同时寿命也很长（与采用很细结合剂粉末和钴基配方也有关）。

选择金刚石品质、粒度、浓度还要结合锯切工具种类、规格、节块结构参数、胎体性能、岩石性质、锯机、锯切参数等综合考虑。表 7-5 是国内专家通过试验给出的中径锯片用金刚石、结合剂胎体性能与花岗石性质、锯切参数的关系，这对我们如何设计、选择锯切工具用金刚石、结合剂以及正确使用锯切工具有着很大的帮助。

表 7-5 金刚石中径锯片参数、锯切参数、岩石性能的适应关系

| | 岩石硬度 | 高 | | | 中 | | 低 | |
|---|---|---|---|---|---|---|---|---|
| | 岩石研磨性 | 低 | 中 | 高 | 中 | 高 | 低 | 特高 |
| 岩石 | 代表性岩石 | 致密石英岩、致密花岗岩、花岗片麻岩 | 细粒花岗岩 | 粗粒花岗岩 | 角闪花岗岩、辉绿花岗岩 | 蚀变或风化花岗岩 | 辉绿岩、辉长岩、玄武岩 | 石英砂岩、严重蚀变或风化花岗岩 |
| 锯切参数 | 锯切速度/(m/s) | 20~25 | 20~30 | 25~30 | 30~35 | 35~40 | 35~45 | 40~50 |
| | 切深 | 最小 | 小 | 小 | 中 | 中 | 大 | 大 |
| | 进给速度 | 最快 | 快 | 快 | 中 | 中 | 慢 | 慢 |
| 锯片参数 | 金刚石品级 | 高 | 高 | 高 | 中 | 中 | 中 | 高 |
| | 金刚石粒度 | 最细 | 细 | 细 | 中 | 中 | 较粗 | 粗 |
| | 胎体耐磨性 | 低 | 中 | 高 | 中 | 高 | 低 | 最高 |

### 7.3.3 结合剂粉末

金刚石锯切工具所用结合剂，几乎包括各配方体系：青铜基、铜基、钴基、钴青铜基、铁基、铁青铜基、钨基、碳化钨基。

同选择金刚石一样，对锯切工具的结合剂选择、设计也要综合考虑锯切工具规格、所

用金刚石情况、切割对象、切割方式、切割条件等。

#### 7.3.3.1 对结合剂粉末的工艺性能要求

不管是整体制作锯片或是先做节块再焊接成锯切工具,大多是先冷压成坯体。因此,希望结合剂粉末特别是主成分粉末的成形性要好,以保证坯体有一定的强度,这就希望粉末应软、形状不规则;如果必须要用成形性差的结合剂粉末如碳化钨基粉末、某些预合金粉末,则需采用加入较大剂量的临时黏结剂和适当加大成形压力的办法来增加坯体强度,也可以直接热压以避开粉末成形性不好的缺陷。

对采用自动成形的结合剂粉末或装料腔体很窄(如金刚石串珠),则要求粉末流动性好,所以最好对结合剂粉末进行制粒或制成雾化近球形预合金粉末,这样粉末的流动性、填实性会明显改善,从而保证自动成形单重的准确性和密度的均匀性;对成形性好的电解铜粉、钴粉、羰基铁粉,因流动性差都不宜直接自动成形。

如果是采用直接热压工艺,可以不强调结合剂粉末的工艺性能,但流动性好、密实性好将更有利于降低模具高度和提高热压坯的密度均匀性。预合金粉末非常适合直接热压的工艺。

#### 7.3.3.2 锯切工具结合剂的烧结性能

单从烧结性能看,铜基和钴基最好,铁基次之,碳化钨基再次之。

铜基结合剂因主要成分是黏结相,烧结温度较低,烧结性好,容易达到致密度、尺寸要求;铜基结合剂成分之间也能较好地产生合金化。早期采用冷压-自由烧结工艺制造小锯片也多是用铜基结合剂或是铜基黏结相占主要成分的钴青铜、铁青铜结合剂,正是利用铜基成分烧结性好的特点,铜基结合剂和铜基黏结相成分容易做到预合金化。

钴基结合剂的烧结性能也很好,即使是纯钴,在微米粒度时也可以在 850 ℃以下烧结;钴基结合剂烧结密实性非常好,尺寸很容易到位;在一定量黏结相成分的参与下,钴基结合剂可以在 800 ℃左右就能很好地烧结;Co-Cu-Sn 系结合剂对烧结温度很敏感、可控性差,可以通过加入适量镍来调控。

铁基结合剂的烧结性能比钴基差一些,在类似配比情况下烧结温度要高,且密实性差,即使用较高的压力来热压也不易达到致密度、尺寸要求,而且受粒度影响很大,因而胎体性能不够稳定;自由烧结和趁热压工艺更难使铁基结合剂达到较高的致密度;Fe-Cu-Sn 系结合剂的烧结控制性也差,加适量镍等可稳定烧结。

钨基、碳化钨基结合剂所需烧结温度高,一般在 900 ℃以上,这对金刚石(包括镀覆金刚石)是不利的;虽然钨基、碳化钨基松装密度较大,装填性好,但烧结密实性并不好;钨基、碳化钨基结合剂不适合自由烧结、半热压工艺。

#### 7.3.3.3 对锯切工具结合剂胎体性能要求

金刚石锯切工具加工的对象较多,材质的性能差异也很大,加上加工方式、加工参数的影响,很难对结合剂胎体的性能提出量化要求;但是,对确定的加工材质、加工条件和选定的金刚石,还是存在与之匹配的结合剂胎体具体的性能,使得切割时金刚石能充分发挥作用、切割过程中总是保持突出的尖刃(以完好金刚石和微破碎金刚石为主,已磨平和被抛光金刚石占很少,且已磨钝和碎裂的金刚石能及时脱落)、胎体的磨损性能与金刚石保持一致或略超前。

金刚石锯切工具磨料层表面出露的金刚石组成多个切削刃,其以挤压破裂、大体积剪崩、刮擦、研磨、犁削等方式切割材料。如果切割过程中,金刚石出刃高度能较好地保持在其粒径的1/3,对圆锯片金刚石颗粒后面能形成明显的结合剂尾巴,在金刚石颗粒周围无结合剂尾巴的地方形成稍深一点的磨痕或明显的金刚石脱落凹坑(正常脱落形成的凹坑较浅,其与对应的结合剂尾巴一起很快被磨平),这说明锯切工具结合剂胎体的性能是适应的(即其密度、硬度、脆性、耐磨性和对金刚石的把持性都比较合适)。

有时,在加工弱研磨性或无研磨性材料时,用很软的青铜结合剂还感觉到锯切时胎体的磨损速度慢、切割效率低甚至"打滑"。这说明结合剂胎体不匹配且还很"硬",需通过加石墨、HBN、玻璃粉、增加锡含量、降低密度、调整制造工艺参数来使胎体性能(主要为耐磨性、黏滞性)下降以达到与加工要求相适应。这正是国内一些专家提出的结合剂胎体"弱化"精髓所在:为了满足胎体与金刚石的同步磨损或略超前磨损、把持住金刚石、发挥出最大效率和尽可能长的使用寿命。因此可以说,结合剂胎体对金刚石要有高的黏结强度,使用时能保持与金刚石同步磨损或略超前磨损。金刚石出刃高、加工效率高、加工质量好、使用寿命长是所有金刚石锯切工具甚至一般金刚石工具选择结合剂的一致性标准。

一般地,切割硬度低或弱研磨性、无研磨性材料,如玻璃、釉面瓷砖、软大理石、石灰石等,要求结合剂胎体应软、不耐磨和有一定的脆性,宜用青铜基、铜基、钴青铜基或铁青铜基结合剂;相应用的金刚石要求棱角锋利、表面粗糙,以MBD4、MBD6品级较好;锯切速度、切深、进给都可以大些,但要注意被切材料的脆性是否能承受,以防崩边、崩角。

切割一般研磨性或中等硬度、中等研磨性材料,如普通大理石、青石、软-中硬花岗石和切割硬而细密的花岗石等,要求结合剂胎体的耐磨性应低、对金刚石的把持力要强;金刚石表面也应粗糙、宜表面镀覆,以MBD6~MBD10品级为好(不能用得太好,否则更易被磨平和抛光)。切割参数的选择还要看被切割材料的硬度:硬度高易形成冲击性切割,故切速、切深都不宜大,但宜快进给;而硬度不太高时,切速、切深宜大些。

切割强研磨性材料,如粗石英花岗石、砂岩、混凝土、耐火砖等,要求锯片用结合剂的胎体要耐磨、对金刚石的把持性要高,宜用铁基、钨基、碳化钨基配方;金刚石要用高品质、耐热性好、镀覆的MBD10及以上品牌;切割高硬度的强研磨性材料时易形成冲击,故切速、切深不宜过大,可以快进给;而切割低硬度的强研磨性材料时正相反,应采用高切速、大切深和慢进给,这样可有效保持切割效率,同时能减少结合剂胎体的磨损及金刚石的磨损和脱落。

对于干切用途的金刚石圆锯片,需要考虑结合剂胎体受热时的传热性要好、不易软化以及对金刚石的牢固把持性,因此用钴基结合剂较合适,钨基也是较合适的一类配方;但钴基结合剂胎体在整体制作锯片时,对基体的结合性差,需要加入少量铁来强化,这在使用未镀铜基体时尤为重要;金刚石的耐热性要好、宜表面镀覆;还要特别注意金刚石节块结构、基体结构的设计,以加强排屑和风冷却效果。

虽然因加工情况不同,对结合剂配方、胎体性能的要求不能统一,但总体来说,作为粗加工作业的金刚石锯切工具,要求结合剂胎体对金刚石的把持性要强、要采用镀覆金刚石、要考虑胎体对镀覆层的把持结合性要强(要从成分的相容性、提高致密度、提高热压条件等方面来加强)、对要求切割时保持胎体的"红硬"性可由钴、镍、其他骨架相成分来调节。

还有,金刚石锯切工具切割时因材质不均匀性,遇到粗大的切屑、节块磨损的不均匀性及机器精度、装配精度、锯切工具的不平衡性,经常发生冲击和一定的振动,所以一般都要求结合剂胎体具有一定强度和韧性,否则易产生节块的崩块和断裂。这可从保持配方体系中有一定量的黏结相和钴、镍含量,以及严格保证胎体致密度和烧结工艺等方面来实现。结合剂胎体的硬度和耐磨性要视加工要求等而定:要求胎体软和不耐磨,需选用青铜、铜基、钴青铜基、铁青铜基配方,有时视要求还加适量耐磨成分如碳化钨等;钴基配方的胎体性能适中且稳定,还具有可贵的"红硬"性,对纯金刚石和金刚石镀覆层的机械把持和结合性都很好,适用范围比较广;若要求胎体硬和耐磨,需采用铁基、钨基或碳化钨基,也可以在钴基、铁基基础上加入一定量耐磨相,后者比钨基、碳化钨基胎体的"红硬"性更好,但烧结条件更高。

## 7.4 金刚石焊接锯片的制造

中、大径金刚石圆锯片,基本是采用先做金刚石节块,再焊接到锯片基体上。

### 7.4.1 节块尺寸与节块结构的设计

#### 7.4.1.1 节块尺寸设计

理论上,设计金刚石节块长度需结合节块数量、节块厚度、节块高度、锯片直径、水口宽度、锯片使用参数等一起考虑。一般地,节块短、数量多、水口窄,则切割时的连贯性好、切割效果好、切割效率高和切割寿命长。如将 $\phi1\,000$ mm 圆锯片的节块数由 70 只改成 96 只,节块长度由 24 mm 改为 20 mm,发现锯片的效率、寿命都有明显提高。一般地,中径锯片金刚石节块长度多为 40 mm,大径锯片节块长度多为 24 mm。

金刚石节块厚度的确定需考虑基体厚度、节块高度和厚度方向上磨损速度情况。理想的状况是节块高度方向接近磨完时,厚度方向尺寸也恰磨至与基体平齐。切割研磨性强的材料时,锯片节块厚度应大些,同时基体也应选用厚一点的,最好还沿径向(或适当倾斜)焊一些起加强筋作用的金刚石节块;对切割弱研磨性或特别脆的材料,节块厚度应小些,同时可将节块加长以改善节块连贯性、提高锯片锋利性;节块过厚,则增加切割阻力、增大切割功率、切缝宽,造成石材浪费;节块过薄,则磨料层还未磨完,厚度方向就与钢基体磨平齐,易产生夹锯和造成锯片不能使用。一般地,陶瓷中小片、玻璃中小片节块厚度比基体厚 0.3~0.6 mm,大理石中小片、花岗石中小片节块厚度比基体厚 0.6~1.0 mm,大理石大片、花岗石大片节块厚度比基体厚 1.0~2.0 mm。

设计金刚石节块的高度要兼顾厚度、基体品质和耐用性、用户对寿命的要求以及成本要求。一般地,中径锯片金刚石节块高度多用 10 mm、15 mm,大径锯片节块高度多用 15 mm、20 mm。

还有一点需注意,金刚石节块三维尺寸不能有相同的,否则焊接时难以区分,导致使用错误。

表 7-6 是国内中、大径焊接锯片金刚石节块一般规格。

表 7-6　国内常用中、大径锯节块规格

| 直径/mm | 基体厚度/mm | 节块长度/mm | 节块厚度/mm | 节块高度/mm | 节块数量/只 花岗石 | 大理石 |
|---|---|---|---|---|---|---|
| 250 | 2.0/2.2 | 40 | 2.8/3.0/3.2 | 8/10/12/15/20 | 17 | |
| 300 | 2.0/2.2 | 40/20 | 3.0/3.2 | 8/10/12/15/20 | 21 | 22 |
| 350 | 2.0/2.2 | 40/20 | 3.0/3.2 | 8/10/12/15/20 | 24 | 25、短齿46 |
| 400 | 2.2/2.6 | 40/20 | 3.2/3.4/3.6/4.0 | 8/10/12/15/20 | 28 | 29、短齿52 |
| 450 | 2.6/3.0 | 40/20 | 3.6/4.0/4.2 | 10/12/15/20 | 32 | 32 |
| 500 | 3.0/3.2 | 40/20 | 4.0/4.2/4.4 | 10/12/15/20 | 36 | 36、短齿66 |
| 600 | 3.2/3.6 | 40/20 | 4.2/4.4/4.6/4.8 | 10/12/15/20 | 42 | 42 |
| 700 | 3.6/4.0 | 40/20 | 4.6/4.8/5.0/5.2 | 10/15/20 | 46,54 | 54 |
| 800 | 4.5 | 40/24 | 5.5/5.8 | 10/15/20 | 48,57 | 57 |
| 1 000 | 5.0 | 24/23/22 | 6.2/6.5 | 13/15/20 | 70 | 70 |
| 1 200 | 5.5 | 24/23/22 | 6.7/7.0 | 13/15/20 | 80 | 80 |
| 1 600 | 6.5/7.2 | 24/23/22 | 7.7/8.0/8.5/8.8 | 13/15/20 | 108 | 108 |

#### 7.4.1.2　节块结构设计

锯片节块在切割过程中要发生磨损,分为金刚石的磨损和结合剂的磨损。金刚石的磨损、消耗情况主要有:出刃参与切割和被磨耗、被磨抛光,因受冲击或自身缺陷的扩展产生微碎裂、大块崩碎、脱落、部分完好金刚石受冲击脱落等;结合剂胎体主要受到岩石挤压、岩石和岩屑的摩擦而被磨损。金刚石和结合剂胎体的磨损构成了锯片的切割磨损。正确设计节块结构(外形结构、内部结构)、尺寸,选用合适的金刚石和结合剂配方、基体、胎体致密度、制造工艺以及合理地选用切割设备、切割方式、切割参数等,确保切割具体材料时金刚石与结合剂胎体具有相适应的磨损、金刚石能够一直保持高的出露、胎体能牢固地把持金刚石、不掉齿、锯片具有足够的强度和刚性,这样锯片的效率和寿命就能够得到充分的体现。

对于普通型(截面为长方形,胎体、金刚石均一)金刚石节块,开始切割时工作层表面的两棱犹如两把刃口,能方便地切入石材中,但其承受的切割压力、摩擦力也是最大的,故节块在使用不多时间后就要逐渐被磨损、磨圆,节块工作层面成了半圆弧状型面,半圆弧状的型面增大了节块与石材的正面接触面积,使得切割阻力增大。若是锯机输出功率一定,则每颗金刚石的切削力要减小,金刚石刻入岩石的深度就要减少,从而导致切割效率下降;同时因切削力小,金刚石主要受到岩石的研磨作用而容易被抛光、磨钝。若想保持效率不变话,则只能增加锯切速率和切割压力,这样又使金刚石节块受到很大的横向挤压,容易使锯片产生振动、发热、变形和跑偏,从而使加工出来的板材厚薄不均或不平整,基体因变形、磨损、裂纹而难以重复使用或当时就不能用,而金刚石节块受到大的挤压有可能导致局部断裂或崩块。对于厚度大的大锯片金刚石节块来说,情况还会更严重。

切割过程中理想的节块工作型面是凹型,即中间低陷、两侧凸起,最好是能形成多个这样的凹凸面,这时的工作型面上相当于有两个或多个导向刃,改善了工作层面的受挤压情况,降低了横向压力,从而达到提高切割效率和切割质量的目的。但这种工作型面增加了更多的侧磨损面,故易造成金刚石的破裂、脱落损耗,因此必须选用高品质、粒度稍细、表面镀覆的金刚石,同时要求结合剂胎体应致密、对金刚石及其镀层的结合能力要高,若再将节块侧面做成(阶)梯形则效果会更好,因这样会减少节块两侧面与岩石的接触,从而降低了磨损。

图 7-35 是一些大径锯片用金刚石节块结构示意图。此外,还有多阶梯形(多为 3、4 阶阶梯)和在此基础上演变出的各种阶梯样式如倒 V 形阶梯、平形阶梯、弧形阶梯等;以及不同形状工作面如平形、M 形、K 形、弓形等。

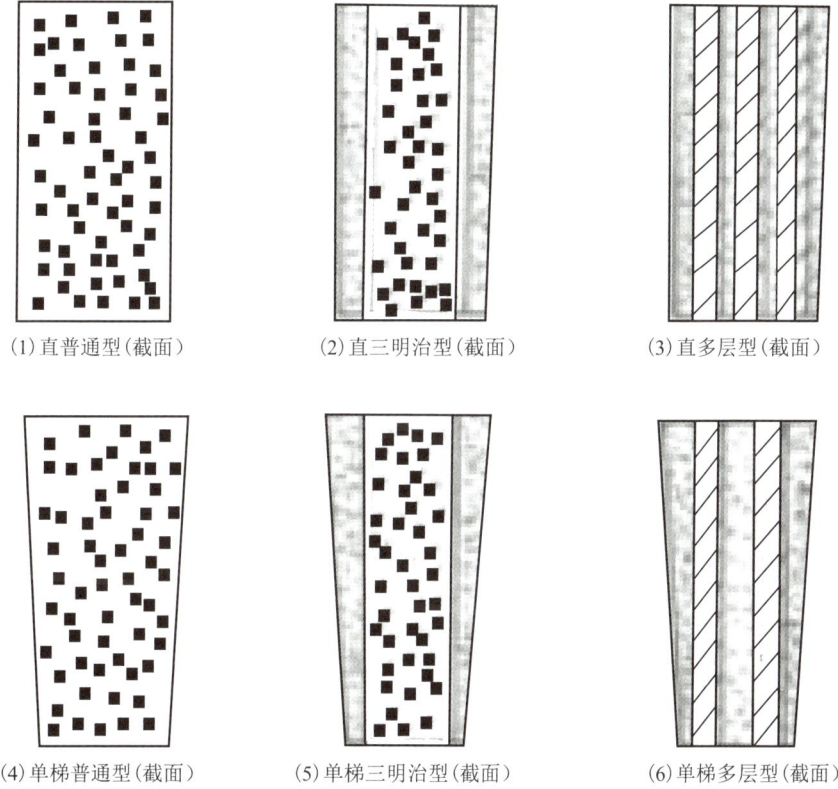

(1)直普通型(截面)    (2)直三明治型(截面)    (3)直多层型(截面)

(4)单梯普通型(截面)    (5)单梯三明治型(截面)    (6)单梯多层型(截面)

图 7-35 几种大径锯片用金刚石节块结构示意图

(1)普通型结构 图 7-35 中(1)(4)所示为普通型结构的金刚石节块,指的是金刚石均匀一致。这类金刚石节块在使用一段时间后会变成中间圆弧状凸起,不利于提高锯切效率。目前,一些切割强研磨性材料如砂岩、混凝土、沥青、耐火材料的锯片节块会使用这类普通型结构,大理石锯片节块也用普通型结构。

普通型结构金刚石节块制造起来方便、生产效率高。

(2)三明治型结构 图 7-35 中(2)(5)所示为三明治型结构的金刚石节块,其中间层也含金刚石,但中间层的耐磨性没有两边层高。

三明治结构的内层因耐磨性低,切割后会凹陷,使两边金刚石层形成导向刃,切割更锋利;在此基础上再带(阶)梯形侧面,会减少节块两侧与石材的接触,对提高效率和使用寿命均有利。

欧洲同行多习惯用三明治型结构。

(3)多层结构　图7-35中(3)(6)所示为多层结构的金刚石节块,一般都是三层以上,都按边金刚石层—夹层(材料为铁片或空白粉末)—内金刚石层—……—边金刚石层交替排列,内金刚石层的胎体、金刚石可以与边金刚石层完全相同,也可以设计成耐磨性低一些(这样使用后,内金刚石层稍低些,不易产生边金刚石层的偏磨)。

节块中的夹层因不含金刚石,使用时磨损快,会形成较深的沟槽,这样就凸显了各金刚石层的导向刃作用,能显著改善横向挤压情况、降低切割阻力和提高切割效率;在此基础上带(阶)梯形侧面,会减少节块两侧与石材的接触,对提高效率和使用寿命有利。

一般地,据节块厚度及锋利度要求情况,锯片用金刚石节块的多层常按3、5、7、9层来设计;边层要设计得比内金刚石层厚,这样会突出边金刚石层的主导向刃作用,同时减少偏磨;夹层厚则形成的沟槽宽、深,对提高锋利度有利,但同时会明显降低锯片寿命。

目前国内大锯片用金刚石节块,都采用多层结构;国外市场也有相当程度的使用。
若要求内金刚石层软、耐磨性低,可按以下方法调整:
①与边层结合剂配方、金刚石品质、金刚石粒度一样,但浓度明显低;
②与边层结合剂配方一样,但金刚石明显品质差、粒度粗、浓度低;
③与边层金刚石一样,但结合剂胎体明显软;
④比边层结合剂胎体明显软,金刚石明显品质差、粒度粗、浓度低。

多层结构的金刚石节块制造起来较麻烦,若再带过渡层则更复杂了。

中径锯片用金刚石节块结构,国外多用三明治型,国内多用多层,普通型(均匀的全金刚石层)已很少使用;形状多用一般弧形(包括短齿),此外还有用扇形、涡轮形(含直、斜涡轮槽)、斜齿形、W形、带V形口等;侧面多用平面状,也有采用弧形3阶梯,或在阶梯状基础上增加筋条(焊接定位用);工作面一般用普通弧状,也有用波浪状。

值得注意的是,目前有序排列在金刚石锯片尤其花岗石中片、钢筋混凝土锯片、高速手持锯片制造上已有较大应用。金刚石有序排列,是指按预设的间距在节块中实现金刚石的"点阵"式分布,这需与金刚石粒度、数量、层数、空间点阵分布方式,以及冷压时的位移、胎体合金特性、使用工况(切机功率、切机状况、被切材料性质、切割参数等)结合起来考虑。可以用特制的模板、排布机(如韩国新韩公司的ARIX金刚石自动排布机)来排布金刚石,胎体材料需按预先设置的层数、厚度冷压成片。

金刚石经过有序排列,可以使锯片在切割的每一瞬间有相同数量金刚石起等效切割作用,达到切割力均匀、胎体磨损均匀、降低摩擦阻力、降低切割能耗、提高排屑能力、显著提高锋利度的作用。

有序排列的金刚石节块,也可以视为夹层结构。

(4)某些专门设计的外形结构　扇形结构用于中小径锯片尤其是大理石片、陶瓷片,可以减少节块间距和调整为等间距,这样有利于减少切割冲击、提高切割连贯性;斜齿形节块、W形节块也是用于中径锯片尤其是花岗石中径锯片,这类形状也能提高切割的流畅性或是提高锋利度,但有明显的薄弱点(尖角、窄、焊接面小)。

(5)减少与被切材料接触的侧面结构　如果减少金刚石节块侧面与被切材料的接

触,可降低摩擦阻力,提高容屑排屑能力,提高切割效率。

中径锯片用金刚石节块,多以侧面带(阶)梯形、带槽等来减少与石材的接触。在(阶)梯的基础上带筋,可以起到焊接定位、切割平稳的作用,带槽能明显起到容屑排屑、带动水或风冷却作用,但易带来崩边;带槽的节块不适合石材切割,一般用于通用类、工程类锯片,尤其适合干切。

大锯片用金刚石节块,多以侧面带(阶)梯形来减少与石材的接触。阶梯形比梯形在焊接时更好定位;不同的阶梯形状,可能会有容屑排屑的差异。

(6)减少与被切材料接触的正面结构 减少金刚石节块正面与被切材料的接触,可提高自开刃效率、容屑排屑能力、切割效率,但降低切割的连贯性和平稳性。

中径锯片用金刚石节块,多以正面带一个或多个 V 形口、带波浪形等来减少与石材的接触。这类结构多用于切割钢筋混凝土等锯片,带一个 V 形口的可以用于花岗石中片。

### 7.4.2 节块制造

金刚石锯片节块制造过程包括:配混料、冷压、装模、热压、后处理与检查。

#### 7.4.2.1 配混料

大理石、石灰石中径锯片宜用 MBD4～MBD6 金刚石,大理石、石灰石大径锯片宜用 MBD4～MBD10 金刚石,即希望金刚石品级不要太好,保持一定的棱角和粗糙面对切割大理石、石灰石有好处;而花岗石、砂岩锯片宜用 MBD8 以上品级金刚石。对那些结合剂烧结温度高、用于加工硬而细密花岗石、强研磨性材料的锯片,还要求金刚石的冲击韧性和热稳定性均要好;金刚石表面采用镀 Ti、Cr、W、Mo 等有利于结合剂胎体对其黏结。

中、大径焊接圆锯片用金刚石粒度多在 30/35～60/70。切割砂岩、板岩、水泥路面、沥青路面、钢筋混凝土、耐火材料等较强研磨性材料时,金刚石粒度宜更粗;切割硬而致密花岗石等材料时,金刚石粒度宜用得细些;切割大理石、石灰石等材料时,金刚石粒度则需用得更细。

目前,中、大径圆锯片用金刚石浓度(严格意义上说是公称浓度,即除去底层外的金刚石节块宏观体积内金刚石的平均浓度,这就可能包含了隔层、铁片的体积)多在 15%～50%。切割强研磨性材料时,金刚石浓度宜用得高些;切割高硬细密花岗石等硬而致密材料时,金刚石浓度宜高;而切割大理石、石灰石、其他脆性或极弱研磨性材料时,金刚石的浓度宜低。

实际选择锯片用金刚石及设计浓度时,必须结合被加工材料的性质、机器状况、加工要求、结合剂胎体性质、金刚石节块结构等综合考虑,使得加工效率、加工效果、使用寿命均达较佳,同时制造成本较低。

一般地,用于切割大理石、陶瓷、玻璃等脆、弱研磨性材料或切口质量要求特别高的中径锯片宜用青铜基、铜基、钴青铜基配方;切割花岗石用中径锯片宜用铜基、钴青铜基、铁青铜基结合剂;切割花岗石用大径锯片宜用钴基、钴青铜基、铁基、铁青铜基结合剂;切割较强研磨性砂岩、新拌混凝土、沥青路面、耐火材料用金刚石锯片,要求胎体耐磨,宜用细粒 WC、$W_2C$ 等含量较高的 WC 基、Co-WC 基结合剂;切割已固化混凝土、含钢筋混凝土中径锯片应用 WC 含量较低的钴基或钴青铜基结合剂。

切割大理石、青石、石灰石用大径锯片宜用铜基结合剂,以用铜合金粉和加 Zn 成分为好;切花岗石用大径锯片宜用钴青铜基、铁青铜基、钴基、铁基结合剂,同时可加适量WC、YG8 等来调节出刃效果,加 Ti、Cr 等或采用镀覆金刚石以加强胎体对金刚石的把持性。

下面列举一些中、大径圆锯片配方实例:

(1) Co10 Ni10 (Cu85Sn15)合金 80,热压 740~760 ℃,适合做切割软至中硬、弱到中等研磨性花岗石或大理石、铸铁管用中径锯片。

(2) WC25 W2 C5 Co10 Ni10 Fe 基合金 10 Cu32 Sn4 Zn2 Cr2,热压 860~880 ℃,适合做切割固化混凝土用中径锯片。

(3) WC5 Co5 Ni5 Fe30 (6-6-3)青铜合金 16 Sn3 Ti1 Cu35,热压 800~820 ℃,适合做切割中硬、中等研磨性花岗石用大径锯片。

(4) WC(5~10) Co (5~10) Ni(5~10) Fe(15~25) Cu(20~30) 铜基预合金(15~20),热压 800~820 ℃,适合做切割中硬以上、较强研磨性花岗石用大径锯片。

(5) Fe20 Co10 Ni10 (Cu80Sn20)合金 60,热压 820~840 ℃,适合做激光焊接、切花岗石用中径锯片。

配混料时,需做到环境整洁、计算正确、称料准确、器具按粒度专用、混料工艺参数要合理;对钴基、羰基铁基、碳化钨基等结合剂粉料,因主成分粒度很细,必须保证足够的混料时间;不能将长期搁置的剩余料或不同配方的剩余料倒入新混料中。

混好的料要密封好,在干燥、室温下储存,并尽快用完。

自动成形用料需按规定要求进行制粒。

具体的配料、混料、制粒要求可以参考其他章节,这里不再赘述。

### 7.4.2.2 冷压

冷压成形即预压工艺,它是用冷压机压制出节块主坯,供热压烧结之用。

先按节块计算的金刚石层料和过渡层料,按次称量。

程序操作:模具检查→在和成形料接触的面上涂脱模剂→模具装配→投过渡层料→刮平→用压头轻压一下→投金刚石层料→装上压头→送入压机压制→锯压→卸压→卸模。

将卸出的节块毛坯整齐排列在料盘内待用。

为减少压制压力损失并便于脱模,在模壁上要涂石墨、二硫化钼或硬脂酸锌等脱模剂。

一般地,为保证节块坯体强度,冷压的压力要达到 200~300 MPa。可以通过检测压坯尺寸和致密度来选择合适的单重和压力。

冷压时要注意检查压机的平行度和模具装配平整情况;若出现压坯起层、开裂等要及时调整和检查;冷压花边锯片时要特别注意压机平行情况和模具的平整、润滑情况。

冷压对模具的磨损较大,需随时检查坯体尺寸和模腔尺寸,出现坯体尺寸超差或漏料、飞边严重时要及时更换模具。一般地,要求冷压后的坯体失重率小于1.5%;冷压坯的尺寸设计要比热压模具尺寸小,以便装模热压,一般要求非压制方向尺寸要小 0.1~0.3 mm;有些节块冷压方向的尺寸会变成热压时的非热压方向的尺寸,这时必须通过调整合适的压力使其比热压模具相应的尺寸小 0.1~0.3 mm。

### 7.4.2.3 装模

对直接热压工艺,要先装好空模再装料。具体做法是:将石墨模具下压头、长挡板、短挡板、隔板依次组装好;已使用过的模具部件需将原来朝外的面(有氧化痕迹)仍旧朝外,用控高块将依次放置在石墨模具四周的石棉隔板、垫铁、模框垫高,再用扳手适当拧紧螺丝,检查确认石墨模具各部件下端面在同一平面上;拧螺丝过程中不许带动垫铁、石棉隔板或模框高出石墨模具端面;拧紧后换另一垫高块垫好模框、垫铁、石棉隔板和模具四周挡板,再用捣料木棒轻敲下压头至桌平面(注意:不能带动中间隔板一起下移;吹净模腔内粉尘后装料,不许串料、漏装、错装,用刮料片疏松料并刮平,对多层料需待刮平后装下层料);最后将上压头按方向小心插进模腔(若难插,可适当松一下螺丝再插,最好垫上平板轻轻敲紧、敲平,同时用扳手拧紧螺丝,仍注意检查挡板、隔板是否处于同一平面以及模框、垫铁、石棉隔板是否低于其端面)。确认无误后即可送热压。

#### 7.4.2.4 热压

事先清理净压机压砧,热压机四柱要擦净并给导油孔灌上润滑油,备好有关工具、器具;检查石墨垫枕是否平整;通过激光瞄准检查测温点是否准确。

根据具体产品和配方,按工艺规定设置好热压工艺参数和曲线。对老式热压机需人工设定保温时间,调定温度值和调压力至规定表压值。

将水泵电源送上,观察冷却水系统是否工作正常;打开通风装置,启动热压机电源及相关按钮,观察上升、回程是否运行正常。待一切正常即可准备热压。

将下石墨垫枕放在压机下压砧中央部位;将装好的石墨模具放到下石墨垫枕中央,再放好上垫枕。确认放置位置正确、石墨压头没有悬空,即能启动压机上升并自动按曲线热压;热压过程中要随时检查测温点是否准确。对石墨模具表面氧化严重的(因对测温影响很大),需停下来换合格模具。红外测温并执行热压曲线的,不能随意清理被测点,以防打乱工作程序;热压结束后自动回程,先用钳子小心取开上垫枕,端出模具于耐火砖上空冷。需待模具完全冷却后才能卸模。不能将模具在耐火砖或地面上平拖以免磨损模具。

重复上述装模过程将卸下的模具装好做下一轮用,要注意挑拣出有问题的模具部件,并在同一批投入生产中的模具中进行调配,不准再放入新模具混装;一批模具用到规定次数后全部淘汰,再换一批新模具使用。

### 7.4.3 磨弧

对于中小型圆锯片,节块与基体连接面成弧面接触形状。经过节块成形和烧结后节块很难获得精确的弧度,所以在焊接前需要进行磨弧加工以保证焊接曲面的吻合度;另外,热压节块表面存在的氧化层也需要去掉,提高焊接强度。对于大规格的锯片,节块为长方条型,无弧度要求,仅在焊接前消除节块表面的金属氧化物杂质将节块真实面暴露出来即可。

磨弧可以用砂轮或砂带来完成。对高频钎焊工艺,焊片的熔化可以较好地填充精度配合不太高的连接弧面,通常使用普通砂轮磨弧就可实现(图7-36)。对于精度高的激光锯片节块常用砂带来磨弧加工。第一种是等直径砂带磨弧机(图7-37),一个直径完全与锯片直径一致的被动轮,砂带套在主动轮和被动轮上,由电机直接驱动主动轮旋转并带动砂带转动,节块用手或夹具直接靠在被动轮的砂带磨出所需要的圆弧。设备优点是结构简单,磨弧尺寸精确,容易操作;缺点是一种节块磨弧就需要配一个被动轮与锯片直径相同的被动轮,因此需要配备大量的被动轮,设备显得笨重,不紧凑,更不适于大直径锯片刀头的磨弧。第二种是摆轮型磨弧机,一个摆轮支架在一个轴上往复摆动,支架下端安装一个由小电机驱动的小磨轮高速旋转,沿摆动圆弧轨迹对刀头进行磨削,支架的摆动半径可按加工圆的半径要求进行调整。这种机型国内外都有生产,设备结构比较复杂,圆弧半径的精度难以达到要求。第三种是仿形砂带磨弧机,一个按刀头所需内圆弧半径制作的仿形块,安装在由气缸或油缸推动的支架上。一个闭合的砂带通过主动轮导向轮套在仿形块上。电机驱动主动轮带动砂带旋转,砂带在仿形块上滑动。刀头装在一个特殊的圆筒内,依靠振动将一个个刀头顺序地进入刀头夹持装置,每进入一个,仿形块就推动砂带靠紧刀头圆弧面,弧面磨光后,仿形块退回,刀头自动掉下,又一个刀头送进夹持装置循环工作,即完成刀头的磨弧加工。韩国DIEX公司的RGA20型自动节块磨弧机就是这种结构的典型产品。这种设备中仿形块推动砂带在垂直方向对节块加工圆弧,加工精度高,更方便加工不同规格的节块,只要更换仿形块即可。图7-38为国产的一种类似原理的自动节块磨弧机示意图。

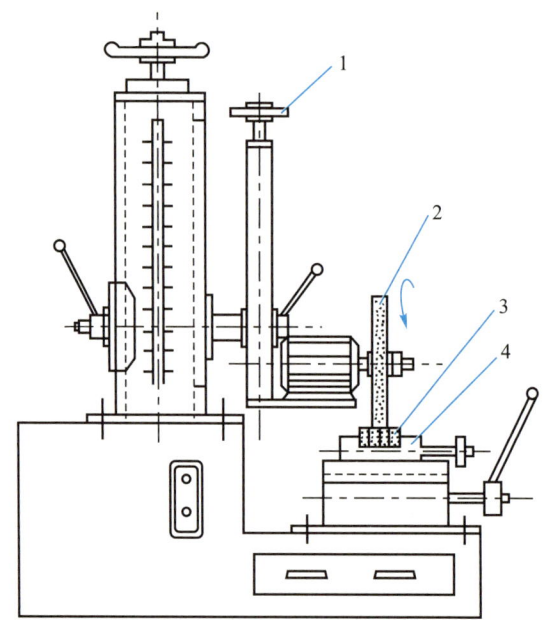

1—调整臂长手轮(调节所磨弧度);2—砂轮;3—工件;4—夹紧台钳。

图7-36 国产磨弧机示意图

图7-37 等直径砂带磨弧机实物图

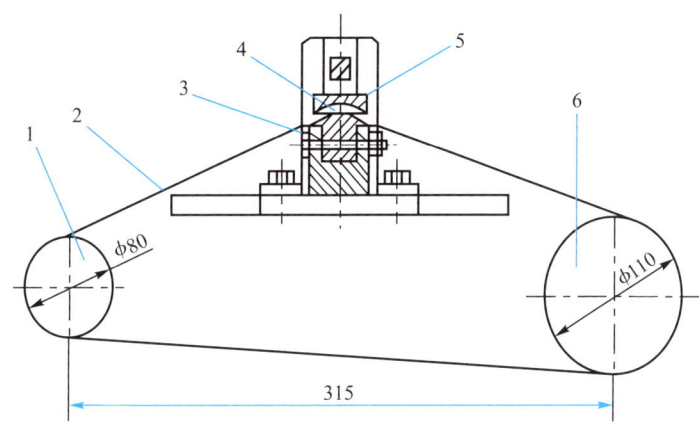

1—主动轮；2—砂带（900×100P80）；3—仿形块；4—刀头；
5—夹具；6—被动轮（可由弹簧张紧伸缩）。

图 7-38　GTM-90 型仿形砂带磨弧机示意图

### 7.4.4　焊接

目前，金刚石锯切工具的焊接主要有高频焊接和激光焊接两种。

#### 7.4.4.1　焊接原理

焊接原理就是通过加热或辅以加压，或两者并用，用或不用填充材料，使两者达到原子结合的金属加工工艺。

（1）高频焊接原理　高频焊接主要是利用高频电流所产生的集肤效应和相邻效应，将钢板和其他金属材料对接起来的新型焊接工艺。高频焊接技术的出现和成熟，是直缝焊管生产的关键工序。高频焊接质量的好坏，会直接影响到焊管产品的整体强度、质量等级以及生产速度。

高频钎焊

高频焊接设备就是用于实现高频焊接的电气-机械系统，它主要是由高频焊接机和焊管成形机组成的。其中，高频焊接机一般由高频发生器和馈电装置两部分组成，它的作用是产生高频电流并控制它；成形机由挤压辊架组成，它的作用是将被高频电流熔融的部分加以挤压，排除钢板表面的氧化层和杂质，使钢板完全熔合成一体。

高频焊接是在高频电磁场的作用下引起介电损耗而加热，从而使接合面熔合黏接的一种焊接法，它主要是先利用涡流的原理，然后是电磁感应，最终是由电磁感应产生的电流焊上的焊接原理。高频焊接通过绕在部件上的线圈以及输入的高频电流产生磁感应现象因为出入电流频率高，根据 $E=n \cdot \Delta \Phi / \Delta t$（式中 $E$ 为感应电动势，单位 V，$n$ 为感应线圈匝数，$\Delta \phi / \Delta t$ 为磁通量的变化率），且有 $Q=I^{2}Rt$，在崩裂的焊缝有着极高的电阻，加上极高的电流，所以产生足以熔化部件焊缝处的高温，以此焊接裂缝。

（2）激光焊接原理　激光焊接可以采用连续或脉冲激光束加以实现，激光焊接的原理可分为热传导型焊接和激光深熔焊接。功率密度小于 $10^{4} \sim 10^{5}$ W/cm² 时为热传导型焊接，此时熔深浅、焊接速度慢；功率密度大于 $10^{5} \sim 10^{7}$ W/cm² 时，金属表面受热作用下凹成"孔穴"，形成深熔焊，具有焊接速度快、深宽比大的特点。其中，热传导型焊接原理：激光辐射加热待加工表面，表面热量通过热传导向内部扩散，通过控制激光脉冲的宽度、能量、功率和频率等参数使工件熔化形成特定的熔池。

激光深熔焊接一般采用连续激光光束完成材料的连接,其冶金物理过程与电子束焊接极为相似,能量转换机制是通过小孔完成。在高功率密度激光的照射下,材料蒸发形成小孔,这个充满蒸气的小孔犹如一个黑体,几乎吸收全部的入射光能量,热量从这个高温孔腔外壁传递出来,使包围着这个孔腔四周的金属熔化。在光束照射下的壁体材料连续蒸发产生高温蒸气,孔壁外液体流动形成的壁层表面张力与孔腔内连续产生的蒸气压力相持并保持动态平衡。光束不断进入小孔,小孔始终处于流动的稳定状态,围着孔壁的熔融金属随着前导光束前进而向前移动,熔融金属填充小孔移开后留下的空隙并随之冷凝,焊缝于是形成。

#### 7.4.4.2 焊接过程

(1) 焊接前准备　焊接前的准备工作,主要是打磨净焊接面和去毛刺;打磨后的焊接面应均匀露出金属亮色,不能残留烧结表皮或是磨出刃来,也不许改变弧面形状;为增加高频焊接时焊料的铺展,可在焊接面两侧棱边处适当倒角,同时设计弧面时有意让节块中间不与基体吻合,而是中间悬空 0.1 mm 左右,这样能使焊接作用加强。

(2) 高频焊接　对于高频焊接,要视产品种类、规格、批量来选择合适的焊机;大批量、同规格的木工锯片、中径锯片以用自动焊机更合适;排锯适合使用专用焊机。但大部分锯切工具还是采用普通高频焊机加上合适工装来焊接。

金刚石锯切工具的高频焊接因锯切工具所用钢基体较薄,在同一区域连续加热和加热面积扩散过大会因存在较大的热应力而引起基体变形,因此建议采用间隔焊接较好;对同一刀头,不可反复加热、调整,以防温度太高或焊料发干、流失太多;焊接时要注意节块和基体焊接部位的红热情况,以二者红热情况相当、焊片能同时均匀熔化为佳。因此,要注意调整好感应圈位置,一般对感应较慢的铜基、WC 基节块,感应圈宜靠向节块端,电流或功率宜大些;而钴基、铁基节块感应发热较快,感应圈应靠近基体焊接面向下一点的位置,电流或功率不宜太大。要注意基体上相邻感应发热法兰区域不能相互交叠,否则基体极易变形,这可以通过间隔焊接、调整加热电流、调整感应圈位置等来避免;对厚度小于 3 mm 的金刚石节块,要用厚 0.25~0.3 mm 低熔点、高银含量的银焊片,为方便焊接操作,焊剂应熬制的稠些,使得能黏牢银焊片;对复焊用基体,加热去废残刀头时宜用大电流或大功率,感应圈宜在基体焊接面偏上一点位置,这样可以避免基体变形。废残节块去掉后,还必须将基体穿上芯轴上磨床修磨焊接面,不许保留原来的焊料。

焊好的金刚石锯切工具应注意存放方式:圆锯片应该穿轴悬挂起来,排锯要平放;还要注意不能让刚焊好的节块部位急冷,只可自然冷却甚至保温缓冷。保温缓冷有助于释放残余热应力,也可施以高频率的震动以释放残应力。

对焊接好的金刚石锯切工具,经检查外观、强度、基体变形情况等,合格即可送开刃。

锯片激光焊接

(3) 激光焊接　激光焊接用金刚石节块需经喷砂机去毛刺、飞边,再通过磨弧机磨弧。激光焊接对锯片节块要求很高:不许有毛刺、飞边,否则极易垫偏节块;弧度一定要与基体吻合,否则影响焊接效果;要求节块具有等厚性和等高性,否则影响节块的对称分布和定位。焊接前还要清洁节块以及基体焊接面,不许落有粉尘、油污和锈迹;将基体、金刚石节块装卡到焊机工装位置上,调节节块与基体的位置以使得焊接后两侧对称度符合要求;调节激光头对准焊接位置;启动焊机使发生激光并照射焊接部位。其输出功率要结合节块尺寸及结合剂配方专门设定。当焊接部位受激光作用熔化并黏合后,焊机要自动旋转、定位、焊接第二只,焊完一圈后停止,将锯片取下;需焊接另一面的,翻转并卡固,用同样方法焊接。

### 7.4.5 后处理、检查

金刚石锯切工具的后处理包括开刃、抛光、校平、喷漆、打标和检查等。

#### 7.4.5.1 开刃

目前,金刚石锯切工具的修磨开刃主要还是针对金刚石圆锯片来说的。如果有条件的话,最好能采用专用设备对金刚石排锯、绳锯也进行开刃,以方便用户使用,因靠用户装机后慢慢自磨出刃毕竟不是好办法。

锯片开刃

金刚石圆锯片开刃机目前多已专用化,在一台设备上可实现全部开刃或两侧面的开刃;不少自动开刃机还能同时对基体边缘部位的焊疤进行修磨;多数开刃机带有冷却系统以方便湿式开刃,而不少小锯片开刃机还采用干式开刃。

开刃用的砂轮宜用陶瓷结合剂刚玉砂轮,砂轮粒度宜用 40/45~50/60,硬度为中软级。

开刃装锯片时,应保证装正、装紧;对磁吸式装片,要注意保持同心、锯片要平整;开刃时要注意砂轮的合理进刀,特别是开立刃时,不能大进刀,绝不许把金刚石节块开成尖头状、圆头状、斜圆头状;对梯形金刚石节块开侧刃时,砂轮由锯片中心向边缘方向移动开刃,且进刀要由大到小以保持节块形状,当然也可以利用此法把普通节块开成梯形以利于切割;开刃过程中不许用手直接接触锯片以防污染;对湿式开刃,需自然晾干或 50~70 ℃烘干后再转入抛光工序。

开刃后的金刚石锯片,要求出刃良好、方向正确、结合剂尾拖明显、不许有节块或基体变形等问题。

#### 7.4.5.2 抛光

金刚石圆锯片要采用金属本色作为最后的商品化外观。高频焊接锯片基体外环形带存在法兰疤痕、采用中频热压的小锯片表面会受到石墨模具的污染和表面氧化,这些都必须经过抛光去除。一般中径锯片可在开刃机或磨床上进行基体的抛光,小锯片可在专用抛光机上利用砂带或手持砂条进行抛磨;粗抛光可用粒度 60/70~100/120 的陶瓷SiC砂轮,精抛光宜用粒度 200/230 左右的树脂SiC砂轮。

#### 7.4.5.3 校平

金刚石圆锯片和排锯的校正包括检查应力和校平两部分内容。金刚石锯切工具一般存在应力,其来源于基体材料的热轧加工、基体加工、热压或焊接、后加工、校平等,另外,在使用时的受热和受力也会带来新的应力。

锯片基体打磨

校平前,必须对锯片的应力分布情况检查清楚,可以采用应力测试机类机器检查,也可以人工检查。机器检验是通过电子测量和自动记录装置测出锯片基体上的应力分布情况和基体平直度情况;人工检查是用一平尺在斜吊起的锯片基体表面推移。若平尺边棱整个紧紧贴住基体表面说明应力达到平衡、基体平直度高,不需要校平;若平尺两端悬空,基体整体或局部鼓起,说明此处应力不足、平直度达不到要求;若平尺中间悬空,两端紧贴基体,基体整体或局部凹陷,说明此处应力过大、平直度不符合要求。

校平也可以通过机器或人工来完成,前者多用于中径锯片和排锯的校平,而对大直径锯片的校平则需要很多技巧,目前多是机器结合人工共同调校。人工校平需要操作人员有丰富的调校经验。

张力碾压机是利用滚压的方式对锯片基体施加张力。如果是应力不足,碾压部位应在基体孔边缘至直径 2/3 处的环形带;若应力过大则应碾压基体外缘至直径 2/3 的环形带。最终使锯片的应力分布均匀,同时自然恢复平直度。张力碾压机具有防止设备本身变形的系统、高压液压系统等,采用两个高强度、刚性的滚筒和特殊设计的滚动轴承来确保碾压过程中两滚筒的平行度。滚筒间距可任意调节;操作时施加一定的压力后,锯片开始自动转动,即使是锯片水口部位也能施加到张力;对金刚石排锯的滚压处理,主要是清除焊接时的残余热应力。

激光校平实际上是通过对基体表面变形部位进行合适的热处理,利用产生的金相转变或热塑变形来消除应力不足或过大的,使应力达到平衡,提高平直度。这种方法还可用于现场的锯片内应力与载荷应力的平衡校正。

手工校正整张锯片时,要将锯片放在一刚性平台上,金刚石刀头部位要悬空,然后用锤子校正。对鼓起情况,可用圆头锤子从基体内孔边缘开始沿径向均匀用力并等距离敲击,直至直径 2/3 处,如此呈放射状地敲击完整个环形带,然后翻转敲击另一面。但另一面锤击点要改变,改由基体外缘径向锤击直至直径 2/3 处,待放射状密集锤击完环形面,再检查应力恢复平衡情况;而凹陷的情况,手工校平正好与鼓起时相反方式操作。

手工校平局部变形时,可在锯片铺平后,用十字锤敲击变形凸起部位直至平整。

#### 7.4.5.4 喷漆

对需喷漆的产品,在清洗、晾干后用硝基类(或氨基类)漆进行表面喷涂处理;有不喷漆部位则要采取工装进行遮盖;要求喷漆色泽均匀、光亮、没有脏点、流痕、堆积;装配孔处要喷得轻,以免影响装配;对还要喷涂文字、箭头类标识的产品,应在底漆干透后用规定油墨喷刷,其字迹要清晰、位置要合理、标识要正确;喷漆后可将磨具产品放置在烘箱中于 60~80 ℃ 烘干 2 h,也可以自然晾干;喷漆操作必须带洁净手套;需防火、防尘,环境中要有通风装置。

#### 7.4.5.5 检查

对最后产品,要求金刚石节块表面不得有裂纹、铁锈及两个以上 1 mm×1 mm 的崩刃、边棱损坏情况;焊缝处不许有裂隙和气孔;金刚石刀头在基体上的对称度公差:端面方向上要大于基准尺寸 0~0.2 mm,圆周方向上要大于基准尺寸 1~1.4 mm;对刀头尺寸精度,厚度方向上要大于基准尺寸 0~0.2 mm,高度方向上要大于基准尺寸 0~0.2 mm;对排锯刀头,厚度和高度方向上要大于基准尺寸 0~0.3 mm。

### 7.4.6 金刚石焊接锯片使用要求

对金刚石焊接锯片的使用要注意正确选用和合理使用。

#### 7.4.6.1 正确选用

(1)正确选用锯片 在建筑、装饰等行业,锯片可用来切割石材、墙地砖等板材,可用于开墙槽,也可用于石材、玉石的雕刻。因此,要针对不同的加工要求选择合适的锯片。一般地,雕刻、大理石切断、玻璃切断、墙地砖在线切断、石材挖孔等宜用整边或花边锯片,有些还需加水切割,其中玉石、玻璃、大理石加工宜用青铜基或铜基配方锯片,其他宜用钴青铜基或铁青铜基配方锯片;对施工要求不能加水的场合以及难加工的石材宜用分齿或花边锯片,结合剂宜用钴基、含钨的钴基、铁青铜基类配方;另外,还要结合被加工对象的厚薄、加工形状要求等来选择合适规格、形状的锯片。

(2)正确选用切割机及切割参数  对金刚石锯片,在其他条件(如切割对象、切机功率、切割参数以及锯片种类、结构、金刚石、结合剂等)确定的情况下,仍存在最佳的切割线速度。一般地,锯片所用的切割线速度多在 2 000~4 000 m/min,表7-7列出了锯片直径与所用转速、线速度关系。建议:切墙槽、混凝土制品、耐火砖制品的金刚石锯片选用较高转速的切机,切割时宜慢、深;切割一般石材、地板砖时宜用稍低转速的切机,切割时宜快、浅;不同直径锯片切割相同材料时需选不同转速的切机;另外,对台式切割机的设计,一定要结合锯片直径、转速或锯片线速度要求来设计。

表7-7  锯片直径、转速与线速度的选择关系    单位:m/min

| 直径/mm | 转速/(r/min) | | | | | |
|---|---|---|---|---|---|---|
| | 1 600 | 1 800 | 2 000 | 2 500 | 3 000 | 4 000 |
| 50 | | | 13 000 | 16 000 | 19 000 | 25 000 |
| 80 | | | 8 500 | 11 000 | 13 000 | 17 000 |
| 105 | | | 6 400 | 8 000 | 9 500 | 13 000 |
| 115 | | | 5 700 | 6 900 | 8 300 | 11 000 |
| 125 | | | 5 100 | 6 400 | 7 600 | 10 000 |
| 150 | | | 4 200 | 5 300 | 6 400 | 8 500 |
| 180 | 2 900 | 3 300 | 3 600 | 4 500 | 5 500 | 7 300 |
| 203 | 2 500 | 2 900 | 3 200 | 4 000 | 4 800 | 6 400 |
| 230 | 2 200 | 2 500 | 2 800 | 3 500 | 4 200 | 5 500 |
| 250 | 2 000 | 2 300 | 2 500 | 3 200 | 3 800 | 5 100 |
| 300 | 1 700 | 1 900 | 2 100 | 2 700 | 3 200 | |
| 350 | 1 500 | 1 600 | 1 800 | 2 300 | 2 700 | |
| 400 | 1 300 | 1 400 | 1 600 | 2 000 | 2 400 | |
| 450 | 1 100 | 1 300 | 1 400 | 1 800 | | |
| 500 | 1 000 | 1 100 | 1 300 | 1 600 | | |

#### 7.4.6.2  合理使用

目前,市场上多使用手提切割机或角磨机进行切割、磨削加工,所谓切深、进给全凭个人感觉;有时为图快和省事,还一片多用途,既切又磨;甚至还有用角磨机装片切割、打磨;有人还将切割机、角磨机去防护罩使用。这些都是不规范操作,既影响锯片使用效果,也会带来安全隐患。

一般的金刚石锯片只允许直线切割或大曲率半径时做折线切割,不允许曲线切割、剜切或使用一侧长时间打磨;手工切割有时走刀不直会卡锯,此时应在旋转状态下回切,直至缝宽合适了再往前切割;在切割硬而细密的花岗石时易发热和烧片,此时要有停顿,让锯片凉一凉再切,不宜连续切割和快速走刀;不少切割机使用一段时间后轴磨损严重,这时装片易产生"蹦跳"现象,故需要及时更换轴;天然石材质地不均匀,切割过程中有时会遇到不易进刀的现象,此时不可强行加力,而是慢进给、小切深地切过为好。

## 7.5 金刚石绳锯的制造

金刚石绳锯于1968年在意大利问世,最初用于大理石开采。现在已广泛用于大理石和花岗岩荒料开采、荒料整形、平板切割、各种异形石材制品加工以及建筑施工、道路施工、桥梁和建筑物解体改造、铝材切割、玻璃切割、某些钢材切割等。与其他加工方法相比,金刚石绳锯技术切割效率高、切割质量好、材料利用率高、适用范围广、设备易安装、人工成本低、振动和噪声小、粉尘少,可以加工出其他方法难以做到的异形产品。

金刚石绳锯是由金刚石串珠经钢丝绳穿结而成。为固定串珠,防止串珠在绳子上来回窜动或原地转动,需在相邻串珠间加固定介质(弹簧、注塑、注胶),且每隔若干串珠加装固定环。使用时要将需要长度的绳锯接到一起形成闭环状,再通过锯机张紧、驱动切割有关材料。

### 7.5.1 金刚石串珠的结构与尺寸

金刚石串珠是绳锯的切割单元,其结构如图7-39所示。除圆柱状外,金刚石串珠还有齿轮状、螺旋齿轮状、单锥状、双锥状、多锥状等结构,这些结构更有利于串珠快速切入石材中,提高锯切效率,但是制作起来相当麻烦。

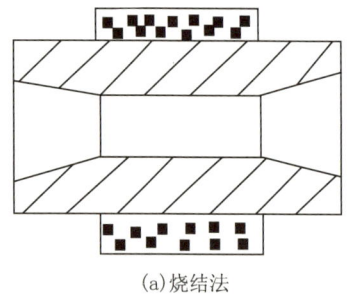
(a)烧结法

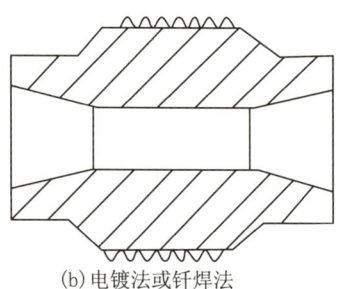
(b)电镀法或钎焊法

图7-39 金刚石串珠结构

为方便金刚石串珠套在钢丝绳上,要求基体内孔一般要比钢丝绳名义直径大0.1~0.3 mm,基体内孔两端应加工成喇叭口状以便串珠在钢丝绳上的装卸;钢丝绳的直径一般有3.5 mm、4.0 mm、5.0 mm、6.0 mm、6.5 mm几种,故对应用的串珠基体内孔直径分别为3.6~3.8 mm、4.1~4.3 mm、5.1~5.3 mm、6.1~6.3 mm、6.6~6.8 mm;烧结成串珠后要求磨料层两端留出1.5~2.5 mm长基体,这样方便制造和在钢丝绳上固定,电镀或钎焊串珠也是这样。

基体的长度一般为6~12 mm,内孔小则长度也设计得短些;磨料层长度按基体长度来设计,一般为 3~9 mm;磨料层直径为 6~12 mm 不等;对烧结串珠来说,磨料层厚度一般为 1~2 mm,直径大的厚度也要大些;电镀或钎焊串珠多为单层金刚石,所以基体的外径比烧结串珠用的要大,基本相当于烧结串珠的外径或略小一些。

对于常用的直径为 5 mm 的钢丝绳,烧结金刚石串珠的基体孔径一般取 5.1~5.3 mm、长度取 10 mm、外径取 7 mm,磨料层的长度取 5~6 mm、外径取 10 mm 或 10.5 mm;电镀或钎焊串珠的尺寸也基本相同,只是磨料层部位的基体外径一般为 9 mm,磨料层部位的长度一般为 6~7 mm,两边留出部分直径为 7 mm,其与磨料层部位为 45°角或圆弧过渡。

### 7.5.2 金刚石串珠制造工艺

目前,制造金刚石串珠有三种方法:烧结法、电镀法和钎焊法。对外径要求为 $\phi$6 mm、$\phi$7 mm 的串珠,因规格小、磨料层薄,用烧结法制造不是很方便,故多采用电镀法或钎焊法制造,$\phi$8 mm 以上的串珠三种制造方法都有采用。

电镀串珠的优点是切割效率高,但寿命太短,适合软的材料切割;烧结串珠的优点是寿命长,但比电镀和钎焊的串珠效率低,适合软的材料切割,也适合较硬和研磨性较强材料如混凝土、花岗石的切割。钎焊工艺制造金刚石串珠是近几年才发展起来的,其是利用熔化的金属结合剂对单层金刚石颗粒实现冶金结合(钎焊结合剂中含有强碳化物形成元素 Cr 等)。钎焊串珠的金刚石颗粒十分突出、切割时表现得很锋利,切割效率比烧结串珠高出 2~4 倍,同时冷却和冲刷岩屑效果更好。但钎焊串珠因高温及强热应力造成金刚石一定损伤,只适合洞石、软的大理石切割。

#### 7.5.2.1 基体的要求

烧结金刚石串珠多选用材质 45# 钢的无缝钢管,再经过微型车床加工而成。要求基体厚度至少 0.8 mm 以上,以便保证串珠的强度、刚性,但小于 2 mm 厚(太厚则重量增加、切割阻力增加);基体两端内孔倒成喇叭口状,这样既便于串珠装卸,也能让塑胶材料进入喇叭口处起到加强固定的作用;要求基体表面镀铜,厚度以 5~15 μm 为佳。

#### 7.5.2.2 金刚石选择

金刚石的品质要好,需用到 MBD10 及以上;对切割大理石也可用 MBD8;国外的要用 SDA100、SDA100+、SDA100S、SDA2000 系列,DSN 系列,MBS750、MBS760、MBS950 等牌号;金刚石磨料应采用表面镀 Ti、Cr。

烧结串珠用金刚石颗粒度多在 35/40~50/60;金刚石浓度多为 25%~50%,切割混凝土的串珠金刚石浓度宜高些,花岗石的宜适中,软的大理石宜低些。

#### 7.5.2.3 结合剂要求

对切割大理石,串珠结合剂多采用钴基、钴青铜基配方;切割花岗石的宜用钴基结合剂;切割混凝土的宜用高钴基结合剂,可适当加入 WC、YG8 等骨架耐磨相。加工大理石、花岗石用的串珠,结合剂中钴粉粒度宜细,而对切割混凝土,所用钴粉粒度应该粗些;结合剂所用的黏结相以预合金粉为好。

#### 7.5.2.4 制造工艺简介

烧结金刚石串珠既可采用带基体整体冷压,也可先冷压出金刚石环,然后套到基体上集中热压。因磨料层很薄,压制装料很不方便,故一般要将成形料制成粒状。

冷压分自动和手动两种。自动压更适合冷压金刚石环;手动压或半自动压适合压带基体金刚石串珠。对只压金刚石环的模具部件——芯杆,其直径需设计得比基体外径略大一些以方便套装,以大 0.05~0.1 mm 为宜;设计模腔内径(金刚石环外径)尺寸时要考虑热压方式及热压装配间隙要求。对采用两半爿模具从串珠压坯的径向方向来热压(热压模具材质可为石墨、耐热钢、球磨铸铁),要求将金刚石环高度或半截金刚石环高度压到位并比热压模相应的磨料层长度略小些(小 0.1 mm 左右为好),而金刚石环冷压坯外径应留有热压收缩余量,所以此类热压方法所用冷压模模腔内径应比串珠设计外径要大些(可按体积增加 35%~40% 来设计、计算)。采用冷压-径向热压的优点:冷压模腔可稍宽,对装料有所方便;所用冷压力不需太大(200~300 MPa 即可,实际用冷压要以金刚石环高度达到要求为准);热压模具不需要采用很薄的压环,而是靠相同两爿模具热压时相互靠拢、扣齐为准。采用冷压-径向热压的缺点:热压时有少量料要从两爿模具间隙中挤出,会影响串珠的密度,因此要合理设计单重、收缩量、烧结条件及配方中低熔相含量,两爿模具的靠拢面也需按自锁角来设计。

轴向热压,是目前主要的热压方式。设计冷压模腔内径时应按串珠设计外径尺寸(要考虑热压装模时的装配间隙,冷压模腔内径应比热压模腔内径小 0.1~0.2 mm);为使金刚石环的强度高,冷压力也要大些,一般取 400~500 MPa。另外,金刚石环套到基体上后需要保证基体有少量露出(方便热压),这也要求冷压压力要大,压缩量尽量大些。冷压-轴向热压的优点:产品尺寸精度易保证;热压时要用模芯,这对保持机体内孔圆度也有好处。冷压-轴向热压的缺点:热压模具也要做薄的压环,这对模具的热压性能、脱模带来不便;冷压模腔稍窄,装料有所不便。

冷压模具(尤其是手动冷压模)一般设计成一模多孔,这一方面可以提高生产效率,而更重要的是为了均匀分散模具与压机压砧的接触部位,使冷压压力均匀分散开及平衡地加到模具上,从而减小了模具压环、芯杆被压坏的可能(热压时也是此设计思路);模腔内壁最好采用硬质合金内衬;装料端的孔口要倒成光滑的喇叭口状以方便倒料;冷压模具以及轴向热压模具因都带薄的压环和细长芯杆,其加工精度、形位误差等要求非常高,否则极易带来模具损坏或装卸不便。

手动冷压操作时,一定要使用锥形料斗扣到模具装料端喇叭口上,在旋转情况下绕芯杆均匀地倒料。插上全部上压环后,用一平板轻敲平,然后小心移至压机下压砧中央部位,确认无问题后才能加压。脱模是利用加脱模环后,直接压长的上压环顶出(翻转后脱模)。

径向热压模具是在两个半爿模具上对称地按半爿产品(相当于将烧结好的串珠从轴中心剖开来所得到的两块之一)形状、尺寸加工出型腔。其轴向两端预留出基体凸出来的位置;装模时,要先将基体洗净、晾干,再将金刚石环套到基体上。为保证热压时基体内孔的圆度,最好在基体内孔中穿一根石墨芯棒;装环后即可一起放入一爿热压模的型腔中,全部放好后再合上另一爿模具(要有定位);对耐热钢或球磨铸铁模具,还需事先将型腔和配合面涂抹上脱模剂。

热压模装好后,要集中送到气氛炉中加热脱蜡(造粒时加的造粒剂需在热压之前脱去),可在氢气保护下、400 ℃ 保温 1~2 h;热压可在加压钟罩炉、真空电阻热压机、真空热压炉中进行,可以按炉膛高度情况进行热压模具的叠装;热压条件一般为热压力6~12 MPa、烧结温度下保温25~35 min。

国外还有利用热等静压法二次热压金刚石串珠,将一般方式热压后的串珠再次集中装入模套中(模套材质为低温玻璃,高温下为熔融态),然后在热等静压设备中,在氩气保护、1 300~1 400 ℃、气体膨胀压力80~150 MPa下热等静压几分钟到十几分钟。这样可以大大提高串珠的密度、强度和韧性。

热压好的金刚石串珠在冷却脱模后,需仔细检查外观、尺寸(内孔用一标准小棒做穿过检查)、硬度。不许有明显变形、凹坑,不许有裂纹及金刚石环与基体脱离;抽检出一些串珠用锤子砸扁后,观察磨料层黏附情况,要求在砸扁后磨料层仍黏着于基体上。现在也有专门检测金刚石环与基体结合强度的自制机器;径向和轴向的尺寸偏差均为0~0.1 mm。

串珠的修磨是用棒集中串若干颗在砂轮机上手持打磨,以去除飞边、毛刺、黑氧化皮;对未加芯棒保护的串珠,要求铰内孔;然后在高压喷砂机中进行表面处理(修磨、开刃)。

### 7.5.3 金刚石绳锯的组装

做好金刚石串珠后,还需利用钢丝绳及其他辅助件来组装成绳锯。这个工作一般也是在串珠制造厂家完成的。

#### 7.5.3.1 钢丝绳及辅助件

(1)钢丝绳 钢丝绳对金刚石绳锯的正常使用、寿命保证、安全保障非常重要。要求钢丝绳具有很高的抗断裂强度和低的延伸率(比如:对组成钢丝绳的单根直径 $\phi0.32$ mm 的钢丝,要求断裂负荷达到170 N以上,平均抗拉强度达200 MPa以上;用其组成直径 $\phi4.9$ mm 的钢丝绳,要求断裂负荷为2 t以上)。

(2)弹簧、垫片、固定环、套管 早期固定钢丝绳上的串珠,多采用弹簧加固定环方式。弹簧的内孔径、外径、压缩后高度要据钢丝绳直径、张力、金刚石串珠基体长度、串珠分布间距来选择。

固定环长度一般为5~8 mm,其主要起定位作用,不让串珠在钢绳上来回窜动,同时也能防止钢绳断裂时发生串珠丢失。固定环和垫片可用镀锌低碳钢等软钢。

套管长度一般为20 mm或25 mm,材质多为45#钢调质处理,内孔多做成单螺纹式或双螺纹式。套管是用于绳锯环形对接。使用时将钢绳两端分别从套管两端插入,插入距离各为套管的二分之一,再使用液压压力钳把套管与钢绳结合部位压紧。

要求弹簧、垫片、固定环、套管的外径均比串珠磨料层外径小,但略大于磨料层内径。如对 $\phi10$ mm/$\phi7$ mm 的串珠磨料层,这些辅件外径可选 $\phi8$ mm 左右。

(3)注塑、注胶材料 随着金刚石绳锯组装的不断发展,出现了用注塑材料、注胶材料来固定串珠。注塑注胶的好处是能防止岩石碎屑进入钢绳,减少断绳,并使绳锯能用于硬的、研磨性石材切割。

要求注塑材料固化后具有较高硬度、耐磨蚀性和耐热性。因此,可用聚乙烯等塑料作为绳锯的注塑材料。注塑绳的缺点是低温特性较差,在寒冷地区使用易变得僵硬,断绳较频繁;其对冷却水的供应要求较高,短时间缺水,会引起注塑层变软,甚至起烟熔化。

因橡胶的固有特性,注胶绳性能介于弹簧绳和注塑绳之间;其具有柔韧、耐磨、耐腐蚀、耐高温、耐低温的特点,适用性更为广泛,既适合切割软至硬、研磨性石材,也能在更苛刻条件下使用(如缺水、低温等)。

#### 7.5.3.2 组装

对用弹簧组装,一般是两头各用1个垫圈紧贴住串珠基体端面;然后每隔3~5个金刚石串珠穿1个固定环压紧固定,固定必须是弹簧被充分压缩。

注塑、注胶固定串珠多采用改造的自动注塑机或专用注塑机;需预先通过电火花加工出型模,其分为两个半爿部分,二者合起来形成的型腔即是一段完整的金刚石绳锯模样;要求型模结构设计能确保软化的塑料或硫化的橡胶注入后充分流动并能全面包住钢丝绳,同时也能包住金刚石串珠的两端基体;要求包裹层高度不能高出磨料层外径;灌孔是在一爿型模(使用时在上面)上对应两个串珠之间打通1~2个喇叭口状孔,孔径$\phi$2.5 mm左右;灌注时,先将串好的绳锯放入模具的型腔中,手工将串珠压入下型腔中,然后启动合上上爿模具,同时将绳锯从两端按固定力张紧,使钢丝绳与模具型腔保持同心。按工艺要求加热,使软化的塑料或硫化的橡胶通过灌孔注入型腔的空间中,固化后即可牢牢包裹住钢丝绳及串珠基体两端,同时从基体喇叭口及钢丝绳缝隙中渗入的塑料或橡胶也能加强黏结强度和固定牢度。

一般来说,用弹簧固定的金刚石绳锯适合洞石、大理石矿山开采,但是防锈、耐磨性差;注塑绳适合石材荒料的整形、切大板、异形加工,注塑+弹簧的金刚石绳锯还可用于硬石材、有研磨性的石材加工;注胶绳适合大理石及花岗石矿山开采、石材荒料整形、混凝土切割(包括干切),注胶+弹簧金刚石绳锯还适合硬石材、有研磨性石材开采与整形。

## 7.6 金刚石排锯的制造

### 7.6.1 金刚石排锯

金刚石排锯主要用于大理石、中软花岗石和硬度不高的人造石材、平板材的切割加工;对中硬以上花岗石,也有采用单片或几片排锯进行切割的。排锯多是成组装在框架锯机上使用。框架锯机分水平式和立式两类。水平式框架锯机是水平方向成组装25~150根金刚石排锯条,利用主电机带动飞轮旋转,由连杆驱动带滑动支承的锯框带动锯条做水平往复运动,同时进给电机可使锯框向下运动或是荒料向上运动实现进给;水平框架锯适合大理石切割,在市场上占主导地位。立式框架锯机是排锯条呈上下方向安装,一般每台装5~30根,切割时的往复运动是上下方向的。立式框架锯的特点是切割时石屑易从切缝中自然排出或带出,降低了排锯的磨耗,同时冷却效果更好,锯机的占地面积也小。立式框架锯一般用于研磨性稍强的花岗石切割,但由于往复频率高,所需功率大,操作困难。

使用金刚石排锯的优点:一是效率高,排锯的成组切割会使得单位产量远高于一般加砂锯或大径圆锯片;二是出材率高和能加工出长宽尺寸很大的平板;三是切割出来的板材表面光洁度高,可以省却厚道的粗磨加工工序;四是节省能源,排锯单位产量的能耗比其他加工方式降低很多,使得综合加工成本低。

金刚石排锯条越长,则生产能力越大,但会造成锯条的不稳定性,切割时振动加大,排屑能力降低。水平框架锯用金刚石锯条长度多在 2.5~4.5 m;立式框架锯虽然排屑能力好,但因设备结构等的限制,宜选用更短的排锯,一般为 1~2.5 m。

### 7.6.2 排锯制造工艺

金刚石排锯是先做金刚石刀头,再高频焊接到长带型基体的一侧,然后滚压整形即可。

#### 7.6.2.1 基体选择

排锯基体一般选用 65Mn 钢材,是用轧制好的带钢裁切而成,需做淬火处理。对基体的外观、硬度、尺寸、精度等要求可参见标准 JB/T 8000—2012。

一般地,切割软石材、短的排锯可采用薄的钢基体;切割硬的石材或是排锯长,要采用相对厚些的基体(相应地,所用的金刚石节块也要厚些),这样可以承受较大的张紧力并可获得更平整的锯切面,但同时所要求的切割功率、锯割压力也大,石材的损耗也相对增大。

值得一提的是,常规带状基体焊上节块后,要发生一定程度的挠性变形,这会影响刀头的焊接强度、锯条张紧后的平直度、应力分布以及锯切效果。有专家指出,造成排锯条焊接变形的主要原因是薄的钢带在受焊区域发生组织转变(焊接的热处理过程使得基体在受热区域由屈氏体组织转变成比容较小的珠光体和索氏体),从而引起局部体积收缩。为解决这一问题,可在基体一侧按金刚石节块间距开铣型槽或"U"形槽,槽深 8~10 mm。这样可以将焊接后金刚石节块两侧的热影响区隔断,消除了变形,而且节块的焊接强度得到提高(消除了在节块焊接部位因收缩不一致造成的扭曲)。同时也有利于锯切过程中的冷却和排屑。通过试验还证明了这种带槽的排锯基体的断裂强度还高于不开槽的基体。因此,在铣槽加工精度有保证、不会引起局部微裂纹和应力集中的情况下,推广使用铣槽排锯基体是十分必要的。

#### 7.6.2.2 节块结构与尺寸

排锯基体为薄钢条,有一定的挠性,加上焊接时受焊区域有一定的收缩,故节块不易设计的过长,否则极易引起焊接不牢。另一方面,由于排锯是往复式切割石材的,在一个行程中的切速是变化的。金刚石节块的切入力也是不断变化的。金刚石排锯是整体作业,为保证切割平稳、防止跑偏,排锯的切深和锯割压力都不是很大;对排锯节块工作层金刚石来说,因往复切割造成无结合剂尾巴支持金刚石,故一般选用的结合剂胎体都较耐磨。所有这些都希望金刚石节块设计得短些,以便金刚石颗粒能分担足够的切入力刻蚀石材。当然,也要同时考虑节块的间距或焊接密度。一般地,排锯金刚石节块的长度多用 20 mm。排锯节块高度一般为 8 mm 或 10 mm。节块若过高,则锯切时的扭矩较大,而且在往复切割方向改变时有较大的冲击作用,这更增大了节块的扭矩,再加上节块焊接面窄小,故极易造成节块脱落。

排锯节块厚度设计需结合基体厚度、节块磨料层高度、排锯条有效长度、所切材料性质及切割条件来确定。一般地,切割易切的软大理石、石灰石等,节块厚度以比基体厚 1~1.5 mm 为宜;切割中硬以上大理石、软花岗石,节块厚度以比基体厚 1.5~2.0 mm 为宜。锯条短则可适当减薄(减 0~0.5 mm 为宜),锯条长则可适当加厚(加 0~0.5 mm 为宜)。

为减少切割时金刚石节块与被切石材的接触面、降低切割横向力和摩擦力、提高单粒金刚石的切削力、提高效率和切割质量、减少排锯的跑偏,金刚石节块宜用梯形三明治结构。

#### 7.6.2.3 金刚石选择

金刚石排锯为往复式切割石材,节块工作层表面的金刚石颗粒没有结合剂胎体尾巴做支撑,因此金刚石颗粒能被结合剂胎体牢固黏结显得十分重要。所用金刚石的表面应粗糙,为加强与结合剂胎体的黏结结合力,最好采用表面镀覆金刚石。另一方面,由于排锯在往复切割过程中不断改变着切割方向和速度,使得金刚石颗粒在与石材开始接触及切割方向改变时将承受较大的冲击载荷作用,故要求金刚石强度要高、耐冲击性好,当然这种要求(品质好)与表面要粗糙(品质相对差些的金刚石才可能有自生成的粗糙表面)是矛盾的,因此只有对高品质金刚石进行表面粗糙处理,如腐蚀表面。

国内品牌用 MBD8~SMD25 都较合适;国外的品牌要用 SDA85、SDA85+、MBS、MBS-720 类。

与金刚石圆锯片相比,金刚石排锯切割速度要低很多,切深也很小,金刚石节块磨耗慢,故金刚石颗粒宜细些,这样参与切割的金刚石颗粒相对数量多,而小颗粒金刚石在较小切割力作用下即能刻入岩石,反而提高了切割效率,同时也能加强金刚石的把持性。一般选 45/50~70/80,但具体还要看被切石材情况:软的大理石、石灰石宜粗,多为 45/50、50/60;中硬大理石宜用 50/60;花岗石宜用 70/80。

排锯用金刚石浓度一般为 20%~40%。因排锯的切割压力不大,金刚石浓度过高则金刚石颗粒不易刻蚀石材,反而容易被抛光,从而降低了切割效率。一般地,石材软,金刚石浓度宜低些;石材较硬,浓度应适当高些。国外排锯多采用 15%~25%。

#### 7.6.2.4 结合剂

对金刚石排锯来说,要求结合剂胎体对金刚石的把持要强、硬度要高、耐磨性要高、致密程度要高,这样有利于减少因排屑不畅、切速慢带来胎体的过快磨耗,还可以减少切割时的震动。配方宜用高钴基、钴青铜基,还可以适当加入 W、WC、YG8 以及对金刚石能形成一定表面结合的 Ti、Cr 等元素。

下面为两个实用的排锯结合剂配方:

(1) Co100,热压 850~860 ℃;

(2) Co50(Cu80 Sn20)合金 50,热压 780~800 ℃。

#### 7.6.2.5 制造工艺

制造排锯用金刚石节块,也需经过配混料、装模、(冷)热压的工艺过程。因节块规格较小,批量大,宜采用先冷压成形,后集中热压;因节块厚度方向尺寸也很小,导致焊接面小且窄,故最好带过渡层,但不方便做成三明治等复杂结构。

热压好的金刚石节块,要求尺寸、硬度、失重等均达到规定要求;如果热压方向为节块厚度方向,必须从模具精度、热压工艺等方面来保证厚度误差在 0~0.1 mm。

焊接前要将金刚石节块打磨净,不许有毛刺、飞边,焊接面要求光亮平整;对没有过渡层的节块,不能打磨过度使金刚石露出刃来;基体焊接面(要注意,选择的是基体正挠度一侧作为焊接面,不可选错)也需要清理净,并要对焊接部位做出标记(铣有水口的,以两水口之间位置为一个节块的焊接面);准备好焊剂、焊片,要求采用高银含量的焊片,厚度宜在 0.25~0.3 mm;焊接设备最好为排锯专用焊机,也可在一般高频焊机上焊接,但要有合适的工装。焊接时为防止基体变形,可采用间隔焊接,要求焊缝应饱满,不许有裂隙、气泡或严重的焊料堆积。焊接后,要求同一根锯条上的节块高低偏差不得大于 0.3 mm,金刚石节块在基体端面方向的对称度应小于 0.2 mm;要全检金刚石节块的焊接度。最后再滚压整形。

由于金刚石排锯在切割过程中,两端的节块比中间的切割岩石机会少,其排屑效果也好、磨损慢,因此两端的节块应布得稀疏些;在锯条有效长度内,金刚石节块数或平均间距要合适,若节块太多,则金刚石节块工作层表面磨粒分担的切削压力就小,不足以刻蚀石材,从而降低了切割效率,同时锯机的刚性和功率也难以保证。一般取平均间距为 70~120 mm,若被切石材软,平均间距可稍小些,石材硬,则应大些;另外,在锯条的中间或两端,若金刚石节块为等距焊接,则相邻节块的振动频率易相同,这样有可能引起整段锯条产生有害的谐振现象,从而加大振动和跑偏。因此,可采用长、短间距交替焊接以减少上述谐振产生,长距可用 90~120 mm、短距可用 70~80 mm(指平均距离,对中间可适当减少,两端的要适当加大);还有一点,如果在排锯条另一侧也焊有一定数量、排列合理的金刚石节块,则上侧的金刚石节块可起导向作用,能有效保持锯切的稳定性、减少跑偏,这在切割硬石材时效果尤为明显。

## 思考题

1. 三明治节块与普通型节块的锯片相比,性能上有什么优势?
2. 设计锯片配方时,金刚石品级的高低选择与加工石材的硬度和研磨性有什么关系?
3. 激光焊接的基本原理是什么?什么功率适合金刚石锯片的焊接?
4. 高频钎焊所需要的两种辅助材料的主要作用是什么?
5. 基体应力不足和过大应该如何进行校正?
6. 金刚石工具配方成分选用与环境保护有何关系?哪些元素尽量避免使用或少用?

# 第8章 金刚石钻进工具制造

## 8.1 概 述

金刚石钻进工具广泛用于地质、水电工程、冶金、煤田、石油、建筑工程的勘探、钻进和开采。与传统钢粒、硬质合金钻进工具相比，金刚石钻进工具具有钻进效率高、钻孔质量好、钻进成本低、装备轻、易操作、事故少等一系列优点。

将金刚石作为钻进工具用于钻进岩石，最早记录为1751年，是用天然金刚石手工镶嵌出类似钻头的钻具；大约在1860年，产生了第一台金刚石钻机，使得钻进的机械化程度大大提高，此后金刚石钻进工具制造及钻进技术相继被美国等一些发达国家所采用并得到较快的发展。约在1945年，人们开始研究用粉末冶金的方法制造金刚石钻进工具并取得了成功，同时也出现了高速钻进工艺，此后金刚石尤其是细粒金刚石在钻进方面的应用越来越多。20世纪50年代人造金刚石的出现又进一步促进了金刚石钻进工具的发展，据不完全统计，当时一些发达国家钻探工作总量的60%~80%都是由金刚石钻进工具来完成的。1960~1967年，美国金刚石钻具的钻探进尺占回转式钻进进尺的20%~30%，1975年其地质岩芯钻探量达550万米；苏联在1967年采用金刚石钻具钻探的总进尺为120万~150万米，1969年约200万米，1970年为480万米左右。

20世纪70年代初，又发展出金刚石聚晶、复合片(PDC)钻进工具。1973年，美国克里斯坦森公司与G.E公司合作研制成PDC钻头，后被广泛用于石油、地质开采或钻探。著名的Geoset钻头是以三角形或多角形金刚石聚晶用粉末冶金法孕镶制得的硬胎体钻头，聚晶按玉米粒方式密排于钻刃上；而Stratapax钻头是让聚晶或复合片按西瓜皮条纹或螺旋刃分布方式镶嵌于钻头胎体中，以刃口垂直于加工方向对岩石起剪切作用，适合软、中硬岩石的钻进，其钻进效率达到40~60 cm/min，一只钻头的寿命甚至达到4 000 m以上。De Beers公司的Syndrill系列钻头也与Stratapax钻头相似。

我国对金刚石钻进工具的研究、应用开展得较晚，是在20世纪60年代中期，但是发展很快，20世纪70年代即在冶金、地质、煤田、石油等行业大量采用。尤其是石油部门，很早就注重金刚石钻进工具制造和钻进技术的研究、引进、应用，并取得了很好的效果，如1972年，胜利油田使用国产人造金刚石聚晶三刮刀钻头(只适合较软地层)，有一只钻头钻进了2 858.56 m的最高水平，实现了一只钻头打一口井的愿望。据不完全统计，胜利油田在20世纪80年代到90年代的十几年间共用了PDC钻头约3 500只，累计钻进进尺约700万米，平均每只进尺2 000 m左右。

## 8.2 金刚石钻进工具的分类及适用范围

### 8.2.1 金刚石钻进工具的分类

金刚石钻进工具的类型可按用途、金刚石材料类型、金刚石的镶嵌方式、制造工艺等来划分。

#### 8.2.1.1 按用途划分

按用途不同主要有地质钻头、油(气)井钻头、工程钻头、石材钻头。此外,地质钻头和油(气)井钻头还可能配合使用金刚石钻头扩孔器。

地质钻头包括地质和冶金勘探钻头、煤田勘探与开采钻头。根据结构和应用方式还可细分为普通单管、双管、绳索取芯、泥浆钻进、空气吹孔钻进、全面钻进(不取芯)、特种专用钻头等。

油(气)井钻头包括取芯钻进、全面钻进、双中心钻头以及定向井钻进、侧向钻进、水平钻进等专用钻头。

工程钻头包括用于混凝土、墙体、建筑工程、水电工程等用的各种类型薄壁钻头。

石材钻头规格较小,主要用于天然石材、人造石材、地板砖、陶瓷等打孔。

严格意义上说,金刚石扩孔器不属于钻头,其要与钻头配合使用,作用就是保孔径,以防止因钻头磨损而缩径。扩孔器外径一般要比钻头外径大 0.3~1 mm,磨料层部位可做成直带状或螺旋状,可以采用浸渍、电镀等方法来制造金刚石扩孔器。

#### 8.2.1.2 按金刚石材料类型划分

按金刚石材料类型不同主要有表镶或孕镶天然金刚石钻头、孕镶人造金刚石单晶钻头、表镶金刚石聚晶钻头、表镶金刚石复合片钻头、人造金刚石单晶与聚晶复合钻头、PDC 与天然金刚石复合钻头等。

#### 8.2.1.3 按金刚石的镶嵌方式划分

按金属结合剂胎体包镶金刚石的方式不同主要有表镶金刚石钻头、孕镶金刚石钻头、表镶-孕镶混合式金刚石钻头。表镶金刚石钻头是在钻头胎体的内外表面和底唇面上镶有大粒天然金刚石单晶或金刚石聚晶、复合片;孕镶金刚石钻头是金刚石单晶均布于结合剂胎体内;表镶-孕镶混合式钻头是指在钻头不同部位采用不同方式镶嵌金刚石单晶或聚晶、复合片;有一种情况,即先将金刚石单晶与耐磨成分 WC 等孕镶烧结成块,再表镶于钻头钢体表面,这也属于表镶-孕镶混合式结合的金刚石钻头。

#### 8.2.1.4 按制造工艺划分

按制造工艺不同主要有浸渍法、热压法、热压-高频焊接法、热压-激光焊接法、电镀法、钎焊法制造金刚石钻头。

一般地,浸渍法适合整体制作地质钻头;热压法适合整体制造地质钻头、工程钻头、石材钻头;热压-高频焊接法和热压-激光焊接法适合制造工程钻头、石材钻头;电镀法适合制造石材钻头;钎焊法适合制造工程钻头、石材钻头。

## 8.2.2 金刚石钻进工具的适用范围

在我国,岩芯钻探岩石的可钻性一般分为 12 个等级。不同等级岩石层应选用不同性能的金刚石钻头,以使其发挥最大的效用。表 8-1 为各类型金刚石钻头的适用范围,对油(气)井钻头和工程钻头也可参照选用。

表 8-1　各类型金刚石钻头的适用范围

| 岩石可钻性等级 | 1 | 2 | 3 | 4 | 5 | 6 | 7 | 8 | 9 | 10 | 11 | 12 |
|---|---|---|---|---|---|---|---|---|---|---|---|---|
| 岩石硬度 | 松散 | 较松散 | 软 | 较软 | 稍硬 | 中硬 | 中硬 | 硬 | 硬 | 坚硬 | 坚硬 | 最坚硬 |
| 代表岩石 | 冲击层、沙土层 | 黏土 | 泥灰岩 | 页岩 | 细粒石灰岩 | 千枚岩、板岩 | 闪长岩 | 花岗岩 | 硅质灰岩 | 流纹岩 | 石英岩 | 碧玉 |
| PDC 钻头 |  |  |  | √ | √ | √ | √ |  |  |  |  |  |
| 表镶天然金刚石或聚晶钻头 |  |  |  |  | √ | √ | √ | √ |  |  |  |  |
| 孕镶人造金刚石单晶钻头 |  |  |  |  |  |  | √ | √ | √ | √ | √ | √ |
| 绳索取芯金刚石钻头 |  |  |  |  | √ | √ | √ | √ | √ | √ | √ | √ |

## 8.2.3 岩石可钻性分级情况简介

岩石可钻性是指在一定钻进技术条件下,岩石抵抗钻头钻进破碎时所表现出来的难易程度。其既与岩石自身固有的物理力学性质有关,也与金刚石钻头、钻进方法、钻进工艺及技术因素有关。反过来,金刚石钻头也需要依据岩石的可钻性程度来进行合理的设计、制造和选择。

据资料报道,最早对岩石提出工程分级的是苏联学者普罗托古雅可诺夫。他在 20 世纪初提出岩石"坚固性"概念,认为岩石的坚固性与其抗压强度成正比。

1926 年,美国的 G.T.Harley 提出以切割单位体积岩石的能量进行岩石分级;1927 年,美国的 E.Egyss 和 H.G.Davts 提出钻进效率是岩石硬度和韧性的函数的理论。同年,B.F. Tillson 第一次使用了"可钻性"这一术语,他认为预估钻速的唯一可靠方法是实际钻进经验;20 世纪 40 年代,苏联的 А.Ф.苏哈诺夫提出按确定的技术条件,在实际生产过程中测定岩石的可钻性,制订了苏联矿山的"岩石系统分级表";20 世纪 50 年代初,苏联和西方学者开始研究岩石的物理力学性质与可钻性之间的关系。苏联的 Л.А 史涅立尔研究了包括岩石在内的脆性体硬度问题,提出用岩石的压入硬度来作为岩石可钻性分级的指标;20 世纪 60 年代,日本的木下重教第一次探讨了岩石的可钻性与岩层的地质特性、结构特征等地质因素之间的关系,他认为肖氏硬度可作为测定岩石可钻性的一个尺度(肖氏硬度同压入硬度、抗压强度、点载荷强度一样,不能反映整块岩石的可钻性);20世纪70年代,美国的J.释恩和W.E.布鲁斯以及C.G.怀特更系统地进行了岩石可钻性与岩石物理力学性质的研究,寻找出金刚石钻头钻速和岩石抗压强度、抗拉强度、杨氏模量、剪切模量、肖氏硬度、比重等物理力学性能之间的关系。C.G.怀特还综合了冲击、回转、回转冲击三种钻进方法,提出了岩石的可钻性指标。

我国在20世纪50年代仿照苏联的岩芯钻探12级分级法(4~9级的岩石往往产生混淆,难以区分,而这一范围的岩石在实际钻进过程中会经常遇到);1964年,地矿部勘探技术研究所研制了摆球硬度计,采用弹性硬度来反映岩石的可钻程度;1980年,东北工学院(现东北大学)研制了凿岩机,采用凿岩比功和钎头的磨损宽度来划分岩石级别(软硬岩石的凿岩比功的大小值差别不是很大,不易区分开,且凿岩机的工作原理不适合回转钻进的岩石分级);1988年出现了利用凿岩机原理模拟研制的切槽法可钻性分级(让预先制成的孕镶金刚石试棒用一定的载荷压在取自现场的钻孔岩芯外圆面上,在旋转切槽400 r后测试岩芯直径的相对变化和试棒的相对失重,用这两项指标分别表示岩石的坚固程度和研磨性。切槽法有一定的模拟性,但因试棒的标准化问题给测试带来很大的误差,影响了实用性);从1979年起,中南工业大学开始系统研究压入硬度、点载荷强度、纵波速度、凿岩比功等岩石的物理力学性质及其与钻进过程的关系,并于1983年提出了利用岩石物理力学性质并借助于数学方法的多因素岩石分级法——综合法(把岩石的各项物理力学性质分级法看成岩石分级的单因素,再对各因素作线性回归分析和模糊数学处理得出岩石的可钻性级别。但这种分级的准确度仍然较低);1990年以后,中南工业大学研究了用岩石对金刚石的磨损性和岩石对胎体的磨损性来表示的岩石可钻性方法——$A$、$B$值法。

$A$值法是用自制的岩石$A$值测定仪,让电镀标准金刚石锯片在规定条件下(锯片线速度为15 m/s,清水冷却)切割标准人造耐酸瓷棒(直径$\phi$18 mm,抗压强度大于6 500 kgf/cm$^2$,抗拉强度大于500 kgf/cm$^2$,莫氏硬度为7~8级,且性能均匀)和被测岩样,用标准瓷棒和被测岩样被切割掉的体积比来反映岩石的$A$值。$A$值越小,说明岩石磨削的难易程度低于瓷棒,容易被金刚石钻头钻进,反之则不易被金刚石钻头钻进。这种用标准瓷棒来做比较标准较为准确,但是锯片切割破碎岩石与钻头钻进破碎岩石是有本质区别的,碎岩机制不一样,则岩石的可钻性不具有可比性。因此,$A$值也难以反映钻进状态下的岩石可钻程度。

$B$值法是采用了所谓的压剪破坏法来测定岩石的矿物粒度和胶结状态对岩石$B$值的影响结果。众所周知,对相同材料,体积越小,结构越疏松,则压剪破坏前的变形位移量越小。因此,我们可以用岩石在压剪破坏前产生的变形位移量大小来体现岩石的矿物粒度和胶结状态情况。在特制的岩石夹持器上夹好岩样,然后放在有INSTRON电液伺服控制的材料力学试验机上进行压剪试验,绘出岩样破坏前的压剪力与位移的关系曲线。通过分析比较各岩样位移量,就可推断岩石中矿物粒度和胶结程度与岩石发生位移的关系,再进一步推出它们与$B$值间的关系,见式(8-1):

$$B = 10\lambda \cdot \frac{Y}{A} \tag{8-1}$$

式中　$B$——岩石$B$值;

λ——与岩石在压剪作用下产生破坏前变形位移量有关的修正系数,取值为标准人造耐酸瓷砖与被测定岩石在压剪作用下产生破坏前的变形位移量之比;

$Y$——岩石的综合矿物硬度,取岩石中各矿物成分的几何莫氏硬度;

$A$——岩石的 $A$ 值;

10——系数,其意义为设定标准人造耐酸瓷砖的 $B$ 值是10。

一般来说,岩石中矿物粒度越细,矿物颗粒间的胶结越疏松,则岩样在压剪破坏前变形位移量越小,$B$ 值越大,意味着该岩石对钻头胎体乃至钻头的磨损越强;矿物粒度越粗,矿物颗粒间的胶结越牢固,则岩样在压剪破坏前的变形位移量越大,$B$ 值越小,意味着该岩石对钻头胎体的磨损越弱。根据岩石的 $B$ 值,可将钻进地层分为特强研磨性地层($B$ 值为 20 以上)、强研磨性地层($B$ 值为 16~20)、中等研磨性地层($B$ 值为 8~16)、弱研磨性地层($B$ 值在 8 以下)。

2000年以来,中国地质大学采用微型钻头钻进(转速为 800 r/min)取自现场的岩芯,利用测控系统,通过测得钻进压力、回转速度、进尺、冲洗液量、瞬时钻速、扭矩六个参数,提出岩石的可钻性分级综合参数与钻进速度成正比,与扭矩、钻进压力、钻头失重成反比。修正系数为钻头的胎体硬度与被测试岩石压入硬度比值。分级参数值越大,表明岩石的可钻性越好。微钻法的模拟性较好,但钻头的标准化问题、钻头性能的周期变化或不确定性变化会带来很大的影响。

## 8.3 金刚石钻进工具的结构与尺寸

金刚石钻头主要由工作层和钻头钢基体构成。钻头与扩孔器、取芯钻具(全面钻进钻头除外)、接头、钻杆构成了全套金刚石钻具。使用时要让钻头钢基体的内螺纹(丝扣)与金刚石扩孔器、接头或钻杆的外螺纹相旋接;对取芯钻头,还要在钻头钢基体内安装取芯钻具(即岩芯管或岩芯卡断器,其包括卡簧座、卡簧和内管短截;或是使用钢绳打捞工具与双层岩芯管配合取芯)以保护钻头、岩芯和方便提取岩芯,提高了岩芯采取率,防止振动、烧钻和岩芯堵塞。

金刚石钻头的形状结构、水口结构五花八门,具体要随钻头种类、钻头规格、钻进方法、被钻材料的情况、岩芯管、钻进设备等的不同而改变。

### 8.3.1 金刚石地质钻头的结构与尺寸

金刚石地质钻头钻进的对象是地层,情况十分复杂,钻头的外观形状和水口必须结合具体地层性质来设计。

#### 8.3.1.1 金刚石地质钻头的外观形状

从目前用于地质钻进的金刚石钻头磨料层胎体唇面的形状来看共有十几种,它们适应的地层、岩石情况也各不相同,表 8-2 列出了一部分金刚石地质钻头的胎体唇面形状和适用范围。其中,底喷形是指在钻头唇面部位设置通水水路;阶梯形唇面,可以从阶梯棱口外向钻头内直接形成斜向水口;非阶梯形唇面,可以形成轴向转折式水口,使用时冲洗液从钻头内壁直通底唇面,冲走矿屑,以免冲洗液直对岩矿芯造成过多的冲蚀;交错形唇面是指从钻头唇面端面方向上看,水口将金刚石环形层面分割成几个(偶数个)扇形区域,见图8-1,然后交错改变层面形貌,使得形成的各扇形区域的金刚石层凸起可以相互覆盖(旋转时),这样钻头在使用时的钻削自由面仍然较多,既能产生像尖齿形钻头那样的碎岩和容屑效果,同时还能避免像尖齿形钻头同心沟槽带来的侧面磨损过大、齿形改变或消失等问题。金刚石层面可以是多个尖齿状、平底状、圆弧状,还可以做成阶梯-交错形组合、底喷-交错形组合、阶梯-底喷-交错形组合等。

表8-2 金刚石地质钻头胎体唇面形状及适用范围

| 胎体唇面形状 | 适用范围 | 胎体唇面形状 | 适用范围 |
| --- | --- | --- | --- |
| 平底形 | 制造方便,适合做孕镶双管钻头、绳索取芯钻头,金刚石需用得少些;适用于钻进中硬、中等研磨性或较弱磨蚀性岩层;缺点是内外刃容易磨损 | 内锥形 | 适合做孕镶厚壁取芯钻头和泥浆钻头;适用于钻破碎性或强研磨性岩层,也可用于钻进易引起内边刃磨损的岩层或砾岩 |
| 半圆形 | 圆弧半径一般取唇面宽度的1~1.2倍。适合做表镶钻头,唇面金刚石用量要大;适用于钻进硬或坚硬、强研磨性岩层;钻进速度高、异向性好、易排粉 | 双锥形 | 仅适合做孕镶厚壁取芯钻头,用于硬岩层钻进,对互层岩也能适应;可以提高钻速、保持钻具稳定性和钻孔方向、使用寿命长 |
| 圆弧形 | 圆弧半径等于唇面宽度的一半。适合做表镶双管钻头、绳索取芯钻头,唇面及两侧需多用金刚石;适用于钻进中硬到硬、中等研磨性岩层,或是含有少量破碎、松散的岩层;钻进振动小;缺点为使用时唇面顶峰区应力高度集中 | 尖齿形 | 用于做孕镶双管钻头和绳索取芯钻头。除同心圆等高尖齿形外,还有阶梯-尖齿形、底喷-尖齿形;适用于钻进坚硬致密岩层或是软硬互层;具有良好的机械钻速、钻进效率高、可防止井斜,异向性及稳定性好、破岩效果好,但寿命低 |
| 单阶梯形 | 适合做表镶或孕镶双管钻头、绳索取芯钻头;适用于钻进软到中硬、中等研磨性的岩层,或有少许破碎性的岩层、软硬互层;效率较高,可防止井斜并提高钻具稳定性 | 底喷形 | 底喷形水路多是附加在其他形状钻头唇面上,用以改善冲屑效果;适用钻进破碎性岩层(含粉矿较多的沉积岩、变质岩等)、软硬互层;可以避免岩芯过量冲蚀,达到较高的取芯率 |
| 多阶梯形 | 常用于做表镶或孕镶绳索取芯钻头;适用于钻进软到硬、中等或较强研磨性的岩层,或是软硬互层、破碎岩层、破碎与完整交错的岩层;有利于提高钻速、防止井斜、提高钻具稳定性、异向性和破岩效果 | 交错形 | 交错型类似于尖齿形的效果,适合做孕镶双管钻头、绳索取芯钻头;适用于钻进坚硬致密、弱研磨性岩层;在低压下可以有较高的钻进速度,能提高钻进效率,但寿命低 |

续表 8-2

| 胎体唇面形状 | 适用范围 | 胎体唇面形状 | 适用范围 |
| --- | --- | --- | --- |
| 外锥形 | 适合做孕镶双管钻头、绳索取芯钻头;适用于钻进软至中硬岩层或破碎性岩层;强度比阶梯形或尖齿形的高、钻进速度高、时效高 | | |

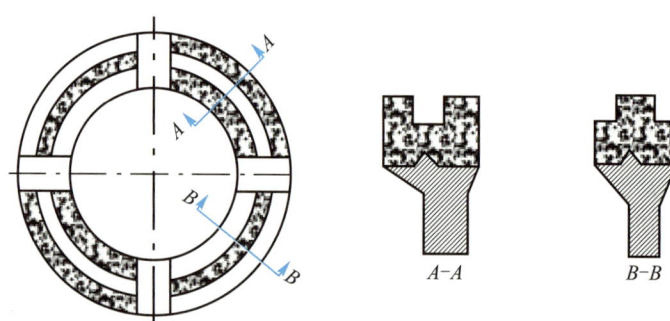

图 8-1　金刚石钻头的交错式唇面

一般地,表镶金刚石钻头可用于任何岩芯管,适合 5~8 级中硬至硬的岩层钻进,可通过变换金刚石(类型、品质、粒度)、胎体、唇面形状结构来适应各种硬度岩层的钻进或取芯。表镶金刚石钻头适合用大粒天然金刚石、聚晶和复合片来制造。天然金刚石表镶钻头特别适合碳酸盐类岩层的钻进,若配合绳索取芯钻进则能获得明显的经济效果。普通单、双管表镶钻头多采用半圆弧唇面。对于绳索取芯表镶金刚石钻头,由于钻头壁厚较大,一般采用阶梯形唇面和锥形唇面,多阶梯形唇面(3~7 个阶梯)是绳索取芯表镶钻头的标准唇面,形成的是多自由面掏槽形,使得钻速高、钻头稳定性好;而锥形唇面可以看作是微阶梯形,其排粉效果要比阶梯形好。表镶金刚石钻头在钻进冲蚀性严重的地层时,为防止钻头水口边棱过多磨损和侧面拉沟,可以在每个水路边缘填放硬质合金块。另外需注意,表镶金刚石钻头不适宜钻进有较多破碎和松散型的地层。

孕镶金刚石钻头适合钻进较硬地层,通过改变唇面形状还能分别用于破碎性(阶梯形)或坚硬致密的地层(尖齿形或锥形)。为防止孕镶钻头内外径的过多磨损,在水路边缘仍可填放硬质合金块,在内外径部位采用较粗大、品质好的天然金刚石。

金刚石扩孔器是岩芯钻进中与钻头配套使用的重要扩孔工具,其作用是保证钻孔符合标准,提高钻杆稳定性,避免钻杆下端过于磨损,因此要求其结合剂胎体耐磨、金刚石包镶牢固、胎体与钢基体黏结牢固,同时要确保通水顺畅。

#### 8.3.1.2　金刚石地质钻头的水路系统

钻头的水路在钻头钻进过程中起着保证冲洗液畅通、及时排除岩粉和冷却金刚石的作用。

水路系统包括水口(底唇面部水口、底喷形水口以及内外侧水槽)与间隙(钻头外表面与岩层孔壁间的间隙、内表面与岩芯间的间隙、出刃的单晶金刚石和金刚石聚晶或复合片同结合剂胎体表面间的间隙)。

设计钻头的水路,需考虑能通过足够的冲洗液以达到排粉屑和冷却钻头的作用。如果设计得不好,轻则影响钻进效果,严重时会烧坏钻头。有时在钻进过程中发生堵水,这往往是水口过小、水槽过浅所致。设计水口和水槽的形状、数量、深浅需结合钻头直径、钻进的转数、所钻岩石的硬度和研磨性、金刚石特性(类型、品质、粒度、出刃)、冲洗液种类等。钻进软岩层、研磨性强的岩层(如弱胶结的粗粒砂岩)时,或是使用金刚石聚晶和复合片,钻头的水口应大(要宽和深)些;对于硬岩层、研磨性弱的岩层,钻头的水口可以设计得小些;水口的形状以螺旋形、斜条形为好;在特别严重的冲蚀情况下,钻头水口部位应以硬质合金来补强,以防钻头侧面出现拉沟现象;对于孕镶钻头,则应在每个水口通水面的内外侧均布上柱状硬质合金块($\phi$2 mm 左右);对常用的直径为 $\phi$47 mm 孕镶钻头,水口数可设为 4 个,$\phi$56 mm 的水口可设为 6 个,$\phi$67 mm 的水口可设为 8 个,$\phi$91 mm 的水口可设为 10 个,水口宽以 4~6 mm 为宜、唇面水口深度以 3~5 mm 为宜、两侧水槽深以 1~2 mm 为宜;对表镶金刚石钻头来说,因金刚石聚晶或复合片十分突出,水路间隙较大,能起一定的通水作用,因此水口不需要设计得太多、太深或太复杂;对孕镶金刚石钻头,因单晶金刚石的出刃高度有限,指望水路间隙来通水冷却是很困难的,主要依赖水口通水,故水口和水槽要多、要宽、要深。

常用金刚石钻头的水口形状见图 8-2。

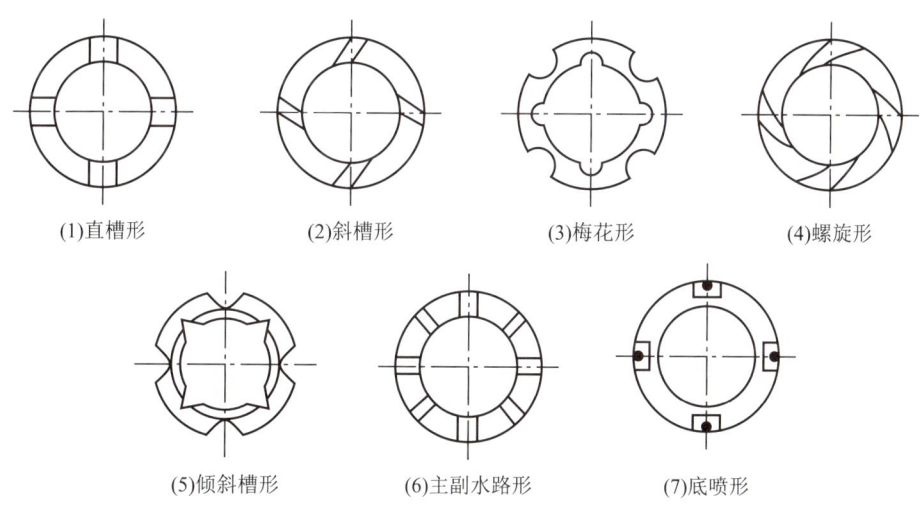

图 8-2 金刚石钻头常用水口形状

图中(1)是常用的直槽形水口,其结构简单、容易制造,但水口易被冲蚀。适用于软至硬的岩层。

图中(2)是斜槽形水口,适合做厚壁钻头,其特点是可以促使岩粉沿着斜水口迅速排到外侧水槽和外环间隙中。

图中(3)是全面冲洗形水口,又称梅花形水口,多用于制造表镶钻头,钻进硬至坚硬地层较为合适。这种形状的水口可以使冲洗液沿着水路间隙流动,从而使工作的金刚石得到充分的冷却。

图中(4)是螺旋形水口,用于软地层钻进。螺旋形水口能使岩粉及时被冲洗液携带到外侧水槽及外环间隙中,螺旋形状相当于加长了水路的长度,且金刚石唇面的扇形块间隙较小,这样就能使冲洗液充分地流经金刚石,使之得到充分冷却。但螺旋形水口的制造工艺较复杂。

图中(5)为倾斜槽形水口。其特点是磨料层扇形块的端部呈倾斜的楔形,内外水槽错开排列并超过扇形块的顶点。倾斜槽形水口结构可以使金刚石钻头得到充分冷却。

图中(6)为主副水路形水口。用于制造厚壁钻头。适合钻进软地层,副水路可以辅助主水路进一步排除岩粉和冷却钻头胎体的中心部分。

图中(7)为底喷形水口。适用于硬脆岩层和粉状岩层。由于无内水槽,冲洗液主要由胎体中的水眼流向底唇面,能防止冲洗液对岩芯的冲蚀,从而保证了岩芯的采取率。

#### 8.3.1.3 金刚石地质钻头的尺寸

钻头尺寸主要指钻头磨料层的外径、内径和高度,其次还有钢基体尺寸和水路尺寸。

设计钻头的规格尺寸,需要考虑所用金刚石特性(类型、品质、粒度等)、结合剂胎体性能、岩石的研磨性及胶结状态、岩芯管的尺寸(对取芯钻头而言)。一般地,用于地质、冶金勘探钻头的规格较小,为 $\phi 28 \sim 91$ mm;煤田、水电钻头及地质大直径工程钻头有时用到较大规格,为 $\phi 46 \sim 220$ mm;磨料层外径必须比钢基体外径大 $1 \sim 2$ mm,磨料层内径应比岩芯管内径小 $1 \sim 2$ mm;磨料层高度一般为 $3 \sim 7$ mm,电镀大直径水电钻头的磨料层高度可用到 20 mm 甚至更高;若带过渡层,其高度一般为 $1 \sim 3$ mm;钢基体的壁厚设计与钻头规格、钻头种类、岩石性质、钻进深度有关,一般为 $2 \sim 10$ mm 不等;钻头总长度要视钻头种类、用途而定。

表 8-3 列出了地质类钻头的常用尺寸。

表 8-3 地质类金刚石钻头常用尺寸

| 钻头参数 | | 尺寸/mm | | | | | | | | | | |
|---|---|---|---|---|---|---|---|---|---|---|---|---|
| 公称直径 | | 28 | 36 | 47 | 60 | 75 | 91 | 110 | 130 | 150 | 170 | 200 | 220 |
| 磨料层外径 | | 28.5 | 36.5 | 47 | 60 | 75 | 91 | 110 | 130 | 150 | 170 | 200 | 220 |
| 磨料层内径 | | 17 | 21.5 | 29 | 41.5 | 54.5 | 68 | 93 | 113 | 132 | 149 | 179 | 200 |
| 钢基体外径 | | 27 | 35 | 45 | 58 | 73 | 89 | 108 | 127 | 146 | 168 | 196 | 218 |
| 钢基体内径 | | 22.5 | 29 | 38 | 51 | 65.5 | 81 | 96 | 114 | 136 | 152 | 180 | 202 |
| 水口数 | 表镶 | 2~4 | 2~4 | 3~6 | 6~8 | 8~12 | 8~14 | 8~10 | 12~14 | 14~18 | 20~24 | 22~26 | 24~28 |
| | 孕镶 | 3 | 4 | 4~6 | 8~12 | 10~14 | 12~16 | 12~14 | 16~20 | 18~22 | 24~28 | 26~30 | 28~32 |
| 总长度 | | 80 | 80、90、105 | 70、80、90、105 | 80、90、120、130 | 80、90、95、120、135 | 80、105、120、145 | 120、131 | 120、146 | 120、146 | 120、176 | 120、180 | 120、180 |

与金刚石钻头配套使用的扩孔器,其钢基体外径与钻头钢基体外径相同,两端车有等长度的反旋外螺纹,与钻头以及钻杆的内螺纹相铆接(早期也有使用焊接方法联接)。表 8-4 列出了常用扩孔器的主要尺寸。

表 8-4　常用金刚石扩孔器的主要尺寸

| 扩孔器参数 | 尺寸/mm | | | | | |
|---|---|---|---|---|---|---|
| 钻头公称直径 | 28 | 36 | 47 | 60 | 75 | 91 |
| 磨料层外径 | 29 | 37 | 47.5 | 60.5 | 75.5 | 91.5 |
| 磨料层宽度 | 6 | 8 | 10 | 12 | 12 | 12 |
| 磨料层轴向长度 | 20 | 25 | 25 | 30 | 30 | 35 |
| 磨料层条数 | 5 | 5 | 6 | 6 | 8 | 8 |
| 钢基体内径 | 21 | 27 | 36 | 46.5/48.5 | 60.5/62.5 | 78 |
| 一端外螺纹长度 | 18 | 30 | 30 | 40 | 40 | 40 |
| 总长度 | 80、120 | 120 | 120、160 | 140、160 | 140、160 | 140、160、170 |

## 8.3.2　金刚石油(气)井钻头的结构与尺寸

由于金刚石油(气)井钻头钻进更深、遇到的地层情况更复杂,除对钻进设备、钻杆质量、钻进技术和工艺要求更高外,对钻头的结构设计、尺寸、金刚石、结合剂、焊接材料等也有更高的要求。一般地,油(气)井钻头的规格要比地质类的大;油气勘探采用取芯钻头,油气开采多用全面钻进钻头(采用合理的中心圆窝结构,岩芯全部钻碎成岩屑,然后随冲洗液带上地表沉淀);水路系统除主水道外还有辅助水路;钻头部位尤其是唇面结构更复杂,既要求有合理的切削刃方向,同时要保证通水、排岩屑顺畅,要尽量减少冲洗液对唇部的冲蚀及其他不合理磨损。

油气勘探用取芯钻头的结构与地质类的基本相似,设计要求也差不多。常见的全面钻进钻头唇面形状见图 8-3,主要有双锥阶梯形、双锥形、"B"形、带波纹的"B"形等。双锥阶梯形适用于软到中硬地层,内锥角一般为 80°~90°;双锥形适用于破碎岩层、有硬夹层的中硬和中等研磨性的岩层,内锥角一般为 120°~130°或更大些,这与其钻进破碎岩层是匹配的。双锥形与双锥阶梯形一样,因有合适角度的内外锥面,可以起着稳定钻进的作用(角度的大小要合适,小了易卡岩芯,造成重复破碎岩芯;太大则易使钻具不稳定)。"B"形唇面是由内锥和圆弧面所组成,内锥角一般为 90°,其适用于硬岩层,"B"形唇面的钻头稳定性也很好;带波纹的"B"形唇面的内锥角一般大于 90°,为 90°~110°,其适用于硬到坚硬的地层。

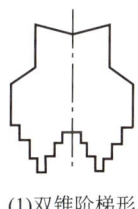　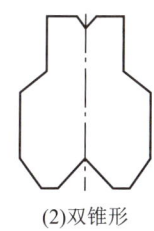　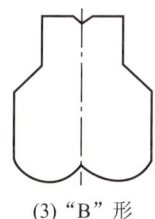　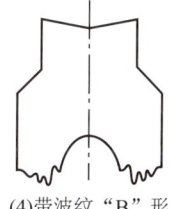

(1)双锥阶梯形　　(2)双锥形　　(3)"B"形　　(4)带波纹"B"形

图 8-3　油(气)井金刚石全面钻进钻头唇面形状

金刚石全面钻进钻头的中心圆窝结构起着扶正钻头和破碎钻头中心所形成的小

圆柱岩芯的作用。中心圆窝结构设计得不合理,很容易造成钻头的早期破坏。将钻头内唇面设计成特殊的内倾斜面,且在该内倾斜面上嵌入高品级金刚石,用以破碎岩芯柱。

金刚石全面钻进钻头的唇面水口结构常设计成放射形、螺旋形和憋压式,见图8-4。放射形水口制造较容易,使用时能较快地带走岩屑,能较好地冷却磨料层部位,一般用于软至中硬岩层;螺旋形水口常用于井下动力钻具的金刚石钻头,多做成反螺旋流道,以利于高转速下强迫冲洗液流过磨料层面,起到冷却作用;憋压式水口在钻头工作面上由高压水口和低压水口两部分组成,利用高低压水间形成的水压差,强迫冲洗液从高压水口流经金刚石工作层面再进入低压水口,从而有效清除岩屑和起着冷却磨料层的作用。它一般用于软至中硬地层的钻进。

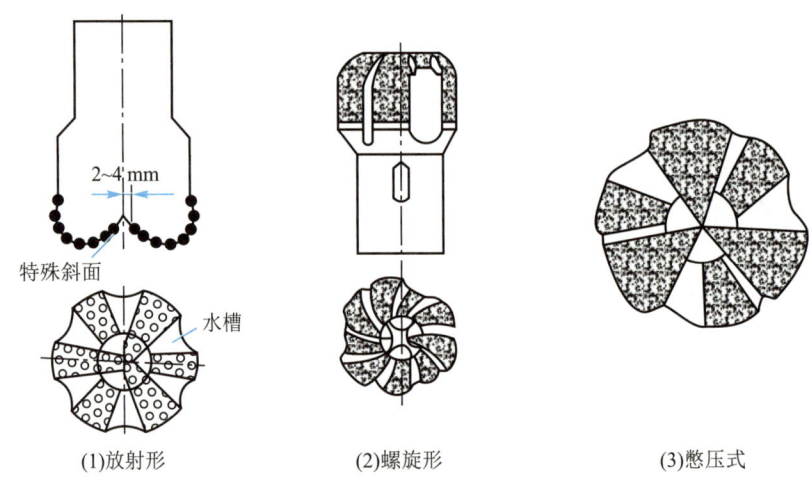

(1)放射形　　　(2)螺旋形　　　(3)憋压式

图8-4　油(气)井金刚石全面钻进钻头唇面水口结构

除设计唇面水口外,油(气)井金刚石全面钻进钻头一般还设计有底喷式水路以加强钻头部位的排屑和冷却效果。底喷式水口可设计成可卸换喷嘴、固定喷嘴或爪式水眼。底喷式水路的数量跟钻头规格、结构等有关,对常用 φ149.2~311.1 mm 规格的石油钻头,底喷水路数量为三到八不等。

钻头侧面水槽截面积大(水槽口宽而深、刀翼翼展大),冲水量大、冷却效果好,但压力降较小,适宜低压降的 PDC 钻头,宜用于软至中硬岩层和破碎性岩层的钻进;钻头侧面水槽截面积较小(水槽口虽多但窄而浅,刀翼翼展小),压力降大,但冷却效果要差些,适合孕镶钻头、表镶天然金刚石(或聚晶金刚石)钻头,宜用于中硬至硬的岩层的钻进或取芯。

PDC 全面钻进钻头镶嵌复合片的部位多为翼状隆起(刮刀式、肋条式、放射式),翼的数量从三到十几不等;翼的外形多采用抛物线形、圆弧形、短锥形、双锥形等,翼展很大;相对其他类型的钻头来说,水口和水槽较多,但较窄较浅。一般地,金刚石油(气)井钻头的工作层外径要比钻头钢基体外径大许多,这对大规格钻头在深井下工作是必要的。

石油钻头的规格较大,一般大于 φ120 mm(4-3/4″),大规格的甚至达到 φ660.4 mm(26″)。常用规格为 φ149.2~311.11 mm(5-7/8″、6″、8-1/2″、7-7/8″、9-1/2″、12-1/4″)。

值得一提的是:近些年发展起来的双中心石油金刚石钻头,是由相当于两个钻头的部分构成,一个是领眼钻头,另一个是扩眼钻头。领眼钻头在前部,其直径比取芯井眼的直径小,其先钻出一个较小的井眼,随后由扩眼钻头将井眼扩至合适的尺寸,这样做的好处是能提供更好的几何稳定性、增加钻进效率,特别适合于要求加扩的井段、提高固井质量的井段以及那些要求井眼质量好和较小降斜率的地层、要求进入硬夹层地层对金刚石磨损小的钻进场合、普通钻头易发生钻柱振动的直井钻进场合等。比如在墨西哥湾深海水域的一口井,几百英尺的取芯井段直径为 $\phi$215.9 mm,用了著名的 NQL 能源服务公司的一只 $\phi$269.99 mm×295.3 mm SRF+444 双中心钻头,该钻头以极好的稳定性一次性钻完了 $\phi$215.9 mm 的取芯井段,使之扩大到了 $\phi$295.3 mm,减少了一次起下钻的作业、降低了钻井成本。

### 8.3.3 金刚石工程钻头的结构与尺寸

金刚石工程钻头主要用于土建、水电工程的安装与施工,建筑工程完工后的打孔。金刚石工程钻头的规格为 $\phi$25 mm(1″)~700 mm(28″)不等,最大直径已做到 $\phi$1 220 mm(48″)。常用规格在 $\phi$25 mm(1″)~356 mm(14″),具体见表 8-5。

表 8-5 常用金刚石工程钻头基本尺寸

| 钻头公称直径 | | 刀头参数 | | 基体尺寸/mm | | |
|---|---|---|---|---|---|---|
| 毫米 | 英寸 | 长度×厚度×高度(mm) | 刀头数 | 外径 | 壁厚 | 长度 |
| 25 | 1″ | 15×3.5×10 | 3 | 25 | 2.2 | |
| 29 | 1-1/8″ | 15×3.5×10 | 3 | 28 | 2.2 | |
| 32 | 1-1/4″ | 15×3.5×10 | 4 | 30 | 2.2 | |
| 35 | 1-3/8″ | 15×3.5×10 | 4 | 34 | 2.2 | |
| 38 | 1-1/2″ | 15×3.5×10 | 4 | 37 | 2.2 | |
| 42 | 1-5/8″ | 20×3.5×10 | 4 | 40 | 2.2 | |
| 45 | 1-3/4″ | 20×3.5×10 | 4 | 43 | 2.2 | |
| 48 | 1-7/8″ | 20×3.5×10 | 5 | 46 | 2.2 | 150、250、300、350、400、450、500 |
| 51 | 2″ | 20×3.5×10 | 5 | 50 | 2.2 | |
| 57 | 2-1/4″ | 24×3.5×10 | 5 | 55 | 2.2 | |
| 60 | 2-3/8″ | 24×3.5×10 | 6 | 60 | 2.2 | |
| 63 | 2-1/2″ | 24×3.5×10 | 6 | 63 | 2.2 | |
| 70 | 2-3/4″ | 24×3.5×10 | 6 | 70 | 2.2 | |
| 76 | 3″ | 24×4.0×10 | 7 | 75 | 2.2 | |
| 80 | 3-1/8″ | 24×4.0×10 | 7 | 78 | 2.2 | |
| 83 | 3-1/4″ | 24×4.0×10 | 8 | 80 | 2.2 | |
| 89 | 3-1/2″ | 24×4.0×10 | 8 | 88 | 2.2 | |
| 102 | 4″ | 24×4.0×10 | 9 | 100 | 2.2 | |

续表 8-5

| 钻头公称直径 | | 刀头参数 | | 基体尺寸/mm | | |
|---|---|---|---|---|---|---|
| 毫米 | 英寸 | 长度×厚度×高度(mm) | 刀头数 | 外径 | 壁厚 | 长度 |
| 110 | 4-1/4″ | 24×4.0×10 | 9 | 110 | 2.2 | |
| 114 | 4-1/2″ | 24×4.0×10 | 10 | 115 | 2.2 | |
| 120 | 4-3/4″ | 24×4.0×10 | 10 | 120 | 2.2 | |
| 127 | 5″ | 24×4.0×10 | 10 | 125 | 2.5 | |
| 140 | 5-1/2″ | 24×4.0×10 | 10 | 138 | 2.5 | |
| 146 | 5-3/4″ | 24×4.0×10 | 11 | 144 | 2.5 | |
| 152 | 6″ | 24×4.0×10 | 12 | 150 | 2.5 | 150、250、300、350、400、450、500 |
| 159 | 6-1/4″ | 24×4.0×10 | 12 | 160 | 2.5 | |
| 165 | 6-1/2″ | 24×4.5×10 | 12 | 165 | 2.5 | |
| 178 | 7″ | 24×4.5×10 | 13 | 180 | 2.5 | |
| 203 | 8″ | 24×5.0×10 | 14 | 198 | 3.0 | |
| 229 | 9″ | 24×5.0×10 | 15 | 225 | 3.0 | |
| 254 | 10″ | 24×5.0×10 | 20 | 248 | 3.0 | |
| 280 | 11″ | 24×5.0×10 | 22 | 278 | 3.0 | |
| 305 | 12″ | 24×5.0×10 | 24 | 298 | 3.0 | |
| 330 | 13″ | 24×5.0×10 | 24 | 328 | 3.0 | |
| 356 | 14″ | 24×5.0×10 | 24 | 348 | 3.0 | |

金刚石工程钻头常用连接螺纹为内螺纹 5/8″-11（较小规格、干钻、北美用得多）和 1-1/4″-UNC7，此外也有用外螺纹 1/2″-GAS。

一般地，金刚石工程钻头多采用先热压做成金刚石弧形节块，然后间隔高频焊接或激光焊接到钢基体一端的环形弧面上；φ70 mm 以下金刚石钻头的做法较灵活，既可先做成节块（包括皇冠型节块）再焊接，还可以与钻杆连接头整体热压（预留水口或整环状），再将其与钻杆通过氩弧焊接等方式连接起来。

金刚石工程钻头也可以用钎焊法制造，即在钻杆工作部位或独立的节块基体上钎焊一层无序或有序金刚石，独立做的钎焊节块还需高频焊接或激光焊接到钻杆上，形成工程钻孔用金刚石钻头。钎焊金刚石工程钻头多用于追求效率、不要求寿命的场合。

目前，采用有序法制造金刚石工程钻头是个趋势，即将结合剂金属粉末冷压成片，再规则性排布金刚石，然后将粉末压片叠合起来热压成钻头节块并焊接到钻杆上。有序金刚石工程钻头钻进效率高、寿命较长，非常适合钻进钢筋混凝土、老混凝土等。

金刚石工程钻头节块形状主要为一般弧形，也有其他形状，如扇形弧形、顶面山顶弧形、顶面山凹弧形、顶面波浪弧形、侧面涡轮形、顶面山顶侧面涡轮形、顶面波浪侧面涡轮形、单向水口皇冠形、双向水口皇冠形。

扇形弧形节块、皇冠形节块适合φ51 mm以下小规格工程钻头;涡轮形节块对提高锋利度、排屑有好处;带山顶、山凹钻头节块对定位、提高锋利度有好处;带波浪节块对开始钻进时的出刃、提高锋利度有好处。

## 8.3.4 金刚石石材钻头的结构与尺寸

金刚石石材钻头主要用于石材、地板砖、陶瓷等的打孔。金刚石石材钻头的规格多为φ6~120 mm,常规长度为70 mm。具体见表8-6。

表8-6 常用金刚石石材钻头基本尺寸

| 钻头公称直径 | | 刀头参数 | | 基体尺寸/mm | | |
|---|---|---|---|---|---|---|
| 毫米 | 英寸 | 长度×厚度×高度(mm) | 刀头数 | 外径 | 壁厚 | 长度 |
| 6 | | H10,V型 | 1 | 5 | φ2 孔 | |
| 8 | 5/16″ | H10,V型 | 1 | 7 | φ3 孔 | |
| 10 | 3/8″ | H10,V型 | 1 | 9 | φ3 孔 | |
| 12 | | H10,V型 | 1 | 11 | φ4 孔 | |
| 16 | 5/8″ | T3×H10,皇冠型 | 1 | 15 | 2.0 | |
| 20 | | T3×H10,皇冠型 | 1 | 19 | 2.0 | |
| 25 | 1″ | T3×H10,皇冠型 | 1 | 24 | 2.0 | |
| 30 | 1-1/8″ | T3×H10,皇冠型 | 1 | 29 | 2.0 | |
| 32 | 1-1/4″ | T3×H10,皇冠型 | 1 | 31 | 2.0 | |
| 35 | 1-3/8″ | T3×H10,皇冠型 | 1 | 34 | 2.0 | |
| 38 | 1-1/2″ | T3×H10,皇冠型 | 1 | 37 | 2.0 | |
| 40 | 1-5/8″ | T3×H10,皇冠型 | 1 | 39 | 2.0 | 55~120 |
| 45 | 1-3/4″ | T3×H10,皇冠型 | 1 | 44 | 2.0 | |
| 50 | 2″ | T3×H10,皇冠型 | 1 | 49 | 2.0 | |
| 25 | 1″ | 15×3.0×10 | 3 | 24 | 2.0 | |
| 30 | 1-1/8″ | 15×3.0×10 | 3 | 29 | 2.0 | |
| 32 | 1-1/4″ | 15×3.0×10 | 4 | 31 | 2.0 | |
| 35 | 1-3/8″ | 15×3.0×10 | 4 | 34 | 2.0 | |
| 38 | 1-1/2″ | 15×3.0×10 | 4 | 37 | 2.0 | |
| 40 | 1-5/8″ | 15×3.0×10 | 4 | 39 | 2.0 | |
| 45 | 1-3/4″ | 20×3.0×10 | 4 | 44 | 2.0 | |
| 50 | 2″ | 20×3.0×10 | 5 | 49 | 2.0 | |
| 55 | 2-1/4″ | 20×3.0×10 | 5 | 54 | 2.0 | |
| 60 | 2-3/8″ | 20×3.0×10 | 6 | 59 | 2.0 | |

续表 8-6

| 钻头公称直径 | | 刀头参数 | | | 基体尺寸/mm | | |
|---|---|---|---|---|---|---|---|
| 毫米 | 英寸 | 长度×厚度×高度(mm) | 刀头数 | 外径 | 壁厚 | 长度 |
| 65 | 2-1/2″ | 20×3.0×10 | 6 | 64 | 2.0 | |
| 70 | 2-3/4″ | 20×3.0×10 | 6 | 69 | 2.0 | |
| 75 | 3″ | 20×3.0×10 | 7 | 74 | 2.0 | |
| 80 | 3-1/8″ | 20×3.0×10 | 7 | 79 | 2.0 | 55~120 |
| 90 | 3-1/2″ | 20×3.0×10 | 8 | 89 | 2.0 | |
| 100 | 4″ | 20×3.0×10 | 9 | 99 | 2.0 | |
| 110 | 4-1/4″ | 20×3.0×10 | 9 | 109 | 2.0 | |
| 120 | 4-3/4″ | 20×3.0×10 | 10 | 119 | 2.0 | |

金刚石石材钻头的连接方式：直杆 $\phi8$ mm、$\phi10$ mm、$\phi12$ mm($\phi20$ mm 以下钻头用，也叫铅笔钻)；内螺纹 5/8″-11(北美用得多)、M14(欧洲用得多)；外螺纹 1/2″-GAS(欧洲用得多)。

金刚石石材钻头节块形状与工程钻的相同；此外，更小直径(4~12 mm)石材钻多做成整体的 V 形节块(V 形口对应钻杆中心孔，以便通水)。

金刚石石材钻头也可以用钎焊法制造，适合于较软大理石、石灰石的高效钻进。

为追求高效钻进，也采用有序法制造金刚石石材钻头。

为减少钻杆内外侧壁的磨损，方便岩芯脱离，有时会在钻杆内外侧电镀或钎焊多块金刚石保护(条)块。

## 8.4 金刚石钻头一般制造工艺

金刚石钻头的制造方法主要有热压法和浸渍法(可用于孕镶金刚石钻头和表镶金刚石钻头的制造)，以及镶焊法、压铆法(多用于表镶金刚石钻头制造)；也有电镀法、钎焊法。

### 8.4.1 原材料

金刚石钻头的原材料主要有金刚石、金属结合剂、钢基体以及镶焊材料。

#### 8.4.1.1 金刚石

钻头用金刚石的类型较多，有天然金刚石、人造金刚石单晶、金刚石聚晶以及复合片。

1) 天然金刚石的选择

(1) 品质的选择　优质天然金刚石一般用于制造钻进要求较高的地质类钻头、石油钻头，或是用来做表镶钻头，或是表镶强化钻头要求耐磨的部位(如内锥面、边刃面)；品质较差的天然金刚石也可用于制造普通孕镶钻头和扩孔器。

一般地,好的天然金刚石用于钻进坚硬、耐磨的岩层,品级稍差的用于钻进较软、弱研磨性岩层;另外,在一个钻头的不同部位,应根据磨损情况的不同选用不同品级的金刚石,都用一样品级的金刚石反而会产生耐磨性的不适应。通常边刃受力最为恶劣,底刃次之,侧刃主要起保径作用,故边刃应采用质量最好、颗粒较大的椭圆形金刚石。表8-7为美国国家矿务局推荐的钻头用天然金刚石情况。

表8-7 不同品级天然金刚石在钻头底刃上的应用

| 天然金刚石品级分类 | | 在钻头上的用途 |
| --- | --- | --- |
| 等级 | 等级代号 | |
| 最优级 | Premium | 全面或取芯钻头,钻进特硬或坚硬岩层 |
| 特级 | AAA | 全面或取芯钻头,钻进硬或坚硬岩层 |
| 优级 | AA | 普通钻头,钻进中硬岩层 |
| 标准级 | A | 普通钻头或扩孔器,钻进软地层 |
| 低级(细碎粒) | C | 制造普通孕镶钻头或扩孔器 |

(2)粒度的选择 需据所钻进岩层的硬度、研磨性和完整性以及钻头的制造方式、直径大小来合理选择天然金刚石的粒度。

一般的选择原则:希望所用金刚石的粒度为岩石颗粒尺寸的2~4倍。表镶金刚石钻头或岩层软(软至中硬),应选择粗粒度的金刚石;孕镶金刚石钻头或岩层硬(硬至坚硬),应选择较细粒度的金刚石;扩孔器也应选择粗粒度的金刚石。表镶金刚石钻头采用的天然金刚石粒度范围为10~100粒/克拉,常用粒度一般为25~50粒/克拉,参见表8-8;孕镶式金刚石钻头多采用40/45~80/100的粒度,但实际应用中多是选用较高品级的人造金刚石。表镶扩孔器所用天然金刚石的粒度要比相应的表镶钻头用金刚石粒度粗,为15~30粒/克拉;孕镶扩孔器所用金刚石可与对应孕镶钻头的金刚石粒度相同。

表8-8 表镶钻头常用天然金刚石粒度及适用范围

| 金刚石粒度<br>/(粒/克拉) | 适应岩层 | |
| --- | --- | --- |
| | 硬度等级 | 岩层情况及举例 |
| 10~20 | 6级以下 | 软质、弱研磨性、细颗粒岩层,如泥灰岩、页岩、珍珠岩、千枚岩 |
| 20~30 | 7 | 软至中硬、较弱研磨性、较细颗粒岩层,如大理岩、蛇纹岩、橄榄岩 |
| 30~40 | 8 | 中硬、中等研磨性、中等颗粒岩层,如白云岩、石灰岩、云母片岩 |
| 40~60 | 9 | 硬、较强研磨性、较粗颗粒岩层,如片麻岩、闪长岩、角闪岩、硅卡岩 |
| 60~100 | 10级以上 | 坚硬、较强研磨性、中粗颗粒岩层,如花岗岩、斑岩、石英岩 |

注:对破碎性岩层以及研磨性特高的岩层,应该采用孕镶式金刚石钻头。

(3)密度或浓度的选择 对天然金刚石的分布密度或浓度也有一定的要求。表镶金刚石钻头,用金刚石在胎体表面的分布密度表示,单位为粒/$cm^2$;孕镶金刚石钻头,金刚石的用量用浓度表示;金刚石钻头和扩孔器的金刚石用量与岩石性质、产品直径、金刚石品质、粒度、镶入方式、镶入部位、钻头唇面工作面积、制造工艺等有关,一般地,钻进软质、弱研磨性、细颗粒岩层的钻头金刚石用量可少些,钻进硬或较强研磨性岩层的钻头金刚石用量就应多些,钻进坚硬而致密的岩层反而需用较少量的金刚石,这样有利于提高每颗金刚石的破岩压力;孕镶钻头应比表镶钻头适当多用些金刚石;金刚石钻头的边刃(底刃与侧刃的交界部位)是使用条件最为恶劣的地方,金刚石要用高品质、较粗粒,金刚石的量要用得大些;通常,天然金刚石的分布密度一般为 15~50 粒/cm$^2$,孕镶金刚石的浓度一般为 50%~100%,具体见表 8-9 和表 8-10。

表 8-9 表镶钻头用天然金刚石密度的选择

| 金刚石粒度/(粒/克拉) | 平均分布密度/(粒/cm$^2$) | 适应的岩层 |
| --- | --- | --- |
| 15 | 16 | 7 级以下弱研磨性岩层 |
| 25 | 21 | 8~9 级弱研磨性岩层 |
| 40 | 28 | 8~9 级中等研磨性岩层 |
| 55 | 33 | 8~9 级较强研磨性岩层 |
| 75 | 39 | 硬或强研磨性岩层 |
| 100 | 44 | 硬或强研磨性岩层、含少量破碎岩层 |

表 8-10 孕镶钻头用金刚石浓度的选择

| 金刚石浓度 | | 44% | 50% | 75% | 100% |
| --- | --- | --- | --- | --- | --- |
| 适应岩层 | 硬度 | 硬-坚硬 | 中硬-硬 | 中硬-硬 | 硬-坚硬 |
| | 研磨性 | 弱研磨性 | 中等研磨性 | 中等研磨性 | 强研磨性 |

(4)排列方式的选择 对表镶金刚石钻头来说,金刚石在钻头上的排列方式会直接影响钻进的效率和钻头寿命,其与岩石特性、钻头唇面结构、水路结构、金刚石分布密度等有关。

排列的一般原则:要求唇面上的金刚石能较充分地覆盖住孔底工作面,工作时旋转等距同心圆上金刚石颗粒要有一定的重叠(一般要求重叠 1/3,软的岩石可重叠 15%~30%,不重叠或重叠太少则胎体上必然要出现沟槽,这不利于钻头的使用),保持各部位上金刚石的磨损程度尽量趋于一致,有利于排粉、冷却和提高机械钻速。

金刚石常用的排列方式有放射状、脊状(等距排列)、螺旋状。参见图 8-5。

放射状排列是指金刚石分布在钻头旋转等距同心圆与等角度放射线的交点上,相邻同心圆上金刚石相互对称错开。放射状排列的特点是钻头内外刃的金刚石粒数相等,但外刃金刚石颗粒间的间距大于内刃金刚石间距,这就使得外刃易磨损。放射状排列比较简单、方便,适合不太硬(如 5~7 级软至中硬)岩层的钻进。

脊状排列是指金刚石分布在旋转等距同心圆与等距系列水口平行线的交点上,各同心圆上的金刚石颗粒间距相等,这样的话,外刃金刚石颗粒的数量比内刃的多。这种脊状排列使得每颗金刚石工作负荷基本相同,适用于钻进均质的岩层。

螺旋状排列是以钻头的半径 $R_c$ 的 1/2(即 $r$)为半径做基圆,将基圆分成若干等份(等

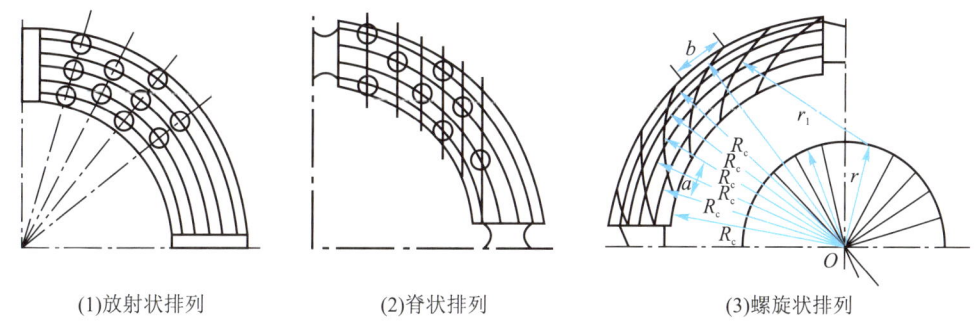

(1) 放射状排列　　　　(2) 脊状排列　　　　(3) 螺旋状排列

图 8-5　表镶钻头的几种金刚石排列方式

份数量等于金刚石的组数），然后以 $r_1 = 2/3R_c$、以基圆等分点为圆心画圆，则形成了若干螺旋线。一组的金刚石等距离分布在螺旋线上。这种排列使得钻头唇面上靠外侧的金刚石较密，加强了外侧的耐磨性，同时排粉和冷却效果也好。适合于 7~9 级中硬至硬的岩层。

（5）出刃量的选择　金刚石的出刃是指表镶时金刚石高出胎体的高度。出刃高则钻进效率高，有利于破碎岩石，但金刚石易崩刃和掉粒；出刃低则情况正好相反。出刃大小要根据岩石的性质和金刚石颗粒的大小来定，一般地，在钻进软至中硬岩层时，宜用粗颗粒金刚石和较高的出刃；钻进硬或研磨性强的岩层要用细颗粒金刚石和较低的出刃；而钻进破碎、裂隙岩层应该用最低的出刃。总的说来，金刚石的出刃量在其粒径的 1/8~1/3 较为合适。

2）人造金刚石单晶的选择　人造金刚石单晶多用于制造孕镶钻头。在选择钻头用人造金刚石单晶时，需要结合钻头的结构、种类、加工对象、结合剂胎体的性质、使用条件等来考虑。一般地，岩石越硬、研磨性越大、岩石颗粒越细，或是钻进断裂性地层时，金刚石的品质就要越好（MBD10 及以上）、颗粒要细（50/60~80/100），如果是采用人工排列，最好排成同心圆状；钻进粗糙、粒粗的硬岩石以及软至中硬岩层时，宜用较粗（35/40~50/60）、品质较好（MBD6~SMD）的金刚石，并且最好施行定向排列，这样金刚石的出刃高、排粉间隙大，有利于岩屑的及时排除和金刚石的冷却；钻进混凝土特别是含钢筋混凝土用钻头的金刚石品质要好（SMD 以上）、粒度要粗（40/45~50/60）、浓度要高；对要求高效的孕镶钻头，为匹配高耐磨性的胎体，金刚石品质应好（SMD 以上）、粒度要粗（50/60）；金刚石扩孔器的金刚石品质可用一般（MBD 系列），但粒度要细（70/80~100/120）。

为提高钻头的耐磨性、保持唇面形状、保径及防止钻头胎体拉槽，有时需要采用粗细混合粒金刚石同时使用，也可以加更细粒度的 CBN。

金刚石钻头用金刚石浓度一般在 40%~100%。金刚石浓度过高时，易造成结合剂胎体对其包镶不牢，反而降低了钻头的耐用性，同时胎体也易碎裂；浓度过低，则金刚石切削刃少，单粒金刚石磨损快，还可能造成孔底岩石得不到全面的刻取，影响了钻头的寿命和效率。另外，对粗粒度的金刚石，宜采用较高浓度和表面镀覆，这是因为钻头使用时有很大的冲击性，这样做可减少金刚石的非正常脱落。一般地，钻进中硬至坚硬的中等研磨性岩层时，钻头的金刚石浓度应稍高些；钻进硬至坚硬的弱研磨性岩层时，金刚石浓度应低些;钻进硬至坚硬的强研磨性岩层时,钻头的金刚石浓度应用得更高些。

对于孕镶金刚石钻头,如何做好保径是个很重要的问题。孕镶金刚石钻头在钻进时的磨损有三个不同的阶段:第一阶段,钻头胎体的内环、中部、外环三个不同部位的磨损基本趋于一致;第二阶段,内环、外环的磨损明显增加;第三阶段,内、外环磨损的速度渐趋缓慢。因此,要对钻头内、外环部位施行保径。孕镶金刚石钻头的保径材料可选用小块状硬质合金、人造金刚石聚晶、天然金刚石、金刚石复合片等,以使用金刚石聚晶为最佳。保径材料一般安排在过渡层与金刚石层的交界处,同时要注意,不要让内环、外环上放置的保径材料处在同一径向线上,以免使钻头结合剂胎体发生张力裂纹。

3)金刚石聚晶和复合片的选择　我国生产的用于钻头的金刚石聚晶,主要有圆柱形、三角形和方形,后二者具有更好的切削刃,因而需注意镶嵌形式。小规格聚晶用于钻头的保径(有时与天然金刚石单晶、硬质合金块等混用)和钻进较硬的研磨性地层;大规格聚晶只用于切削,多用于软质、弱研磨性岩层的钻进。一般地,钻头的唇面面积大、水口少或水口面积小、聚晶规格小,则所需要的聚晶数量就多。大规格圆柱形聚晶宜采用斜镶(圆柱轴与唇面平行),小圆柱形聚晶可采用直镶(轴与唇面垂直);三角形和方形聚晶可采用径向(聚晶一侧平面正对着切向)镶焊和切向(聚晶一棱向着切向)镶焊,以后者更为普遍,钻削效果更好。所用聚晶规格、精度、磨耗比、冲击韧性等要求,均按标准 JB/T 3233—2012 和 JB/T 6084—2007。

钻头用金刚石复合片一般为圆片状,直径规格为 8~40 mm 不等,常用直径规格为 10~20 mm。钻头用金刚石复合片的多晶金刚石层厚度一般为 0.5~1.5 mm,硬质合金衬底层厚度多在 3~12 mm。金刚石复合片钻头的使用效果主要取决于复合片的性能。因此,要求复合片的抗冲击性要好、耐磨性和耐热性要高、复合层结合要牢固。目前,国内金刚石复合片的耐磨性可以做到磨耗比 40 万,这与国际上高品质复合片的水平相差不大。金刚石复合片的耐热性是指在空气或保护气氛中加热,耐磨性基本保持不变所能承受的温度与相应的时间。复合片在应用过程中一般要经受两次受热,一是制造钻头时,需要加热将其焊接(冷铆时除外)固定到钻头钢基体上,再就是钻进时钻头破碎岩层所产生的热量与地下高温对金刚石复合片的热作用。一般地,金刚石复合片的耐热性比较差,通常不希望温度超过 700 ℃。故在制造金刚石复合片钻头时多采用较低温度的高频感应加热或钎焊技术,最好采用熔点低于 700 ℃ 的银钎焊接材料,焊接的时间不要超过 1 min,如果温度过高或焊接时间过长,其产生的热应力易使复合片出现裂纹、分层。金刚石复合片的抗冲击强度是指其承受载荷时不崩刃、不分层、不破裂的能力。其测定方法多是将复合片制成车刀,用于车削带轴向沟槽的标准花岗岩棒料,用车刀刚开始发生崩刃、分层、破裂时所经受的冲击次数来反映。目前国内金刚石复合片的抗冲击性还有待提高。一般地,耐磨性稍低、抗冲击性一般的金刚石复合片;适合用于钻进破碎性和中硬地层;耐磨性高但抗冲击性稍差的复合片,适合制造钻进强研磨性地层的钻头。

金刚石复合片钻头的钻岩机制类似于铣刀的切削作用,主要靠金刚石多晶层对岩层的切削与剪切,金刚石复合片多晶层中的微细金刚石颗粒不断出露,始终保持了锋利的切削刃;而金刚石聚晶表镶钻头则是通过金刚石挤压与微小切削来破碎地层。很显然,复合片的切削与剪切作用要比聚晶的挤压作用对钻进地层更加有效,故金刚石复合片钻头具有低钻压、高钻速、进尺快、重量轻、寿命长的特点。复合片钻头可用于软至中硬地层,如表土层、泥灰岩、软页岩、盐岩、硬石膏、砂岩、黏土岩、石灰岩、硬页岩等。油田地层80%以上属于软至中硬地层,故用于石油钻井的金刚石复合片钻头占有很重要的地位。当然,金刚石复合片也可用于制造地质钻头和煤田钻头。

制造金刚石复合片钻头时,需要考虑合理的排列和出刃。根据钻头直径大小和复合片的尺寸可采用单环或多环排列,同样也需注意旋转时金刚石复合片要相互重叠;还有,钻头上的金刚石复合片组数不能少于3组;镶焊时要注意复合片切削角和径向角。切削角也叫纵向前角,有适当的切削角,有利于保护复合片的切削刃和提高钻速,一般取切削角为$-5°\sim-25°$;径向角也称横向前角,是复合片向后偏离径向的角度,它的作用主要是为了加强机械清洗,防止钻头"泥包",有了径向角就可以使岩屑向外滑移,径向角常为$5°\sim10°$。金刚石复合片的出刃高度多为$1\sim3$ mm。

### 8.4.1.2 金属结合剂

金属结合剂配方决定了胎体的性能。结合剂胎体的性能对金刚石孕镶钻头质量的影响很大。孕镶金刚石钻头在工作时,当钻头与岩石接触后,在轴向压力和回转力的作用下,金刚石开始破碎岩石,在岩石被破碎的同时,金刚石和结合剂胎体也被岩石和岩屑磨损,磨钝的金刚石及时脱落,新的金刚石刃又重新出露并继续破碎金刚石,如此直至钻头用完。因此,孕镶钻头对结合剂胎体性能的要求十分严格,不仅要求它能将金刚石牢牢包镶住,还要求它能与钢基体结合牢固。另外,还要求胎体具有足够的抗压和抗冲击强度,以适应钻进时孔底的复杂受力状态和所钻岩石特性。胎体的耐磨性必须与所钻岩石的性质(硬度、致密程度、研磨性、均质程度、裂隙程度等)相适应,使得在钻进过程中,结合剂胎体的磨耗略超前于金刚石的磨耗,这样才能实现钻头钻进过程中的不断自锐;如果胎体磨耗过快,会造成金刚石过早脱落或破裂,这说明岩石的耐磨性强而结合剂胎体不耐磨,虽然能获得一定高的钻速,但钻头寿命过短,使得钻进成本显著增加;如果结合剂胎体磨损过慢,会使得磨钝的金刚石难以脱落和使新的金刚石不易出刃,这表明岩石的研磨性弱而设计的胎体耐磨性偏高,致使钻进过程中,钻头会出现"打滑"现象,即不进尺。因此,在设计钻头用结合剂时,需要深入了解岩石的性质,力求使结合剂胎体的性能与所钻岩石的性质相匹配。表8-11列出了钻头结合剂胎体性能与所钻进岩石性质的对应关系。

表8-11 钻头结合剂胎体性能与岩石性质的对应关系

| 胎体性能 | | | 适应钻进的岩层 |
| --- | --- | --- | --- |
| 硬度等级 | 硬度(HRC) | 耐磨性 | |
| 特软 | 10~20 | 低 | 坚硬、致密、弱研磨性的岩层 |
| 软 | 20~30 | 低、中 | 坚硬、致密、弱研磨性的岩层;坚硬、中等研磨性岩层 |
| 中软 | 30~35 | 低、中 | 硬、弱研磨性的岩层;硬、中等研磨性岩层 |
| 中硬 | 35~40 | 中高 | 硬、中等研磨性的岩层;中硬~软、中等研磨性岩层 |
| 硬 | 40~45 | 高 | 硬、强研磨性的岩层;中硬~软、强研磨性岩层 |
| 特硬 | >45 | 高 | 硬~坚硬、强研磨性岩层;硬脆的破碎性岩层 |

钻头用金属结合剂的成分主要由两个部分组成。一是作为骨架的高熔点材料,其形成了胎体的硬质点,使胎体具有高的硬度和耐磨性,在高温下保持胎体的形状和不让金刚石产生错动。骨架材料一般多采用WC,其对金刚石的侵蚀性小,与很多金属特别是铜基黏结相具有良好的润湿性并形成高硬度、高耐磨性、高强度的假合金。有时也加少量的 YG8、TiC、Co、Ni 等材料。二是黏结金属,其作用是在烧结过程中形成液态合金,充填在骨架材料的间隙中间,且能溶解少量骨架材料,将金刚石、骨架黏结为一体,形成了机械混合的假合金,使得胎体具有一定的强度和韧性。黏结金属一般为多元混合粉料或预合金粉料。目前多采用铜基合金粉料,再加 Co、Ni、Mn、Cr、Ag、Sn、Zn 等粉末材料,其中 Co、Ni、Mn、Cr 的加入还会提高钻头胎体对钢基体的黏结强度。但要注意,因一般钻头金属结合剂的烧结温度高(900~1 100 ℃),在这样的高温下,Fe(元素)能对金刚石产生强烈的侵蚀作用。

#### 8.4.1.3 钢基体

一般的地质类金刚石钻头、工程钻头、扩孔器,其钢基体可用碳钢材料,如 45# 钢,可用无缝厚壁钢管或圆钢来加工。对直接整体热压或浸渍的钻头,为加强钢基体与金属结合剂胎体的结合强度,使钻头能够承受钻进过程中产生的扭力和冲击力,可将钢基体与胎体的结合部位做成燕尾齿状或开槽,以此来增加结合剂胎体与钢基体之间的接触面积和机械镶嵌力,确保钻进时胎体不会脱落;另外,在钢基体的连接部位镀上一薄层铜层(厚度 10~20 μm)可使浸渍或热压后的结合剂胎体与钢基体间形成牢固的结合。

石油金刚石钻头钻进的地层复杂、进尺深、钻压不稳定、钻头接触面积大、承受较强烈的冲击和磨损作用,故希望钻头钢基体既具有坚硬耐磨的表层,又有适当韧性的内里。为达到这个要求,钢基体材料可采用经淬火处理的低碳含量渗碳钢或碳氮共渗钢,如 25Si2Mn2MoV(最常用)、20CrMnTi、20Cr2Ni4 等。石油金刚石钻头钢基体与金刚石的结合部位较复杂:表镶聚晶、复合片时需要先在钢基体上铣出规定的脊翼,再在脊翼、内锥侧的适当部位打孔,以便布金刚石材料,同时钻好水眼;孕镶钻头需加工出规定要求的钢基体结合部;为增加结合强度,最好也在钢基体结合部位镀铜。

### 8.4.2 制造工艺

金刚石钻头的制造方法有很多,最早采用的是手工镶嵌法,即在一个软的钢基体上事先打上小孔,通过过盈配合镶嵌若干粒大颗粒天然金刚石,要求金刚石颗粒每粒重量达 1~4 克拉。后来又发展了青铜浇注法及粉末冶金法(包括热压法和浸渍法)。目前,在制造金刚石聚晶钻头和复合片钻头中,有时要采用冷铆法制造,其仍然等同于早期的手镶法;利用加入强碳化物形成元素的钎焊制造法仍有当年采用青铜浇注法制造钻头的影子。目前普遍采用的钻头制造方法是热压法和浸渍法,其中浸渍法还包括无压浸渍法和冷压浸渍法。

#### 8.4.2.1 热压法制造金刚石钻头

热压法制造金刚石钻头是一种典型的粉末冶金工艺,是从 20 世纪 50 年代开始逐渐应用的。热压法制造钻头的工艺特点:结合剂粉末的压制和烧结过程同时进行,因此所用的压力和烧结温度比一般工艺(包括浸渍法)都要低;热压后的结合剂胎体对金刚石

(包括单晶、聚晶或复合片)能形成牢固的镶嵌,同时也能牢固黏结住钢基体,这对保证钻头的安全使用十分重要;热压时间较短,可以减小高温对金刚石的不利影响;由于热压金刚石钻头多采用石墨模具,石墨材料在热压过程中本身要发生氧化生成 CO,CO 能有效防止空气对金属结合剂和金刚石的氧化,故在采用电阻热压机或中频热压炉热压制造金刚石钻头时不需要采用保护气氛。当然,若能采用保护气氛或是在真空条件下热压效果会更好。

利用热压法可以整体制作孕镶金刚石钻头和表镶金刚石钻头,也可以先热压出金刚石节块再焊接成钻头,这在制造金刚石工程钻头上用得很普遍。

1)工艺流程 这里主要是针对整体制作孕镶金刚石钻头而言的,见图 8-6。对节块式金刚石工程钻头,基本工艺过程与孕镶钻头整体制造工艺相同,对于热压法制造表镶金刚石钻头,要事先在石墨模具相应位置上钻眼,再将金刚石材料用胶黏结于眼中(眼的深度要合适,因此深度即是钻头中金刚石材料的出刃高度),然后再装结合剂料施行热压。

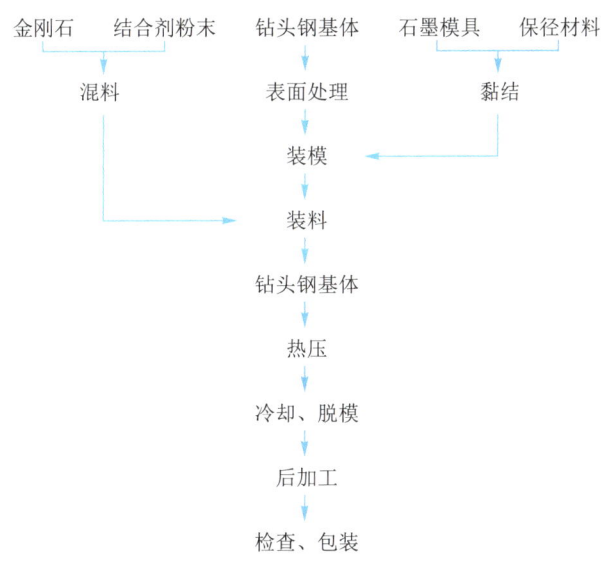

图 8-6 热压法制造孕镶金刚石钻头工艺流程图

2)结合剂配方 热压法制造金刚石钻头的结合剂多为碳化钨基配方。骨架相多采用 WC,也有加入一定量的 YG8 或 TiC,它们也是起骨架耐磨相作用;有时为使结合剂配方适应钻进不同地层,还加入适量 W 以调节结合剂胎体与金刚石的适应磨损性;虽然骨架相含量多会使结合剂胎体硬度和耐磨性提高,但同时胎体的强度下降、脆性增加,这会造成钻头使用时的安全隐患。故一般骨架相含量多在 30wt%~70wt%;黏结相多用铜基合金,一般为 663 青铜合金粉,也有用铜锡合金粉如 Cu85Sn15;在黏结金属中,一般还要加 Co、Ni、Mn、Cr,目的是提高结合剂胎体耐冲击强度及对钢基体的黏结强度,Ni 的加入能明显提高胎体的抗弯强度和硬度。一般地,Ni 的加入量不超过 20%,Co、Mn 的加入量不超过 5%;为提高结合剂胎体的硬度,在合金黏结相和电解铜粉混合粉末黏结相中有时还加入适量 Sn,但加入量不宜过高,一般小于 5%,否则易使结合剂胎体变脆和高温热压时产生"跑料";为提高胎体的抗冲击性和强化黏结成分对骨架相和钢基体的黏结,有时也加适量 Zn 和 Ag。但 Ag 是贵重材料,只有在那些用于钻进特硬地层和复杂地层的金刚石钻头中才可能使用;为提高胎体的抗弯强度和硬度,对骨架相 WC,可采用粗、中、细粒度适当搭配(如粗粒 50%+中粒 30%+细粒 20%)的方式,可获得较高的致密程度、抗弯强度和硬度。

下面列举一些热压金刚石钻头用结合剂配方:

a.WC55Co2Ni5Mn7Zn1(663)青铜 30
推荐:热压孕镶煤田地质钻头

b.WC58Co2Ni9Mn6(663)青铜 25
推荐:热压孕镶煤田地质钻头

c.WC60Co2Ni5Mn7Zn1(663)青铜 25
推荐:热压孕镶煤田地质钻头

d.W60Ni3Mo0.5Cu25Zn10.5
推荐:热压表镶聚晶钻头、工程钻头

e.W35WC35Ni2Cu18Sn2Zn8
推荐:热压表镶聚晶钻头、工程钻头

f.WC50Ni4Cu38Sn3Zn2Pb3
推荐:热压表镶钻头

g.WC30Co5Ni25Cu40
推荐:热压孕镶、表镶地质勘探钻头

h.WC40Co5Ni20Cu35
推荐:热压孕镶、表镶地质勘探钻头

i.WC50Co5Ni10Cu35
推荐:热压孕镶、表镶地质勘探钻头

j.WC40YG$_6$15Co3Ni7Mn5(663)青铜 30(此处 YG$_6$ 代指 YG6)
推荐:热压孕镶、表镶地质和油田取芯钻头

k.WC50Co5Ni10Mn2(FeP)合金 5Cu25Sn3
推荐:热压孕镶、表镶地质和油田取芯钻头

l.WC20YG$_6$50Ni2Mn8(663)青铜 20
推荐:热压孕镶、表镶地质和油田取芯钻头

m.W2C10 Co80Ag2Cu4(Cu70Sn30)合金 4
推荐:热压节块式钢筋混凝土工程钻头

据钻头规格、批量、水口结构尺寸、结合剂配方、金刚石情况计算出各组元的用量,准确称量后于不锈钢球磨机中混料。球料比取 2∶1 较为适宜;球磨筒的转速取 50~60 r/min 较为合适;干混 24 h,湿混则需要 48~72 h;结合剂料混好后取出球,然后才能加入金刚石(对孕镶钻头而言)混合,加金刚石后的混料时间可取 4~6 h;对表镶钻头,混好的结合剂料即可使用;混好的料过粗筛筛松,密封待用。

应该注意,在钻头钻进到坚硬致密的弱研磨性地层时,若钻进工艺或制造技术为常规性的,则钻头极易打滑,这种地层也因此被称为"打滑"地层。遇到这种岩层,除改进钻进工艺或钻头结构外,还可采用所谓"弱包镶"或"二合一"制造技术,"弱包镶"是指先在一部分金刚石磨料表面裹上一层弱包镶粉末,使其粒化,然后将其与结合剂胎体及一般金刚石一起均匀混合,再热压成钻头。这样制造的金刚石钻头在钻进"打滑"地层时,这部分弱包镶金刚石若出现在工作层表面上就会提前从结合剂胎体中脱落出来,脱下来的金刚石会磨损胎体,有利于正常的金刚石出刃,同时弱包镶金刚石脱落后会使钻头唇面变得粗糙,由此使得钻头能较好地自锐出刃;"二合一"型金刚石钻头是指在磨料层中引入其他结合剂(如软的金属结合剂)包镶的人造硬质颗粒(如碳化硅颗粒、微型玻璃球),让它们以一定形状(如柱状)有规律地分布在磨料层中一起热压成金刚石钻头,这样钻进时,这部分软结合剂中的人造硬质颗粒较容易从胎体中脱落,起了磨损包镶金刚石的结合剂胎体作用,从而达到提高钻头自锐能力和提高金刚石工作颗粒钻压的目的。

3) 工艺过程简介　可选用 45# 钢的无缝厚壁管或圆钢来加工成钻头钢基体,钢基体外径需设计得比石墨模腔内径要小,以免热压过程中钢基体受热膨胀而胀裂石墨模套,一般要留钻头直径 1% 余量;钢基体内径可按石墨模芯的基本外径来设计,但需要取正公差配合。加工好并除毛刺后,将钢基体涂上一层防锈油备用。

石墨模具一般要选用优质高纯致密石墨材料。钻头用石墨模具一般包括模套、模芯和底模三个部分,各部分的尺寸设计、精度设计及相互间配合关系,与钻头钢基体配合关系直接影响钻头的制造质量和能否制造成功。模套外径应大些,以增强其热压时的强度,一般取钻头直径的 1.8~2 倍;模套高度设计要考虑钢基体高度、钢基体被结合剂料包容部分的高度、钢基体进入模套及底模部分的高度、结合剂粉末料的压缩比(一般取 2.5~3.0)等,以便合理设计。模芯外径可按钻头内径尺寸设计但要加负公差以便于与钢基体配合,模芯与结合剂粉末层接触部位除设计成规定尺寸(比钢基体内径小,以形成钻头胎体小于钢基体内径的结构,这样钻头工作时不会让岩芯磨到钢基体内壁)外,还需根据水口要求设计出水口挡圈(也可先加工成槽,再插上水口挡圈并粘牢);若是热压表镶钻头,需根据金刚石材料尺寸及分布要求预先钻眼布点以便于粘放金刚石材料或保径材料;模芯高度的设计也要考虑到钢基体被结合剂料包容部分的高度、钢基体进入模套和底模部分的高度、结合剂粉末料的压缩比。底模外径一般与模套上设计的下沉口吻合,底模内径应比钻头外径设计得略大一些,即需考虑钢基体的膨胀、胎体的收缩、胎体部位比钢基体外径所要求的大出来的尺寸。此外,设计底模内壁及底部时,还需考虑水口要求及模芯装配要求,如果是制造表镶钻头,需在底模内壁及底部合适部位钻眼以方便黏结金刚石材料或保径材料。

对热压孕镶金刚石钻头,在清洗好钢基体和检查过石墨模具后,即可进行石墨模具组装:首先在石墨底模的底部画好水口线位置(若未加工插槽的话),再用有机胶粘好石墨水口挡圈;如果水口形状复杂,可用黏土调成泥状自行塑成所需形状,推荐一种配比,即长石 5.6%、高岭土 16%、碳酸钙 2.4%、石英 56%、硬脂酸锌 10%、固体石蜡 10%,然后按每 1 000 g 料加入液体石蜡 125 mL、甘油 83 mL、桐油 125 mL、棉花少许来塑形;根据保径要求在底模底部及模壁处粘上保径材料(指在底模底部黏结钻头唇部保径材料和在底模内壁及模芯外壁对应磨料层与过渡层交界处预先钻眼的位置上粘上保径材料);粘好模芯于底模上,就可以装磨料层料了。装磨料层料时要视水口的数量将其分成若干份,再投入模腔并轻摊平,注意不可带动保径材料。然后套上石墨模套,投入过渡层料、刮平、轻捣实,将钢基体小心套入(以模芯定位)并用锤轻敲紧钢基体;有时为使钻头产品不黏模和防止石墨模具严重氧化,可用酒精或丙酮调稀 HBN 来涂刷石墨模具各表面,也可以用铝氧粉加有机胶来涂抹模具外表面以增加模具的抗氧化性。

热压钻头的设备可为电阻热压机或中频热压炉,后者更适合制作钻头尤其是较大规格的金刚石钻头。将装好的模具放置于热压设备的下压砧中央部位,模具上下部位都要放置石墨垫块;施加上初压后即可通电加热,初压压力一般取 10 MPa,需预先换算成表压并调好,升到规定温度可将压力分 2 次送到终压(时间间隔以 0.5~1 min 为宜),最终压力一般取 35 MPa,如果碳化钨含量高,终压可以设计得大些,也是要事先算成终压表压并调到位;保温时间一般为 7~15 min,要视产品规格、热压设备、配方情况而定,一般地,产品规格大、胎体层厚,采用中频热压设备,结合剂中黏结相采用混合粉末,则热压保温时间应长些;保温结束后要求继续加压随炉冷却,直至低于 700 ℃ 以下方可出炉,要连同石墨模具一起放到石棉箱或盛满铝氧粉的箱子中自然缓冷,等到冷至室温方能取出钻头;同时清理好石墨模具以备下一次使用。应该指出,热压烧结金刚石钻头的工艺规范是否合理会直接影响钻头的质量和使用安全,各种工艺参数的确定是要相关技术人员事先做出大量的试验工作和钻进试验才能提出来的,尤其是烧结温度和时间,一般碳化钨基结合剂的热压温度都较高,如果再长时间保温就不利于金刚石性能的稳定,一般多采用高温短时热压工艺,再加上选用高品级金刚石和合适的热压压力,完全可以使烧结胎体达到性能要求。

热压好的钻头需先取下水口挡圈(一般设计成带有锥角,可以轻敲取下;石墨模芯也是设计成带有锥角,靠轻敲取下);清理净后检查钻头是否有变形、裂纹,钢基体接合部位是否黏结牢固;测水口处的硬度是否达到要求;检查合格后即可送机加工,一般是车外圆使其达到要求,再粗车基体内圆并留 0.5 mm 余量,车钢基体长度达到规定要求后再精车内圆至要求,车钻头连接端丝扣,然后以钢基体外圆为基准磨结合剂胎体的内、外圆面及端面(相当于修磨和开刃),再刨磨钻头水口;最后将钻头刻上相关标识,检验合格后即可包装入库。

对热压表镶金刚石钻头,制造工艺过程基本上与热压孕镶钻头的相同,只是金刚石材料需事先粘好。具体做法:事先按要求将作为钻头底刃、边刃、侧刃的金刚石挑拣好并做浑圆化处理;对其他金刚石材料也需按规定准备好;准备好保径材料;事先在底模底部和内壁、模芯外圆面上按规定排列方式钻出半圆孔用以放置金刚石材料,深度要符合金刚石出刃的要求;将底模和模芯上需要粘放金刚石的地方先涂上有机胶,再把金刚石黏附于小坑内,同时粘好内、外水口条和唇部水口块,粘好保径材料,然后小心黏结模芯,放置好石墨模套;很小心地装入结合剂胎体粉末料并刮平、轻压实,最后放上钢基体并轻轻压紧,即可送热压。

#### 8.4.2.2 浸渍法制造金刚石钻头

浸渍法包括无压浸渍法和冷压浸渍法制造工艺两种。无压浸渍法是指将结合剂中的骨架材料单独装入石墨模中并振实(对制造孕镶钻头或扩孔器,需事先将金刚石单晶与骨架材料混匀;另外需事先粘好水口条和保径材料),然后在模芯上端面(对制造扩孔器,需将黏结金属放在石墨模套内,从钢基体外侧下渗透到下方的骨架材料中)上放置好黏结金属和助熔剂,装好钻头钢基体后即可送入炉中烧结浸渍。在整个制造过程不施加外界压力,只是利用黏结金属熔化后渗入骨架材料孔隙中,从而实现对骨架、金刚石、钢基体的黏结。冷压浸渍法与无压浸渍法的区别在于冷压浸渍法事先将骨架材料(或含有混匀的金刚石单晶)装入钢模中于压机上冷压成形,然后再按上述无压浸渍法制造工艺过程进行钻头的烧结浸渍。应该说,冷压浸渍法中骨架材料孔隙要少,故随后渗入的黏结金属也少,胎体的硬度和耐磨性比无压浸渍法的更高。

浸渍法的优点是制造过程在一个经过精密加工的石墨模具中进行,可以借助于改变石墨模具的形状得到任何形状复杂(尤其对无压浸渍法)、尺寸精确的金刚石钻头或扩孔器,特别是无压浸渍法,由于不施加外压力,金刚石材料不易错位,同时胎体经浸渗后密度均匀,不发生明显的尺寸效应。

一般地,无压浸渍法适合制造表镶金刚石钻头以及扩孔器,当然也可以用于制造孕镶金刚石钻头;冷压浸渍法适合制造孕镶金刚石钻头,其制造出来的钻头硬度、耐磨性更高。

1)工艺流程　冷压浸渍法制造金刚石钻头的工艺流程,见图 8-7。对无压浸渍法制造金刚石钻头或扩孔器,是在粘好金刚石材料、保径材料、装好石墨模后,直接装好骨架材料并振实,以下工艺步骤基本与冷压浸渍法相同。

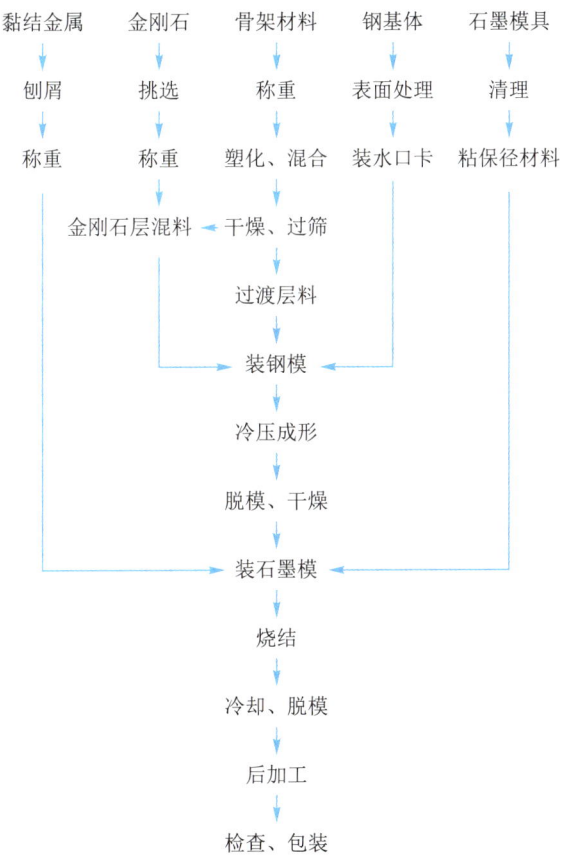

图 8-7　冷压浸渍法制造孕镶金刚石钻头工艺流程图

2)用料与计算

(1)金刚石材料　浸渍孕镶金刚石钻头、扩孔器所用人造金刚石单晶多为 MBD6~

SMD30,粒度为 40/45～80/100,浓度多用 75%～100%;表镶金刚石钻头、扩孔器多用金刚石聚晶,亦有用天然大粒金刚石,聚晶多采用圆柱状,尺寸多为 φ2～3.5 mm,磨耗比一般要求 20 万以上,热稳定性温度应大于 1 100 ℃。使用前最好对聚晶表面镀一层金属。

(2)骨架材料  用于浸渍法制造金刚石钻头、扩孔器的骨架材料主要有 $W_2C$、WC、YG6 以及 TiC、W、Ni、Mn、Si 等,常用 $W_2C$ 和 WC 搭配作为骨架材料。$W_2C$ 也称铸造碳化钨或米立特,有一定量 $W_2C$ 存在,可以明显增加浸渍后胎体的耐磨性;加入适量 Ni、Mn、Si 可以改善黏结金属对骨架相的浸润性黏结。一般地,骨架材料应采用粗细粒度合理搭配,这样冷压或振实时粗细粒度的骨架粉料相互填充而使得孔隙变得细小,可以让熔化的浸渍金属利用毛细作用而充分浸渍、密实。避免因使用单一粒度骨架材料造成拱桥效应和大孔隙,使得浸渍金属难以依靠毛细作用未完全填充骨架间的孔隙,从而存在孔洞和浸渍黏结不良,这对无压浸渍和孕镶产品更为重要(特别是对细粒度金刚石,若遇到单一细粒度组成的骨架材料极易形成拱桥现象,从而使得黏结金属不能充分浸渍,残留有孔隙)。对用 $W_2C$ 与 WC 或其他材料构成骨架材料,多是让 $W_2C$ 从粗粒度到细粒度搭配,而其他骨架材料则采用细粒度。一般的原则是将占主要成分的骨架材料进行粗细粒搭配。表 8-12 为部分浸渍用骨架材料配方。

表 8-12  部分浸渍用骨架材料配方

| 序号 | 骨架成分配比/(wt%) | | | | | | | | 推荐用途 |
|---|---|---|---|---|---|---|---|---|---|
| | $W_2C$ | | | | | 普通 WC | 球磨 WC | Ni | |
| | 46# | 60#～80# | 100#～120# | 150#～180# | ～180# | ～300# | ～300# | ～200# | |
| 1 | 20 | 15 | 10 | 10 | 25 | 10 | 5 | 5 | 表镶钻头、扩孔器 |
| 2 |  | 20 | 20 | 20 | 20 | 15 | 5 |  | |
| 3 |  |  |  |  |  | 95 |  | 5 | 孕镶钻头 |
| 4 |  |  | 10 | 10 |  | 40 | 35 | 5 | |
| 5 |  | 20 |  | 10 | 10 | 35 | 20 | 5 | |
| 6 | $W_2C80.5YG_610Ni5Mn4Si0.5$ | | | | | | | | 表镶扩孔器 |
| 7 | $W_2C95Co5$ | | | | | | | | 表镶天然金刚石钻头 |
| 8 | W95Co5 | | | | | | | | 孕镶钻头 |

注:$W_2C$ 为 46#～200# 粒度中合理搭配;此处 $YG_6$ 特指 YG6。

(3)浸渍金属(合金)  浸渍用的黏结金属(合金)熔点应与骨架材料中主要成分的熔点相差 300 ℃ 以上,这样浸渍时可以保持胎体不产生变形。浸渍金属应能很好地浸润黏结骨架材料和钢基体,与骨架材料之间最好不互溶或溶解度不大(有较大溶解度并生成固相的固溶体会引起毛细通道堵塞,不利于浸渍)。浸渍金属的用量要合适,过少则浸渍不完全,有残留孔隙存在,这对钻头产品的强度、耐磨性不利;过多则易在钻头表面形成较多的堆积,给后加工带来麻烦;浸渍金属的用量多少需要计算出来。浸渍金属为铜合金,组元有 Cu、Ni、Sn、Zn、Ag、Mn、Si、Cr、P 等,一般既有用现成的锌白铜、黄铜、硅锰青铜等铜合金,也有根据需要设计成特定成分的铜合金如 Cu93P7 合金。一般地,浸渍金属中含有适量 Ni、Co、Mn 会提高胎体的机械强度和韧性，Cr、Ag 等的加入，还能增加胎体与钢基体间的黏结强度，同时也能提高熔化的浸渍金属对骨架的浸润黏结；有适量的 Sn、Zn、Si、P 可以降低浸渍金属的熔点(一般要求浸渍金属熔点不高于 1 100 ℃，浸渍温度不高于 1 200 ℃，以保护金刚石材料和钢基体)和增加流动性，从而有利于浸渍，但 Sn 含量一超过 6% 就将使胎体产生很大的脆性和网状裂纹。浸渍金属尤其是设计的浸渍金属，使用前都要预合金化，再刨削成所需粒度的合金粉屑来使用。可用于浸渍的金属成分可参见表 8-13。

表 8-13 部分浸渍用黏结金属配方

| 序号 | 合金名称 | 成分配比/(wt%) | | | | | | | | 合金密度/(g/cm³) | 浸渍温度/℃ |
| --- | --- | --- | --- | --- | --- | --- | --- | --- | --- | --- | --- |
| | | Cu | Ni | Sn | Zn | Mn | Si | Cr | V | | |
| 1 | 锌白铜 BZn15~20 | 余 | (Ni+Co) 13.5~16.5 | | 18~22 | | | | | 约 8.5 | 1 100 |
| 2 | 黄铜 H62 | 60.5~63.5 | | | 39.5~36.5 | | | | | 约 8.2 | 1 050 |
| 3 | | 90 | 10 | | | | | | | 8.95 | 1 180 |
| 4 | | 85 | 15 | 5 | | | | | | 8.85 | 1 150 |
| 5 | | 80 | 8 | | | 12 | | | | 8.74 | 1 100 |
| 6 | | 75 | 10 | 5 | | 10 | | | | 8.68 | 1 100 |
| 7 | | 75 | 10 | 4.8 | | 10 | | | 0.2 | 8.68 | 1 100 |
| 8 | | 73 | 11 | | | 13 | | 3 | | 8.66 | 1 100 |
| 9 | | 71 | 11+5Co | | | 13 | | | | 8.72 | 1 100 |
| 10 | | 69 | 14 | 5 | | 12 | | | | 8.64 | 1 100 |
| 11 | | 65 | 18 | 5 | | 12 | | | | 8.64 | 1 100 |
| 12 | | 64 | 14.5 | | 21.5 | | | | | 8.48 | 1 100 |
| 13 | | 54.5 | 20 | 5 | | 20 | 0.5 | | | 8.39 | 1 150 |

(4) 塑化剂 塑化剂是指自行配制的橡胶石蜡汽油溶液，用于冷压浸渍法制造钻头时增加骨架粉末的塑性，便于冷压成形和增加坯体强度。塑化剂配制方法：按 100 mL 汽油中加入 3.5 g 丁苯松香软胶和 1 g 固体石蜡配制，待完全溶解后即能使用。往骨架材料中加入塑化剂一般是按 1 000 g 骨架材料加入 150~180 mL 塑化剂进行搅拌，直至均匀糊状，再于烘箱中 80~100 ℃ 烘干，研磨后过 46#~60# 筛筛松备用。

(5) 浸渍用料计算 金刚石钻头的粉末层一般包括磨料层和过渡层，金刚石扩孔器一般只有磨料层。首先要给出金刚石浓度($C$)、骨架材料重量百分比、黏结材料重量百分比或黏结合金，计算出磨料层体积($V_{磨}$)和过渡层体积($V_{过}$)，确定出骨架材料工艺密度(指冷压成形密度或无压振实密度，用 $\gamma$ 表示)，则可以分别求出一件产品的过渡层骨架材料用量($G_{过骨}$)、过渡层黏结金属用量($G_{过黏}$)、磨料层骨架材料用量($G_{磨骨}$)和磨料层黏结金属用量($G_{磨黏}$)，进而可以求得各种原材料用量。

$$G_{过骨} = V_{过} \times \gamma \times K_1 \tag{8-2}$$

$$G_{过黏} = \left(1 - \gamma \times \frac{K_1}{\gamma_{骨}}\right) \times V_{过} \times \gamma_{黏} \times K_2 \tag{8-3}$$

$$G_{磨骨} = \left(1 - 0.88 \times \frac{C}{3.52}\right) \times V_{磨} \times \gamma \times K_1 \tag{8-4}$$

$$G_{磨黏} = \left(1 - 0.88 \times \frac{C}{3.52}\right) \times \left(1 - \gamma \times \frac{K_1}{\gamma_{骨}}\right) \times V_{磨} \times \gamma_{黏} \times K_2 \tag{8-5}$$

式中 $K_1$——骨架材料的投料系数，取 1.05；

$K_2$——黏结金属的投料系数，一般取 1.2；

$\gamma_{骨}$、$\gamma_{黏}$——分别为骨架材料、黏结金属的理论密度，即合金密度。

实际上，对同一件产品，往往过渡层与磨料层的骨架材料是一样的，黏结金属一般是相同的。所以计算和配料时要将两层黏结金属一起考虑，骨架材料也一起算和配料，但最后投料时要分别称量，磨料层若是孕镶式的，还要再加金刚石混合；实际配料时，还有一个经验的做法，就是黏结金属可以取骨架材料用量的 60%，冷压浸渍法的可酌情减少。

3）工艺过程简介 钻头钢基体或扩孔器钢基体、石墨模具的加工要求及配合公差均可参照热压钻头时的加工要求；对制造表镶钻头或表镶扩孔器，需在石墨模具相应位置上钻眼以方便黏结金刚石材料或保径材料，一般要求与骨架材料和黏结金属接触的石墨模具部件一定要采用高纯石墨材料，同时加工精度和光洁度也要求高，以保证产品的制造精度和质量；对冷压浸渍法制造钻头用的钢模设计，需结合钻头的结构和形状，要方便冷压成形、钻头能合理磨损、钻进时不卡钻等要求，普通冷压钻头用钢模一般由模套、模芯和底模三部分组成，见图 8-8，模具设计时考虑到要粘水口卡，所以不便于从钻头唇面方向上加压，一般是利用施压到钢基体上来压实粉末料的。模套和模芯的设计要让胎体内外各突出于钢基体 1 mm，这样有利于提高钻头内外径的耐磨性和不卡钻，甚至不加保径材料也能达到保径的目的；底模与模套、模芯接触的配合面均设计成锥度 [1:(20~40)]，相应地，模套和模芯相关的配合面也要设计成相同的锥度，以便于压制后反转过来脱模；模具材质可选用一般合金工具钢或碳素结构钢。

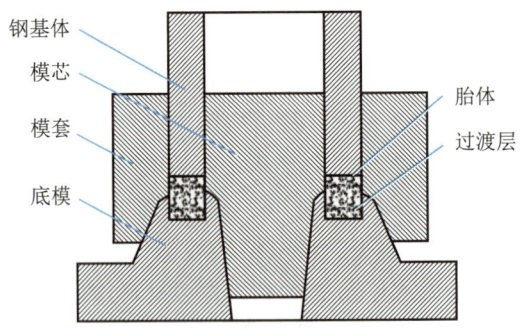

图 8-8 浸渍钻头冷压装配示意图

对冷压浸渍法制造钻头，在料混好后需先装钢模冷压。清理钢模和水口卡，为防止卸模时出现胎体黏模现象，可以先在底模的上面撒上一薄层干的 WC 粉末，然后均匀排布水口卡,是为防止水口部位混入磨料层料而制作的辅助工具,当然也可以采用粘水口条与粉末料压成一起,待浸渍后再去掉,水口条可以用石墨材料或是塑泥来做。向水口卡分隔的水口间隔中投入不含金刚石粉末料,可与过渡层料相同,但其在浸渍后需加工除去以形成水口形状,所以最好用不太耐磨的骨架材料如 Fe,要求其加入量与随后投入的磨料层松装高度相当或略高即可。而后将磨料层料投入水口卡的另一些间隔中并摊成平面或圆弧面状(水口料也要摊平),然后小心拔去水口卡,把保径材料按规定放置在所摊料的内外侧,再将过渡层全部装入并刮平,最后再把预先已清理净的钢基体垂直放入模具内,并用手轻轻压紧。送装好的模具于压机压砧中央部位,尽量缓慢加压,压力取 200 MPa,要求保压 1~2 min 再卸模。卸模时要将模具翻转,先卸出模芯,再卸出模套。为保证压坯的强度,可将其送到烘箱中于 80~100 ℃干燥一段时间,这样压坯就有了一定的强度。此时,还可以进行水口的加工,其方法是用小刀小心剔去水口粉未成形料,剔出水口形状来,这样做不太容易保证水口精度,同时可能引起磨料层崩块,且在随后的浸渍装模时仍要衬以水口条。所以最好是一起浸渍,然后通过后加工方法去除,后加工的方法有机加工、电火花成形以及激光加工。冷压好的钻头坯体即可装石墨舟。装舟的示意图如图 8-9 所示,装舟时要先在石墨舟底铺一层铝氧粉,放好石墨模芯,视炉膛和石墨舟的大小可一舟多放。小心地将钻头胎体部位向下并套上石墨模芯,让钻头内径与模芯保持均等的间隙以利于浸渍金属的均匀浸渗。将钻头外围部分填满铝氧粉并轻轻搅实。最后在钻头钢基体内的石墨模芯顶部放上规定量的黏结金属粉屑,要均匀摊开。在黏结金属的上面,再依次放置一层适量脱水硼砂和木炭。石墨舟上端和钻头钢基体上端淌开以给黏结金属浸渗时创造一个良好的排气条件。如果不想让浸渍时黏结金属粘在钢基体上并形成堆积,可以在钢基体内径上加一石墨保护套(其上端可扣在钢基体上端面上),当然不加保护套圈也可以,可以通过机加工来除去。

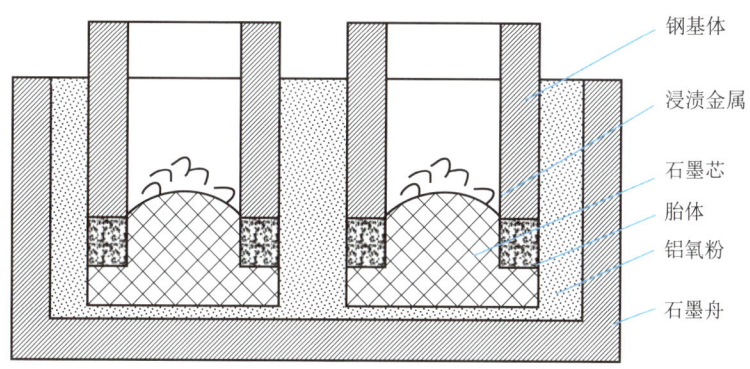

图 8-9 冷压浸渍钻头装石墨舟示意图

对于无压浸渍法的装模,是直接在石墨模中进行的。同冷压浸渍法一样,也要预先将骨架材料、钢基体和石墨模具准备好。为加强钻头钢基体和胎体接触部位的黏结强度,可将其结合部位加工成三棱楔子形以增加二者的接触面积或是表面镀铜处理,此外,对钢基体进行专门的净化处理,也能提高其与胎体的黏结强度,当然,对扩孔器钢体以及冷压浸渍法钻头钢基体也适用。具体做法:先清除残留在钢基体上的铁屑、油污等脏物,再用 10%~15% 浓度纯碱水煮沸 20~30 min;将煮好的热钢基体用浓度为 30% 的工业盐酸浸洗并用水冲洗,立即放入浓度为10%~15%的硼砂水溶液中煮沸20~30 min,捞出晾干即可。钢基体经过这样的净化处理后,除能去掉脏物和锈迹,还能使钢基体表面覆盖一薄层硼砂膜,以防表面氧化,同时还能在浸渍时促进熔化的黏结金属对钢基体表面的浸润性黏结。

对无压浸渍法制造孕镶钻头,装石墨模时要先将保径用金刚石材料或硬质合金块用树脂胶粘到小模套内壁、模芯外壁(参见图8-10)规定处,再将模套、模芯胶粘到底模上,并一同装到大模套上。除大模套外,凡与胎体接触的石墨模具部件都要求用高纯石墨制造。以下同冷压浸渍法装钢模一样,也利用水口卡来装水口粉料、磨料层料以及后装过渡层料,刮平后把已净化好的钻头钢基体垂直放入模具内。然后用木棒敲打石墨模具,同时要用手压紧钢基体,敲振直至合适密度(可从钢基体下落尺寸来确定)。清理净落在模芯上面的成形料,再依次放上黏结金属、脱水硼砂和少量木炭,也有将模具预热后(300~400 ℃、20~30 min)再放上述材料。一般要求将模芯上端设计成带一定坡度的锥面,这样有利于熔化的黏结金属流淌。

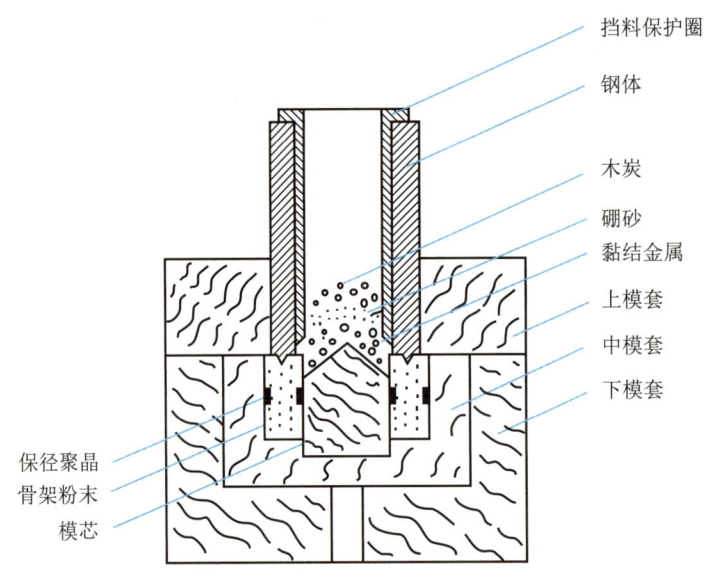

图8-10　无压浸渍钻头石墨模具装配示意图

无压浸渍法做表镶钻头的装模也基本同上,只是要先将金刚石材料和保径材料用树脂胶或胶水粘到规定位置上(模套内壁、模芯外壁、底模上端对应钻头唇面的位置,要预先钻眼),水口处可用石墨水口条粘在底模上,也可使用水口卡,待浸渍好后在水口无金刚石材料的部位机加工出水口来。

无压浸渍制作扩孔器的石墨模具装配参见图8-11。石墨模具包括小模套、大模套和套圈。大模套起着承托扩孔器钢基体和通过与小模套的配合来扶正钻头钢基体的作用;小模套与钢基体配合成浸渍空间,扩孔器的通水道可以用机加工的方法直接在小石墨模套上加工出沟槽来,也可以在装模时用塑泥做成水口条粘贴到小模套内壁上,一般对直条形通水道可直接在小模套上加工,螺旋形水道用塑泥做更方便,且用塑泥时可让小模套重复使用;钢基体下端留加工余量以便于小模套座落其上,对浸渍空间下方形成封闭以防漏料。装模时,若是表镶扩孔器,需将金刚石材料用胶粘于槽中规定位置(若为塑泥水口,则塑泥水口条分隔小模套形成的内壁上即可黏结金刚石材料);用塑泥做水口条要求做得规矩,否则形成的水口不美观或影响通水;将大模套放在转台上,再将已净化的钢基体插进大模套内,其未加工完余量的一端放在下方,再将小模套装在钢基体外(若粘有金刚石材料,操作要特别小心,不能碰掉它们)并与大模套配合好,与钢基体下端上平面(留加工余量形成的平台)紧贴住;将骨架材料分成若干份(与水口数相同)。若为孕镶扩孔器,骨架材料中已混好且有金刚石单晶需小心装入模腔中并用铜棒轻轻振敲小模套以使粉料落入并被振实,要求经振实后的骨架料刚好与小模套上端面平齐;这时套上石墨套圈(起承托黏结金属作用,其内侧底面要加工成坡状以利于熔化的黏结金属的流淌),依次放好黏结金属粉屑、脱水硼砂和木炭(脱水硼砂是助熔剂,有利于黏结金属的熔化和流动,同时能清除脏物。木炭起着与空气反应,保护黏结金属不被氧化的作用)。

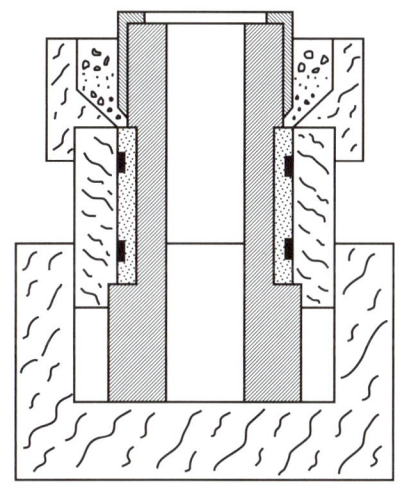

图 8-11　无压浸渍扩孔器石墨模具装配示意图

以上不管是冷压浸渍还是无压浸渍,待石墨模(舟)装配好后即可送入炉中进行加热浸渍。加热浸渍设备可为中频炉、箱式炉(最好为钼丝加热或硅碳棒加热),对箱式炉要求改造成通保护气(中性气氛较好,便于无压浸渍法做钻头时,出炉后趁热在压机上稍稍加压以导正钢基体),如果条件许可的话,采用真空炉较为理想,因真空下黏结金属的流动性更好,同时能排除孔隙内的气体,但真空度要合适,太高易造成熔化金属挥发和降低毛细管力。升温的速度要控制得稍慢些,以便胎体内的有机物充分分解、挥发。烧结温度一般要求比黏结金属的熔点高 40~50 ℃,这样既有利于黏结金属熔化,同时也能保证熔化金属的流动性,但一般要求低于 1 200 ℃,所以对黏结金属的成分、熔点需准确把握。保温时间取决于浸渍设备的炉膛大小、保温性能(主要对箱式炉而言,中频感应件传热均匀性较快)以及黏结金属熔化的快慢程度、产品规格等,一般建议用 60~80 min。保温结束后,一般是随炉冷却至 100 ℃ 以下才出炉,如果需要进行钢基体导正,可趁热送压机上稍加压,然后放在保温棉中缓冷。

浸渍后的产品待完全冷却后即可卸模,一般对钻眼布金刚石材料或保径材料的模套、模芯以及无压浸渍的小模套,都是一次性使用的,所以一般是轻敲碎除去。卸去浸渍产品需检查是否浸渍良好,有无气孔、缩径、胎体开裂等问题,造成浸渍不良的原因往往是所用的黏结金属对骨架材料的浸润黏结性差或是二者有污染;产生缩径和裂纹多是黏结金属的渗入量不够,而这与浸渍温度、黏结金属流动性和浸润性、孔隙大小及连通性、气氛、保温时间等有关,因此需查明原因进行纠正;浸渍产品正常后即可进行喷砂处理,而后再进行加工(机加工去余量和多余浸渍堆积或水口,磨加工胎体层使尺寸到位和开刃),然后再刻字、检查及进行包装,这里不再赘述。

## 8.5 金刚石钻头的使用

金刚石钻头制造好以后,还需要与钻杆、岩芯管或扩孔器等进行合理的组合才能应用于钻进。在钻进过程中,假若钻头的制造质量合适、钻具组合合理,则影响钻进效果的主要因素就是变化复杂的地层、钻进参数是否合理、操作水平等。因此,要使得金刚石钻头发挥最大的作用,必须从以上方面入手,进行钻头、钻具、钻进工艺参数的合理选择,要认真弄清钻进地层的情况,要有解决现场所遇各种钻进问题的能力。

### 8.5.1 合理选择金刚石钻头

选用金刚石钻头,必须对钻进对象的机械性质、可钻性以及性能的均匀程度十分了解,结合钻孔结构的设计、钻进种类、钻进设备、钻进工艺等来合理地确定金刚石钻头的结构、金刚石材料、结合剂配方或焊材种类、制造工艺、钻头品质。只有在金刚石钻头与所钻进对象适应性较好的情况下,才有可能发挥出应有的作用来。

#### 8.5.1.1 对钻进岩石的分类

在金刚石钻头的地质岩芯钻探、冶金探矿、油田开采等方面应用上,多是将岩石按其硬度、研磨性、完整程度和可钻性等进行分类的。按硬度可将岩石分为软、中硬、硬、坚硬;按研磨性可将岩石分为弱研磨性、中等研磨性、强研磨性;按岩石可钻性分级有传统的十二级法、AB 值法、可钻性分级参数法等;按岩石的完整程度可分为完整(致密)、较完整(较致密或微破碎)、破碎。

金刚石钻头的钻进是机械地破碎岩石,岩石的性质会直接影响其破碎效果。只有对岩石的性质了解清楚,才能做到合理地选择钻头以及钻进设备、钻进工艺参数,才能估算出破岩效率以及在不同钻进方式下确定出钻进的措施和技术经济指标。

必须指出,目前对岩石的性质研究虽然有很大进展,但仍然不够。因为岩石与金属材料等相比具有特殊性,大多数岩石是由多种矿物组成的,且受地质构造等影响而存在不同的裂隙,是所谓不连续的固体;由于岩石的层状节理使其具有机械异向性。岩石的这些特殊性使之表现出来的各种机械性能指标往往波动性很大,因此在岩石破碎原理方面难以建立符合实际的理论计算公式。

(1)岩石的硬度 指岩石局部抵抗外力破坏(压入、塑性变形、压碎)的能力。目前,基本上都是采用测定金属材料等用的硬度测定方法来测定岩石的硬度,如压入硬度、划痕硬度(莫氏硬度)、肖氏硬度、显微硬度等。

岩石的压入硬度测定是仿效金属压入硬度测试来进行的。如国内某高校就采用了

φ2~3 mm YG₈硬质合金柱对φ30 mm岩石试块进行手动施压,用岩石试块刚破碎时的载荷力与硬质合金柱截面比例(MPa)表示岩石的压入硬度。如测得湖北大冶的大理岩压入硬度为980 MPa、浅色内长岩为1 050 MPa、石灰岩为1 160 MPa,首钢的磁铁石英岩为1 760 MPa。

划痕硬度测试为一种很早的简单方法,其是根据矿物的刻划能力将十种矿物划分为十级。较高一级的矿物能刻划较低一级的矿物。对指甲能刻划的矿场定义为莫氏硬度2.5级,铁刀能刻划的为3.5级,普通钢刀能刻划的为5级,锯条能刻划的为6级,锉刀能刻划的为7级,硬质合金能刻划的为8级。

肖氏硬度(一种冲击测定法)是利用小钢球向磨光的岩样面上从规定高度下落下时回跳的高度作为硬度指标,而冲击前后的速度比值可以反映岩石的弹性。

维氏硬度是利用正角锥金刚石压头(顶角136 ℃)以载荷(<2 kg)压向岩石表面,用载荷值与压坑面积比值反映岩石硬度的。

一般地,岩石硬度高,则研磨性较强,可钻性较差,但有时候也不完全是这样的关系,因岩石性质还要受到石英含量及颗粒大小、结晶构造、完整程度等的影响。

(2) 岩石的研磨性  金刚石钻头的使用寿命在很大程度上取决于岩石的研磨性。岩石的研磨性与组成岩石的矿物硬度及其含量、颗粒大小、形状、密度、胶结状况、胶结物材质等有关。硬度高的石英、磁铁矿、赤铁矿含量多、粗粒(肉眼可见,颗粒大小在1 mm以上)多、形状带棱角,则岩石的研磨性强,所以有时组织疏松的岩石研磨性很强,但硬度却并不高;另外,岩石的研磨性还与钻进工艺有关,试验表明,岩石的研磨性一般正比于施加的压力,而强研磨性岩石这一点尤其突出,硬度低的岩石不太明显。含有表面活性剂的冲洗液能降低岩石的研磨性。

岩石研磨性的测定方法较多,如研磨法、钻孔法等。国内某单位用标准材料40Cr钢、热处理硬度(HRC)20~23,制成φ4 mm圆棒,在转速480 r/min,比压为3~4.3 MPa压力下让圆棒每端各研磨岩石试样的平面15 min,用圆棒耗损量(mg)来表示岩石的研磨性;钻孔法是在模拟钻进的条件下测出岩石的研磨性,可用单位钻进深度下标准钻头所磨损的量来表示岩石的研磨性(也可以间接反映岩石的可钻性),钻孔法更具有实际意义。

一般地,较弱研磨性岩石有灰岩、大理岩、纯橄榄岩、页岩、石膏、辉绿岩等;中等研磨性岩石有细粒石英长石尖岩、千枚岩、细粒火成岩、致密石英岩、云英岩、辉长岩、闪长岩、片麻岩、花岗岩等;强研磨性岩石有粗粒砂岩、风化粗粒砂岩、蚀变花岗岩、金刚玉岩石等。

(3) 岩石的可钻性  前面说过,岩石的可钻性就是指在金刚石钻头钻进过程中,某种岩石在确定的钻进条件下所表现出的抵抗钻进破碎阻力的大小,它表征岩石破碎的难易程度。岩石可钻性指数是我们选择钻头、钻具组合、钻进设备、钻进方法、钻进工艺参数及规程的重要依据。反映岩石可钻性的试验方法很多,但都有一定缺陷。目前,人们趋向于模拟实际钻进条件来测定岩石可钻性指标,最好能反映实际钻进中各种参数、工艺条件对岩石可钻性的影响。

一般地,岩石较软、组织疏松、结晶颗粒粗大、研磨性较强,则可钻性较好;而硬度高、组织细密、结晶颗粒细小、石英等硬矿物含量多且细密、研磨性弱,则岩石的可钻性往往

超硬材料烧结制品

较差。比如坚硬致密的弱研磨性地层就十分难以钻进,号称"打滑"地层。

#### 8.5.1.2 岩石性质与钻头选择的关系

选择金刚石钻头就是要据岩石的上述各方面性质来进行合理选择,可参见表8-1和表8-14。表8-14中未包括岩石的完整程度,实际使用中对完整或较完整岩石的钻进宜选用表镶或孕镶金刚石钻头,而破碎性岩层则建议首选孕镶细颗粒单晶金刚石钻头。

表8-14 岩石分类及钻头选择

| 岩石分类 | 岩石硬度 | | 软(1~3级) | 中硬(4~6级) | | | 硬(7~9级) | | | 坚硬(10~12级) | | |
|---|---|---|---|---|---|---|---|---|---|---|---|---|
| | 岩石研磨性 | | | 弱 | 中 | 强 | 弱 | 中 | 强 | 弱 | 中 | 强 |
| | 岩石可钻性(级) | | 4~6 | 4~7 | | | 7~9 | | | 10~12 | | |
| | 代表性岩石 | | 石灰岩、结晶灰岩、泥灰岩、大理岩、白云岩、千枚岩等。比较均质或不均质 | 片麻岩、闪长岩、混合岩、低硅化灰岩、安山岩、流纹岩、角闪岩、花岗岩、辉绿岩、辉长岩、片岩、白云岩、硬砂岩、橄榄岩等。完整或较完整,研磨性一般,局部不均质 | | | 片麻岩、玄武岩、闪长岩、角闪岩、混合岩、砂卡岩、伟晶岩、花岗闪长岩、流纹岩、花岗钠长岩或者是研磨性强的石英砂岩、破碎石英岩、粗粒花岗岩、破碎角闪岩等 | | | 石英斑岩、高硅化质岩、坚硬花岗岩、石英岩、含磁铁石英岩、燧石、硅化白云岩、碧玉岩等。完整或较完整,研磨性有弱有强,有均质或局部不均质 | | |
| 钻头选择 | 普通硬质合金钻头 | | ○ | ○ | ○ | △ | ○ | | | | | |
| | 针状合金、自磨式钻头 | | | | ○ | ○ | △ | | | | | |
| | 金刚石聚晶钻头 | | ○ | △ | ○ | | | | | | | |
| | 钢粒钻头 | | | | | | ○ | ○ | △ | △ | △ | △ |
| | PDC钻头 | | ○ | ○ | ○ | △ | ○ | △ | | | | |
| | 天然表镶钻头 | 15~25粒/克拉 | △ | △ | △ | | | | | | | |
| | | 25~40粒/克拉 | | | ○ | ○ | | | ○ | | | |
| | | 40~60粒/克拉 | | | | | | ○ | ○ | ○ | | △ |
| | | 60~100粒/克拉 | | | | | | | | ○ | | |
| | 孕镶钻头 | HRC10~20 | | | | | | | △ | | △ | |
| | | HRC20~30 | | | | | | | ○ | | ○ | |
| | | HRC30~35 | | | | | | | ○ | ○ | | |
| | | HRC35~40 | | ○ | ○ | △ | ○ | | | ○ | | |
| | | HRC40~45 | | | ○ | | ○ | | | | | |
| | | HRC>45 | | | | △ | | ○ | | △ | ○ | |

注:①○表示常用,△表示也可以采用;②天然表镶钻头胎体常用硬度HRC35~45;③孕镶钻头常用粒度,粗(36~60目)、细(60~100目)。

对金刚石扩孔器,原则上要与配套金刚石钻头的选择相当,即金刚石材料和胎体镶嵌方式一致。但对金刚石聚晶、PDC 钻头用于软岩层钻进时也可以不用扩孔器。

对坚硬致密弱研磨性岩石,因其硬度大、石英含量高、造岩矿物细、胶结物为硅质、颗粒间结合力大,整体岩石强度高但研磨性很弱,比如 9~11 级细粒花岗闪长岩、9~11 级含碧玉矿层、10 级以上硅化灰岩、12 级纯碧玉矿层等。钻头在钻进到这类岩层时,很快就会磨钝,出现打滑不进尺或进尺极慢(时效 0.2 m 以下)现象,且钻头寿命极低(有时只能钻 2~3 m 就消耗完了)。这种坚硬致密研磨性岩层虽然在一般矿区所占比例不大,但钻进到此类岩层时要耗费大量时间和钻头,要反复起钻、下钻,使得钻进效率大大降低、钻进成本显著提高。

为解决这个问题,一般有两类做法:一类是在出现打滑时仍不起钻,还用原来钻头,但通过改变钻进工艺(如设备附有高频液动冲击器,在此时启动使钻头受到一定能量的冲击力,让岩石的脆塑性发生一定程度的转变,从而提高钻头破岩效率,但此法要求同时调整优化规程参数以达到与冲击频率合理配合,获得最佳冲击功,而且易损件多且寿命不长,还是处于不断完善之中;还有就是在常规钻进基础上,遇到打滑地层时,改成大比压,适当降低转速和泵量,也在一定程度上改善钻进效果,但是十分有限)和加砂促进钻头出刃的办法(指在出现进尺缓慢时,通过钻杆向井下投入细小的普通磨料、石英砂等来促进胎体磨损,使钻头出刃。但若投砂量过多,时机掌握不好,会导致钻头、钻杆、泥浆泵等严重磨损,降低了它们的使用寿命,且往往在钻进若干厘米后又出现打滑。故这种做法不是解决问题的好方法)来改善钻进效果。这种不提钻改善的办法中只有使用冲击辅助方法完善得好,才可以推广。

另一类是在遇到打滑时,就提钻换适合钻进这类岩层的钻头。这类所谓适合钻进坚硬致密弱研磨性岩层的钻头,一般是孕镶钻头,金刚石宜选用高品级但粒粗,金刚石浓度不宜高,一般在 50% 左右较合适;结合剂胎体硬度、耐磨性要适中(HRC20~30 较合适),过大则金刚石无法出刃,时效太低,过小则在较高的钻压下易变形,金刚石得不到有效固定,同样也难以克服打滑现象且寿命大为降低;可以采用本章前面提到的"弱包镶"金刚石和"二合一"型金刚石钻头制造方法(被认为是突破钻进坚硬致密弱研磨性地层打滑问题的有效措施,能提高金刚石与岩石接触的比压和促进自锐)。还有就是改进钻头结构,采用异形唇面如高低齿或同心圆尖齿形唇面结构,这两种结构在开始时唇面工作金刚石的比压较高,钻进时效、破岩效率都有所提高,但当高刃或尖齿磨低(平)后,钻头又回到了普通钻头的结构,唇面与岩石的接触面积增大,钻头比压下降,钻速下降很快,优势不复存在。因此,采用异形唇面钻头使用效果也并不理想(尖齿形稍好些)。

以上虽然是针对钻进地层时钻头的选择,但对工程钻头也有参考作用。对一般钻进混凝土的工程钻头,应算是钻进研磨性较强的一类材料;而钻进石材、地板砖等,则为弱至中等研磨性材料;钻进玻璃、普通釉面砖等材料,算是弱或无研磨性的材料。因此,在钻头设计和制造上仍有相同的规律要遵循,只是配方体系大相径庭,与之相适应的金刚石(基本上为人造金刚石单晶)也没有地质、油田钻头要求的那样苛刻。

### 8.5.1.3 金刚石钻头的破岩机制

金刚石钻头在很深的孔内连续工作,动负荷大,超载性大,负载变化大,冷却润滑条件差,破碎岩屑重复被破碎和研磨钻头,在这样一种工作环境下,钻头的破岩机制很复杂。

有一种观点认为钻头金刚石是表面破碎、刮擦研磨、磨损、磨削方式来破碎岩石的,这可以从金刚石尺寸小、切削厚度小、切入深度小、硬质点多、高转速时效高等方面说明这一点。

对表镶金刚石钻头破岩机制,国内外学者都有研究,普遍认为是岩石碎裂(压入)和剪切(切削)的一种综合机制。当金刚石呈光滑球形,或是柱状金刚石聚晶呈垂直唇面排列,加上岩石脆性较大,钻头在轴压力和旋转扭矩联合作用下,以破碎岩石为主;当金刚石为多棱角形,或是三角状等金刚石聚晶以尖角、棱边对角旋转切向排列,或是使用金刚石复合片,加上岩石塑性较大,则钻头的碎岩机制有类似于铣刀或微刃的切削(剪切)作用。很显然,剪切作用比压入(或挤压)作用更有效,这也是PDC钻头使用效果好的重要原因。对一般孕镶金刚石钻头,由于金刚石颗粒的随机排列,可以以角、棱、平面、弧面等各位置对着岩石,因此其碎岩机制更为复杂。孕镶钻头金刚石材料较细,出刃较低,与岩石接触面小,而胎体中金刚石分布相互交错、相互追踪、相互覆盖,故钻头每转一圈有效刻取岩石的金刚石较少,刻取深度也小,为此提高钻头转速是必要的,同时为了冷却金刚石和减少重复破碎,必须加强冲洗;而表镶聚晶、PDC钻头提高钻压则有利于破岩;天然金刚石钻头由于颗粒较粗,采用适中的转速和钻压更为有效。

应该说,在实际钻进过程中,钻进条件十分复杂,孔底岩石处于多向应力状态,岩石又非均质体,所加载荷不完全是静载荷。特别是高转速钻进时,钻具振动相当明显;加上冲洗液介质性质对碎岩的影响等,使得研究钻头碎岩作用规律比较复杂,还有待于进一步研究。

### 8.5.2 钻进用管材、工具的选用

钻进用管材、工具主要指钻杆、钻杆接头(丝扣)、套管、取芯工具(单管、双管、卡簧取芯工具、绳索取芯工具)、拧卸工具、打捞和清孔工具等。

#### 8.5.2.1 钻杆及钻杆接头

(1)对钻杆材质的要求　金刚石钻头在钻进时,当其他条件不变,则随着钻具转速的增加,钻杆所受到的扭矩和扭应力相应增加;钻得越深或钻杆越长,则钻杆扭矩越大。由于一般钻杆和岩芯管的口径小,管壁薄,所以刚性都不高,钻杆所受到的扭矩较容易达到钻杆的惯性扭矩,从而增加钻杆的交变应力和冲击载荷。同时易引起钻具的强烈振动。为适应金刚石钻头的高转速和深孔钻进、绳索等取芯钻进,必须采用高强度的管材和合适的热处理工艺。

一般地,要求钻头管材含硫≤0.045%,含磷≤0.04%;钻杆以及双层岩芯管材质要求屈服强度在550 MPa以上,抗拉强度在750 MPa以上,冲击韧性达5 J/cm$^2$以上;钻杆接头要求屈服强度在750 MPa以上,抗拉强度在850 MPa。因此,建议选用优质钢或合金钢作为钻头的管材,如40Mn2Mo、40Cr等。热处理宜用调质处理即淬火后再高温回火,为提高钻杆表面硬度和耐磨性,对钻杆表面采用高频淬火效果较好;钻杆接头也必须经过调质处理才能使用。对上述选材,热处理工艺如下:

淬火温度:860~880 ℃,保温1 h,油淬;

回火温度:620 ℃,保温1.5~2 h,空冷。

经调质后,上述材质硬度能达到HRC30(相当于HB285)左右,屈服强度达800 MPa以上,冲击韧性达6 J/cm$^2$。

(2)对钻杆(包括接头)配合要求 必须对钻杆的规格尺寸、配合精度以及接头的螺纹进行合理设计和加工。

一般地,钻杆外径要设计得比钻头外径小3 mm左右,壁厚4.5 mm以上(但也不能太厚,否则增加钻杆重量和钻进负荷),钻杆接头外径较钻杆外径大1 mm,长度与钻头规格有关,但至少12 mm以上,如φ76 mm钻头接头长度一般为22 mm。一般来说,如果地层完整、岩石较硬、钻孔较浅,则希望钻杆壁薄一些,套管等其他管件也可相应薄些,钻具的间隙可小些;而对地层比较复杂、钻孔较深以及绳索取芯钻进,则希望钻杆(包括钻头、其他管件)壁厚应厚一些,钻具间隙大一些,钻头的口径级差应大一些。

钻杆与所钻孔壁的间隙小,则能限制钻杆在旋转过程中的弯曲程度,从而改善了钻具的稳定性,减少了钻具的振动,增加了回水的流速,以便及时将孔内岩屑排出。此外,在钻进过程中还能预防孔壁岩石崩落的可能,但同时也增加了钻杆与孔壁及岩屑摩擦的机会,当钻头直径大大超过钻杆直径时,必须采用组合钻具。

关于钻杆长度,大多采用3 m或4.5 m,其端部内要加厚,这样有利于提高钻具的刚性和稳定性,避免单根的弹性扭转角过大;而端部内加厚的钻杆可以在充分利用管材的情况下增加了危险断面的安全系数(两钻杆连接部位断裂的可能性大),以保证其抗扭矩。

金刚石钻进用钻杆一般均采用外平接头连接,连接方式有螺纹连接(常用)和焊接连接。采用螺纹连接时,钻杆采用内丝,中间接头采用外丝;钻杆及接头丝扣应采用反丝,使得钻进旋转过程中连接牢固。

#### 8.5.2.2 套管、取芯工具

套管专为护孔壁之用,可逐级与钻头配合使用,其两端的公、母螺纹均为左螺纹。套管的连接方式一般为直接连接。起拔套管时,可用正丝钻具反套管。内径比本级钻头大1 mm。

钻探取芯是指将钻到地下某一部位的岩芯取到地表上,以供分析之用。使用取芯工具(包括用取芯钻头)就是为了保证较高的取芯率和保持取到的岩样完整。

岩芯管是指与取芯钻头连接的那一段管,用于收集岩芯之用,分单管和双管(双层岩芯管)。岩芯管外径一般比钻头小1~2 mm,单管壁厚需稍厚些,一般为4.5 mm左右;双管的外管壁厚一般为3.5 mm,内管壁厚2 mm,两管之间隙为1.5 mm左右。若芯管两端为螺纹,一般多使用双管钻具取芯。注意无论是单管还是双管,都必须配用卡簧取芯工具,以便卡断岩芯、提钻时能可靠地采取岩芯,防止岩芯脱落、减少残留岩芯。

金刚石钻头钻进时,由于岩芯与钻头内壁的间隙较小,加上结合剂胎体性脆,所以不能利用钻头本身卡取岩芯,一般采用卡簧取芯工具来卡断和卡紧(托住)岩芯。卡簧取芯工具是由卡簧和卡簧座组成,见图8-12。当采用双管取芯钻进时,卡簧座上端通过内管短截套在双管的内管上(也可用丝扣与内管连接),而卡簧座的下端伸向钻头位置,卡簧可以在卡簧座内向上移动。钻进时,卡簧被岩芯推到卡簧座上部,而岩芯则撑开卡簧克服其收缩力,随着钻进进尺,岩芯不断进入岩芯管内;当提钻时,卡簧座会随着钻具上移,当其斜面(卡簧座内壁做成上端直径大、下端直径小的内斜面)与卡簧接触时卡簧要拖住

岩芯，在提钻力的作用下将岩芯卡断而被托在卡簧之上。为保证取芯可靠，要求卡簧有较好的弹性和耐磨性，一般用 40Cr 或 65Mn 钢来加工，并经淬火热处理。

虽然卡簧取芯工具配合岩芯管能牢靠地卡取岩芯，同时钻进时也不影响岩芯进入岩芯管，但由于钻头、短截、卡簧工具均要磨损，所以卡簧的规格要多，先用小的，后用大的。总的原则是卡簧下端（小端）内径应比钻头内径小 0.3 mm 左右。每次下钻前要认真选配合适的卡簧和卡簧座，把卡簧装在岩芯上，用手可以不费力地推动，同时又不能自行滑动为好。还有一点要注意，所选配的卡簧、卡簧座与钻头之间，短截与扩孔器内径之间，一定要保证留有足够的过水断面，以防钻进过程中水路被阻，发生烧钻事故。

应该说，使用单管与卡簧取芯工具配合取芯成功率肯定没有双管的高（一般为 30%~50%），这是由于岩芯要与转动的管内

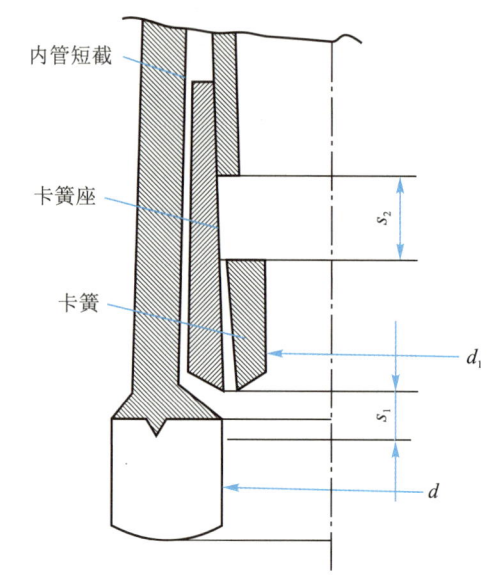

$d$—钻头内径；$d_1$—卡簧自由内径（比 $d$ 小 0.3 mm 左右）；
$s_1$—卡簧底座端距离钻头内台阶距离（为 3~4 mm）；
$s_2$—卡簧在底座内滑动距离（约为 12 mm）。

图 8-12　卡簧取芯工具配合示意图

壁发生摩擦以及受冲洗液中岩屑的冲刷，直径变小以至卡簧托不住；而使用单动双管配合卡簧取芯的成功率一般在 70% 以上，这是因为只有外管转动而内管不转动，非常有利于保护岩芯。其外管是通过异径接头与钻杆和扩孔器连接，内管则是通过轴承与异径接头相连接，且送下去的冲洗液只从内外管的间隙里流到钻头底部而不冲刷岩芯。

绳索取芯开始用于石油钻井，后也广泛用于岩芯钻探。绳索取芯钻进时，当要取芯时就通过钻杆内径用钢绳带上打捞工具把双层岩芯管的内管连同其中的岩芯一起提到地面，而不用提起钻具。这种方法要求采用内径大、材质好的薄壁钻杆，双层岩芯管的上部要有悬挂、止动机构（使内管不转动）以及打捞机构，外管顶部要有悬挂接头以便悬挂内管和防止钻进时内管向上跑（与内管悬挂机构共同作用）。钻进时，内管下端受到向上移动的卡簧带动卡簧座内斜面楔紧作用，使其上端悬挂机构中弹卡钳卡在外管接头的轴向沟槽里起到悬挂和防止内管上移作用。弹卡钳上端有钩头，取芯时打捞器的抓轴与弹卡钳一接触，则钩头被张开并钩在抓轴的细颈处，当钢绳提紧时，钩头连带弹卡钳从外管的轴向沟槽里退出来，则钢绳连内管一起沿外管内壁和钻杆内壁向上拉。此外，还要附有报信器（内管装满岩芯或岩芯堵塞时，会促使内管上移将上端的橡皮垫胀大从而堵住通水道，水泵立即出现憋泵信号，这时要立刻取芯）、卡芯器（为一种砾簧片，其能使卡岩芯的负荷从内管均匀地分布到全套钻具上，减少内管的损坏）、通水间隙调节器（通过一种螺母来调节卡簧座下端与钻头内台阶之间的间隙来保持正常的通水断面）。岩芯取出后，一般是将全套内管装置再从钻杆内孔放下，借助送水压力很快被送到孔底，待钻具稍一转动，弹卡钳重新卡在槽中即可开始钻进。

在钻进一些硬脆或较破碎岩层时，为了得到岩样，在不提钻的情况下，利用冲洗液反

循环流动,即从钻杆与孔壁间隙或从双层钻杆间隙流向孔底钻头唇面,再从钻杆内孔上升到地表,在此过程中将岩芯碎块也一同携带上来。这种做法有可能对岩矿芯的层次造成一定程度的混淆。

#### 8.5.2.3 拧卸、打捞、清洗工具

由于金刚石钻头钻进用的管材特别是岩芯管、扩孔器和钻头壁都比较薄,用普通管钳拧卸时,易夹扁夹坏,故必须用专门的拧卸工具,如链钳、开口式自由钳、三节式自由钳。

在金刚石钻头钻进过程中,因地层复杂、钻具过度磨损或因操作不当,有时会发生折断、脱扣、跑管、夹钻、烧钻等事故,这时需要用打捞工具,如有一种叫矢锥的打捞工具即可将折断的钻具通过钻进的方法打捞上来。

为保证孔内清洁,一般不许钢粒钻头与金刚石钻头互换使用,由硬质合金钻头换成金刚石钻头时,要注意钻头外径合适,要同时将孔内残留的各种碎屑清除后方可下金刚石钻。一般可采用喷射式反循环捞渣器或是磨孔钻头、十字钻头来清理。

### 8.5.3 合理选择钻进参数

在选择好金刚石钻头、金刚石扩孔器及相关钻具并经正确的组合,即可通过钻机进行钻进了。

金刚石钻头钻进效率及其经济效果除与正确选用钻具与钻机、正确认识钻进地层性质等有直接关系外,在很大程度上还取决于钻进工艺参数的合理选择与否。钻进参数包括钻压、转速和冲洗液量。钻进参数同样受许多可变因素的影响:岩层的性质及不均质性、不同地层性质的可变性和不可预见性、钻头的类型、钻头结构尺寸、钻具及设备的性能、装配精度、钻孔深度、其他工艺技术条件等。无论怎样,一般总可以通过钻头的平均钻速(cm/min 或 m/h)和单位磨损(mm/m)这两个结果性指标来反映钻进参数选择的合理性及钻头的使用效果,即如果是合理的钻进工艺参数,则该钻头应具有较高且稳定的钻速和最小的单位磨损(即寿命长),以达到高效、低成本的目的。

#### 8.5.3.1 转速的选择

转速是影响金刚石钻头钻进效率的重要因素。在设备、钻头、管材容许的条件下,提高转速对钻头的机械钻速提高是有利的,特别是下列情况可以尽量提高转速:钻孔内冲洗液润滑性能良好,钻具振动很小;钻机配备有足够的马力;钻具有足够的强度和刚性;钻机安装牢固,钻杆在孔内垂直度好;岩层完整、性能稳定;孔深在 500 m 以内;采用的是孕镶金刚石钻头(因孕镶金刚石钻头的金刚石粒度一般较细、出刃低,若转速低,则单位时间内金刚石颗粒刻划岩石的次数就少,进尺就低,钻进效率就低,而且还会加速钻头自身的磨损;相反若提高转速,则会显著提高钻速)。

但是,提高转速是一件很困难的事。如 $\phi$56 mm 钻头在钻进时若能将转速提到 3 000 r/min 就是一件很了不起的事(即使这样,钻头的线速度也不过 8.8 m/s,这个线速度与一般金刚石砂轮的使用线速度相比还远在下限),而这时钻具的振动已难以钻进,因在钻进过程中,钻杆柱是一种垂直的悬臂梁结构,其在受压和转动时要发生弯曲,造成岩芯管不断地摇摆,使钻头唇面上各点承受钻压不平衡,这样就产生了钻具的振动。钻孔

越深、转速越大,则钻具振动越大、钻头受到的冲击力越大、越易被破坏。因此,要想提高转速,就必须采取有效的减振措施。

在下列情况下要求降低转速:钻进坚硬致密弱研磨性岩层时;钻进裂隙和破碎的岩层时;钻进硬度相差很大的软硬互层时;水泵泵压和泵量不足时;新钻头刚下井时。

应该指出,在选择金刚石钻头转速时,要注意以下几个方面:

(1) 转速应通过钻头线速度来度量更为准确。因钻头直径不同,同转速的钻头线速度会有很大不同,当然金刚石刻划岩石的效果不同。表8-15是目前钻进条件下推荐的钻头线速度,由表8-15知,钻进一般岩石时,钻头线速度不要低于2 m/s,否则会很不经济。

表8-15 金刚石钻头的推荐线速度 单位:m/s

| 钻头类型 | 岩层性质 | 推荐线速度 |
| --- | --- | --- |
| 孕镶金刚石钻头 | 中硬~硬 | 2.0~3.0 |
| | 坚硬 | 1.5~2.0 |
| 表镶金刚石钻头 | 软~中硬 | 2.0~3.0 |
| | 中硬~硬 | 1.5~2.5 |
| | 硬~坚硬 | 1.0~2.0 |

(2) 选择转速时,要注意避开所谓的共振速度范围。对不同规格钻杆,都有相应的易引起共振的临界转速,在此临界转速附近的转速参数都不宜选用。表8-16为针对不同规格钻杆应避开的共振转速范围。

表8-16 不同规格钻杆需避开的共振转速 单位:r/min

| 钻杆尺寸/(″) | 2-3/8 | 2-7/8 | 3-1/2 | 4 | 4-1/2 | 5 | 5-1/2 |
| --- | --- | --- | --- | --- | --- | --- | --- |
| 临界转速 | 110 | 130 | 160 | 185 | 210 | 235 | 260 |
| 需避开范围 | 94~126 | 111~149 | 136~184 | 157~213 | 179~241 | 200~270 | 221~299 |

(3) 选择转速时还要注意不能孤立地选择,应同时兼顾钻压、冲洗液以及岩石性质等进行合理搭配。在钻进坚硬致密弱研磨性岩层时,在适当降低转速的同时要提高钻压;在软岩地层钻进时,由于钻进快,产生的岩粉多,故在采用较高转速的同时要配以较大的泵量和适当的钻压;在钻进裂隙和研磨性高的岩层时,钻头转速和钻压都应适当地降低。

#### 8.5.3.2 钻压的选择

钻压是指钻头唇部单位面积上的轴向压力。其来自于钻机通过钻杆的轴向传递力,钻进时要作用到岩石上,达到刻划和破碎岩石的作用。钻压又分初压和正常钻压,初压是钻头在低转速预磨钻头使之均匀出刃所施加的压力,一般取正常钻进压力的1/3~1/4。正常钻压是指能让钻头稳定工作和达到高钻速、高寿命的较佳钻压。一般来说,钻压小于此正常钻压时,则易导致金刚石被磨钝和抛光、钻速显著下降;而钻压大于此正常钻压时,又可能引起金刚石过度破损、冷却不良、出现烧钻。

正常钻压大小的选择要取决于岩石的性质、钻头类型、金刚石材料种类(单晶、聚晶、PDC)、金刚石品质、金刚石粒度和浓度、钻头型面状况、水口情况等。一般地,钻进较软或中硬的完整岩层应适当减小钻压;钻进坚硬岩层要适当增大钻压;而钻进破碎岩层和非均质岩层要适当减小钻压;金刚石品质好、粒度粗、浓度大,则钻压应大些,反之则应小些;金刚石聚晶、PDC钻头要求用高的钻压;在深孔中钻压应比浅孔中大,这是因在深孔区钻压损失较大,但要注意钻机、钻具的承受能力,以防引起井斜、钻具振动、钻头非正常磨耗以及烧钻等。

为保证金刚石能有效地刻入岩层,必须使传递给工作面上每颗金刚石(包括单晶、聚晶、PDC)的单位压力要大于岩石的抗压强度,但同时不能超过金刚石本身的抗压强度。当此值低于岩石抗压强度时,金刚石不能压入岩石,反而被岩石研磨、抛光,而一旦此值超过金刚石抗压强度,则金刚石易被压碎、钻速增长平缓甚至出现负增长、金刚石磨损加剧、发热量大,甚至出现烧钻。表8-17、表8-18分别列出一些金刚石、岩石的抗压强度值。

表8-17 部分人造金刚石的抗压强度

| 国别 | 牌号 | 粒度 | 粒径/μm | 抗压强度/N |
| --- | --- | --- | --- | --- |
| 中国 | MBD4 | 50/60 | 250~300 | 50 |
| | MBD6 | 50/60 | 250~300 | 82 |
| | MBD8 | 50/60 | 250~300 | 109 |
| | MBD10 | 50/60 | 250~300 | — |
| | SMD | 50/60 | 250~300 | 125 |
| 英国<br>De Beers Co. | MDA | 80/100 | 150~180 | 5.3 |
| | MDAS | 80/100 | 150~180 | 10.1 |
| | SDA | 30/40 | 425~600 | 22.7 |
| | SDA85 | 30/40 | 425~600 | 31.5 |
| | SDA100 | 30/40 | 425~600 | 37.2 |
| 美国<br>G.E Co. | MBG660 | 70/80 | 180~212 | 19.3 |
| | MBS | 20/30 | 600~850 | 30.0 |
| | MBS750 | 30/40 | 425~600 | 39.0 |
| | MSD | 25/30 | 600~710 | 41.0 |

注:将每颗金刚石视为球形体,计算单位投影面积上静压强度,为抗压强度。粒径取最大值。

表8-18 部分岩石的抗压强度   单位:MPa

| 岩石名称 | 抗压强度 | 岩石名称 | 抗压强度 |
| --- | --- | --- | --- |
| 花岗岩 | 200 | 石英岩 | 198.5 |
| 石英斑岩 | 260 | 辉绿岩 | 254 |
| 玄武岩 | 260 | 砂岩 | 100 |
| 石英镜铁矿 | 330 | 石灰岩 | 100 |

对于钻压的选择和设计,可以根据岩石的抗压强度($\sigma_{岩}$,MPa)、钻头工作面上有效工作的金刚石数量($N$)、每颗金刚石与岩石的接触面积($S$,cm$^2$)来求得一只钻头钻进时所需最小总压力 $P_{min}$(N):

$$P_{min} = \sigma_{岩} \times N \times S \tag{8-6}$$

一般地,金刚石颗粒尺寸越小,则与岩石接触面积相对就大,表 8-19 为不同粒度金刚石与岩石的接触面积。

表 8-19 金刚石颗粒与岩石的接触面积

| 金刚石粒度/(粒/克拉) | 金刚石粒径/mm | 接触面积/mm$^2$ | 金刚石粒度/(粒/克拉) | 金刚石粒径/mm | 接触面积/mm$^2$ |
| --- | --- | --- | --- | --- | --- |
| 10 | 2.10 | 0.16 | 60 | 1.25 | 0.10 |
| 20 | 1.80 | 0.14 | 125 | 1.00 | 0.08 |
| 30 | 1.50 | 0.12 | | | |

计算举例:用粒度为 60 粒/克拉天然金刚石 8 克拉制造 $\phi$56 mm 表镶钻头,用于钻进辉绿岩岩石,试求出每只金刚石钻头所需最小总压力。

解:由表 8-18 查得辉绿岩的抗压强度为 254 MPa;由表 8-19 查得粒度 60 粒/克拉金石与岩石的接触面积为 0.1 mm$^2$,再假设表镶金刚石有 2/3 同时参与岩石的刻取。则该钻头钻进时所需最小总压力为

$$P_{min} = 254 \times 8 \times 60 \times 0.1 \times 2/3 = 8\ 128\ \text{N}$$

实际表达时,用钻压和总压力都可以,选择好钻头总压力后,再由钻头唇面面积即可求出钻压。表 8-20 为国内某单位推荐的地质钻头钻压;表 8-21 为国内某单位推荐的地质钻头总压力;表 8-22 为国内某单位推荐的石油钻头总压力。

表 8-20 国内某单位地质钻头推荐钻压值　　　　　　　　　　　　单位:MPa

| 所钻岩层性质 | 推荐钻压 |
| --- | --- |
| 中硬~硬 | 5~7 |
| 硬 | 7~9 |
| 硬~坚硬 | 9~10 |

表 8-21 国内某单位地质钻头推荐总压值　　　　　　　　　　　　单位:N

| 岩石总压钻头规格/mm | 片麻岩(6~7级) | 混合岩(8~9级) | 石英岩、白砾岩(10级) | 破碎岩层 |
| --- | --- | --- | --- | --- |
| $\phi$46 | 4 000 | 5 000 | 6 000 | 4 000 |
| $\phi$56 | 5 000 | 6 000 | 8 000 | 4 000 |
| $\phi$66 | 6 000 | 8 000 | 10 000 | 6 000 |
| $\phi$76 | 8 000 | 10 000 | 12 000 | 6 000 |

表 8-22  国内某单位石油钻头推荐总压值                          单位:N

| 种类总压<br>规格 | 全面钻头 | | | | 取芯钻头 | | | |
|---|---|---|---|---|---|---|---|---|
| | PDC | 聚晶 | 天然 | 人造(孕镶) | PDC | 聚晶 | 天然 | 人造(孕镶) |
| 6″ | | 45 000~<br>126 000 | 23 000~<br>90 000 | 45 000~<br>90 000 | 9 000~<br>68 000 | 36 000~<br>113 000 | 23 000~<br>75 000 | 36 000~<br>113 000 |
| 8-1/2″ | 10 000~<br>100 000 | 45 000~<br>126 000 | 45 000~<br>135 000 | 75 000~<br>120 000 | 23 000~<br>90 000 | 68 000~<br>135 000 | 45 000~<br>113 000 | 68 000~<br>135 000 |
| 9-1/2″ | 22 000~<br>115 000 | 45 000~<br>158 000 | | 75 000~<br>136 000 | | | | |
| 12-1/4″ | 36 000~<br>160 000 | 45 000~<br>158 000 | 85 000~<br>160 000 | | | | | |

### 8.5.3.3 冲洗液量的选择

冲洗液量也叫泵量,为冲洗液的流量,用单位 L/min 表示。冲洗液量选择合适,则可以良好地冷却钻头唇部的金刚石,及时排出岩屑,对钻具起减摩润滑作用、保护孔壁等。

确定冲洗液量大小必须考虑到下列因素:

(1)钻头情况:孕镶钻头由于金刚石颗粒细小,排屑间隙小,故从冷却金刚石角度考虑,冲洗液量应该用得大些,根据经验,对孕镶钻头可按直径每厘米 5~8 L 来简算冲洗液量。

(2)当钻头与钻杆间的环隙面积较大时,冲洗液上返的流速会下降,此时必须加大冲洗液量以提高流速(m/s),一般要求环隙中冲洗液流速必须达到 0.3~0.5 m/s。计算冲洗液量可按式(8-7):

$$Q = 6 \times V \times S \tag{8-7}$$

式中　$Q$——冲洗液量,L/min;
　　　$V$——环隙中冲洗液流速,推荐按 0.3~0.5 m/s;
　　　$S$——钻头与钻杆间的环隙面积,$cm^2$,常用的见表 8-23。

表 8-23  钻头(孔)与钻杆之间的环隙面积                          单位:$cm^2$

| 钻头(孔)<br>直径/mm | 钻杆直径 | | | | | | |
|---|---|---|---|---|---|---|---|
| | 24 mm | 33.5 mm | 42 mm | 50 mm | 60 mm | 73 mm | 89 mm |
| 36 | 5.84 | 1.54 | | | | | |
| 46 | 12.32 | 8.03 | 2.99 | | | | |
| 56 | 20.37 | 16.08 | 11.04 | 5.26 | | | |
| 66 | 30.00 | 25.71 | 20.67 | 14.89 | 5.25 | | |
| 76 | | 36.91 | 31.87 | 26.09 | 16.45 | | |
| 93 | | | | 48.27 | 39.63 | | |

续表 8-23

| 钻头(孔)直径/mm | 钻杆直径 | | | | | | |
|---|---|---|---|---|---|---|---|
| | 24 mm | 33.5 mm | 42 mm | 50 mm | 60 mm | 73 mm | 89 mm |
| 112 | | | | 78.85 | 70.21 | | |
| 131 | | | | 115.09 | 106.54 | | |
| 151 | | | | 159.36 | 150.73 | 137.16 | |
| 175 | | | | 220.78 | 212.15 | 198.57 | 178.23 |
| 200 | | | | 294.38 | 285.74 | 272.17 | 251.82 |

(3)岩石性质及完整程度:岩石较硬,有一定研磨性且完整,则对金刚石钻头钻进有利,机械钻速较高,为及时将孔底岩屑排走,冲洗液量应大些;岩石硬脆,或硬但研磨性很弱,则机械钻速不易提高,因而冲洗液也可以适当降低流量。

(4)钻具接头的密封性若不好,则要加大冲洗液量并在下一次提钻后加以整修。

表 8-24 为常用地质钻头推荐用冲洗液量;表 8-25 为常用石油钻头推荐冲洗液量。

表 8-24　常用地质钻头推荐冲洗液量　　　　　　　　　　单位:L/min

| 规格冲洗液量岩石 | φ36 mm | | φ46 mm | | φ56 mm | | φ66 mm | | φ76 mm | |
|---|---|---|---|---|---|---|---|---|---|---|
| | 表镶 | 孕镶 | 表镶 | 孕镶 | 表镶 | 孕镶 | 表镶 | 孕镶 | 表镶 | 孕镶 |
| 软~中硬 | 30~60 | | 40~70 | | 50~80 | | 60~90 | | 70~100 | |
| 中硬~硬 | 20~30 | 20~40 | 30~50 | 30~50 | 40~60 | 50~70 | 50~70 | 60~80 | 60~80 | 70~100 |
| 硬~坚硬 | 10~30 | 10~30 | 20~40 | 20~40 | 30~50 | 40~60 | 40~60 | 50~70 | 50~70 | 60~80 |

表 8-25　常用石油钻头推荐冲洗液量(某企业)　　　　　　单位:L/min

| 种类冲洗液量规格 | 全面钻头 | | | | 取芯钻头 | | | |
|---|---|---|---|---|---|---|---|---|
| | PDC | 聚晶 | 天然 | 人造(孕镶) | PDC | 聚晶 | 天然 | 人造(孕镶) |
| 6″ | | 600~1 000 | 500~1 000 | 600~900 | 400~1 000 | 400~800 | 400~800 | 400~800 |
| 8-1/2″ | 1 500~2 300 | 1 200~1 700 | 1 000~1 500 | 1 000~1 500 | 700~1 200 | 700~1 200 | 700~1 200 | 700~1 200 |
| 9-1/2″ | 2 400~3 300 | 1 200~1 700 | | 1 200~1 800 | | | | |
| 12-1/4″ | 3 600~4 800 | 2 100~2 600 | 1 500~2 300 | | | | | |

在选择冲洗液量的同时,还要考虑冲洗液返回流速及泵压。前面说过,在钻头与钻杆直径相差较大的情况下,易使返流速下降很多,从而不能满足携带岩屑的要求,故必须

算出上返流速以确保达到要求,这对石油钻头(钻头直径一般比钻杆大很多)尤为重要。另外,对于钻进软地层,流速还应该更高些以便能携带多而粗的岩屑;对采用空气吹孔钻进,流速要求高得多,建议用到 15~35 m/s;钻头钻进时的泵压损失很大,因在管路上、接头的跑冒滴漏、向地层渗透等都会造成泵压下降。泵压一般在孔深每百米要降两个大气压。为维持冲洗液量和流速,必须要根据泵压损失及时增压。

对冲洗液种类的选择主要考虑岩石情况和孔深:岩石完整、钻孔浅,可以使用清水;岩石较完整但钻孔深,应该使用皂化液或溶解油;而地层破碎、复杂,只得采用泥浆。

### 8.5.4 钻进操作时的一些注意事项

#### 8.5.4.1 注意钻具配套问题

钻具包括钻头、扩孔器、取芯工具和钻杆。钻进中硬及以上岩层、破碎性岩层必须使用扩孔器,确保扩孔器外径比钻头的大 0.3~1.0 mm;取芯钻进时为保护钻头和岩芯,提高岩芯采取率,需要采用双层岩芯管。若用单层岩芯管,易发生重复破碎岩芯、堵塞和烧钻等,要注意钻具各部件之间的尺寸配合,防止因配合不良带来振动等问题。

#### 8.5.4.2 新钻头首次钻进需注意的问题

在新钻头与其他钻具装配正常后即可下井,在接近井底时将泵的排量开到最大,而后启动转盘,将转速控制在低速 30~60 r/min 下把钻头送到井底;施加初压、使钻头自磨出刃,经过一段时间(约 30 min)后金刚石能明显出刃或适应(在低转速、初压下由较低钻速到出现一定钻速),这时要先将钻压送至正常值,再增加转速至正常值,注意增压、增速一定要平缓、均匀(钻进时经验的最佳转速就是转速达到此值后钻速已不再增加);为防止遭遇岩性变化的地层,要随时监测钻头钻速(ROP)随转速(RPM)的变化情况以便及时调整转速和钻压。这点对已用钻头也同样有要求。

#### 8.5.4.3 孔底清洁问题

金刚石钻头钻进时的孔底必须保持清洁,不许有任何的岩石碎块、岩芯、钻头胎体碎块等残留,因有这些残留,极易造成钻头非正常磨损和早期破坏,同时可能导致钻孔质量问题。

在前一只钻头提钻后,要仔细检查有无断、掉齿和钻头本体局部缺落,对取芯钻进、提钻后发现有脱落岩芯超过 0.2 m 时一定要重下钻进行特采(慢转、轻压、进尺不超过 0.2 m,使脱落岩芯成岩屑即可);不允许在钢粒钻进后再使用金刚石钻头钻进。孔底有残留异物必须用专门的打捞工具和彻底清理净方能进行下一次的钻进。

#### 8.5.4.4 钻具振动问题

钻进过程中因转速过大、钻压过大、钻具配套不合理、钻机安装不稳、钻具弯曲、钻杆太长、岩芯堵塞、立轴卡盘偏心等都会引起钻具振动。钻具产生振动易使钻头在孔底工作不平稳、产生冲击、损坏金刚石、降低钻速、加快钻具磨损、破坏岩芯的完整性和岩芯采取率。因此,出现振动后必须查明原因进行处理。当然,预先在钻具上进行改良也能起到减振效果,如采用稳定接头代替原先的异径接头、采用外圈套有直径与孔壁尺寸相当的胶箍的定心钻杆接头(钻进时胶箍贴靠在孔壁上,使钻杆被限定在钻孔的中心转动)、在钻杆上涂抹防振油等。

实际操作时,需要从多方面入手,采取有效的工艺、技术措施,确保钻孔安全、快速正常钻进。

### 8.5.5 钻头非正常损坏情况

在金刚石钻头钻进过程中,由于地层岩性变化不定、孔底未清理净、下钻时墩钻和冲撞孔底、缩径过大、工艺参数选择不当、钻头结构不合理、钻头类型选择不当、钻头质量差等原因都可能导致钻头非正常损坏。

金刚石钻头的非正常损坏有三类:金刚石材料损坏、钻杆损坏、孕镶钻头胎体的非正常磨损。

#### 8.5.5.1 金刚石材料损坏

多是指表镶的天然金刚石、聚晶或PDC非正常脱落、破裂、崩块或烧损。造成的原因可能有金刚石材料品质差、镶焊不牢、振动大、钻头不符合所钻地层要求等。

#### 8.5.5.2 钻杆损坏

这种情况较为少见,出现这种情况可能与钻杆质量不过关、连接丝扣加工不符合要求、跑钻使得钻杆受冲击变形、拧卸时将钻杆卡扁、钻杆受到含砂量太高的泥浆的强烈冲蚀等。

#### 8.5.5.3 孕镶钻头胎体的非正常磨损

常见的胎体非正常磨损有以下几种情况:

(1)内喇叭口　造成这种磨损可能与钻头排屑功能弱或岩层硬脆性大有关。需要进行内径补强或进行水道的改良设计。

(2)形成内台阶　指在钻头唇面内侧造成台阶状磨损。一般钻头或钻具偏心、钻头内径补强不够、扫岩芯、岩层较硬脆或解理发育易造成内台阶。

(3)形成外台阶　指在钻头唇面外侧造成台阶状磨损。若孔底有残留异物如坚硬的碎块、碎胎体、金刚石材料(聚晶块或PDC)或合金块易造成钻头外台阶。要求清洗孔底,有异常响声就需注意分析或提钻。

(4)形成圆弧面　外唇面过度磨损,形成圆弧面。钻具偏心,岩石研磨性强、孔底有岩屑或碎石堆积、钻压太大都可能造成钻头外唇面磨损过快。要求补强外刃、保持钻具同心、加强排屑。

(5)形成内锥形　指钻头内侧面由柱状被磨成锥状面,有些类似内喇叭口,但其是整个内侧面都有磨损而内喇叭口主要集中在唇面内侧。一般钻头外径不同心、内侧保径效果差易形成内锥形。

(6)唇面拉槽　钻头中金刚石较少或分布不均、钻进特殊岩层(如坚硬致密岩层、破碎岩层)、孔底有残留异物、唇面冷却不良等可能造成钻头唇面拉槽。可以从提高金刚石浓度及分布均匀性、改良水口、采用底喷式钻头、采用电火花等活化烧结手段制造钻头、清洗孔底、根据岩性变化合理调整钻进工艺参数等方面采取措施来避免拉槽。

(7)唇面磨光　钻头胎体与所钻地层岩性不相适应,显得过于耐磨;排屑效果不好易使水口磨损。通过调整胎体配方、改良水口、加强冲洗液量、适当提高钻压等办法来消除。

(8)唇面烧伤　一般指产生局部烧损、剥落或发蓝等。冷却不良以及钻压过大等都可能造成烧钻。可以从改良水口、采用底喷式钻头、加强冲洗液量(特别是在钻速较快时)、适当降低钻压、适当提高钻速等方面来采取措施。

## 8.6　金刚石地质钻头的制造

19世纪60年代,人们就开始用大颗粒天然金刚石机械铆镶在钢体上制成早期的钻进硬地层用地质钻头,后来又采用过熔铸法(使用青铜合金熔液)来凝固固结天然金刚石形成钻头。到20世纪30年代以后,才逐渐形成了用粉末冶金法制造地质类金刚石钻头,同时也发展了电镀、铜焊、钎焊等方法制造的地质类钻头。

按金刚石材料包镶方式来看,地质类钻头也分为表镶钻头和孕镶钻头两种。表镶金刚石钻头一般适用于5~8级中硬至硬的岩层钻进,所用金刚石材料可为天然金刚石、金刚石聚晶、金刚石复合片。其中,天然金刚石表镶钻头特别适合钻进碳酸盐类岩层,若再配合绳索取芯钻进则能获得明显的经济效果;金刚石复合片钻头除可用于地质、冶金、水电工程时的岩层钻进外,还特别适合于煤田的开采或勘探;孕镶金刚石钻头在地质类工程中适合钻进中硬至坚硬的岩石,该类钻头具有抗冲击、耐磨损的特点,并且价格相对低廉,若能在高效率下工作,则可以获得较好的经济效果。

从钻具类型看,地质类钻头可分为普通单管取芯钻头、双管取芯钻头、绳索双管取芯钻头和不取芯(全面钻进)钻头;从钻头唇面形状来看,取芯类钻头有表镶单阶梯、多阶梯、底喷形和孕镶阶梯形、尖齿形、锥形、普通平底形等形状;不取芯钻头主要有双锥形、双锥阶梯形、"B"形和带波纹的"B"形四类(包括表镶和孕镶。与全面钻进的石油钻头唇面有相似之处,只是后者的翼展大)。

钻进中硬及以上岩层时,都必须使用金刚石扩孔器,以保证孔径一致性,扩孔器主要有直槽和螺旋槽两种。

图8-13为几种金刚石地质钻头形状,图8-14为几种地质钻头用扩孔器形状。

(1)单管取芯钻头

(2)双管取芯钻头

图8-13　常见金刚石地质钻头形状

(1)直槽扩孔器　　　　　　　　(2)螺旋槽扩孔器

图 8-14　常见金刚石地质钻头用扩孔器形状

目前,多采用热压法和冷压浸渍法制造地质类金刚石钻头;复合片钻头还常用铜焊、压铆或其他焊接方法来制造;金刚石扩孔器多用无压浸渍法来制造,亦有少量用电镀方法制造。

## 8.6.1　金刚石地质钻头的设计

一般地,金刚石地质钻头的设计应包括以下内容:

(1)确定钻头的类型。包括用于何种材质的钻进,是全面钻进,还是取芯(单管、双管或是绳索双管)、定向钻进。还需要结合岩石的性质和构造、工程方对钻探施工的要求(钻进方式、深度等)、钻探设备和管材的情况(如钻机类型、钻杆和岩芯管的材质和系列)、钻进工艺等来确定。

(2)确定钻头的规格尺寸及相关钻具的尺寸。

(3)确定钻头唇面形状。

(4)确定钻头水口结构和尺寸。

(5)确定选用何种金刚石材料,包括天然金刚石、人造金刚石单晶、聚晶、PDC。

(6)确定钻头的结合剂配方或焊接材料。

(7)确定钻头制造工艺。包括表镶、孕镶、热压法,还有浸渍法、镶焊法等。

### 8.6.1.1　确定规格尺寸

钻头规格尺寸的确定要考虑到岩芯管的规格尺寸、金刚石品质和粒度(或尺寸)、岩石的性质等。对一般用于单动双管取芯钻进地质类钻头,还要求钻头外径必须比双管的外管外径大 0.5~1.0 mm,内径必须比双管的内管内径小 0.5~1.0 mm(金刚石品质好、岩石研磨性弱时可适当取小些值)。磨料层厚度大(厚壁钻头)则钻头耐磨,但钻进阻力大、效率低,适合强研磨性岩层钻进;而磨料层厚度小(薄壁钻头)则钻头钻进时阻力要小、效率高,但不太耐磨,适合一般岩层钻进;当所钻进岩层研磨性较强时,磨料层高度可设计得大些,反之则可以设计得小些。

设计水口的数量及尺寸应根据钻头直径大小和岩石性质来确定,随着钻头直径的增大,水口数量应增加。对于软岩,钻头水口断面应设计得大些;而钻进硬岩,则水口断面应设计得小些。

钻头内螺纹(装扩孔器)长度一般为30~40 mm,螺牙深1.5 mm;外螺纹及扩孔器的外螺纹尺寸也基本相同。

#### 8.6.1.2 内、外刃的补强

金刚石钻头特别是孕镶金刚石钻头在钻进硬脆性、破碎性地层时,内、外径部位磨损会过快。为使钻头的底刃、内刃、外刃能达到较均匀的磨损,提高钻头钻孔效果和使用寿命,可采用针状硬质合金或金刚石聚晶来保径、补强,孕镶金刚石钻头用聚晶保径效果好。常用聚晶规格为 $\phi 1.8$ mm×4.5 mm、$\phi 2.5$ mm×5 mm 等。

#### 8.6.1.3 金刚石材料选择

用于制造孕镶地质类钻头的人造金刚石必须具有晶型完整、抗压强度高、耐冲击性好、耐热性好的高品质,相应的扩孔器也宜用同等级金刚石,这样才能适应较高的烧结温度、承受较大的钻进压力和冲击。目前金刚石粒度多用在 35/40~100/120,浓度 40%~100%。一般来说,粗粒度宜用高浓度,适用于中硬、研磨性强的地层;较细粒度应用稍低的浓度,适用于坚硬、致密地层的钻进。实践证明,采用 60/70 粒度、75%浓度较高品级金刚石制作的孕镶钻头适应性最广,可用于中硬、坚硬地层以及各种复杂地层的钻进。

天然金刚石多用于制造表镶地质类钻头,但已渐渐被人造金刚石聚晶、PDC 所替代。要求所用天然金刚石色泽浅、晶型为浑圆、品质好、耐冲击性和耐热性好;粒度在 5~100 粒/克拉;钻头表面的排列密度可在 15~50 粒/cm² 选择;针对钻头不同部位、钻进对象等不同,所用天然金刚石的品质、粒度、密度也有所不同。表 8-26 为几种常用规格地质类钻头的天然金刚石用量。

表 8-26 不同规格地质钻头的天然金刚石用量

| 钻头规格/mm | 天然金刚石用量/克拉 | |
|---|---|---|
| | 取芯钻头 | 全面钻头 |
| $\phi 36$ | 7~8 | 11~12 |
| $\phi 46$ | 8~10 | 13~15 |
| $\phi 56$ | 10~15 | 18~23 |
| $\phi 66$ | 12~20 | 20~28 |
| $\phi 76$ | 13~22 | 26~35 |

对地质类钻头所用人造金刚石聚晶、复合片(用得较少),一般要求有较高的磨耗比、耐冲击性和耐热性;对于复合片,还要求两复合层结合牢固,在受热和冲击时不易分离。一般来说,国产金刚石聚晶的性能还可以,但复合片与 G.E 公司和 De Beers 公司的产品相比还有一定差距(主要是磨耗比和耐冲击性不够)。聚晶、PDC 的形状和规格大小应据钻进使用要求来选择,目前二者多采用圆柱状,复合片用于煤田钻进时一般还要将其切割成半圆形。聚晶直径规格为 1.8~6 mm 都有使用,高度为 2~6 mm。复合片常用 $\phi 10$~20 mm规格。

#### 8.6.1.4 对结合剂胎体性能的要求

钻进过程中,钻头结合剂胎体受力复杂,还受到岩屑的研磨和冲洗液的冲蚀作用,故胎体性能对钻头质量的好坏起很重要的作用。为确保钻头使用安全、充分发挥金刚石材料的作用,要求钻头胎体具有以下性能:

(1)胎体要有足够的抗压和抗冲击强度,以适应所钻岩石的硬度和研磨性、孔底的工作条件。

(2)胎体要具有合适的硬度和耐磨性。应该说,钻头结合剂胎体的硬度、耐磨性应该与所钻岩层硬度、研磨性有一定匹配关系,才能充分发挥钻头的钻进效果;此外,还要注意胎体硬度、研磨性需与岩石的致密程度、均质程度和裂隙发育程度相适应。一般要求钻进过程中,结合剂胎体的磨损要适当。如果磨损过快,则在金刚石材料还未充分发挥钻探作用时,胎体已失去了把持金刚石的能力,金刚石材料会过早脱落,造成钻头消耗过快。若结合剂胎体过于耐磨,则当金刚石磨钝后仍被包裹在胎体中难以脱落,宏观上表现为打滑、不进尺,这样钻头就难以继续使用。

一般对表镶金刚石钻头,实际应用中可按三级硬度来制造钻头:软 HRC20~30、中 HRC30~40、硬 HRC40~50;孕镶钻头由于其钻进特性对胎体硬度选择要更细些;很软 HRC15~25、软 HRC25~35、中硬 HRC35~45、硬 HRC45~50、特硬 HRC50~60。

调整结合剂胎体硬度、耐磨性可通过改变结合剂中骨架相成分比例、适当提高烧结温度和延长烧结时间、尽可能提高胎体致密程度等方法来实现。

(3)要求胎体对金刚石材料具有良好的浸润性,且高温下不与金刚石产生有害的化学反应。这里需要提及的是,如果胎体中含铁,则在高的烧结温度下易使金刚石产生碳化反应并溶于铁的本体材料中;对于单晶金刚石(不管是天然或人造金刚石)和聚晶,如果采用表面镀覆,会大大加强它们与结合剂胎体的黏结强度,这对表镶制造天然金刚石单晶和人造金刚石聚晶钻头尤为重要;对金刚石复合片,硬质合金衬底层与一般钻头结合剂胎体有黏结性,且成分有近似性,这有利于两者之间的牢固结合(线膨胀系数会比较接近)。但需要注意胎体成分(Co、Fe 等元素)、过高的烧结温度、过长的烧结时间对复合片金刚石层的不利影响,因此一般建议复合片钻头尽量采用热处理时间较短的焊接工艺或是冷压铆工艺来镶接 PDC。

(4)对胎体其他的一些性能要求,如能与钻头钢基体牢固结合、线膨胀系数要小、有较好的导热性等。

构成结合剂胎体的主要成分:骨架 WC、YG6 等;黏结金属 663 青铜合金粉等,再加入适量 Ni、Co、Mn 等元素,注意尽量采用粒度较细的粉末以利于降低烧结条件和提高胎体性能(提倡在细粒度要求基础上再作粗、细粒度混合搭配)。

### 8.6.2 金刚石地质钻头制造工艺概要

#### 8.6.2.1 概述

地质类金刚石钻头主要采用热压法和冷压浸渍法、无压浸渍法来制造。热压法多用于制造孕镶人造金刚石单晶钻头;冷压浸渍法多用于制造表镶天然金刚石单晶、人造金刚石聚晶钻头;无压浸渍法适用于制造金刚石扩孔器;而金刚石复合片表镶钻头适宜用焊接法或压铆法来制造。

设计好钻头结构、尺寸;选择好金刚石材料种类、品级、粒度或规格、浓度或密度;选择好保径材料种类、粒度或规格;确定好结合剂配方体系、成分配比、预期的胎体硬度;根据钻头结构尺寸,合理设计钢基体——选材与设计要考虑到机械性能是否满足钻进要求,钢基体进入结合剂胎体的镶嵌部位要设计成三棱形牙以增强与胎体的结合力,钢体与石墨模具的间隙要保持适当的值,以免钢体受热膨胀大而胀裂石墨模具;合理设计钢模具和石墨模具——冷压浸渍法要先用钢模冷压好骨架坯体,钢模的选材、结构尺寸设计要结合成形要求、钻头胎体结构尺寸要求、与石墨模具配合的要求、表镶时金刚石材料和保径材料排列方式、位置和出刃高度等进行合理设计和加工。石墨模具设计需要考虑到承受热压的强度、钻头的结构尺寸或压坯的尺寸,水口形状尺寸、表镶材料的排列方式、位置和出刃高度,热压时电阻发热的部位、结合剂胎体的热胀冷缩性,要方便成形料或压坯、保径材料、金刚石材料的装配,要为浸渍法制造钻头工艺留下浸渍材料放置位置、流淌斜坡和浸渗间隙。总体上说,模具的设计要以安全、达到压坯或烧结坯质量要求、节约模具材料和延长使用寿命为原则;根据结合剂配方、金刚石材料用量和钻头结构尺寸计算好结合剂各成分用量(或骨架成分、黏结合金用量)、金刚石用量;确定好工艺条件,包括冷压压力、热压压力、热压温度或浸渍温度、烧结时间,以不明显影响金刚石品质、不改变胎体成分含量、确保胎体稳定合适的机械性能为原则;针对具体制造工艺,从配混料、冷压、热压或浸渍、后加工等各工序要严格按工艺要求进行操作,保证每个工序的质量和最终产品的质量。

从理论上说,热压法制造金刚石钻头工艺用的热源和加压方式可以有多种,从加压时间的不同可分为加热加压同时进行和炉内先加热再拿到炉外加压两种;由热源不同可以分为内热式(高频、中频、电阻、电火花加热)和外热式(钼丝、硅碳棒间接加热)。一般来说,外热法因加热时间过长易影响金刚石强度和造成钢基体产生大的热形变,且最后拿出炉外趁热加压还易造成金刚石错位和胎体裂纹(WC 基配方易出现这种情况),故不适合用于热压制造钻头(可用于浸渍法制造钻头,有利于采取保护气氛,但仍希望升温速度快些以减少对金刚石材料和钢基体的不利影响);电阻热压法是施加大电流于石墨模具,使模具能够很快升到高温,同时可以实现加压,其适合热压制造较小规格孕镶钻头;中频热压法升温速度也很快,加热温区调节方便(只需调节或改变感应圈与石墨模具的位置),也能实现同时加压,且结构简单、操作安全可靠,适合从小规格钻头到较大规格钻头的热压制造,但中频感应加热因存在集肤效应,内外温差很大,加上不便于通保护气氛,故不适合浸渍法制造钻头。电火花热压烧结是在加热初期施加很小的压力,使得粉末颗粒似接触非接触,这样在交直流叠加的电流通过时,此脉冲状电流可以促进似接触态金属粉末颗粒产生放电并释放大量的放电热,使得那些形状很复杂的钻头工件都能在极短的时间(以秒计算)内加热均匀。在放电过程中存在氧化膜的粉末颗粒会被击穿表面的膜层,使颗粒间相接触的部分处于还原气氛,同时电流也在被击穿部分集中,这大大有利于粉末的压合和烧结结合,再加上电场的作用和脉冲电流的影响,扩散速度会很快,要比普通烧结扩散快 100~200 倍。另外,电源中的直流部分通过钻头烧结体时,电流密度均匀,各部分发热情况一样且加热效率也很高。通过初期快速的电火花烧结、坯体收缩,加压系统自动跟压使很快不发生长弧放电,此时再将热压压力加上去,主要就发生电阻加热烧结过程。因电火花热压机的烧结主要是在初期的放电过程中进行的,时间极短、烧结结合和收缩快,且因金刚石不导电,在这样短的时间内金刚石的温度要低于电火花烧结的胎体温度,这有利于保护金刚石。因此,电火花热压法用于制造金刚石钻头特别是孕镶钻头是十分理想的,这已被孙毓超等的研究和应用得到证实。另外,利用电火花热压法制造钻头还可能让一些非常活泼的元素如 Be、Al 等用于钻头胎体成分,扩展了黏结剂成分、性能的范围。还能充分烧结好那些烧结温度高(实际上,金刚石钻头结合剂配方烧结温度都很高)的胎体配方同时能有效保护金刚石。

但是,在利用电火花热压法来制造金刚石钻头时,一定要做好放电压力、烧结模具、水口的选材和合理设计工作。适宜的放电压力是确保结合剂中金属粉末产生放电、充分合金化、充分脱氧的关键,压力过大则会使放电消失,烧结过程变成一个电阻烧结过程,而压力过轻则粉末颗粒间以及模具压头与粉末颗粒间也会产生长弧放电而造成废品;烧结模具材质和结构会直接影响钻头烧结体内温度场分布,故需合理选材和设计结构;电火花热压钻头工艺对水口材料要求苛刻,要求其具有导电性、热不变形性、与烧结胎体之间的相互作用小和易加工。因此,需正确选择水口材料。

前面已对热压法、冷压浸渍法、无压浸渍法制造金刚石钻头或扩孔器的工艺做了详细的介绍,这里不再赘述。下面只针对几种使用时有典型要求的地质类钻头做些工艺方面的介绍。

#### 8.6.2.2 热压法制造大直径钻头

对直径大于 $\phi$170 mm 金刚石地质类钻头,过去有不少厂家是利用电镀法生产的。采用热压法来制造孕镶大直径钻头主要需从设备的选择和模具、工艺设计方面来解决。热压法制造的大直径孕镶钻头适合于某些特殊地层和特殊施工技术要求。

热压大直径孕镶地质类金刚石钻头的设备最好为中频热压炉,功率使用 160 KVA 或 200 KVA 较合适;铜感应圈的内圈直径可依钻头石墨模具规格做若干种,以使模具放进去后模壁与感应圈内圈壁之间距为 10~25 mm,提高加热效率。铜感应圈的高度应以石墨模具、钻头钢基体、两端石墨垫块、粉料松装高度之和为依据,不要太低,若钢基体有半截露在感应圈之外会产生严重的热变形。而太高会大大增加压机行程和操作困难,同时还使得耐火压砧进入感应圈内太多;加压系统的公称压力以 15~20 t 为宜。

大直径热压孕镶钻头由于唇面面积较大,加上钻探设备功率等限制,会使作用于钻井孔底钻头单位面积上的压力极小,这样的情况若钻头的金刚石和配方设计不当,则可能导致钻头钻进时根本不能进尺、甚至出现打滑现象,同时钻头的寿命也低。因此,对大直径热压孕镶钻头的配方设计需结合岩石特性、现有钻进条件,解决好胎体对金刚石的包镶能力和使钻头工作面上金刚石有一定的出刃量,同时保证钻头的使用寿命;大直径钻头钻进时虽然转速较低,但钻头线速度仍较大(如在很低转速 175 r/min 时,对

$\phi280/250$ mm钻头唇面外边缘处线速度仍达到 2.56 m/s),这样会造成胎体、金刚石切削力很大,胎体温度很高,因此要求结合剂胎体具有高的强度、韧性以增加抗变形能力,要求胎体对金刚石有较好的把持力,同时保证结合剂胎体有较好的高温硬度(即红硬性)。这就希望在结合剂胎体成分中除骨架相 WC 或 YG6、铜基合金黏结相及其他添加相外,还需添加足量 Ni、Co 以满足上述性能要求。对采用未镀覆金刚石,还应在成分中添加强碳化物形成元素 Ti、Cr 等;金刚石应采用粗粒度、高强度(包括冲击强度)、高耐热性的品级,以保证钻进时金刚石能有较大的出刃量和较高的耐磨性(能承受较高线速度钻进时带来的大的切削冲击),同时也能使分担在工作面上的每颗粗粒金刚石上的钻压大些(当然,金刚石浓度也不能太高)。一般建议使用 40/45~50/60 粒度、MBD10~SMD25 品级、25%~50%浓度金刚石。

热压大直径孕镶钻头用石墨模具设计得合理与否,会直接影响到钻头烧结和质量的好坏。要求石墨模具必须能承受烧结时的热压压力和能达到所要求的烧结温度,同时要为钻头钢基体放入后留下一定间隙。一般来说,作为用于制作石墨模具的碳素材料抗压强度不低于 450 kgf/cm$^2$,这是可以承受一般钻头的热压压力的;针对石墨模具规格和面积较大,易造成较大的散热,这在烧结升温的后期,有可能造成长时间达不到烧结温度。因此,可以从石墨模具各部件组合后的截面积和高度大小方面来考虑,在保证模具强度、模具与感应圈之间间隙、方便热压和脱模的前提下,通过模具部件本身及之间的整合来减少截面积和提高高度以及适当增加两端石墨垫块高度(减小两端垫块面积不可取,这会带来石墨模具两端温度低于中间)来提高模具发热量及升温速度。进行钻头钢基体与石墨模具之间配合间隙的合理设计是十分必要的,因若间隙过小,则热压时因钢基体膨胀过大导致胀裂模具,当然钻头也就报废了;相反若间隙过大,则会使钻头外径部分的胎体致密度不够、飞边和流失料严重、易进气产生氧化等,从而导致钻头使用时磨损过快、寿命极短。从理论上,设计二者之间的间隙要结合石墨材料、钢材料、胎体材料在不同温度下的线膨胀系数及模具设计的一般原则,所以材质不同、烧结温度不同、钻头规格不同则要求的间隙也不同,但对一般大直径钻头(直径大于 $\phi170$ mm 以上),设计石墨模具与钢基体间的间隙可经验地取钻头设计直径的 1%(小规格钻头亦可按此),比如对 $\phi280/250$ mm大直径钻头,若设计钢基体直径为 $\phi278.6$ mm(外径),则石墨模具内径可设计为 278.6+280×1% = 281.4 mm,即 $\phi281.4$ mm。

#### 8.6.2.3 高效率孕镶钻头制造

同表镶金刚石钻头相比,孕镶金刚石钻头在相同的钻进条件下所体现出来的钻速还是较慢的,这主要还是源自金刚石材料出刃高度上的差别和单粒金刚石上钻压、切削力的差别。对孕镶地质类金刚石钻头,要想提高钻进效率,除在钻进工艺方面做适当的调整,如适当提高转速(相当于提高线速度,使得金刚石的切削力加大),还可以通过采用粗颗粒、高强度、耐冲击性好、耐热性好的优质金刚石,金刚石浓度用得低些,以及采用镀覆金刚石或在结合剂成分中添加强碳化物形成元素以加强胎体对金刚石的焊接性黏结。采取这些制造技术期望钻头在钻进时达到金刚石的高出刃、结合剂胎体对金刚石有很强的黏结力、金刚石有很强的耐冲击性,从而起到提高钻进效率的作用。具体地,金刚石宜用 MBD10 以上、40/45~60/70 粒度、25%~50%浓度,最好为镀 Ti、Cr 金刚石;采用的 WC 基结合剂中除铜基合金黏结相外还加相当量的 Ni、Co 来提高胎体的强度、韧性和高温硬度;另外,水口的面积宜大些,以增加单颗粒金刚石上的钻压。

#### 8.6.2.4 弱包镶防打滑钻头制造

为防止金刚石钻头在遇到极坚硬、致密和弱研磨性地层时发生打滑现象,或是能缓慢进尺但钻头寿命极低,人们采用过很多方法,也收到一定的效果。如改进钻进工艺或钻头结构、采用"二合一"型制造技术和"弱包镶"制造技术等。

金刚石钻头在钻进极硬致密弱研磨性地层时出现打滑现象,很多人自然认为是胎体过于耐磨,造成金刚石不能出刃,于是想法降低结合剂胎体的硬度和耐磨性,这样会导致走向另一个极端,即虽然产生一些进尺(往往还是缓慢)但钻头寿命极低,这是由于胎体不耐磨,金刚石在未发挥作用或未完全发挥作用的情况下就脱落,这样自然就使钻头寿命变低,同时因工作表面上金刚石脱落太多,有效刻入岩石的金刚石就少,故进尺也不会很明显。

金刚石钻头钻进坚硬致密弱研磨性地层打滑的原因确实是胎体相对来说过于耐磨,而金刚石则极易被磨平、抛光,且不能从胎体上自行脱落,从而钻头不进尺,不进尺自然不产生岩屑,没有岩屑胎体也就不易被磨损。

弱包镶设计的思路仍是要保持胎体的耐磨性和胎体对金刚石的把持性,但要让钻头胎体中的一部分金刚石被弱包镶,即用造粒原理先在这一部分的金刚石颗粒表面裹上一层碳化钨粉末,然后与胎体材料及其他金刚石一起混合进行装模热压。这样制造的钻头在钻进坚硬致密弱研磨性岩层时,在钻头工作表面上金刚石颗粒被磨平前,这些弱包镶(表面这一层没有黏结性的碳化钨层在钻进时会自然让金刚石脱落)金刚石在发挥适度刻取岩石后就会自行从胎体中脱落下来,这样让剩下来的金刚石在单颗分担的钻压和切削力增加的情况下有效地钻进,同时当其中某些金刚石磨平后因接触面增大而受力更大可能也会拔出来(其周围有弱包镶金刚石脱落让出来的空间和形成的凹坑,会让岩屑加快磨损,从而也会加快这些磨钝金刚石的脱落,当然同时也会加快新的金刚石出刃),而在正常包镶金刚石下方的某些弱包镶金刚石也会促进这些正常金刚石在钻进过程中的自锐性换层,这样就会使金刚石钻头在自锐的情况下一方面产生钻进,一方面较正常地磨损。

在设计制造这种弱包镶金刚石钻头时,其关键点在于要根据岩石对金刚石的磨损能力来选择合适的弱包镶程度,即要让弱包镶的金刚石发挥适度的刻取岩石工作,再自行脱落,因脱落过早除降低金刚石的利用率外,脱落的金刚石及过多的凹坑会加快胎体和完好金刚石的磨损和脱落,从而使钻头磨耗过快。弱包镶防打滑钻头中弱包镶的金刚石脱落快慢是通过包镶碳化钨层厚度来控制的,此包镶层越厚,则金刚石的脱落速度越快,同时也会加快正常金刚石的磨耗和脱落;此外,适当提高正常金刚石的品质和粒度尺寸、弱包镶金刚石采用稍低品质、稍细粒度将有助于提高效率和适当降低成本。

在弱包镶钻头技术工艺确定的基础上,还可以在保证钻进效率的前提下适当改进钻进工艺,如降低转速和适当降低钻压,这样有助于合理使用金刚石,延长钻头使用寿命。

#### 8.6.2.5 自形成尖齿状钻头制造

唇面为尖齿状的钻头在钻进岩石时,在多个同心圆尖齿刃有效地挤压、剪切作用下,岩石被刻蚀。在相邻刻蚀沟槽间挤压形成岩石脊,由于破碎穴效应,岩石脊内的微裂纹发育充分,强度较低,这样在钻头的下一次刻蚀时由于钻具正常的振动就会破碎下来,因而钻进效率大大提高,钻进所需的功率明显下降。此外,形成的多条岩石脊可以增加钻头的导向性,有效防止钻头的径向摆动、防止钻孔倾斜弯曲、提高取芯率和保持钻孔稳定。由于有效工作层面为唇面的尖齿部分,虽然与同高度平底形钻头相比可能寿命要低些,但所用金刚石却要少得多。而要是在保持金刚石用量和浓度相同情况下,则可以增加磨料层高度,这样尖齿钻头反而寿命会长,单位成本会明显降低。

自形成尖齿状钻头,是指制造时将钻头唇面从径向形成若干层(3~7层,单数层)耐磨层—次耐磨层—耐磨层的交错层面,唇面的内、外侧为耐磨层,这有点类似于锯片刀头的"三明治"做法。制造时相当于按平底形钻头做法形成平底形唇面,利用工作时各环形层面耐磨性的差异很快磨出同心圆尖齿来。

在设计耐磨层、次耐磨层的宽度时要结合岩石的性质,一般地,对硬而脆的岩石,次耐磨层宜设计得宽些,即让尖齿窄一些;而钻进强研磨性地层时应将次耐磨层设计得窄些,即使得尖齿宽一些,这样在保持高效率的同时也增加了钻头的寿命。一般次耐磨层占孕镶磨料层体积在20%~30%。形成两类磨料层耐磨性的差别有很多方法,可在金刚石粒度、品质、浓度差异或结合剂胎体耐磨性差异,以及次耐磨层不加金刚石等方面去设计。

制造自形成尖齿钻头必须采用先冷压后热压的工艺方式,即先利用钢模具按径向分层投料、刮料,冷压好钻头节块,再将若干节块与水口条一起放入事先准备好的石墨模中,然后再依次摆放保径材料和投过渡层料,装好模后送热压即可。

## 8.7 金刚石油(气)井钻头的制造

### 8.7.1 概述

在油(气)钻井中使用金刚石钻头是20世纪50年代开始的。开始时用的是粉末冶金法制造的表镶天然金刚石钻头。随着人造金刚石技术发展和聚晶、复合片的出现,后来又陆续发展了孕镶人造金刚石钻头、表镶聚晶和复合片钻头,使得油(气)井钻进的效率和能钻进的深度不断提高,也形成了能钻进从软到硬各类复杂油区矿层的系列化金刚石钻头。

根据用途,金刚石油(气)井钻头可分为全面钻进钻头和取芯钻头两大类,此外还有利用聚晶或复合片制造的定向井钻头、侧钻钻头、双中心钻头等特殊用途或功能的钻头。一般地,采用高品级粗颗粒人造金刚石制造孕镶油(气)井钻头,用天然金刚石、人造金刚石聚晶和复合片来制造表镶油(气)井钻头。图8-15为几种金刚石油(气)井钻头形状。

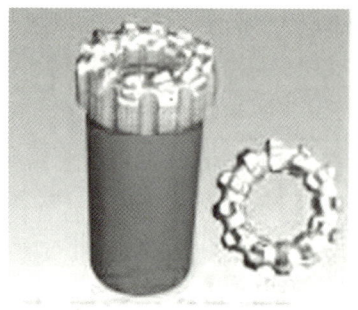
(1)油(气)井取芯钻头

(2)油(气)井水平钻进钻头

(3)复合片定向井钻头

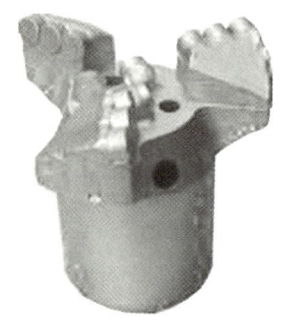
(4)三翼式复合片钻头

图 8-15　常见金刚石油(气)井钻头形状

孕镶金刚石油(气)井钻头多采用热压法制造;表镶天然金刚石、聚晶钻头多采用热压法或无压浸渍法来制造;而表镶复合片钻头则多采用冷铆法、焊接法(铜焊、等离子喷涂)或二者结合的方法。表镶聚晶钻头有时也有用压铆方法镶固的。

尽管金刚石钻头在油(气)井钻进方面的优势明显(高耐磨性、高冲击性、防斜、防泥包、高钻速、低钻压、高进尺,这一点尤其是复合片钻头表现更为出色)、使用也非常普及,但到目前仍还是与普通钻头(钢粒钻头、硬质合金钻头,尤其是硬质合金钻头)共存的局面,原因在于普通钻头有其适用的范围,如钢粒钻适用硬到坚硬地层,硬质合金牙轮钻头适合软到硬地层。加上普通钻头钻进材料比金刚石材料的可焊性强得多,使得钻进时掉刀片情况大为减少。还有就是相对来说(不考虑钻进效率因素),普通钻头的钻进成本要低不少。所有这些,都使得普通钻头仍有一定的使用市场。

### 8.7.2　金刚石复合片钻头在油(气)井钻进上的应用

金刚石复合片(PDC)钻头依靠其多晶层的铣切削作用能大幅提高钻进效率和降低钻进条件,这是其他金刚石钻头和普通钻头所无法比拟的,再加上油田地层大多数属于软至中硬地层,这也正是复合片钻头能发挥钻进优势的地层。所以尽管 PDC 钻头造价高,但人们从综合经济效益考虑,还是大力推广 PDC 钻头在油(气)井钻进上的应用,目前可以说,油(气)井钻进是 PDC 钻头在唱主角。国内各油区开采都有使用 PDC 钻头,而且还采用国产 PDC 钻头与伊朗、利比亚、苏丹等国合作采油。

美国在很早就采用 Stratapax 2300 系列(尺寸较小)复合片来制造石油钻头,后来又发展了该型号的 2500 系列、2800 系列以及其他型号复合片来制造系列的复合片石油钻头。表8-27是早期美国G.E公司和英国De Beers公司部分用于制造石油钻头的复合片规格。这类用于钻头的复合片与用作刀具类的金刚石复合片相比,一般多用粗一些金刚石,要求有高的韧性(耐冲击),而耐磨性和光洁度只要中等就可以了,同时这类复合片的耐热性也比作刀具的复合片(如compax)要高,如Stratapax在温度为750 ℃时还不至于产生肉眼可见的裂纹,在750~800 ℃时耐磨性才有所下降,而当温度达到900 ℃以上才明显产生裂纹但仍不脱层。实践证明采用像Stratapax这样的0.5 mm多晶层厚度有利于保持复合片的耐磨性、耐冲击性和不脱落。Stratapax的2500系列耐磨性较低但抗冲击性好,适合于制造钻进破碎性地层和中硬地层的PDC钻头;而2800系列则是耐磨性较高但抗冲击性稍差,适合于制造钻进耐磨性地层的钻头;De Beers公司的Syndrill系列则相当于G.E公司的2800系列。

表8-27　国外部分石油钻头用金刚石复合片规格　　　　　　　　单位:mm

| 美国 G.E 公司(Stratapax 型) | | | | | | 英国 De Beers 公司 | |
|---|---|---|---|---|---|---|---|
| 2300 系列 | | 2500 系列 | | 2800 系列 | | Syndrill 系列 | |
| 代号 | 规格 | 代号 | 规格 | 代号 | 规格 | 代号 | 规格 |
| 2325 | φ8.2×3.3(半圆) | 2530 | φ13.3×3.53 | 2830 | φ13.3×3.53 | SD-S | φ13.3×2.53 |
| 2330 | φ8.2×3.3 | 2540 | φ13.44×13.2 | 2840 | φ13.44×13.2 | SD-L | φ13.44×13.2 |
|  |  | 2541 | φ13.44×8.0 | 2841 | φ13.44×8.0 | SD-M | φ13.44×8.0 |
|  |  | 2542 | φ15.913×26.4 | 2842 | φ15.913×26.4 | SD-SC | φ15.9×26.4 |

注:①规格为直径×总厚度;②最后一行产品硬质合金衬底高,多晶层与衬底柱轴夹角20°,作为整体镶焊使用。

钻进证明,这类复合片钻头适合如下一些情况的钻进:

(1)适合软到中硬地层的钻进,如白垩岩、黏土岩、泥灰岩、碳酸盐岩、砂岩等,但对硬度不大的塑性页岩的钻进不理想。

(2)适合于要求高速钻进场合,如用于螺杆钻(号称孔底发动机)和涡轮钻。

(3)可用于要求低钻压条件下的钻进,这样特别有利于防止井斜。因为PDC钻头有锋利的多晶层切削刃(各向同性的原因,能始终保持锐利),钻进时达到同样钻速只需一般钻头1/3的钻压。

(4)可在泥浆压力过大的情况下钻进。因为一般复合片钻头水眼较多,水道面积大,不需要较大的钻头水马力和喷射钻进,所以泥浆压力过大不影响其钻进。

(5)能进行更有效的取芯钻进,包括常压下和加压下的取芯钻进。因为复合片适合低钻压、高转速钻进,钻速较高,这样岩芯受冲洗液影响时间短(油气层取样希望尽量不要受冲洗液的污染),取样质量高。

(6)适合处理问题井。由于复合片钻头钻进快,能缩短钻进时间,可以减少井内不稳定因素引起故障的可能性。

表8-28是Stratapax复合片钻头与普通钻头的寿命对比情况。

表 8-28　Stratapax 复合片钻头与普通钻头寿命比较　　　单位:m

| 岩层 | 硬质合金牙轮钻头 | 天然金刚石钻头 | S-复合片钻头 |
|---|---|---|---|
| 黏土岩 | 6~9 |  | 41 |
| 页岩 | 4.6~6 | 6~9 | 12~21 |
| 砂岩 | 3~4.3 | 4.6~7.6 | 6~7.6 |

### 8.7.3　金刚石油(气)井钻头的设计

同设计地质类钻头相似,在设计油(气)井钻头时,也需要结合钻进油区矿层情况、钻进深度、设备情况来确定钻头类型、规格尺寸、唇面形状、水口结构或喷嘴情况、金刚石材料、结合剂配方、制造工艺等。

#### 8.7.3.1　钻头类型的确定

用于油(气)井钻进的钻头主要有:硬质合金牙轮钻头、各种金刚石材料做成的钻头。

硬质合金牙轮钻头因制造工艺成熟、胎体对牙轮的焊接性结合及使用时的经济性,目前仍有一定的使用市场;而各类金刚石油(气)井钻头的使用量则更大,其中大多为 PDC 钻头。硬质合金牙轮钻头适合从极软到硬的各类地层钻进:钻进 1~3 级的软地层(如黏土、粉砂岩、砂岩、褐煤等),钻速能达 10~30 m/h;钻进 4~5 级软至中硬地层(如黏土岩、砂岩、硬石膏等),钻速能达 5~10 m/h;钻进 5~6 级中硬或硬、抗压强度高、研磨性不高但致密的地层(如硬石膏、白云岩、粉砂岩、钙质页岩、硅质砂岩等),钻速只有 1~3 m/h。由此可知,硬质合金牙轮钻头在钻进软地层时钻速并不低,这是其在油(气)井钻进中占有一定位置的重要原因之一。20 世纪 80 年代末,美国的 H.T.Hall 研制出在锥球形硬质合金牙轮表面(相当于牙轮的工作层面)通过超高压、高温复合一层金刚石多晶层,在实际应用中获得了很好的效果,不过这已是金刚石复合钻头了,只是切削单元采用了硬质合金牙轮柱齿的形状。国内后来也有研制和生产,如采用硅为黏结剂和粒度 15 μm 金刚石微粉与牙轮基底合成出 $\phi$12 mm×17 mm 牙轮表面强化金刚石柱齿,磨耗比达 10 万以上。

选择金刚石钻头需要结合地层情况和钻进要求。一般地,孕镶天然金刚石钻头(有时为增强其耐磨性,还在钻头易磨损部位镶 PDC 切削齿,多用于全面钻头)多用于硬或极硬且研磨性强的油区地层钻进,可以与转盘或井下马达相匹配,推荐在较高的转速、钻压下使用。孕镶钻头的耐冲击性好、寿命长;表镶天然金刚石钻头适合中硬至硬地层的钻进,建议用中等粒度金刚石(2~6 粒/克拉)和双锥形唇冠;表镶聚晶(巴拉斯)钻头(有时采用天然金刚石保径)适合软至中硬、有一定研磨性地层钻进,如钻进灰岩、白云岩、砂岩及碳酸盐地层。采用高密度布齿和用三角形聚晶、双中心钻头等还能用于强研磨性、破碎性地层的钻进;表镶复合片钻头(采用天然金刚石保径)适合软至中硬、有一定研磨性地层的钻进。多设计成钢体式,这样既利于钻眼布齿、钻通水孔,也使得钻头具有更高强度、有更宽排屑槽,从而加强排屑和冷却效果,提高了钻速。

#### 8.7.3.2　唇面及水路要求

油(气)井钻进往往深度达数千米,工作条件复杂,会遇到不同岩性的地层,因此所用金刚石钻头普遍规格大(一般为 $\phi$6″以上)、唇面的排屑槽宽而深或是流道面积大、水眼多、钻头与钻杆之间间隙很大(有利于过水或过泥浆);表镶聚晶、复合片钻头多采用钢体式设计,采用双锥形、弧形或抛物线形唇冠,金刚石材料多以翼状(斜刀翼、弧形刀翼,复合片布齿时多用)、脊镶式等方式布齿,多采用天然优质金刚石做内、外保径材料(多为短保径)。有时为增加钻头寿命,还增加一些副齿设计(在主翼之间增加若干副翼,其上面也布金刚石材料,同时增加水眼数,这样不仅增加钻头使用寿命,还可减少钻进时的冲击);孕镶金刚石钻头多采用"B"形唇冠,很多时候是采用优质天然金刚石与更耐磨的结合剂(有时 WC 含量高达 80%)先孕镶烧结成块(如 φ6 mm×12 mm 的圆柱体等),再按类似聚晶、复合片的方式进行孕镶齿的布齿,这样做较适合油区矿层的钻进,即使钻头具有很强的攻击性,又能保持超长的寿命,还有利于钻头的均衡磨损,但除制造孕镶齿外,钻头的做法有点像表镶,只不过多采用结合剂胎体热压镶固,孕镶金刚石钻头多采用 PDC(小规格,如 φ8 mm)来保径;表镶天然金刚石钻头多设计为双锥形唇面和排屑槽结构。

一般地,对常用 φ6″~12-1/4″油(气)井金刚石钻头,流道面积(唇面上过水通道截面积,多指孕镶钻头或聚晶钻头,这类钻头较少使用水眼)在 0.5~1.5 平方英寸;水眼(或喷嘴)数(多用在复合片钻头上)为 3~9 个不等;保径长度为 1″~4″不等,一般全面钻进钻头的保径长度要长些;API 接头多用 3-1/2″、4-1/2″、6-5/8″几种,取芯钻头接头螺纹匹配多取 4-3/4″(2-5/8″)、6-3/4″(4″)。

#### 8.7.3.3 尺寸、精度要求

对一般油(气)井金刚石钻头,外径习惯多取英制尺寸,常见外径尺寸及精度要求见表 8-29;与钻头配套的接头螺纹规格见表 8-30;油(气)井金刚石钻头的保径长度见表 8-31。

表 8-29 常见金刚石油(气)井钻头外径及精度

| 常见金刚石油(气)井钻头名义外径/(″) | 外径公差/mm |
| --- | --- |
| 4、4-1/4、4-5/8、4-3/4、5、5-5/8、6、6-1/8、6-1/4、6-3/4 | 0~-0.38 |
| 6-25/32、7-3/8、7-5/8、7-3/4、7-7/8、8-1/2、8-5/8、8-3/4、9 | 0~-0.51 |
| 9-1/32、9-5/8、9-7/8、10、10-1/32、10-5/8、10-7/8、11、11-1/4、11-5/8、12~13-3/4 | 0~-0.76 |
| 13-3/4~17-1/2 | 0~-1.14 |
| >17-1/20 | 0~-1.6 |

表 8-30 金刚石油(气)井钻头接头螺纹规格    单位:(″)

| 钻头名义外径 | 接头螺纹规格 | 钢基体外径 |
| --- | --- | --- |
| 4、4-1/4 | 2-3/8 | 3-1/8 |
| 4-5/8、4-3/4 | 2-7/8 | 4-1/8 |
| 4-3/4~7-3/8 | 3-1/2 | 4-3/4 |
| 7-3/8~9 | 4-1/2 | 5-3/4、6-3/4 |
| 9~12 | 6-5/8 | 8 |

表 8-31　金刚石油(气)井钻头的保径长度　　　　　　　　　　单位:(")

| 钻头名义外径 | 标准保径长度 | 短保径长度 | 长保径长度 |
| --- | --- | --- | --- |
| 2~4-3/4 | 1~2 | <1 | >2 |
| 4-3/4~6-3/4 | 1-1/2~2-1/2 | <1-1/2 | >2-1/2 |
| 6-3/4~9-1/2 | 2~3 | <2 | >3 |
| 9-1/2~12-1/4 | 2-1/2~3-1/2 | <2-1/2 | >3-1/2 |
| 12-1/4~14-3/4 | 3~4 | <3 | >4 |
| 14-3/4~17-1/2 | 3-1/2~5-1/2 | <3-1/2 | >5-1/2 |
| 17-1/2~26 | 4-1/2~7 | <4-1/2 | >7 |

#### 8.7.3.4　金刚石材料选择及排布

制造油(气)井钻头用天然金刚石的选择需要结合所钻进地层情况(硬度、致密程度、研磨性、颗粒大小、胶结状况、均质程度)、钻头类型等。对一般地层可用中等级别如"刚果"级天然金刚石,而对钻进坚硬岩层或研磨性强的岩层时需要采用更高品级如西南非的"色尔兹"金刚石;对于以体积破碎形式钻进软岩或中硬岩石,可采用单粒 1/3~1/8 克拉的椭圆状金刚石;而以表面磨损形式钻进坚硬细密岩石的表镶天然金刚石钻头,宜采用单粒 1/8~1/10 克拉的稍细但有锐利棱角的金刚石;而对特别坚硬的岩石钻进,宜用单粒为 1/10~1/20 克拉金刚石制成表镶(或孕镶)钻头或用 1/50 克拉以细金刚石制成的孕镶钻头来钻进。天然金刚石若存在有缺陷(如裂隙、砂眼、疏松、内部缺陷)会对钻进有明显不利的影响,因此必须通过分级来区分开。一般是由熟练工用 10 倍放大镜根据金刚石的特征进行分级;对内部缺陷的金刚石可通过在保护气氛下加热到 600 ℃后再冷却使之暴露出来。表 8-32 是用于油(气)井钻头制造的天然金刚石粒度、出刃要求和适应地层情况。

表 8-32　金刚石油(气)井钻头用天然金刚石粒度、出刃要求及适应地层

| 粒度/(粒/克拉) | 最大出刃/mm | 适用地层 |
| --- | --- | --- |
| 1 | 1.40 | 软地层 |
| 2 | 1.27 | 中硬地层 |
| 3 | 1.14 | 中硬~硬地层 |
| 4 | 1.01 | 中硬~硬地层 |
| 6 | 0.89 | 硬地层 |
| 8 | 0.76 | 硬而致密地层 |
| 12 | 0.64 | 特硬、研磨性或破碎性地层 |
| 15 | 0.51 | 特硬、研磨性或破碎性地层 |
| 50~250 | 孕镶 | 特硬、研磨性或破碎性地层 |

表镶天然金刚石钻头在制造时要注意不同品级金刚石的摆放位置和排列方式。一般地,在钻头唇面外侧,因是主要切削面,应使用高品级金刚石,而在扩孔部位及钻头中心部位可用中等品级金刚石,这样可保持金刚石磨损的同步性。对金刚石聚晶、复合片也应按品级(磨耗比、耐冲击性等)参照此法进行摆放,表镶天然金刚石的排列方式有以下几种:一是圆形排列,即将金刚石颗粒按同心圆或螺旋线排放,从内径直到外径都有排列,并要求有一定的相互重叠;二是脊背式排列,让细粒金刚石放置在结合剂胎体凸出的脊上,使得钻头钻进特硬地层时能有效防止金刚石被剪断;三是等距离排列,即从径向和圆周方向上看都是等距排列(相邻粒间距相等),但总体又是无序的。

聚晶全面钻头宜选用优质人造三角形聚晶来制造,边长为 4~6.5 mm、厚 2.0~3.5 mm 的均可用,一般布齿密度要求大些;其他表镶聚晶钻头及保径聚晶可用柱状聚晶,直径为 2~6 mm、高为 2.5~8 mm 均可用,但要视钻头规格和钻进要求来确定。

复合片钻头用复合片多为 $\phi 12~20$ mm、厚度为 3.5~13 mm;对复合片全面钻头,可用 $\phi 14$ mm、$\phi 16$ mm 等规格复合片,采用中等密度按抛物线形布齿;而定向、双中心钻头,则可以使用规格稍小但布齿密度大一些的排列方式。

#### 8.7.3.5　结合剂胎体选择

油(气)井钻头多为深井作业,且地层复杂,要求结合剂胎体(焊接结合的要求也同此)应具有较高的强度和耐冲击性;要对金刚石有牢固的嵌镶力;胎体还要具有一定的耐磨性,既不能过分磨损,也能保障金刚石出刃;另外,还希望结合剂烧结温度尽量低一些、胎体热胀系数小一些、能具有良好的导热性、高温下硬度较高且不易与金刚石产生溶蚀作用。一般多采用 WC 基结合剂,骨架成分 WC(包括 YG6、TiC 等)为 50wt%~70wt%,黏结金属宜采用铜合金;为增加胎体红硬性和耐冲击性,应加一定量的 Ni、Co,有时还加适量的强碳化物形成元素 Ti、Cr 等;对用于制造细粒天然金刚石孕镶块的结合剂,骨架成分 WC 等用量多达 75%~80%,且宜用粗、中、细粒度适当搭配以形成高度的耐磨性和一定的韧性(细粒比例大则韧性大但耐磨性稍差,适合硬而致密岩层;而粗粒骨架比例大则韧性稍差但耐磨性大,适合研磨性强或破碎性地层)。

#### 8.7.3.6　金刚石油(气)井钻头特征标志

表征油(气)井钻头需含以下几个内容:类型、唇面形状、水道情况、切削元状况、刀翼数(可略)、改进号或特征号(可省略)。图 8-16 为某复合片钻头特征标志。

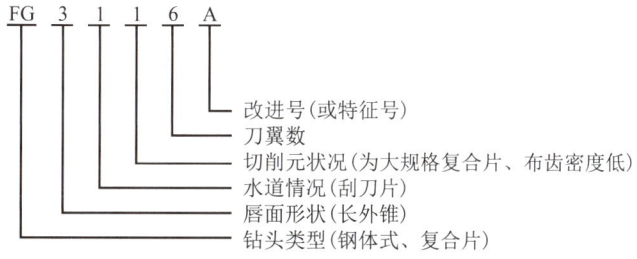

图 8-16　某复合片钻头特征标志示例

在表征类型时,要表达出金刚石材料类型、镶嵌方式及金刚石材料混用情况,参见表 8-33。

表8-33 金刚石油(气)井钻头类型表征方法

| 类别 | 类型代号 | 金刚石材料类型 |
|---|---|---|
| 结合剂胎体（表镶） | T | 天然金刚石 |
|  | F | 复合片 |
|  | R | 热稳定三角聚晶 |
|  | RZ | 热稳定圆柱聚晶 |
| 钢体式(表镶) | FG | 复合片 |
| 其他 | Z | 混合式切削齿(复合片为主切削件) |
|  | Y | 金刚石单晶(孕镶式) |

表征钻头唇面情况时，表达金刚石材料排列方式及相关参数(内锥、外锥尺寸)情况，见表8-34。

表8-34 金刚石油(气)井钻头唇面情况表征方法

| 唇面代号 | 1 | 2 | 3 | 4 | 5 | 6 | 7 | 8 | 9 |
|---|---|---|---|---|---|---|---|---|---|
| 外锥高度 | >37.5%(长) | | | 12.5%~37.5%(中) | | | <12.5%(短) | | |
| 内锥深度 | >25%(深) | 12.5%~25%(中) | <12.5%(浅) | >25%(深) | 12.5%~25%(中) | <12.5%(浅) | >25%(深) | 12.5%~25%(中) | <12.5%(浅) |

注：外锥高度、内锥深度均指与钻头公称尺寸的百分比。

水道情况包括分流方式、有无水眼，参见表8-35。

表8-35 金刚石油(气)井钻头水道情况表征方法

| 水道代号 | 钻头水道情况 | |
|---|---|---|
| 1 | 刮刀式分流 | 可换喷嘴 |
| 2 |  | 不可换喷嘴 |
| 3 |  | 爪式水眼 |
| 4 | 肋条式分流 | 可换喷嘴 |
| 5 |  | 不可换喷嘴 |
| 6 |  | 爪式水眼 |
| 7 | 放射式分流 | 可换喷嘴 |
| 8 |  | 不可换喷嘴 |
| 9 |  | 爪式水眼 |
| J | 辐射式流道 | |
| L | 分流式流道 | |
| G | 其他形式水道 | |

切削元(即指金刚石材料)状况包括规格、出刃高度、布齿密度等情况,具体请参见表 8-36。

表 8-36  金刚石油(气)井钻头切削元状况表征方法

| 切削元状况代号 | | 1 | 2 | 3 | 4 | 5 | 6 | 7 | 8 | 9 |
|---|---|---|---|---|---|---|---|---|---|---|
| 规格 | 天然金刚石(粒/克拉) | <3 | | | 4~7 | | | >7 | | |
| | 聚晶、PDC | 大 | | | 中 | | | 小 | | |
| | 出刃高度/% | >15 | | | 9~15 | | | <9 | | |
| | 布齿密度 | 稀 | 中 | 密 | 稀 | 中 | 密 | 稀 | 中 | 密 |

注:出刃高度是指出刃部分的尺寸与粒度尺寸(或聚晶、复合片高度)的百分比。

应该指出,以上仅为行业表征方法,还未形成正式标准。

### 8.7.4　金刚石油(气)井钻头制造工艺概要

金刚石单晶、人造金刚石聚晶钻头多是用热压法来制造的,其中聚晶钻头也有用压铆法制造;金刚石复合片钻头多用焊接法和压铆法制造,是预先机加工出钻头形状的钢体并按角度、排列要求、主副翼、切削元尺寸钻好孔,然后布齿镶焊,而单晶、聚晶钻头则是利用结合剂胎体、钢基体、水口条在石墨模具中来热压形成钻头体形状来。

#### 8.7.4.1　热压制造工艺要点

热压金刚石油(气)井钻头用石墨模具要求选用高纯、高强度、高致密度石墨材料,抗压强度应在 50 MPa 以上。一般仍包括模套、模芯、底模几个部分,水口模型可用石墨材料加工,也可采用塑泥。要求石墨模具装配精度要高,除模芯、水口模为一次性使用,模套和底模应能重复使用,在兼顾感应加热速度和均匀性要求的情况下,尽量让模套和底模厚一些以便能承受一定的热压压力(一般用到 25~35 MPa);按照金刚石材料尺寸和出刃要求在模具规定位置上钻眼,有保径要求的也要给保径材料钻好眼;水口模型(条)按事先画好的位置用胶粘牢。

表镶天然金刚石同聚晶一样为人工摆放,可用吸笔或镊子吸(夹)住金刚石粒,一颗颗地粘到模具上规定的坑穴上,注意要将金刚石颗粒圆滑的部位安放于坑穴中(相当以后钻头出刃的金刚石部位);侧刃部位或保径的金刚石也需让耐磨部位粘到坑穴中。

热压一般是在中频热压炉中进行的,也可以在真空热压炉或带加压和气氛的电阻烧结炉中进行。一般先用较大压力(20~30 MPa)预冷压,时间要长(至少 3 min 以上)以便排出空气,然后再加热。升温过程中一般使用热压压力的 1/3 压力值,待到保温时再送到全压。保温时间要视热压设备和钻头规格大小,一般要求在模具已传热均匀的情况下要保足 10 min 以上。卸压(炉)要冷却到 700 ℃ 以下方可。

#### 8.7.4.2　镶嵌工艺要点

对于金刚石复合片,有时也对聚晶或单晶孕镶块采用镶焊工艺来制造成钻头。镶焊法是指预先按钻头形状做好钢体,并预留好水口或水眼,在规定的镶嵌部位打好眼,然后采取镶铆或焊接的方法把金刚石复合片或其他金刚石材料固结在孔中。

镶铆也叫冷铆法,是将布眼的孔径控制得略比复合片直径小(过盈量在 0.005～0.01 mm),将复合片装入孔中后,再用特制的中空压头把孔周围的钢材料挤压密合,这种冷铆的方法若再结合预先的焊接,可大大减少掉(断)刀片现象;焊接的方法有多种,如银焊、铜焊、等离子喷涂等。银焊是将复合片入孔的衬底包一层银焊片,预先在孔底也放一片焊片并抹好焊剂,然后装好复合片,入炉在气氛保护下加热到焊片熔化(不得超过 750 ℃),小规格钻头可在高频设备上感应焊接。铜焊与银焊类似,只是多采用氧-乙炔加热,用硼砂保护,铜焊因温度高,焊接时间要求短。银焊或铜焊聚晶时,要求将聚晶表面镀一层金属(表镶热压法时也要求将聚晶或天然单晶金刚石进行表面镀覆);等离子喷涂是指在金刚石复合片等切削元在孔中定好位后,再用等离子喷射的方法在钢体表面喷涂一层耐磨性和硬度都很高(如镍合金层等)、与钢体能产生冶金结合的合金层,这样合金层也同时将金刚石材料粘牢,这样制得的钻头因有一层耐磨喷涂层,同时也起耐蚀和耐高温的作用,故特别适合于深的地层钻进。

制造好的钻头毛坯可通过后加工完善,$\phi 4''$ 以上钻头还需做动平衡检查。

## 8.8 金刚石工程钻头、石材钻头的制造

金刚石工程钻头习惯称作薄壁钻,主要用于建筑安装与施工,如整体施工的混凝土或钢筋混凝土墙及砖墙的钻孔、安装地脚螺柱孔等;金刚石石材钻头主要用于天然花岗石、大理石、人造石材、地板砖、瓷砖、陶瓷制品等的打孔。

金刚石工程钻头、石材钻头一般会分干钻、湿钻,石材钻头更要求能干、湿两用。干钻一般不宜采用长杆,钻杆最好开孔、带螺旋状排屑槽和保护层,要求带水口,节块最好是涡轮形。图 8-17 为几种常见金刚石工程钻头、石材钻头形状。

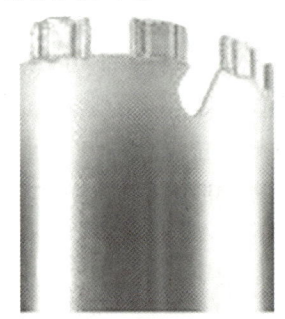

(1)高频焊无水口涡轮波浪齿工程湿钻　　(2)激光焊斜水口涡轮齿工程干钻

(3)高频焊无水口皇冠型石材湿钻　　(4)高频焊无水口带保护层镶嵌齿涡轮齿石材湿钻

图 8-17　常见金刚石工程钻头、石材钻头形状

金刚石工程钻头、石材钻头的制造方法主要为热压法制造节块加焊接,也有直接带钢基体热压;热压用设备可为电阻热压机、中频热压设备;焊接可采用高频焊接或激光焊接,干钻必须采用激光焊接。

### 8.8.1 原材料的选择

金刚石工程钻头、石材钻头用原材料包括钻杆、金刚石、结合剂、模具。

#### 8.8.1.1 钻杆要求

通常选用 45# 钢制成的无缝钢管来加工,激光焊的可用 20# 钢等低碳钢材料;若为整体制作钻头,则需将钻杆(多分为钻杆头和杆身两部分,钻杆头与节块一起热压,再与杆身通过氩弧焊等方法焊接到一起)结合部位加工成楔形或尖齿形,以及要采用镀铜,这样可以加强整体制造时胎体与钻杆的结合强度;对于先做金刚石节块后焊接的工艺,钻杆结合面不需特殊加工,但有时为加强结合,采用加工成槽,焊接时将金刚石节块焊在槽口位置,这样钻进时圆周方向相当于有基体支撑保护作用。另外,对焊接节块为减少薄的钢基体产生变形,最好在两焊接区之间铣出"U"形水口以隔断相邻焊接热变形区的影响。

钻杆加工主要为冷加工,注意采用专用卡具穿心卡固,以保证加工后连接孔与外壁的同心度以及壁厚的均匀性。

#### 8.8.1.2 金刚石磨料的选择

对于一般用于钻进含钢筋混凝土材料的钻头,因被钻进材质为非均质材料,既有钢筋、有石子或鹅卵石,还有混凝土块,故钻头所用金刚石必须抗冲击性好、耐磨性好、耐热性好、有与结合剂胎体良好的黏结(最好表面镀覆),品级多选 MBD10~SMD25 或 MBS950 以上或 SDA85+ 以上,干钻用金刚石品级应该更好才行。粒度要选粗颗粒 16/18~45/50,金刚石浓度多在 15%~50%;石材钻头用金刚石,品级多选 SMD~DMD,或 MBS970 以上或 SDA100+ 以上,粒度多选 30/35~40/45,浓度多选 15%~30%。

#### 8.8.1.3 结合剂胎体要求

结合剂胎体应具有合适的机械性能以满足钻头的不同钻进要求,对用于钻进混凝土、耐火砖等钻头的胎体还必须具有高的耐冲击性和抗拉强度;同时希望胎体对钢基体和金刚石有很好的黏结性。

制造金刚石工程钻头用结合剂主要有钴基、钴青铜基结合剂,广泛适用于钻进软至硬、弱至强研磨性的混凝土、钢筋混凝土、沥青等;石材钻头用结合剂主要有镍基、钨基、钴青铜基等结合剂。

#### 8.8.1.4 模具要求

普通热压工艺制造钻头多采用石墨模具,要求材质为高纯石墨,抗压强度高(500 kgf/cm² 以上),密度 1.75 g/cm³ 以上。

模具设计时,除需要按一般设计要求考虑产品尺寸精度和形位误差、各种工艺要求、密度均匀性、温度均匀性、模具强度等外,对带钢基体直接整体热压钻头的工艺,还需要考虑材质间的不同热尺寸效应,尤其是石墨模具,必须计算出合适的间隙。

对整体制作钻头用模具,一般由模套、模芯和底模组成,钻杆(头)需要封闭在模腔中;对热压钻头节块用模具,可采用组合模,一炉多压,还可以采用先冷压成坯,再集中组装热压。

### 8.8.2　制造工艺概述

对带钢基体直接热压钻头,装配好模具后投入成形料刮平(带过渡层时要分层投料、刮料)后,再小心装上钢基体(确保同心度符合要求);热压时要先用初压预压,再升温至热压温度,再将压力升到位,保温保压,保温结束后继续保压至500 ℃以下卸炉。

热压钻头用金刚石节块操作同一般节块热压工艺,这里不再说明。

钻头焊接时需注意保证焊接的牢固程度和节块与钻杆的同心度,设备可采用普通高频焊机或钻头专用焊机,现在有越来越多的厂家采用激光焊接设备。

最后,钻头还需要机加工、开刃、检查、包装入库。

思考题

1.金刚石地质钻头内外径不同部位的金刚石,磨损程度会不一样,采取何种方式可以改善?

2.试分析表镶金刚石钻头和孕镶金刚石钻头胎体应具备的性能的共性与特殊性。

3.水路系统有哪几个部分组成?表镶金刚石钻头与孕镶金刚石钻头水路系统相比有什么特殊性?

4.无压浸渍法烧结金刚石钻头时周围铝氧粉的作用是什么?其粉粒大小是否影响烧结浸渍?

# 第 9 章 超硬材料钎焊工具

超硬材料钎焊工具是用金属合金钎料直接将金刚石或 CBN 磨料焊接到金属基体上而制成的用于切、磨、钻等工艺的超硬材料工具,是继超硬材料烧结工具、电镀工具、树脂结合剂及陶瓷结合剂工具制造技术之后的一种新型超硬工具制造技术。钎焊法与超硬材料工具其他制造工艺相比有其独特的优势,在越来越多的领域发挥重要的作用。

## 9.1 概　述

### 9.1.1　超硬材料钎焊工具的特点

在超硬材料行业,金属结合剂工具生产方法通用的有金属烧结法和电镀法。钎焊金刚石工具相比烧结工具,出刃高,更锋利,金刚石利用率高,金刚石不易脱落。钎焊超硬材料工具与烧结工具相比具有更高的对磨料把持力和锋利度。由于目前以单层钎焊为主,所以在总寿命上不如烧结工具。随着多层钎焊工具技术的成熟,将会代替部分烧结类超硬工具。超硬材料钎焊工具大量代替了电镀金刚石工具。

#### 9.1.1.1　钎焊技术的明显优势

(1)焊料合金在金刚石表面具有爬升现象,焊料与金刚石结合面积更大,结合强度更高,在磨料间的结合层厚度仅需保持在磨料高度的 20%~30%,即足以牢固把持住磨料。如此薄的结合层厚度意味着具有高达 70%~80% 的磨料裸露高度(图 9-1)。

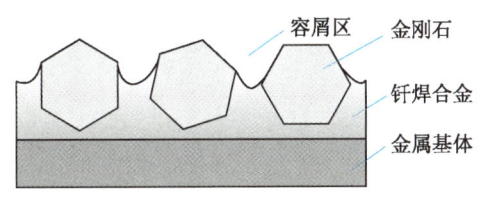
(a)钎焊工具表面状态示意图

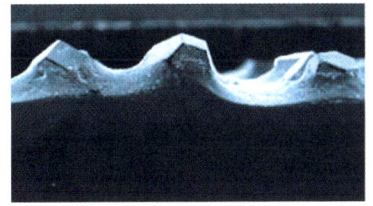
(b)钎焊工具表面金刚石形貌

图 9-1　金刚石钎焊工具表面

(2)高出刃的金刚石大大提高工具的加工效率,高强度的结合度允许金刚石工具承受更高的磨削力,颗粒位置可调控,提高了金刚石工具的使用寿命,并可适合高效磨削。

(3)不存在电镀过程中的电流尖角效应,生产过程无废液。在环境保护方面较传统工艺有着明显的优势,大大提高了绿色制造程度。

钎焊超硬材料工具不但可部分取代传统的烧结、电镀工具,而且因粉状钎料、膏状钎料以及自动控制技术的引入,加强了超硬工具制造的灵活性,在超硬工具性能的优化与再设计、新型工具的开发方面,优势明显。

#### 9.1.1.2 钎焊时需要解决和重视的问题

金刚石钎焊时存在着许多在生产过程中要解决和重视的问题,否则将严重影响工具的使用:

(1)要求钎料对金刚石和胎体有良好润湿性和结合强度;

(2)钎焊材料及钎焊工艺的选择要保证金刚石的稳定性,以减少或避免钎料对金刚石的侵蚀;

(3)由于金刚石和金属基体的热膨胀系数差异较大,因而焊接残余应力也较大,降低接头的强度;

(4)钎料的熔点要高于金刚石工具的工作温度,所以应寻找熔点较低并与金刚石膨胀系数接近的金属(合金)材料作为钎料,再考虑加入某些活性元素以改善对金刚石的润湿性和亲和性,达到既能粘结金刚石又能满足胎体机械性能的目的。

此外,金刚石表面金属化的实现方式、表面金属与钎料的匹配和选择、钎剂和气体介质的选择等关键技术还需进一步成熟和优化。

金刚石工具的使用效率与寿命除取决于金刚石磨粒被镶嵌的牢固程度外,还与胎体的耐磨性有关。胎体本身强度的高低、金刚石在胎体中的分布状态、金刚石的浓度等都会对胎体的耐磨性产生影响。所以,如何使胎体达到理想的状态也是今后工作中值得注意的问题。

超硬材料钎焊工具现已形成了一定规模的用于磨削、切削、钻进为主的金刚石工具系列产品。目前成熟的制造工艺为单层钎焊金刚石工具和使用粒度较粗的金刚石磨料,相信在科研人员的努力下,多层钎焊工具和精磨加工工具也将会有较好的发展成就。

### 9.1.2 超硬材料钎焊工具的分类

超硬材料钎焊工具目前仍以金刚石磨料为主来制造。从产业化应用方式来分,主要有切、磨、钻、雕等四个大类。

#### 9.1.2.1 切割类

(1)大理石切割片  大理石属于变质岩,主要成分是碳酸钙,质地较软,脆性较大。在大理石手工切割的应用中,多数情况下是装载在100型角磨机或者云石机上使用。此应用场景要求切割片具有良好的锋利度,平顺的手感,良好的干切性能,且大理石不易崩边。相对于烧结金刚石切割片,钎焊金刚石切割片因为具有更高的锋利度、更好的干切性能、切口更加平整等优势,寿命虽不如烧结金刚石切割片,但是也足够让人满意。相对于电镀金刚石切割片,钎焊金刚石切割片因为对金刚石把持力高、金刚石裸露度高等,而具有更好的锋利度和切割寿命。且电镀工艺在长时间的干切下,容易发热导致脱层,而钎焊金刚石工具的耐高温性能非常优良,更适合干切。因为以上优势,在手工切割领域,钎焊金刚石工艺正以明显的替代优势,占有越来越高的市场份额。图 9-2 为大理石钎焊切割片。

虽然在大理石手工切割领域,钎焊金刚石工艺具有明显的优势,但是在机械切割领域,因为可以充分的加水,以及更长的使用寿命要求,烧结金刚石切割片仍然具有难以替代的优势。

(2)万能切割片　在欧美国家,家家户户都有 DIY 的习惯。DIY 切割中需求一种切割片能适应切割更多的材料,减少用户对切割片种类的采购和储备,而对于切割片寿命的要求往往是次要的。钎焊金刚石切割片因为金刚石高裸露度、高把持度和适应性强,可以切割石材、木材、石膏、塑料、橡胶、金属等几乎所有日常生活中应用到的材料,因此广受欧美 DIY 市场的喜爱,如图 9-3 所示。

钎焊切割片

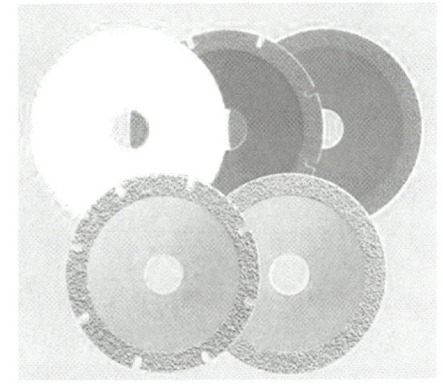

图 9-2　大理石金刚石钎焊切割片

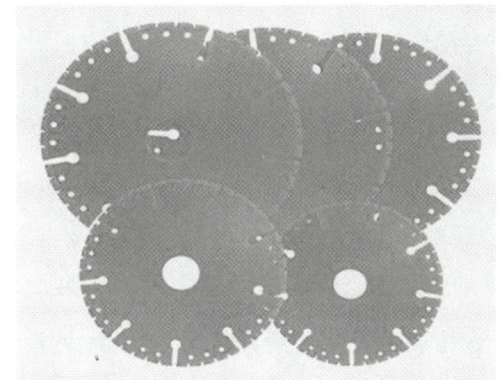

图 9-3　万能金刚石钎焊切割片

(3)金刚石绳锯　钎焊金刚石绳锯是单层金刚石结构,加工范围广,不受石材类型限制;金刚石出露高度高,锋利度高,切割效率远远高于烧结绳锯;普通烧结绳锯的最小直径大约为 8 mm,钎焊绳锯的最小直径为 6 m,资源浪费更小,这种串珠目前在世界上广泛用来加工名贵石材和复杂形状的石材产品(图 9-4)。

图 9-4　钎焊金刚石串珠与绳锯

(4)金属切割片　传统的金属切割片多是树脂切割片,具有锋利度好、噪声小等优点,但是树脂切割片切割中树脂结合剂会大量磨耗为粉尘,具有刺激性臭味,影响使用人员的健康;且切割片结构强度低,存在崩片飞出,划伤使用人员的安全隐患。钎焊金刚石切割片应用于金属切割,具有切割效率高,无粉尘,无刺激性臭味,片体不易崩裂等优点,在欧美国家的应用正在逐渐增加(图9-5)。但是对比树脂切割片,使用钎焊金刚石切割片,会造成金属切口毛刺较大、切割噪声较大等缺点,限制了其在金属切割领域市场份额的进一步增大。

钎焊加工金属用切割片

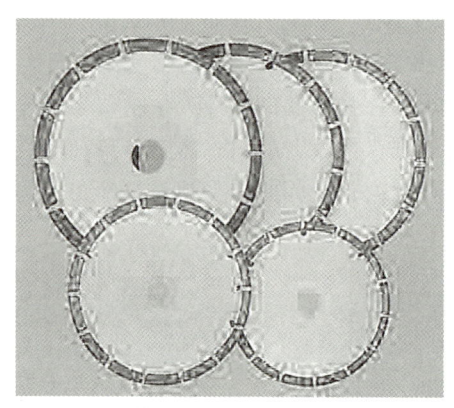

图9-5　金属切割专用钎焊切割片

#### 9.1.2.2　打磨类

(1)石材与混凝土打磨类　在石材加工使用的磨片、磨头、磨轮领域,由于具有更高的使用寿命,钎焊金刚石工具正在大幅度地替代电镀金刚石工具。但是在一些高尺寸磨轮上,由于钎焊工艺难以避免存在焊料流淌等原因造成的缺陷和不稳定性,电镀金刚石磨轮仍占有主流市场份额。图9-6为用于打磨不同形状表面用的打磨钎焊工具。

钎焊碗磨片

图9-6(d)是钎焊节段式磨削工具,可采用膏状钎料与金刚石混合后按预设位置与预设大小布料,其节段大小、形状和分布可根据工具的使用工况择优设计,也可采用粉状钎料直接钎焊。与传统烧结工具相比,无需烧结模具,一次钎焊而成,用于磨削花岗岩、混凝土、陶瓷等材料磨削,磨削效率提高40%以上,寿命提高20%以上。

(a)石材磨片

(b)石材手工轮

(c)石材异形铣刀　　　　　　　(d)混凝土修磨轮

图9-6　型面打磨钎焊工具

(2)铸铁打磨片(含磨片、磨头、磨轮)　由于对环保和工人健康的日益重视,铸铁打磨领域正在淘汰老式的树脂磨片等耗材。对于铸铁打磨,钎焊金刚石工具具有更高的磨削效率、更长的使用寿命、更好的保形性、没有粉尘污染等优点,正在逐渐成为铸铁打磨的主流工具。图9-7和图9-8为典型的钎焊金刚石打磨铸件用工具。

铸铁打磨片

图9-7　铸铁打磨片

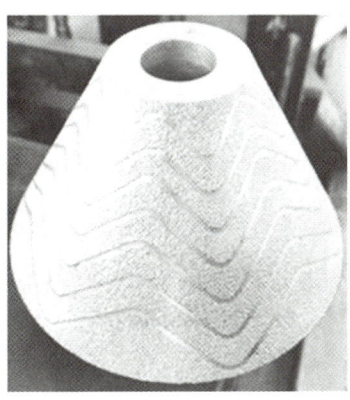
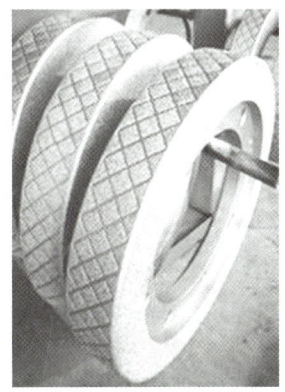

(a)铸铁管倒角用钎焊磨轮　　　(b)铸铁承口钎焊磨轮

图9-8　铸铁加工用钎焊金刚石工具

#### 9.1.2.3 钻孔类

钎焊金刚石孔钻被广泛应用于花岗岩、瓷砖、岩板、石英石等建筑材料的钻孔,尤其是工地现场的干打(开)孔(图9-9)。由于工地现场加水不方便,或者一些场合不允许加水,需要干打,在此类工况下,钎焊金刚石孔钻是唯一的钻孔工具选择。钎焊金刚石孔钻在欧美国家已经流行了十多年,国内近几年也掀起了干钻潮流。

手电钻款
大规格干钻

图9-9　金刚石钎焊钻头

#### 9.1.2.4 雕刻类

(1)大理石雕刻刀　钎焊金刚石大理石雕刻刀,一般是由单层金刚石的钎焊工艺制成。钎焊大理石雕刻刀具有锋利度好、寿命高、形状保持性好等特点,是大理石一类软石材浮雕的首选刀具(图9-10)。

(2)花岗岩雕刻刀　花岗岩雕刻刀也常称为浮雕刀,一般是由多层金刚石的钎焊工艺制成。相比烧结金刚石工艺的花岗岩浮雕刀,钎焊工艺具有更高的耐磨性、更好的锋利度、更好的形状保持性等优点,已经成为了花岗岩浮雕的主流刀具(图9-11)。

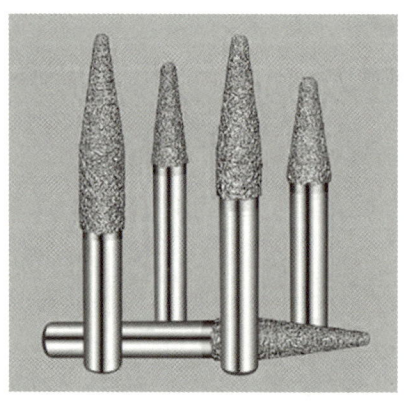
图9-10　大理石用钎焊金刚石雕刻刀

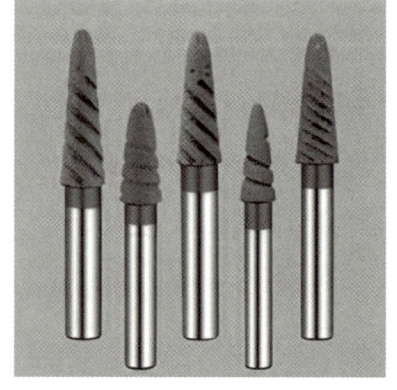
图9-11　花岗岩用钎焊金刚石浮雕刀

#### 9.1.2.5 其他用途工具

可以预料的应用场合是那些需要高耐磨性的工具。农机刃具类零件的抗磨粒磨损要求高,工作中受大量的含砂粒土质的磨粒磨损,在农机工件重要部分钎焊一层金刚石,将大大提高工具的使用寿命,国内已经有人在研究。

粉碎机的核心工作部件锤片,在粉碎物料的过程中,由于与物料直接接触并相互作用,锤片本身遭受着严重的磨损而极易失效,从而影响粉碎机的生产效率和使用寿命。为了提高锤片的粉碎效果及抗磨损性能,在常用不锈钢锤片工作部位表面固结单层有序排布的金刚石磨粒,利用金刚石磨粒的高硬度在有效粉碎物料的同时抵抗物料对锤片的磨损。钎焊金刚石锤片的粉碎性能和耐磨性能明显优于不锈钢锤片,锤片的耐磨性提高了 7 倍,物料粉碎粒度更细小均匀。

高铁由于需要高的运行平稳性,常用博格板代替传统的铁路枕木。博格板是一种高强度、高致密、重达 6 t 多的钢筋混凝土的承轨台。博格板与钢轨承接的复杂异形面需要精确加工。使用钎焊金刚石磨轮,磨削效率是电镀金刚石磨轮的 1.2~1.5 倍,磨削寿命是电镀金刚石磨轮的 2~3 倍且磨削质量好,表现出了明显的加工优势。

国内的钎焊金刚石工具行业经过十多年的发展,整体上已经趋于成熟。未来,将是各个企业在不同精细化赛道深耕的角逐竞争。单一的工艺标准应用在不同的加工材质,不同的应用场景,显然不能获得最好的使用性能。因此,必须根据具体工况,对金刚石的浓度分布、金刚石出露度、金刚石品级选择、金刚石粒度搭配等细节设计进行更细致的针对性研究。

目前钎焊金刚石工具的批量生产,仍然大量地依赖于人工,自动化程度很低。随着工人工资的不断提升,市场价格的不断下跌,以及市场总量的不断提升,钎焊金刚石工具已经进入了薄利多销时代。但是由于人工的产量极为有限,通过增加工人来增大产能,势必增加管理难度和产品稳定性的控制难度。因此,高性价比的自动化生产方案,显得格外重要。

## 9.2 超硬材料工具钎焊原理

### 9.2.1 钎焊的基本过程

钎焊是利用液态钎料在母材表面润湿、铺展和扩散,并通过在母材间隙中润湿、毛细流动、填缝,从而使得钎料与母材相互溶解和扩散,以此实现零件间连接的一种焊接方式。钎焊过程是与固、液、气三态的转变与分解、润湿及毛细流动、扩散与铺展、固化与吸附等物理化学现象有关的相互作用。

钎焊过程分为三个基本流程:一是钎剂的熔化与填缝过程。加热预置钎剂到一定温度,使得钎剂转为液态,通过母材表面间隙流入间隙内部,在高温环境下,预置钎剂与母材表面的氧化膜进行反应,以此去除表面氧化膜,使母材表面清洁,同时为下一步钎料填入母材间隙做出预处理。二是钎料在一定温度下熔化为液态并填充钎料缝隙的过程。进一步提高温度,钎料在高温条件下熔化至液态,逐渐在母材间隙表面铺展、润湿,同时排去上一步残留的预置钎料。三是钎料与母材相互作用的过程。母材接触融化后的液态钎料后,一小部分的母材溶解于钎料当中,即随扩散作用母材逐渐向液态钎料扩散,同时一部分液态钎料也向母材内部进行扩散,并且在其接触的表面产生一系列复杂物理化学反应,以此来加固接头。当钎料充满间隙并保温一定时间后,在间隙处开始冷凝形成钎焊接头。

合金表面结构较为复杂,合金内部一些易于和氧发生反应的组元在固态情况下依旧会随着扩散作用在合金表面富集,形成复杂的膜结构附着于合金表面,并且在储存运输过程中,随时间越长,这层膜就会变得越厚。在实际的钎焊过程中,所有的母材表面都会有一层类似的表面膜结构。这层膜影响着钎料对母材的润湿性能,从而进一步影响钎焊效果。为了使钎焊过程得以成功进行,要根据膜的类型进行一定程度的处理。通常采用还原性酸、氧化性酸或碱等来去除。

经过一系列的酸洗、碱洗等处理后,在钎焊进行之前仍会在母材表面形成一层较薄的氧化膜,钎焊过程通常就在这样的表面进行。

### 9.2.2 钎焊的润湿与铺展

钎焊的润湿与铺展通常与固-液界面的润湿现象有关。润湿作用通常是指液体在固体表面上附着的现象,固体表面的气态相被液态相所取代,从而降低体系自由能的过程。即液体取代气体接触固体,并进一步沿固体表面进行铺展,从而形成新的固-液界面的过程。若液滴和固体界面的变化能使液-固体系自由能降低,则液滴能很好润湿固相表面并铺展开来。润湿现象可以分为附着、浸湿和铺展三种类型。附着润湿是指液体取代固体表面的气体,但是液体不能完全铺展开来的润湿过程;润湿液体在固体表面铺展形成薄层,此过程为铺展过程。铺展是固-气界面消失,固-液界面形成的过程;浸渍润湿指的是将固体浸入液体中,固体周围的气体环境替换为液体环境的过程,同时液相表面并没有发生变化。

杨-拉普拉斯方程可以很好地对润湿作用原理进行具体的描述和解释,又被称作杨氏方程。杨式方程在以下三个假设条件下成立:①理想表面;②系统为平衡状态;③体系温度、压力和组成均不发生变化,即体系的总自由能变化仅取决于表面自由能的变化。

$$\sigma_{sg} = \sigma_{ls} + \sigma_{lg}\cos\theta \tag{9-1}$$

式中 $\sigma_{sg}$——固、气体介质间沿边界作用于液滴上的表面张力;

$\sigma_{ls}$——液固边界上的表面应力;

$\sigma_{lg}$——液气边界上的表面应力。

由(9-1)得杨式方程:

$$\cos\theta = \frac{\sigma_{sg} - \sigma_{ls}}{\sigma_{lg}} \tag{9-2}$$

$\theta$ 和 $\cos\theta$ 均可以在一定程度上体现润湿性能的好坏。$\cos\theta$ 是描述液体润湿能力的润湿系数,$\theta$ 指平衡状态下的润湿角,其中润湿夹角的大小就意味着该物料在体系中的润湿及其铺展能力的大小和强弱。当 $\theta=0°$ 时,体系完全润湿;当 $0°<\theta<90°$ 时,体系润湿;当 $90°<\theta<180°$ 时,体系不润湿;当 $\theta=180°$ 时,体系完全不润湿(图9-12)。

杨氏方程的推导是在假定理想的条件下成立的,但是在实际的钎焊过程中,无论是温度还是组成成分都是有差异的,并且在钎料铺展的过程中,铺展的面积逐渐增大,是达不到平衡状态的,因此杨氏方程只在针对钎焊的一般定性的判断时适用。

我们通过杨氏方程得到,若要增强钎料对母材的润湿性,就要使 $\sigma_{sg}$ 增大,或者使 $\sigma_{lg}$ 和 $\sigma_{sl}$ 减小。在实际的钎焊操作中,通常将钎剂覆盖在钎料和母材表面,从而使界面的情况发生变化(图9-13)。即

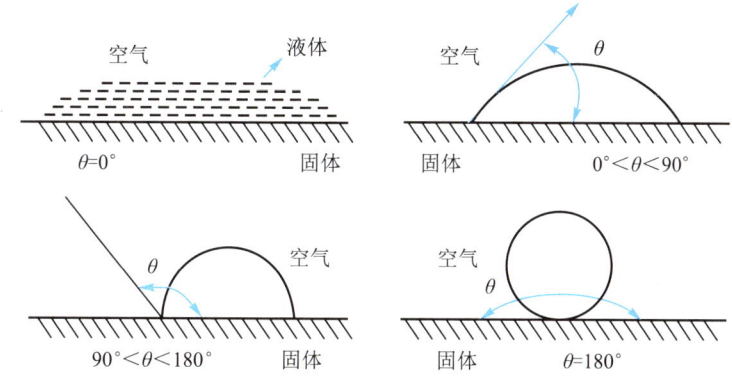

图 9-12　不同润湿角对固体表面的润湿状态

$$\sigma_{sf}-\sigma_{sl}=\sigma_{lf}\cos\theta \tag{9-3}$$

式中　$\sigma_{sf}$——钎焊金属与钎剂间的界面张力；
　　　$\sigma_{sl}$——钎焊金属与钎料间的界面张力；
　　　$\sigma_{lf}$——钎剂与钎料间的界面张力。

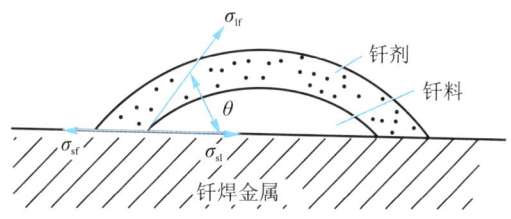

图 9-13　加入钎剂时的界面张力情况

加入钎剂后，$\sigma_{sf}>\sigma_{sg}$ 或 $\sigma_{lf}<\sigma_{lg}$，从而加大润湿性。

### 9.2.3　钎料与金刚石之间的作用

钎焊是利用钎料对两种相同或不同性质的材料进行的焊接工艺，所以需要用于焊接的钎料有优良的可焊性。两种不同材料的结构与电子要满足结构对应原理和成键原理，才可以进行钎焊连接结合。由于金刚石和 CBN 晶体的晶格特点，它们与一般金属或合金间有很高的界面能，磨粒表面不易被常规熔化的金属或合金润湿，所以金属与超硬材料的结合是相当困难的，这也是超硬材料行业技术人员一直在研究的课题。

大多数钎料合金难以润湿金刚石，且金刚石在高温下容易被石墨化和氧化。受金刚石石墨化转变温度所限，即便在真空环境中金刚石钎焊温度也不宜超过 1 050 ℃。钎焊金刚石可供选择的钎料种类少，所选的钎料既要保证与金刚石有良好的润湿，能与金刚石产生化学冶金结合作用，同时又要保证金刚石的锋利度，钎料不能对金刚石有过度的侵蚀。此外，钎料的磨损性能还要与被加工材料相适应，以保证金刚石最佳的出露高度和较长的使用寿命。

钎料元素与金刚石实现紧密结合的条件：

（1）钎料与金刚石的密排晶面间要有相似的对应关系，金刚石的密排晶面的原子间距为 0.252 nm，晶胞常数为 0.356 nm，若要达到结合要求，则使用的钎料的原子间距与晶胞常数不应与其相差过大,以满足钎料原子与金刚石碳原子为对称周期性对准形式。

(2)金刚石结构表面存在一个碳原子未成键价电子,这便要求选用的钎料元素原子d电子轨道有空位,以容纳吸引金刚石表面未成键的价电子成键,成键能力越强,结合效果越好。

表9-1是符合上述要求的钎料元素的晶体结构与物理性能介绍。

表9-1 钎料元素晶体结构与物理性能

| 元素或合金 | 密排晶面 | 密排面上的原子间距/mm | 外层电子结构 | 晶体结构 | 晶胞常数/mm | 熔点/℃ |
|---|---|---|---|---|---|---|
| Mn(γ) | (111) |  | $3d^54s^2$ | 面心立方 | 0.385 | 1 245 |
| Co(β) | (111) | 0.250 7 | $3d^74s^2$ | 面心立方 | 0.354 | 1 493 |
| Ni(β) | (111) | 0.248 6 | $3d^84s^2$ | 面心立方 |  | 1 455 |
| Cr(α) | (111) | 0.249 2 | $3d^54s^1$ | 面心立方 | 0.352 | 1 900 |
| Si | (111) | 0.381 0 | $3s^23p^2$ | 金刚石型 | 0.542 | 1 410 |
| Ti(α) | (0 001) | 0.294 4 | $3d^24s^2$ | 密排六方 | 0.294 | 2 273 |
| Ti-C | (111) | 0.302 0 |  |  | 0.426~0.432 | 3 410 |

表9-1中的Ni、Co、Mn、Si、Ti、Cr是满足与金刚石成键连接,结合性良好的元素,但是因为其熔点较高,在高温下金刚石将严重石墨化。若想要得到低熔点的焊接金刚石钎料,不仅要有能提供强结合力的钎料元素,还应加入一些低熔点元素。

某些纯金属溶液对金刚石的润湿角见表9-2。

表9-2 低熔纯金属对金刚石的润湿角

| 金属元素 | 测定温度/℃ | 润湿角/(°) | 金属元素 | 测定温度/℃ | 润湿角/(°) |
|---|---|---|---|---|---|
| Cu | 1 150 | 145 | In | 800 | 138 |
| Ag | 1 000 | 120 | Sb | 900 | 120 |
| Au | 1 150 | 150 | Pb | 1 000 | 110 |
| Ge | 1 150 | 116 | Al | 800 | 75 |
| Sn | 1 150 | 125 | Al | 1 100 | 10 |

在低熔点金属中,Ag、Cu、Zn、Sn是常用的低熔点钎料,但是这些纯元素对金刚石的润湿角过大,所以润湿性能较差,对金刚石并不能有很好的润湿效果,无法对金刚石进行较为良好的焊接操作。

大多数纯金属对金刚石的润湿性都很差,虽然Al、Fe、Co和Ni,在液态时能润湿金刚石,但在能润湿的温度下,它们对金刚石的侵蚀都很严重。至于像Ti、Zr、Cr、V等碳化物形成元素,虽然都能很好地润湿金刚石,但它们的熔化温度大于1 600 ℃。所以这些单一的元素粉末并不适用于结合金刚石,因为钎焊超硬材料的钎料要既能保证钎料对磨料的结合,还要不致钎焊温度过高损害超硬磨料。

目前,常采用两种工艺来提高钎料对金刚石的润湿性及减少金刚石的热损伤,一种是在常规合金钎料中添加某些活性元素以改善对金刚石的润湿性和亲和力;另一种方法是在金刚石表面镀覆金属。在采用高熔点钎料钎焊时,表面金属可有效保护金刚石减少其热损伤,同时改善了钎料对金刚石表面的润湿性。

图 9-14 为 Ni-Cr 合金钎料真空钎焊金刚石时金刚石表面形成的碳化物形貌。Ni-Cr 合金钎料中的活性元素 Cr 与 C 有较强的亲和力。液态 Ni-Cr 合金中的活性金属 Cr 被金刚石磨粒晶体表面选择性吸附时,与磨粒表面的 C 发生化学反应生成 Cr-C 化合物,使活性金属 Cr 从靠近金刚石磨粒表面的液态合金钎料中分离出来,并促使液态 Ni-Cr 钎料中的 Cr 向着金刚石磨粒表面扩散,从而在磨粒与液态钎料的接触面上反应生成连续的新相化合物层。研究已经确证碳化物的类型主要是 $Cr_3C_2$ 和 $Cr_7C_3$,这些在界面上的生长的碳化物起到结合桥的作用,提高了金刚石与钎料的结合强度。

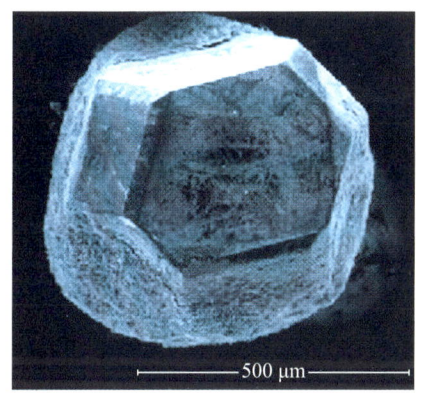
(a)金刚石表面碳化物整体形貌

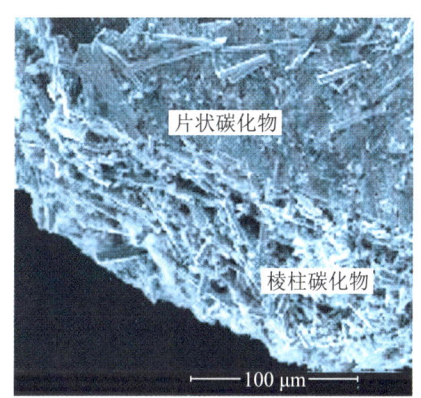
(b)金刚石表面碳化物

图 9-14　Ni-Cr 合金真空钎焊金刚石表面碳化物的形貌

实践也证明,对低熔点金属及合金中添加微量的亲碳元素,易于和碳原子发生反应形成稳定的碳化物的元素,可以明显改善合金对金刚石的润湿性,降低润湿角(表 9-3)。表 9-4 为几种常规钎焊元素的特点及与金刚石之间的作用。

表 9-3　某些金属元素的存在对金刚石润湿性的影响

| 合金成分(质量分数) | 测定温度/℃ | 润湿角/(°) | 合金成分(质量分数) | 测定温度/℃ | 润湿角/(°) |
|---|---|---|---|---|---|
| Cu+10%Ti | 1 150 | 0 | Cu+0.5%Cr | 1 150 | 22 |
| Cu+1%V | 1 150 | 50 | Ag+0.5%Ti | 1 000 | 45 |
| Ag+2%Ti | 1 000 | 5 | Sn+5%Ti | 1 150 | 11 |
| Cu+10%Sn+3%Ti | 1 150 | 0 | | | |

表 9-4　钎料元素对金刚石的作用影响

| 元素 | 作用 |
|---|---|
| Ni | 与金刚石的连接性能较强,可在金刚石表面形成一层 Ni 膜,该膜附着力较强。但 Ni 难以与 C 形成碳化物。Ni 的抗腐蚀性、抗氧化性、热强韧性和塑性良好,Ni 与 Cu 可以无限互溶,同时与其他元素的互溶性也较好。Ni 较适合作为研磨性金刚石磨具的钎料 |

续表 9-4

| 元素 | 作用 |
|---|---|
| Cu | 可固溶多种元素同时形成 α 固溶体,导热性良好,钎焊性优良,适用于各种钎焊工艺 |
| Co | 既与金刚石又较大的结合力,同时还能降低与金刚石间的界面张力,形成碳化物。Co 与其他元素的相溶性较好。但由于其价格过于昂贵,很少应用 |
| Mn | 降低与金刚石间的界面张力,形成 MnC 系列碳化物。韧性与耐磨性好,同时可以降低钎料的熔点、提高钎料流动性 |
| Si | 与金刚石之间结合性能优良,同时可以降低钎料的熔化温度,在钎焊过程中可以提高钎料的抗氧化能力,细化晶粒,改善钎料流动性和润湿性,防止 Zn 和 Mn 的蒸发。Si 与 Ag、Cu 的溶解度小,因而 Si 的加入显著降低了钎料的塑性 |
| B | 改善钎焊工艺性,阻止钎料氧化并抑制气体向熔融钎料溶解。B 与 Ni 的溶解度比较小,因此会使钎料的脆性增大,所以要控制其加入量在 0.02%~0.2%(质量分数) |
| Ti | 与金刚石的连接强度高,同时也是强碳化物的活性元素。在金刚石表面生成 TiC,对金刚石由较好的润湿性,并且其具有良好的抗腐蚀性,Ti 与 Cu、Ni 形成熔点低、流动性好的共晶合金,所以 Ti 是较好的金刚石焊接元素 |
| Cr | 一种与金刚石具有高强度连接性能的元素,并且是强碳化物形成元素,在一定条件下,Cr 与 C 反应生成 $Cr_3C_2$ 和 $Cr_7C_3$ 碳化物。Cr 可以有效提高钎料的抗氧化性、抗腐蚀性和热强性,但不能降低钎料的熔化温度 |
| Zn、Cd | 在 Cu-Ag 合金中的固溶度较大,能大幅度降低 Cu-Ag 合金的熔点,改善合金的流动性与润湿性,并且钎焊过程中可以有效的降低钎缝中进入的气体量,但是在总量超过 40% 后,钎料的塑性急剧下降。另外,含有 Zn、Cd 钎料不可以应用于真空钎焊中 |
| Sn、In | 熔点比较低,可以有效大幅度降低钎料的熔化温度以及改善流动性、增加润湿性。但在加入后,钎料的塑性明显降低 |
| Re | 微量的 Re 可以使钎料在钎焊过程中避免被氧化,同时可以改善钎料的润湿性并净化钎缝晶界,提高钎缝的抗疲劳性能 |

## 9.3　钎　料

### 9.3.1　超硬材料钎焊工具钎料的基本要求

金刚石与金属钎料的相互作用以及金刚石/金属的接头界面组织的主要性能取决于碳原子与金属原子结合后产生的结合特性。这种特性主要由金刚石的晶面取向所决定。金刚石中的碳原子与金属及金属中的氧化物相互反应从而形成对应的碳化物,碳化物的新特性便体现在接头处。

一般金属及其合金与金刚石之间的界面能量比较高,这就导致一般的钎料在钎焊过程中对金刚石的润湿效果很差,甚至于对金刚石根本没有润湿效果,并且钎焊通常在高温环境下进行,金刚石在过高温度下其容易被氧化甚至于石墨化,从而影响金刚石钎焊工具的正常使用和寿命。所以,使用普通的钎料金属和钎焊工艺,钎料和金刚石的钎焊过程很难正常进行。因此,选用合适的钎料对金刚石钎焊是十分重要的。

所选钎料要能满足:

(1)钎料对金刚石的润湿性能要好,结合强度要高。

(2)钎料在钎焊过程中,不能大量腐蚀金刚石,以保证金刚石的性能稳定性。

(3)热膨胀系数与金刚石和基体金属相差不能过大,以防止在高温下钎焊过程中导致工具开裂。

(4)钎料要具有合适的钎焊温度,避免在过高温度下金刚石发生石墨化,既要高于金刚石工具的工作温度,又要低于金刚石的碳化温度。

### 9.3.2 钎料的类型

常用钎料通常按照熔化温度范围分类,熔化温度低于 450 ℃的称为软钎料,高于 450 ℃的称为硬钎料(表 9-5),而对于熔点高于 900 ℃的称为高温钎料。

表 9-5 各类钎料的熔化温度

| 软钎料 | | 硬钎料 | |
| --- | --- | --- | --- |
| 组成 | 熔点范围/℃ | 组成 | 熔点范围/℃ |
| Zn-Al 钎料 | 380~500 | 镍基钎料 | 780~1 200 |
| Cd-Zr 钎料 | 260~350 | 钯(Pd)钎料 | 800~1 230 |
| Pb-Ag 钎料 | 300~500 | 金基钎料 | 900~1 020 |
| Sn-Zn 钎料 | 190~380 | 铜基钎料 | 1 080~1 130 |
| Sn-Ag 钎料 | 210~250 | 黄铜钎料 | 820~1 050 |
| Sn-Pb 钎料 | 180~280 | 铜磷钎料 | 700~900 |
| 铋(Bi)基钎料 | 40~180 | 银基钎料 | 600~970 |
| 铟(In)基钎料 | 30~140 | 铝基钎料 | 460~630 |

金刚石工具的工作特点:工作过程中钎缝受力的状态主要是以交变剪切应力为主,并且钎缝区域的温度场一直在变化,并不稳定;部分产品的使用寿命长,要求钎缝抗疲劳能力要强;部分工具在高温环境下进行工作,要求钎缝耐热性要强。

结合金刚石的物化性能以及工作特点,钎焊金刚石工具常用的钎料可以归纳为以下四大类:银基钎料、铜基钎料、镍基钎料和软钎料。其中,银基钎料几乎可以应用于所有的金刚石工具中(表 9-6),铜基钎料主要应用于高温下工作的金刚石工具,镍基钎料主要应用于单层金刚石工具的真空钎焊,软钎料主要应用于珩磨磨具。

钎料的性能很大程度上决定了钎焊过程中所形成的接头的性能,钎料种类很多,如何选择钎料是一个很重要的问题。我们通常根据经济角度、使用要求及性能、钎料母材的匹配程度、钎焊过程加热方法、工作温度、抗拉强度要求来对钎料进行选择。以下各表为金刚石钎焊工具常用的几类钎料。

表 9-6 金刚石工具常用银钎料

| 牌号 | 化学组成 | 熔化温度/℃ | 抗拉强度/MPa | 主要特性 |
|---|---|---|---|---|
| BAg616 | AgCuZnCdNi | 620~630 | 410 | 流动性好、塑性好、焊接强度高 |
| BAg612 | AgCuZnCdNi | 630~685 | 440 | 填缝性好、抗疲劳能力强、综合性能优，适用于高档金刚石工具的自动焊接 |
| 5009 | AgCuZnCdNi | 630~680 | 440 | |
| DIA44N | AgCuZnNi | 660~780 | 410 | 强度高、耐高温，但焊接温度较高 |
| LAg40Cd | Ag40CuZnCd | 595~630 | 390 | 流动性好、塑性好、综合性能优 |
| L303 | Ag45Cu30Zn | 665~745 | 390 | 流动性好、塑性好、钎缝表面光洁 |
| L304 | Ag50Cu34Zn | 690~745 | 410 | 塑性好、钎缝耐振动、钎缝表面结白 |
| L312 | Ag40CuZnCd | 690~775 | 390 | 熔点低，综合性能优 |
| L322 | Ag40CuZnSn | 595~605 | 390 | 流动性好、钎缝表面洁白，无镉环保型 |
| L301 | Ag10CuZn | 630~640 | 451 | 强度高、耐高温，但焊接温度较高 |
| 905 | Ag40CuZnSn | 710~850 | 360 | 流动性好、钎缝表面洁白，无镉环保型 |
| BAg-2 | Ag35CuZnCd | 665~750 | 390 | 适用于石材行业金刚石锯片、组合锯片、金刚石磨盘以及陶瓷行业滚筒磨轮等的焊接 |
| Z21 | AgCuZnCd | 610~710 | 370~410 | |
| Z31 | AgCuZnCd | 605~730 | 360~390 | |
| Z35 | AgCuZnCd | 610~740 | 360~390 | |
| Z12 | AgCuZnCd | 605~756 | 360~390 | 适用于金刚石锯片、组合锯片、金刚石磨盘等的焊接 |
| Z41 | AgCuZnCd | 610~765 | 370~390 | |
| Z45 | AgCuZnCd | 615~775 | 360~390 | |
| Z46 | AgCuZnCd | 620~785 | 360~380 | |
| CT715 | AgCuZnCdNi | 620~795 | 340~360 | 适用于金刚石、金刚石磨盘等的焊接，经济性好 |
| Z51 | AgCuZnCd | 620~820 | 340~360 | |
| Z53 | AgCuZnCd | 630~830 | 340~360 | |
| Z55 | AgCuZnCd | 630~840 | 340~360 | |
| Z59 | AgCuZnCd | 630~850 | 340~360 | |
| CT643 | AgCuZnNi | 670~780 | 400~415 | 强度高、耐高温，但焊接温度高。符合 RoHS 和中国七部委 39 号令《电子信息产品污染控制管理办法》的要求 |
| CT639 | AgCuZnNiMn | 660~785 | 414~427 | |
| CT628 | AgCuZnNiMnSn | 710~805 | 400~425 | |

表9-7 金刚石工具钎焊常用软钎料

| 牌号 | 化学组成 | 熔化温度/℃ | 抗拉强度/MPa | 主要特性 |
|---|---|---|---|---|
| HL605 | SnAg3.5 | 221~232 | 54 | 流动性、润湿性俱佳,符合RoHS要求 |
| HL607 | SNn32PbZnCd | 150~210 | 45~55 | 温度低、稳定性优于化学粘结剂 |
| HL501 | Zn58Sn40Cu | 198~355 | 88 | 通用性好,符合RoHS要求 |
| HL502 | Zn60Cd | 266~335 | 50~70 | 适宜于铝基底料 |
| HL505 | Zn72.5Al | 430~500 | 190~220 | 流动性差,对钎剂要求高 |
| HL506 | Cd84Zn | 266~270 | 80~90 | 价格低,适宜于铁基底料 |
| Degussa | Zn99Ag | 431~525 | 100~120 | 润湿性差,适宜于铜基底料、要求特种钎剂 |
| HLAgCd96-1 | Cd96AgZn | 300~325 | 110 | 适宜于铁基底料 |
| Cd84AgZnNi | Cd84AgZnNi | 360~380 | 160~190 | 适宜于铁基底料 |
| Cd79ZnAg | Cd79ZnAg | 278~288 | 90~100 | 适宜于铁基底料 |
| CT760 | CdZnAgCuSn | 285~325 | 180~210 | 强度高、耐热性好,适宜于铜基、663基、铁基、锡基等各种底料 |
| CT780 | CdZnAgCu | 298~355 | 220~260 | |

注:RoHS是由欧盟立法制定的一项强制性标准。

实际上,在金刚石工具的钎焊过程中,从钎料的主要焊接件来看就有两种情况:一种是用钎料在钎剂的辅助作用下,将含金刚石或CBN的合金胎体与基体进行焊接,这里面主要是金属合金(含少量的超硬磨料)与金属的焊接;另一种也就是本章里所讲的钎焊金刚石工具,钎料要焊接的重点是对金属润湿性差的金刚石或CBN磨粒与金属基体的焊接。这种情况的钎料相当于烧结制品的结合剂,钎料过程不能使用钎剂,所以对焊料的要求更高,必须加入对金刚石起作用的金属成分,也就是形成所谓的活性钎料,且要注意防止钎料的氧化。

在常规合金钎料中加入活化元素形成新钎料通常有银基活性钎料、铜基活性钎料和镍基活性钎料。表9-8为金刚石工具钎焊部分活性钎料。

表9-8 金刚石工具钎焊部分活性钎料

| 钎料 | 成分比例 | 熔化温度范围/℃ |
|---|---|---|
| Ag-Cu-Ti | 70.5%-26.5%-3% | 780~805 |
| Ag-Cu-Ti | 72%-26%-2% | 780~800 |
| Ag-Cu-Ti | 64%-34.5%-1.5% | 770~810 |
| Ag-Cu-Ti | 68.8%-26.7%-4.5% | 780~830 |
| Ag-Cu-In-Ti | 72.5%-19.5%-5%-3% | 730~760 |
| Ag-Cu-In-Ti | 59%-27.25%-12.5%-1.25% | 605~715 |

续表 9-8

| 钎料 | 成分比例 | 熔化温度范围/℃ |
|---|---|---|
| Ag-Cu-In-Li | 60%–28%–2%–10% | 640~720 |
| Ag-Cu-Sn-Ti | 60%–28%–10%–2% | 620~750 |
| Ag-Cu-Ti-Sn | 63%–34.25%–1.75%–1% | 775~806 |
| Ag-Cu-Ti-Al | 92.75%–5%–1.25%–1% | 860~920 |
| Ag-Cu-Zr | 67%–28%–5% | 750~950 |
| Cu-Sn-Ti | 76%–19%–5% | 830~870 |
| Cu-Sn-Ti | 72%–18%–10% | 840~870 |
| Cu-Mn-Ti | 60%–32%–8% | 860~880 |
| Ni-Cr-Si | 63%–18%–19% | 1 050~1 220 |
| Ni-Cr-B-Si | 80.5%–12%–3.5%–4% | 950~1 020 |
| Ni-Co-Cr-W-Hf | 46.6%–18.6%–4.5%–4.7%–25.6% | 1 195~1 232 |

活性钎料在具体使用过程中，根据焊接强度的高低要求的不同来选择银基、铜基和镍基。采用 Ag-Cu、Cu-Sn 低熔点合金钎料可以较好地减少金刚石的热损伤，但钎焊后的工具硬度低、强度低，难以实现工具的强力磨削。采用 Ni-Cr 合金钎焊的金刚石工具，硬度高，具有良好的耐磨削性能和耐高温性能，但需要金刚石具有更好的耐热性。通过添加元素来改进钎料成分是近年来的一个研究热点，如加入石墨、TiC 颗粒增强相和稀土等物质，达到调控钎料的润湿性能、调节钎料熔点、细化晶粒及提升钎焊强度等目的。随着活性钎料的研究深入，将会有更多适合于金刚石或 CBN 钎焊的钎料出现，满足不同环境下的超硬材料工具的使用。

## 9.4 钎焊工艺

高温钎焊超硬材料的工具制造工艺有火焰钎焊、感应钎焊、炉中钎焊、电阻钎焊、激光钎焊等方法，可以在气氛保护、真空及盐浴等环境下进行。目前，在工业生产中大量使用的是以真空钎焊为主。钎焊工艺包括基体清洗、金刚石布料、高温钎焊、外观处理与检查等工段。

### 9.4.1 基体清洗

基体清洗在超声波清洗机中完成（图 9-15）。超声波清洗分粗洗和清洁洗两道工序，所以需要两个清洗槽，即粗洗槽和清洁槽，清洗时水温控制在 70 ℃ 左右。第一道工序在粗洗槽中加入清洗剂，可提高粗洗效果，粗洗时间一般为 30 min。第二道工序在清洁槽中进行，清洁槽里为清水，清洁洗时间一般为 5 min。基体清洗干净并沥干后，用风机风干，即为清洗完毕。

### 9.4.2 上砂

金刚石固定在基体上的过程，就是金刚石布料，有多种方式，有先布金刚石再涂覆钎料、钎料和金刚石同时涂覆、先涂覆钎料再布金刚石等三种。

对于先布金刚石再涂覆钎料的工艺也就是上砂,先在钢基体表面涂敷丙烯酸酯胶水,然后将金刚石均匀撒布到钢基体表面。金刚石的撒布浓度需根据工具的使用工况设计,不同使用工况的产品,对金刚石浓度的需求不同。有时,同一个工件,不同部位的使用工况也有所不同,这时要对使用中需要承受高冲击负荷的局部位置提高金刚石撒布浓度。图9-16是石材雕刻金刚石刀具上砂后的金刚石粘附状态。

钎焊工艺

图 9-15　超声波清洗机

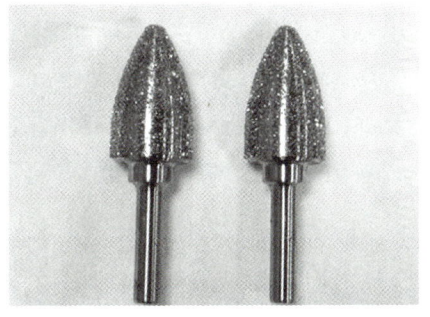

图 9-16　金刚石雕刻刀上砂后的状态

## 9.4.3　上焊料

上砂后的金刚石间隙需要加入焊料合金粉末。常用的工件上焊料方法有两种:一种是用液体石蜡将焊料粉末调整至微湿成团的状态,然后将焊料粉末通过滚粘的方式覆盖到上砂完毕的基体表面,并喷涂稀胶水固定。其优点是焊料熔化致密,对金刚石之间的缝隙填充良好,金刚石焊接牢固。缺点是需要工人有良好的熟练度和操作手感,生产效率稍慢。另一种是往金刚石之间的缝隙里滚粘与金刚石粒度相匹配的球状粗焊料。其优点是产品一致性较好,且工人操作方便,对工人的熟练度要求较低,生产效率较高。缺点是粗粒度焊料较难熔化,当炉温控制不好时,容易熔化不充分,并且焊料对金刚石之间的缝隙填充稍显不足,影响焊接牢固度。图9-17是上焊料后的表面状态。

图 9-17　金刚石雕刻刀上焊料后的状态

## 9.4.4　炉中钎焊

由于钎料和金刚石的涂覆均大量使用胶粘剂,在炉中钎焊之前,可对工件在烘箱中先行烘干,初步将金刚石和钎料固定在工具基体表面。真空钎焊炉的真空泵需要由机械泵、罗茨泵、扩散泵等组成的三级泵真空系统(图9-18),以保证真空度能达到$10^{-2}$ Pa以上,达到优质钎焊效果。钎焊金刚石工具大批量生产设备一般是使用真空钎焊炉。

对于一些小批量的生产和实验,也可以使用由氩气保护的高频钎焊炉(图9-19)。该炉子组成包括高频感应加热机和氩气保护系统。通过高频加热钢基体,并在氩气保护下使焊料熔化,充分润湿金刚石。氩气保护高频钎焊炉具有设备成本低、钎焊速度快等优势。但是高频钎焊的生产方式存在一次只能生产一个或一组工件、生产效率低、温度工艺难控制等缺点,一般多用于实验性的生产。

图9-18　真空钎焊炉

图9-19　高频钎焊炉

钎焊金刚石工具最常用的钎焊料有镍铬硼硅焊料和铜锡钛焊料。镍铬硼硅焊料的钎焊温度一般用1 030 ℃,铜锡钛焊料的钎焊温度一般用920 ℃。升温速率以及保温工艺需根据装炉量以及钎焊炉种类进行合理调节。

在钎焊完成后,工件采用随炉冷却或者400 ℃以下充氮气或者氩气加速冷却。需要注意,不可在过高的温度充入氮气或者氩气,否则将对钢基体和焊料的性质产生不良影响,影响产品性能和稳定性。

图9-20和图9-21为两种不同上料方式的工具钎焊效果。

图9-20　粉末焊料工艺的焊接效果

图9-21　球状粗焊料工艺的焊接效果

### 9.4.5　外观商品化处理

经过性能质检的产品,根据用户的需求,进行喷漆、磨光、电镀等不同的形式处理,提高表面质量,以获得更好的商品化。

### 9.4.6　产品质量检测

根据不同的产品种类以及使用特性要求,对产品的关键指标比如金刚石覆盖率、金刚石出露度等进行产品形貌质检。同时,辅以实际使用测试的抽检方式来确保产品质量。图9-22是不同钎料用量时工具的表面形貌。

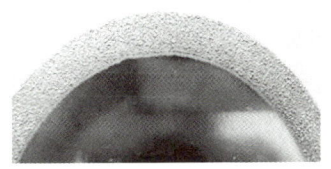 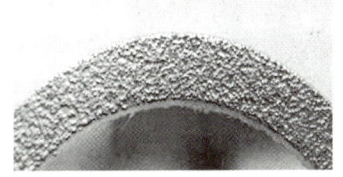 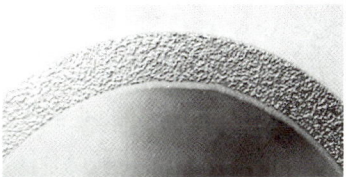

(a)焊料量偏少　　　　　(b)钎料量偏多　　　　　(c)焊料量适中

图 9-22　钎料用量合适度

钎焊金刚石工具钎焊好后,需对其质量进行检测,质量好坏主要通过检测外观、钎焊强度、出露高度、金刚石浓度等指标进行评判。钎焊质量好的工具,基体白亮,钎料色泽均匀,金刚石出露高度一致,金刚石未完全被钎料包覆,每一颗金刚石根部钎角圆润。

#### 9.4.6.1　外观检查

钎焊的好坏,缺陷多少,从钎焊金刚石工具外观可以看出。缺陷类型有:
(1)工具基体变色;
(2)工件金刚石钎焊不均匀,局部未焊上;
(3)钎料过度流动,顶部钎料少,底部钎料多,焊料厚度不均;
(4)钎料过量导致金刚石无出露;
(5)钎料过少导致金刚石出露过高;
(6)外部喷漆不均匀和划痕。
图 9-23、图 9-24 为钎焊金刚石工具典型缺陷。

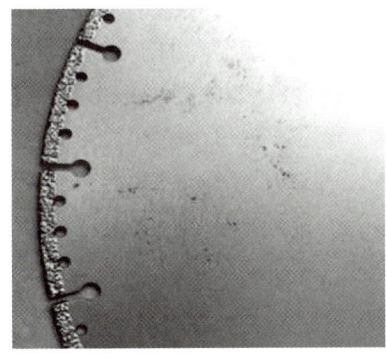 

图 9-23　喷漆缺陷的瑕疵产品　　　　图 9-24　漆层刮擦造成的瑕疵产品

#### 9.4.6.2　钎焊强度检测

钎焊超硬工具的钎焊强度不易于评价,可通过对单颗金刚石施压,施压方向为背离基体方向,与金刚石呈 45°角,如果金刚石破碎而未脱落或者到压力设定阈值金刚石未破碎或脱落,则说明钎焊强度合格。

#### 9.4.6.3　金刚石浓度检测

主要通过单位面积金刚石的颗粒数进行判定,一般直接在工具表面放一划有固定面积方框的透明板,通过光学显微镜查方框内金刚石颗粒数进行判定,也可通过采集工具的图片,借助图片处理软件来确定单位面积金刚石颗粒数。

#### 9.4.6.4 金刚石出露高度测量

分直接测量法和间接测量法。直接测量法为选定一颗易于测量的金刚石,通过游标卡尺,测量基体底部到该金刚石底部钎料的厚度,再测量基体底部到该金刚石顶部的厚度,然后相减,得出金刚石的出露高度。同原金刚石尺寸进行比较,可得到金刚石的出露率。间接测量法可采用软质材料复印工具表面金刚石来获得出露高度。

## 9.5 金刚石均布技术

在钎焊金刚石工具的生产中,也可以使用金刚石均布技术。钎焊金刚石工具中钎料和金刚石的用量和分布,基本决定了单位面积金刚石颗粒数和金刚石的出露高度,也就是工具的耐用度、锋利度、容屑和冷却能力等性能与金刚石和钎料的用量及分布密切相关。在工具使用过程中,为防止因工具切磨面各部位磨损不一致而导致的切偏、磨偏,要求钎焊工具金刚石出露高度一致化、分布均匀化。金刚石颗粒和钎料的均布目前主要有人工布料、模板布料、设备布料三种形式。

### 9.5.1 人工布料

人工布料是最灵活的一种方式,受工件尺寸、形貌影响小。其方法为在工具基体需要钎焊金刚石部位先均匀涂覆一层胶粘剂,胶粘剂要求能同时粘接基体、金刚石以及钎料,并且在高温下不与钎料反应,可分解挥发,对真空度影响小,并且在挥发后还能够固定金刚石和钎料粉末。典型的粘结剂包括聚乙烯醇(PVA)、聚乙烯醇缩丁醛(PVB)、聚乙二醇(PEG)、酚醛树脂和丙烯酸树脂等,在使用过程中需配以相应的溶剂和塑化剂。然后,通过人工在涂覆的胶粘剂上均匀撒上一层金刚石,金刚石的浓度可根据撒料的高度以及速度进行控制。最后,将与金刚石颗粒大小相匹配的钎料粉末洒在胶粘剂表面,经过抖落多余的钎料、烘干、胶粘剂固化后入炉钎焊。

### 9.5.2 模板布料

模板布料为先按金刚石排布花样制作由一系列孔构成的模板,板的厚度和孔的大小可以容纳一颗金刚石,不能容纳2颗金刚石。先在基体上涂覆胶粘剂,然后铺上模板。在模板上洒上金刚石,然后将多余金刚石用刷子刷掉(图9-25),每一个孔中仅留下一颗金刚石。揭掉模板后,金刚石就按预设的花样,粘接在工具基体表面上了,然后按人工布料的方式,撒上钎料,抖落多余的钎料,烘干,胶粘剂固化后入炉钎焊。模板法可以做出金刚石规则排布的金刚石工具,根据模板图样的变化,可灵活对切、磨方向进行优化。对于曲面,选择柔软的树脂板做模板,也具有良好的效果,此方法可用于形状简单的筒状基体表面或者平面基体表面。图9-25是采用模板面料的示意图及产品。

### 9.5.3 点胶布料

钎焊需要将金刚石按设计要求固定在特定的位置,要求分布均匀,无脱粒现象。通

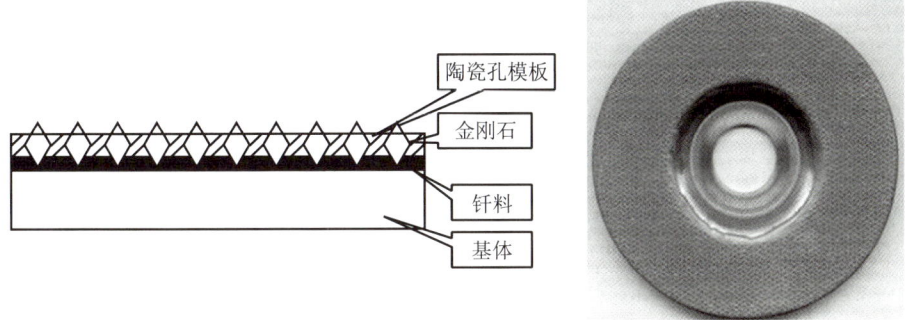

图 9-25　通过模板布料钎焊的金刚石工具

常以点胶布料方式在点胶装置上完成。

布料时将配好的粘接剂溶液,通过点胶机按形成的工具的花样设定的程序,定位到基体相应的表面,将金刚石撒布到点好的胶滴上,然后固化粘接剂,再涂覆一层胶粘剂,将钎料粉末撒到金刚石的空隙中。

图 9-26 是瑞士 G. Burkhard 博士提出的一项专利技术,将微计量装置与静电散布磨料组合的点胶和静电结合布料装置。黏结剂由储料罐经毛细管输送到微计量装置中,再经喷嘴挤压到工件上,微计量输送喷嘴可作平移运动,工件可旋转运动,胶滴大小由喷嘴尺寸控制,胶滴数量由脉冲器调节,金刚石磨料经输送带并依靠静电作用粘牢在工件胶滴上,调节上述各参数,即可获得不同密度与不同排布方式的金刚石有序排列。

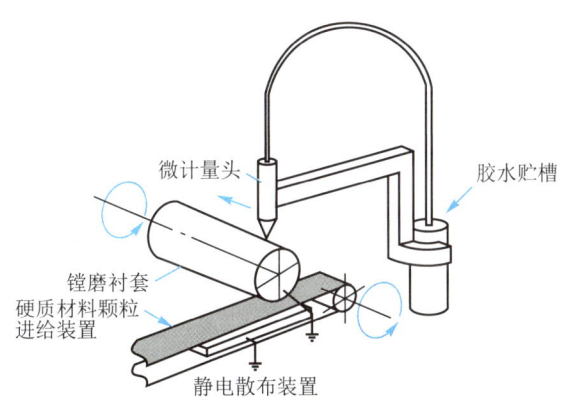

图 9-26　点胶静电结合布料装置

### 9.5.4　ARIX 自动排布系统

ARIX 自动排布系统是韩国 Shinhandia 公司开发的。该公司自 2001 年攻关,至 2003 年 6 月能成功地在刀头中均匀有序排列金刚石。利用 ARIX 自动排布系统能够实现 100% 的控制金刚石磨粒之间的距离,并且能够自动生产,自誉为"金刚石工具行业的革命",但生产效率满足不了要求。由于该系统可以控制金刚石磨粒与磨粒之间的间距,因此能够在单位体积内布置有限的磨粒,从而达到有序排布的目的。图 9-27 为 ARIX 自动排布系统生产的金刚石锯片。

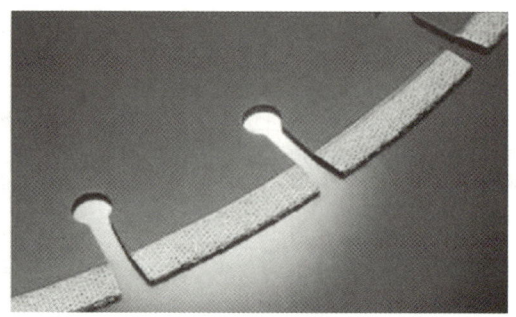

图 9-27　ARIX 自动排布系统所制造的金刚石锯片

### 9.5.5　数字化控制金刚石及钎料布料系统

通过先进的数字化控制系统,结合不同的布料技术,可实现粘接剂涂覆、钎料及金刚石布料的全自动化,图 9-28 为河南禹州七方超硬材料制品有限公司的数字化控制全自动化金刚石及钎料布料系统,生产效率及产品一致性得到大幅提升。

图 9-28　数字化控制金刚石及钎料布料系统

## 9.5.6　激光焊接均布技术

激光焊接技术的原理是利用激光束作为焊接时的热源,利用 CAD 技术进行形貌设计,在布有钎料和金刚石磨粒的基体上,激光器对需要焊接的位置进行加热,并以一定的速度按照设计好的形貌移动到下一个加热位置继续加热,直至完成所有位置的加热。在钎焊过程中,通过控制激光强度和光斑直径,并在加热位置保持一定的钎焊温度和钎焊时间,这样就能够按照形貌要求把金刚石磨粒有序地钎焊到工具基体上,钎焊过程结束后将未被激光加热过的金刚石磨料去除后,即得到了有序排布的单层金刚石工具。

 思考题

1.超硬材料钎焊工具与金刚石锯切工具在钎焊过程中对钎料性能要求有何不同?

2.什么叫活性钎料,通常含有哪些主要成分?

3.试分析细粒度钎焊金刚石工具的制造需要解决哪些特殊问题。

4.实现制造高效长寿命的多层金刚石钎焊工具应该着重处理哪些问题?又有哪些行之有效的措施。

5.请思考利用金刚石钎焊方法,除常规的现有的产品应用领域外,还有哪些领域或应用场合有使用的可能性?

# 附 录

## 附录 A  超硬磨料  人造金刚石技术条件(JB/T 7989—2012)

A.1  抗压强度值  单位:N

| 品种 | 牌号 | 粒度 | | | | | | | | | | | |
|---|---|---|---|---|---|---|---|---|---|---|---|---|---|
| | | 16/18 | 18/20 | 20/25 | 25/30 | 30/35 | 35/40 | 40/45 | 45/50 | 50/60 | 60/70 | 70/80 | 80/100 | 100/120 |
| RVD | RVD | — | — | — | — | — | — | — | — | — | — | 20 | — | — |
| MBD | MBD4 | — | — | — | — | — | — | — | — | 50 | 46 | 39 | 33 | 28 |
| | MBD6 | — | — | — | — | — | — | — | — | 82 | 69 | 59 | 50 | 42 |
| | MBD8 | — | — | — | — | — | — | — | — | 109 | 93 | 78 | 67 | 57 |
| | MBD10 | — | — | — | — | — | — | — | — | — | — | 98 | 83 | 71 |
| SMD | SMD | 471 | 399 | 338 | 286 | 243 | 206 | 174 | 148 | 125 | 106 | — | — | — |
| | SMD25 | 561 | 475 | 403 | 341 | 289 | 245 | 208 | 176 | 149 | 126 | — | — | — |
| | SMD30 | 672 | 570 | 483 | 409 | 347 | 294 | 248 | 211 | 179 | 152 | — | — | — |
| | SMD35 | 785 | 665 | 564 | 477 | 405 | 343 | 291 | 246 | 209 | 177 | — | — | — |
| | SMD40 | 919 | 779 | 661 | 560 | 474 | 402 | 341 | 289 | 245 | — | — | — | — |

注:用户可根据需要进行选择。

A.2  冲击韧性值(TI)

| 粒度 | D10 | D20 | D30 | D40 | D50 | D60 | D70 | D80 | D90 |
|---|---|---|---|---|---|---|---|---|---|
| 16/18 | — | — | — | — | — | — | — | — | — |
| 18/20 | 47 | 53 | 59 | 65 | 71 | 77 | 83 | 89 | 95 |
| 20/25 | 42 | 48 | 54 | 60 | 66 | 72 | 78 | 84 | 90 |
| 25/30 | 42 | 48 | 54 | 60 | 66 | 72 | 78 | 84 | 90 |
| 30/35 | 42 | 48 | 54 | 60 | 66 | 72 | 78 | 84 | 90 |
| 35/40 | 44 | 50 | 56 | 62 | 68 | 74 | 80 | 86 | 92 |
| 40/45 | 50 | 55 | 60 | 65 | 70 | 75 | 80 | 85 | 90 |
| 45/50 | 50 | 55 | 60 | 65 | 70 | 75 | 80 | 85 | 90 |
| 50/60 | 50 | 55 | 60 | 65 | 70 | 75 | 80 | 85 | 90 |
| 60/70 | 44 | 50 | 56 | 62 | 68 | 74 | 80 | 86 | 92 |
| 70/80 | 44 | 50 | 56 | 62 | 68 | 74 | 80 | 86 | 92 |
| 80/100 | 44 | 50 | 56 | 62 | 68 | 74 | 80 | 86 | 92 |

续表 A.2

| 粒度 | D10 | D20 | D30 | D40 | D50 | D60 | D70 | D80 | D90 |
|---|---|---|---|---|---|---|---|---|---|
| 100/120 | 44 | 50 | 56 | 62 | 68 | 74 | 80 | 86 | 92 |
| 120/140 | 44 | 50 | 56 | 62 | 68 | 74 | 80 | 86 | 92 |
| 140/170 | 44 | 50 | 56 | 62 | 68 | 74 | 80 | 86 | 92 |
| 170/200 | 45 | 51 | 57 | 63 | 69 | 75 | 81 | 87 | 93 |
| 200/230 | 45 | 51 | 57 | 63 | 69 | 75 | 81 | 87 | 93 |
| 230/270 | 45 | 51 | 57 | 63 | 69 | 75 | 81 | 87 | 93 |
| 270/325 | 45 | 51 | 57 | 63 | 69 | 75 | 81 | 87 | 93 |
| 325/400 | | | | | | | | | |

注:用户可根据需要进行选择。

A.3 热冲击韧性值(TTI)

| 粒度 | D10 | D20 | D30 | D40 | D50 | D60 | D70 | D80 | D90 |
|---|---|---|---|---|---|---|---|---|---|
| 16/18 | — | — | — | — | — | — | — | — | — |
| 18/20 | 32 | 39 | 46 | 53 | 60 | 67 | 74 | 81 | 88 |
| 20/25 | 26 | 33 | 40 | 47 | 54 | 61 | 68 | 75 | 82 |
| 25/30 | 26 | 33 | 40 | 47 | 54 | 61 | 68 | 75 | 82 |
| 30/35 | 26 | 33 | 40 | 47 | 54 | 61 | 68 | 75 | 82 |
| 35/40 | 28 | 35 | 42 | 49 | 56 | 63 | 70 | 77 | 84 |
| 40/45 | 30 | 37 | 44 | 51 | 58 | 65 | 72 | 79 | 86 |
| 45/50 | 30 | 37 | 44 | 51 | 58 | 65 | 72 | 79 | 86 |
| 50/60 | 37 | 43 | 49 | 55 | 61 | 67 | 73 | 79 | 85 |
| 60/70 | 30 | 37 | 44 | 51 | 58 | 65 | 72 | 79 | 86 |
| 70/80 | 30 | 37 | 44 | 51 | 58 | 65 | 72 | 79 | 86 |
| 80/100 | 30 | 37 | 44 | 51 | 58 | 65 | 72 | 79 | 86 |
| 100/120 | 30 | 37 | 44 | 51 | 58 | 65 | 72 | 79 | 86 |
| 120/140 | 30 | 37 | 44 | 51 | 58 | 65 | 72 | 79 | 86 |
| 140/170 | 30 | 37 | 44 | 51 | 58 | 65 | 72 | 79 | 86 |
| 170/200 | 30 | 37 | 44 | 51 | 58 | 65 | 72 | 79 | 86 |
| 200/230 | 30 | 37 | 44 | 51 | 58 | 65 | 72 | 79 | 86 |
| 230/270 | 30 | 37 | 44 | 51 | 58 | 65 | 72 | 79 | 86 |
| 270/325 | 30 | 37 | 44 | 51 | 58 | 65 | 72 | 79 | 86 |
| 325/400 | — | — | — | — | — | — | — | — | — |

注:用户可根据需要进行选择。

# 附录 B 超硬磨料制品 金刚石或立方氮化硼磨具技术条件(JB/T 7425—2012)

## 1 范围

本标准规定了金刚石或立方氮化硼磨具的技术要求、试验方法、验收规则和标志、包装、运输与储存。

本标准适用于树脂结合剂、金属结合剂和陶瓷结合剂金刚石或立方氮化硼砂轮、磨盘、磨石和磨头。

## 2 规范性引用文件

下列文件对本文件的应用是必不可少的。凡是注日期的引用文件,仅注日期的版本适用于本文件。凡是不注日期的引用文件,其最新版本(包括所有的修改单)适用于本文件。

GB/T 1801 产品几何技术规范(GPS) 极限与配合 公差带和配合的选择

GB/T 2829 周期检验计数抽样程序及表(适用于对过程稳定性的检验)

GB/T 6405 人造金刚石和立方氮化硼 品种

GB/T 6406 超硬磨料 金刚石或立方氮化硼颗粒尺寸

GB/T 6408 超硬磨料 立方氮化硼

GB/T 6409.1 超硬磨具和锯 形状总览、标记

GB/T 6409.2 超硬磨料制品 金刚石或立方氮化硼磨具 形状和尺寸

GB/T 9239.1—2006 机械振动 恒态(刚性)转子平衡品质要求 第1部分:规范与平衡允差的检验

GB/T 16458 磨料磨具术语

GB/T 23537—2009 超硬磨料制品 金刚石或立方氮化硼砂轮和磨头 极限偏差和圆跳动公差

JB/T 7989 超硬磨料 人造金刚石技术条件

JB/T 7990 超硬磨料 人造金刚石和立方氮化硼微粉

JB/T 7992 普通磨具 外观、尺寸和形位公差试验方法

## 3 术语和定义

GB/T 16458 界定的术语和定义适用于本文件。

## 4 技术要求

### 4.1 一般要求

4.1.1 磨具所使用的超硬磨料应符合 GB/T 6405、GB/T 6406、GB/T 6408、JB/T 7989、JB/T 7990 的要求。

4.1.2 磨具形状和产品标记应符合 GB/T 6409.1 的要求,尺寸应符合 GB/T 6409.2 的要求。

4.1.3 磨具所使用结合剂代号应符合 GB/T 6409.1 的要求。

4.1.4 磨具基体允许使用金属件和粉末压制件等。

4.1.5 磨具磨料层与基体之间允许有无磨料的过渡层。

4.1.6 磨具浓度应符合 GB/T 6409.1 的要求。

4.2 外观要求

4.2.1 磨具工作表面不应有:原始表皮(未经加工的磨料层和基体表皮,不加工磨具除外);发泡(磨料层表面出现的鼓泡);氧化层(金属结合剂磨具经烧结后,磨料层表面异色和无光泽现象);夹杂(除结合剂和超硬磨料之外,用目力能分辨出来的其他异物)。

4.2.2 基体表面应组织均匀、美观,不得有裂纹、毛刺和腐蚀凹坑(磨料层和基体表面的凹陷部分)等现象(如因校正产品形成的凹坑和痕迹,不按缺陷处理),基体材料为钢材时表面应进行防腐处理。

4.2.3 磨料层、过渡层与基体衔接处应均匀一致,不应有起层和裂纹。磨具磨料层、过渡层与基体黏结处,要牢固、端正和美观。

4.2.4 磨具工作表面上的磨料颗粒应出露,且分布均匀。

4.2.5 磨具磨料层表面凹坑面积和数量应符合表 B.1 的规定。

表 B.1

| 名称 | 面积/mm² | 数量/(个/cm²) |
| --- | --- | --- |
| 砂轮 | ≤1 | ≤2 |
| 磨头、磨盘、磨石 | ≤1.5 | ≤2 |

4.3 边棱损坏

4.3.1 砂轮、磨盘、磨头

4.3.1.1 沿径向或轴向不应有超过 0.5 mm 的掉边(因碰撞、外力撞击作用造成的磨料边棱损坏;磨加工导致磨料层表面颗粒脱落所形成的边棱缺口,不按边棱缺陷处理)。

4.3.1.2 砂轮磨料层厚度不大于 10 mm 者,其掉边累计总长度不应超过圆周长的十五分之一。

4.3.1.3 砂轮磨料层厚度大于 10 mm 者,其掉边累计总长度不应超过圆周长的十分之一。

4.3.2 磨石

4.3.2.1 珩磨磨石磨料层部分边棱损坏沿长、宽、高方向均不应超过 0.5 mm,基体部分边棱损坏不应超过 2 mm。应符合表 B.2 的规定。

表 B.2　　　　　　　　　　　　　　　　　　单位:mm

| 项目 | 边棱损坏 |
| --- | --- |
| 沿宽、高方向 | ≤0.5 |
| 沿长方向、宽度 3~6 | ≤1.0 |
| 沿长方向、宽度>6 | ≤1.5 |

4.3.2.2 带柄磨石磨料层部分边棱损坏沿长、宽、高、弧和斜边方向不应超过 1 mm,基体部分沿高方向边棱损坏不应超过 2 mm。

#### 4.4 哑声

敲击磨具不应有哑声。

#### 4.5 基本尺寸极限偏差

**4.5.1** 砂轮基本尺寸极限偏差应符合 GB/T 23537—2009 的要求。

**4.5.2** 磨盘中心孔的极限偏差按 GB/T 1801 中的 H7,其他基本尺寸极限偏差应符合表 B.3~表 B.7 的规定。

表 B.3  单位:mm

| 外径 $D$ | $80<D\leqslant 250$ | $250<D\leqslant 400$ | $400<D\leqslant 630$ | $630<D\leqslant 1\,000$ |
|---|---|---|---|---|
| 极限偏差 | ±0.20 | ±0.40 | ±0.60 | ±0.80 |

表 B.4  单位:mm

| 磨料层深度 $X$ | $X\leqslant 6$ | $6<X\leqslant 10$ | $X>10$ |
|---|---|---|---|
| 极限偏差 | ±0.20 | ±0.25 | ±0.30 |

表 B.5  单位:mm

| 总厚度 $T$、厚度 $E$ | $E($或$T)\leqslant 30$ | $30<E($或$T)\leqslant 50$ | $E($或$T)>50$ |
|---|---|---|---|
| 极限偏差 | ±0.4 | ±0.5 | ±1.0 |

表 B.6  单位:mm

| 磨料层宽度 $W$ | $25<W\leqslant 75$ | $75<W\leqslant 125$ | $125<W\leqslant 700$ |
|---|---|---|---|
| 极限偏差 | ±0.25 | ±0.30 | ±0.45 |

表 B.7  单位:mm

| 安装孔分布圆直径 $d$ | $d\leqslant 250$ | $250<d\leqslant 350$ | $350<d\leqslant 700$ |
|---|---|---|---|
| 极限偏差 | ±0.15 | ±0.20 | ±0.25 |

**4.5.3** 磨石

**4.5.3.1** 珩磨磨石 HMA/1、HMA/2、HMH、2×HMA 基本尺寸极限偏差应符合表 B.8 的规定。

表 B.8  单位:mm

| 长度 $L$ | 极限偏差 | 宽度 $W$ | 极限偏差 | 厚度 $T$ | 极限偏差 | 磨料层深度 $X$ | 极限偏差 |
|---|---|---|---|---|---|---|---|
| $L\leqslant 250$ | ±0.30 | $1\leqslant W\leqslant 20$ | ±0.20 | $1\leqslant T\leqslant 20$ | ±0.20 | $1\leqslant X\leqslant 6$ | ±0.20 |

**4.5.3.2** 珩磨磨石(HMA/S)基本尺寸极限偏差应符合表 B.9 的规定。

表 B.9　　　　　　　　　　　　　　　　　　　　　　　　　　　　　单位:mm

| 长度 $L$ | 极限偏差 | 宽度 $W$ | 极限偏差 | 厚度 $T$ | 极限偏差 | 厚度 $T_1$ | 极限偏差 | 磨料层深度 $X$ | 极限偏差 |
|---|---|---|---|---|---|---|---|---|---|
| ≤60 | ±0.20 | ≤5 | ±0.15 | ≤5 | ±0.20 | ≤3 | ±0.20 | ≤3 | ±0.15 |

4.5.3.3　带柄磨石基本尺寸极限偏差应符合表 B.10 的规定。

表 B.10　　　　　　　　　　　　　　　　　　　　　　　　　　　　单位:mm

| 磨料层长度 $L$ | 极限偏差 | 宽度 $W$ | 极限偏差 | 厚度 $T$ | 极限偏差 | 磨料层深度 $X$ | 极限偏差 |
|---|---|---|---|---|---|---|---|
| 40 | ±0.5 | 10 | ±0.20 | ≤5 | ±0.20 | 2 | ±0.20 |

4.5.4　磨头

基本尺寸极限偏差应符合 GB/T 23537—2009 的规定。

4.6　形位公差

4.6.1　砂轮圆跳动应符合 GB/T 23537—2009 的规定。

4.6.2　切割用砂轮的基体平面度应符合表 B.11 的规定。

表 B.11　　　　　　　　　　　　　　　　　　　　　　　　　　　　单位:mm

| 外径 $D$ | $D$≤200 | 200＜$D$≤400 |
|---|---|---|
| 平面度 | ≤0.20 | ≤0.40 |

4.6.3　无心磨削用砂轮的圆柱度、直线度应符合表 B.12 的规定。

表 B.12　　　　　　　　　　　　　　　　　　　　　　　　　　　　单位:mm

| 厚度 $T$ | 60≤$T$≤100 | 100＜$T$≤160 | 160＜$T$≤300 |
|---|---|---|---|
| 圆柱度公差 | 0.05 | 0.08 | 0.10 |
| 直线度公差 | 0.04 | 0.05 | 0.08 |

4.6.4　磨盘工作面平面度应符合表 B.13 的规定。

表 B.13　　　　　　　　　　　　　　　　　　　　　　　　　　　　单位:mm

| 外径 $D$ | 80≤$D$≤250 | 250＜$D$≤400 | 400＜$D$≤630 | 630＜$D$≤1 000 |
|---|---|---|---|---|
| 平面度公差 | 0.06 | 0.08 | 0.10 | 0.12 |

4.6.5　磨盘工作面的平行度应符合表 B.14 的规定。

表 B.14　　　　　　　　　　　　　　　　　　　　　　　　　　　　单位:mm

| 外径 $D$ | 80≤$D$≤250 | 250＜$D$≤400 | 400＜$D$≤630 | 630＜$D$≤1 000 |
|---|---|---|---|---|
| 平行度公差 | 0.06 | 0.08 | 0.10 | 0.12 |

4.6.6 珩磨磨石 HMA/1、HMA/2、HMA/S、2×HMA 平面度应符合表 B.15 的规定。

表 B.15　　　　　　　　　　　　　　　　　　　　　　　单位:mm

| 长度 $L$ | | 平面度 | | |
|---|---|---|---|---|
| | | $20 \leq L \leq 50$ | $50 < L \leq 100$ | $100 < L \leq 250$ |
| 宽度 $W$ 或厚度 $T$ | $3 \leq W \leq 7$ 且 $3 \leq T \leq 7$ | 0.20 | 0.25 | 0.35 |
| | $7 < W \leq 15$ 且 $7 < T \leq 15$ | 0.15 | 0.20 | 0.30 |

4.6.7　磨头的径向圆跳动应符合 GB/T 23537—2009 的规定。

4.7　基体粗糙度($Ra$)

配合孔和支撑端面粗糙度不大于 1.66 μm,其余表面粗糙度不大于 3.2 μm。

4.8　动平衡

工作线速度等于或大于 60 m/s 的磨具(不包括粗磨、切割用磨具)及对动平衡有要求的磨具,应进行动平衡检验,其检验方法及平衡值按本标准附录 A 的规定。动平衡检验的磨具不再做静平衡检验。

4.9　静平衡

外径等于或大于 150 mm 及每片质量在 250 g 以上的磨具(不包括切割用砂轮)及对静平衡有要求的磨具应进行静平衡检验,其检验方法及不平衡值,按本标准附录 B 的规定。

4.10　回转强度

外径为 150 mm 及更大的砂轮,以及工作线速度为 50 m/s 及更高的砂轮应进行回转强度试验。砂轮安全回转强度试验按砂轮标志工作速度的 1.1 倍进行,达到试验速度时维持 30 s;砂轮破裂回转强度试验按砂轮标志工作速度的 1.73 倍进行。回转强度试验时砂轮不得破裂、松动、产生裂纹。

**5　试验方法**

5.1　一般要求

交检产品时,其施工文件与产品及产品上的标志相符,并按一般要求(4.1.1～4.1.6)逐条以目力检查。

5.2　外观

5.2.1　磨具磨料层表面上的原始表皮、发泡、氧化层和夹杂用目力检查。

5.2.2　凹坑、裂纹、起层等均用带刻度的 10 倍放大镜检查。

5.2.3　磨料层、过渡层、基体(粉末基体)组织均匀性及磨料颗粒出露等外观要求均以目力检查。

5.2.4　基体粗糙度以目力对照标准样块检查;或用仪器测量。

5.2.5　标志用目力检查。

5.3　边棱损坏

砂轮沿周边、沿高度和沿直径方向,磨石沿长、宽、高和弧等方向均用带刻度的 10 倍放大镜检查。

5.4　哑声

按 JB/T 7992 规定的方法进行检查。

## 5.5 基本尺寸

5.5.1 直径、厚度及磨料层深度的厚度和环宽均用分度值为 0.02 mm 的游标卡尺测量;或用同等精度及以上的仪器测量。

5.5.2 孔径用光滑极限量规、内径指示表或内径千分尺测量;或用同等精度及以上的仪器测量。

5.5.3 角度(弧度)用角度尺或样板检查;或用同等精度及以上的仪器测量。

5.5.4 其他尺寸均用分度值为 0.02 mm 的游标卡尺测量;或用同等精度及以上的仪器测量。

## 5.6 形位公差

5.6.1 平面度:将砂轮、磨盘、珩磨磨石平放在 0 级平板上,用刀口形直尺和塞尺配合或其他可靠的检测工具测量;也可用同等精度及以上的仪器测量。

5.6.2 圆柱度:用分度值为 0.01 mm 的游标卡尺测量;也可用同等精度及以上的仪器测量。

5.6.3 平行度:用分度值为 0.01 mm 的游标卡尺测量;也可用同等精度及以上的仪器测量。

5.6.4 圆跳动:将磨具穿在心轴上夹紧后,在圆跳动检查仪上用百分表检验;也可用同等精度及以上的仪器测量。心轴技术要求按 GB/T 1801 公差带为 g5 配合公差要求,硬度要求不低于 50HRC,表面粗糙度不大于 0.63 $\mu$m。

## 5.7 动平衡

按本标准附录 A 进行检查。

## 5.8 静平衡

按本标准附录 B 进行检查。

## 5.9 回转强度

每批砂轮应全部按标志工作速度的 1.1 倍进行安全回转强度试验,达到试验速度时维持 30 s;每批砂轮按批量的 0.1%(应至少 1 片),按砂轮标志工作速度的 1.73 倍进行破裂回转强度试验,产品抽检时回转强度试验按破裂回转强度试验进行。经过破裂回转强度试验的砂轮均应毁掉。

# 6 验收规则

6.1 产品出厂应按本标准技术要求进行检验,全部符合技术要求者为合格,合格者附合格证。

6.2 产品抽检按本标准附录 C 的规定。

# 7 标志、包装、运输与储存

## 7.1 标志

7.1.1 磨具应标志下列内容:

a.制造厂名或商标;

b.磨料代号;

c.磨料粒度;

d.浓度;

e.结合剂代号;

f.最高工作线速度,单位为米每秒(m/s);

g.制造日期。

尺寸小于60 mm的磨具,可只填写合格证。

磨具标志要字迹清晰、整洁、美观和牢固,同时应符合运输、储存保管要求。

7.1.2 外包装应标志下列内容:

a.制造厂名和商标;

b.产品名称;

c.安全标志;

d.厂址。

7.1.3 内包装内应附有合格证、说明书和装箱单等。合格证应标志下列内容:

a.产品型号;

b.磨料代号;

c.磨料粒度;

d.浓度;

e.结合剂代号;

f.规格尺寸;

g.最高工作线速度;

h.检验日期;

i.检验签章。

7.2 包装

7.2.1 内包装:根据产品规格尺寸和形状不同,单片或多片装箱,箱内应填衬软质材料,以防窜动碰坏,但包装要牢固、美观。

7.2.2 外包装:应做到安全可靠,符合运输有关规定。

7.2.3 出口产品按合同要求。

7.3 运输

产品装卸和搬运应按安全标志要求。

7.4 储存

7.4.1 产品入库后,应分类存放。

7.4.2 厚度较薄的磨具多片存放时,应夹在表面平整光滑的金属圆板中间,以防变形。

7.4.3 产品存放处应通风干燥。

7.4.4 产品存放期:树脂结合剂磨具为一年,磨具磨料层、过渡层与基体黏结的金属和陶瓷结合剂磨具为两年。逾期产品,应按本标准的规定重新进行检验,合格后方可使用。

# 附录 C  典型金属与合金密度

表 C.1  典型金属与合金密度

| 金属 | 密度/(g/cm³) | 金属 | 密度/(g/cm³) |
| --- | --- | --- | --- |
| Cu | 8.96 | Cr | 7.15 |
| Fe | 7.86 | Al | 2.70 |
| Sn | 7.27 | Mn | 7.21 |
| Zn | 7.14 | Ti | 4.51 |
| Ni | 8.91 | W | 19.25 |
| Ag | 10.49 | Mo | 10.28 |
| Co | 8.90 | 6-6-3 锡青铜 | 8.80 |
| Pb | 11.34 | WC | 15.63 |

## 附录 D　常用金属粉末生产方法

表 D.1　常用金属粉末生产方法

| 生产方法 | 粉末产品 | |
| --- | --- | --- |
| | 金属粉末 | 合金粉末 |
| 还原 | Fe,W,M,Ni,Co,Cu,Ti,Ta | Fe-Mo,Cr-Ni,Co-W,W-Mo |
| 气相冷凝或离解 | Zn,Cr,Fe,Ni,Co | Fe-Ni |
| 液相沉淀 | Cu,Sn,Ag,Ni,Co,Be,Zr | Ni-Co |
| 电解 | Fe,Cu,Ni,Ag,Ti,Zr | Fe-Ni,Ta-Nb |
| 机械粉碎 | Sb,Cr,Mn,Sn,Pb,Ti,Fe,Al | Fe-Al,Fe-Si,Fe-Cr,Fe-Ni |
| 雾化 | Sn,Pb,Al,Cu,Fe | 黄铜,青铜,合金钢,铝合金,钛合金 |

# 附录 E 表面光洁度与粗糙度对照参考表

表 E.1 表面光洁度与粗糙度对照参考表

| 表面光洁度 | | ▽1 | ▽2 | ▽3 | ▽4 | ▽5 | ▽6 | ▽7 |
|---|---|---|---|---|---|---|---|---|
| 表面粗糙度 | $Ra$ | 50 | 25 | 12.5 | 6.3 | 3.2 | 1.60 | 0.80 |
| | $Rz$ | 200 | 100 | 50 | 25 | 12.5 | 6.3 | 6.3 |
| 表面光洁度 | | ▽8 | ▽9 | ▽10 | ▽11 | ▽12 | ▽13 | ▽14 |
| 表面粗糙度 | $Ra$ | 0.40 | 0.20 | 0.100 | 0.050 | 0.025 | 0.012 | — |
| | $Rz$ | 3.2 | 1.60 | 0.80 | 0.40 | 0.20 | 0.100 | 0.050 |

## 附录 F　常用二元合金相图

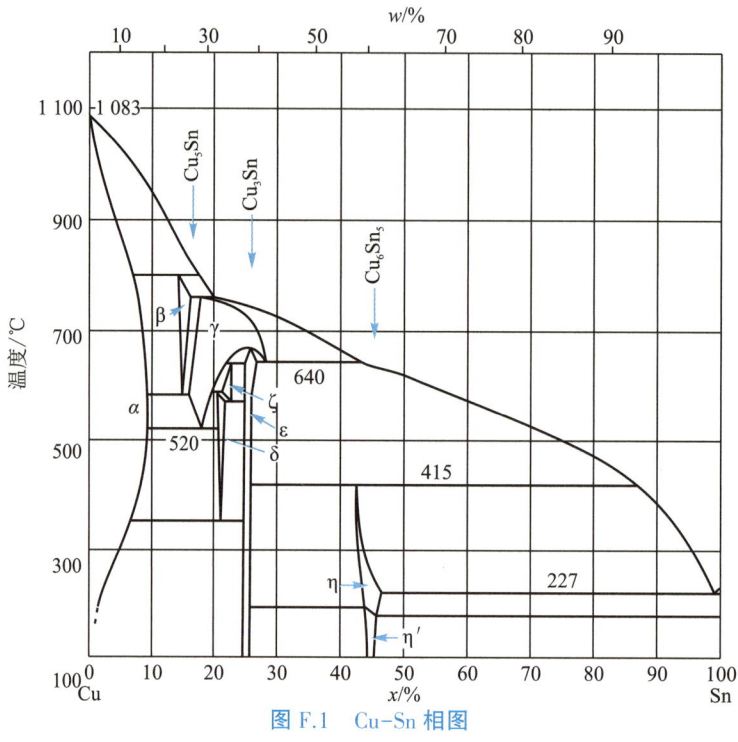

图 F.1　Cu-Sn 相图

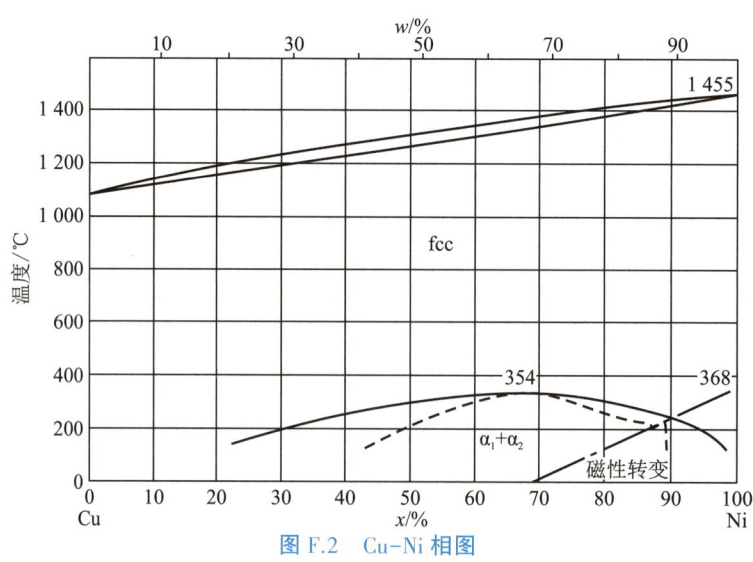

图 F.2　Cu-Ni 相图

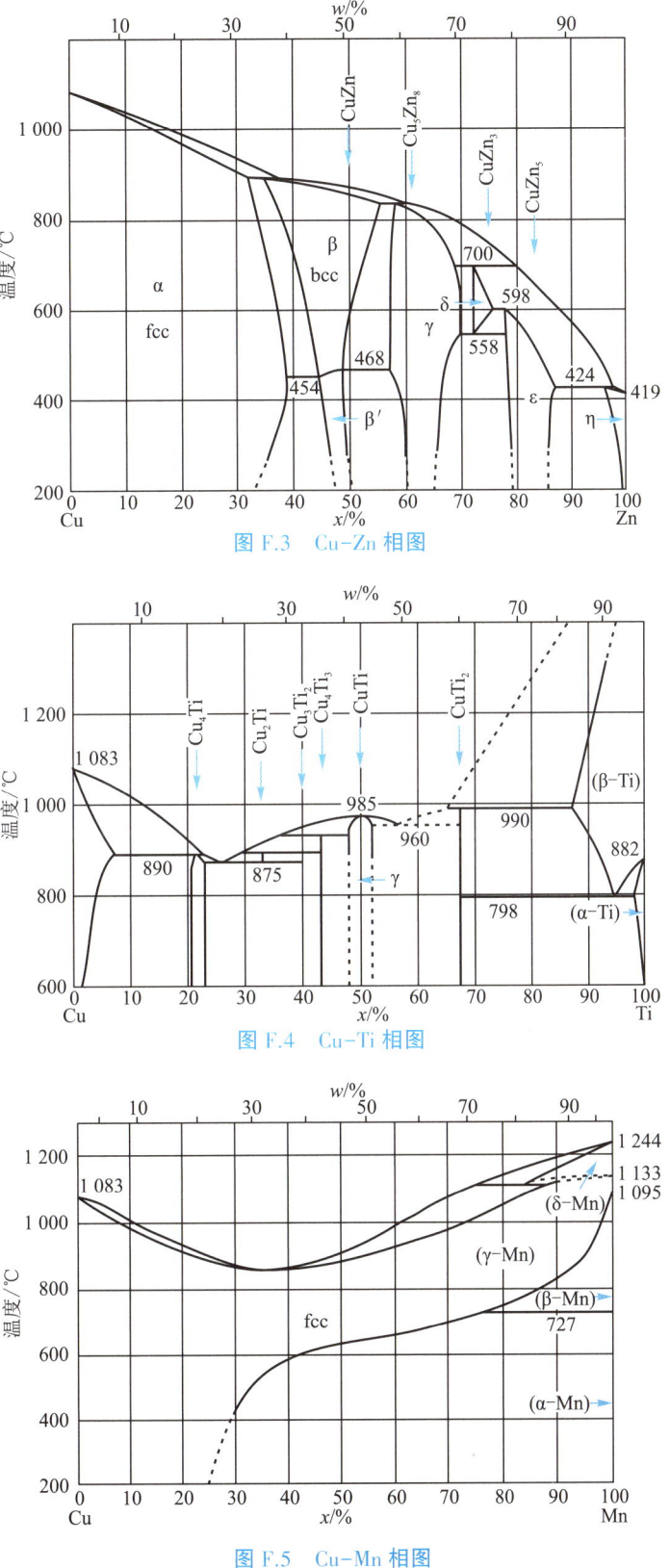

图 F.3 Cu-Zn 相图

图 F.4 Cu-Ti 相图

图 F.5 Cu-Mn 相图

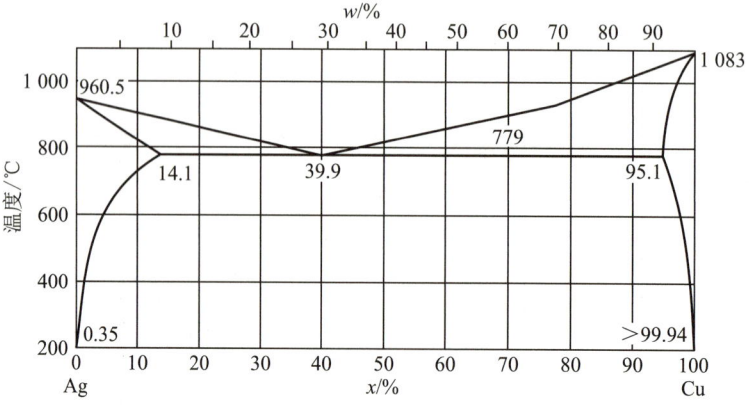

图 F.6　Ag-Cu 相图

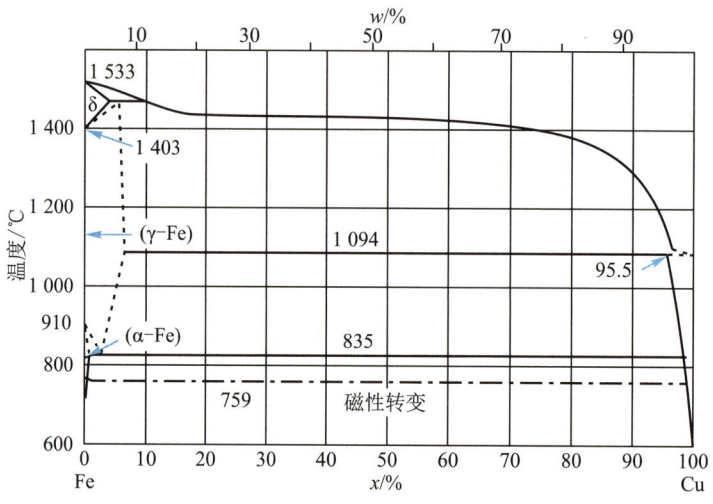

图 F.7　Fe-Cu 相图

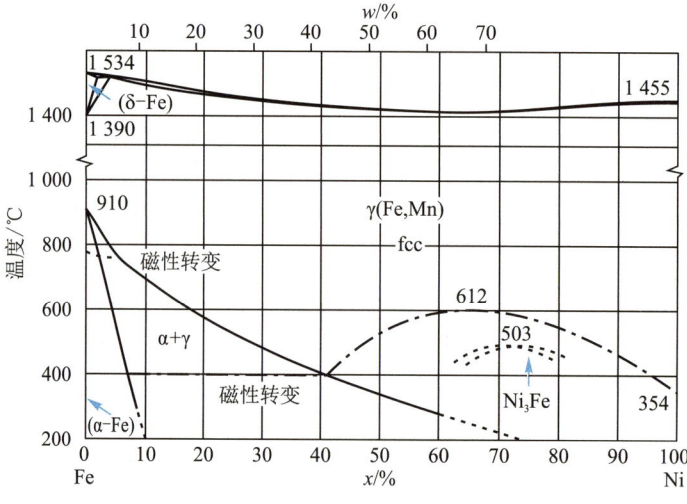

图 F.8　Fe-Ni 相图

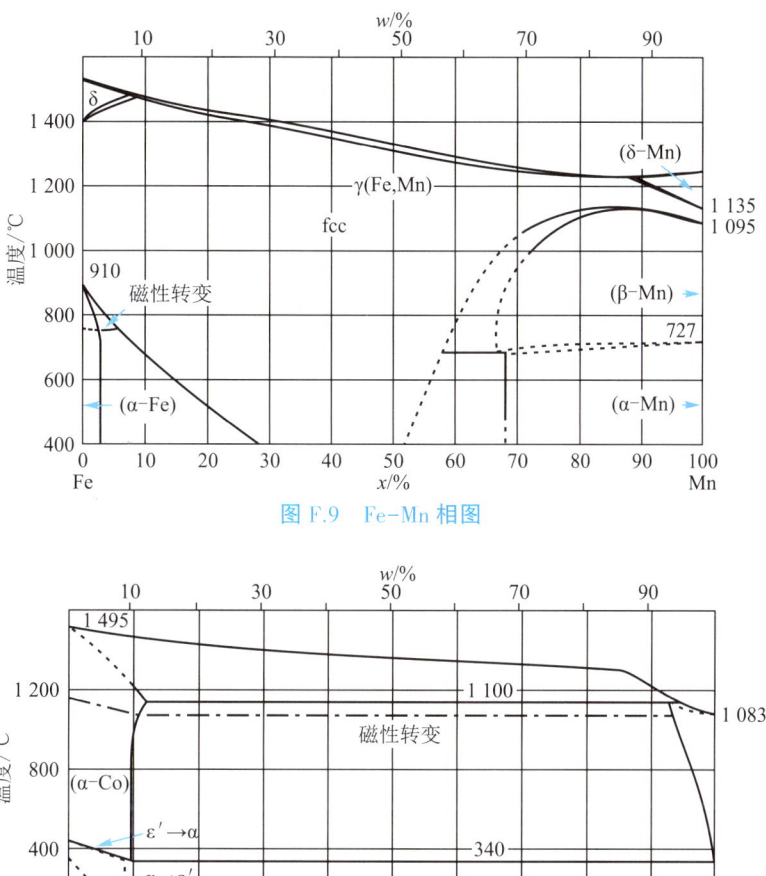

图 F.9　Fe-Mn 相图

图 F.10　Co-Cu 相图

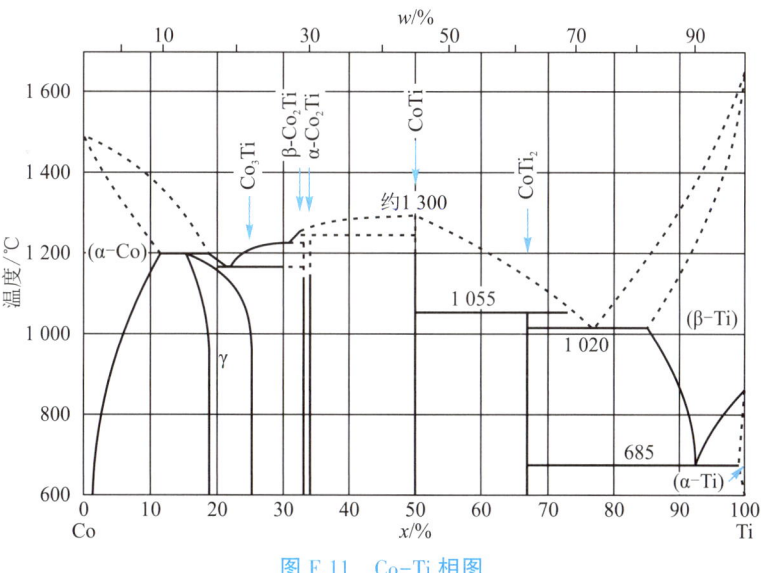

图 F.11　Co-Ti 相图

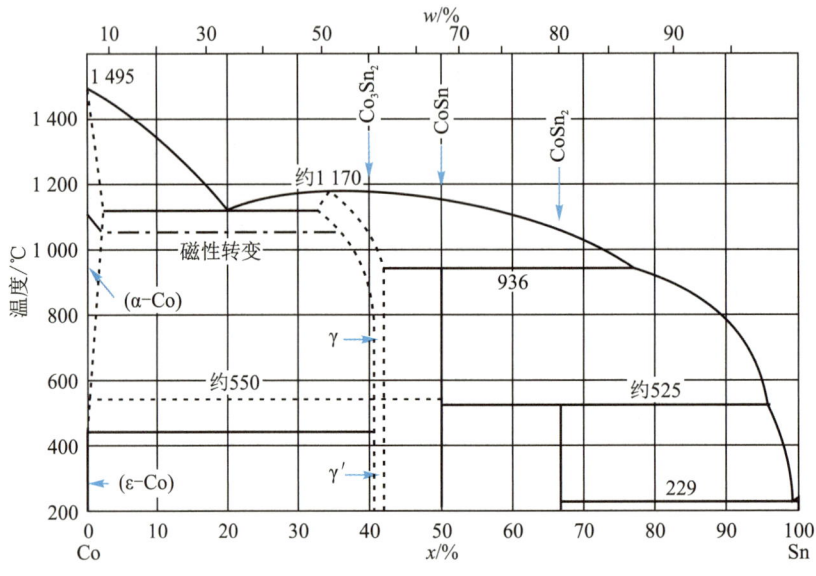

图 F.12　Co-Sn 相图

# 参考文献

[1] 中国材料研究学会超硬材料及制品专业委员会. 中国超硬材料及制品（50周年精选文集）[M]. 杭州:浙江大学出版社,2014.

[2] 王秦生. 金刚石烧结制品[M]. 北京:中国标准出版社,2000.

[3] 印红羽,张华诚. 粉末冶金模具设计手册[M]. 3版. 北京:机械工业出版社,2012.

[4] 马春红,赵建立. 耐火材料真密度试验方法的研究[J]. 耐火材料,1998,32(6):347-348.

[5] 姜荣超,郑日升. 不断完善预合金粉末的性能满足超硬材料工具的应用（下）[J]. 超硬材料工程,2011,5:43-48.

[6] 徐浩翔,麻洪秋,罗锡裕,等. 雾化预合金胎体粉末的制备及其在超硬材料工具中的应用[J]. 超硬材料与磨料磨具工程,2004,1:45-48.

[7] 党新安,刘星辉,赵小娟. 金属超声雾化技术的研究进展[J]. 有色金属,2009,2:49-54.

[8] 董书山,刘晓旭,胡占锋,等. 金属粉末质量控制对超硬材料工具性能影响的探讨（上）[J]. 超硬材料工程,2011,5:14-17.

[9] 王崇琳. 论粉末冶金材料的密度测定[J]. 粉末冶金工业,2010,6:1-4.

[10] 黄传勇,唐子龙. 氧化锆超细粉的绿色合成及粉末性能表征[J]. 材料工程,2000,8:21-24.

[11] 张华诚. 粉末冶金实用工艺学[M]. 北京:冶金工业出版社,2004.

[12] 陈文革,王发展. 粉末冶金工艺及材料[M]. 北京:冶金工业出版社,2011.

[13] 阮建明,黄培云. 粉末冶金原理[M]. 北京:机械工业出版社,2012.

[14] 孟飞,果世驹. 烧结铁基结构材料塑性的影响因素[C]. 2007全国粉末冶金学术及应用技术会议暨海峡两岸粉末冶金技术研讨会,2007.

[15] 郭庚辰. 液相烧结粉末冶金材料[M]. 北京:化学工业出版社,2003.

[16] 刘文胜,马运柱,黄伯云,等. 粉末冶金新技术与新装备[J]. 矿冶工程,2007,5:57-62.

[17] 李元元. 金属粉末温压成形原理与技术[M]. 广州:华南理工大学出版社,2008.

[18] 陈振华. 现代粉末冶金技术[M]. 北京:化学工业出版社,2013.

[19] 华一新. 冶金过程动力学导论[M]. 北京:冶金工业出版社,2004.

[20] 臧纯勇,汤慧萍,王建永. 烧结金属多孔材料力学性能的研究进展[J]. 稀有金属材料与工程,2009,增刊1:437-442.

[21] 陈刚,张虹,田丰. 铁基烧结材料布氏硬度与孔隙度的关系[J]. 粉末冶金材料科学与工程,1999.1:21-26.

[22] 周玲. 温压Fe-2Cu-2Ni-1Mo-1C烧结材料的组织与疲劳性能研究[D]. 广州:华南理工大学,2010.

[23] 郎利辉,王刚,黄西娜,等.粉末粒度对热等静压法制备 2A12 铝合金组织与性能的影响[J].粉末冶金材料科学与工程,2016,1:85-94.

[24] 范景莲,李志希,缪群,等.超细纳米硬质合金及晶粒长大抑制剂的研究[J].粉末冶金技术,2004,4:259-265.

[25] 陈巧旺,蒋显全,陈昇,等.烧结温度对含钽双晶硬质合金组织和性能的影响[J].硬质合金,2010,1:9-13.

[26] 张贺佳,陈礼清,王文广,等. 超细晶 WC-10Co 硬质合金制备的主要影响因素[J].有色金属科学与工程,2014,6:47-52.

[27] 吴恩熙,雷贻文,陈利,等. 晶粒抑制剂对超细硬质合金力学性能和微观结构的影响[J].全国粉末冶金学术及应用技术会议,2005.

[28] 李志希,范景莲,缪群. WC-10Co 硬质合金热压工艺与晶粒抑制剂的研究[J].粉末冶金工业,2005,1:7-11.

[29] 程剑兵,庞思勤,王西彬,等. 晶粒长大抑制剂对超细硬质合金刀具磨损性能的影响[J].现代制造工程,2015,6:1-5.

[30] 饶承毅.不同烧结温度下超细合金烧结体的密度、钴磁和晶粒度[J].硬质合金,2011,3:143-147.

[31] 辛海艳,吴翔. 低压烧结温度对 WC-8%Co 硬质合金性能影响的研究[J].稀有金属与硬质合金,2015,3:143-147.

[32] 王忆民.高温粉末 WC 和气压烧结对 YG8 硬质合金性能的影响[J].硬质合金,2005,6:86-89.

[33] 王茂青. 气压烧结硬质合金性能的研究[J].硬质合金,1998,4:217-221.

[34] 方志坚,张丛,满蓬. 不同烧结工艺的 WC-Co 硬质合金性能研究[J].材料导报,2014,11:453-455.

[35] 冯思庆,张光胜,牛顿. 烧结压力对粉末冶金铁基材料显微组织与性能的影响研究[J].现代制造工程,2011,3:62-65.

[36] 李志林,朱丽慧,刘一雄,Dave Siddle. 压力对放电等离子烧结硬质合金性能的影响[J].粉末冶金工业,2009,2:16-19.

[37] 李建伟,张海龙,张少明,等.金刚石表面镀钨对铜/金刚石复合材料热导率的影响[J].功能材料,2016,1:1034-1037.

[38] 章林,刘芳,李志友,等.颗粒增强型铁基粉末冶金材料的研究现状[J].粉末冶金工业,2005,1:33-38。

[39] 徐延龙,罗骥,郭志猛,等.内氧化法制备 MgO 弥散强化铁基材料[J].粉末冶金材料科学与工程,2015,3:431-437.

[40] 陆艳杰,崔舜,康志君,等.弥散强化铜合金中弥散相的观察及析出过程[J].材料导报,2006,F05:219-221.

[41] 燕鹏,林晨光,崔舜.弥散强化铜合金的研究与应用现状[J].材料导报,2011,6:101-106.

[42] 吴玉程,王涂根. AlN 和 $Al_2O_3$ 纳米颗粒增强铜基复合材料[J].合肥工业大学学报:自然科学版,2005,9:1031-1034,1125.

[43] 肖广志,肖平安,周威,等.球磨时间和氧化铝含量对氧化铝弥散增强铜基复合材料组织与性能的影响[J].机械工程材料,2011,1:40-42,53.

[44] 范红伟,袁巨龙,吕冰海,等. 金属结合剂砂轮的研究与发展[J]. 航空精密制造技术,2010,4:38-41.

[45] 熊华军,刘明耀,夏举学.空心球造孔制备的多孔金属结合剂金刚石砂轮的磨削性能研究[J].金刚石与磨料磨具工程,2011,2:44-49.

[46] 张元松,王绍斌,张梦婷,等.不同添加物对金属结合剂金刚石超薄砂轮胎体性能的影响[J].矿冶工程,2013,3:113-116.

[47] 韩平.金刚石珩磨抛光油石结合剂结构和性能及其珩磨应用[D].秦皇岛:燕山大学,2013.

[48] KONSTANTY J.Powder metallurgy diamond tools [M].Amsterdam: Elsevier,2005:76-82.

[49] 孙毓超,宋月清.金刚石工具制造理论与实践[M].郑州:郑州大学出版社,2005:10-13.

[50] ARTINI C, MUOLO M L,PASSERONE A. Diamond-metal interfaces in cutting tools: a review[J]. Journal of Materials Science,2011,47(7):3252-3264.

[51] Li W S, ZHAN J, WANG S C, et al. Characterizations and mechanical properties of impregnated diamond segment using Cu-Fe-Co metal matrix[J].Rare Metals,2012,31(1):81-87.

[52] LIN C S, YANG Y L,LIN S T. Performances of metal-bond diamond tools in grinding alumina[J]. Journal of Materials Processing Technology,2008,201(1-3):612-617.

[53] HAN P, XIAO F R, ZOU W J, et al. Influence of hot pressing temperature on the microstructure and mechanical properties of 75% Cu-25% Sn alloy[J]. Materials & Design,2014,53:38-42.

[54] DEL V M, MURO P, SANCHEZ J M, et al. Consolidation of diamond tools using Cu-Co-Fe based alloys as metallic binders[J]. Powder metallurgy,2001,44(1):82-90.

[55] 王秦生,宋诚,左宏森.金刚石锯片使用性能影响因素系统分析[J].金刚石与磨料磨具工程,2001,5:40-44.

[56] 龙伟民,朱坤,乔培新,等.金刚石锯片焊接技术研究[J].金刚石与磨料磨具工程,2012,3:27-31.

[57] 庞振华,杨惠宁,潘瑞娟.金刚石圆锯片激光焊接的研究[J].金刚石与磨料磨具工程,2002,2:17-18.

[58] 林增栋.钎焊法制造金刚石单层工具的研究[J].金刚石与磨料磨具工程,2004,3:1-5.

[59] 张丽,杨凯华.金刚石钻头钻进坚硬致密弱研磨性岩层的研究现状与进展[J].金刚石与磨料磨具工程,2003,1:30-32.

[60] 应夏钰,熊计,郭智兴,等.稀土对高合金铁基凸轮烧结材料组织与性能的影响[J].热加工工艺,2011,40(16):27-29.

[61] 张绍和,唐健,周侯,等.3D打印技术在金刚石工具制造中的应用探讨[J].金刚石与磨料磨具工程,2018,38(2):51-56.

[62] 杨晨,谭松成,杨凯华.3D打印金属基金刚石复合材料的试验研究[J].金刚石与磨料磨具工程,2018,38(1):50-54.
[63] 王超,陈继飞,冯韬,等.3D打印技术发展及其耗材应用进展[J].中国铸造装备与技术,2021,56(6):38-44.
[64] 张云鹤,黄景銮,宋运运,等.3D打印金刚石工具的研究进展[J].金刚石与磨料磨具工程,2021,41(3):40-47.
[65] 龙伟民.超硬工具钎焊技术[M].郑州:河南科学技术出版社,2016.
[66] 宋月清,刘一波.人造金刚石工具手册[M].北京:冶金工业出版社,2014.